TRAITÉ

DE CHIMIE

ÉLÉMENTAIRE,

THÉORIQUE ET PRATIQUE.

IMPRIMÉ CHEZ PAUL RENOUARD,
RUE GARANCIÈRE, 5.

TRAITÉ
DE CHIMIE

ÉLÉMENTAIRE,

THÉORIQUE ET PRATIQUE,

SUIVI D'UN

ESSAI SUR LA PHILOSOPHIE CHIMIQUE

ET

D'UN PRÉCIS SUR L'ANALYSE,

Par M. le Baron L. J. THENARD,

Pair de France, Conseiller au Conseil Royal de l'Instruction publique, de l'Académie Royale des Sciences de l'Institut de France; Doyen de la Faculté des Sciences de l'Académie de Paris, Professeur de Chimie au Collège Royal de France et à l'École polytechnique; Membre de l'Académie Royale de Médecine, de la Société philomatique, de la Légion-d'Honneur; des Académies et Sociétés Royales de Londres, de Berlin, de Stockholm, d'Edimbourg, de Pétersbourg, de Copenhague, de Madrid, de Naples, de Munich, de Gœttingue, de Bologne, de Modène, de Lucques, d'Erfurt, etc., etc.

SIXIÈME ÉDITION.

TOME CINQUIÈME.

PARIS.

CROCHARD & Cie, LIBRAIRES-ÉDITEURS,
PLACE DE L'ÉCOLE-DE-MÉDECINE, N° 13.

1836.

ERRATA.

Le lecteur est prié de faire les corrections suivantes :

PAGES. LIGNES.

21,   16 : boutons ; *lisez :* bourgeons.
48,   24 et 25 : V) *nicotine* (; *lisez :* (*Voyez* Nicotine, .
55,   5 : ten ; *lisez :* tenir.
59,   dernière : aucune ; *lisez :* aucun.
98,   avant dernière : ote ; *lisez :* azote.
103,   28 : nomb d'a ni maux ; *lisez :* nombre d'animaux.
106,   7 : gobules ; *lisez :* globules.
116,   39 : re pirant ; *lisez :* respirant.
127,   3 : *supprimez :* le gaz sulfhydrique.
159,   18 : potasse ; *lisez :* carbonate de potasse.
272,   dernière ligne : *ajoutez à la fin :* Dans tous les cas, il faut tenir compte de
        la vapeur d'eau contenue dans le gaz restant. Voyez à cet égard ce qui
        a été dit Tome I, p. 192.
367,   28 : ai ; *lisez :* air.
414,   18 : bsae ; *lisez :* base.
449,   première ligne de la note : combiné ; *lisez :* combinée.

ADDITIONS AUX ERRATA DES VOLUMES PRÉCÉDENS.

TOMES PAGES LIGNES

I,   73,   4 : axote ; *lisez :* azote.
id.   85,   10 : 1 carbone ; *lisez :* 2 carbone.
id.   124,   24 : les alcalis ; *lisez :* les sulfures alcalins.
id.   166,   14 : liquide ; *lisez :* solide.
id.   290, 291 et 292 : acide chlorocarbonique ; *lisez :* acide chloroxicarbonique.

Tomes. Pages. Lignes.

Id. 409, 14 ; 768,781 ; *lisez :* 789,75.

id. 446, 17 : azotures ; *lisez :* aurates.

id. 468, 7 : fond dans son eau de cristallisation : *lisez :* ne renferme point d'eau de cristallisation.

id. 555, 22 : *supprimez :* que.

II, 5, 15 : le mercure, et l'osmium ; *lisez :* le mercure, l'osmium, le rhodium, l'iridium et le palladium.

id. 5 20 : au nombre de 6 : l'argent, le palladium, le rhodium, le platine, l'or et l'iridium ; *lisez :* au nombre de 3 : l'argent, l'or et le platine.

id. 398, 20 : *après* Aucun acide ; *ajoutez :* excepté l'acide azotique qui le dissout et forme de l'azotate de bi-oxide.

III, 322, 4 : ne le ramene jamais qu'à ; *lisez :* en met l'iode en liberté, après l'avoir fait passer d'abord à.

id. 487, 34 : sodium ; *lisez :* potassium.

IV, 120, 7 : $4\,(C^4H^2O^3,AgO) = 4Ag + 12CO + 3H^2O + C^4R^2O^5$; *lisez :* $2(C^4H^2O^5,AgO) = 2Ag + C^4O^4 + H^2O, C^4H^2O^5$.

id. 225, 38 : 2 fois ; *lisez :* 20 fois.

TABLE

DES MATIÈRES CONTENUES DANS LE CINQUIEME VOLUME.

SUITE DE LA DEUXIÈME PARTIE.

LIVRE DEUXIÈME.

De la physiologie chimique végétale.

TRAITÉ

DE CHIMIE

ÉLÉMENTAIRE

THÉORIQUE ET PRATIQUE.

SUITE DE LA DEUXIEME PARTIE.

LIVRE DEUXIÈME.

DE LA PHYSIOLOGIE CHIMIQUE VÉGÉTALE (1914).

CHAPITRE PREMIER.

De la formation des substances végétales.

2641. Il est certain que la plupart des substances végétales ne sont composées que d'hydrogène, de carbone et d'oxigène; et cependant nous n'en pouvons former aucune de toutes pièces. Cette impuissance de la chimie en a souvent rendu les résultats plus que douteux aux yeux de personnes étrangères aux sciences, à la vérité, mais d'un esprit très profond. Jean-Jacques Rousseau, en suivant un cours de chimie chez Rouelle, disait qu'il ne croirait à l'analyse de la farine que quand il verrait les chimistes en refaire. Ce grand écrivain tiendrait sans doute un autre langage aujourd'hui. Il est facile de prouver en effet qu'il est des corps que l'on peut décomposer et que l'on ne saurait recomposer; les causes en sont évidentes : elles résident principalement dans l'état qu'affectent les élémens.

V. Sixième édition.

Si le carbone, si l'hydrogène et l'oxigène étaient liquides, rien ne s'opposerait à leur combinaison ; leur nouvel état la favoriserait ; elle aurait lieu à la température ordinaire, et il est probable que l'on pourrait former alors un grand nombre de substances végétales. Au lieu d'être sous cet état, le carbone est toujours solide, l'hydrogène et l'oxigène toujours gazeux. Qu'en résulte-t-il ? que la cohésion de l'un et l'élasticité des autres sont des obstacles que l'affinité ne peut vaincre. De là la nécessité de chauffer pour opérer la réaction ; mais cette réaction ne peut se faire de manière à produire une substance végétale, puisque si celle-ci existait, la chaleur la détruirait. Nous ne pouvons donc espérer de former ces sortes de substances de toutes pièces, du moins avec les moyens qui sont en notre puissance ; nous ne pouvons, tout au plus que les transformer les unes dans les autres en faisant varier leurs principes.

C'est dans l'acte de la végétation que la nature les crée, acte qui comprend la germination et l'accroissement de la plante.

SECTION PREMIÈRE.

De la germination.

2642. La germination est un acte par lequel les graines fécondes se développent et donnent naissance à de nouvelles plantes.

La graine est formée de plusieurs parties qu'il est essentiel de connaître. Elle présente d'abord une peau plus ou moins épaisse dans laquelle on distingue le *test* ou pellicule extérieure, le *sarcoderme* ou parenchyme, à travers lequel les vaisseaux qui partent de tous les points de la superficie passent pour se rendre sous l'ombilic, et l'*endoplèvre* ou tunique interne imperméable à l'humidité. Le test et la tunique interne sont marqués d'un point : c'est ce point qui indique la petite cicatrice par laquelle la plante-mère nourrissait l'embryon, et qui prend le nom d'*ombilic* ou de *cicatricule*.

Sous la peau se trouve l'amande, partie ordinairement blanchâtre, qui forme la presque totalité de la graine, et qui est composée de l'embryon, et souvent d'un autre corps appelé *albumen*.

L'embryon est la partie la plus essentielle de la graine; c'es une sorte de plante en miniature. On y remarque en effet : 1° la radicule, petit corps placé très près de l'ombilic interne; 2° la plumule ou caulicule, autre petit corps tenant à la radicule et portant les cotylédons ; 3° les cotylédons, organes foliacés ou charnus, destinés à préparer ou à transmettre l'aliment nécessaire à la jeune plante, et sans lesquels la germination ne saurait avoir lieu : on en compte depuis un jusqu'à six. Les cotylédons charnus sont remplis d'*albumen* ; les foliacés en sont recouverts : ceux-ci, lorsqu'ils sont développés en feuilles par la germination, s'appellent *feuilles séminales*. On nomme *feuilles primordiales* celles qui, outre les cotylédons, sont déjà visibles dans l'embryon. (*Elémens de Botanique*, par M. Decandolle.)

L'*albumen*, qui est appliqué sur l'embryon, varie par sa consistance ; il n'adhère que très rarement à cet organe, et jamais il n'offre d'organisation vasculaire.

2643. Après cette courte description, suffisante toutefois pour l'objet que nous nous proposons, recherchons quelles sont les conditions qu'il faut réunir pour que la germination ait lieu : il est nécessaire que la graine soit exposée à une certaine température, qu'elle soit en contact avec l'eau et le gaz oxigène, et soustraite à l'action d'une trop vive lumière : peu importe d'ailleurs qu'elle soit enveloppée de terre ou à découvert.

La température la plus favorable paraît être de 10 à 30° : au dessous de zéro, il n'y a jamais de signe de germination.

Tout le monde sait que les graines ne germent pas sans eau ; car on les conserve dans des lieux secs sans que leur puissance végétative se développe ou se détruise.

En vain l'on met des graines humides, à la température ordinaire, dans un vase vide, dans un vase plein de gaz azote, de gaz hydrogène, de gaz carbonique, et de tout autre gaz, en un mot, qui n'est point de l'oxigène ou qui n'en contient pas à l'état de mélange ; vainement aussi l'on en met dans de l'eau privée d'air : loin de germer dans ces divers circonstances, elles pourrissent peu-à-peu, tandis qu'elles germent plus ou moins promptement, au contraire, dans l'air atmosphérique, dans le gaz oxigène, dans l'eau aérée ou chargée d'une petite quantité de chlore : aussi observe-t-on qu'elles ne lèvent bien qu'autant qu'elles ne sont pas trop enfoncées en terre, et que celles qui en sont recouvertes d'une couche trop épaisse finissent même par se décomposer. (1)

---

(1) *Temps que certaines graines mettent à lever, d'après Adanson.*

Le millet, le froment... 1 jours.
Le bléton, l'épinard, la fève, le haricot, le navet, la rave, la moutarde, etc... 3
La laitue, l'anet, etc... 4
Le cresson, le melon, le concombre, la calebasse, etc........... 5
Le raifort, la poirée... 6
L'orge... 7

La lumière ne nuit à la germination qu'en échauffant trop la graine ; car celle-ci germe comme à l'ordinaire, lorsqu'on fait tomber sur elle des rayons solaires, dont on a absorbé les rayons calorifiques par un verre. (Th. de Saussure.)

Le sol n'agit que par la chaleur, l'eau et l'air qu'il contient, puisque les graines lèvent aussi bien sur une éponge humide que dans la terre.

Mais comment agissent ces trois corps ?

La chaleur, comme stimulant, comme excitant les forces vitales ; ce qui paraîtra probable, du moins en considérant, 1° que la vie des plantes et de plusieurs animaux est, pour ainsi dire, suspendue pendant l'hiver ; 2° que la plupart des graines conservent encore la faculté de germer après avoir été exposées à zéro.

L'air enlève, par l'oxigène qu'il contient, une portion de carbone à la graine. Que l'on place des graines, à la température de 15 à 20°, dans une capsule contenant un peu d'eau; que l'on mette cette capsule sur un bain de mercure, et qu'on la couvre d'une cloche dont on retirera une partie de l'air, bientôt les graines germeront, et il se formera, pendant le temps de la germination, autant de gaz carbonique qu'il disparaîtra de gaz oxigène, si la température et la pression restent les mêmes. Or, comme le gaz carbonique représente un volume d'oxigène égal au sien, il s'ensuit que tout l'oxigène nécessaire à la germination est réellement destiné à priver la graine d'une portion de son carbone. C'est sur *l'albumen* que se porte l'action de l'oxigène, et c'est par les changemens qui surviennent dans la composition de ce corps, changemens auxquels les cotylédons semblent contribuer, qu'il devient sucré et capable de servir d'aliment à la jeune plante.

L'eau remplit plusieurs fonctions : pénétrant dans l'intérieur de la graine, d'abord par l'ombilic, elle ramollit les tégumens, et les met ainsi dans le cas de pouvoir être rompus sans effort ; elle délaie l'albumen, gonfle les cotylédons, facilite l'action de l'oxigène et la formation de la matière nutritive ; enfin elle charrie cette matière par des conduits particuliers, et la présente à la jeune plante dans un état de liquidité qui en rend l'assimilation plus facile.

L'arroche	8 jours.
Le pourpier	9
Le chou	10
L'hyssope	30
Le persil	40 à 50
L'amandier, le mélampyrum, le pêcher, la pivoine, le *ranunculus*, *falcatus*, etc.	1 ans.
Le cornouiller, le rosier, l'aubépine, le noisetier-avelinier	2

Ces conduits ou vaisseaux vont, ainsi que le prouve l'anatomie végétale, des cotylédons à la radicule, et de la radicule à la plumule. Entre la plumule et les cotylédons, il n'existe point de communication directe : aussi la plumule ne commence-t-elle à végéter qu'à l'époque où la radicule a pris un certain accroissement. A cette époque, les cotylédons sont encore nécessaires; si on les retranche, la jeune plante périt; elle ne peut même en être séparée sans souffrir, lorsque la racine étant parfaitement formée, la plumule a deux millimètres de diamètre: ce n'est que quand celle-ci est couronnée de feuilles que les cotylédons deviennent inutiles, et que bientôt alors ils tombent d'eux-mêmes, nouvelle preuve de leur importance dans l'acte de la germination.

2644. Indépendamment des faits que nous venons de rapporter, il en est plusieurs autres qui sont relatifs à la germination comme les précédens, et que nous devons indiquer d'une manière sommaire.

M. C. Mateucci a vu que l'eau légèrement alcaline favorisait la germination, et que l'eau acide au contraire la retardait; que telle était la raison pour laquelle les graines germaient rapidement au pôle négatif et difficilement au pôle positif. (*Ann. de Chim. et de Phys.*, LV, 313.)

D'après M. Becquerel, la germination donne toujours lieu à de l'acide acétique; aussi le papier bleu est-il promptement coloré en rouge par les graines, au moment où elles commencent à germer. Il pense que l'embryon et tout ce qui l'entoure doit être considéré comme formant un système électro-négatif, qui retient les bases et repousse les acides à la manière du pôle négatif d'une pile. (*Ann. de Chim. et de Phys.*, LII, 253.)

Suivant M. Th. de Saussure, 1° la plupart des graines alimentaires germées conservent leur force végétative, après le dessèchement le plus avancé qu'elles peuvent éprouver à l'air libre, à l'ombre ou sous une température de 35° (*Ann. des Scienc. naturelles*, X, 68); 2° pendant la germination, il y a un développement de chaleur qui favorise la formation du sucre aux dépens de l'amidon de la graine; 3° 100 parties de froment ont donné :

Avant la germination.		*Après la germination.*
Amidon	72, 72.	65, 8.
Gluten	11, 75.	7, 64.
Dextrine *glutenique*	3, 46.	7, 91.
Sucre *glutenique*	2, 44.	5, 07.
Albumine	1, 43.	2, 67.
Son	5, 5 .	5, 6 .

La solution aqueuse de ce sucre, qui n'a point encore été analysé, rougit le tournesol; elle est précipitée abondamment, ainsi que la solution de dextrine *glutenique*, par l'infusion de noix de galle, et par le sous-acétate de plomb. Les solutions de dextrine et de sucre, qui se forment en traitant l'empois d'amidon et le gluten à une température de 40 à 60°, présentent, avec ces réactifs, les mêmes caractères; lesquels ne se rencontrent point dans la dextrine ordinaire et dans les autres variétés de sucre. De là, la cause pour laquelle M. de Saussure a cru devoir désigner provisoirement la dextrine et le sucre qui les possèdent, par l'épithète de *glutenique*. (*Journ. de Pharm.* xix, 587.)

MM. Payen et Persoz ont découvert une matière nouvelle dans les produits de la germination; c'est la diastase (2557). Il serait possible qu'elle contribuât à la transformation d'une partie de l'amidon en sucre.

SECTION II.

De la nutrition et de l'accroissement des plantes.

2645. Lorsque, par l'effet de la germination, les cotylédons se sont desséchés et sont tombés, la jeune plante ne reçoit plus de matière nutritive de ces organes. Cependant elle continue de végéter; son accroissement est souvent même très rapide; sa racine s'allonge et jette ordinairement des rejetons d'où naissent de petites fibres chevelues; sa tige s'élève et se divise en rameaux qui se couvrent de feuilles : il faut donc qu'elle s'assimile de nouveaux alimens. Où les puise-t-elle? Ce ne peut-être que dans l'air, dans l'eau, dans le terreau et le sol, puisqu'elle n'est en contact qu'avec ces corps. Examinons donc leur action sur la végétation; et, pour apprécier plus facilement l'action de l'air, recherchons d'abord celle du gaz oxigène, du gaz azote, du gaz carbonique, qui, par leur mélange, constituent ce fluide. Presque tout ce que nous allons dire sera tiré de l'excellent ouvrage de M. Th. de Saussure.

2646. *Influence du gaz carbonique.* — Toutes les parties vertes des plantes décomposent l'acide carbonique, pourvu toutefois qu'elles soient frappées par les rayons solaires; elles s'emparent de tout son carbone, absorbent une petite quantité de son oxigène, et dégagent l'autre sous forme de gaz. C'est ce qui résulte des expériences de Priestley, de Sennebier, d'Inghenousz, de Th. de Saussure, etc.

Priestley observa le premier que les feuilles avaient la propriété d'améliorer l'air vicié par la combustion des bougies

et par la respiration des animaux. Sennebier remonta à la cause de ce phénomène : ayant exposé des feuilles fraîches à l'ombre et au soleil, dans de l'eau légèrement imprégnée d'acide carbonique, il trouva que les premières ne produisaient aucun effet, et que les secondes donnaient lieu à un dégagement de gaz oxigène qui durait tant qu'il restait du gaz acide dans l'eau; d'où il conclut que des deux principes de l'acide carbonique, l'un était fixé et l'autre rendu à son état de liberté par l'influence solaire. Inghenousz fit de semblables observations. M. Th. de Saussure alla plus loin; il détermina avec exactitude tout ce qui se passe dans la décomposition de l'acide carbonique. « J'ai composé, dit M. de
« Saussure, une atmosphère artificielle qui occupait 290
« pouces cubes (5746 centimètres cubes), avec du gaz acide
« carbonique et de l'air commun, où l'eudiomètre à phos-
« phore indiquait $\frac{21}{100}$ de gaz oxigène; l'eau de chaux y dé-
« nonçait $7\frac{1}{2}$ centièmes de gaz acide carbonique. Le mélange
« aériforme était renfermé dans un récipient fermé par du
« mercure humecté ou recouvert d'une très mince couche
« d'eau pour empêcher le contact de ce métal avec l'air qui
« environnait les plantes; car j'ai bien constaté que ce con-
« tact, ainsi que l'ont annoncé les chimistes hollandais, est
« nuisible à la végétation, dans des expériences prolongées.

« J'ai introduit sous ce récipient sept plantes de perven-
« che, hautes chacune de 2 décimètres : elles déplaçaient en
« tout 10 centimètres cubes; leurs racines plongeaient dans
« un vase séparé, qui contenait 15 centimètres cubes d'eau;
« la quantité de ce liquide, sous le récipient, était insuffi-
« sante pour absorber une quantité sensible de gaz acide,
« surtout à la température du lieu, qui n'était jamais moin-
« dre que + 17 degrés de Réaumur.

« Cet appareil a été exposé pendant six jours de suite, de-
« puis cinq heures du matin jusqu'à onze heures, aux rayons
« directs du soleil, affaiblis toutefois lorsqu'ils avaient trop
« d'intensité. Le septième jour, j'ai retiré les plantes, qui
« n'avaient pas subi la moindre altération. Leur atmosphère,
« toute correction faite, n'avait point changé de volume, du
« moins autant qu'on peut en juger dans un récipient de
« 0^{mètre}, 13 de diamètre, où une différence de 20 centimè-
« tres cubes est presque inappréciable; mais l'erreur ne peut
« aller au-delà.

« L'eau de chaux n'y a plus démontré de gaz acide carbo-
« nique; l'eudiomètre y a indiqué $24\frac{1}{2}$ centièmes de gaz oxi-
« gène. J'ai établi un appareil semblable avec de l'air atmo-
« sphérique pur, et le même nombre de plantes à la même

« exposition : celui-ci n'a changé ni en pureté ni en volume.

« Il résulte des observations eudiométriques énoncées ci-
« dessus, que le mélange d'air commun et de gaz acide conte-
« nait avant l'expérience :

>   4199 centimètres cubes de gaz azote ;
>   1116 . . . . de gaz oxigène ;
>   431 . . . . de gaz acide carbonique.
>   ─────
>   5746.

« Le même air contenait, après l'expérience :

>   4338 centimètres cubes de gaz azote ;
>   1408 . . . . de gaz oxigène ;
>   0 . . . . de gaz acide carbonique.
>   ─────
>   5746.

« Les pervenches ont donc élaboré ou fait disparaître 431
« centimètres cubes de gaz acide carbonique; si elles en eussent
« éliminé tout le gaz oxigène, elles en auraient produit un vo-
« lume égal à celui du gaz acide qui a disparu ; mais elles
« n'ont dégagé que 292 centimètres cubes de gaz oxigène ;
« elles se sont donc assimilé 139 centimètres cubes de gaz oxi-
« gène dans la décomposition du gaz acide, et elles ont pro-
« duit 139 centimètres cubes de gaz azote. .

« Une expérience comparative m'a prouvé que les sept plan-
« tes de pervenche que j'avais employées pesaient sèches ,
« avant la décomposition du gaz acide, 2 gram. 707, et
« qu'elles fournissaient, par la carbonisation au feu en vase
« clos, 528 milligrammes de charbon. Les plantes qui avaient
« décomposé le gaz acide ont été séchées et carbonisées par le
« même procédé, et elles ont fourni 649 milligrammes de
« charbon. La décomposition du gaz acide a donc fait obte-
« nir 121 milligrammes de charbon.

« J'ai fait également carboniser les pervenches qui avaient
« végété dans l'air atmosphérique dépouillé de gaz acide , et
« j'ai trouvé que la proportion de leur carbone avait plutôt
« diminué qu'augmenté pendant leur séjour sous le récipient. »
(*Recherches sur la végétation*, page 40.)

La menthe aquatique (*mentha aquatica*), la salicaire (*lythrum salicaria*), le pin (*pinus genevensis*), la raquette
(*cactus opuntia*), placés dans les mêmes circonstances que la
pervenche , ont fourni des résultats analogues à M. de Saussure.

2647. Mais puisqu'il existe du gaz carbonique dans l'air, il
est évident que les plantes doivent le décomposer, et s'en ap-

proprier le carbone et une partie de l'oxigène. M. de Saussure a encore fait à cet égard des expériences qui ne laissent rien à desirer.

Quatre graines de fèves, du poids de 6,368 grammes, furent placées par lui entre des cailloux de silex contenus dans des capsules de verre, et furent arrosées avec de l'eau distillée. Au bout de trois mois de végétation en rase campagne, au soleil, les plantes qui en provinrent pesaient, vertes, immédiatement après leur floraison, 87,149 grammes ; desséchées, elles se réduisirent à 10,721 grammes, ce qui prouve qu'elles avaient presque doublé la quantité de leur matière végétale ; calcinées ensuite en vase clos, elles donnèrent 2,703 grammes de charbon. Or, de quatre graines de fèves de même poids que celles qui avaient été mises en expérience, on ne retira que 1,209 grammes de ce corps combustible : donc les fèves, en végétant à l'air libre, s'étaient approprié plus de carbone qu'elles n'en contenaient d'abord ; elles l'avaient puisé sans doute dans le gaz acide carbonique de l'air, et c'est ce qui nous permet de comprendre pourquoi l'air ne contient qu'une très-petite quantité de ce gaz, quoiqu'il en reçoive à chaque instant qui provient, soit de la respiration, soit de la combustion du charbon, etc.

2648. Il ne faut pas croire toutefois, d'après ce que nous venons de dire, que les plantes seraient capables de végéter au soleil dans une atmosphère d'acide carbonique pur. L'expérience prouve qu'elles y périraient, au contraire, très promptement.

Pour que leur végétation ait lieu dans ce gaz, il est nécessaire qu'il contienne une certaine quantité d'oxigène ou d'air : par exemple, de jeunes plantes de pois (*pisum sativum*) se sont flétries sur-le-champ, non-seulement dans de l'acide carbonique pur, mais encore dans un mélange de deux parties d'acide et d'une partie d'air ; elles n'ont existé que sept jours dans parties égales d'air et d'acide ; elles ont vécu plus long-temps dans le cas où la quantité d'acide ne formait que la cinquième partie de l'air ; leur accroissement a été presque le même que dans l'air lorsque l'acide n'entrait que pour un huitième dans le mélange ; et il a été plus grand que dans l'air, dans le rapport de onze à huit, lorsque le mélange ne contenait qu'un douzième d'acide (Th. de Saussure).

2649. Si l'acide carbonique, employé en quantité convenable, favorise la végétation des plantes au soleil, il la retarde toujours à l'ombre, et à plus forte raison, à l'obscurité. Des pois sont morts en six jours dans un air qui contenait le quart de son volume de gaz acide. En un mot, jamais ce gaz, quelle que soit sa quantité, n'est sans action ; il en exerce une favorable ou nuisible. Lorsque la plante peut le décomposer, elle prospère ; lorsqu'elle ne peut point en opérer la décomposition, elle dépérit : aussi est-il contraire à la germination, et a-t-on observé qu'une graine qui germait très bien dans de l'air mêlé à une certaine quantité de gaz azote ou de gaz hydrogène, germait moins bien dans la même quantité d'air et d'acide carbonique.

2650. *Influence du gaz oxigène.* —Nous venons de voir que les plantes périssaient dans le gaz carbonique pur ; que, pour qu'elles pussent y vivre, il fallait qu'elles fussent exposées au soleil, et que ce gaz contînt une certaine quantité d'oxigène. Quelle peut donc être l'action de celui-ci sur les différentes parties des plantes et sur les plantes entières ?

Lorsqu'on place, pendant une seule nuit, des feuilles saines, cueillies pendant un jour serein d'été, sous un récipient plein d'air atmosphérique, celles qui sont minces absorbent une certaine quantité de gaz oxigène et en convertissent une autre en gaz carbonique ; celles qui sont charnues absorbent aussi l'oxigène, mais sans produire de gaz acide apparent. Ni les unes ni les autres n'absorbent d'azote ; et, dans tous les cas, si on les expose ensuite au soleil pendant quelques heures, le gaz acide carbonique qui aura pu se former sera décomposé, et tout le gaz oxigène qui aura disparu reparaîtra sensiblement.

Les mêmes feuilles pourront être soumises plusieurs fois à ce genre d'expériences, pourvu qu'elles aient une grande force de végétation ; de sorte qu'alors, en les laissant passer plusieurs jours sous le même récipient, on verra qu'elles diminueront leur atmosphère pendant chaque nuit et l'augmenteront pendant chaque jour, à-peu-près en même raison : telles sont toutes les feuilles grasses.

M. Th. de Saussure, qui a observé ces effets, leur donne le nom d'*inspiration* et d'*expiration*. Il s'est principalement servi, pour ses expériences, de feuilles de *cactus opuntia*, qui végètent avec une force extrême ; il les mettait sans eau avec environ huit fois leur volume d'air privé d'acide carbonique, sous des récipiens dont les bords plongeaient dans le mercure ; quelquefois il les tenait ainsi dans l'obscurité pendant trente à quarante heures, afin de porter les inspirations au plus haut degré possible. Les plus grandes ont été d'une fois et un quart le volume des feuilles. M. de Saussure a vainement essayé d'extraire le gaz inspiré, par la suppression du poids de l'atmosphère ou par une chaleur incapable de décomposer le tissu végétal ; il n'a jamais pu y parvenir. Il pense que ce gaz passe à l'état d'acide carbonique dans le parenchyme, et qu'il y est retenu, uni à l'eau, par la compression qu'exerce l'organisation végétale, compression qu'on sait être très grande : aussi lorsqu'un *cactus*, placé dans l'obscurité, ne fait plus d'inspiration, il continue toujours à vicier son atmosphère ; il en change l'oxigène en gaz carbonique, et ce changement continue d'avoir lieu jusqu'à ce qu'il ne reste plus d'oxigène, ou que le *cactus* soit mort.

2651. Les phénomènes que nous offrent les feuilles dans leurs inspirations et leurs expirations semblent être en contradiction avec ce que nous avons dit précédemment. En effet, on retire par l'expiration tout autant de gaz oxigène qu'il en disparaît dans l'inspiration, et cependant nous avons prouvé que, dans la décomposition du gaz carbonique par les plantes, celles-ci absorbaient une portion de son oxigène ; mais il faut observer que les circonstances ne sont pas les mêmes. Dans un cas, le gaz carbonique décomposé est étranger à la plante ; il fait partie de son atmosphère : dans l'autre, il provient de la combinaison d'une partie de son carbone avec l'oxigène qui l'environne ; d'où il suit que, dans le premier, elle peut s'assimiler une nouvelle quantité de corps combustible, circonstance qui exige l'assimilation d'une certaine quantité d'oxigène ; au lieu que, dans le second, elle ne peut point en prendre plus qu'elle n'en contient ; elle ne peut rester, à cet égard, que dans l'état où elle se trouve.

2652. La propriété d'inspirer et d'expirer le gaz oxigène n'appartient absolument qu'aux parties vertes, de même que celle de décomposer le gaz carbonique. Ni les racines, ni le bois, ni l'aubier, ni les pétales ne la possèdent. Dans leur contact avec l'oxigène, ces substances ne font que lui céder peu-à-peu une portion de leur carbone, et de là résulte du gaz carbonique, dont une très petite quantité se trouve retenue ou dissoute dans leurs sucs.

La production du gaz carbonique est même liée d'une manière intime au développement et à l'existence des fleurs : toutes se putréfient promptement dans le vide ou dans le gaz azote, etc. ; elles ne se soutiennent dans l'air que par leur action sur l'oxigène de ce fluide ; et ce qu'il y a de remarquable, c'est qu'elles en absorbent plus que le reste de la plante. Il paraît d'ailleurs qu'elles ne changent point, ou que très peu, le volume de l'air, par la raison toute simple que l'oxigène absorbé se trouve remplacé par un volume à-peu-près égal de gaz carbonique. Cette absorption est sans doute l'une des causes de la chaleur observée dans quelques fleurs. (Th. de Saussure, *Ann. de Chim. et Phys.*, tom. XXI, pag. 279.)

Il en est jusqu'à un certain point des racines comme des pétales ; mais ici les effets s'étendent à la plante tout entière.

M. Th. de Saussure ayant arraché de jeunes marronniers pourvus de leurs feuilles, les disposa dans une cloche trouée à son sommet, de telle sorte que la tige plongeait dans l'atmosphère, presque toute la racine dans du gaz azote, ou du gaz hydrogène, ou du gaz carbonique, ou de l'air, et son extrémité seulement dans l'eau. Tous les marronniers pesaient environ chacun 23 grammes, et avaient des tiges et des racines dont la longueur, prise séparément, pouvait être de 25 décimètres. Ceux dont les racines étaient entourées de gaz carbonique sont morts le septième ou huitième jour; l'action du gaz azote et du gaz hydrogène a été moins nuisible : elle n'a produit la mort qu'au bout de treize ou de quatorze jours. Quant à ceux dont les racines plongeaient dans l'air, ils étaient encore vigoureux au bout de trois semaines, temps auquel on a mis fin à l'expérience.

Ces observations nous permettent de concevoir : 1° une partie des avantages qu'on trouve à remuer le sol qui doit servir à la végétation ; 2° pourquoi les racines ont d'autant plus de force qu'elles sont plus près de la superficie de la terre; 3° par quelle raison les racines pivotantes, qui n'ont que peu de chevelu, croissent mieux, toutes choses égales d'ailleurs, dans une terre sèche que dans une terre humide, et mieux encore dans une terre légère que dans une terre compacte; 4° comment il se fait que les racines des arbres se divisent singulièrement lorsqu'elles pénètrent dans du fumier, dans de la vase ou des conduits d'eau : n'est-ce pas pour rechercher la très petite quantité d'oxigène qui s'y trouve? etc.

2653. Les fruits ne se comportent point à l'égard de l'air comme les racines, le bois, l'aubier, les pétales. Lorsqu'ils sont verts, ils ont sur ce fluide, au soleil et à l'obscurité, la même influence que les feuilles, à cela près que les effets sont moins prononcés, et d'autant moins que les fruits approchent plus de leur maturité. Tels sont en effet les résultats que M. de Saussure a annoncés dans ses Recherches sur la végétation, et ceux qu'il a publiés au sujet du Mémoire de M. Bérard sur la maturation des fruits, mémoire dans lequel ce chimiste cherche à établir que, pendant la maturation, l'oxigène de l'air convertit le carbone du fruit en acide carbonique, et que cet effet semble être plus sensible au soleil qu'à l'ombre. (*Voyez* le Mémoire de M. de Saussure, *Ann. de Chim. et de Phys.*, tom. XIX, p. 143; celui de M. Bérard, tom. XVI, p. 152; et celui de M. Couverchel, *Journal de Pharmacie*, tom. VII, p. 249.)

2654. Toutes les expériences précédentes nous prouvent que les plantes ne peuvent se développer qu'à l'aide du gaz oxigène. Cependant elles prospèrent moins à l'ombre dans l'oxigène pur que dans son mélange avec l'azote ou l'hydrogène : ceux-ci, qui, à l'état de gaz, n'ont aucune influence sensible sur la végétation, agissent sans doute en diminuant les points de contact entre les diverses parties de la plante et l'oxigène, et en empêchant ainsi qu'il ne se fasse beaucoup de gaz acide carbonique, gaz toujours nuisible lorsqu'il ne peut être élaboré. Il paraît que, dans le gaz oxigène, au soleil, elles végètent à-peu-près comme dans l'air.

2655. *Influence du gaz azote.* — L'azote, à l'état de gaz, n'est jamais absorbé par les plantes, soit pur, soit mêlé au gaz oxigène ou au gaz carbonique. Celui qui fait partie de leurs principes ne peut donc provenir que des engrais, ou de l'eau, qui en tient toujours une certaine quantité en dissolution.

Plusieurs plantes alimentées par de l'eau ont la propriété toutefois de végéter dans ce gaz au soleil : ce sont, en général, celles dont les parties vertes sont très abondantes, présentent beaucoup de surface, et consument le moins de gaz oxigène dans l'obscurité : telles sont surtout le *lythrum salicaria*, l'*inula dysenterica*, les *epilobium molle* et *montanum*, le *polygonum persicaria*, qui sont plus ou moins marécageux. Alors il se forme, aux dépens de leur propre substance, une certaine quantité d'acide carbonique qu'elles décomposent et recomposent tour-à-tour. Les cinq plantes que nous venons de citer peuvent même soutenir pendant long-temps leur végétation dans du gaz azote exposé à une lumière faible ou à l'abri de l'action directe du soleil : il n'en est qu'un très petit nombre d'autres qui puissent résister à cette épreuve. Toutes, d'ailleurs, périssent dans l'obscurité ; ce qui tend à prouver que, même à la lumière diffuse, les plantes, ou du moins quelques plantes, peuvent décomposer le gaz carbonique.

2656. Les plantes se comportent dans le gaz oxide de carbone et dans le gaz hydrogène de même que dans le gaz azote : on observe seulement que, dans le gaz hydrogène, il se forme un peu de gaz oxide de carbone, provenant de l'action de l'hydrogène sur l'acide carbonique qui se forme lui-même. Suivant M. Macaire, elles résisteraient beaucoup mieux à l'action du chlore, du gaz chlorhydrique, du gaz sulfhydrique, de la vapeur nitrique et de la vapeur nitreuse, pendant le jour que pendant la nuit. Il assure qu'un mélange d'air et de chlore ou de gaz chlorhydrique, etc., qui ne les altère pas sous l'influence de la lumière, les flétrit dans l'obscurité. (*Journ. de Pharm.* t. xix, pag. 565.)

2657. *Influence du gaz oxigène et du gaz azote mêlés.* — Voyons maintenant ce que deviendront les plantes dans un mélange de gaz oxigène et de gaz azote, ou bien dans de l'air atmosphérique privé d'acide carbonique. La nuit, ces plantes, dont nous supposons les tiges herbacées, absorberont une certaine quantité de gaz oxigène et en convertiront une partie en gaz carbonique, à moins que leurs feuilles ne soient grasses (2650). Le jour, par le contact des rayons solaires, elles remettront sensiblement en liberté l'oxigène qu'elles auront fait disparaître, et pourront végéter ainsi pendant long-temps en faisant des inspirations et des expirations successives (2650). Si on les conservait toujours dans l'obscurité ou à l'ombre, elles languiraient bientôt et finiraient par périr, en raison du gaz carbonique qui se formerait et qui ne serait pas décomposé : aussi, pour entretenir leur végétation, suffirait-il alors de placer, sous les récipiens, de la potasse ou de la chaux. Le contraire aurait lieu si l'appareil restait exposé au soleil : là où il n'y aurait point d'alcali, la plante végéterait ; là où il y en aurait, elle ne tarderait point à mourir ; l'alcali se *carbonaterait* ; d'où il faut conclure que, dans ce cas-là même, il se formerait de l'acide carbonique par la combinaison de l'oxigène avec les parties de cette plante, et qu'elle ne pourrait vivre qu'autant qu'elle l'élaborerait.

Les plantes grasses font exception, parce que leur parenchyme très épais et leur épiderme moins poreux retiennent plus obstinément le gaz carbonique qu'elles ont formé.

2658. *Influence de l'air.* — Il est facile de comprendre, d'après ce qui précède, combien doit être grande l'influence de l'air sur la végétation. Les végétaux y trouvent en abondance le gaz oxigène sans lequel ils ne pourraient exister ; qu'ils inspirent la nuit, et que, par l'influence solaire, ils expirent le jour : peut-être s'en assimilent-ils ainsi une portion (1). En pénétrant dans la terre jusqu'à leurs racines, ce gaz exerce sur eux une nouvelle action, nécessaire à leur vie (2652) : partout on le voit se combiner avec le carbone et former du gaz carbonique dans nos foyers, au sein des végétaux eux-mêmes, des animaux morts et vivans, etc. Les végétaux décomposent cet acide ; ils s'en approprient tout le carbone, rejettent une portion de son oxigène ; et cette décomposition, source féconde de leur nutrition, est en même temps le moyen dont la nature se sert pour maintenir l'équilibre entre les élémens de l'atmosphère. Enfin, lorsque le sol dans lequel plongent leurs racines n'est point assez humide, ils pompent, au moyen de leurs feuilles, la vapeur d'eau que l'air contient toujours ; et cepen-

____

(1) Comme les végétaux pompent dans le sein de la terre différens sucs, il est possible qu'une partie de l'oxigène soit absorbée et solidifiée par eux.

dant, dans des circonstances contraires, lorsque le sol est trop humide, ces organes servent à exhaler l'excès d'humidité.

2659. *Influence de l'eau.* — On sait de temps immémorial que l'eau est nécessaire à la végétation : non-seulement elle agit comme dissolvant, comme véhicule, mais encore en cédant aux plantes les deux principes qui la constituent. Cette dernière vérité, soupçonnée par divers physiologistes, n'a été prouvée que par M. Th. de Saussure. Si l'on fait végéter des plantes à l'aide de l'eau pure dans de l'air atmosphérique privé d'acide carbonique, elles n'altéreront leur atmosphère ni en pureté ni en volume ; néanmoins elles contiendront plus de matière végétale qu'auparavant, ce qui ne peut être attribué qu'aux principes de l'eau fixés. A la vérité, la différence de poids entre la matière végétale sèche après la végétation, et cette matière également sèche avant la végétation, sera très faible ; mais c'est parce que les quantités d'oxigène et d'hydrogène ne peuvent être augmentées au-delà de certaines limites dans les végétaux sans que la proportion de leur carbone ne s'accroisse en même raison. En effet, l'on a vu précédemment (2646), 1° que sept plantes de pervenche se sont assimilé le carbone de 431 centimètres cubes de gaz carbonique, c'est-à-dire, 217 milligrammes ; 2° qu'elles ont laissé dégager autant d'azote qu'elle ont absorbé d'oxigène. Or, elles pesaient sèches, avant l'opération, 2^{gram},707, et après l'opération, 3^{gram},237 ; elles ont donc augmenté leur matière végétale de 530 milligrammes ; mais de ces 530 milligrammes, 217 seulement ont été fournis par le gaz carbonique ; par conséquent 313 doivent être attribués à l'eau fixée.

2660. *Influence des engrais.* — Les engrais ne contribuent pas seulement à la végétation par le gaz carbonique qu'ils laissent dégager, et qui provient, soit de la réaction de leurs élémens, soit de la combustion lente de leur carbone par l'oxigène de l'air ; ils y contribuent encore en fournissant aux plantes des sucs qu'elles peuvent s'assimiler, car on sait que les récoltes appauvrissent plus ou moins le sol en raison de leur nature.

Mais les plantes tirent-elles des engrais la majeure partie de leurs élémens ? Voilà ce qu'il s'agit de savoir. C'est encore M. Th. de Saussure qui va nous servir de guide dans ce que nous allons dire à cet égard. Il observe : 1° qu'ayant laissé séjourner de l'eau pluviale pendant plusieurs jours sur le sol bien fumé d'un jardin, il en est résulté une infusion qui ne contenait que la millième partie de son poids d'extrait ; 2° que, d'après des expériences qu'il a faites, un végétal qui absorberait l'eau de cette infusion ne prendrait que le quart de son extrait solide ; d'où il conclut que, dans le cas où ce végétal ne recevrait pas d'autre nourriture, il n'augmenterait son poids que d'un quart de livre dans l'état sec, en absorbant mille livres d'infusion. Or, une plante annuelle, telle qu'un tournesol qui croissait dans ce jardin, pouvait acquérir, dans l'espace de quatre mois à dater de sa germination, un poids de quatre kilogrammes dans l'état vert, et d'un demi-kilogramme dans l'état sec, et Hales nous apprend que la quantité d'eau aspirée et transpirée par un tournesol pendant vingt-quatre heures, est égale à la moitié du poids de ce tournesol non desséché : si donc on le pèse aux différentes époques de sa végétation, il sera possible de connaître l'absorption et la transpiration totales. C'est ce que M. Th. de Saussure a fait, et il a trouvé que ce végétal avait dû absorber et transpirer cent kilogrammes d'infusion, ce qui représente cent grammes d'extrait sec. Que l'on ajoute actuellement la quantité de matière que le gaz carbonique contenu dans l'infusion aura pu céder au tournesol, quantité que M. de Saussure évalue, d'après ses propres recherches, à 1,85 grammes, et l'on sera conduit à ce résultat : savoir, que le terreau n'aura fourni que 26,85 grammes de matière nutritive, c'est-à-dire, environ la vingtième partie de ce que le tournesol s'en est assimilé.

M. de Saussure est loin de donner ces calculs comme rigoureux ; mais il n'en prouve pas moins que les végétaux tirent la majeure partie de leur matière nutritive de l'eau et du gaz carbonique de l'air.

2661. *Influence du sol.* — L'influence du sol sur les végétaux n'est pas due tout entière à sa température, à l'eau et aux engrais qu'il contient ; elle provient encore des sels qui entrent dans sa composition : aussi, dans un grand nombre de lieux, fait-on usage des cendres avec le plus grand succès. Nous ne savons pas précisément comment agissent ces sels : quelques personnes prétendent qu'ils n'agissent qu'en attirant l'humidité de l'air ; d'autres, qu'en favorisant la putréfaction des engrais, opinion facile à réfuter ; d'autres, qu'en se combinant avec les parties des plantes ; d'autres, que comme excitans, et je suis de cet avis. Ce qu'il y a de certain néanmoins, c'est que les sels sont absorbés par les racines et portés dans le sein de la plante même, en dissolution dans l'eau ; que plusieurs plantes exigent pour leur accroissement des sels d'une nature particulière, et en quantités variables : les plantes marines, par exemple, végètent mal dans un sol où il n'y a point de sel marin ; et ce sel est nuisible au blé dans les proportions où il convient au développement des plantes marines. La pariétaire, la bourrache, les orties ne réussissent bien que dans les terrains qui contiennent des azotates de potasse ou de chaux. Le plâtre favorise la végétation du trèfle, de la luzerne, et il ne produit aucun effet sur un grand nombre d'autres plantes.

M. de Saussure a fait sur l'absorption des dissolutions de sels et de quelques autres corps par les plantes, des expériences dont nous devons citer les résultats. Il a pris 637 milligrammes; savoir:

De chlorure de potassium;
Idem de sodium ou sel marin;
D'azotate de chaux;
De sulfate de soude effleuri;
De chlorhydrate d'ammoniaque;
D'acétate de chaux;
De sulfate de cuivre;
De sucre cristallisé;
De gomme arabique;
Et 159 milligrammes d'extrait de terreau.

Il a fait dissoudre séparément ces diverses matières dans 793 centimètres cubes d'eau distillée, et a fait plonger dans chaque dissolution des plantes de *polygonum persicaria* ou de *bidens cannabina*, pourvues de leurs racines. Le *polygonum persicaria* a végété à l'ombre pendant cinq semaines dans les dissolutions de chlorure de potassium, de sel marin, d'azotate de chaux, de sulfate de soude et d'extrait de terreau, et y a développé ses racines; il a toujours été languissant dans le chlorhydrate d'ammoniaque; il n'a pu se soutenir dans l'eau sucrée qu'en renouvelant la dissolution, qui se putréfiait très promptement; il est mort au bout de huit à dix jours, dans l'eau gommée et la dissolution d'acétate de chaux; il n'a pu vivre plus de deux à trois jours dans le sulfate de cuivre. Le *bidens* a suivi à-peu-près la même marche; mais, en général, il a moins résisté que le *polygonum*.

Répétant ensuite ces expériences pour savoir dans quelles proportions les substances dissoutes étaient absorbées relativement à l'eau, et y mettant fin lorsque les plantes avaient pompé la moitié du liquide, ce qui arrivait au bout de deux jours, en raison du nombre des plantes employées pour cela, il trouva, en divisant en 100 parties les 637 milligrammes contenus dans les dissolutions, que l'absorption avait été:

	Par le polygonum, de parties.	Par le bidens, de parties.
Chlorure de potassium	14,7	16
Sel marin	13,0	15
Azotate de chaux	4,0	8

Sulfate de soude............................	14,4............................	16
Chlorhydrate d'ammoniaque............	12,0............................	17
Acétate de chaux...........................	8,0............................	8
Sulfate de cuivre...........................	47,0............................	48
Gomme...	9,0............................	8
Sucre..	29,0............................	32
Extrait de terreau..........................	5,0............................	0

On voit donc : 1° que les plantes ont absorbé toutes les matières salines et végétales qui leur ont été présentées; 2° qu'elles ont toujours absorbé proportionnellement beaucoup plus d'eau que d'une quelconque de ces matières ; 3° que ce n'est point toujours la matière la plus favorable à la végétation qui a été absorbée en plus grande quantité. Ces effets dépendent, selon M. de Saussure, de la vigueur des racines, de l'altération que leur font éprouver certaines dissolutions, et de la viscosité du liquide. Les deux premières causes favorisent l'absorption; la troisième la diminue. En effet, moins une substance communique de viscosité à l'eau, et plus la plante est capable d'en absorber. Cette dernière assertion semble du moins résulter des expériences suivantes qui ont toutes été faites comme les précédentes : seulement, au lieu de ne dissoudre qu'une seule matière dans l'eau, dont la quantité était de 793 centimètres cubes, on y en a dissous deux ou trois, chacune du poids de 637 milligrammes (Th. de Saussure). L'absorption a été :

		Par le polygonum, parties.	Par le bidens, parties.
1re Expérience.....	sulfate de soude..........	11,7..........	7
	sel marin..................	22..........	20
2e Expérience.....	sulfate de soude..........	12..........	10
	chlorure de potassium....	17..........	17
3e Expérience.....	acétate de chaux..........	8,25..........	5
	chlorure de potassium....	33..........	16
4e Expérience.....	azotate de chaux..........	4..........	2
	chlorhydrate d'ammoniaque.	16,5..........	15
5e Expérience.....	acétate de chaux (1)......	31..........	35
	sulfate de cuivre..........	34..........	39
6e Expérience.....	sulfate de soude..........	6..........	13
	sel marin..................	10..........	16
	acétate de chaux..........	quantité inappréc.	quantité inappréc.
7e Expérience.....	gomme.....................	26..........	21
	sucre......................	34..........	46

(1) La quantité d'acétate absorbé n'a été si grande qu'à raison du sulfate d cuivre qui a désorganisé la racine.

2662. Quelles que soient les diverses conséquences qu'on cherche à tirer des expériences que nous venons de rapporter; il en est que l'on sera forcé d'admettre d'abord : c'est que les plantes doivent puiser dans le sol les sels solubles qui s'y trouvent, et que les mêmes plantes, en raison du sol où elles se seront développées, pourront contenir des sels de diverse nature et en quantité très différente : aussi les plantes qui croissent sur les bords de la mer sont-elles très riches en sels de soude, tandis que celles qui croissent dans l'intérieur des terres contiennent beaucoup de sels à base de potasse.

En pénétrant dans les plantes, les sels ne sont point décomposés, leurs acides restent unis à leurs bases. Si l'on fait végéter des plantes de *polygonum* dans de l'eau chargée d'une petite quantité de chlorure de potassium, on retrouvera dans la plante développée tout le chlorure de potassium qui aura été absorbé. On n'y retrouvera, d'ailleurs, que les cendres qu'elle aurait données, si elle avait végété dans de l'eau pure. (Th. de Saussure.)

2663. Les plantes ne renferment pas seulement des sels solubles; elles renferment encore des sels insolubles, divers oxides, etc.

On y trouve, en un mot.

Parmi les corps combustibles non métalliques........................	{ le soufre.
Parmi les oxides......................	{ l'alumine. l'oxide de fer. l'oxide de manganèse.
Parmi les acides et les autres composés minéraux, les sels exceptés....	{ la silice.
Parmi les sels :	
Les carbonates de.....................	{ potasse. soude. chaux. magnésie.
Les phosphates de.....................	{ chaux. potasse. magnésie.
Les sulfates de.....................	{ potasse. soude. chaux.
Les azotates de.....................	{ potasse. chaux. magnésie.

Les chlorures de . . . .
{ potassium.
{ sodium.
{ calcium.
{ magnesium.

L'iodure de. . . . .   potassium.

2664. Il s'en faut beaucoup que toutes ces substances se rencontrent dans le même végétal. Celles qu'on y trouve le plus souvent sont le sulfate de potasse, les carbonate et phosphate de la même base, les carbonate et phosphate de chaux, le phosphate de magnésie, le chlorure de potassium, le sel marin, la silice, l'oxide de fer, l'oxide de manganèse.

Les carbonates de soude et de magnésie n'existent guère que dans les plantes marines, et surtout dans les *fucus*, dans le *salsola soda*; et encore le carbonate de soude qu'on extrait de celle-ci par l'incinération vient-il peut-être tout entier de l'oxalate de soude qu'elle contient : c'est aussi dans les plantes qui croissent sur les bords de la mer que se trouve le sulfate de soude; c'est également dans ces sortes de plantes qu'abonde le sel marin; quelques plantes seulement, telles que la *bourrache*, l'*hélianthus*, l'*ortie*, la *pariétaire*, renferment des azotates de potasse et de chaux. Le soufre n'est pour ainsi dire connu que dans les crucifères; l'iodure de potassium l'est dans le varec, etc. (114); l'alumine est très rare.

Si nous ajoutons maintenant que les végétaux contiennent certains sels à bases de potasse, de chaux, de soude, tels que des oxalates, des acétates etc., dont les acides destructibles par la chaleur sont un produit de l'organisation végétale, l'on se fera facilement une idée de la nature du résidu qui provient de la combustion des plantes, résidu que l'on connaît ordinairement sous le nom de *cendres*, et qui équivaut au plus à quelques centièmes de la plante dont il provient.

Les cendres devront renfermer, 1º les oxides; 2º les carbonates, à moins que la calcination n'ait été assez forte pour en chasser l'acide carbonique; 3º les phosphates; 4º les sulfates, dont une portion pourra être changée en sulfure; mais le soufre, s'il n'est pas retenu par des alcalis, les azotates, les sels végétaux, etc., ne pourront en faire partie. Dans l'incinération, le soufre sera volatilisé et brûlé, les azotates et les sels végétaux seront décomposés de telle manière que leurs bases resteront unies à l'acide carbonique. (1)

____

(1) Quoiqu'on rencontre du carbonate de potasse dans la cendre de presque tous les végétaux, il n'est point certain que ceux-ci en contiennent. On peut supposer qu'il provient de la décomposition de l'acétate de potasse, qui paraît être l'un des matériaux constans de la sève; et cette opinion, qui est celle de M. Vauquelin, est d'autant plus probable, que la sève ne contient jamais de carbonate alcalin.

2665. Les diverses parties de la même plante, et à plus forte raison les différentes plantes, ne fournissent point la même quantité de cendres. Ce sont celles où la transpiration est la plus grande qui en fournissent le plus (Th. de Saussure). On en retire moins des plantes ligneuses que des plantes herbacées, ainsi que s'en sont assurés plusieurs chimistes ; moins du tronc d'un arbre que de ses branches ; moins de ses branches et de ses fruits que de ses feuilles (Pertuis, *Ann. de Chimie*, tom. XIX, p. 157) ; moins de ses parties intérieures que de l'écorce, qui est le siège immédiat de la transpiration du tronc ; moins du bois que de l'aubier ; moins des feuilles des arbres toujours verts que de celles des arbres qui se dépouillent en hiver.

D'ailleurs, il est prouvé que les sels à radicaux de potassium et de sodium forment la majeure partie des cendres d'une plante verte herbacée et des feuilles sortant de leurs boutons ; qu'ils entrent quelquefois pour les trois quarts dans leur composition ; que les phosphates de chaux et de magnésie sont, après eux, la partie prédominante dans ces sortes de cendres ; que les écorces ne contiennent, au contraire, que très peu de ces divers sels, et sont très riches en carbonate de chaux, etc. (*Recherches* de M. de Saussure, pag. 328.)

2666. La majeure partie des matières qui composent la cendre des végétaux provient moins de la partie terreuse du sol que du terreau disséminé dans ce sol. En effet, le terreau, d'après l'analyse de Saussure, contient une grande quantité de ces matières, et son extrait est tellement combiné avec elles, qu'il rend solubles dans l'eau celles qui y sont insolubles.

Il serait difficile de concevoir autrement dans les plantes l'existence de la silice, du phosphate de chaux, de l'oxide de fer, qui ont tant de cohésion ; car nous avons vu précédemment qu'elles n'absorbaient qu'avec beaucoup de peine, même les liquides qui avaient de la viscosité ; d'où il est évident qu'elles ne pourraient absorber de matière à l'état solide. Cette opinion n'est point généralement adoptée. Plusieurs savans pensent que les terres et les alcalis prennent naissance au sein des végétaux ; ils s'appuient surtout des expériences qui valurent à M. Schrœder le prix proposé par l'académie de Berlin, sur la question de savoir si les parties terreuses que contiennent les différentes espèces de blé ne se formaient point par l'acte de la végétation. Schrœder ayant fait germer du froment, du seigle, de l'orge et de l'avoine dans la fleur de soufre, et ayant arrosé les plantes qui en provinrent avec de l'eau distillée, trouva qu'elles contenaient plus de terre que leurs graines. A la vérité, il avait bien pris le soin de mettre la fleur de soufre dans une boîte et de l'abriter de la pluie ; mais elle était exposée à l'air. Or, comme celui-ci peut tenir en suspension des corps très atténués, il a dû en déposer sur les feuilles : ce sont ces corps qui, sans doute, ont fourni les substances terreuses qu'a retirées M. Schrœder (Th. de Saussure). Aussi M. Lassaigne a-t-il obtenu des résultats opposés à ceux de ce savant. (*Journ. de Pharm.*, t. VII, p. 5og.)

2667. *Assimilation des parties nutritives.* — Après avoir déterminé quels sont les corps dont les végétaux tirent leurs principes, il serait naturel de rechercher comment ces principes s'associent dans le végétal , et comment ensuite ils s'y assimilent. Mais nos connaissances à cet égard sont très bornées, et le seront toujours, tant que les organes des plantes ne seront pas mieux connus qu'ils ne le sont. Nous ne dirons donc que très peu de chose sur cette question, d'autant plus qu'elle est absolument du ressort de la physiologie végétale,

Les racines, par les suçoirs qui sont à l'extrémité de leurs petites fibres chevelues, pompent dans le sein de la terre les sucs nourriciers qu'elles y trouvent, sucs qui sont formés d'une grande quantité d'eau et d'une petite quantité d'acide carbonique, de matières végétales ou animales, de sels et de terre. Ces sucs, introduits dans le végétal, prennent, après avoir subi peut-être de légères modifications, le nom de *sève*, de *lymphe*, et coulent dans de longs tubes poreux qu'on appelle *vaisseaux séveux* ou *lymphatiques;* ils parviennent jusqu'aux feuilles qui, de leur côté, agissent sur l'oxigène et l'acide carbonique de l'air. Là ont lieu les fonctions les plus importantes de la nutrition : de l'eau est exhalée, il se forme de nouveaux corps, une sève nouvelle prend naissance, elle pénètre dans le tissu cellulaire de l'écorce, et gagne insensiblement les parties inférieures du végétal; celui-ci puise dans ce suc élaboré les matériaux dont il a besoin, se les assimile, et se développe par une force occulte, inhérente à tous les êtres organisés, cause de presque toutes leurs fonctions, et qu'on est convenu d'appeler *force vitale.*

Voilà l'ensemble des phénomènes : c'est dans les ouvrages spécialement consacrés à la physiologie végétale qu'on en trouvera les détails.

CHAPITRE II.

2668. Après avoir examiné les différens matériaux immédiats des végétaux, et leur formation générale, il serait nécessaire de rechercher quels sont ceux de ces matériaux qui constituent chaque organe ou chaque partie végétale ; mais nos connaissances sur ce sujet sont si incomplètes et si bornées, relativement à son étendue, que nous n'aurons presque rien à en dire. Nous nous contenterons donc de jeter successivement un coup-d'œil, 1o sur la sève ; 2o sur les sucs particuliers ; 3o sur le bois et les racines ; 4o sur l'écorce ; 5o sur les feuilles ; 6o sur les fleurs ; 7o sur le pollen ; 8o sur les semences ; 9o sur les fruits ; 10o sur les bulbes et les tubercules. Nous considérerons aussi les lichens, les champignons, plantes qui diffèrent des autres sous tant de rapports.

De la sève.

2669. La sève est un liquide si important qu'elle aurait dû être l'objet d'un grand nombre d'analyses chimiques. Cependant elle a été à peine étudiée sous ce rapport ; aussi n'en connaissons-nous pas bien la nature. On sait seulement qu'elle renferme, en général, beaucoup d'eau, des acétates, quelques matières organiques au nombre desquelles se trouve le plus souvent une substance gommeuse, quelquefois du sucre, et quelquefois aussi de l'albumine végétale. Voilà du moins ce qui semble résulter des observations suivantes qui sont dues, les cinq premières, à M. Vauquelin (*Ann. de Chimie*, t. XXXI ; p. 20), la sixième à M. Regimbeau, les autres à M. Biot.

Sève du bouleau. — Cette sève rougit fortement la teinture de tournesol ; elle est incolore ; sa saveur est douce et sensiblement sucrée.

Au nombre de ses principes constituans sont l'eau, qui en fait la majeure partie, le sucre, une matière extractive, de l'acétate de chaux, de l'acétate d'alumine, et sans doute de l'acétate de potasse. Concentrée et mise en contact avec le ferment, elle ne tarde point à fermenter ; soumise ensuite à la distillation, elle fournit une assez grande quantité d'alcool. (V. plus bas les observations de M. Biot.)

Sève du charme (carpinus sylvestris, L.). — M. Vauquelin examina cette sève dans les mois d'avril et de mai. Elle était incolore et claire comme de l'eau. Sa saveur était légèrement sucrée et douceâtre, et son odeur un peu analogue à celle du petit-lait. Elle rougissait fortement le tournesol. On peut conclure des expériences auxquelles M. Vauquelin l'a soumise, qu'elle est composée au moins d'une grande quantité d'eau et de petites quantités de sucre, de matière extractive, d'acide acétique, d'acétate de chaux, et sans doute d'acétate de potasse : aussi, lorsqu'on abandonne cette sève à elle-même dans un vase ouvert, donne-t-elle successivement des signes de fermentation alcoolique et de fermentation acide.

Sève du hêtre (*fagus sylvestris L.*). — L'analyse en fut faite en mars et un mois après. Sa couleur, à la fin d'avril, était d'un rouge fauve; sa saveur, analogue à l'infusion de tan; son action sur le tournesol, faible. Elle était formée, en mars comme en avril, d'une grande quantité d'eau, et de petites quantités d'acétate de chaux, d'acétate de potasse, d'acétate d'alumine, de tannin, de matières muqueuse et extractive, d'acide acétique et d'acide gallique.

Sève du marronnier. — M. Vauquelin n'en ayant eu qu'environ 15 grammes à sa disposition, n'a pu la soumettre à un grand nombre d'expériences. Il a reconnu qu'elle avait une légère saveur amère, qu'elle contenait du mucilage, une matière extractive, de l'azotate de potasse. Il y soupçonne aussi la présence des acétates de potasse et de chaux.

Sève d'orme. — L'on en recueillit trois portions, l'une à la fin d'avril 1797; une autre quelque temps après; l'autre un mois plus tard.

La première avait une couleur rouge-fauve, une saveur douce et mucilagineuse; elle ne rougissait presque pas la teinture de tournesol.

1039 parties se sont trouvées formées de,

Eau et matières volatiles..........................	1027,905
Acétate de potasse................................	9,240
Matière végétale..................................	1,060
Carbonate de chaux...............................	0,795

La deuxième contenait un peu plus de matière végétale et un peu moins de carbonate de chaux et d'acétate de potasse que la première. La troisième contenait encore moins de carbonate de chaux et d'acétate de potasse que celle-ci.

En abandonnant la sève d'orme à elle-même dans un flacon ouvert, elle se décompose peu-à-peu, et l'acétate de potasse qu'elle contient se change en carbonate; d'où l'on voit pourquoi ce carbonate fait partie de la matière que l'on recueille sur les ulcères de ces arbres.

Sève de la vigne (*vitis vinifera, L.*). — Cette sève est acide; elle contient du bi-tartrate de potasse, du tartrate de chaux, une matière mucilagineuse et de l'acide carbonique libre. (Regimbeau, *Journ. de ph.* t. XVIII, p. 36.)

2670. *Sèves examinées par M. Biot.* — M. Biot a examiné la sève d'une vingtaine de végétaux, recueillie à plusieurs époques de l'année et dans différentes circonstances. Il a vu qu'elle contenait souvent du sucre, variable par sa nature et sa quantité, de l'albumine, une matière gommeuse et jamais d'acide carbonique libre. (Voy. la note au bas de la p. 336 du t. iv et le mémoire de M. Biot, *Nouvelles Ann. du Muséum d'his. nat.* t. ii, p. 95.)

Le 11 février 1833, le noyer ordinaire donnait de la sève contenant du sucre de canne, susceptible de faire tourner le plan de polarisation vers la droite, et du sulfate de chaux.

Le 9 mai, les tiges et les feuilles naissantes du noyer contenaient encore du sucre en assez grande quantité; mais son action polarisante était nulle.

La sève du sycomore et celle de *l'acer negundo* contenaient aussi du sucre de canne.

Les tiges du lilas donnaient de la sève qui contenait la même espèce de sucre; tandis que les bourgeons renfermaient du sucre qui déviait la lumière à gauche.

La sève du bouleau, au contraire, contenait du sucre qui déviait la lumière à gauche; et les bourgeons en renfermaient qui tournaient le plan de polarisation vers la droite, mais qui pouvait passer à gauche par la fermentation; ce qui est l'indice du sucre de canne.

Outre ces observations, M. Biot en a fait plusieurs autres qui méritent d'être citées; il s'est assuré : 1° que, en perçant quelques trous dans un arbre, à différentes hauteurs et dans une direction verticale, c'était le trou situé le plus près de la racine qui donnait le plus de sève; 2° que la sève qui s'écoulait par une incision diminuait de densité et de richesse saccharine avec le temps, en sorte que la première émission était toujours la plus chargée; 3°, que la densité et la richesse saccharine de la sève augmentaient avec la hauteur de la section.

Cette dernière assertion a été démontrée, en faisant couper, le 5 février 1833, un sycomore, à sa base et à 7 mètres de hauteur. A chaque extrémité du tronc, ainsi coupé, il a été pris 45 grammes de copeaux qui ont été desséchés séparément: ceux de la partie inférieure n'ont laissé que 19 gram. 120 de résidu; tandis que ceux de la partie supérieure ont laissé 28,970 gram. D'une autre part, 200 gram. de copeaux desséchés à côté des précédens, ont été épuisés par l'eau; les liqueurs ainsi obtenues ont été décolorées et amenées au même volume : dans cet état elles avaient une égale densité et un même pouvoir de polarisation; d'où M. Biot conclut que pour une même quantité de bois sec il existe une égale quantité de sucre, mais qu'il se trouve dissous dans une plus grande quantité d'eau , à la base du tronc qu'au sommet.

Depuis ces dernières observations, M. Biot a imaginé un appareil qu'il appelle à double effet, et qui permet de recueillir séparément la sève ascendante et la sève descendante; il a toujours trouvé la première plus abondante, moins dense et moins riche en sucre que la seconde.

En faisant abattre un sycomore et un bouleau et les écorçant ensuite , il a vu de plus que la majeure partie de la sève descendante se trouvait vers le milieu de la longueur du tronc; que celle du bouleau était acide et très sucrée, *tandis que le tronc resté en terre donnait une sève qui ne renfermait pas de sucre, mais qui contenait une matière gommeuse ;* que celle du sycomore déviait très peu le plan de polarisation vers la droite, et que cependant elle fermentait énergiquement en le faisant passer vers la gauche; que les pétioles et les feuilles du même sycomore donnaient par l'eau une liqueur qui dénotait une réaction énergique vers la gauche , et que l'alcool y démontrait de plus la présence d'une matière gommeuse.

(Voy. les nouvelles *Ann. du Muséum d'Hist. naturelle*, t. II, p. 95 et 271; *le Journ. l'Institut*, t. I, p. 13 , 37, 70, 229 et t. II, p. 222).

Des sucs particuliers ou propres.

2671. La sève, parvenue jusqu'aux feuilles, s'y altère et se transforme en des liquides nécessaires à l'existence du végétal. Ces liquides, qui paraissent descendre des feuilles vers les racines dans des vaisseaux appropriés, prennent le nom de *sucs particuliers* ou *propres*. Les principaux sont les sucs laiteux, les sucs résineux et huileux, les sucs mucilagineux, les sucs sucrés.

2672. *Sucs laiteux*. — Ces sortes de sucs doivent, en général, leur aspect laiteux à une certaine quantité de résine ou de corps gras extrêmement divisés qu'ils tiennent en suspension, au moyen de matières solubles dans l'eau, et qui leur donnent de la viscosité. Les sucs laiteux, qui méritent le plus de fixer l'attention, sont ceux qui découlent des plantes d'où l'on extrait les gommes résines, ceux qu'on extrait du *papayer*, de *l'arbre à la vache*, de l'*hura crepitans*, des capsules, du pavot blanc qui est une variété du *papaver somniferum* de Linné, et le suc qui , en s'épaississant, produit le caoutchouc.

2673. *Opium*. — C'est du pavot blanc que l'on extrait l'opium. Ce pavot se cultive en Orient. Après la chute des pétales, on fait des incisions longitudinales aux capsules; il en découle un suc laiteux qui se concrète facilement, et qui constitue l'opium proprement dit, que l'on apporte toujours en Europe sous forme de masses molles de différentes grosseurs, et roulées dans des feuilles de pavots pour prévenir leur adhérence.

L'opium, si remarquable par ses propriétés médicales, est brun, dur; sa saveur est amère, âcre, et rappelle son odeur qui est nauséabonde et toute particulière. Il se ramollit à une douce chaleur : celle de la main est suffisante. Lorsqu'on le chauffe avec le contact de l'air, il s'enflamme promptement.

C'est sans contredit le suc le plus composé que nous connaissions; il résulte des nombreuses analyses auxquelles il a été soumis qu'il renferme, non compris des sels minéraux, jusqu'à 15 substances organiques, savoir :

1º Morphine à l'état de sulfate neutre et de méconate acide.
2º Codéine à l'état de méconate acide.
3º Narcotine.
4º Narcéine.
5º Méconine.
6º Principe cristallisable de M. Dublanc jeune.
7º Para-morphine.
8º Pseudo-morphine.
9º Acide méconique en partie combiné avec les bases.
10º Ulmine.
11º Résine particulière.
12º Huile grasse.
13º Caoutchouc.
14º Gomme.
15º Bassorine.
16º Ligneux.
17º Sulfates { de potasse. de chaux. de magnésie.

Toutes ces matières ont été examinées, excepté la *narcéine*, la *méconine*, la para-morphine, la pseudo-morphine et le principe cristallisable de M. Dublanc, que M. Couerbe est porté à regarder comme n'étant que de la méconine. Mais ces matières qui ont été découvertes, savoir : la narcéine par M. Pelletier, la méconine par M. Couerbe, la para-morphine et la pseudomorphine par M. Pelletier, entrent en si petite quantité dans la composition de l'opium que, pour les en retirer, il faut opérer sur des masses considérables : c'est pourquoi nous renverrons pour l'étude de leurs propriétés aux mémoires des auteurs.

L'opium brut ne s'emploie guère qu'extérieurement. Les médecins n'ordonnent, en général, à l'intérieur que l'extrait préparé en traitant l'opium par une grande quantité d'eau froide. (1)

____

(1) *Voyez*, pour plus de détails sur l'opium : 1° le mémoire de M. Derosnes, *Annales de Chimie*, tom. XLV, pag. 257; 2° celui de M. Séguin, mêmes Anuales, tom. XCII, p. 22; 3°, celui de M. Sertuerner, *Ann. de Chim. et de Phys.* tom. V. pag. 21; 4° les observations de M. Robiquet sur le mémoire de M. Sertuerner, *Ann. de Chim. et de Phys.*, tom. V. pag. 275; 5° le mémoire de M. Dublanc jeune, sur la

2674. Le *suc de papayer* s'extrait par incision d'un végétal nommé *carica papaya*, qui croît à l'Ile-de-France, au Pérou, etc. Il a été analysé par M. Vauquelin et par M. Cadet-Gassicourt, qui le tenaient de M. de Cossini et du docteur Roch. C'est surtout avec les échantillons de M. Roch que l'analyse a été faite. Ce suc avait été rapporté dans trois états : 1° à l'état solide, et sous forme de lames d'un blanc jaunâtre, obtenues au soleil dans des assiettes ; 2° à l'état de suc naturel, renfermé dans des vases bien bouchés ; 3° à l'état de suc naturel mêlé au sucre. Le premier et le dernier s'étaient bien conservés, l'autre avait fermenté. D'après M. Vauquelin, le suc de papayer est composé d'eau, d'une grande quantité de matière animale et d'un peu de graisse. Cette matière animale possède toutes les propriétés de l'albumine, si ce n'est qu'après la dessiccation elle est toujours très soluble dans l'eau, tandis que l'albumine y devient insoluble. (*Annales de Chimie*, t. XLIX, p. 295.)

2675. *Suc* ou *lait de l'arbre de la vache.* — Ce suc, sur lequel M. de Humboldt a fait diverses observations, contient, de même que le suc de papayer, un corps gras et des matières animales (*Annal. de Chim. et de Phys.*, t. VII, p. 82). Les naturels le regardent comme un aliment salutaire ; ils en boivent beaucoup ; c'est un véritable *lait végétal* qui n'a ni âcreté ni amertume, dont l'odeur est balsamique, et dont les parties constituantes sont, suivant MM. Boussingault et Mariano de Rivero, beaucoup d'eau et de cire, de la fibrine, un peu de sucre ; on y trouve en outre une petite quantité de silice et de sels calcaires et magnésien. La cire forme jusqu'à la moitié du poids du lait végétal. L'arbre dont il découle en grande quantité par incision (*palo de leche* ou *de vacca*) croît assez abondamment dans les montagnes qui dominent Periquito, situé au nord-ouest de Maracay, village à l'ouest de Caraccas. (*Ann. de Chim. et de Phy.*, t. XXIII, p. 219.)

2676. *Suc* ou *lait de l'hura crepitans.* — Il n'en est pas de ce suc laiteux comme du précédent. Tandis que le suc de

---

découverte d'une matière cristalline, azotée, *Ann. de Chim. et de Phys.* tom. XLIX, p. 5 ; 6° la note de M. Couerbe, annonçant la découverte de la méconine, même vol. p. 44 ; 7° une analyse de l'opium par M. Pelletier, dans laquelle la narcéine paraît pour la première fois, même vol. p. 240 ; 8° un Mémoire de M. Robiquet sur l'acide méconique et la codéine, mêmes Ann., même vol. p. 259 ; 9° des observations de M. Dupuy et de M. Robiquet sur l'existence du sulfate de morphine dans l'opium. (*Journal de Phar.* XIII, 296, *et Ann. de Chim. et de Phys.* LIII, 425.) 10° L'action de la morphine et de la narcotine sur l'économie animale, par M. Orfila, *Ann. de Chim. et de Phys.*, tom. V, pag. 388, et *Journal de Chim. méd.* I, 166 et 221 ; par M. Magendie, *Journal de Physiologie expérimentale*, t. I, p. 32). 11° Le mémoire de M. Pelletier, *Journal l'Institut*, 3e année, p. 249.

l'arbre de la vache est salutaire, celui de l'*hura crepitans* est très nuisible. Lorsqu'on le goûte, on éprouve bientôt une forte irritation au gosier. Il suffit même d'être exposé aux émanations de ce suc fraîchement extrait pour en être incommodé d'une manière grave. A Guaduas, on s'en sert pour pêcher, en empoisonnant le poisson dans les rivières et les étangs. D'ailleurs il ressemblerait parfaitement à celui de la vache, s'il n'était légèrement jaunâtre. C'est encore à MM. Boussingault et Rivero que nous en devons l'analyse : ils l'ont trouvé composé d'eau, de gluten, d'une huile essentielle vésicante, d'un principe âcre cristallisable et alcalin, d'*osmazôme*, de malate acide de potasse, de malate de chaux. (*Ann. de Chim. et de Phy.*, t. xxviii, p. 430.)

2676. *bis. Sucs résineux et huileux.*—Nous comprenons, sous cette dénomination, les sucs qui sont formés de résine en dissolution dans une huile essentielle, et qui restent liquides long-temps après leur extraction, tels que la térébenthine; ceux qui contenant beaucoup plus de résine que les précédens, s'épaississent tout de suite, tels que le mastic, etc.; enfin tous les sucs entièrement ou presque entièrement formés de corps gras. L'histoire en ayant été faite précédemment, nous ne nous en occuperons pas.

2677. *Sucs mucilagineux.* — Beaucoup de plantes contiennent des sucs qui sont sans saveur, sans odeur, dont la base est le mucilage : telles sont celles que nous avons indiquées en parlant des gommes (2224).

2678. *Sucs sucrés.* — L'on peut désigner par ce nom le suc de la canne, celui des *fraxinus ornus et rotundifolia*, qui, en s'épaississant, constitue la manne, etc., etc.

2679. Quoique la manne soit très douce, elle ne contient qu'une très petite quantité de sucre. Il paraît qu'elle est principalement formée de deux corps particuliers : l'un cristallisable, que nous avons appelé *mannite* (2256), et dans lequel réside la saveur sucrée; et l'autre incristallisable et muqueux. Peut-être en renferme-t-elle encore un autre auquel elle devrait sa saveur et son odeur nauséabondes (1). On distingue dans le commerce trois espèces de manne : la *manne en larmes*, la *manne en sorte* et la *manne grasse*. La manne en larmes est solide, blanche, légère, douce et sucrée, quelquefois cristalline à la surface : toujours sous forme de stalactites, elle

(1) Cependant, suivant M. Bonastre, la manne de Briançon qui est fournie par la mélèze d'Europe (*Larix europea*) ne contiendrait pas de mannite; il y a trouvé un suc sucré cristallisable, un réseau globulaire et un tissu cellulaire ou spongieux : elle est rare (*Voyez Journal de Pharm.* xix, 443 et 626). S'il en est ainsi, cette substance ne doit pas être regardée comme une manne.

contient beaucoup plus de mannite que de mucilage. La manne grasse consiste en un amas de fragmens agglutinés par un suc visqueux ; elle est brune, molle, pesante ; son odeur est nauséabonde ; sa saveur l'est aussi, mais elle est en même temps sucrée : le mucilage domine dans cette manne. La manne en sorte tient le milieu entre la manne en larmes et la manne grasse. Toutes trois nous viennent de la Calabre où croît facilement le *fraxinus ornus*.

La manne n'est employée qu'en médecine ; on l'administre comme purgatif ; le plus souvent on l'associe au séné et au sulfate de magnésie ou de soude.

MM. Proust, Thénard, Bouillon-Lagrange ont fait sur cette substance des recherches dont l'on trouve les résultats *Annales de Chimie*, tom. LVII, pag. 143 ; tom. LIX, pag. 51, et *Journal de Pharmacie*, tom. III, pag. 10.

Des bois.

2680. Les bois ont tous pour base la fibre ligneuse ; ils en contiennent au moins les 0,95 à 0,96 de leur poids. Cependant il existe une grande différence entre leur pesanteur spécifique : les uns sont beaucoup plus légers que l'eau, et les autres beaucoup plus lourds ; aussi les premiers, en raison de la division de leurs fibres, brûlent-ils bien plus facilement que les seconds.

On pourrait diviser les bois en colorans, en résineux, et en non colorans et non résineux : faute de meilleure, nous adopterons cette division.

Bois colorans. — Les principaux bois colorans sont ceux de Brésil, de Quercitron, de bois Jaune, de Fustet et de Santal rouge. Nous avons parlé des quatre premiers précédemment (2608, 2621, 2622, 2625), nous allons dire quelques mots du dernier.

Bois de santal. — Ce bois est celui du *pterocarpus santalinus*, arbre qui croît dans les Indes-Orientales. Il suffit de le diviser et de le traiter, à plusieurs reprises, par de l'alcool presque bouillant, pour en extraire une grande partie de la matière colorante ; elle se dissout dans ce liquide, et s'obtient pure en évaporant la dissolution jusqu'à siccité. On la connaît sous le nom de *santaline*.

Cette matière, ainsi obtenue, est rouge, solide et en masse. Soumise à l'action du feu, elle se ramollit et se fond à environ 100º, puis se décompose à la manière des substances végétales hydrogénées, sans produire d'ammoniaque.

Elle n'est que très peu soluble dans l'eau, même dans celle

qui est bouillante; elle est au contraire très soluble dans l'alcool, dans l'éther, dans l'acide acétique, dans les dissolutions alcalines de potasse, de soude, et d'ammoniaque. Quelques huiles essentielles, telles que l'huile de lavande, l'huile de romarin, peuvent aussi en dissoudre une petite quantité; mais les huiles grasses ne la dissolvent pas d'une manière sensible. La solution de la santaline dans l'éther ne s'effectue que très lentement; la liqueur devient rouge, si l'on opère au contact de l'air, et jaune dans le cas contraire; évaporée à l'air libre, elle laisse un résidu d'un beau rouge; mais par l'évaporation dans le vide, elle en laisse un qui est presque jaune, et qui se trouve alors imprégné de gouttes d'eau et quelquefois de glace, même lorsque l'éther est parfaitement rectifié.

Le chlore détruit tout-à-coup la santaline, et la convertit en une sorte de résine jaune qui retient en combinaison une certaine quantité d'acide chlorhydrique.

L'acide sulfurique concentré la charbonne promptement. L'acide azotique exerce sur elle une très forte action; il la dissout et la décompose, et de là résultent de la matière jaune amère, de l'acide oxalique, etc.

Dissoute dans l'alcool, et mise en contact avec différens sels, elle produit des précipités dont la couleur varie et que l'on doit regarder comme de véritables laques; par exemple, celui qu'elle forme avec le chlorure d'étain est d'un pourpre magnifique, et celui qui provient de sa réaction sur les sels de plomb est d'un violet assez beau.

D'après l'ensemble de ces propriétés et de quelques autres que nous ne citons pas, M. Pelletier regarde la matière colorante du santal comme une substance particulière qui se rapproche des acides. Sa composition est exprimée, d'après l'expérience, par 75,03 de carbone, 6,37 d'hydrogène et 18,60 d'oxigène; ce qui conduit à la formule atomique : $C^{32}H^{16}O^3$. (M. Pelletier, *Bull. de Pharm.*, VI, 434 et *Ann. de Chimie et de phys.*, LI, 193.)

Le bois de santal est employé pour colorer en rouge l'alcool et les liqueurs spiritueuses.

2681. *Bois résineux.*—Ce sont ceux qui, incisés, laissent découler une plus ou moins grande quantité de résine en dissolution dans une huile essentielle : tels sont les pins et les sapins. Il a été question précédemment de leur exploitation (2453 et suiv.).

2682. *Bois qui ne sont ni colorans ni résineux.* — Les bois ordinaires forment cette dernière section. Nous n'avons rien à en dire de particulier.

2683. C'est du bois que l'on extrait le charbon. Celui que

l'on soumet à la carbonisation a environ un pouce et demi de diamètre et deux pieds et demi de long. Les charbonniers procèdent à l'opération de la manière suivante : ils commencent par aplanir la terre et former un espace circulaire d'une grandeur convenable, préférant toutefois les lieux qui ont déjà servi, comme étant plus secs que les autres. Ensuite, au milieu de cet espace ou de cette aire, ils plantent verticalement un long pieu, placent horizontalement, sur le sol, de gros rondins, qui représentent les rayons d'un cercle dont le pieu est le centre, fixent avec un piquet l'extrémité extérieure de ces rondins, et les couvrent de petits bois : cet assemblage porte le nom de *plancher*. Alors ils rangent le bois autour du pieu, en inclinant légèrement tous les morceaux et ayant soin de mettre les plus gros au centre. Lorsqu'ils ont recouvert la surface du plancher, et qu'ils ont ainsi formé un cône tronqué, ils en établissent un autre sur celui-ci, et quelquefois même un troisième sur le second ; ces cônes superposés s'appellent *fourneau*.

Cela étant fait, ils répandent du petit bois sur la surface du fourneau, puis de l'herbe et de la terre, ne laissant à découvert que les rondins placés à la base : un ouvrier monte au sommet du fourneau, enlève le pieu qui en fait le centre, et jette du petit bois sec et quelques tisons enflammés dans le trou qui sert de cheminée. Le fourneau ne tarde pas à s'allumer ; la flamme s'élève, et dès qu'elle s'échappe par le haut de la cheminée, celle-ci est aussitôt bouchée avec du gazon. A partir de cette époque, les charbonniers doivent toujours rester auprès du fourneau, ou du moins le visiter souvent, afin de boucher les crevasses qui peuvent se former. Si le vent souffle avec force et rend la combustion trop active, ils lui opposent des claies. Si le feu brûle inégalement, ils donnent de l'air en pratiquant de légères ouvertures du côté où il est moins actif.

Au bout de trente heures, le fourneau paraît entièrement rouge. A cette époque ils étouffent le feu en le couvrant d'une couche de terre très épaisse. Un jour après, ils ratissent cette couche, découvrent le charbon, l'étendent sur le sol, et enfin le mettent en sac le troisième jour révolu, du moins dans le cas où la carbonisation n'a lieu que sur quatre à cinq cordes à-la-fois.

De 100 parties de bois, on retire ordinairement 17 à 18 parties de charbon.

En charbonnant le bois, comme nous venons de le dire, on brûle, non-seulement une portion du carbone en raison de l'air qui se renouvelle, mais encore l'on perd tout l'acide acétique, toute l'huile-goudron et tout le gaz hydrogène carboné qui s'y forment. Lorsque au contraire l'opération se fait dans des vases fermés, on peut la conduire de telle manière que tous les produits soient recueillis. C'est ce dernier genre de carbonisation que M. Mollerat a exécuté le premier à Nuits, et qu'on exécute actuellement à Choisy près Paris. Nous allons donner une idée de l'appareil adopté dans l'une des fabriques de Choisy. Cet appareil se compose 1° : d'un fourneau dont le dôme est mobile ; 2° d'une chaudière cylindrique en tôle très forte, assez grande pour contenir une corde de bois, et sur laquelle s'adapte un couvercle qui est lui-même en tôle ; on la descend dans le fourneau toute chargée au moyen d'une grue, et on l'enlève de même pour la remplacer par une autre ; elle est recouverte d'une légère couche de terre à four ; 3° d'un tuyau en tôle adapté horizontalement à la partie supérieure et latérale de la chaudière, et long de quelques décimètres ; 4° d'un tuyau en cuivre qui, en se courbant, va successivement plonger dans deux tonneaux pleins d'eau, et de là se rendre dans le fourneau. Arrivé au fond des tonneaux, il se dilate en boule ; chaque boule est percée inférieurement d'un trou auquel correspond un tube dont l'extrémité plonge dans l'acide pyro-ligneux : c'est par ce tube qu'on retire cet acide et le goudron. Quant au gaz inflammable, il est conduit évidemment dans le fourneau, et sert à en entretenir la chaleur. Cent parties de bois fournissent environ 28 parties de charbon. (*Voy*. le rapport fait par M. Vauquelin, sur le Mémoire de M. Mollerat, concernant la carbonisation du bois en vaisseaux clos, et l'emploi des différens produits qu'elle fournit.) (*Ann. de Chim.*, t, LXVI, p. 174.)

M. Colin, en examinant avec soin les produits liquides que fournit la distillation du bois, a vu qu'ils contenaient de l'esprit pyro-acétique ou acétone et une huile essentielle empyreumatique. L'esprit pyro-acétique provient sans doute des acétates qui se trouvent dans le bois (*Ann. de Chim. et de Phys.*, t. XII, p. 205). Mais depuis ce temps, indépendamment de l'acide acétique et de l'acétone, on a trouvé dans les produits de la distillation du bois : de l'esprit de bois, de la naphtaline, de la paraffine, de l'eupione, de la créosote, du picamare, du pittacalle, du capnomore, de l'ulmine et quelques résines pyrogénées que Berzelius a désignées sous le nom de *pyrétines*. (*Voy*. les numéros 2325, 2214, 2208, 2209, 2448, 2563, 2021, — le *Journal de Pharmacie*, t. VI, p. 509 ; — le Mémoire de M. Berzelius sur les produits huileux et résineux de la distillation sèche du bois, *id.* XV. p. 217 ; — le Mémoire de M. Reichenbach, *id.* XIX p. 27 et 544 ; t. XX, p. 362, et t. XXI, p. 245 ;

—Le Mémoire de M. Laurent, *Ann. de Chim. et de Phys.*
t. LIV, p. 395.)

La cause pour laquelle on n'obtient que 17 à 18 pour 100
de charbon par les procédés ordinaires dépend surtout de ce
que les charbonniers, quelque chose qu'ils fassent, ne peuvent
pas se mettre à l'abri des courans d'air. Si donc on entourait
de toutes parts le fourneau, la quantité de charbon que l'on
obtiendrait devrait être plus considérable : c'est ce qui résulte des expériences de M. Foucault. Au lieu de 17 à 18, il
obtient 22 à 23 d'excellent charbon. Son procédé, pour lequel il a pris un brevet d'invention, et qu'il a exécuté à Bercy,
est fort simple : c'est le même que celui des forêts, à cela près
qu'autour et à quelques pieds du fourneau se trouve établie
une cloison en planches, que l'on monte et démonte à volonté.
L'acide pyro-ligneux qui se condense continuellement sur
ses parois internes la garantit du feu ; elle a la même forme
que le fourneau : seulement elle présente deux ouvertures,
l'une supérieure qu'on ne ferme pas, et l'autre latérale que
l'on ferme avec un rideau de toile. Celle-ci sert d'entrée aux
charbonniers.

Des écorces.

2684. L'écorce est composée de trois parties : de l'épiderme, du parenchyme et des couches corticales.

L'épiderme est une membrane extrêmement mince, transparente, qui recouvre tout le végétal, et que Fourcroy a sup-
posée de même nature que le liège. On l'observe facilement
dans le bouleau. Celle-ci, sur 400 parties, contiendrait d'a-
près M. Gauthier, pharmacien à Savins, 186 parties de résine,
92 d'une matière qui a de l'analogie avec la subérine, 22 d'a-
cide gallique et de tannin, 45 d'extractif, 51 tant en silice et
oxide de fer que carbonate de chaux et alumine. Aussi cette
membrane prend-elle feu avec la plus grande facilité par l'approche d'un corps en combustion. (*Journ. de Pharm.* XIII,
545). (1)

Sous l'épiderme se trouve le parenchyme, substance verte,
remplie de suc, et qui présente une multitude de fibres se
croisant en tous sens comme celles d'un feutre.

Enfin, sous le parenchyme sont les couches corticales, qui
paraissent formées de plusieurs membranes très minces, pla-

---

(1) M. Davy a reconnu que l'épiderme des grami nées contenait une grande quantité
de silice : 100 parties d'épiderme de cannebouuet contiennent 90 de silice; 100 d'épiderme de bambou en contiennent 71,4; 100 de roseau commun en contiennent
48,1; 100 de tiges de blé en contiennent 5.

cées les unes sur les autres. Chacune de ces membranes se compose de fibres longitudinales qui, se rapprochant et se séparant alternativement, donnent lieu à une sorte de réseau dont les mailles sont pleines de substance cellulaire verte.

On concevra facilement, d'après cela, que, quoique la fibre forme la majeure partie de l'écorce, celle-ci peut assez varier dans sa nature en raison des autres substances qu'elle contient souvent, pour prendre des propriétés très diverses : M. Braconnot a trouvé des quantités sensibles de pectine ou d'acide pectique dans toutes celles qu'il a examinées (*Ann. de Chim. et de Phys.* L, 381). Contentons-nous de parler des écorces qui sont employées dans les arts ou en médecine.

2685. *Écorce de fausse angusture (brucæa antidysenterica).* — Cette écorce, remarquable par son excessive amertume et par la propriété qu'elle a de déterminer, chez l'homme et les animaux, de violentes attaques de tétanos, a été analysée par MM. Pelletier et Caventou : elles est composée, suivant eux, d'une petite quantité de brucine unie à l'acide gallique, de matière grasse, de beaucoup de gomme, de substance colorante jaune, de traces de sucre, de ligneux. C'est à la brucine qu'elle doit son action sur l'économie animale. (*Ann. de Chim. et de Phys.* t. xii, p. 132.)

2686. *Écorce du chanvre (cannabis sativa).* — Cette écorce est formée de filasse qui se rapproche beaucoup de la fibre végétale, de résine, d'une matière verte colorante et d'un suc glutineux : c'est par celui-ci qu'elle adhère fortement à la tige. Le rouissage a pour objet de la mettre dans le cas de pouvoir être facilement séparée. On l'exécute en plaçant le chanvre, pendant un certain nombre de jours, dans des routoirs ou fosses situés sur le bord des rivières, et remplis d'eau qui se renouvelle peu-à-peu. Il paraît qu'alors le suc glutineux et la matière colorante se putréfient ; car ils disparaissent en grande partie, et donnent lieu à un dégagement de gaz hydrogène carboné, de gaz carbonique, etc. L'opération se ferait moins bien dans une eau courante que dans une eau stagnante : la première retarde trop la fermentation, la seconde la rend trop active et colore la filasse en brun. Dans tous les cas, celle-ci perd de sa solidité et laisse exhaler des gaz plus ou moins dangereux à respirer. Voilà pourquoi il serait tant à desirer que l'on trouvât une machine au moyen de laquelle on pût dépouiller facilement et économiquement le chanvre de son écorce, sans être obligé de le rouir. Ce problème, dont on s'est beaucoup occupé dans ces derniers temps, ne paraît point encore être résolu.

2687. *Écorce de cinchona.* — Le quinquina ou kina, si

remarquable par son amertume et par ses propriétés fébrifuges, dues à la quinine ou à la cinchonine qu'il contient, n'est que l'écorce de diverses espèces de *cinchona*, arbres qui croissent en Amérique, au Pérou, etc.

Ces écorces ont été analysées par MM. Pelletier et Caventou. Nous n'entrerons pas ici dans le détail des méthodes qu'ils ont employées ; nous nous bornerons à rapporter le résultat de ces analyses.

Le quinquina gris est composé :

1º De cinchonine unie à l'acide quinique ;

2º D'une petite quantité de quinine ;

3º De matière grasse verte ;

4º De matière colorante rouge (rouge cinchonique de Reuss) ;

5º De matière colorante rouge soluble , variété de tannin ;

6º De matière colorante jaune ;

7º De quinate de chaux ;

8º De gomme ;

9º D'amidon ;

10º De ligneux.

Le quinquina jaune présente une composition très analogue ; seulement la quinine remplace ici la majeure partie de la cinchonine , et il n'existe point de gomme dans ce quinquina.

Le quinquina rouge contient les deux mêmes principes fébrifuges que les deux précédentes espèces en fortes proportions.

Le quinquina de Carthagène offre une composition analogue à celle du quinquina rouge , et contient les deux bases salifiables , mais en très petite quantité.

Le quinquina de Sainte-Lucie , qui n'est pas un *cinchona* mais un *exostemma*, ne contient ni quinine ni cinchonine , et renferme une matière infiniment plus amère qui, si elle est alcaline , ne jouit de cette propriété qu'à un très faible degré.

Parmi les différentes substances qui entrent dans la composition des quinquinas, nous ferons remarquer celle que nous avons désignée sous le nom de *rouge cinchonique*. Cette matière , qui , par elle-même , ne précipite pas la gélatine , acquiert cette propriété lorsque après avoir été combinée à une base salifiable, on la sépare par le moyen d'un acide ; elle jouit aussi de quelques autres propriétés qui lui sont tout-à-fait particulières.

M. Vauquelin, ayant eu occasion d'examiner l'écorce du *strychnos pseudo-kina*, appelé vulgairement *quina do Campo*, ou de *Mandanha*, et rapporté du Brésil par M. Auguste Saint-Hilaire, s'est assuré qu'il ne renfermait point de base végétale, et que la propriété fébrifuge dont il jouit appartient à une matière amère.(*Bulletin de la Société philomatique* pour 1823, page 39.)

2688. *Écorce du daphné alpina.* – Quelques personnes avaient pensé, d'après une analyse de cette écorce publiée par M. Vauquelin (*Ann. de Chim.*, LXXXIV, 73), que le principe âcre du daphné devait être un alcali; mais il suit de nouvelles expériences dues au même chimiste (*Journal de Pharmacie*, tome X, page 419), que le principe irritant des *daphné* est une huile volatile; que c'est à l'époque de la végétation de ces plantes qu'elles doivent avoir le plus d'énergie, parce qu'elles contiennent le plus d'huile volatile; que cette huile, se convertissant peu-à-peu en résine, la force irritante des *daphné* diminue en proportion; que cependant la résine, à mesure qu'elle se forme, s'oppose à ce que le reste de l'huile éprouve le même changement, et que telle est la raison pour laquelle les garous anciens conservent encore de l'action sur la peau.

M. Vauquelin a terminé son premier mémoire par une réflexion trop importante pour que nous ne la citions pas : « Il « paraît que les substances végétales âcres et caustiques sont « huileuses ou résineuses; et ce qui n'est pas moins remar- « quable, c'est que les plantes qui recèlent des principes âcres « et vénéneux ne contiennent point ou presque point d'acide « développé; que conséquemment on doit se défier des plan- « tes qui ne sont point acides, et qu'au contraire celles où « il y a des acides développés ne doivent point inspirer les « mêmes craintes. »

2689. *Écorce du houx.* — Cette écorce sert principalement à la préparation de la glu. Pour obtenir cette matière, suivant M. Bouillon-Lagrange, il faut prendre la seconde écorce du houx, la piler, la faire ensuite bouillir pendant quatre à cinq heures avec de l'eau; puis la retirer du bain, la placer dans des pots de terre à la cave, l'y enterrer même, et l'y laisser jusqu'à ce qu'elle soit pourrie ou jusqu'à ce qu'elle devienne visqueuse, en l'arrosant de temps en temps avec un peu d'eau : l'écorce se trouve alors transformée en glu, qui, pour être pure, n'a plus besoin que d'être lavée avec de l'eau ordinaire. Il paraît que la glu peut encore être préparée avec le gui de toute espèce d'arbres et plusieurs autres matières végétales.

M. Bouillon-Lagrange est presque le seul qui en ait examiné les propriétés avec quelque soin : ce que nous allons dire est tiré de son Mémoire. (*Ann de Chim.*, t. LVI, p. 24.)

La glu est verdâtre, filante et tenace; sa saveur est amère et son odeur analogue à celle de l'huile de lin. Exposée à l'air, elle se dessèche un peu et brunit; elle se fond au feu, s'allume, et brûle vivement en se boursouflant et sans répandre l'odeur qui caractérise les matières animales.

L'eau ne la dissout point; elle en sépare seulement un peu de mucilage, d'acide acétique et de matière extractive; elle est, au contraire, soluble dans les alcalis et dans l'éther sulfurique. Les acides faibles la ramollissent et la dissolvent en partie. L'acide sulfurique concentré la noircit et la charbonne. L'acide azotique la jaunit et la convertit, partie en acides oxalique et malique ou plutôt oxalhydrique, et partie en résine et en cire. Le chlore la rend blanche et solide. L'alcool en sépare une certaine quantité de résine et d'acide acétique.

Ces expériences nous font donc apercevoir, dans la glu, de la résine, du mucilage, un peu d'acide libre, de la matière colorante et une matière extractive; *la résine de la glu* est la substance connue aujourd'hui sous le nom de *viscine*. (*Journal l'Institut*, 1834, p. 2).

2690. *Écorce du laurus cinnamomum*. — Le *laurus cinnamomum* est un arbre que l'on cultive à Ceylan, en Chine et à Cayenne, pour en récolter l'écorce intérieure. Cette écorce est la cannelle, qui se trouve toujours dans le commerce sous forme de longs morceaux roulés sur eux-mêmes et très cassans. La cannelle doit son odeur aromatique et sa saveur piquante à une huile essentielle que l'on peut extraire, en faisant infuser l'écorce dans l'alcool, et en séparant ensuite celui-ci par une douce chaleur. D'environ 500 grammes d'écorce, Numann n'a retiré que 3 grammes d'huile. (*Voy*. nº 2246).

M. Vauquelin a fait, sur les cannelles de Ceylan et de la Guiane, des recherches qui tendent à prouver, 1º que la cannelle, indépendamment de l'huile dont nous venons de parler, contient du tannin, une matière végéto-animale colorante unie au tannin, un acide qui rend soluble dans l'eau la combinaison précédente, et une certaine quantité de mucilage; 2º que par conséquent, lorsque les médecins administrent la cannelle, soit en poudre, soit en infusion, soit en teinture alcoolique, ils donnent un mélange de toutes les matières que nous venons de nommer; 3º que la cannelle de Ceylan diffère de la cannelle de la Guiane, en ce que l'huile de celle-ci est plus âcre et en quelque sorte plus poivrée que celle de la première. (*Journ. de pharm.*, tom. III, pag. 433.) *Voyez* d'ailleurs ce qui a été dit sur l'huile de cannelle (2446).

2691. *Écorce de la racine d'orcanette* (*lithospermum tinctorium*, L.) — Cette écorce contient une matière colorante rouge, dont M. J. M. Haussmann a parlé dans le soixantième volume des *Ann. de Chim.*, que M. Pelletier a examinée d'une manière toute particulière dans le sixième volume du *Bullet. de pharm.*, pag. 445, et dont il a donné l'analyse dans le cinquante-et-unième volume des *Ann. de Chim. et de Phys.* C'est d'après la dissertation de ce dernier chimiste que nous allons tracer l'histoire de cette matière colorante, à laquelle il a donné le nom d'*acide anchusique*.

Le procédé le plus direct que l'on puisse employer pour obtenir la matière colorante de la racine d'orcanette consiste à diviser l'écorce de cette racine, à la mettre en contact avec de l'éther qu'on renouvelle plusieurs fois, et à faire évaporer la dissolution éthérée : le résidu est la matière même dans son plus grand état de pureté.

Ainsi obtenue, cette matière est solide, d'un aspect analogue à celui des graisses et des résines, d'un rouge si foncé en masse qu'elle paraît brune; sa cassure est résineuse.

Une chaleur de 60 degrés suffit pour la fondre; distillée, en vaisseaux clos, elle se décompose complètement à la manière des substances organiques, à moins que la chaleur à laquelle on la soumet ne soit ménagée soigneusement : car alors il s'en volatilise une partie, sous forme de vapeurs rouge-violet, qui ont de l'analogie avec celles de l'iode.

L'air ne l'altère pas; la lumière finit par en affaiblir la teinte.

L'alcool, les huiles, les corps gras, l'acide acétique, et surtout l'éther, dissolvent facilement la matière colorante de l'orcanette, et prennent une teinte rouge plus ou moins foncée.

L'eau n'en dissout qu'une quantité presque insensible; voilà pourquoi, lorsqu'on verse de l'eau dans une dissolution alcoolique assez concentrée de matière colorante, celle-ci se précipite tout-à-coup; dans cet état de division, elle s'altère promptement en portant la liqueur à l'ébullition : elle passe d'abord au violet, puis au bleu foncé. L'eau bouillante, mise en contact directement avec la matière, lui fait aussi éprouver de semblables altérations, mais beaucoup plus difficilement.

L'acide sulfurique faible est sans action sur la matière colorante de l'orcanette. Celui qui est concentré la dissout à chaud avec dégagement de gaz sulfureux. L'acide azotique la décompose en donnant lieu à de l'acide oxalique, à une petite quantité de substance amère, etc. L'acide chlorhydrique ne l'attaque pas.

Le chlore la décolore à l'instant.

Les alcalis en se combinant avec elle changent sa couleur en un très-beau bleu.

Plusieurs dissolutions salines produisent, dans la dissolu-

‹tion alcoolique de la couleur d'orcanette, de véritables laques : telles sont, par exemple, celles d'acétate de plomb, de chlorure d'étain, de sublimé corrosif. Mais l'alun n'y produit aucun précipité.

La matière colorante de l'orcanette ou acide anchusique contient, à l'état libre, suivant M. Pelletier, 71,23 de carbone, 6,84 d'hydrogène et 21,91 d'oxigène ; ce qui correspond à la formule $C^{34}H^{20}O^4$. Il serait possible qu'elle se trouvât, sous cette forme, combinée avec de l'eau qu'elle perdrait en s'unissant aux bases.

La couleur de l'orcanette ne sert qu'à colorer en rouge la pommade pour les lèvres, et en général les huiles et les graisses.

2692. *Écorce de Malambo.* — Cette écorce, rapportée par M. Bonpland de l'Amérique méridionale, et que l'on a proposé d'employer en médecine, provient d'un arbre dont le genre n'est point encore bien déterminé, mais que l'on pense avec raison appartenir à la famille des *Magnoliacées.* Les habitans du Choco l'appelent *palo de malambo.* Elle a été examinée par MM. Cadet-Gassicourt et Vauquelin ; et il résulte de leurs expériences, qu'indépendamment de la fibre ligneuse commune à toutes les écorces, et de quelques matières salines, elle contient, 1º de l'huile volatile et aromatique ; 2º une matière résineuse, amère, qui en fait environ la quinzième partie, et à laquelle elle doit probablement sa principale vertu ; 3º quelques substances qui sont solubles dans l'eau, et qui, lorsqu'on les sépare de celle-ci par l'évaporation, prennent la consistance d'extrait. (*Ann. de Chim.*, tom. xcvi, pag. 113 ; et *Journ. de pharm.*, tom. 1, pag. 20.)

2693. — *Écorce de chêne* (*quercus robur*). Cette écorce est astringente ; réduite en poudre, elle constitue le tan dont on se sert en Europe ; elle contient donc une assez grande quantité de tannin. Presque toutes les autres écorces en renferment aussi, mais en général beaucoup moins que celle de chêne.

2694. *Liège*, ou *partie extérieure de l'écorce du quercus suber.* — Ce corps, que Fourcroy considérait comme un des matériaux immédiats, est composé, selon M. Chevreul, d'un tissu cellulaire dont les cavités contiennent des matières astringentes, colorantes et résineuses ou grasses. C'est à ce tissu que M. Chevreul a donné le nom de *subérine*, et c'est à la matière grasse qu'il a donné celui de *cérine*. (*Ann. de Chim.*, t. xcvi, pag. 141.)

Des racines.

2695. Les racines sont ligneuses ou charnues. Les premières sont composées de bois et d'écorce, et ne contiennent presque toutes, pour ainsi dire, que de la fibre. Il n'en est pas de même des secondes : celles-ci contiennent, outre la substance fibreuse, beaucoup d'eau, de la pectine, assez souvent du sucre, dans quelques circonstances de l'amidon, et quelquefois encore d'autres matières, par exemple, de l'albumine végétale : sans doute que, dans le plus grand nombre, il n'existe que quelques centièmes seulement de fibre ligneuse. (Clément, *Ann. de Chim. et de Phys.*, t. 1, p. 173.)

Les racines qu'il est le plus utile de considérer, et qui ont été le plus examinées, sont les suivantes :

2696. *Racine de bryone* (*bryona alba*, L.). — Voyez ce qui a été dit t. iv, p. 366 et 611.—Voyez aussi le *Journ. de Pharm.*, t. xii, p. 154.

2697. *Racine de colchique*. — Voyez racine de l'ellébore blanc (*veratrum album*).

2698. *Racine de convolvulus jalappa*. — Le jalap, purgatif si actif, est la racine de cette espèce de *convolvulus*, plante indigène de Xalapa, province de la Nouvelle-Espagne. Cette racine, qui nous est apportée en tranches minces et dures, a une saveur légèrement âcre ; elle s'enflamme aisément.

Ses propriétés sont dues à une résine.

Le travail le plus étendu qui ait été fait sur le jalap est dû à M. Félix Cadet-Gassicourt. Il résulte de ses expériences, 1° que 500 grammes de jalap, à une petite perte près, sont composés de :

Eau..	24,0
Résine..	50,0
Extrait gommeux..	220,0
Fécule amilacée..	12,5
Albumine végétale......................................	12,5
Principe ligneux...	145,0
Matières salines et terreuses, savoir : phosphate de chaux, carbonate de potasse, chlorure de potassium, silice, etc.	19,0

2° Que la résine de jalap est âcre et irritante ;

3° Que c'est à elle que l'on doit attribuer, ainsi qu'on l'avait déjà annoncé, les propriétés médicales du jalap;

4° Que cependant il vaut mieux, en général, administrer la racine que la résine elle-même.

L'on trouvera, d'ailleurs, dans le Mémoire de M. Cadet, une série de résultats sur les effets que produit la résine de jalap, lorsqu'on la met en contact avec différentes parties de l'économie animale, et des recherches fort étendues sur la synonymie du mot *jalap* dans les principaux dialectes de l'Europe, sur l'histoire naturelle de ce médicament, et sur les travaux dont il a été l'objet. (*Voyez* la thèse présentée par M. Cadet à l'École de Médecine de Paris, ou l'extrait qui en a été donné dans le *Journal de Pharmacie*, t. III, p. 495. *Voyez* aussi le Mémoire de M. Planche sur la résine de jalap, *J. de Pharm.*, t. XIII, p. 265.)

2699. *Racine de curcuma longa.* — Cette racine, que l'on connaît aussi dans le commerce sous le nom de *terra merita*, provient d'une plante qui croît dans les contrées méridionales de l'Asie; elle est riche en couleur; on en tire le jaune orangé le plus éclatant que l'on connaisse; mais malheureusement il n'a point de solidité. On s'en sert quelquefois pour dorer les jaunes de gaude et donner plus de feu à l'écarlate. On l'emploie également pour préparer le papier de curcuma, avec lequel il est si facile de reconnaître la présence des alcalis, par la nuance rouge qu'il prend tout de suite.

L'analyse n'en a été faite que par MM. Vogel et Pelletier. Suivant eux, la racine de curcuma est formée, 1° d'une matière ligneuse; 2° d'une fécule amilacée; 3° d'une matière colorante jaune particulière; 4° d'une matière colorante brune analogue à celle qu'on retire de plusieurs extraits; 5° d'une petite quantité de gomme; 6° d'une huile volatile odorante et très âcre; 7° d'une petite quantité de chlorure de calcium.

La matière colorante jaune présente beaucoup d'analogie avec les résines. Cependant MM. Vogel et Pelletier pensent, qu'à raison de sa grande solubilité dans les alcalis, de l'action qu'exercent sur elle les acides concentrés, et enfin de l'ensemble de toutes ses propriétés, elle doit être regardée comme une matière particulière. (*J. de Pharm.*, t. I, p. 289.)

2700. *Racine de gentiana lutea.* — On sait seulement qu'elle est amère, fébrifuge, qu'elle croît spontanément, etc., et que MM. Henry et Caventou en ont retiré, 1° un principe odorant très fugace; 2° un principe amer, jaune, cristallin (gentianin); 3° une matière identique avec la glu; 4° une matière huileuse, verdâtre, fixe; 5° un acide organique libre; 6° du sucre incristallisable; 7° de la gomme; 8° une matière colorante fauve; 9° du ligneux. (*Journ. de Pharm.*, t. VII, p. 183.)

2701. *Racine de glycyrrhiza glabra* ou *réglisse.* — En traitant la réglisse par l'eau, on obtient une dissolution qui, évaporée convenablement, donne lieu à une matière sucrée que l'on appelle ordinairement *jus de réglisse*. Il était nécessaire de rechercher si la saveur de ce jus n'était point due à la présence d'un véritable sucre : c'est ce que M. Robiquet a fait il y a quelques années. Il résulte de ses expériences que la réglisse est composée de fécule amilacée, d'albumine végétale, d'une matière sucrée qui depuis a reçu le nom de glycyrrhizine, des acides phosphorique et malique combinés à la magnésie, d'une huile résineuse brune, épaisse et âcre, d'asparamide, et enfin d'un tissu ligneux. (*Voyez* n° 2545 et *Ann. de Ch. et de Phys.*, t. LXXII, p. 143.)

2702. *Racine d'ipécacuanha.* — Cette racine, réduite en poudre, se prend à la dose de 14 à 15 grains, comme émétique, sous le nom d'*ipécacuanha* : elle est noueuse, inégale, de la grosseur d'une petite plume et d'une couleur très variable ; elle provient d'une plante qui croît spontanément au Brésil. On n'a commencé à l'employer en médecine que sous le règne de Louis XIV, époque à laquelle elle fut essayée à l'Hôtel-Dieu.

Un assez grand nombre de recherches ont été faites sur l'ipécacuanha : les plus remarquables, sans contredit, sont celles que MM. Magendie et Pelletier ont publiées dans le *Journal de Pharmacie*, tom. III, pag. 145. Il résulte de leurs expériences, 1° que l'ipécacuanha doit ses propriétés médicales à la substance particulière que nous avons fait connaître précédemment sous le nom d'*émétine* (2192); 2° que, dans le plus grand nombre de cas, il y a bien plus d'avantage à employer l'émétine que l'ipécacuanha ; 3° que cette matière agit avec tant de force sur l'économie animale, qu'elle ne doit être administrée qu'à la dose de quelques grains; 4° que les trois espèces d'ipécacuanha usitées, l'ipécacuanha brun, l'ipécacuanha gris et l'ipécacuanha blanc, sont composées de, savoir :

Partie corticale de l'ipécacuanha brun.		*Partie ligneuse interne ou meditullium de l'ipécacuanha brun.*
Emétine	16	1,15
Gomme	10	5,00
Amidon	42	20,00
Cire végétale	6	
Ligneux	20	66,60
Matière grasse huileuse	2	des traces.
Acide gallique	des traces.	des traces.
Matière extractive non vomitive	»	2,45
Perte	4	4,80

Partie corticale de l'ipécacuanha gris.		*De l'ipécacuanha blanc.*
Émétine	14	5
Gomme	16	35
Matière grasse	2	
Matière végéto-animale	»	1
Amidon	18	
Ligneux	48	57
Perte	2	3

2703. *Racine du jatropha manioc.* — Cette racine est pivotante, pèse de 8 à 13 kilogrammes, contient beaucoup d'amidon, et appartient à un petit arbrisseau que l'on cultive en Amérique. C'est avec elle qu'une partie des habitans du Nouveau-Monde prépare le pain dont ils se nourrissent. A cet effet, ils la pèlent, l'enferment dans un sac d'écorce, fixé par le haut à un support, et portant à sa partie inférieure un seau destiné à exercer, par son poids, une pression sur le sac, et à recevoir en même temps le suc trouble qui en découle. La racine ainsi exprimée, puis séchée au soleil et passée à travers un tamis de crin, constitue une sorte de farine appelée *cassave.* Pour la faire cuire, ils en versent une légère couche sur une plaque de fer chaude, en ajoutent une deuxième lorsque la première est assez torréfiée, etc., et forment, de cette manière, des espèces de galettes auxquelles ils donnent le nom *de pain de cassave :* ce pain est mat et se conserve indéfiniment.

Le suc de la racine de manioc est un poison assez violent ; mais il suffit de l'exposer à la chaleur de l'eau bouillante pour le priver du principe vénéneux qu'il contient, tant ce principe est volatil ou facile à détruire. Abandonné à lui-même, il ne tarde point à laisser déposer une plus ou moins grande quantité d'amidon.

2704. *Racine d'orchis.* — C'est avec les racines de plusieurs espèces d'orchis, très riches en amidon, que l'on prépare le salep, espèce de fécule dont on fait usage pour soutenir les forces des malades qui ont l'estomac très affaibli. Toutes les plantes de ce genre en fournissent, quel que soit le climat qui les ait produites. Cependant, cette fécule nous vient des contrées du Levant : pour se la procurer, il faut recueillir les tubercules d'orchis sur la fin de septembre, les faire bouillir pendant un instant, afin de séparer la substance amère qu'ils contiennent, les piler, les laisser sécher et les moudre ; la poudre d'un blanc jaunâtre qui en résulte est le salep même ; elle s'unit très bien à l'eau chaude, qu'elle convertit en gelée. 24 à 40 grains de cette substance suffisent pour un bouillon.

2705. *Racine de rheum palmatum* ou *rhubarbe.* — C'est principalement de la Chine, de la Moscovie et de la Perse que nous tirons cette racine, qu'on emploie en médecine comme purgative : elle est grosse, oblongue ou orbiculaire, d'un brun foncé extérieurement, et d'un jaune rougeâtre intérieurement.

M. Henry, ancien chef de la pharmacie centrale des hôpitaux de Paris, a analysé comparativement les deux premières sortes de rhubarbes que nous venons de citer, avec celle de France : il a trouvé,

1° Que celle de Chine contenait :

Une matière colorante jaune particulière ;

Une huile douce, rancissant par la chaleur ;

De la fécule amilacée ;

Une petite quantité de gomme ;

Du tannin ;

De la fibre ligneuse ;

Le tiers de son poids d'oxalate de chaux, sel que Schéele y avait déjà annoncé ;

Du surmalate de chaux ;

Un peu de sulfate de chaux, d'un sel à base de potasse, et un peu d'oxide de fer.

2° Que la rhubarbe de Moscovie contient les mêmes principes constituans que la rhubarbe de la Chine, et à-peu-près dans les mêmes proportions ;

3° Que la rhubarbe de France diffère des deux précédentes, en ce qu'elle contient plus de tannin, plus de fécule amilacée, et moins d'oxalate de chaux : celui-ci n'en forme en effet que la dixième partie. (*Bulletin de Pharm.*, t. VI, p. 97.)

Il paraît que la matière jaune particulière, telle que l'a obtenue M. Henry, n'est pas pure. M. Caventou en a retiré un *principe colorant jaune* capable de cristalliser, de se sublimer à la chaleur sans se décomposer, et auquel il a donné le nom de *rhabarbarin*. (V. ce qui a été dit à ce sujet, ainsi que sur la rhaponticine, la rhéine, la caphopicrite, vol. IV, p. 714.)

2706. *Racine de rubia tinctorum* ou *garance*. — Nous avons dit tout ce qu'on sait de plus essentiel sur les propriétés de cette racine dans l'histoire des matières colorantes (2603).

2707. *Racine de l'ellébore blanc (veratrum album), et racine de colchique (colchicum autumnale).* — MM. Pelletier et Caventou, après avoir découvert la strychnine et la brucine, voulurent savoir s'ils ne rencontreraient pas l'une de ces bases ou une base analogue dans quelques végétaux de la famille des colchicées. Ils choisirent, à cet effet, les deux racines précédentes, et, de plus, la semence du *veratrum sabadilla*, que l'on connaît sous le nom de *cévadille*. Ils y trouvèrent en effet la *vératrine* (2190). Voici le résultat de leurs analyses.

La racine d'ellébore blanc est composée de gallate acide de vératrine, d'élaïne, de stéarine, d'acide volatil, de matière colorante jaune, de gomme, de ligneux, d'amidon.

La racine de colchique contient les mêmes substances, plus beaucoup d'inuline, et, suivant MM. Geiger et Hesse, un alcaloïde particulier qu'ils ont nommé *colchicine*, et dont il a été question (t. IV, p. 299).

Quant à la cévadille, elle ne contient ni amidon, ni inuline ; mais, du reste, on y trouve du gallate acide de vératrine, une huile qui, par la saponification, donne naissance à l'acide cévadique (2107), et en outre un peu de cire.

Toutes, d'ailleurs, et surtout la racine d'ellébore et la cévadille, renferment quelques sels minéraux. (*Ann. de Chim. et Phys.* t. XIV, p. 80.)

2707 *bis. Racines potagères.*—Dans toutes ces racines se trouve une certaine quantité de sucre; celle qui a été le plus soigneusement examinée est la betterave dont nous avons parlé (2236).

Plusieurs d'entre elles donnent un suc qui, par la fermentation, produit de la mannite; telles sont la betterave, la carotte, etc. (2256). Tel est aussi l'ognon.

Des feuilles.

2708. Toutes les feuilles renferment trois parties distinctes: la première, celle qui les enveloppe, est l'épiderme; sous cet épiderme se trouve une pulpe verte; et sous cette pulpe existe la fibre, qui donne la forme à la feuille.

L'analyse de l'épiderme n'a point encore pu être faite : il est probablement de même nature que l'épiderme des arbres. La pulpe contient toujours de la matière colorante, une sorte de gluten, souvent de la cire, et quelquefois encore d'autres substances. Nous ne dirons rien de la fibre; nous en avons parlé précédemment.

La matière colorante avait été regardée par MM. Pelletier et Caventou comme étant d'une nature particulière. Ils lui avaient même donné le nom de *chlorophylle*, de χλωρὸς, vert, et de φυλλον, feuilles (*J. de Ph.*, t. III, p. 486). Ils la préparaient en traitant, à la température ordinaire, par l'alcool rectifié, le marc bien exprimé et bien lavé de plusieurs plantes herbacées; filtrant ensuite l'alcool et le faisant évaporer doucement. Ils obtenaient ainsi une substance d'un vert foncé et d'apparence résineuse qui, selon eux, était la matière pure. Mais M. Pelletier, en reprenant ses premières recherches, s'est assuré que la *chlorophylle* contenait tout à-la-fois de la cire blanche et friable, et une huile verte qui peut-être doit sa couleur à une matière qu'elle tiendrait en dissolution. (*J. de Ph.*, t. XIX, p. 109.)

Après ces considérations sur la nature des feuilles, examinons en particulier quelques-unes d'entre elles, savoir : celles du *nicotiana tabacum*, de l'*atropa belladona*, du *gratiola officinalis*, de l'*isatis tinctoria*, du *cassia senna*.

2709. *Feuilles de l'atropa belladona* ou *de la belladone*.—C'est encore à Vauquelin que nous devons ce que nous savons, du moins en grande partie, de la belladone, plante de la même famille que les tabacs, et qui produit de violens effets sur l'économie animale. N'ayant pour objet que de savoir s'il n'y retrouverait pas le principe âcre auquel le tabac doit ses principales propriétés, il n'en a examiné que le suc qui renferme, outre l'eau, 1° une substance animale dont une partie se coagule par la chaleur, et dont une autre reste en dissolution à la faveur d'un excès d'acide acétique; 2° une substance soluble dans l'esprit-de-vin, qui a une saveur amère et nauséabonde, et à laquelle la belladone doit son action sur les animaux; c'est cette substance que le docteur Runge a obtenue plus pure, et qui, reconnue actuellement pour un alcaloïde, a reçu le nom d'*atropine* (2194); 3° de l'azotate, du sulfate de potasse, de l'oxalate acidule de potasse, de l'acétate de potasse, du chlorure de potassium et de l'acide acétique : le principe âcre du tabac ne s'y trouve pas en quantité sensible. (*Ann. de Chim.*, t. LXXII, p. 53.)

2710. *Feuilles du cassia senna.*—Ces feuilles sont employées en médecine, sous le nom de *séné*, comme purgatives. Elles viennent principalement d'Egypte, où croît l'arbuste qui les produit. Elles ont été analysées par MM. Lassaigne et Feneulle; ils les regardent comme composées de *chlorophylle*, d'une huile grasse; d'une huile volatile peu abondante, d'albumine, d'un principe purgatif (*cathartine*), d'un principe colorant jaune, de muqueux, d'acide malique, de malate et de tartrate de chaux, d'acétate de potasse et de sels minéraux. (*Ann. de Ch. et de Phys.*, t. XVI, p. 22.)

2711. *Feuilles de la gratiole* (*gratiola officinalis*).—Le suc de gratiole est un purgatif assez violent. Vauquelin, désirant connaître le corps auquel il doit cette propiété, a soumis ce suc à l'analyse. Il en a retiré 1° une matière gommeuse, colorée en brun; 2° une sorte de matière résineuse très amère, très soluble dans l'alcool, soluble dans l'eau, surtout à la faveur des autres principes du suc de gratiole; 3° une petite quantité de matière animale; 4° un malate qui paraît être à base de potasse, et une assez grande quantité de sel marin. Vauquelin ne doute pas que ce ne soit dans la matière amère que réside la vertu purgative. (*Ann. de Chim.*, t. LXXII, p. 191.)

2712. *Feuilles de l'isatis tinctoria* et *de l'indigofera anil.*—*Voyez* ce qui en a été dit (2586, 2587 et la note t. IV, p. 665.

2713. *Feuilles du nicotiana tabacum latifolia.*—C'est avec les feuilles de certaines espèces de nicotiane, plantes que l'on cultive dans un grand nombre de pays, que l'on fait le tabac. Il s'obtient en général en faisant fermenter les feuilles jusqu'à un certain point, les séchant et les réduisant en rubans ou en poudre, selon l'usage auquel on les destine : il était donc intéressant d'analyser ces feuilles.

Vauquelin a fait l'analyse de celles du *nicotiana tabacum*

latifolia (*Ann. de Chim.*, tom. LXXI, p. 139.) Elles contiennent, 1° une grande quantité d'albumine; 2° une matière rouge soluble dans l'alcool et dans l'eau, qui se boursoufle considérablement lorsqu'on la chauffe, et dont la nature n'est point encore bien connue; 3° un principe âcre, volatil, incolore, légèrement soluble dans l'eau, très soluble dans l'alcool; 4° de la résine verte, semblable à celle qui existe dans toutes les feuilles; 5° de la fibre ligneuse; 6° de l'acide acétique; 7° de l'azotate de potasse et du chlorure de potassium; 8° du chlorhydrate d'ammoniaque; 9° du malate acide de chaux, de l'oxalate et du phosphate de chaux; 10° de l'oxide de fer; 11° de la silice. C'est au principe âcre, principe très voisin des huiles, que le tabac doit ses propriétés.

Après avoir fait cette analyse, Vauquelin s'est occupé de celle du tabac, pour connaître la différence qui existe entre ce produit de la fermentation et les feuilles qui le fournissent : il a retrouvé dans le tabac les mêmes substances que celles qui existent dans la plante verte, et de plus du carbonate d'ammoniaque et du chlorure de calcium, provenant sans doute de la décomposition mutuelle du chlorhydrate d'ammoniaque et de la chaux qu'on ajoute au tabac pour lui donner du montant (*Annales du Muséum d'Histoire naturelle*, tom. XIV, p. 21.) MM. Posselt et Reimann ont retiré du tabac un alcaloïde liquide, jouissant de propriétés très énergiques. V) *nicotine* (tom. IV, p. 298).

Des fleurs.

2714. Les fleurs sont surtout remarquables par la variété, par l'éclat de leurs couleurs, et par la diversité de leurs parfums. Ceux-ci sont dus à des huiles essentielles, et les couleurs à des combinaisons diverses entre les trois principes qui constituent la masse des végétaux. Le parfumeur met à profit les uns; il les extrait par la distillation. Les autres sont en général trop fugaces pour pouvoir être fixés : aussi les fleurs, séparées des branches qui les portaient, ne tardent-elles point à se ternir.

Fleurs bleues, violettes ou purpurines. — Ce sont les plus altérables; les acides les rougissent, et les alcalis les verdissent; quelques-unes, en raison de cette propriété, nous servent de réactifs, telles que celles de violette, de mauve, de guimauve. Leur principe colorant n'a point encore été isolé; il est presque toujours soluble dans l'eau.

Fleurs rouges. — Elles sont presque aussi altérables que les fleurs bleues; les alcalis les jaunissent; les acides, au coutraire, les avivent. On n'a encore isolé que le principe colorant de l'une d'entre elles, de celle du *carthamus tinctorius* (2569). Ce principe est insoluble dans l'eau; mais celui de presque toutes les autres fleurs s'y dissout.

Fleurs jaunes. — Ce sont les fleurs qui s'altèrent le moins : aussi, en se desséchant, ne perdent-elles que très peu de leur teinte. Elles communiquent leurs matières colorantes à l'eau. Les acides en affaiblissent la nuance; les alcalis la rendent presque orangée.

On n'a encore analysé que quelques espèces de fleurs ; savoir : celles d'oranger, celles de carthame, etc. M. Boullay a trouvé que les premières contenaient, outre l'huile volatile, de l'albumine, une substance jaune, amère, soluble dans l'alcool et dans l'eau, insoluble dans l'éther ; une matière gommeuse, de l'acide acétique et de l'acétate de chaux (*Bullet. de Pharm.*, tom. 1, pag. 337). La composition des secondes, suivant MM. Dufour et Marchais, est beaucoup plus compliquée. (*Voy.* leurs Mémoires, *Ann. de Chim.*, tom. XLVIII, pag. 283; et tom. L, pag. 73.)

Fleurs de houblon. — Cette fleur est employée, comme on sait, dans la préparation de la bière. Il paraîtrait, d'après MM. Planche, Yves, Payen et Chevallier, que ce ne serait pas la fleur par elle-même qui serait utile ; que ce serait une matière jaune, granulée, qui se trouve dans les cônes écailleux ou plutôt sous les aisselles des écailles membraneuses des fleurs femelles. Cette matière est d'un jaune doré, en petits grains, et de nature résineuse. Son action est dix fois plus grande que celle du houblon. Le docteur Yves lui a donné le nom de *lupuline*. (Voy. *Journ. de pharm.*, tom. VIII, pag. 209.)

Des stygmates.

2716. Il n'y a que MM. Bouillon-Lagrange et Vogel qui aient fait quelques expériences sur les stygmates ; et encore ne se sont-ils occupés que de ceux du safran (*crocus sativus*), et n'ont-ils eu pour objet que d'en extraire la matière colorante qui, suivant eux, est toute particulière.

Pour l'obtenir, il faut faire chauffer l'infusion aqueuse des stigmates de safran jusqu'à ce qu'elle soit réduite en consistance d'extrait, traiter cet extrait par l'alcool concentré, filtrer la liqueur et l'évaporer à siccité; le résidu, d'après ces chimistes, est la matière colorante pure. Mais, comme cette matière n'est pas cristallisée, il nous semble qu'on ne saurait répondre de sa pureté, et qu'elle est probablement mêlée avec quelques substances étrangères. Quoi qu'il en soit, voici les propriétés que présente la matière colorante du safran.

Son odeur est suave, sa saveur est piquante et amère. Soumise à l'action du feu, elle se décompose, et donne de l'ammoniaque, indépendamment des produits qui proviennent de la distillation des matières végétales. Sa dissolution aqueuse, exposée pendant quelque temps, dans un flacon bien bouché, aux rayons solaires, se décolore entièrement. Mise en contact, à la température ordinaire, avec les acides sulfurique et azotique, elle offre des phénomènes remarquables : le premier lui communique une couleur d'un beau bleu d'indigo qui passe ensuite au lilas, et le second une couleur verte. Le chlore la blanchit et la détruit sur-le-champ. Le sulfate de fer y forme un précipité d'un brun foncé ; mais l'acétate de plomb avec excès d'acide ne la trouble point.

La matière colorante du safran n'est aucunement soluble dans les huiles fixes ni dans les huiles essentielles ; elle se dissout en très petite quantité dans l'éther, se dissout, au contraire, en assez grande quantité, dans l'eau et dans l'alcool, et se combine avec la chaux, la potasse et la baryte.

Les diverses nuances de couleur que cette matière présente avec les réactifs ont décidé MM. Bouillon-Lagrange et Vogel à lui donner le nom de *polychroïte*, de deux mots grecs, πολύς, *plusieurs*, et χρόα, *couleur*. (*Ann. de Chim.*, t. LXXX, p. 188.)

M. Henry père, qui a repris le travail de MM. Bouillon-Lagrange et Vogel, pense que la matière colorante du safran, dans l'état où l'ont obtenu ces deux chimistes, renferme toujours de l'huile volatile, et que cette huile a une grande influence sur les propriétés de la matière colorante. (*Journ. de pharm.*, tom. VII, p. 397.)

Du pollen.

2717. Le pollen ou la matière fécondante végétale a été analysée successivement par divers chimistes, entre autres par Fourcroy et Vauquelin, Bucholz, Braconnot ; tous y ont trouvé une substance azotée qui paraît être particulière, et à laquelle on a donné le nom de *pollénine*. (IVme vol., p. 614).

Fourcroy et Vauquelin ont trouvé dans le pollen du dattier (*phœnix dactilifera*) de la pollénine, de l'acide malique, du phosphate de chaux et du phosphate de magnésie. (*Ann. du Muséum d'hist. natur.*, 1, 417.)

Bucholz a retiré de mille parties de pollen du *lycopodium clavatum* (*lycopode des pharmaciens*) ; savoir : 895 de pollénine, 60 d'une huile fixe soluble dans l'alcool, 30 de sucre, 15 de mucilage. (*Ann. de Chim.*, LI, 323.)

Suivant Braconnot, le pollen du *typha latifolia*, L., que l'on peut recueillir en très grande quantité, est composé de :

Eau...................... 47,00
Pollénine................ } 25,96
Matière colorante jaune.. }
Sucre.................... }
Matière peu azotée........ } 18,32
Gomme.................... }
Stéarine et oléine 3,60
Amidon.................... 2,08

Phosphates de magnésie et de chaux................... 1,28
Phosphate de potasse mêlé à des traces de sulfate et de chlorure.................... } 1,28
Malate de potasse............ 0,40
Silice..................... 0,40

La pollénine s'obtient comme il a été dit (vol. IV, p. 614) ; lorsqu'elle est humide, elle se putréfie promptement en donnant des produits ammoniacaux, infects, et prend ensuite l'odeur de vieux fromage. En la desséchant, elle apparaît sous forme d'une masse jaune, pulvérulente, très inflammable, insoluble dans l'eau, l'alcool, l'éther, l'essence de térébenthine, les lessives alcalines froides. L'acide azotique la convertit en acides oxalique, picrique, et en une matière grasse. Une dissolution bouillante de potasse caustique la détruit, en donnant lieu à un dégagement d'alcali volatil.

C'est à la pollénine que le pollen doit la propriété de s'enflammer vivement, en le projetant à travers la flamme d'une bougie : aussi se sert-on de lycopode pour produire subitement de grandes flammes dans les salles de spectacle.

Il paraît que la pollénine n'est pas identique : du moins celle du *typha latifolia* possède quelques propriétés que l'on ne retrouve point dans la pollénine du lycopode.

Des semences.

2718. La composition des semences est variable. Outre un peu de fibre végétale, on y trouve le plus souvent de l'albumine ou une matière de nature azotée, de la gomme, du sucre, parfois de l'amidon. Quelques-unes, telles que celles des crucifères, contiennent de l'huile fixe ; quelques-unes même de l'huile essentielle ; toutes renferment divers sels.

Nous nous contenterons de citer, d'après différens chimistes, la composition de plusieurs espèces de semences.

Composition des amandes douces, d'après M. Boullay.
(*Journ. de pharm.*, t. III, p. 342.)

Eau. 3,50
Pellicule. 5,00
Huile fixe. 54,00
Albumine. 24,00
Sucre liquide. 6,00
Gomme. 3,00
Partie fibreuse. 4,00
Perte et acide acétique. 0,50

Composition des amandes amères, d'après M. Vogel.
(*Journ. de pharm.*, t. III, p. 320.)

Enveloppe.	8,5
Huile grasse.	28,0
Matière caséeuse.	30,0
Sucre.	6,5
Gomme.	3,0
Fibre végétale.	5,0
Huile volatile pesante.	
Acide cyanhydrique.	

MM. Robiquet et Boutron Charlard ont découvert l'amygdaline dans les amandes amères, depuis le travail de M. Vogel; et de plus ont fait, ainsi que MM. Liebig et Wohler, des observations importantes sur l'huile essentielle, 2438, 2541.

Semences du croton tiglium (graine de Tilly ou des Moluques).

Ces semences, débarrassées de l'épisperme, ont été analysées par MM. Pelletier et Caventou qui les ont prises pour celles du *jatropha curcas*, L.

Elle contiennent : de l'albumine non coagulée, de l'albumine coagulée, de la gomme, de la fibre ligneuse, une huile et un acide particulier que les auteurs ont appelé *acide jatrophique*. C'est à cet acide que les semences du *croton tiglium* devraient leurs propriétés excessivement âcres et même vénéneuses. (*Journ. de pharm.*, t. IV, p. 289.)

Semences du jatropha curcas (Pignon Inde).

Ces semences ont donné à M. Soubeiran : de l'huile, du gluten, un peu de gomme, une quantité notable de principe sucré, un peu d'acide libre (malique?), un peu d'acide gras, quelques sels, une matière âcre, fixe, particulière.

L'huile grasse est insoluble dans l'alcool, et se distingue par cela même de celle des semences du ricin et du *croton*, qui appartiennent à la même famille.

La matière âcre a quelque analogie avec les résines ; elle est inodore, fond au-dessous de 100° ; l'eau ne la dissout pas ; mais elle est soluble en toutes proportions dans l'alcool ; l'éther hydrique, l'éther acétique et les alcalis la dissolvent également ; les acides étendus sont sans action sur elle.

Les semences du *jatropha multifida* et celles de l'*euphorbia lathyris*, paraissent avoir une composition semblable ; ces dernières sont remarquables par la grande quantité de résine qu'elles renferment. L'huile de ricin renferme aussi la même résine, et lui doit une partie de ses propriétés purgatives. (*Journ. de pharm.*, t. XV, p. 501.)

Semences de moutarde.

Les semences de moutarde ont été l'objet de beaucoup d'expériences intéressantes, mais dont les résultats laissent beaucoup à desirer. Toutefois, il paraît certain : 1° que la moutarde contient une matière particulière formée d'hydrogène, de carbone, d'oxigène, d'azote et de soufre ; cette matière est la *sulfo-sinapisine*, découverte par MM. Henry et Garot ; 2° qu'il existe, d'après MM. Robiquet et Boutron Charlard, des différences très marquées entre le *principe actif* de la moutarde blanche et celui de la moutarde noire ; qu'aucun de ces principes ne préexiste dans la semence, et qu'ils se forment dans le cours de l'opération à laquelle cette semence est soumise. (Voy. *Jour. de Pharm.*, t. XVII, p. 1,—*id.* p. 271 —*id.* 279 — *id.* 299.)

Composition des pois et des fèves, d'après Einhoff.

	Pois, *pisum sativum.*	Fèves, *vicia faba.*
Matière volatile.	540	600
Amidon.	1265	1312
Matière végéto-animale.	559	417
Albumine.	66	31
Sucre.	81	0
Mucilage.	249	177
Matière amilacée fibreuse et enveloppe.	840	996
Extractif soluble dans l'alcool.	0	136
Sels.	11	37,5
Perte.	229	133,5
	3840	3840

Les pois ont aussi été examinés par M. Braconnot qui leur a trouvé une composition peu différente de celle qui vient d'être indiquée.

Composition de la fève de Saint-Ignace (*graine du* strychnos ignatia), *de la noix vomique* (*graine du* strychnos nux vomica).

1er. Igasurate de strychnine ;
2°. De la brucine unie à l'acide igasurique ou gallique ;
3°. Un peu de cire ;
4°. Une huile concrète ;
5°. Une matière colorante jaune ;
6°. De la gomme ;
7°. De l'amidon,
8°. De la bassorine ;
9°. De la fibre végétale.

Le bois de couleuvre renferme aussi les mêmes substances, sauf l'amidon et la bassorine : c'est à la strychnine que ces graines et ces bois doivent leur grande action sur l'économie animale. (*Voy.* les *Mémoires* de Pelletier et Caventou, *Ann. de Chim. et de Phys.*, t. X, p. 170.—Le *Journ. de pharm.*, t. VIII, p. 316 et les n°s 2187 et 2188.)

Fruits secs.

2719. La plupart des fruits secs qui ont été examinés, appartiennent à la famille des graminées. On y trouve ordinairement de l'amidon, de l'albumine, presque toujours du gluten, du sucre, de la gomme.

Composition de la farine d'avoine blanche (avena sativa).

M. Vogel, qui a analysé cette farine il y a quelques années (*Journ. de pharm.*, t. III, p. 213), l'a trouvée composée de :

```
Fécule..........................  59
Albumine........................  4,30
Gomme...........................  2,50
Sucre et principe amer..........  8,25
Huile grasse....................  2
Sels, quantité indéterminée.
```

Ces résultats diffèrent beaucoup de ceux qu'a obtenus M. Davy, en ce que, suivant ce célèbre chimiste, l'avoine contiendrait 6 pour 100 de gluten.

Composition du seigle, d'après Einhoff.

3840 parties de seigle se composent de :

```
Enveloppe...............  930
Humidité................  390
Farine..................  2520
```

La même quantité de farine contient :

```
Albumine................  126
Gluten non desséché.....  364
Mucilage................  426
Amidon..................  2345
Sucre...................  126
Enveloppe...............  245
Perte...................  208
```

Composition du seigle ergoté, d'après Vauquelin.

Cette substance, que Vauquelin considère, avec quelques naturalistes, comme du seigle altéré par une maladie due à des causes extérieures, contient :

1° Une matière colorante jaune fauve, soluble dans l'alcool, ayant une saveur semblable à celle de l'huile de poisson ;

2° Une matière huileuse, blanche, d'une saveur douce, qui paraît être assez abondante dans l'ergot ;

3° Une matière colorante violette, de la même nature que celle de l'orseille, mais qui en diffère par son insolubilité dans l'alcool, et qui s'applique facilement à la laine et à la soie alunées ;

4° Un acide d'une espèce indéterminée, mais qui est probablement de l'acide phosphorique ;

5° Une matière végéto-animale très abondante, très disposée à la putréfaction, et qui fournit beaucoup d'huile épaisse et d'ammoniaque à la distillation;

6° Une petite quantité d'ammoniaque libre, qu'on peut obten à la température de l'eau bouillante. (*Ann. de Chim. et de Phys.*, t. III, p. 337.)

Depuis l'analyse de Vauquelin, le seigle ergoté a été examiné par M. Wiggers qui, sur cent parties, l'a trouvé formé de :

Huile grasse, blanche, particulière	35,0006
Matière grasse, particulière, blanche, cristallisable, très molle	1,0456
Cérine	0,7578
Matière fongueuse	46,1862
Ergotine	1,2466
Osmazome végétale	7,7645
Sucre du seigle ergoté	1,5530
Matière gommeuse extractive, combinée avec un principe colorant, azoté, rouge de sang	2,3250
Albumine végétale	1,4600
Phosphate acide de potasse	4,4221
Phosphate de chaux mêlé avec des traces de fer	0,2922
Silice	0,1394

M. Wiggers a donné le nom d'ergotine à une matière pulvérulente d'un rouge brun, d'une saveur amère et légèrement âcre, d'une odeur particulière, nauséabonde, qui se développe facilement, surtout par la chaleur. Cette matière est neutre, insoluble dans l'eau et dans l'éther, soluble dans l'alcool. Le chlore la détruit. L'acide sulfurique concentré la dissout en prenant une couleur brune; l'acide azotique ne la transforme point en acide oxalique par l'action de la chaleur. Les alcalis carbonatés sont sans action sur elle; mais la potasse caustique en opère bien la dissolution; l'acide acétique la dissout aussi : elle peut être précipitée de cette dissolution par l'eau et l'acide sulfurique.

M. Wiggers rapproche cette matière du rouge cinchonique; mais elle paraît n'être que de l'ulmine impure. Il pense que l'ergot n'est rien autre chose qu'une plante agame qui se développe dans l'épi du seigle. (*Journ. de Pharm.*, t. XVIII, p. 525).

Composition de la farine de froment (triticum).

M. Davy, qui a fait voir que le climat et plusieurs autres circonstances influent sur les quantités respectives des matériaux immédiats des graines, a tiré cette conséquence générale de ses expériences : savoir, que le blé cultivé dans les provinces méridionales contient plus de gluten que le froment du Nord.

M. Proust a trouvé, dans 100 parties de farine de froment (*Ann. de Chim. et de Phys.*, t. v, p. 340) :

Résine jaune	1
Extrait gommeux et sucré	12
Gluten	12,5
Amidon	74,5
	100,0

En soumettant à l'analyse la farine du *triticum hibernum*, et celle du *triticum spelta*, provenant du blé cultivé au bord du Danube, entre Ratisbonne et Straubing, M. Vogel a retiré (*Journ. de Pharm.*, t. iii, p. 211) :

	de la première.	de la seconde.
Fécule	68	74
Gluten non desséché	24	22
Sucre gommeux	5	5,50
Albumine végétale	1,5	0,50
Phosphates terreux et autres sels, quantité indéterminée.		

Il arrive quelquefois que les blés se moisissent; le genre d'altération qu'ils éprouvent alors n'est pas bien connu ; mais il paraît, d'après M. Hatchett et M. Peschier, qu'il est possible de les améliorer au point de les rendre propres à faire un pain excellent. Le procédé de M. Hatchett consiste à les immerger simplement dans le double de leur volume d'eau bouillante, et à les y laisser jusqu'à ce que l'eau soit refroidie : tous les grains gâtés viennent à la surface du liquide; les autres, au contraire, se précipitent au fond : on les sépare et on les fait sécher.

M. Peschier, au lieu d'eau, se sert de lessive alcaline bouillante; cette lessive étant ôtée de dessus le feu, il y laisse le blé pendant une demi-heure, en le remuant de temps en temps, puis il le lave à l'eau froide jusqu'à ce qu'elle ne se colore plus, et le dessèche complètement. Cette méthode, selon lui, est préférable à la précédente. (*Ann. de Chim. et de Phys.*, t. iii et vi, p. 326 et 87.)

Nous croyons devoir joindre ici les résultats que Vauquelin a obtenus en analysant comparativement un assez grand nombre de farines. (*Jour. de Pharm.*, t. viii, p. 353.)

FARINES.	HUMIDITÉ.	GLUTEN.	AMIDON.	MATIÈRE SUCRÉE.	MATIÈRE gommo-glutineuse.
Farine brute de froment...............	10	10,96	71,49	4,72	3,32
— de méteil...................	6	9,80	75,50	4,22 (1)	3,28
— brute de blé dur d'Odessa........	12	14,55	56,50	8,48	4,90 (2)
— brute de blé tendre d'Odessa......	10	12,00	62,00	7,36	5,80 (3)
— *idem*, 2ᵉ qualité...............	8	12,10	70,84	4,90	4,60
— du service, dite *seconde*.........	12	7,30	72,00	5,42	3,30
— des boulangers de Paris..........	10	10,20	72,80	4,20	2,80
— des hospices, 2ᵉ qualité..........	8	10,30	71,20	4,80	3,60
— *idem*, 3ᵉ qualité...............	12	9,02	67,78	4,80	4,60

Composition du riz.

M. Braconnot ayant analysé comparativement le riz de la Caroline et le riz du Piémont (*Ann. de Chim. et de Phys.*, t. IV, p. 383), a trouvé :

	Dans le riz de la Caroline.	Dans le riz du Piémont.
	grammes.	grammes.
Eau......................	5,00	7,00
Amidon....................	85,07	83,80
Parenchyme................	4,80	4,80
Matière végéto-animale.......	3,60	3,60
Sucre incristallisable........	0,29	0,05
Matière gommeuse, voisine de l'amidon.................	0,71	0,10
Huile.....................	0,13	0,25
Phosphate de chaux..........	0,40	0,40
Chlorure de potassium et phosphate de potasse, acide acétique, sel végétal à base de chaux, sel végétal à base de potasse, soufre.	des traces.	

M. Vogel a obtenu des résultats qui diffèrent un peu des précédens. Suivant lui, le riz est composé de (*Journal de pharmacie*, t. III, p. 214) :

Fécule......................	96
Sucre.......................	1
Huile grasse.................	1,50
Albumine....................	0,20
Sels, quantité indéterminée.	

---

(1) Il était resté 1,20 de son sur le tamis.
(2) Il était resté 2,30 de son après le lavage.
(3) Après le lavage, il était resté aussi dans cette analyse 1,20 de son.

M. Payen a bien voulu me remettre sur le riz et sur son analyse la note suivante :

Le riz contient environ le double de la plus grande proportion de substance azotée qui ait été admise jusqu'ici, et cela explique mieux qu'on ne l'avait pu faire sa qualité éminemment nutritive.

A la base de la graine dépouillée mécaniquement de son enveloppe ligneuse, on observe un petit embryon formant les 0,029 du poids total, et qui se compose pour la plus grande partie d'un tissu végétal, d'une substance azotée insoluble, d'une substance azotée soluble dans l'eau froide et bouillante, et d'une huile grasse; cet embryon manque généralement dans les graines de riz commerciales : elles ne contiennent que l'endosperme de la graine.

L'amande tout entière desséchée est composée des matières suivantes :

Amidon ou fécule dépouillée de son enveloppe....	86,92
Tissu végétal..	3,44
Substance azotée insoluble.........................	6,89
Id. *Id.* soluble................................	0,60
Gomme et sucre....................................	0,50
Huile grasse.......................................	0,75
Phosphates de chaux et de potasse, chlorure de potassium, sels végétaux de chaux et potasse, traces de soufre, d'huile essentielle, d'acide libre.....	0,90

On extrait facilement la plus grande partie de la substance azotée en traitant l'amande du riz broyée à l'eau froide, par 50 fois son poids d'eau chauffée à 90 degrés; puis y ajoutant une solution de diastase en quantité convenable. Le résidu de cette réaction, qui renferme notamment la substance azotée insoluble et le tissu végétal, donne directement des vapeurs ammoniacales très alcalines lorsqu'on le décompose par la chaleur; on en sépare d'ailleurs la matière azotée par de faibles solutions de potasse.

Le riz (ou plutôt l'endosperme de cette graine) que l'on vend dans le commerce, contient des proportions d'eau très variables, suivant l'humidité du lieu, et ordinairement comprises entre 0,06 et 0,10; il doit sa demi-transparence à l'eau interposée, car il devient opaque par la dessiccation.

Desséchés le plus possible dans le vide ou l'air sec, les grains de riz plongés dans l'eau à 20 degrés absorbent rapidement ce liquide, se gonflent et se désagrègent; ce phénomène est facile à concevoir d'après les observations faites sur la fécule dans des circonstances analogues. C'est un moyen facile de diviser le riz alimentaire; si l'on veut au contraire faire acquérir un fort volume aux grains, il suffit de les hydrater à froid, puis de les projeter dans un excès d'eau chauffée de 90 à 100 degrés.

M. Vauquelin a fait aussi l'analyse du riz ; il n'y a point trouvé de sucre, et n'y admet que très peu de matière animale. (*Journ. de pharm.* III, 315.)

Composition du poivre (Piper nigrum).

Il suit des expériences de M. Pelletier (*Ann. de Chim. et de Phys.*, t. XVI, p. 350).

1° Que le poivre est composé :

De pipérine (2547).
D'une huile concrète très âcre ;
D'une huile volatile balsamique ;
D'une matière gommeuse colorée ;
D'un principe extractif analogue à celui des légumineuses ;
D'acide malique et d'acide tartrique ;
D'amidon ;
De bassorine ;
De ligneux ;
De sels terreux et alcalins en petites quantités ;

2 Qu'il n'existe pas d'alcali organique dans le poivre, malgré l'assertion de M. OErsted.

3° Que la substance cristalline du poivre est de nature particulière.

4° Que le poivre doit sa saveur à une huile peu volatile.

5° Enfin, qu'il y a des rapports entre la composition du poivre commun et celle du poivre cubèbe analysé par Vauquelin, et que les différences de composition qu'on remarque entre ces deux fruits peuvent s'expliquer par la seule différence des espèces, ce que l'on ne pourrait faire si seulement un des deux contenait un alcali organique.

Des fruits charnus ou pulpeux.

2720. Les fruits charnus sont presque toujours acides : ils doivent leur acidité le plus souvent aux acides malique et citrique, quelquefois aussi au tartrate acide de potasse. Ils contiennent en général une certaine quantité de sucre et de matière fermentescible ou du moins capable de le devenir par le contact de l'air, du mucilage, de la fibre, une matière colorante : quelques-uns contiennent encore de la pectine, du tannin et une matière animale analogue à l'albumine ou au gluten : nous n'en examinerons aucune en particulier.

De la fermentation vineuse et de la fermentation acide.

2721. Définissons d'abord la fermentation d'une manière générale : c'est un mouvement spontané qui s'excite dans les corps, et qui donne naissance à des produits qui n'y existaient point.

Il y a trois sortes de fermentations : la fermentation vineuse, spiritueuse ou alcoolique, la fermentation acide, et la fermentation putride. La première est celle dans laquelle il se forme de l'alcool; la seconde, celle dont le principal résultat est l'acide acétique; la troisième est distincte des précédentes en ce que les produits auxquels elle donne lieu sont nombreux et plus ou moins infects.

Plusieurs chimistes reconnaissent encore la fermentation saccharine et la fermentation panaire; mais cette dernière fermentation se compose évidemment de la fermentation spiritueuse et de la fermentation acide (2538) : il faut donc la rejeter. Quant à la fermentation saccharine, on serait en droit de l'admettre aussi bien que les autres, d'après la définition donnée; car il est certain que le sucre se forme dans plusieurs circonstances au sein des matières qu'on abandonne à elles-mêmes. Au reste, tous les phénomènes que comprend la fermentation en général ne se produisent que parce qu'en réalité les corps qui l'éprouvent se trouvent dans des circonstances nouvelles.

2722. Nous plaçons la fermentation vineuse et toutes les liqueurs auxquelles elle donne lieu, immédiatement après les fruits charnus et secs, parce que c'est en faisant fermenter plusieurs de ceux-ci, tels que le raisin, l'orge, le froment, la poire, la pomme, etc., que l'on obtient le vin, la bière, le cidre, etc. Nous traiterons ensuite de la fermentation acide, par la raison que les produits de la fermentation vineuse l'éprouvent constamment en les exposant au contact de l'air.

2723. La fermentation vineuse ne peut être produite que par le concours du sucre, du ferment, de l'eau et d'une certaine température (1). Que l'on dissolve 5 parties de sucre dans 20 parties d'eau; que l'on ajoute à la dissolution une

---

(1) Nous donnons le nom de *ferment*, à une substance qui se sépare, sous forme de flocons plus ou moins visqueux, de tous les fruits qui éprouvent la fermentation vineuse. C'est en faisant la bière qu'on se le procure ordinairement; c'est pour cela que, dans le commerce, on le connaît sous le nom de *levure de bière*.

partie de ferment frais en pâte ; que l'on expose ensuite le mélange à une température de 15 à 30°, et bientôt la fermentation vineuse aura lieu ; il se formera tout autour du ferment une multitude de petites bulles ; ces bulles se réuniront deux à deux, trois à trois, quatre à quatre, s'élèveront en emportant de petites masses de ferment auxquelles elles étaient adhérentes, resteront à la surface de la liqueur pendant quelque temps, et y formeront une écume plus ou moins épaisse : alors elles se dégageront dans l'air. Les petites masses de ferment tomberont au fond du vase pour s'élever une seconde fois par la production de nouvelles bulles, retomberont encore, et ainsi de suite. La fermentation sera très forte, pendant les dix ou douze premières heures, si l'on opère sur une centaine de grammes de sucre, puis elle se ralentira et ne se terminera que dans l'espace de plusieurs jours : à cette époque, toute la matière qui troublait la transparence de la liqueur se déposera, et celle-ci deviendra très claire.

Pour pouvoir apprécier les changemens chimiques qui surviennent dans cette opération, il faut la faire dans un flacon tubulé et surmonté d'un tube recourbé qui s'engage sous des flacons pleins de mercure. Ces changemens consistent, 1° dans la décomposition totale du sucre ; 2° dans la décomposition partielle du ferment ; 3° dans la production d'une quantité pondérable d'alcool et d'acide carbonique, à-peu-près aussi grande que la quantité de sucre sur laquelle on opère (1). Le

---

Des hommes appelés *levuriers* le vendent à Paris sous forme d'une pâte d'un blanc grisâtre, ferme et cassante; nous en allons étudier les propriétés sous cet état.

Le ferment en pâte, abandonné à lui-même dans un vaisseau fermé, à une température de 15 à 20° se décompose, et éprouve en quelques jours la fermentation putride.

Soumis à l'action d'une douce chaleur, il se dessèche, perd plus des deux tiers de son poids d'eau, devient dur et cassant, et peut alors se conserver indéfiniment ; chauffé plus fortement ensuite, il éprouve une décomposition complète, et donne tous les produits provenant de la distillation des substances animales.

Il est insoluble dans l'eau et l'alcool. L'eau bouillante lui enlève promptement sa propriété fermentescible, du moins pour un grand nombre de jours. En effet, lorsqu'on le tient plongé dans cette eau pendant 10 à 12 minutes, et qu'on le met ensuite en contact avec une dissolution de sucre, la dissolution reste long-temps sans fermenter; cependant le ferment, dans cette opération, ne paraît perdre aucun de ses principes ni en acquérir d'autre; son action sur les acides, les alcalis et les sels n'a point encore été bien étudiée.

Le ferment tel que nous venons de le décrire, n'est probablement pas pur. Est-ce une matière unique? n'y a-t-il pas plusieurs substances qui peuvent faire fermenter le sucre. (*Voyez* ce qui est dit plus loin, pages 62 et suivantes).

(1) L'on obtient encore une très petite quantité de matière d'un blanc grisâtre, composée d'hydrogène, d'oxigène et de carbone, insoluble dans l'eau, équivalant à-peu-près à la moitié du ferment décomposé, et qui se dépose au fond du flacon avec l'excès du ferment; mais, comme je suppose que cette matière n'est point un

gaz carbonique passe dans les flacons pleins de mercure ; l'al-cool reste en dissolution dans la liqueur , qu'il rend vineuse : on peut l'en extraire par la distillation.

La quantité de ferment décomposé est très petite : 100 par-ties de sucre n'exigent environ qu'une partie et demie de ce corps supposé sec et pur pour leur décomposition totale. Pour le prouver il suffit de prendre deux quantités égales de levure fraîche ou en pâte , de faire dessécher l'une et de la peser, de mettre l'autre avec un excès de sucre et de l'eau, de filtrer la liqueur lorsqu'elle ne donne plus de signe de fermentation , et de la faire évaporer à siccité : par ce moyen , l'on obtiendra pour résidu l'excès de sucre, et par conséquent l'on connaîtra ce qu'il y en aura eu de décomposé ; l'on connaîtra en même temps la quantité de matière étrangère contenue dans la le-vure ; elle restera sur le filtre à travers lequel on passera la li-queur : on pourra donc en tenir compte. Or, puisque 100 par-ties de sucre n'exigent qu'une partie et demie de ferment pour se décomposer ; qu'il résulte de cette décomposition presque 100 parties , tant en acide carbonique qu'en esprit de vin , il est évident que le ferment n'agit pour ainsi dire qu'en déter-minant une réaction entre les principes constituans du sucre.

En effet, 1 prop. de sucre de raisin $C^{12}H^{14}O^7 = 1$ prop. d'alcool $(C^8H^8,H^4O^2) + 1$ prop. d'eau $(H^2O) + 2$ prop. d'acide carbonique (C^4O^4).

1 prop. de sucre de canne $(C^{12}H^{10}O^5) + 1$ prop. d'eau (H^2O) $= 1$ prop. d'alcool $(C^8H^8,H^4O^2) + 2$ prop. d'acide carbo-nique C^4O^4.

C'est-à-dire qu'il faut enlever 1 prop. d'eau à 1 prop. de sucre de raisin pour le convertir en alcool et acide carboni-que , et qu'au contraire il faut unir 1 prop. d'eau à 1 prop. de sucre de canne pour lui faire éprouver la même transfor-mation.

Or si l'on compare les quantités théoriques aux quantités expérimentales, on les trouvera à très peu près égales : donc les formules précitées doivent représenter les réactions qui se pro-duisent.

Il est une autre question qu'il nous faut maintenant exa-miner : quelle est l'action du ferment ? par quelle cause dé-compose-t-il le sucre et le transforme-t-il en alcool et acide carbonique ? A ce sujet nous rapporterons d'abord les obser-vations suivantes :

1° La levure de bière n'est pas la seule matière qui puisse

---

produit de la fermentation, qu'elle provient de l'orge qui a fourni le ferment, je n'en tiens pas compte.

produire la fermentation ; toutes les matières azotées possèdent cette propriété à un plus ou moins grand degré : telles sont du moins le gluten, l'albumine, la matière caséeuse, la colle de poisson, la viande de bœuf, l'urine. Mais tandis que la levure de bière, à la température de 18 à 20°, fait naître la fermentation en quelques minutes, ces matières ne la développent que dans l'espace de plusieurs jours et qu'à une température de 25 à 30°, quelquefois même plus. Par exemple, elle n'est sensible avec le blanc d'œuf que dans l'espace de trois semaines au moins, et encore faut-il que la température soit portée jusqu'à 35°. A dater de cette époque, elle est continue, mais faible, et par conséquent sa durée est longue.

2.° Le dépôt qui se forme pendant la transformation du sucre en alcool et acide carbonique par l'intermède des matières animales, est un ferment plus actif que ne le sont ces matières ; celui qui provient du blanc d'œuf a même l'activité et l'aspect de la levure de bière.

3.° Il paraît que les matières animales putréfiées sont plus propres à produire la fermentation que les matières animales fraîches.

4° Les matières non azotées n'agissent jamais comme ferment.

5° Le jus de raisin, etc., ne fermente point sans le contact de l'air ou de l'oxigène ; quelques bulles suffisent lorsque l'expérience est faite dans une éprouvette ordinaire sur le mercure. Un courant voltaïque produit le même effet.

6° Certaines préparations de levure mêlées à du sucre et de l'eau ne fermentent pas ; mais soumises à l'action de la pile, elle entrent peu-à-peu en fermentation.

7° La levure de bière tenue quelque temps dans l'eau bouillante perd la propriété fermentescible, du moins pour quelques jours. Le contact de l'air ou l'action de la pile la lui rend.

8° Un kilogramme de levure donne 45 grammes d'un extrait de consistance mielleuse qui, dans l'espace de trois jours, produit une fermentation rapide. La partie de la levure qui ne se dissout pas agit beaucoup moins sur le sucre.

Telles sont les principales observations faites jusqu'ici par divers chimistes sur les matières fermentescibles et consignées dans deux Mémoires de M. Colin. (*Ann. de Chim. et de Phys.*, tom. XXVIII, pag. 128; et tom. XXX, pag. 42). (1)

___

(1) La propriété qu'a le gluten d'opérer lentement la transformation est connue depuis long-temps. Séguin avait observé celle de l'albumine depuis long-temps

De ces observations, dont plusieurs appartiennent à M. Colin, et de quelques autres encore que nous ne rapportons pas, M. Colin tire la conséquence qu'il existe probablement un grand nombre de fermens différens; que l'électricité joue un grand rôle dans l'acte de la fermentation; que cette électricité dans le jus de raisin, etc., résulte ordinairement de l'action de l'air sur le mélange fermentescible; qu'elle semble commencer le travail, et qu'il se continue de lui-même de levure en levure, ou si l'on veut de dépôt en dépôt, jusqu'à ce que la matière sucrée ou le ferment soit enfin épuisé.

En considérant combien peu il faut de ferment pour décomposer le sucre, l'idée d'attribuer la cause active de la fermentation à l'électricité a dû se présenter à plusieurs chimistes. M. Gay-Lussac l'a émise; moi-même je l'ai énoncée dans mon Mémoire sur le bi-oxide d'hydrogène; M. Colin l'a reproduite en s'appuyant sur ce que des mélanges qui ne fermentent pas entrent assez promptement en fermentation au moyen d'un courant voltaïque; mais l'on peut objecter que ces courans n'agissent qu'en décomposant de l'eau et mettant en liberté de l'oxigène qui, comme M. Gay-Lussac l'a fait voir, a la propriété de déterminer la fermentation.

Quant à la question de savoir s'il existe plusieurs espèces de ferment ou s'il n'en existe qu'un seul, il me semble que cette dernière opinion a plus de probabilité, encore bien que la plupart des matières animales possèdent la propriété de transformer le sucre en alcool. En effet, pourquoi ces matières n'agiraient-elles qu'au bout d'un long temps, à une température élevée, tandis que le véritable ferment agit tout de suite? ce ne peut être en raison de leur solidité, car le blanc d'œuf qui est liquide ne donne des signes de fermentation qu'après 20 à 30 jours de contact. Et d'ailleurs ce qui fortifie encore la probabilité d'un ferment unique, c'est que toutes les matières animales en excitant la fermentation laissent déposer une matière analogue à la levure de bière : ce dépôt est surtout très facile à recueillir avec le blanc d'œuf, parce qu'il ne se trouve mêlé avec aucune des parties de la matière animale. D'après cette manière de voir, la matière animale, en se décomposant lentement au milieu du sucre, donnerait naissance au ferment.

---

aussi; moi-même j'avais eu occasion de constater ce fait, et de voir que le blanc d'œuf se transformait alors en véritable ferment; j'en instruisis M. Colin, lorsqu'il vint me faire part des résultats qu'il avait obtenus; mais il est juste de dire qu'avant le Mémoire de M. Colin, rien n'avait encore été publié sur la propriété fermentescible de l'albumine, et qu'en conséquence tout le mérite de l'observation reste à M. Colin.

Enfin, comment agit le ferment sur le sucre? de la même manière probablement que le platine très divisé sur le bioxide d'hydrogène. Mais comme le ferment subit lui-même une véritable décomposition, on serait conduit dans cette hypothèse à admettre que, de son côté, le sucre exercerait sur le ferment une action analogue.

De nouvelles recherches dignes de toute l'attention des chimistes doivent être faites à cet égard. Il faudra voir en même temps ce que peut devenir l'azote du ferment décomposé, lorsqu'on fait fermenter le sucre de canne et la levure de bière : il ne se trouve point mêlé au gaz carbonique; il n'entre point dans la composition de la matière blanche insoluble; il ne fait point partie d'une très petite quantité de matière très soluble que l'on trouve dans la liqueur avec l'alcool. M. Th. de Saussure l'avait admis d'abord au nombre des principes de l'alcool, mais bientôt il a reconnu l'erreur dans laquelle il était tombé (*Ann. de Chim.*, LXXXIX, 278). Tout démontre en effet que l'alcool n'est composé que d'hydrogène, de carbone et d'oxigène; de sorte que la question de savoir ce que devient l'azote du ferment, dans l'opération que nous venons de décrire, est encore à résoudre.

Jetons actuellement un coup-d'œil général sur les arts de faire le vin, le cidre, la bière, et appliquons à chacun d'eux la théorie précédente.

2724. *Du vin.* — C'est avec le jus de raisin qu'on fait le vin. Ce jus est formé de beaucoup d'eau, d'une assez grande quantité de sucre, d'une matière particulière très soluble dans l'eau, et d'une petite quantité de mucilage, de tannin, de tartrate acide de potasse, de tartrate de chaux, de sel marin, de sulfate de potasse. Privé du contact de l'air, il ne possède point la propriété de fermenter; il l'acquiert au contraire sur-le-champ, par son contact avec ce fluide. En effet, que l'on introduise des raisins bien mûrs sous une éprouvette pleine de mercure, et que, pour chasser toutes les petites bulles d'air adhérentes à ses parois, on la remplisse successivement et à plusieurs reprises de gaz carbonique et de ce métal; qu'on écrase alors le raisin avec une tige que l'on aura bien dépouillée d'air, en la frottant dans le bain mercuriel, et l'on verra que le moût n'entrera point en fermentation, quelle que soit la température à laquelle on l'expose. Mais si, la température étant à 20 ou 25°, on fait passer dans la cloche quelques bulles de gaz oxigène, la fermentation s'établira tout-à-coup à tel point que, dans l'espace de quelques minutes, la cloche se remplira d'acide carbonique (Gay-Lussac, *Ann. de Chim.*, t. LXXVI, p. 245). Il est probable qu'alors la matière particulière trè soluble qui entre dans la composition du moût de raisin, absorbe l'oxigène et se transforme en ferment ; cette opinion est d'autant plus vraisemblable, que le moût laisse déposer du ferment pendant la fermentation même : aussi le moût que l'on mute, c'est-à-dire, que l'on imprègne de gaz sulfureux ou de sulfite de chaux, ne fermente-t-il plus.

Quoique l'art de faire le vin varie dans les différens vignobles, il est assujéti à des règles générales dont on ne doit point s'écarter.

Lorsque les raisins sont mûrs, on les cueille, et on les met dans des tonneaux où ils sont foulés, et de là versés dans de grandes cuves en bois ou en pierre, à la température de l'atmosphère, qui, dans nos climats, vers le temps des vendanges, est à-peu-près de 10 à 15°. Peu-à-peu la fermentation s'établit ; elle est en pleine activité après un certain temps, qui n'est pas toujours le même ; la matière s'échauffe d'une manière sensible ; la quantité de gaz carbonique qui se dégage est si grande, qu'il en résulte une sorte d'ébullition ; toutes les parties solides sont soulevées et rassemblées en une masse presque hémisphérique qui prend le nom de *chapeau* ; la liqueur, de sucrée, devient vineuse, se colore fortement si les raisins sont rouges, et se recouvre çà et là d'une écume composée de ferment et de quelques matières étrangères au ferment proprement dit. Plus tard, tous les signes de la fermentation diminuent d'intensité : alors on foule la cuve, soit avec un fouloir, soit en y faisant descendre un homme nu, afin de mêler toutes les matières et de ranimer la fermentation (1). Lorsque la liqueur ne bout plus, qu'elle a pris une saveur forte et vineuse, et qu'elle est devenue parfaitement claire, on regarde le vin comme fait et on le tire.

Cependant la fermentation est loin d'être achevée ; il s'en fait dans les tonneaux une très faible qui se prolonge pendant plusieurs mois ; elle est même encore assez active les premiers jours pour former tout autour de la bonde une écume épaisse semblable à la précédente. Cette même écume continue à se former tant que la fermentation dure ; mais, au lieu de rester à la surface de la liqueur, elle se précipite au fond, avec une certaine quantité de matière colorante, etc., et du tartre qui, peu soluble dans l'eau, en est facilement séparé par l'esprit-de-vin. C'est le mélange de toutes ces matières qui constitue la lie.

____

(1) L'opération de fouler la cuve, en descendant nu dedans, n'est pas sans danger : il arrive quelquefois qu'on est asphyxié par le gaz carbonique qui se dégage.

On a vanté l'emploi, pour la vinification, d'un appareil de mademoiselle Gervais, qui consiste : 1° en un couvercle de bois luté sur une cuve, avec du plâtre ou de l'argile, et au milieu duquel est une ouverture qui reçoit un grand chapiteau en fer-blanc, enveloppé d'un réfrigérant; 2° en deux grands tuyaux qui partent du sommet du chapiteau et qui vont plonger dans un vase rempli d'eau ou de vinasse; 3° en une soupape de sûreté adaptée à l'un des tuyaux. On a prétendu qu'au moyen de cet appareil on condensait beaucoup d'alcool qui se vaporisait pendant la vinification; qu'on obtenait plus de vin, du vin plus parfumé, plus coloré et plus spiritueux que par les procédés ordinaires. Mais il est bien démontré qu'ici tout est exagéré : d'abord il ne se vaporise pas une quantité d'esprit égale à la deux centième partie du vin; par conséquent le réfrigérant est inutile. Deuxièmement, le bouquet ne se développe point pendant la fermentation; il ne devient très sensible qu'autant que le vin est en bouteille. Troisièmement, la couleur, toutes choses égales d'ailleurs, dépend de la durée de la fermentation et du contact immédiat de l'enveloppe des grains avec la liqueur. Quatrièmement, quand bien même on admettrait que le vin serait plus spiritueux, il serait difficile de concevoir qu'on en obtînt davantage; ce ne serait qu'autant que la cuve serait découverte, placée dans un courant d'air, et abandonnée long-temps à elle-même, que la quantité pourrait être moindre. Il suit donc de toutes ces considérations que l'appareil de mademoiselle Gervais n'a d'autre avantage que de préserver la vendange du contact de l'air, de prévenir la formation d'un peu de vinaigre et le refroidissement trop prompt de la cuve à la partie supérieure : or, un simple couvercle en bois suffit pour cela, et c'est une pratique qu'ont adopté plusieurs propriétaires depuis long-temps. Observons toutefois qu'il n'est réellement nécessaire de couvrir la cuve qu'autant que l'on fait cuver long-temps, et que l'avantage devient nul lorsque le vin est tiré au bout de deux à trois jours. (*Voy.* les *Ann. de Chim. et de Phys.*, XVIII, 380.)

2725. Les vins sont rouges ou blancs : les vins rouges proviennent du moût des raisins noirs fermentés avec l'enveloppe de leurs grains; les vins blancs, des raisins blancs, ou bien encore du moût des raisins noirs fermentés sans cette enveloppe.

Pour les obtenir mousseux, il suffit de les mettre en bouteilles quelque temps après qu'ils sont tirés, vers le mois de mars : alors la fermentation n'étant point encore achevée, il se forme de l'acide carbonique qui, ne pouvant se dégager en raison de la pression à laquelle il est soumis, reste en dissolution dans le vin. Vient-on à déboucher la bouteille, cet acide reprend en partie l'état de gaz, il s'élance hors du vin, et le fait pétiller et mousser. Si le vin n'était point assez sucré, ce qui arrive ordinairement, il faudrait y ajouter un peu de sucre. Plusieurs propriétaires se servent de *candi;* mais il est évident qu'on peut employer le sucre ordinaire en le dissolvant dans une très petite partie de vin et préparant ainsi à froid une sorte de sirop. C'est principalement en Champagne et en Bourgogne qu'on fait des vins mousseux : l'on a soin de tenir les bouteilles renversées, et de les déboucher de temps en temps dans les premiers mois, pour en extraire la lie qu'ils laissent déposer, et qui se rassemble dans le goulot. Tout l'art consiste, à part la manipulation et le choix des bouteilles, à sucrer le vin à une certaine époque, et à mettre une telle quantité de sucre que la fermentation étant complétement achevée, le vin soit convenablement sucré et bien mousseux. Si la quantité de gaz carbonique était trop grande, les bouteilles casseraient. Si la quantité de sucre n'était pas suffisante et pouvait être en grande partie décomposée par la matière fermentescible, le vin serait *trop vert* et perdrait de son prix, quelle que fût d'ailleurs la qualité du raisin.

2726. Tous les vins, soumis à l'analyse, donnent les mêmes produits ; l'on en retire beaucoup d'eau, de l'esprit-de-vin en quantité très variable, un peu de mucilage, de tannin, d'une matière colorante bleue qui devient rouge en s'unissant aux acides, une matière colorante jaune, du tartrate acide de potasse, du tartrate de chaux, et quelquefois d'autres sels, tels que le sel marin et le sulfate de potasse. C'est à l'esprit-de-vin qu'ils doivent leur force ou leur propriété enivrante : plus il est abondant par rapport à l'eau, et plus ils sont généreux. Ils ne reçoivent du mucilage aucune propriété remarquable. Le tannin leur donne une certaine âpreté, et les met dans le cas de pouvoir être clarifiés par une dissolution de colle ou de blanc d'œuf ; il s'unit à la gélatine ou à l'albumine de ces substances, et se précipite avec elles en entraînant toutes les matières tenues en suspension. Le tartrate acide de potasse leur donne de la verdeur : aussi les vins acquièrent-ils du prix avec le temps, non-seulement parce que leurs principes reçoivent des modifications dans leurs combinaisons, mais encore parce qu'il se dépose du tartre : les sels ne paraissent jouer aucun rôle. Dans les pays chauds, les raisins étant très sucrés, les vins qui en proviennent sont très généreux et très riches en esprit; et l'on observe en même temps qu'ils ne contiennent presque pas d'acide. Les vins des pays froids sont au contraire peu spiritueux et très aigres; ils peuvent être améliorés en ajoutant au moût de la craie et une matière sucrante : la craie les désacidifie, et la matière sucrante augmente la quantité d'alcool.

Il ne faut pas croire toutefois qu'un vin soit d'autant meilleur qu'il est plus généreux ou plus riche en esprit : quelques vins de Bourgogne de bonne qualité donnent à peine plus d'eau-de-vie que les vins des environs de Paris, et en donnent beaucoup moins que les vins du Midi; et cependant il existe une grande différence entre la qualité des uns et celle des autres. Nous ne pouvons attribuer la cause de cette différence au mucilage, au tannin; il faut la rechercher dans un corps qui nous a échappé jusqu'à présent, et qui forme le *bouquet* du vin; *bouquet* que quelques chimistes attribuent à une huile, mais qu'ils n'ont pu isoler.

2727. Les marchands étaient autrefois dans l'usage d'adoucir par la litharge les vins devenus aigres; il en résultait de l'acétate de plomb, dont la saveur est douce, mais donc l'action est vénéneuse. Aujourd'hui cette falsification n'est plus employée, parce que, d'une part, les lois la condamnent avec une juste sévérité, et que, de l'autre, elle est facile à reconnaître : pour peu qu'un vin contienne de litharge, il a une saveur d'abord douceâtre, puis styptique, et d'ailleurs l'hydrogène sulfuré y forme un précipité noir et floconneux.

Les vins sont sujets à diverses *maladies*. Les vins blancs, par exemple, tournent souvent *au gras*. On parvient à les dégraisser, selon M. François, par l'addition d'un peu de tannin. *Journ. de Pharm.* (XVI. 154.)

Telles sont les notions générales que nous nous sommes proposé de donner sur la fabrication du vin : ceux qui voudront avoir des notions plus étendues à cet égard devront consulter l'ouvrage de M. Chaptal sur l'art de faire le vin.

2728. *Cidre.* — Le cidre est une liqueur vineuse que l'on fait avec le jus de pommes ou de poires : dans ce dernier cas, il prend le nom de *poiré*. Les pommes et les poires que l'on sert sur nos tables ne donnent pas de bon cidre; le meilleur provient de celles qui sont aigres et âpres. En Normandie et en Picardie, on en fait la récolte depuis le mois de septembre jusqu'au mois de novembre; on les laisse en tas pendant un certain temps pour en achever la maturité et les rendre plus sucrées; après quoi elles sont écrasées entre deux cylindres cannelés surmontés d'une trémie, ou dans une auge circulaire par deux meules verticales, mues par un cheval: ainsi réduites en une sorte de bouillie, on les soumet à une grande pression, assez souvent on y ajoute auparavant une certaine quantité d'eau. Le jus coule à flots; il est reçu dans une grande cuve, et de là versé dans des tonneaux où il dépose toutes les matières qu'il tient en suspension. Sa fermentation est lente à se développer; elle ne commence guère à se faire bien que vers le mois de mars : jusqu'à cette époque, le cidre est doux; mais alors il devient piquant, et mis en bouteilles il ne tarde point à mousser fortement.

On fait un cidre de qualité inférieure avec le résidu, en coupant celui-ci, l'imprégnant d'eau et le comprimant de nouveau. Quelquefois même on le recoupe encore pour obtenir une sorte de piquette ou petite boisson; et toutefois l'on est loin d'en séparer toute la matière susceptible de fermentation, puisque, suivant la remarque de M. Clément, les fruits ne contiennent qu'un à deux centièmes de parenchyme.

Le jus de pommes paraît être composé de beaucoup d'eau, d'une petite quantité de sucre analogue à celui du raisin, d'une très petite quantité de matière fermentescible ou capable de le devenir par le contact de l'air, d'une assez grande quantité de mucilage et d'acide malique ; on n'y trouve point de tartre; il contient toujours moins de sucre que le raisin : aussi est-il moins spiritueux que le vin.

Le cidre ne peut se conserver plusieurs années, à moins qu'il ne soit très bon; il passe promptement à l'aigre; on ne le colle jamais; il se clarifie de lui-même.

2729. *De la bière.* — La bière, dont la découverte remonte à des siècles très reculés, se fait ordinairement avec l'orge; on peut encore l'obtenir avec les autres graines céréales. Sa préparation n'est point aussi simple que celle du vin et du cidre; elle exige un grand nombre d'opérations qui toutes doivent être soigneusement exécutées : nous ne parlerons que de celle que l'on fait à Paris.

Il faut d'abord faire tremper l'orge dans l'eau pendant vingt-quatre à quarante-huit heures, afin de la ramollir, de l'imprégner d'humidité et de la disposer à la germination. On l'étend ensuite sur un plancher, et l'on en forme une couche d'environ 4 décimètres d'épaisseur, qu'on laisse en repos pendant un jour : après quoi, pour qu'elle ne s'échauffe pas trop, on la retourne deux fois par jour avec des pelles de bois, en ayant soin de diminuer l'épaisseur de la couche. La germination, qui commence à être sensible extérieurement le cinquième jour, ne doit point être portée trop loin, parce que la diastase qu'elle a pour objet de développer se détruirait : aussi doit-on l'arrêter vingt-quatre ou trente heures après qu'elle s'est manifestée, en exposant l'orge à une chaleur d'environ 60°. Le lieu où s'exécute cette dernière opération s'appelle *touraille* ; les germes qui se détachent par le frottement prennent le nom de *touraillons*, et l'on connaît l'orge ainsi germée, séchée et séparée de ses germes, sous celui de *drèche* ou *malt*.

L'orge étant convertie en drèche, est grossièrement moulue et versée dans une cuve en bois à double fond ; le fond supérieur est très rapproché de l'inférieur, et percé de petits trous coniques, dont la pointe est en haut. Entre ces deux fonds, l'on fait arriver par un tuyau un volume d'eau un peu plus grand que celui de la drèche moulue, et dont la température est à 80°. A mesure que cette eau s'élève dans la cuve, on remue ou l'on brasse la matière, puis on recouvre la cuve : ce n'est qu'au bout de deux ou trois heures que l'on doit retirer la liqueur par un robinet correspondant à l'espace qui sépare les deux fonds, et la remplacer par de nouvelle eau chaude de manière à pouvoir dissoudre toutes les substances solubles : ces substances sont du sucre, de la dextrine, de la gomme, une matière fermentescible ou qui le devient par le contact de l'air, de l'albumine.

La liqueur ainsi obtenue est trop étendue d'eau pour pouvoir être convertie en bière ; il faut la concentrer. De plus on doit y ajouter du houblon, qui contient un principe amer soluble : sans l'addition de ce principe, elle éprouverait tout de suite la fermentation acide. Pour cela, on se sert d'une grande chaudière de cuivre. La quantité de houblon que l'on emploie peut équivaloir en poids à 2 ou 3 millièmes de la drèche.

Lorsque la liqueur, qui prend alors le nom de *moût* de *bière*, est suffisamment rapprochée, on la porte dans des cuves très larges et peu profondes pour la refroidir promptement. Ramenée à la température de 12°, on la fait rendre dans une cuve très grande, très profonde, placée au-dessous des précédentes, appelée *cuve à fermentation*, et l'on y délaie une très petite quantité de levure, matière écumeuse, très riche en ferment, qui se rassemble à la surface de la bière pendant qu'elle fermente. Il en résulte bientôt un mouvement considérable. Dès que le mouvement s'apaise, la bière est en partie faite : elle est versée dans de petits tonneaux qu'on laisse ouverts plusieurs jours. Pendant ce temps, il s'en dégage beaucoup d'écume par la bonde, effet de la fermentation qui continue d'avoir lieu. (1)

---

(1) Cette écume, formée de bière, de ferment, d'un peu d'amidon, etc., coule dans des baquets placés au-dessous des tonneaux : les brasseurs en séparent d'abord la bière autant que possible ; ils la vendent ensuite à des hommes appelés *levuriers*. Ceux-ci la mettent dans des sacs pour la laver à la rivière, et la dépouiller de la bière et du principe amer du houblon qu'elle contient ; ils lui donnent par ce moyen

Lorsque la bière ne forme plus d'écume, on la vend; elle est collée de même que le vin, et mise en bouteilles trois jours après le collage; huit ou dix jours plus tard, elle commence à mousser. On doit la boire en peu de temps, car, dans l'espace de six semaines à deux mois, il s'y développe tant d'acide, qu'elle devient très aigre.

2730. Recherchons maintenant la théorie de la préparation de la bière. Cette théorie, autrefois si obscure, est aujourd'hui très simple, du moins dans ses principaux résultats. La germination a pour objet de développer la diastase; celle-ci, au moment du contact de l'eau chaude avec l'orge germée et moulue, rend l'amidon soluble, et le transforme en dextrine et sucre. L'addition de la levure de bière au moût de bière détermine la fermentation et le changement du sucre en alcool et gaz carbonique. Cependant il reste à apprécier exactement le rôle que joue la fleur de houblon et quelques autres observations que nous devons à M. Mathieu de Dombasle et à M. Dubrunfaut.

M. Mathieu de Dombasle rapporte : 1o que le ferment acide est très impropre à la fermentation vineuse; que c'est pour cela que, dans la fabrication de l'amidon, il ne se forme que peu d'esprit-de-vin; 2o que 100 kilogr. de bonnes pommes de terre traitées convenablement, fournissent 16 litres d'eau-de-vie à 19°, et que 100 kilogr. d'orge peuvent en donner 42. (*Ann. de Chim. et de Phys.*, t. XIII, p. 284.)

M. Dubrunfaut assure qu'en Hollande et dans la Flandre, on fait avec un quintal de farine de seigle jusqu'à 55 à 65 litres d'eau-de-vie à 19° : dans beaucoup d'autres ateliers, au contraire, on n'en obtient que 40 à 44 litres avec le même poids de farine. Suivant lui, cette différence tient à ce que dans les premières distilleries on emploie des eaux calcaires, tandis que dans les autres on se sert d'eaux de rivière qui ne le sont pas. Le carbonate de chaux sature l'acide à mesure qu'il s'en forme, et conserve toujours la liqueur dans l'état le plus propre à la fermentation spiritueuse. Cette remarque est très importante et se concilie bien avec l'opinion de M. de Dombasle. En supposant qu'elle soit vraie, ce que nous sommes portés à croire, il s'ensuit qu'il serait bon d'ajouter une petite quantité de craie aux eaux ordinaires. (*Ann. de Chim. et de Phys.*, tom. XIX, pag. 73.)

2731. *Liqueurs vineuses autres que les précédentes.* — Ce n'est pas seulement avec les raisins, les pommes, les poires,

---

la consistance d'une pâte ferme et cassante, que l'on connaît dans le commerce sous le nom de *levure*, substance que nous avons désignée sous celui de *ferment*, et dont les boulangers peuvent se servir pour faire lever la pâte l'orge, le blé, qu'on peut faire des liqueurs vineuses; il est possible d'en obtenir encore avec tous les autres fruits, et en général avec toutes les plantes ou toutes les parties des plantes sucrées. En effet, le suc de la canne fermente dans l'espace de quelques heures; il en est de même de celui de groseilles; celui de la cerise ne tarde point non plus à entrer en fermentation; et l'on sait qu'avec le jus de l'*acer montanum* on prépare un vin assez agréable dans quelques parties de l'Allemagne : d'où il faut conclure que partout où se trouve le sucre, il existe du ferment, ou du moins une matière capable de le devenir par le contact de l'air. Mais cette matière, quelle qu'elle soit, perd presque toutes ses propriétés fermentescibles par la chaleur de l'ébullition; et voilà pourquoi le moût de raisin, le suc de la canne, le jus de groseilles, le moût de bière, etc., bouillis pendant quelque temps, n'entrent que difficilement en fermentation : pour l'exciter ensuite, il faut nécessairement ajouter à tous ces liquides une certaine quantité de ferment. On concevra encore facilement, d'après cela, comment il se fait qu'en dissolvant, par exemple, 500 grammes de sucre dans un litre de jus de groseilles, versant la dissolution dans une bouteille, et l'exposant à la chaleur du bain-marie pendant une demi-heure, ce jus acquiert la propriété de se conserver.

2732. *Extraction de l'alcool des liqueurs vineuses ou fermentées.* — L'existence de l'alcool dans les liqueurs vineuses, généralement admise d'abord par les chimistes, niée ensuite par M. Fabroni (*Ann. de Chim.*, t. xxx, pag. 222), et admise de nouveau par M. Brande (*Philos. Trans.*, 1811, pag. 337), n'est plus problématique depuis les dernières expériences de M. Gay-Lussac (*Ann. de Chim.*, tom. LXXXVI, pag. 175). Ces expériences sont si démonstratives que personne ne soutient plus aujourd'hui que l'alcool soit un produit de la distillation ou de l'action de la chaleur. L'une de ces preuves consiste à agiter le vin avec de la litharge bien porphyrisée, jusqu'à ce qu'il devienne limpide comme de l'eau, ce qui ne tarde point à avoir lieu, et à le saturer ensuite de carbonate de potasse : aussitôt, l'alcool s'en sépare et vient se rassembler à la partie supérieure. L'autre consiste à le distiller dans le vide, à la température de 15°, température inférieure à celle qui se développe pendant la fermentation, et qui cependant suffit pour donner un produit très alcoolique.

Toutes les liqueurs vineuses ne contiennent point la même quantité d'alcool : la bière en contient ordinairement moins que le cidre, et le cidre moins que le vin. (*Voy.* pag. 77).

2733. C'est sur la propriété qu'a l'alcool d'être plus volatil que l'eau, et que toutes les substances qui entrent dans la composition des liqueurs vineuses, qu'est fondé l'art de l'extraire.

Lorsqu'on soumet du vin à la distillation, et qu'on la suspend au moment où elle est à moitié faite, le produit que l'on obtient est de l'eau-de-vie plus ou moins forte, selon que le vin est plus ou moins généreux.

Soumis à une nouvelle distillation, que l'on arrête comme la première à une certaine époque, cette eau-de-vie prend beaucoup plus de force ; elle en acquiert davantage encore par une troisième distillation ; et par une quatrième, elle se trouve convertie en alcool presque pur : d'où l'on voit que celui-ci tend toujours à passer le premier et à se séparer de l'eau, qui, moins volatile, reste en partie dans les vases distillatoires.

C'était en opérant ainsi plusieurs distillations successives que l'on se procurait, il n'y a pas plus de trente ans encore, toutes les eaux-de-vie et tous les esprits. Vers cette époque, Adam conçut le projet d'obtenir à volonté, en une seule distillation, de l'eau-de-vie ou de l'esprit à un degré donné. Il fit des essais si heureux, que bientôt il forma un grand établissement à Montpellier. Tout lui présageait d'immenses bénéfices ; il pouvait verser dans le commerce des produits en bien plus grande quantité, et à bien meilleur marché que les autres fabricans ; déjà il commençait à recueillir le fruit de son industrie, lorsque tout-à-coup il se trouva engagé dans des procès ruineux, en s'opposant à ce qu'on fît usage de son procédé, pour lequel il avait pris un brevet d'invention. Cependant il n'en a pas moins la gloire d'avoir fait une révolution dans l'art de distiller les vins, art des plus importans, puisqu'il est, pour les contrées méridionales de la France, l'une des sources les plus fécondes de richesses.

Nous ne pouvons point décrire le procédé qu'il employait ; il faudrait entrer dans de trop grands détails : on les trouvera dans un Mémoire publié par M. Duportal, qui s'est beaucoup occupé de la distillation, et qui a simplifié le procédé d'Adam (*Ann. de Chim.*, t. LXXVII, pag. 178). Nous n'en donnerons qu'une idée sommaire. Que l'on se représente un alambic communiquant par le moyen de tubes de cuivre avec trois ou quatre grands vases également en cuivre, de même que, dans l'appareil de Woolff, un matras communique avec trois ou quatre flacons tubulés. Si l'on remplit en grande partie la cucurbite et les deux premiers vases de vin, et si l'on porte celui qui est dans la cucurbite à l'ébullition, bientôt le vin du premier vase y entrera lui-même au moyen du calorique latent

de la vapeur qu'il recevra ; celui du second s'échauffera beaucoup et même éprouvera une légère ébullition : il arrivera
donc, dans le troisième vase qui est vide, une grande quantité
de vapeurs alcooliques mêlées de vapeurs aqueuses. En maintenant ce vase à une certaine température, l'esprit-de-vin
passera plus ou moins déphlegmé dans le quatrième ; et en
maintenant également celui-ci à une température déterminée,
il n'en sortira à volonté que de l'eau-de-vie ou de l'esprit.
D'ailleurs, cette eau-de-vie, cet esprit, encore en vapeur, se
trouvent conduits dans un serpentin plein de vin, où ils se
condensent ; de là ils se rendent dans un autre serpentin plein
d'eau, où ils se refroidissent complétement, et enfin dans le
tonneau qui doit les renfermer. Le vin de l'alambic, étant
épuisé d'esprit, s'écoule par un robinet, et est remplacé par
celui du premier vase ; celui-ci l'est par celui du second, et
celui du second par celui du serpentin, dans lequel on en met
du nouveau. Les choses sont donc tellement arrangées, que
l'on obtient tout de suite de l'eau-de-vie ou de l'esprit, que
l'appareil marche presque toujours, et qu'on tire parti de tout
le calorique, puisque l'on met à profit celui de la vapeur que
l'on forme.

Non-seulement ce procédé a l'avantage d'être bien plus éco-
nomique que l'ancien, mais encore, lorsqu'on l'applique à l'extraction des eaux-de-vie de grains et de marc, il donne des
produits de qualité supérieure. Tout le monde sait que ces sortes d'eaux-de-vie, que l'on a généralement faites jusqu'à présent par les anciens procédés, laissent dans la bouche un ar-
rière-goût d'empyreume qui est très désagréable. Il est certain
qu'elles seraient bien meilleures si on les extrayait par la vapeur d'eau ; c'est-à-dire, si l'on mettait de l'eau dans l'alambic, et les grains fermentés ou le marc dans les premiers vases
dont nous avons parlé précédemment. La chaleur que subi-
raient ces grains ou ce marc ne serait jamais que de 100°, de
sorte que, aucune de leurs parties n'étant altérée par le feu,
l'eau-de-vie ne pourrait contracter le goût qu'elle a ordinairement, ou du moins elle n'en prendrait qu'un très faible, dépendant d'une petite quantité d'huile qui se vaporise. (*Ann.
de Ch. et de Phys.*, t. VI, p. 88.)

Jusque dans ces derniers temps, on a cru généralement que
l'eau-de-vie de marc devait sa saveur âcre à l'huile des pepins
du raisin ; mais nous devons à M. Aubergier des expériences
qui tendent à prouver que cette saveur est due à une huile
contenue dans les pellicules des grains de ce fruit. Selon lui,
l'enveloppe des grains de raisins, séparée des pepins et de la
grappe, soumise seule à la fermentation et distillée ensuite,

donne une eau-de-vie tout-à-fait semblable à celle de marc, tandis que les pepins et la grappe distillés avec l'alcool ou l'eau ne donnent rien de semblable.

M. Aubergier est parvenu à retirer cette huile de l'eau-de-vie de marc; elle est si âcre et si pénétrante, qu'il n'en faut qu'une seule goutte pour infecter 100 litres de la meilleure eau-de-vie. On croira sans peine, avec l'auteur, d'après cela, que les eaux-de-vie d'Andaye et de Cognac ne sont si bonnes que parce qu'elles proviennent de vin blanc qui n'a pas fermenté avec le marc.

M. Aubergier reconnaît aussi que les eaux-de-vie de grains et de tous les fruits doivent leur odeur et leur saveur à une huile placée ordinairement à la surface de chacun d'eux. Si donc on enlevait cette surface, l'eau-de-vie qu'on obtiendrait ensuite devrait être d'excellente qualité.

L'extrait du Mémoire de M. Aubergier a paru dans les *Ann. de Ch. et de Phys.* (t. xiv, p. 210). Le rédacteur fait remarquer que l'huile des pepins avait été obtenue par Baumé; il ajoute avec raison qu'on n'en avait pas fait les applications convenables à l'art d'extraire l'esprit-de-vin.

2734. Le procédé d'Adam a été modifié par Isaac Bérard et plusieurs autres distillateurs; mais il a été véritablement perfectionné par M. Cellier-Blumenthal, qui a eu l'heureuse idée de combiner tellement les parties de l'appareil que la distillation y est continue, ou que sans cesse le vin est introduit peu-à-peu d'un côté, tandis que les vinasses s'écoulent de l'autre. M. Charles Derosnes, frappé des avantages que ce nouvel appareil continu pouvait offrir, a cherché à faire disparaître quelques inconvéniens qu'il présentait d'abord; il a complètement réussi, et a rendu l'appareil de Cellier préférable à tous les autres.

2735. Les eaux-de-vie, en se dégageant, emportent quelquefois des principes appartenant aux substances avec lesquelles on les prépare : telles sont surtout celles que l'on connaît sous les noms de *rhum*, de *tafia*, de *kirchwaser*, de *rack*, et que l'on obtient par la fermentation et la distillation : la première, du suc de canne; la deuxième, de la mélasse; la troisième, des cerises pilées sans en séparer les noyaux; la quatrième, des fruits de l'*areca catechu* et du riz.

2736. L'on trouve dans les *Ann. de Ch. et de Ph.*, t. vii, p. 76, une table de M. Brande sur la quantité moyenne d'alcool contenu dans diverses espèces de vin : nous croyons devoir la rapporter ici. Cette table exprime la quantité d'alcool à 0,825 de densité que 100 parties de vin contiennent.

Pour en ramener les nombres à exprimer de l'alcool absolu,

dont la densité à 15°,5 est de 0,793, il faudra les multiplier par 0,92.

La quantité d'alcool d'un vin du même pays varie d'environ $\frac{1}{10}$ autour de la moyenne rapportée dans la table pour la même année, et quelquefois de $\frac{1}{5}$ pour des années différentes.

Noms des vins.	Proportions d'acool sur 100 parties de vin en volume.	Noms des vins.	Proportion d'alcool sur 100 parties de vin en volume.
Lissa.	25,41	Nice.	14,63
Vin de raisin sec (raisin Wine).	25,12	Barsac.	13,86
Marsala.	25,9	Tinto.	13,30
Madère.	22,27	Champagne.	13,80
Vin de groseilles.	20,55	Champagne mousseux.	12,61
Xérès.	19,17	Hermitage rouge.	12,32
Ténériffe.	19,79	Grave.	13,37
Colares.	19,75	Frontignan.	12,79
Lacrima-Christi.	19,70	Côte rôtie.	12,32
Constance blanc.	19,75	Vin de groseilles à maquereau.	11,84
Idem, rouge.	18,92	Vin d'oranges fait à Londres.	11,26
Lisbonne.	18,94	Tokay.	9,88
Malaga (de 1666).	18,94	Vin de baies de sureau (Elder Wine).	9,87
Bucellas.	18,49	Cidre, le plus spiritueux.	9,87
Madère rouge.	20,35	*Idem*, le moins spiritueux.	5,21
Muscat du Cap	18,25	Poiré.	7,26
Madère du Cap.	20,51	Hydromel.	7,32
Vin de raisin.	18,11	Aile de Burton (bière).	8,88
Carcavello.	18,65	Aile d'Edinburgh	6,20
Vidonia.	19,25	Aile de Dorchester.	5,56
Alba-Flora.	17,26	Moyenne.	6,87
Malaga.	17,26	Bière forte, brune (brown stout).	6,80
Hermitage blanc.	17,43	Porter de Londres.	4,20
Roussillon.	18,13	Petite bière de Londres.	1,28
Claret ou vin de Bordeaux.	15,10	Eau-de-vie.	53,39
Malvoisie de Madère.	16,40	Rhum.	53,68
Lunel.	15,52	Genièvre (Gin).	51,60
Chiras.	15,52	Whiskey d'Ecosse (eau-de-vie de grains).	54,32
Syracuse.	15,28	Whiskey d'Irlande.	53,90
Sauterne.	14,22		
Bourgogne.	14,57		
Hock (vin du Rhin).	12,08		

De la fermentation acide.

2737. Lorsqu'on expose une liqueur vineuse à l'air, à une température de 10 à 30°, elle cède une portion de son carbone au gaz oxigène de ce fluide, et de là résultent du gaz carbonique et un faible dégagement de calorique; en même temps elle se trouble; il s'y forme une foule de filamens qui s'agitent, se meuvent en tous sens, et finissent par se déposer en une masse semblable, pour la consistance, à de la bouillie. A cette époque, l'alcool qu'elle contient est décomposé; elle redevient

transparente, et se trouve changée en vinaigre : on dit alors qu'elle a éprouvé la *fermentation acide*. Cette fermentation consiste donc dans la transformation spontanée des liqueurs vineuses en liqueurs acides, qui doivent leur acidité à l'acide acétique. Comment cet acide se forme-t-il? On sait que les liqueurs vineuses qui contiennent le plus d'alcool sont celles qui donnent le vinaigre le plus fort : or, comme l'alcool est décomposé, ce doit être aux dépens de ses principes que se forme l'acide acétique; et s'il est vrai qu'il ne se produit pas d'acide carbonique, la formule suivante représenterait la réaction :
$(C^8H^8,H^4O^2) + O = (C^8H^6O^3,H^2O) + H^4O^2$, c'est-à-dire que 4 prop. d'oxigène convertiraient 1 prop. d'alcool (C^8H^8,H^4O^2) en 1 prop. d'acide acétique hydraté$(C^8H^6O^3,H^2O)$, + 2 prop. d'eau. M. Th. de Saussure a publié, à la vérité, qu'il se formait du gaz carbonique, et que le volume de ce gaz était le même que celui du gaz oxigène absorbé (*Recherches sur la végétation*, p. 9). Mais ce résultat ne paraît point être d'accord avec l'expérience.

2738. Quoi qu'il en soit, on sait d'ailleurs, 1° que l'alcool pur ou étendu d'eau ne devient jamais acide par lui-même; 2° qu'il le devient, au contraire, lorsque, convenablement affaibli, on le mêle avec de la levure. Suivant Chaptal, un litre d'eau-de-vie à 12°, dans laquelle on délaie avec soin 15 grammes de levure et un peu d'empois, produit du vinaigre extrèmement fort, qui commence à se développer le cinquième jour de l'expérience : même quantité de levure et d'amidon délayés dans l'eau en produit aussi, mais plus lentement et de moins fort que par leur mélange avec l'esprit-de-vin (*Art de faire le vin*, p. 266). 3° On sait également que les vins vieux, dont toute la matière végéto-animale s'est précipitée avec le temps, n'éprouvent que difficilement la fermentation acide. Chaptal nous assure encore qu'ils ne deviennent même nullement aigres; qu'ils perdent seulement leur couleur, acquièrent un goût acerbe, et ne recouvrent la propriété de fermenter qu'en y faisant digérer des ceps, des feuilles de vigne, de la grappe de raisin, de la levure, etc. (*Art de faire le vin*, p. 264, et *Ann. de Chim.*, t. xxxvi, p. 246). 4° Enfin l'on sait qu'en mêlant avec du sucre l'eau dans laquelle le gluten de froment a fermenté, le liquide se convertit en vinaigre, sans le contact de l'air et sans apparence de fermentation; que le moût de bière qui ne contient point une certaine quantité du principe amer du houblon devient acide en quelques jours, dans des vaisseaux parfaitement fermés; que la bière et le cidre finissent par s'aigrir également dans des vaisseaux qui n'ont pas le contact de l'air. Il semble donc d'après cela que le ferment ou des matières analogues jouent un rôle important et encore inconnu dans la conversion du vin en vinaigre. Disons maintenant comment on peut se procurer cette liqueur acide.

Dans les pays vignobles, on le fait avec le vin; dans quelques pays du nord, avec la bière. Dans tous les cas, c'est en exposant ces liquides à l'air qu'on les acidifie; mais la manière de procéder n'est point la même partout : nous ne parlerons que de celle que l'on suit à Orléans, dont les vinaigres sont très renommés, et nous en parlerons d'après MM. Prozet et Parmentier.

2739. Les tonneaux que l'on emploie contiennent à-peu-près 400 litres; ceux qui ont déjà servi à la fabrication du vinaigre sont préférés : on les appelle *mères de vinaigre*. Tous présentent à la partie supérieure une ouverture de 54 millimètres de diamètre, qu'on ne bouche jamais : on les place ordinairement sur trois rangs, les uns sur les autres, dans un atelier où l'on ne fait point de feu en été, mais où, dans l'hiver, l'on en fait de manière à porter la température à 18 ou 20°. On verse d'abord dans chaque *mère* 100 litres de bon vinaigre bouillant; huit jours après, on y verse 10 litres de vin soutiré à clair (1); huit autres jours après, l'on en verse encore 10 litres, et ainsi de suite, jusqu'à ce que les tonneaux soient pleins à-peu-près aux deux tiers. A dater de cette époque, le vinaigre se fait en quinze jours : toutefois, au bout de ce temps, on n'en retire que la moitié de chaque *mère*, et dans chacune d'elles on ajoute de nouveau 10 litres de vin tous les huit jours, comme nous l'avons dit d'abord. Cependant il arrive quelquefois que la quantité de vin ajoutée est plus ou moins grande, et que les intervalles diffèrent de ceux que nous venons d'indiquer. Tout cela dépend de la marche de la fermentation. Pour la connaître, les vinaigriers plongent une douve dans les tonneaux; ils la jugent très active lorsque cette douve se charge de beaucoup d'écume ou de fleur de vinaigre : c'est alors qu'ils mêlent avec celui-ci une plus grande quantité de vin.

Il existe dans le commerce deux sortes de vinaigres : le blanc et le rouge : le premier provient de l'acidification du vin blanc, et le second de l'acidification du vin rouge. Le vinaigre rouge, passé à plusieurs reprises sur le charbon animal, ne tarde point à perdre sa couleur, et même à devenir plus limpide que le vinaigre blanc du commerce. M. Figuier a fait à cet égard des expériences intéressantes qu'on trouve *Annales de Chimie*, t. LXXIX, p. 71.

---

(1) Ce vin est conservé dans des tonneaux où se trouve une couche de copeaux de hêtre sur lesquels la lie se dépose et s'attache.

On clarifie aisément le vinaigre, sans lui faire perdre son arôme, en jetant, dans 25 à 30 litres de ce liquide, environ un verre de lait bouillant, et agitant le mélange. Cette opération rend paillé celui qui est rouge; le dépôt qui se forme est facile à séparer.

En Allemagne, etc., on mêle, d'après Mitscherlich, 2 à 3 parties d'eau avec 1 partie d'alcool et une certaine quantité de suc de topinambours ou de betteraves, lequel agit comme ferment. Un filet continuel de ce mélange est conduit dans un tonneau rempli de copeaux, et de là passe successivement dans deux ou trois autres tonneaux également pleins de copeaux, qui tous ont d'abord été trempés dans du vinaigre fort. Le liquide se trouvant très divisé, absorbe l'oxigène de l'air rapidement, au point que la température, dans l'intérieur des tonneaux, se maintient à près de 30°. Aussi doit-on avoir soin que l'air se renouvelle convenablement. L'acidification s'opère en moins d'un jour et donne lieu à un filet de vinaigre qui sort continuellement du tonneau inférieur.

2740. Les principaux usages du vinaigre sont généralement connus. Tout le monde sait qu'il entre dans la préparation d'une foule de mets, et qu'on l'aromatise pour quelques-uns d'entre eux avec le citron, l'estragon, le thym, le romarin, etc. On s'en sert pour la conservation des viandes, des fruits et des légumes; c'est l'un des ingrédiens de l'art du parfumeur; il est souvent ordonné en médecine, associé ordinairement à d'autres corps; les fabricans d'acétate de plomb, de blanc de plomb, en consomment des quantités considérables.

Des bulbes.

2741. Les bulbes sont des espèces de bourgeons séparables de la plante-mère et capables de produire de nouveaux individus; le plus souvent elles sont attachées à la racine. Les plus connues, les plus utiles sont l'ognon, l'ail, la scille.

2742. *Ognons* (bulbes de l'*allium cepa*). —L'on doit l'analyse de l'ognon à Fourcroy et Vauquelin; il résulte de leurs expériences que l'ognon est composé:

1° D'une huile blanche, âcre, volatile et odorante;

2° De soufre uni à l'huile, qu'il rend fétide;

3° D'une grande quantité de sucre incristallisable;

4° D'une grande quantité de mucilage analogue à la gomme arabique;

5° D'une matière végéto-animale coagulable par la chaleur et analogue au gluten;

6° D'acide phosphorique en partie libre, en partie combiné à la chaux, et d'acide acétique;

7° D'une petite quantité de citrate calcaire;

8° D'une matière fibreuse très tendre, retenant de la matière végéto-animale.

Le suc d'ognon leur a offert des phénomènes remarquables. Abandonné à lui-même, à une température de 15 à 20 degrés, dans un flacon surmonté d'un tube, il n'a pas éprouvé la fermentation vineuse : cependant au bout de quelque temps, il ne restait plus de sucre dans la liqueur; l'on y trouvait alors beaucoup d'acide acétique et de mannite; d'où il suit que ces deux corps peuvent probablement se former dans quelques circonstances par la réaction des principes du sucre les uns sur les autres, réaction qui peut-être a besoin d'être favorisée par un ferment particulier. De là, Fourcroy et Vauquelin sont en quelque sorte tentés d'admettre que la manne, qui a pour base la mannite, comme nous l'avons vu précédemment (2256), se forme naturellement dans les arbres qui la produisent, par un procédé analogue. La sève de ces arbres contiendrait du sucre et de la matière glutineuse; ces deux matières, lorsque la sève sortirait de ses couloirs, agiraient l'une sur l'autre, et il en résulterait du vinaigre qui s'évaporerait en grande partie; et de la manne qui cristalliserait peu-à-peu. Cette hypothèse, ainsi que le remarquent les auteurs, a besoin d'être vérifiée par l'expérience. Il faudrait examiner la sève des frênes, et voir si la manne s'y trouve formée ou non. (*Ann. de Chim.*, t. LXV, p. 161).

Laugier a fait sur le suc de carotte une observation semblable à celle que nous venons de rapporter sur le suc d'ognon; il a vu que ce suc, filtré aussitôt qu'il est exprimé de la racine, a une couleur brune, une odeur forte qui lui est propre, et une saveur très sucrée. En l'exposant à l'air pendant deux ou trois jours, il perd sa couleur, une partie de sa saveur, prend l'odeur du vinaigre, et laisse déposer en même temps une matière jaune, visqueuse, et une poudre blanche, semblable à de l'amidon. Distillé dans cet état, il s'en dégage du vinaigre; et si l'on évapore le résidu jusqu'à siccité, on obtient une matière brune, élastique, qui présente dans son intérieur et à sa surface inférieure des cristaux de mannite faciles à purifier par l'alcool. Vainement l'on recherche la mannite dans le suc de carotte non altéré; il est impossible d'en découvrir la plus petite quantité. D'ailleurs, M. Laugier présume avec raison qu'il doit exister un grand nombre de sucs susceptibles de phénomènes analogues. (2256).

V. *Sixième édition.*

6

Des tubercules.

2742. Les tubercules sont des masses de tissu cellulaire végétal, qui se développent principalement sur les parties souterraines des végétaux. Les plus remarquables sont les pommes de terre et les topinambours.

2743. *Pommes de terre* (tubercules du *solanum tuberosum*). — La pomme de terre, importée d'Amérique en Europe depuis plus d'un siècle, n'est guère cultivée généralement que depuis une quarantaine d'années. C'est surtout à Parmentier que nous sommes redevables de cette culture importante.

Plusieurs chimistes ont analysé les pommes de terre. Le travail le plus complet est dû à Vauquelin. Ce chimiste a examiné jusqu'à quarante-sept variétés de pommes de terre qui lui avaient été remises par la Société d'Agriculture de Paris, dans l'intention de connaître principalement les quantités relatives d'amidon, de parenchyme, et de matière extractive ou de matière soluble dans l'eau, que chacune d'elles pouvait contenir.

Il résulte de ses expériences :

Que les pommes de terre ne contiennent qu'un centième à un centième et demi de parenchyme pur, et que deux à trois centièmes de matière extractive.

Que les plus amilacées renferment ving-huit pour cent de fécule, et que celles qui le sont le moins en renferment près de la cinquième partie de leur poids.

Enfin que, sur 500 parties, elles perdent lorsqu'on les dessèche ; savoir : les plus aqueuses, 388 ; et les moins aqueuses, 335. (1)

C'est en râpant les pommes de terre, et lavant la pulpe sur un tamis fin, que l'on peut estimer facilement les quantités d'amidon, de matière extractive et de parenchyme que ces tubercules contiennent. L'eau entraîne l'amidon, qui ne tarde point à se déposer ; elle dissout la matière extractive, dont on la sépare par l'évaporation. Quant au parenchyme, il reste sur le tamis ; une petite partie seulement passe à travers ; on l'enlève par un nouveau lavage. A la vérité, le parenchyme, dans cet état, contient une très grande quantité d'amidon ; et c'est pour cela qu'il est tout aussi propre que la

---

(1) Ces résultats sont sans doute fort intéressans ; mais il nous semble qu'ils le deviendraient bien plus encore, et qu'on en tirerait des conséquences plus immédiatement utiles, si l'on cultivait comparativement toutes les variétés de pommes de terre dans chacun des terrains qui sont essentiellement différens les uns des autres, et si on les soumettait ensuite à l'analyse.

pomme de terre à être mêlé avec la farine pour faire du pain; mais il suffit de le traiter par l'eau bouillante pour transformer la fécule en gelée et la tenir en suspension dans l'eau.

Nous ne suivrons pas Vauquelin dans l'analyse qu'il a faite de la matière extractive ou de la matière soluble dans l'eau; nous rapporterons seulement, d'après lui, que le suc ou plutôt le lavage des pommes de terre écrasées contient un assez grand nombre de substances; savoir :

1° De l'albumine colorée, qui fait environ les 7 millièmes de la pomme de terre;

2° Du citrate de chaux dans la proportion d'environ 12 millièmes;

3° De l'asparagine (*asparamide*), dont la quantité n'a pas été exactement déterminée à cause de sa solubilité ; elle fait environ le millième de la pomme de terre ;

4° Une résine amère, aromatique et cristalline, en très petite quantité;

5° Du phosphate de potasse et du phosphate de chaux;

6° Du citrate de potasse et de l'acide citrique libre;

7° Une matière azotée qui peut faire les 4 ou 5 millièmes de la pomme de terre. Cette matière possède des propriétés assez remarquables : sa saveur est analogue à celle des champignons comestibles; elle est insoluble dans l'alcool déphlegmé; elle n'est coagulée ni par les acides, ni par le chlore, ni par la noix de galle. On ne peut la confondre avec l'albumine altérée par une longue ébullition. Vauquelin se proposait de revenir sur cette matière et de la désigner par un nom particulier. (*Journ. de phys.* pour le mois d'août 1817).

2744. *Topinambours* (tubercules de l'*heliantus tuberosus.*) — M. Braconnot a retiré de 500 parties de ces tubercules, 386 d'eau, 74 d'une matière sucrée incristallisable, 15 d'inuline, 6,10 de squelette végétal, 5,39 de matière gommeuse, 3,35 de citrate de potasse, 4,95 d'une substance particulière produisant la fermentation qu'il appelle *visqueuse*; plus, des traces de dix autres matières. (*Ann. de Chim. et de phys.*, tom. xxv, pag. 358).

Avant M. Braconnot, M. Payen avait publié dans le *Journal de Pharmacie* l'analyse des topinambours. Il avait regardé l'inuline comme une substance nouvelle, et suivant lui la quantité de matière sucrée serait beaucoup plus considérable que ne l'indique M. Braconnot.

Des Fucus.

2745. Les fucus, plantes qui végètent dans la mer, ont été examinés par plusieurs chimistes, surtout depuis qu'on sait qu'ils contiennent de l'iode. Les recherches les plus étendues à cet égard ont fait le sujet d'une thèse soutenue en 1815 par M. Gauthier de Claubry. Il a analysé six espèces de *fucus*; savoir : le *fucus saccharinus*, le *fucus digitatus*, le *fucus vesiculosus*, le *fucus serratus*, le *fucus siliquosus*, le *fucus filum*. Toutes lui ont fourni, 1° de la mannite, qui y avait déjà été observée par Vauquelin; 2° plus ou moins de mucilage, d'albumine et de matière colorante verte; 3° un grand nombre de sels, parmi lesquels il faut distinguer l'iodure de potassium et le carbonate de soude. De quelques espèces, il a encore retiré d'autres matières. (Voy. *Ann. de Chim.*, t. XCIII, p. 75, 113).

Des Lichens.

2746. Les lichens sont si différens des autres plantes, que nous devons les considérer en particulier. Jusqu'à présent ils n'ont encore été l'objet que d'un petit nombre de recherches chimiques. Georgi, Amoreux, Proust, Westring et Berzelius, sont presque les seuls chimistes qui s'en soient occupés.

La plupart des lichens contiennent une grande quantité d'une matière capable de former gelée, analogue à la gomme selon les uns, à la gélatine selon les autres, et que M. Guérin regarde comme isomère avec son amidine (2561). On en retire au moins 25 pour 100 des *lichen islandicus, farinaceus, glaucus, physodes, hirtus, pulmonarius*; le *lichen prunastri* en contient tant, que ses *branches* deviennent transparentes comme une membrane lorsqu'on les met en macération dans l'eau. Il paraît que tous les lichens à larges feuilles en contiennent aussi beaucoup.

On rencontre assez souvent encore de la résine et une matière colorante dans les lichens.

Enfin, tous renferment une certaine quantité de fibre et de matière terreuse.

Suivant M. Berzelius, le lichen d'Islande est composé de : sirop mêlé d'un peu d'extractif et de sel végétal, 1,5; principe amer, 0,1; extractif soluble dans l'eau, mêlé de sels à base de chaux, 0,58; extractif soluble dans le carbonate de potasse, 2,82; substance coagulable de la nature de la gélatine, 20,23; gomme formée par l'ébullition, 0,49; squelette insoluble, 14,00.

Les Islandais font leur principale nourriture de ce lichen; ils le trient, le lavent, le font sécher et moudre; après quoi ils en délaient la farine dans de l'eau, la laissent en contact avec celle-ci pendant vingt-quatre heures, la font bouillir ensuite avec du lait ou du petit-lait, et obtiennent ainsi une bouillie qu'ils mangent froide. Deux parties de farine de lichen sont aussi nourrissantes qu'une partie de farine de froment.

M. Westring est parvenu, au moyen des alcalis, à séparer l'amer de ce lichen, et par conséquent à rendre cet aliment meilleur et d'un usage plus général. M. Berzelius, qui a répété ses expériences, assure qu'il suffit pour cela de verser, sur 500 grammes de lichen divisé, 8 kilogr. d'eau et 4 kilogr. de lessive contenant environ 32 grammes de carbonate de potasse; d'abandonner ce mélange à lui-même pendant vingt-quatre heures, en ayant soin de le remuer de temps en temps, de décanter ensuite la liqueur, puis d'exprimer le lichen avec les mains, de le rincer deux ou trois fois, de le mettre en contact avec de l'eau pendant vingt-quatre heures comme avec la lessive, et de le sécher. (Voy. *Ann. de Chim.*, tom. XC, p. 277).

Traités par divers corps, mais surtout par la chaux, le chlorhydrate d'ammoniaque et l'eau, les lichens prennent un grand nombre de teintes; quelques-unes de ces couleurs sont employées : telle est celle du *lichen roccella*, qui est violette.(2574).

Des Champignons.

2747. Ce n'est que depuis quelques années qu'on a tenté de les soumettre à l'analyse. Les premiers essais en ce genre sont dus à M. Bouillon-Lagrange; ils ont été faits sur le *boletus laricis*, sur le *boletus igniarus*, avec lequel on prépare l'amadou dans plusieurs pays, et sur le *tuber cibarium* (*Ann. de Chim.*, t. XLVI, p. 191, et t. LI, p. 75). Bientôt ensuite M. Braconnot a entrepris d'analyser les principales espèces; ses resultats ont paru si curieux à Vauquelin, qu'il a desiré de les vérifier, et qu'il s'est trouvé ainsi engagé dans les mêmes recherches que M. Braconnot.

Les champignons analysés par M. Braconnot sont l'*agaricus volvaceus*, l'*agaricus acris*, l'*hydnum repandum*, l'*hydnum hybridum*, le *merulius cantharellus*, le *boletus viscidus*, le *boletus juglandis*, le *peziza nigra*, l'*agaricus stypticus*, le *tremella nostoc*. (*Ann. de Chim.*, t. LXXIX et LXXXVII, p. 237). Ceux dont on doit l'analyse à Vauquelin sont : l'*agaricus campestris*, ou le champignon comestible des couches, l'*agaricus bulbosus*, l'*agaricus theogalus*, et l'*agaricus muscarius*. Il a reconnu que l'*agaricus campestris*, qu'il a examiné d'une manière plus particulière que les autres, était formé d'eau, de partie fibreuse, d'albumine, de sucre, d'huile ou de graisse, d'adipocire, d'*osmazôme*, de substance animale insoluble dans l'alcool, d'acétate de potasse. (*Voyez*, pour les autres analyses, *Ann. de*

Chim., t. LXXXV, p. 5). Quant à M. Braconnot, il a trouvé :
1º Que 1260 parties de *boletus juglandis* étaient composées de :

Eau de végétation.................... 1118,3
Fungine coriace.................... 95,68
Matière animalisée peu connue, insoluble dans l'alcool.................... 18,00
Matière animale soluble dans l'alcool, ou *osmazôme*.................... 12,00
Albumine.................... 7,20
Fungate de potasse.................... 6,00
Adipocire.................... 1,20
Matière huileuse.................... 1,12
Sucre de champignon.................... 0,50
Phosphate de potasse, des traces.

2º Que 400 grammes de *peziza nigra*, en état de végétation, contiennent :

Eau.................... 376,0
Bassorine.................... 18,4
Gomme.................... 3,6
Acide fungique, en grande partie libre.. 8,0
Sucre de champignon.................... 0,4
Matière très peu animalisée, soluble dans l'alcool.................... 0,4
Matière grasse, prenant une couleur pourpre avec la potasse.................... 0,4

(*Voyez*, pour les autres analyses de M. Braconnot, *Ann. de Ch.*, t. LXXIX et LXXXVII).

M. Letellier est parvenu, sinon à isoler, au moins à concentrer le principe vénéneux des agarics à volva. Il lui a donné le nom d'*amanitine*. (*Journ. de Ph.*, t. XVI, p. 111).

LIVRE TROISIÈME.

De la physiologie chimique animale.

CHAPITRE I.

De la formation des substances animales.

2748. Les substances animales se forment dans l'acte de l'animalisation, de même que les substances végétales dans celui de la végétation. Les alimens se changent d'abord en chyme, et le chyme en chyle et en excrémens; le chyle se transforme ensuite en sang, et le sang enfin donne lieu à toutes les autres parties animales : de là, par conséquent, l'ordre que nous allons suivre.

SECTION I.

De la digestion et de ses produits immédiats.

2749. Lorsque les alimens se trouvent introduits dans la cavité buccale de l'homme et de la plupart des animaux, ils y sont broyés, divisés par les dents, mêlés à la salive, aux mucosités abondamment sécrétées par les glandes muqueuses, à la sérosité que laissent exhaler les parois de la bouche, et ils sont portés, par l'effet de la déglutition, dans le pharynx ou arrière-bouche; du pharynx, ils arrivent dans l'œsophage, et de l'œsophage dans l'estomac; parvenus dans ce viscère, ils s'y imprègnent de suc gastrique, et ils y séjournent plus ou moins long-temps, selon leur nature, l'âge, l'appétit, les forces, l'état de santé de l'individu, de ses dispositions physiques et morales : dans tous les cas, ils s'y altèrent, s'y dénaturent, deviennent acides (1), et finissent par se convertir en une matière molle ou une sorte de bouillie que l'on appelle *chyme*.

Cette matière molle, cette sorte de bouillie, le chyme, en un mot, passe de l'estomac dans les intestins grêles, où arrivent sans cesse de la bile et du suc pancréatique; il y subit de nouveaux changemens, et bientôt il est transformé en chyle et en substance excrémentitielle : cette transformation faite, la digestion est achevée. Le chyle est absorbé par une multitude de vaisseaux capillaires qui recouvrent les intestins grêles, et la matière excrémentitielle se rend par les gros intestins au dehors de l'animal.

2750. Comment le mucus, la salive, la bile, le suc pan-

---

(1) Suivant le docteur Prout, cet acide serait l'acide chlorhydrique; il a annoncé, le premier, la présence d'une quantité notable de cette sorte d'acide dans l'estomac pendant l'acte de la digestion. M. Children, en répétant les expériences de ce chimiste est parvenu aux mêmes conclusions (*Ann. de Chim. et de Phys.*, xxvii, 36). — Il en est de même de Gmélin et de Tiedemann. C'est en traitant par l'eau les matières contenues dans l'estomac, et distillant ensuite le liquide, que ces savans ont obtenu l'acide chlorhydrique; mais comme la présence d'un acide organique dans les matières aurait suffi pour décomposer un peu de sel marin, nous pensons que l'existence de l'acide chlorhydrique libre dans l'estomac, au moment de la digestion, n'est point démontrée. Nous le pensons d'autant plus que de l'acide acétique distillé sur du sel marin acquiert la propriété de précipiter par l'azotate d'argent.

créatique et le suc gastrique concourent-ils à la digestion ?

L'un des effets de la salive est de ramollir les alimens, de les dissoudre quelquefois, et de les rendre, par cela même, d'une plus facile digestion: cet effet peut être attribué à l'eau et à la soude qu'elle contient; elle en exerce probablement un autre dû aux matières animales qui entrent dans sa composition.

L'on a beaucoup écrit sur l'action digestive du suc gastrique; l'on prétend qu'il a le pouvoir de dissoudre les alimens, de quelque nature qu'ils soient; mais les expériences ne sont encore ni assez multipliées ni asssez précises pour pouvoir admettre définitivement ces résultats.

D'après M. Brodie, l'influence de la bile serait des plus remarquables: il a observé qu'en liant sur de jeunes chats le canal cholédoque, qui conduit ce liquide dans les intestins grêles, le chyme passait dans ceux-ci sans altération et qu'il ne s'y transformait point en chyle. (*Journ. de Physiologie expérimentale*, t. III, pag. 93).

On ignore complètement la manière d'agir du suc pancréatique.

Quant au mucus, son unique fonction paraît être de lubrifier la membrane muqueuse du canal alimentaire, à la surface de laquelle il se forme sans cesse.

Quoique ces différens liquides soient les seuls corps au moyen desquels la digestion s'opère, il ne faut pas croire toutefois qu'il suffirait de mettre en contact les alimens, d'abord avec de la salive et du suc gastrique, et ensuite avec de la bile et du suc pancréatique, pour les convertir successivement en chyme, en chyle et en excrémens; il est une cause secrète qui préside à toutes ces transformations et qui réside dans les nerfs: aussi les affections morales influent-elles singulièrement sur la digestion.

L'on doit à M. Wilson Philip des observations à cet égard qui seraient d'une grande importance, si l'exactitude en était bien constatée. Ce physiologiste ayant opéré la section des nerfs de la huitième paire dans le col d'un lapin, immédiatement après lui avoir donné des alimens, il dit avoir vu que la digestion s'effectuait presque entièrement en quelques heures quand on laissait les extrémités des nerfs en contact l'une avec l'autre, mais qu'elle était suspendue quand on les éloignait, et qu'elle pouvait s'opérer si les parties inférieures qui se rendent à l'estomac étaient alors mises en communication avec une pile voltaïque. (*Ann. de Chim. et de Phys.*, t. XXII, p. 216).

2751. Toutes choses égales d'ailleurs, ce sont les matières animales qui sont les plus faciles à digérer, parce qu'elles se rapprochent le plus de notre nature; et c'est pourquoi sans

doute les carnivores ont un tube digestif beaucoup moins long
que les herbivores; ceux-ci ont même souvent plusieurs estomacs.

M. Magendie a fait des expériences très curieuses sur
les propriétés nutritives des substances qui ne contiennent
point d'azote : il a observé que les chiens qu'on ne nourrissait que de sucre, de gomme, d'huile d'olive et d'eau
distillée commençaient à maigrir au bout de huit à dix jours;
qu'à partir de cette époque ils maigrissaient de plus en plus;
et qu'ils mouraient tous dans l'espace de trente à trente-six
jours. M. Chevreul, ayant alors analysé leurs urines et leurs
biles, trouva que les premières étaient alcalines, et ne contenaient ni acide urique ni phosphate, de même que celles des
animaux herbivores, et que les secondes étaient très chargées
de picromel. N'est-il pas probable, d'après cela, que les substances végétales, formées d'hydrogène, d'oxigène et de carbone, ne peuvent être prises comme uniques alimens que pendant un certain temps, et que par conséquent il faut que
ceux-ci renferment une certaine quantité d'azote ? N'est-il
point également probable que la majeure partie de l'azote,
l'un des élémens des matières animales, provient des alimens?

Que si quelques personnes croyaient que l'existence des
herbivores est contraire à ces conséquences, il suffirait sans
doute, pour les convaincre, de leur faire observer qu'il n'est
point de plante qui ne renferme quelque matière azotée, et
que c'est parce qu'elles n'en renferment qu'une très petite
quantité qu'elles ne sont que peu nutritives. (*Ann. de Chim.
et de Phys.*, t. iii, pag. 66).

Du Chyme.

2752. Le docteur Marcet, médecin de l'hôpital de Guit, paraît
être le premier et presque le seul qui ait essayé de faire l'analyse du chyme. Quoique ses expériences laissent, comme il
l'avoue lui-même, beaucoup à desirer, nous en citerons les
principaux résultats.

Le chyme qu'il a analysé provenait d'une poule d'Inde
nourrie avec des végétaux. Il était sous forme d'une pulpe homogène, opaque, brunâtre, et d'une odeur propre aux oiseaux
de basse-cour. Il ne rougissait point le tournesol, ni ne ver-
dissait le sirop de violettes. Sa putréfaction avait lieu dans
l'espace de quelques jours.

Évaporé jusqu'à siccité, il donnait un résidu égal à $\frac{1}{5}$ de son
poids. Le résidu, calciné dans un creuset de platine, en laissait un formé, pour 1000 parties de chyme, de 12 de char-

bon et de 6 de matières salines, dans lesquelles on reconnaissait facilement la présence de la chaux et d'un chlorure alcalin. Lorsqu'on le mettait en macération avec l'eau, qu'on filtrait la liqueur, et qu'on y versait de l'acide azotique, sulfurique, il se formait un précipité floconneux et abondant. La chaleur produisait le même effet.

Mis en contact avec l'acide acétique, ce chyme se dissolvait presque tout entier à la température ordinaire, et le cyanure jaune de potassium et de fer précipitait de cette solution de petits flocons blancs.

Il conclut de ses expériences :

1° Que le chyme qui provient d'une nourriture végétale donne plus de matière animale solide que tout autre fluide animal; qu'il paraît, au contraire, contenir une moins grande quantité de parties salines;

2° Que le chyme contient de l'albumine;

3° Qu'il donne quatre fois plus de charbon que le chyle végétal.

Il ajoute que le chyle et le chyme ne contiennent point de gélatine. (*Ann. de Chim. et de phys.*, 11, 50).

Depuis la publication des expériences du docteur Marcet, il n'y en a eu de faites sur le chyme, à notre connaissance, que par MM. Prévost et Le Royer. Celles qui leur appartiennent font partie d'une note sur la digestion, qui se trouve dans les *Annales des Sciences naturelles*, iv, 481. Ils ont pris le mouton pour sujet de leurs recherches. Suivant eux, le chyme n'est qu'une *albumine presque pure et globuleuse*.

Du Chyle.

2753. Il est impossible d'obtenir le chyle pur. En effet, on se le procure en ouvrant un animal quelques heures après lui avoir donné à manger, liant la partie supérieure du canal thoracique, et faisant une ouverture à la partie inférieure ou aux branches sous-lombaires. Or, il y a sans cesse de la lymphe versée dans le canal thoracique par une multitude de vaisseaux qui la puisent dans les différentes cavités du corps : donc le chyle est mêlé de lymphe.

Le chyle varie par son aspect : tantôt il est opaque et blanc comme le lait ; tantôt il est d'un blanc rosé, et tantôt demi-transparent. Plusieurs physiologistes prétendent qu'il est toujours blanc quand il provient d'une nourriture animale, et demi-transparent quand il est fourni par une nourriture végétale. D'autres assurent qu'il n'est opaque, et blanc, quelle que soit la nourriture, qu'autant qu'elle est grasse :

ainsi l'huile donnerait un chyle blanc, et le sucre un chyle transparent. D'autres enfin croient qu'il n'est demi-transparent que dans le cas où il est mêlé à une grande quantité de lymphe. Quelques physiologistes ont avancé aussi que toutes les fois qu'on mêlait de l'indigo ou du jus de betterave aux alimens, le chyle était bleu ou rouge; mais Hallé n'a rien observé de semblable dans les expériences qu'il a faites à ce sujet.

Nous ne parlerons d'abord que de celui qui est blanc.

Le chyle est presque sans odeur, et n'a qu'une saveur à peine salée ; il verdit sensiblement le sirop de violettes ; sa pesanteur spécifique est plus grande que celle de l'eau et moins grande que celle du sang.

Abandonné à lui-même, le chyle ne tarde point à se coaguler à la manière du sang, et à se transformer en deux parties, dont l'une est solide et l'autre liquide. Assez souvent aussi il s'en sépare une petite quantité de matière grasse qui se rassemble à la surface.

La partie liquide n'est que du sérum semblable à celui du sang, tenant en suspension une certaine quantité de matière grasse soluble dans l'alcool et insoluble dans les alcalis : aussi est-elle opaque et coagulée par la chaleur, les acides et l'alcool lui-même. Lorsqu'on traite le coagulum par la potasse, l'albumine est dissoute, et la matière grasse ne l'est point ; le contraire a lieu quand on le traite par l'alcool bouillant. Vauquelin pense que cette matière grasse est semblable à celle qu'il a trouvée dans la matière cérébrale.

La partie solide ou le caillot, est un mélange de fibrine, de matière grasse et de sérum : si l'ou enlève celui-ci par l'eau, et si l'on traite ensuite le résidu par l'alcool, la matière grasse se dissoudra et la fibrine restera pure.

Cette fibrine est un peu différente de la fibrine proprement dite ; elle n'en a ni la contexture fibreuse, ni la force, ni l'élasticité ; elle est dissoute plus promptement et plus complétement par la potasse et la soude, et ne laisse point de parties insolubles dans ces alcalis ; il semble enfin que ce soit de l'albumine qui commence à prendre le caractère de la fibrine.

Le chyle contient d'ailleurs les mêmes sels que ceux qui entrent dans la composition du sang.

Tels sont les résultats que nous offre l'analyse du chyle, ou du moins tels sont ceux que Vauquelin a obtenus en analysant le chyle de cheval. Déjà ces résultats avaient été en partie observés par Dupuytren sur le chyle des chiens, et par M. Emmert sur le chyle des chevaux (*Thèse soutenue à l'École de Médecine, et Ann. de Chim.*, t. LXXX, p. 81). Ils tendent à prouver que le chyle peut être considéré, jusqu'à un certain point, comme du sang, moins de la matière colorante.

Il paraît aussi qu'en même temps que Vauquelin faisait à Paris l'analyse du chyle, M. Brande s'en occupait à Londres. Ses observations diffèrent de celles de Vauquelin, en ce que, selon lui, la matière grasse est analogue au spermacéti ou blanc de baleine; que la matière solide du caillot est plutôt analogue à la matière caséeuse qu'à la fibrine; enfin, que le chyle contient probablement une petite quantité de sucre de lait : du moins si, après avoir chauffé le sérum du chyle et l'avoir filtré pour en séparer les flocons albumineux qui se déposent, on l'évapore à la moitié de son volume, il se sépare, par le refroidissement, de petits cristaux dont la saveur est douce, qui sont difficilement solubles dans l'alcool, et que l'acide azotique convertit en partie en acide mucique. (*Ann. de Chim.*, tom. xciv, pag. 34).

Depuis les travaux que nous venons de citer, le Dr Marcet, médecin de l'hôpital de Guit, a également soumis le chyle à l'analyse; il s'est proposé surtout d'examiner comparativement celui d'animaux nourris, tantôt de matières animales et tantôt de matières végétales. Ses expériences ont été faites sur des chiens : voici les conséquences qu'il en a tirées. (*Ann. de Chimie et de Physique*, tom. ii, pag. 52).

« 1° La pesanteur spécifique de la portion séreuse du chyle paraît être de 1,012 à 1,021, qu'elle soit le résultat d'une nourriture animale ou d'une alimentation végétale.

« 2° La quantité de résidu solide qui renferme les sels et la substance animale, et qu'on a obtenue par une évaporation à la température de l'eau bouillante, varie entre 50 à 90 parties sur 1000.

« 3° Les substances salines sont environ dans la proportion de 9 parties sur 1000. Les sels que renferment les autres fluides animaux suivent aussi cette proportion.

« 4° Le chyle végétal soumis à l'analyse, paraît fournir trois fois plus de charbon que le chyle animal.

« 5° Celui-ci est très disposé à passer à la putréfaction, et en général cette décomposition commence à avoir lieu au bout de trois ou quatre jours, tandis que l'on peut conserver du chyle végétal pendant plusieurs semaines, quelquefois même pendant plusieurs mois, sans qu'il se putréfie.

« 6° La putréfaction s'empare plus tôt du coagulum du chyle que de la partie séreuse.

« 7° Le chyle animal est toujours laiteux; par le repos, il s'en sépare une matière onctueuse, semblable à de la crème, et qui vient nager à la surface. Son coagulum est opaque et a une teinte rosée.

« 8° Le chyle végétal est presque toujours transparent ou à-peu-près, comme le sérum ordinaire. Son coagulum est presque incolore et ressemble à une huître ; enfin sa surface ne se recouvre pas d'une substance analogue à la crême.

« 9° L'élément principal de la matière animale du chyle est l'albumine ; mais le chyle animal contient en outre des globules d'une substance huileuse qui ressemble parfaitement à de la crême.

« 10° En distillant le chyle à feu nu, on obtient d'abord une liqueur contenant du carbonate d'ammoniaque ; ensuite une huile fixe et pesante. Le chyle animal fournit ces deux produits en plus grande proportion ; mais le résidu, quel que soit le mode d'analyse, donne moins de charbon que le chyle végétal. On reconnaît très bien l'existence du fer dans ces résidus ; il y est mêlé aux substances salines et au charbon. »

Enfin, le chyle a été examiné par MM. Prevost et Le Royer, à l'occasion d'un travail sur la digestion (1) ; et tout récemment MM. Macaire et Marcet fils ont déterminé les quantités de carbone, d'oxigène, d'hydrogène et d'azote que renferment le chyle de chien et le chyle de cheval : ils ont vu que ces quantités étaient identiques. (*Voyez*, plus loin, *Respiration*).

---

(1) En analysant ce que devient le bol alimentaire chez le mouton, MM. Prevost et Le Royer ont fait des observations que nous allons rapporter. Parvenu dans les deux premiers estomacs, le bol est alcalin, ce qui provient des sucs sécrétés par ces organes en même temps que des sucs salivaires : l'eau en sépare de l'albumine, plus une matière analogue à la gélatine. Les matières contenues dans le quatrième estomac, ou caillette, au lieu d'être alcalines, sont acides. Cet acide est une sécrétion de la caillette chez les ruminans, du ventricule succenturié chez les oiseaux, et de la région moyenne de l'estomac chez les vertébrés où ce viscère n'est pas subdivisé. Ils prétendent que la soude que contiennent les sucs salivaires, extrait des végétaux l'albumine, et la change en partie en gélatine ; car, disent-ils, voilà ce que produit une solution de soude caustique sur des blancs d'œufs. Le chyle renferme non-seulement une sorte de fibrine, de l'albumine, mais encore la matière gélatineuse qui se forme dans les deux premiers estomacs. En résumé, MM. Prevost et Le Royer concluent de leurs observations :

1° Que les actes de la digestion sont des altérations purement chimiques auxquelles la vitalité des organes où elles se passent n'a point de part immédiate ; elles peuvent toutes, à l'exception de celles qui ont lieu dans les vaisseaux absorbans, s'imiter artificiellement au moyen des fluides que les excréteurs fournissent, savoir : la soude et l'acide.

2° La soude est l'agent auquel le suc gastrique doit ces propriétés dissolvantes qui étonnaient Spallanzani.

3° Les globules albumineux, dont la réunion forme le chyme, sont précipités par l'acide chlorhydrique. (*Annales des Sciences naturelles*, IV, 481).

Quant à nous, il nous semble que ces conclusions, pour être admises, ne sont point appuyées, à beaucoup près, d'expériences assez précises.

De la Matière fécale.

2754. Les matières fécales doivent varier dans leur composition, en raison de la nature des alimens, de leur quantité, de la manière dont se fait la digestion, etc., etc.; toutes renferment encore de la matière nutritive, mais d'autant moins sous le même poids, toutes choses égales d'ailleurs, qu'elles sont prises en moindre quantité. Par exemple, lorsque les chiens ne se nourrissent que d'os, leurs excrémens sont blancs et ne sont, pour ainsi dire, formés que de la partie terreuse contenue dans ces organes.

2755. *Matière fécale humaine.* — M. Berzelius a retiré de 100 parties de ces matières (*Ann. de Chim.*, t. LXI, p. 321) : eau, 73,3; débris de végétaux et animaux, 7,0; bile, 0,9; albumine, 0,9; matière extractive particulière, 2,7; matière visqueuse, composée de résine, de bile un peu altérée, de matière animale particulière et de résidu insoluble, 14,0; sels, 1,2.

Dix-sept parties de ces sels contiennent : carbonate de soude, 5; chlorure de sodium, 4; sulfate de soude, 2; phosphate ammoniaco-magnésien, 2; phosphate de chaux, 4.

2756. *Excrémens des oiseaux.* — C'est à Fourcroy et Vauquelin que nous devons ce que nous savons de plus précis sur les excrémens des oiseaux; ils y ont trouvé une grande quantité d'acide urique. Cet acide en forme la partie blanche et comme cristalline; il provient, non de la matière fécale proprement dite, mais de l'urine, qui, dans ces sortes d'animaux, se confond avec cette matière, en raison de leur organisation. Il est facile de l'extraire; il suffit pour cela de traiter les excrémens par l'eau alcaline, de filtrer la liqueur et d'y verser de l'acide chlorhydrique.

2757. La présence de l'acide urique dans les excrémens des oiseaux a permis d'expliquer l'origine du *guano*, matière que l'on emploie comme engrais avec tant d'avantage au Pérou, et qui a été rapportée de ce pays par MM. Humboldt et Bonpland: qu'il nous soit permis de citer ici ce que disent ces savans voyageurs.

« Le guano se trouve très abondamment dans la mer du Sud,
« aux îles de Chinche, près de Pisco; mais il existe aussi sur
« les côtes et îlots plus méridionaux, à Ilo, Iza et Arica. Les
« habitans de Chancay, qui font le commerce du guano, vont
« et viennent des îles de Chinche en vingt jours; chaque ba-
« teau en charge 1,500 à 2,000 pieds cubes. Une vanega vaut à
« Chancay 14 livres, à Arica 15 livres tournois.
« Il forme des couches de 50 à 60 pieds d'épaisseur, que l'on

« travaille comme des mines de fer ocracé. Ces mêmes îlots sont
« habités par une multitude d'oiseaux, surtout d'*ardea*, de
« *phenicopterus*, qui y couchent la nuit; mais leurs excrémens
« n'ont pu former, depuis trois siècles, que des couches de 4
« à 5 lignes d'épaisseur. Le guano serait-il un produit des bou-
« leversemens du globe, comme les charbons de terre et les
« bois fossiles? La fertilité des côtes stériles du Pérou est fon-
« dée sur le guano, qui est un grand objet de commerce. Une
« cinquantaine de petits bâtimens, qu'on nomme *guaneros*,
« vont sans cesse chercher cet engrais, et le porter sur les
« côtes : on le sent à un quart de lieue de distance. Les ma-
« telots, accoutumés à cette odeur d'ammoniaque, n'en souf-
« frent pas : nous éternuions sans cesse en nous en approchant.
« C'est le maïs surtout pour lequel le guano est un excellent
« engrais. Les Indiens ont enseigné cette méthode aux Espa-
« gnols. Si l'on jette trop de guano sur le maïs, la racine en est
« brûlée et détruite. »

Frappé de l'existence de l'acide urique dans les excrémens
des oiseaux, et voyant qu'il servait de caractères à ces excrémens, M. de Humboldt remit une certaine quantité de guano à
Fourcroy et Vauquelin pour en faire l'analyse et y rechercher l'acide urique. Il résulte de leurs expériences que le guano
est formé :

1° D'acide urique, qui en fait le quart, et qui est en partie
saturé d'ammoniaque et de chaux; 2° d'acide oxalique saturé
en partie par l'ammoniaque et par la potasse; 3° d'acide phosphorique combiné aux mêmes bases et à la chaux; 4° de petites
quantités de sulfates de potasse et d'ammoniaque, de chlorhydrate d'ammoniaque et de chlorure de potassium; 5° d'un peu
de matière grasse; 6° de sable en partie quartzeux et en partie ferrugineux. (Voyez *Ann. de Chim.*, t. LVI, p. 258).

On peut en conclure que cet engrais n'est, pour ainsi dire,
autre chose que des excrémens d'oiseaux.

On rencontre dans plusieurs grottes des dépôts semblables
de fiente formés par des chauves-souris. Nous citerons pour
exemple les grottes d'Arcis-sur-la-Cure, près d'Auxerre.

2758. *Excrémens de poules.* — Vauquelin, en comparant,
sous le rapport de leur nature et de leur quantité, les parties
terreuses des excrémens des poules à celles des alimens qu'elles
prenaient, est parvenu à des résultats remarquables. (*Annales
de Chim.*, t. XXIX, p. 3).

La poule sur laquelle il fit ses expériences mangea en dix
jours 483^{gram}, 838 d'avoine, contenant :

grammes.

Phosphate de chaux......................... 5,944

	grammes.
Silice..	9,182
Elle pondit 4 œufs, dont les coquilles pesaient......	19,988
et étaient formées de carbonate de chaux........	17,910
Phosphate de chaux................................	1,139
Gluten...	0,639
Elle rendit des excrémens qui donnèrent..........	22,558
de cendre composée de :	
Carbonate de chaux................................	2,547
Phosphate de chaux................................	11,944
Silice..	8,067

Ainsi la poule a donc rendu, soit par les excrémens, soit par les coquilles,

	grammes.
Carbonate de chaux................................	20,457
Phosphate de chaux................................	13,083
Silice..	8,067

grammes.

C'est-à-dire, 1,115 de silice de moins qu'elle n'a pris.

Et $\left\{ \begin{array}{l} 7,139 \text{ de phosphate de chaux} \\ 20,457 \text{ de carbonate de chaux} \end{array} \right\}$ de plus qu'elle n'a pris.

D'où Vauquelin conclut, en supposant que les expériences soient exactes, qu'une portion de chaux, d'acide phosphorique et de carbonate de chaux, doit être formée dans l'acte de la digestion et de l'animalisation de l'avoine.

Nous nous permettrons de faire une observation à cet égard : c'est que, pour arriver à des résultats rigoureux, il aurait fallu nourrir la poule pendant long-temps d'avoine avant d'analyser ses excrémens et les coquilles de ses œufs ; car l'on peut supposer avec vraisemblance que le carbonate de chaux et l'excès de phosphate de chaux que l'analyse y démontre, provenaient des alimens que la poule avait pris, et des matières terreuses qu'elle avait avalées la veille ou quelques jours auparavant. (1)

L'on pourrait encore les attribuer à quelques parties de son corps, en supposant, avec presque tous les physiologistes, que le corps de tous les animaux soit susceptible de rénovation dans un certain espace de temps. (2)

Excrémens de Boa. — Les excrémens du *boa constrictor*, lesquels se trouvent mêlés à l'urine, comme chez les oiseaux, ne sont presque formés que d'urate d'ammoniaque, d'après le docteur

---

(1) On sait que les poules avalent continuellement, en mangeant, de petits fragmens de terre et de pierre. En général, les oiseaux ne peuvent produire d'œufs qu'autant qu'ils prennent une certaine quantité de terre calcaire : du moins c'est ce qui semble résulter des expériences de plusieurs physiologistes et particulièrement de celles du docteur Fordyce.

(2) Dans le mémoire cité, il y a des erreurs de nombre qu'il est facile d'apercevoir avec un peu d'attention.

Prout : ils en contiennent plus des $\frac{9}{10}$ de leur poids. (*Ann. de Chimie et de Physique*, tom. XIII, p. 42).

Des Gaz intestinaux.

2759. Les gaz intestinaux ont été soumis à l'analyse par M. Jurine de Genève, par MM. Chevreul et Magendie, par Vauquelin, par M. Chevillot, et par MM. Lameyran et Frémy.

1° M. Jurine a fait ses expériences sur le cadavre d'un fou mort de froid dans sa loge et ouvert aussitôt. Il a trouvé que le gaz intestinal était composé d'oxigène, d'azote, d'acide carbonique et de gaz sulfhydrique; que la quantité d'acide carbonique était plus grande dans l'estomac et dans l'intestin grêle que dans le gros intestin, et qu'au contraire celui-ci contenait plus d'azote que l'intestin grêle et l'estomac. Ces résultats ne sont pas tout-à-fait d'accord, comme on va le voir, avec ceux de MM. Chevreul et Magendie.

2° Les gaz que MM. Chevreul et Magendie ont analysés, provenaient de quatre individus qui venaient d'être suppliciés. Ils ont pris les précautions convenables pour ne pas mêler ceux de l'estomac avec ceux de l'intestin grêle, et ceux-ci avec ceux du gros intestin. Dans tous les cas, ils les ont toujours recueillis sur le mercure. Voici les résultats qu'ils ont obtenus, tels qu'ils les rapportent eux-mêmes. (*Ann. de Chimie et de Physique*, tom. II, pag. 294).

« Dans une première série d'expériences faites sur le cadavre d'un jeune homme de vingt-quatre ans qui, deux heures avant son supplice, avait mangé du pain de prison, du fromage de Gruyère, et bu de l'eau rougie, nous avons trouvé dans l'estomac :

Gaz oxigène	11,00
— acide carbonique	14,00
— hydrogène pur	3,55
— azote	71,45
Total	100,00

« L'intestin grêle du même individu contenait :

Gaz oxigène	0,00
— acide carbonique	24,39
— hydrogène pur	55,53
— azote	20,08
Total	100,00

« Le gros intestin du même contenait :

Gaz oxigène	0,00
— acide carbonique	43,50

V. *Sixième édition.*

Gaz hydrogène carboné et quel-
— ques traces d'hydrogène sulf. .   5,47
— azote   51,03

       Total   100,00

« Dans une troisième suite d'expériences faites sur un sujet de vingt-trois ans qui avait mangé les mêmes alimens et au même instant, nous avons trouvé dans l'intestin grêle :

Gaz oxigène   0,00
— acide carbonique   40,00
— hydrogène pur   51,15
— azote   8,85

       Total   100,00

« Nous avons rencontré dans le gros intestin :

Oxigène   0,00
Acide carbonique   70,00
Hydrogène pur et hydr. carboné.   11,60
Azote   18,40

       Total   100,00

« L'estomac ne contenait qu'une bulle de gaz qu'il a été impossible d'analyser.

« Le sujet de la quatrième série d'expériences était un jeune homme de vingt-huit ans qui, quatre heures avant d'être exécuté, avait mangé du pain, du bœuf bouilli, des lentilles, et bu du vin rouge.

« Son intestin grêle contenait :

Gaz oxigène   0,00
— acide carbonique   25,00
— hydrogène pur   8,40
— azote   66,60

       Total   100,00

« Sur cet individu, nous avons analysé séparement le gaz du cœcum et celui du rectum.

« Le cœcum présentait :

Gaz oxigène   0,00
— acide carbonique   12,50
— hydrogène pur   7,50
— hydrogène carboné   12,50
— azote   67,50

       Total   100,00

« Le rectum contenait :

Gaz oxigène   0,00
— acide carbonique   42,86
— hydrogène carboné   11,18
— ote   45,96

       Total   100,00

« Quelques traces de gaz hydrogène sulfuré se sont manifestées sur le mercure avant l'expérience. »

Il suit donc de-là que les gaz de l'estomac sont un mélange d'oxigène, d'acide carbonique, d'hydrogène pur et de gaz azote; que ceux des intestins grêles n'en diffèrent qu'en ce qu'ils ne contiennent point d'oxigène, et que ceux des gros intestins diffèrent de ceux-ci en ce que, outre le gaz carbonique, le gaz azote et l'hydrogène, ils renferment du gaz hydrogène carboné et du gaz sulfhydrique; enfin, qu'en général, l'acide carbonique est plus abondant dans le gros intestin que dans tout le reste du tube intestinal.

3° Vauquelin n'a analysé que des gaz provenant d'animaux morts de maladies : en effet, il n'a soumis à l'analyse que les gaz trouvés dans le tube intestinal et dans l'abdomen de l'éléphant mort au Muséum d'histoire naturelle le 15 mars 1817; l'analyse n'en a été même commencée que vingt-quatre heures après la mort de l'animal, qui alors était extrêmement météorisé. Le gaz du tube intestinal était très fétide, et s'est trouvé composé de 75 d'acide carbonique, de 25 d'hydrogène carboné, d'un peu de gaz sulfhydrique, d'un peu d'azote et d'air.

Celui de l'abdomen était également très infect. Vauquelin y a trouvé 55 parties d'acide carbonique, 45 de gaz azote, une petite quantité de gaz sulfhydrique et d'une matière animale très fétide. (*Journal de Pharmacie*, t. III, p. 205).

4° Les expériences de M. Chevillot ont été faites sur les gaz des intestins de l'homme vivant et sain, et de l'homme après la mort : ses résultats sont consignés dans le *Journ. de Pharm.*, t. XV., p. 653.

5° Les bestiaux qu'on laisse paître dans une pièce de trèfle ou de luzerne humide deviennent quelquefois tellement enflés qu'ils périssent promptement, si l'on ne s'empresse de les secourir. Cette maladie, due à une grande quantité de gaz qui se développe dans le canal intestinal, est connue sous le nom de *météorisation* ou *d'empansement*. Quelle est la nature des gaz qui se forment dans ce cas ? Voilà ce que MM. Lameyran et Frémy ont recherché. Leurs expériences ont été faites sur une vache : cette vache étant extrêmement gonflée, ils en ont retiré les gaz en lui faisant la ponction; ils les ont trouvés formés de 80 de gaz sulfhydrique, de 15 d'hydrogène carboné et de 5 d'acide carbonique ou d'air. Il est facile de concevoir, d'après cela, pourquoi l'on guérit promptement les animaux en leur faisant avaler un gros d'ammoniaque délayé dans 4 onces d'eau : c'est que la majeure partie des gaz est absorbée tout-à-coup par l'alcali.

Il est à remarquer que, lorsque l'herbe est sèche, au lieu d'être humide, ces effets sont beaucoup plus lents et moins dangereux. La quantité de gaz qui se développe est bien moins considérable, et l'animal ne périt, pour ainsi dire, que par indigestion. Suivant MM. Lameyran et Frémy, il faut encore administrer l'ammoniaque; mais il faut, quelque temps après, donner 2 ou 3 gros d'éther mêlés avec 3 ou 4 cuillerées d'huile : par ce moyen, tous les accidens disparaissent peu-à-peu. (*Bulletin de Pharmacie,* tom. I, pag. 358).

M. Pluger de Soleure, qui a eu l'occasion d'analyser les gaz de deux vaches météorisées, n'y a pas trouvé de gaz sulfhydrique : ils étaient composés de gaz carbonique et d'oxide de carbone en proportions différentes. (*Journ. de Chimie médicale,* tom. III, p. 283.) Il serait utile de répéter et de varier ces analyses.

SECTION II.

Du Sang.

2761. Le sang est un composé d'eau, d'albumine, de fibrine, d'une substance animale colorée ou d'hématosine, d'une petite quantité de matières grasses et de différens sels, savoir : de chlorures de potassium et de sodium, de sous-phosphate de chaux, de phosphate de soude, de carbonates de soude, de chaux, de magnésie; d'oxide de fer, en partie uni à l'acide phosphorique, et, suivant M. Berzelius, de lactate de soude ou de potasse.

2762. Il n'est point de corps qui ait été plus étudié que le sang. Dans tous les temps, les médecins, les physiologistes et les chimistes s'en sont occupés; tous ont essayé d'en déterminer la nature, et cependant on ne savait presque rien à cet égard avant les expériences de Rouelle le cadet, expériences qui ont été répétées dans tous les laboratoires, et auxquelles Lavoisier, Fourcroy, Vauquelin, Parmentier, MM. Deyeux, Brande, Berzelius, Prevost et Dumas, etc., ont beaucoup ajouté.

2763. *Propriétés physiques.* — Ses propriétés physiques sont généralement connues. Il est toujours à l'état liquide dans l'économie animale; sa couleur est rouge dans les artères et d'un rouge brun dans les veines; son odeur est fade, sa saveur légèrement salée, et sa pesanteur spécifique variable, mais toujours un peu plus grande que celle de l'eau. Haller a trouvé celle du sang humain de 1,0527, terme moyen; et Fourcroy, celle du sang de bœuf, de 1,056, terme moyen aussi, à la température de 15 à 16°.

Propriétés chimiques. — Soumis à la température de l'eau bouillante, le sang se coagule en raison de l'albumine et de l'hématosine qu'il contient. La matière coagulée est d'un brun violet, et donne, par la calcination, un charbon volumineux, difficile à incinérer.

Lorsqu'on l'abandonne à lui-même, il ne tarde point à se prendre en une masse qui se divise peu-à-peu en deux parties : l'une liquide, transparente, jaunâtre, qu'on appelle *sérum* ; l'autre molle, opaque, d'un brun rougeâtre, nommée *cruor* ou *caillot*. Le sérum n'est que de l'eau tenant en dissolution beaucoup d'albumine, et la plupart des sels du sang. Le caillot renferme toute la fibrine, toute la matière colorante, un peu de matière grasse, un peu de sérum et une certaine quantité de sels. Or, puisque, par le repos, la fibrine et la matière colorante se séparent entièrement, il faut en conclure qu'elles ne sont que suspendues dans le sang, et c'est, en effet, ce que démontrent les observations de MM. Prevost et Dumas. (1)

D'autres phénomènes se présentent lorsqu'au sortir de la veine, on agite le sang au lieu de l'abandonner à lui-même : alors il ne se prend plus en masse ; il conserve l'état liquide ; il s'en sépare seulement une certaine quantité de fibrine, sous forme de longs filamens qu'il est facile de blanchir par l'eau : aussi a-t-on soin de battre le sang à mesure qu'on l'extrait pour pouvoir le convertir en boudin.

Pendant la coagulation spontanée du sang, il ne se dégage pas de chaleur sensible au thermomètre, d'après les expériences de M. John Davy.

Vauquelin a fait sur les divers phénomènes que présentent, dans l'espace de plusieurs années, les eaux de lavage du caillot, des observations qu'on trouvera *Ann. de Chim. et de Phys.*, t. xvi, p. 363.

Mis en contact avec les gaz et agité dans ceux-ci, le sang se comporte diversement : c'est ce qu'on verra dans le tableau suivant :

---

(1) Cependant, comme la matière colorante est soluble, et que la fibrine ne l'est pas, on pourrait admettre aussi que la première ne se dépose que parce qu'elle est entraînée par la seconde au moyen de l'affinité.

Sang veineux.

GAZ.	COULEUR.	OBSERVATIONS.
Oxigène.............	Rouge-rose.	Le sang dont on s'est servi avait été battu, et par conséquent dépouillé de fibrine.
Air atmosphérique....	*Idem.*	
Ammoniaque........	Rouge-cerise.	
Gaz oxide de carbone.	Rouge un peu violet.	
Deutoxide d'azote....	*Idem.*	
Hydrogène carboné...	*Idem.*	
Gaz azote..........	Rouge-brun.	
Gaz carbonique......	*Idem.*	
Gaz hydrogène.......	*Idem.*	
Protoxide d'azote.....	*Idem.*	
Hydrogène arséniqué.. Hydrogène sulfuré....	Violet foncé, passant peu-à-peu au brun-ver-dâtre.	
Gaz chlorhydrique......	Brun-marron.........	
Gaz sulfureux.......	Brun-noir............	Ces trois gaz coagulent en même temps le sang.
Chlore.............	Brun-noirâtre, passant peu-à-peu au blanc-jaunâtre..........	

Il est probable que le sang artériel, agité dans ces gaz, finirait par prendre les mêmes teintes que le sang veineux.

Une très petite quantité de sang suffit pour colorer en rouge une grande quantité d'eau.

Versées dans le sang, la potasse et la soude s'opposent à sa coagulation, parce qu'elles ont la propriété de dissoudre la fibrine, qui tend à se précipiter. La plupart des acides, au contraire, pour peu qu'ils soient forts, le coagulent sur-le-champ en s'unissant à l'albumine. L'acide sulfurique concentré, en opérant cette coagulation, laisse exhaler une odeur qui, selon M. Barruel, serait parfaitement analogue à celle que l'animal lui-même exhale; d'où il suit que du sang étant donné l'on pourrait toujours reconnaître l'animal auquel il aurait appartenu. M. Barruel a même pensé que ce caractère était assez certain pour en faire usage dans des cas de médecine légale. Mais les expériences de M. Soubeyran et celles de M. Couerbe, tout en constatant qu'il y a exhalaison d'odeur, établissent qu'elle n'est point assez caractérisée pour remonter à la source. (*Journ. de Pharm.*, t. xv, p. 350, 447, 592).

Les dissolutions salines des deux premières sections n'y occasionnent aucun précipité; mais presque toutes celles des quatre dernières sections y en produisent un qui provient principalement de la combinaison de l'albumine et de l'hématosine avec l'oxide et une partie de l'acide.

Le proto-cyanure de potassium ferrugineux n'y démontre la présence du fer qu'autant que l'on a décomposé d'abord le sang par le chlore (2536).

Enfin, l'alcool, par son affinité pour l'eau, en précipite tout à-la-fois la fibrine, l'albumine, la majeure partie de la matière colorante, et plusieurs sels ; il retient en dissolution un peu d'hématosine qui le colore légèrement, quelques substances grasses et quelques substances salines.

2764. *Composition, analyse.* — Lorsqu'on examine le sang, comme l'ont fait plusieurs physiologistes, et surtout MM. Prevost et Dumas, au moyen d'un microscope capable d'amplifier les objets de 200 ou 300 diamètres, on voit qu'il se compose d'un liquide clair et transparent, et d'un grand nombre de petits corpuscules colorés en rouge, et variables par leur forme ou leur dimension, suivant la nature de l'animal. Dans les mammifères, ils sont sphéroïdaux ; dans les oiseaux et les animaux à sang froid, ils sont elliptiques ; chez tous ces animaux, ils paraissent aplatis et marqués dans leur centre d'un point lumineux, de forme analogue à la forme générale du globule.

Sous ce point de vue purement physiologique, le sang contiendrait donc du sérum et des globules. Toutes les matières solubles seraient tenues en dissolution dans le sérum ; toutes les parties insolubles dans l'eau feraient partie des globules.

La dimension des globules se trouve exprimée, dans la table suivante, en fractions du millimètre, pour un certain nomb d'a ni maux différens.

Animaux à globules circulaires.

Nom de l'animal.	Diamètre réel en fractions du millimètre.
Callitriche d'Afrique	$\frac{1}{120}$
Homme, chien, lapin, cochon, hérisson, cochon d'Inde, muscardin	$\frac{1}{150}$
Ane	$\frac{1}{107}$
Chat, souris grise, souris blanche	$\frac{1}{171}$
Mouton, oreillard, cheval, mulet, bœuf	$\frac{1}{200}$
Chamois, cerf	$\frac{1}{215}$
Chèvre	$\frac{1}{288}$
Escargot des vignes	$\frac{1}{107}$

Animaux à globules elliptiques.

Nom de l'animal.	Grand diam.	Petit diam.
Orfray, pigeon	$\frac{1}{75}$	$\frac{1}{100}$
Dinde, canard	$\frac{1}{79}$	*Id.*

Nom de l'animal.	Grand diam.		Petit diam.
Poulet	$\frac{1}{81}$	.....	$\frac{1}{100}$
Oie, corbeau, moineau, chardonneret	$\frac{1}{86}$	.....	Id.
Paon	$\frac{1}{85}$	.....	Id.
Mésange	$\frac{1}{200}$	.....	Id.
Tortue terrestre	$\frac{1}{48}$	.....	$\frac{2}{77}$
Vipère	$\frac{1}{60}$	.....	$\frac{1}{100}$
Orvet	$\frac{1}{66}$	.....	$\frac{1}{115}$
Couleuvre de Razomowsky	$\frac{1}{51}$	.....	$\frac{1}{100}$
Lézard gris	$\frac{1}{66}$	.....	$\frac{1}{111}$
Salamandre ceinturée, salamandre à crête.	$\frac{1}{35}$	.....	$\frac{1}{56}$
Crapaud commun, grenouille commune, grenouille à tempes tachées	$\frac{1}{45}$	.....	$\frac{2}{75}$
Lote, véron, dormille	$\frac{1}{75}$	.....	$\frac{1}{123}$

Lorsqu'on observe la circulation au microscope, pendant la vie de l'animal, on peut distinguer, dans les vaisseaux capillaires, une foule de globules qui les parcourent, et qu'on voit passer des branches artérielles aux branches veineuses dans les membres, et, au contraire, des vaisseaux veineux aux vaisseaux artériels dans le poumon. Ces globules jouissent d'une élasticité parfaite, et se prêtent à tous les accidens de forme ou de diamètre qu'on observe dans les vaisseaux qu'ils traversent. Ils s'allongent lorsque ceux-ci sont trop étroits, se courbent ou se plient en tous sens lorsqu'ils sont heurtés par un obstacle, etc.

Nous n'entrerons pas ici dans d'autres détails sur cet objet. L'existence de la fibrine dans ces globules, la manière dont elle y est distribuée est encore trop hypothétique, et le but de cet ouvrage doit nous obliger à nous restreindre aux résultats positifs sans les embarrasser de suppositions quelconques.

Le sang, considéré de cette manière, fournit d'autres aperçus dont le plus important consiste dans l'évaluation pondérale des globules, comparativement à celle du sérum, dans lequel ils sont tenus en suspension; mais pour que de pareils résultats puissent être obtenus dans l'état présent de la science, il faut nécessairement partir d'une supposition qui offre, à la vérité, un degré de probabilité fort satisfaisant. Admettons, en effet, que le caillot qui se produit au moment de la coagulation du sang soit imprégné de sérum, ainsi que le serait une éponge qu'on plongerait dans ce liquide, il deviendra facile d'obtenir le rapport exact de chacune de ces deux matières. On aura d'un côté :

Sérum formé d'eau et de matières solides ;
Caillot formé de globules et de sérum.

En desséchant le sérum on aura le rapport de l'eau et des matières solides qu'il renferme.

En desséchant le caillot, on connaîtra la quantité d'eau qu'il contenait, et si ce liquide y existe à l'état de sérum, il faudra défalquer du poids du caillot sec la quantité de matières solides qui aura été abandonnée par le sérum, ce qui sera facile. Cette soustraction faite, le poids restant sera celui des globules. En réunissant l'eau du sérum et l'eau du caillot, on aura la quantité totale de l'eau contenue dans le sang. Enfin les matières solides du sérum pur, plus celles qu'on aura calculées pour le sérum contenu dans le caillot, formeront la totalité des principes solubles du sang. Les résultats suivans ont été obtenus de cette manière.

NOM DE L'ANIMAL.	SA TEMPÉRATURE MOYENNE.	10,000 PARTIES DE SANG CONTIENNENT :		
		GLOBULES.	ALBUMINE et SELS SOLUBLES.	EAU.
Pigeon..............	42° c.	1557	469	7974
Poule..............	41,5	1571	630	7799
Canard............	42,5	1501	847	7652
Corbeau...........	»	1466	564	7970
Héron.............	41	1326	592	8082
Singe.............	35,5	1461	779	7760
Homme............	39	1292	869	7839
Cochon d'Inde......	38	1280	872	7848
Chien.............	37,4	1238	655	8107
Chat.............	38,5	1204	843	7953
Chèvre...........	39,2	1020	834	8146
Veau.............	»	912	828	8260
Lapin............	38	938	683	8379
Cheval...........	36,8	920	897	8183
Mouton, sang artériel.	38	935	772	8293
Id. sang veineux.	»	861	775	8364
Truite.............	»	638	725	8637
Lote.............	celle du milieu ambiant.	481	657	8862
Grenouille........	9° dans une eau à 7°,5.	690	464	8846
Tortue...........	celle de l'air.	1506	806	7688
Anguille..........	»	600	940	8460

Parmi ces résultats, on remarque celui qui est relatif à l'analyse du sang artériel et du sang veineux dans le mouton, et l'on voit que le premier est bien plus riche en globules que le second. Dans ce genre d'expériences, il est indispensable de prendre beaucoup de précautions à cause des changemens rapides que la saignée amène dans la composition du sang. En effet, à mesure qu'on enlève du sang au système sanguin, il absorbe de l'eau, qu'il puise dans tous les organes, et il s'appauvrit ainsi lui-même en globules. C'est ce qu'on a prouvé par des expériences nombreuses et faites avec soin.

Les résultats généraux de ces deux tables sont donc :

1° Que les globules des mammifères ont une forme sphéroïdale;

2° Que ceux des oiseaux et des animaux à sang froid sont elliptiques ;

3° Que le sang artériel renferme plus de gobules que le veineux;

4° Que les oiseaux sont les animaux dont le sang est le plus riche en particules., tout comme ce sont ceux dont la température est le plus élevée ;

5° Que les mammifères viennent ensuite, et qu'il semblerait que les carnivores en possèdent plus que les herbivores ;

6° Que les animaux à sang froid sont ceux qui en possèdent le moins.

La tortue présente cependant une anomalie singulière qui exigerait de nouvelles recherches (1). *(Voyez*, pour plus de détails, les Mémoires de MM. Prevost et Dumas, *Ann. de Chim. et de Phys.*, t. XVIII, p. 280; et t. XXIII, p. 50).

Passons maintenant aux résultats que l'analyse chimique fournit, et occupons-nous de déterminer les quantités de fibrine, de matière colorante, d'albumine, etc., que le sang contient. Le meilleur procédé que l'on puisse suivre consiste à abandonner le sang à lui-même pour le transformer en caillot et en sérum, à les séparer l'un de l'autre par décantation, et à traiter chacun d'eux en particulier, comme nous allons le dire.

1° La quantité de fibrine peut être déterminée en lavant le caillot dans un nouet de linge jusqu'à ce que toute la matière colorante soit dissoute.

2° On appréciera, jusqu'à un certain point, celle de la matière colorante en coupant le caillot par tranches minces, le

---

(1) Outre le sang, il existe encore beaucoup d'autres fluides animaux qui renferment des particules solides en suspension. La liqueur spermatique contient des animalcules qui y jouent le même rôle que les globules sanguins dans le sang. Le lait offre, au microscope, une foule de corpuscules de $\frac{1}{300}$ de millimètre de diamètre, et qui semblent n'être autre chose que la matière caséeuse et la matière grasse. Le chyle, la lymphe, le chyme, les produits des glandes de Cowper, des vésicules séminales, etc., en présentent aussi, et l'on peut dire en général que toute liqueur animale opaque ou d'un aspect louche contient des particules solides en suspension. La salive, l'urine, la bile, n'en offrent pas si elles ont été dépouillées de mucus; mais lorsque celui-ci s'y rencontre, elles se reconnaissent aisément au microscope.

plaçant entre plusieurs doubles de papier joseph, pour absorber le sérum qu'il contient, le faisant ensuite sécher, et soustrayant du poids du résidu celui de la fibrine, que l'on aura déterminé par une expérience antérieure.

3° Quant à l'analyse du sérum, on la fera en évaporant ce liquide jusqu'à siccité, traitant par l'eau le résidu réduit en poudre, évaporant de nouveau la liqueur, et traitant successivement le nouveau résidu par l'alcool et une nouvelle quantité d'eau, puis procédant à la séparation des matières salines dissoutes par ces deux agens.

Suivant M. Berzelius, 1,000 parties de sérum contiennent, savoir :

	Sérum du sang de bœuf.	Sérum du sang humain.
Eau............................	905,00	905,0
Albumine (1) ou substance insoluble dans l'eau et dans l'alcool.	79,99	80,0

Substances solubles dans l'alcool, savoir :

Albumine avec soude et lactate de potasse.........	6,2 } 8,8	Matière extractive et lactate de soude.............	4,0 } 10
Chlorure de potassium.....	2,6	Chlorure de sodium.......	6,0

Ces chlorures cristallisent par évaporation, et restent entourés d'une masse syrupeuse jaunâtre et transparente, composée de matières extractives et de lactate. (Vol. VII de l'ouvrage de Berzelius, p. 75).

Substances solubles seulement dans l'eau, savoir :

	Sérum du sang de bœuf.	Sérum du sang humain.
Soude sans doute carbonatée, phosphate de soude, plus un peu de matière animale.............	1,52	4,0
Perte...........................	4,75	0,0

Cette matière animale est de l'albumine modifiée d'après Berzelius et de l'albumine d'après Lecanu.

M. le docteur Marcet, à qui nous devons aussi l'analyse du sérum du sang humain, et qui l'avait faite avant Berzelius, le regarde comme composé de 900 d'eau, 86,8 d'albumine, 6,6 de chlorures de potassium et de sodium, 4 de matière muco-

_____

(1) Cette albumine incinérée donne à-peu-près autant de cendres que la matière colorante : ces cendres ne renferment point d'oxide de fer; elles ne sont composées que de phosphate de chaux, de carbonate de chaux, et d'un peu de magnésie et de carbonate de soude. Il en est de même de celles de la fibrine.

extractive (1), 1,65 de carbonate de soude, 0,35 de sulfate de potasse, 0,60 de phosphate terreux.

Nous n'avons tenu compte, dans ce qui précède, ni de la nature, ni des propriétés des matières grasses que contient le sang. Ces matières, signalées depuis long-temps par Schwilgué et dont la quantité est très petite, sont une matière grasse phosphorée, analogue à celle du cerveau observée par M. Chevreul, et d'après M. Boudet, 3 à 4 autres matières : la *séroline*, la cholestérine, et des acides gras, probablement l'acide oléique et l'acide margarique.

La *séroline* s'obtient en desséchant le *sérum* à une douce chaleur, épuisant le résidu par l'eau, le desséchant de nouveau, le réduisant en poudre, le traitant par l'alcool bouillant et concentré et laissant refroidir la liqueur : la *séroline* s'en dépose en flocons gras et légèrement nacrés. Elle est fusible à 36°, sans action sur les couleurs, insoluble dans l'alcool froid et même dans l'alcool d'une densité de 36° à la température de l'ébullition ; elle est, au contraire, très soluble dans l'éther, soit à chaud, soit à froid. La potasse bouillante ne semble pas l'altérer ; mais elle s'y dissout, après avoir été chauffée long-temps avec l'acide azotique.

Pour se procurer les autres matières grasses, il faut faire évaporer la dissolution alcoolique précédente jusqu'en consistance de térébenthine, triturer à froid dans l'alcool à 36 degrés la matière restante, et renouveler l'alcool tant qu'il continue à se colorer en jaune. Celui-ci s'empare de la cholestérine et des acides oléique et margarique unis à la soude, et laisse indissoute la matière grasse phosphorée, qui, reprise par l'éther, cristallise par évaporation spontanée en lames brillantes.

Si l'on abandonne à elle-même la nouvelle dissolution alcoolique, la cholestérine apparaîtra peu-à-peu sous forme de plaques cristallines ; et si, après avoir évaporé la liqueur à siccité, on verse de l'alcool à 22 degrés sur le résidu visqueux, l'oléate et le margarate seuls se dissoudront, plus quelques traces de matières salines qui pourront être séparées par une dernière évaporation et un traitement par l'éther dans lequel le savon est soluble. L'auteur toutefois, et nous devons le remarquer, n'admet l'acide oléique et l'acide margarique qu'avec restriction : de nouvelles expériences sont nécessaires pour décider la question (*Ann. de Chim. et de Phys.*, LII, 337).

Le caillot contient les mêmes matières grasses que le sérum : on parvient à les en extraire de la même manière.

---

(1) Cette matière est le lactate de soude impur de M. Berzelius.

Reste actuellement l'extraction des sels. (Voy. à cet égard ce qui est dit plus loin : *extraction des sels en général.*)

À la suite des résultats qui précèdent, nous croyons devoir donner ceux qui ont été obtenus sur le sang d'homme par M. Lecanu, d'autant plus qu'ils diffèrent sous quelques rapports de ceux de MM. Berzelius et Marcet.

	SÉRUM.		CAILLOT.	
	1re analyse.	2e anal.	1re anal.	2e anal.
Eau.....................	906,00	901,00	780,14	785,59
Fibrine.....................	»	»	2,10	3,56
Albumine	78,00	81,20	65,09	69,41
Matière colorante.............	»	»	133,00	119,65
Matière grasse cristallisable....	1,20	2,10	2,43	4,30
Matière huileuse (1)............	1,00	1,30	1,31	2,27
Matières extractives solubles dans l'alcool et dans l'eau........	1,69	2,05	1,79	19,2
Albumine combinée à la soude..	2,10	2,55	1,26	2,01
Chlorures de sodium et de potassium.....................				
Sous carbonate.)	8,10	7,32	8,37	7,30
Phosphate.... } alcalins.........				
Sulfate ......)				
Carbonate de chaux............				
— de magnésie........				
Phosphate de chaux............	0,91	0,87	2,10	1,41
— de magnésie........				
— de fer.............				
Peroxide de fer................				
Perte.....................	1,00	1,61	2,40	2,58

Indépendamment de l'analyse du sang d'homme, M. Lecanu a fait des analyses comparatives du sang d'individus de sexe, d'âge et de tempéramens différens. Son mémoire se trouve consigné dans les *Ann. de Chim. et de Phys.*, t. XLVIII, p. 308.

2765. L'histoire que nous venons de tracer n'est, pour ainsi dire, que celle du sang de l'homme, tiré des veines du bras; il faut maintenant essayer de tracer celle du sang artériel, du sang veineux de toutes les parties du corps, du sang dans les différens âges, dans les diverses maladies, et enfin dans les divers animaux; tout ce que nous savons à cet égard se réduit à-peu-près à ce qui suit :

Sang artériel. - Le sang artériel est d'un rouge vermeil et d'un degré plus élevé en température que le sang veineux. Suivant M. John Davy, sa capacité pour le calorique est sensiblement la même que la capacité de celui-ci, et sa pesanteur spécifique en diffère à peine, puisqu'il l'a trouvée de 1,049, et l'au-

____

(1) Qui, d'après M. Boudet, serait de l'acide oléique et margarique. (*Voy.* page précédente).

tre de 1,051 (*Trans. philos.* pour 1814.) Cependant la quantité de sérum qu'il contient passe pour être moins considérable,
et sa coagulation plus prompte (1) : ce qu'il y a de certain,
c'est que le sang artériel, partant tout entier de la même
source, qui est le cœur, et circulant rapidement, doit être
sensiblement le même dans toute sa masse, du moins chez le
même individu; qu'il se comporte avec tous les réactifs de
même que le sang veineux, et que l'analyse n'y découvre que
les mêmes corps, quoique son action sur l'économie animale
soit tout autre.

Sang veineux des différentes parties du corps. — Le sang
veineux est le résidu de la décomposition du sang artériel par
les différens organes de l'économie animale. Or, comme chacun des organes agit sur celui-ci d'une manière différente, il
est probable qu'il en résulte des différences essentielles dans
la composition du sang veineux. Ces différences n'ont point
encore été déterminées par l'analyse; on n'a examiné jusqu'ici
que le sang qui coule dans les veines d'un assez grand volume,
et qui provient par conséquent de divers organes : il serait
surtout important d'étudier celui des principales glandes,
telles que le rein, le foie; cette analyse jetterait probablement
quelque jour sur plusieurs questions de physiologie.

Sang dans les différens âges. — La composition du sang ne
varie-t-elle pas à diverses époques de la vie? Les substances
qui le composent sont probablement toujours les mêmes;
mais il serait possible que leur proportion fût différente. Suivant Fourcroy, le sang du fœtus humain contient beaucoup
de sérum, un peu de fibrine molle, de la gélatine, de la bile,
de la soude. (*Voyez* le travail de M. Lecanu. *Ann. de Chim.
et de Phys.* XLVIII, 321.)

Sang dans diverses maladies. — 1° MM. Parmentier et Deyeux, qui ont examiné le sang des personnes atteintes de ma-
adies inflammatoires, de fièvre putride, de scorbut, ont
trouvé qu'il ne différait du sang ordinaire, savoir: dans le
premier cas, que parce que, abandonné à lui-même, il se recouvrait d'une croûte blanche qu'on appelle *couenne*, et qui
leur a paru être une matière analogue à la fibrine ; dans le second, qu'en ce qu'il se recouvrait rarement de cette couenne ;
et dans le troisième, qu'en ce qu'il avait une odeur particulière, qu'il ne contenait que peu de fibrine, et que la matière

---

(1) Il est vrai que M. Lassaigne, dans l'analyse comparative qu'il a faite du
sang artériel et du sang veineux du même animal (d'un chien), n'a pas trouvé de
différence dans les qualités des produits; mais comment concilier ces résultats avec
es effets de la transpiration pulmonaire et les fonctions du sang artériel parvenu
ux extrémités des artères? (*Journal de Chimie médicale*, 1,34).

albumineuse se coagulait moins facilement qu'à l'ordinaire, propriété qu'on observe aussi, d'après plusieurs chimistes, dans l'albumine du sang pendant les fièvres inflammatoires.

2° Rollo avait avancé que le sang des diabétiques renfermait une certaine quantité de sucre; mais cette observation ne s'accorde point avec les expériences de Nicolas et Gueudeville, de Wollaston, de Vauquelin, etc., et est tout-à-fait inexacte. MM. Nicolas et Gueudeville en ont retiré beaucoup plus de sérum et beaucoup moins de fibrine que dans l'état sain. Mais, suivant MM. Henry fils et Soubeyran, cette sorte de sang contiendrait, au contraire, plus de fibrine et d'albumine que le sang ordinaire. (*Journ. de Pharm.* XII, 320).

3° Parmi les chimistes, les uns prétendent que le sang des ictériques renferme toujours de la bile; d'autres prétendent, au contraire, qu'il n'en contient point, et que c'est du sang ordinaire, dont le sérum est coloré en jaune par une très petite quantité de la matière colorante, qui, dans cette maladie, s'épanche, pour ainsi dire, par tout le corps. Pour moi, je sais bien qu'ayant eu l'occasion d'analyser du sang qui m'avait été donné comme appartenant à un ictérique, je n'ai pu y découvrir aucun des matériaux de la bile. Je partage donc l'opinion de ceux qui attribuent l'*ictère* à une matière colorante particulière.

Sang d'une nature toute particulière. — M. le docteur Gendrin a extrait de la veine d'un malade un liquide blanc, laiteux, dans lequel nageaient seulement quelques globules de matière colorante. M. Caventou, qui l'a examiné, n'y a reconnu ni fibrine, ni albumine; il en a retiré une matière qu'il est porté à regarder comme étant particulière. (*Ann. de Chim. et de Phys.*, XXXIX, 288).

Sang des animaux. — Dans les animaux à sang chaud, le sang paraît être de la même nature que dans l'homme; celui de bœuf, qui souvent a été soumis à l'analyse, est formé des mêmes principes et à-peu-près dans les mêmes proportions. Suivant M. Vögel, le sang de bœuf contiendrait de plus une petite quantité de gaz carbonique : si ce gaz fait réellement partie de cette sorte de sang, nous ne voyons pas de raison pour qu'il ne se rencontre pas aussi dans celui de l'homme, etc.

Nous ne pouvons rien dire du sang des animaux à sang froid; il n'a été l'objet d'aucunes recherches suivies.

2766. *Usages.* — Le sang forme la majeure partie du boudin; il est employé dans toutes les raffineries de sucre pour clarifier les sirops. En le calcinant avec la potasse et lessivant le résidu, l'on obtient la liqueur que l'on connaissait autrefois sous le nom de *lessive du sang*, qui n'est que du cyanure de potassium avec un grand excès d'alcali, et dont on se sert pour fabriquer le bleu de Prusse. C'est le liquide qui joue le plus grand rôle dans l'économie animale, puisqu'il donne lieu à toutes les substances qu'on y rencontre, excepté le chyme, le chyle et la matière fécale.

SECTION III.

De la Circulation et de la Respiration.

2767. Quoique l'examen de ces fonctions soit très important, nous ne les suivrons que dans les animaux les plus parfaits, afin de pouvoir apprécier les phénomènes chimiques qu'elles nous offrent.

2768. *Circulation.* — Nous avons vu que le chyle était absorbé par un grand nombre de vaisseaux capillaires qui recouvrent les intestins grêles, et surtout le duodénum ; que ces vaisseaux, en s'anastomosant, le portaient dans le canal thoracique, situé le long de l'épine du dos, et que ce canal le versait dans la veine sous-clavière gauche, quelquefois dans la veine sous-clavière droite, où il se mêlait au sang.

Le nouveau liquide qui résulte de ce mélange pénètre par la veine-cave supérieure dans les cavités droites du cœur, d'abord dans l'oreillette, et ensuite dans le ventricule (1). Le ventricule droit, par l'artère pulmonaire qui se bifurque, le distribue aux poumons, et ceux-ci, par les veines qui leur sont propres, le transmettent successivement à l'oreillette et au ventricule gauches ; de ce ventricule il passe dans l'artère aorte, de l'artère aorte dans l'aorte ascendante et dans l'aorte descendante, qui, en se ramifiant, le conduisent dans toutes les parties du corps.

Arrivé aux dernières ramifications artérielles, il passe dans celles des veines ; bientôt il arrive dans les principales branches veineuses, qui l'introduisent dans la veine-cave supérieure ou la veine-cave inférieure ; de-là il rentre dans l'oreil-

---

(1) Le cœur est un muscle susceptible de contraction et de dilatation, et composé de quatre cavités, dont deux sont situées à droite et deux à gauche : les deux premières prennent les noms d'*oreillette* et de *ventricule droits*, et les autres ceux d'*oreillette* et de *ventricule gauches*. Chaque oreillette est placée au-dessus de son ventricule, qui est terminé inférieurement en pointe. Du ventricule droit et de l'oreillette gauche partent de gros vaisseaux qui se distribuent, se ramifient et s'abouchent dans les poumons. Les vaisseaux qui partent des ventricules s'appellent *artères*, et ceux qui partent des oreillettes s'appellent *veines*. Les cavités droites ne communiquent avec les cavités gauches que par les artères et les veines pulmonaires. Chaque ventricule est séparé de son oreillette par une valvule ; il en est de même des veines et des artères par rapport aux oreillettes et aux ventricules auxquels elles correspondent. (*Voyez*, pour plus de détails, les ouvrages d'anatomie).

lette droite, puis dans le ventricule droit, pour être de nouveau transmis aux poumons, ramené aux cavités gauches du cœur, distribué à toutes les parties du corps, rapporté au cœur, etc. C'est dans ce mouvement que consiste la circulation.

Quels sont les phénomènes auxquels elle donne lieu? Voilà ce qu'il s'agit d'examiner.

2768 *bis. Décomposition du sang à l'extrémité des artères.* — Le sang, parvenu à l'extrémité des artères, se décompose par la puissance de la vie, nourrit tous les organes au milieu desquels il se trouve, en leur cédant une portion de ses principes, donne lieu à toutes les sécrétions (2792), et se change ainsi en sang veineux et en lymphe qui retournent l'un et l'autre au centre de circulation par des canaux divers.

Or, comme les organes diffèrent par leur nature, et qu'il en est de même des fluides sécrétés, il s'ensuit que partout il éprouve des modifications différentes. Pour plus de clarté, que l'on considère, par exemple, le lait et l'urine, et l'on verra que ces deux fluides ne contiennent ni albumine, ni fibrine, ni matière colorante, qui sont les seules matières animales qu'on rencontre dans le sang; que le premier est un composé d'eau, de matière caséeuse, de matière butyreuse, de sucre de lait et de différens sels, et que l'autre est principalement formé d'eau, de différens sels, d'acide urique et d'urée. Cependant leur formation est due au sang artériel (1) : il faut donc que les reins, dans lesquels se forment l'urine, et les glandes mammaires, dans lesquelles se forme le lait, aient sur le sang chacun une manière d'agir qui leur soit propre; et ce que nous disons ici de ces glandes, il faut le dire de toutes les autres, et en général de tous les organes : d'où l'on peut penser, comme nous l'avons déjà fait observer, que la portion de sang veineux qui résulte de l'action d'un organe sur le sang artériel n'est point identique avec celle qui provient de l'action d'un autre organe sur ce même sang artériel.

2769. *Respiration.* — Lorsque le sang a passé des artères dans les veines, il n'est plus rouge, comme il était d'abord; il est devenu brun-noir et a perdu ses qualités nutritives : s'il rentrait dans les artères sans les avoir recouvrées, ou être redevenu sang artériel, il ne tarderait point à produire la mort :

---

(1) A la vérité, plusieurs physiologistes pensent que celle du lait est due aussi à la lymphe; car l'on observe qu'une grande quantité de vaisseaux lymphatiques entrent dans la composition des mamelles; mais peu importe, puisque la lymphe n'est que de l'eau chargée d'un peu d'albumine, de fibrine et de quelques sels qui sont autant de matériaux du sang.

c'est dans l'acte de la respiration, au sein des poumons, que cette importante transformation s'opère.

2770. Les poumons contiennent non-seulement des vaisseaux sanguins, mais encore des vaisseaux aériens : ceux-ci en nombre infini comme ceux-là, proviennent de la division et de la subdivision des bronches qui, par leur réunion, forment la trachée. Les injections ne nous ont encore appris rien de positif sur la position relative des uns par rapport aux autres; mais on peut les concevoir accolés de telle sorte que le sang veineux ne soit séparé de l'air que par une cloison extrêmement fine et perméable aux fluides élastiques.

2771. De tout temps on a su que la respiration de l'air était nécessaire à l'entretien de la vie ; depuis long-temps on sait aussi qu'un animal qui respirerait toujours le même air serait bientôt suffoqué; mais ce n'est que depuis que les principes de ce fluide nous sont connus que l'on a pu acquérir des notions précises sur sa manière d'agir : aussi devons-nous les premières données certaines sur les altérations de l'air par la respiration, aux recherches de Priestley, de Lavoisier et de Schéele. Ces chimistes et leurs successeurs ont prouvé que l'air expiré contient plus de vapeur aqueuse, un peu moins d'oxigène et plus d'acide carbonique que l'air inspiré : quant à l'azote, s'il varie dans ses proportions, ce n'est que dans d'étroites limites.

Telle est l'expression du résultat d'analyse de l'air expiré; mais il s'agit d'examiner les questions principales que ces faits font naître. Nous le ferons surtout d'après les recherches que M. Edwards a publiées sous le titre de : *Influence des agens physiques sur la vie.*

Outre les précautions générales nécessaires à toute expérience chimique ou physique, relatives à la mesure, il y en a ici de particulières au sujet et qui dépendent de l'organisation des animaux. Nous n'insisterons pas sur les premières, parce que nous en traiterons ailleurs. Nous observerons, relativement aux secondes, que les poumons des animaux renferment de l'air dans des proportions différentes de celles de l'air atmosphérique. Il faut donc que les quantités d'air respiré dans le cours de l'expérience soient en si grandes proportions, que l'air contenu dans ces organes et qui se mêle à l'air respiré, n'altère pas sensiblement le résultat.

La même précaution est nécessaire pour que l'air respiré pendant la durée de l'expérience ne soit pas trop altéré, sans quoi la condition de l'animal s'éloignerait trop de la respiration naturelle.

Il y a deux méthodes par lesquelles on peut rapprocher

également le procédé respiratoire du mode naturel. Par la première, on renouvelle constamment et l'on recueille l'air expiré, comme l'ont fait MM. Allen et Pepys; mais il faut remarquer qu'on ne renouvelle jamais assez promptement l'air pour qu'il soit aussi pur que l'air libre. Par la seconde, on peut parvenir au même résultat en faisant séjourner l'animal pendant un court espace de temps dans une grande quantité d'air, relativement à son volume.

1° Quant au rapport de l'oxigène qui disparaît et de l'acide carbonique produit, lorsqu'on fait des expériences sur des individus d'espèces différentes dans l'échelle des vertébrés et d'âge différent, on trouve que la proportion varie entre des quantités qui sont à-peu-près égales, et celles où l'acide carbonique forme un peu plus de la moitié de l'oxigène qui disparaît. Ces différences tiennent donc à l'organisation.

2° Les résultats des divers expérimentateurs qui se sont occupés de la respiration, ont varié relativement aux proportions de l'azote inspiré à l'azote expiré. Ces variations ont eu lieu dans d'étroites limites : les uns, tels que Lavoisier, Allen et Pepys, etc., regardaient ces quantités comme égales ; d'autres, tels que Spallanzani, dans ses recherches sur les reptiles et les animaux à sang chaud, MM. de Humboldt et Provençal, dans leur Mémoire sur la respiration des poissons, sir Humprhy Davy, dans ses expériences sur l'homme, ont trouvé qu'il y avait moins d'azote dans l'air expiré ; d'autres enfin, tels que Berthollet, Nysten et M. Dulong, qu'il y en avait davantage. M. Edwards ayant observé que certaines espèces, parmi les oiseaux et les reptiles, présentaient ces divers rapports à différentes époques de l'année, il en conclut que cette diversité tenait à la nature des fonctions. On peut d'ailleurs s'en convaincre, selon lui, en étudiant les phénomènes de la respiration dans des gaz autres que l'air atmosphérique.

Lorsqu'un animal respire de l'oxigène pur, on y trouve constamment une grande proportion d'azote. Si l'on fait respirer à un animal un mélange d'hydrogène et d'oxigène dans les proportions des parties constituantes de l'air atmosphérique, on trouve également de l'azote exhalé en grandes proportions, et une absorption considérable d'hydrogène ; les quantités d'azote exhalé et d'hydrogène absorbé approchent de l'égalité.

On voit par là ce qui doit arriver lorsqu'un animal respire de l'air atmosphérique. Il y aura également de l'azote exhalé ; mais comme l'azote, dans l'air atmosphérique, remplace l'hydrogène dans l'expérience précédente, il sera absorbé en quantités à-peu-près équivalentes à l'azote exhalé : d'où il résulte qu'il n'y aura d'autre différence entre l'azote inspiré et l'azote expiré que celle qui existe entre la quantité d'azote absorbée et celle qui est exhalée. Or, comme les fonctions d'absorption et d'exhalation, quoiqu'elles tendent à l'égalité, sont variables dans la mesure de leur action, on obtiendra les trois résultats suivans : l'égalité entre l'azote inspiré et expiré; l'azote expiré excédant l'azote inspiré; enfin le résultat inverse.

3° D'où vient l'acide carbonique dans l'air expiré? Provient-il du contact de l'oxigène de l'air inspiré avec le sang dans les vaisseaux pulmonaires, d'où résulterait de l'acide carbonique qui serait expiré aussitôt? Ou l'oxigène qui disparaît serait-il absorbé, porté dans le torrent de la circulation, et remplacé dans l'air expiré par une quantité plus ou moins équivalente d'acide carbonique? Dans le premier cas, ce serait une combustion dans l'organe pulmonaire; dans le deuxième, ce serait une exhalation, quel qu'en soit d'ailleurs le mécanisme. Pour juger si c'est une combustion par le contact de l'air avec le carbone du sang dans les poumons, M. Edwards a placé des grenouilles dans de l'hydrogène pur, en les y laissant un certain nombre d'heures, dans la saison où elles peuvent exécuter des mouvemens réguliers de respiration. En les y laissant un temps convenable, elles y ont produit une quantité d'acide carbonique à-peu-près équivalente à leur volume. Cet acide carbonique ne provenait pas de l'air préexistant dans les poumons, parce qu'on avait eu soin de vider ces organes en pressant les flancs des animaux : il était donc exhalé, et n'était pas le produit de la combinaison immédiate de l'oxigène de l'air avec le carbone du sang dans les poumons. Cette expérience, répétée sur plusieurs espèces, a offert les mêmes résultats. Nous renvoyons à l'ouvrage de M. Edwards pour les détails et les preuves, et nous nous bornerons à rapporter ses conclusions générales sur la respiration.

« L'oxigène qui disparaît dans la respiration de l'air atmosphérique est absorbé en entier; il est ensuite porté en tout ou en partie dans le torrent de la circulation.

« Il est remplacé par une quantité plus ou moins semblable d'acide carbonique exhalé, qui provient en tout ou en partie de celui qui est contenu dans la masse du sang.

« En outre, l'animal respirant de l'air atmosphérique absorbe de l'azote; cet azote est porté en tout ou en partie dans la masse du sang.

« L'azote absorbé est remplacé par une quantité plus ou moins équivalente d'azote exhalé, qui provient en tout ou en partie du sang. »

L'oxigène, qui est absorbé dans la respiration, change la

couleur du sang, en le faisant passer d'un rouge foncé à un rouge vermeil. Ce changement porte principalement sur l'enveloppe extérieure des globules du sang, seule partie qui soit colorée. Il est très probable qu'une partie de l'acide carbonique exhalé provient de celui qui se forme par l'action de l'oxigène sur le sang; mais il ne paraît pas qu'il en provienne entièrement, car il s'en forme aussi dans le canal digestif: une partie doit être absorbée et portée dans le torrent de la circulation. Nous ignorons toute l'étendue de l'action de l'oxigène porté dans le sang; et tous les produits qui peuvent en résulter. Cependant, comme, d'après les expériences de Lavoisier, celles de M. Edwards lui-même, et celles de MM. Dulong et Despretz (2776), etc., le gaz carbonique obtenu ne représente pas le gaz oxigène qui disparaît, on a été conduit à supposer qu'une portion de celui-ci s'unit, pour former de l'eau, avec une certaine quantité de l'hydrogène de la matière colorante du sang.

2772. Nous venons de voir l'opinion de M. Edwards sur le rôle que joue l'azote, etc., dans la respiration. Nous devons maintenant faire connaître celles de MM. Macaire et Marcet fils; elle est le résultat d'expériences qu'ils ont faites sur l'analyse élémentaire du chyle, du sang artériel et du sang veineux, desséchés dans le vide; ils y ont joint l'analyse des excrémens de carnivores et d'herbivores, desséchés de la même manière. Ils ont trouvé:

1° Que le chyle de chien et le chyle de cheval contenaient, savoir:

	Chyle de chien.	Chyle de cheval.
Carbone	55,2	55,0
Oxigène	25,9	26,8
Hydrogène	6,6	6,7
Azote	11,0	11,0

2° Que les sangs de mouton, lapin, cheval, bœuf, chien, donnaient à très peu de chose près:

	Sang artériel.	Sang veineux.
Carbone	50,2	55,7
Azote	16,2	16,2
Hydrogène	6,6	6,4
Oxigène	26,3	21,7

D'où l'on voit que la quantité de carbone est plus grande dans le sang veineux que dans le sang artériel, et que le sang contient plus d'azote que le chyle, etc.

3° Que les excrémens de chien et ceux de cheval renfermaient:

	Excrémens de chien.	*Excrémens de cheval.*
Carbone..................	41,9	38,6
Oxigène...............	28,0	29,0
Hydrogène..............	5,9	6,6
Azote.................	4,2	0,8
Subst. minér. et terreuses.	20,0	25,0

De ces expériences, MM. Macaire et Marcet tirent les conséquences suivantes :

1° Le chyle des mammifères herbivores et celui des carnassiers, ont la même composition élémentaire.

2° Il en est de même du sang des uns et de celui des autres, lorsque l'on compare entre eux les sangs du même ordre de vaisseaux, c'est-à-dire le sang veineux d'un animal au sang veineux d'un autre animal, etc.

3° Le sang artériel contient autant d'azote et moins de carbone que le sang veineux.

4° Le sang d'un mammifère est plus azoté que son chyle.

5° Les excrémens des carnassiers renferment plus d'azote que ceux des herbivores.

6° L'azote que contient le chyle provient des alimens ; la respiration fournit le complément de celui que l'on retrouve dans le sang. (*Ann. de Chim. et de Phys.* LI, 371.)

2773. M. le docteur Menzies estime à 850 litres ou décimètres cubes l'oxigène qu'un homme consume en un jour. Lavoisier et Séguin la portent seulement à 754, et Davy à 745. En conséquence, puisque l'oxigène fait les 0,21 de l'air atmosphérique, un homme rend donc irrespirables plus de 3 mètres et demi cubes d'air par jour ; et si, depuis vingt ans qu'on en a fait l'analyse exacte, la proportion de ses principes n'a pas changé, c'est parce que le gaz carbonique qui se forme sans cesse est continuellement décomposé par les végétaux, et que ceux-ci mettent en liberté la majeure partie de son oxigène.

2774. Le sang ne perd pas seulement du carbone, etc., dans la respiration ; il perd encore une certaine quantité d'eau par la transpiration pulmonaire. Cette eau, suivant le docteur Hales, est, terme moyen, de 634 grammes par jour. Lavoisier en estime la quantité un peu plus grande, et M. Thomson l'a trouvée sur lui seulement de 590 grammes.

2775. Ainsi donc, d'après la théorie reçue jusqu'à présent, la composition du sang veineux ne différerait de la composition du sang artériel qu'en ce que celui-ci contiendrait à la sortie du cœur moins d'eau que celui-là, et que l'un ou plusieurs de ses matériaux contiendraient moins de carbone et d'hydrogène que les matériaux correspondans de l'autre. MM. Macaire et Marcet modifient cette théorie en ce que la quantité d'hydrogène serait la même, et que celle de l'oxigène serait plus grande dans le sang artériel que dans le sang veineux.

N'y a-t-il point réellement d'autre différence entre les deux? Nous sommes loin de pouvoir l'assurer.

Toutefois, il est certain que, dans le poumon, le sang, par l'influence de l'air, prend toutes les nouvelles propriétés que nous avons énoncées précédemment; qu'il les perd en passant à travers les différens organes, pour les reprendre dans les poumons et les perdre de nouveau dans la circulation.

S'il ne recevait point de matière nutritive, bientôt il serait épuisé : c'est le chyle dont la sanguification a lieu probablement dans les poumons, qui est destiné à réparer toutes les pertes qu'il fait à cet égard.

SECTION IV.

Sources de la chaleur dans l'économie animale.

2776. Avant les belles recherches de Lavoisier et de Laplace sur la respiration, on n'avait aucune idée précise sur la cause de la chaleur animale. Ils venaient de découvrir un instrument nouveau qui leur permettait de mesurer la chaleur dégagée des corps au moment de leur union; ils avaient démontré que le charbon, en passant à l'état d'acide carbonique, était capable de faire fondre 96 ^{fois}, 33 son poids de glace à 0°, et que l'hydrogène, dans sa combustion, en faisait fondre jusqu'à 3 13 fois le sien. Dans cet état de choses, ils examinent l'air inspiré et l'air expiré, s'assurent qu'une partie de l'oxigène disparaît, recherchent ce qu'il devient, trouvent qu'il s'unit au carbone et à l'hydrogène du sang veineux, déterminent la quantité d'acide carbonique et d'eau qui se forment, concluent de là que, par l'effet de cette combustion, il doit nécessairement se développer au sein des poumons beaucoup de chaleur; ils la mesurent, ils comparent cette mesure qu'ils déduisent immédiatement de la quantité d'eau et d'acide produits, avec la chaleur animale, qu'ils estiment d'autre part en faisant vivre les animaux dans le calorimètre. Ils arrivent à ce résultat nouveau et inattendu, que la chaleur développée par un animal est presque entièrement due à la combustion qui a lieu dans la respiration.

Les expériences répétées de ces deux illustres académiciens ne pouvaient laisser aucun doute pour tous les esprits éclairés sur la question de savoir si la respiration contribuait puissamment à la chaleur animale; mais, comme l'effet calorifique avait été mesuré sur un animal, et l'absorption de l'oxigène sur un autre, la comparaison (et les auteurs eux-mêmes en font la remarque) est moins rigoureuse.

Il était possible que cette circonstance fît varier les résultats, et c'est, en effet, ce qu'on a constaté depuis quelques années. Des inégalités considérables ont été observées d'un individu à un autre; le même individu, à des températures diverses, en respirant un air plus ou moins pur, en présente même de très sensibles.

C'est pourquoi il était nécessaire d'examiner de nouveau la question, c'est-à-dire, de rechercher si la chaleur animale est due tout entière à la combustion qui a lieu au sein des animaux dans l'acte de la respiration; question importante, souvent examinée, et qui laissait encore beaucoup à desirer: c'est ce qu'ont fait successivement MM. Dulong et Despretz.

M. Dulong s'est efforcé de tenir compte de toutes les causes qui peuvent avoir une influence sensible. Pour s'en convaincre, il suffit d'examiner avec quelque attention l'appareil dont il a fait usage : cet appareil est tel que, quand on a l'habitude des expériences, il est difficile de commettre des erreurs.

On mesure tout à-la-fois, et sur le même individu, la chaleur animale et celle qui provient de l'absorption de l'oxigène.

L'animal n'est dans aucun état de gêne; il peut librement se mouvoir.

Le calorimètre employé est celui de Rumfort, ou le calorimètre à eau, dans lequel la température de ce liquide se trouve autant au-dessous de celle de l'air ambiant au commencement de l'expérience, qu'elle est au-dessus à la fin.

Pour expérimenter, l'animal est placé dans une boîte de métal doublée intérieurement d'une cage d'osier; on plonge le tout dans l'eau du calorimètre : l'eau ne saurait pénétrer dans la boîte, mais l'air s'y renouvelle à volonté, en sorte que l'animal vit sans aucune contrainte dans une atmosphère limitée et entourée d'une masse donnée d'eau.

L'air, introduit dans la boîte où l'animal respire, vient d'un gazomètre à pression constante; le courant se règle à volonté; il est faible, toujours le même et tel que l'absorption de l'oxigène ne va pas au-delà des cinq centièmes. Après avoir servi à la respiration de l'animal, il circule dans des tuyaux à travers la masse d'eau, y dépose sa chaleur, et est conduit par un tube à la partie supérieure du cylindre inférieur d'un autre gazomètre; ce cylindre est plein d'eau; un disque de liége, d'une forme convenable, maintenu par une tige métallique dans une situation horizontale, et recouvert d'un taffetas imperméable et très flexible, flotte sur l'eau; il sert à prévenir le contact de celle-ci avec le gaz inspiré; et, par conséquent, à conserver dans ce gaz tout l'acide carbonique qu'il contient à la sortie de la boîte où respire l'animal.

D'ailleurs, l'appareil est tellement combiné qu'on rend à volonté l'écoulement de l'eau dans un des gazomètres précisément égal à celui de l'air dans l'autre; de plus, on connaît, à chaque instant de l'opération, la pression des gaz; on peut la faire varier de telle sorte qu'elle soit égale à celle de l'atmosphère, ou plus grande ou plus petite; toujours aussi il est possible de recueillir de l'air inspiré pour le soumettre à l'analyse; les températures sont prises exactement; enfin, la détermination des volumes inspirés et expirés se fait avec la plus grande facilité.

Ceci admis, il va devenir facile d'entendre l'expérience. D'abord on met l'animal dans la boîte, et celle-ci dans le calorimètre. L'instrument est ensuite rempli d'une certaine quantité d'eau connue, dont la température est d'environ deux degrés au-dessous de celle de l'atmosphère; alors on établit dans la boîte un courant d'air uniforme, qu'on laisse perdre pendant trois quarts d'heure par un tuyau de décharge. A cette époque, la composition de l'air sortant de l'appareil ne variant plus, et l'eau du calorimètre étant encore de 3/4 de degré ou d'un degré plus froide que l'air ambiant, on commence l'expérience. Des thermomètres, placés dans cette eau qu'on remue de temps à autre avec de petites rames, indiquent précisément la température. On sait rigoureusement la quantité d'air introduite dans la boîte; on sait également celle qui en sort, si bien que, quand l'eau a acquis autant de chaleur en plus qu'elle en avait d'abord en moins relativement à l'air, il ne reste qu'à analyser, par les procédés ordinaires, l'air expiré, et à comparer la chaleur unie à l'eau avec celle qui est représentée par l'absorption de l'oxigène.

M. Dulong a fait ses expériences sur six espèces d'animaux, le chat, le chien, la cresserelle, le cabiai, le lapin et le pigeon. Il a toujours eu le soin de les répéter plusieurs fois.

D'abord, il a dû rechercher si le volume du gaz carbonique formé était égal au volume d'oxigène absorbé : il a trouvé qu'il était toujours moindre, et que l'excès d'oxigène, par rapport au gaz acide, était d'un tiers, terme moyen, pour les chiens, les chats et la cresserelle; mais seulement de $\frac{7}{10}$, terme moyen aussi, pour les lapins, les cabiais et les pigeons, résultats qui tiennent probablement, comme le pense l'auteur, à la différence des alimens dont les animaux se nourrissent, ou à une diversité d'organisation correspondante.

Une autre remarque importante, déjà faite, comme la précédente, par divers chimistes, c'est qu'il y a presque toujours eu exhalation d'azote; elle a même été telle avec les animaux, frugivores, que le volume du gaz expiré a dépassé celui du gaz inspiré.

Arrivant enfin au résultat principal qu'il se propose d'obtenir, il compare, dans un tableau, la chaleur dégagée par chaque animal à celle que l'on peut attribuer au phénomène de la respiration.

Une colonne de ce tableau présente le rapport entre la chaleur due à la formation de l'acide carbonique, et la chaleur perdue, dans un même temps, par chaque espèce. Pour les carnivores, la proportion de chaleur dépendant de l'acide carbonique ne fait jamais moins de 0,49, ni plus de 0,55 de la chaleur totale : pour les frugivores, ce rapport est compris entre 0,65 et 0,75.

Une autre colonne renferme la comparaison de la chaleur provenant de la totalité de l'oxigène qui disparaît dans l'acte de la respiration, en supposant que la partie qui n'est pas représentée par l'acide carbonique soit employée à former de l'eau; la plus faible proportion de chaleur due à ces deux causes réunies est de 0,69, et la plus forte de 0,80 de la chaleur totale : ce sont les extrêmes des variations observées.

Ces déterminations sont fondées sur l'évaluation de la chaleur dégagée pendant la combustion du charbon et de l'hydrogène. M. Dulong s'est servi, dans ses calculs, des résultats publiés à cet égard par Lavoisier et de Laplace. Il aurait été préférable qu'il l'eût déterminée par de nouvelles expériences : c'est ce que M. Despretz a fait dans un travail publié par extrait dans le *Journal de Physiologie* (t. IV, p. 143), et dont voici les résultats sommaires :

1° Il y a exhalation d'azote dans toutes les expériences ; le volume dégagé est plus considérable chez les frugivores que chez les carnivores.

2° Jamais le volume d'acide carbonique ne représente tout l'oxigène disparu; la différence est en général plus grande chez les jeunes animaux que chez les animaux adultes.

3° La quantité de la chaleur totale qu'on peut attribuer à la respiration n'est jamais au-dessous de $\frac{72}{100}$ ni au-dessus de $\frac{90}{100}$.

4° Chez les frugivores la quantité de chaleur qu'on peut attribuer à la respiration est une portion plus considérable de la chaleur locale que chez les carnivores.

Ces résultats ont été fournis par plus de deux cents expériences (au mois de septembre 1822, de septembre et d'octobre 1823, de janvier et mars 1824).

La question principale nous paraît donc résolue, et l'on

peut établir en principe, du moins en partant des données précédentes, que la chaleur animale est plus grande que celle qui est dégagée dans l'acte de la respiration par la fixation de l'oxigène ; qu'il doit, par conséquent, exister une autre cause de *calorification*. Cette cause réside probablement dans la nutrition, et peut-être aussi dans le frottement des parties les unes contre les autres. (*Journal de physiologie expérimen.*, t. III, p. 48, et IV, p. 143).

2777. Un homme consume par jour, d'après Lavoisier et Séguin, et d'après Davy, environ 750 litres d'oxigène. Si tout cet oxigène s'unissait au carbone, il en résulterait 750 litres d'acide carbonique, qui, à la température et à la pression ordinaires, contiennent 395 grammes de charbon (1); mais le charbon, en brûlant ou en se combinant avec la quantité d'oxigène nécessaire pour devenir acide, fond quatre-vingt seize fois et demie son poids de glace, lors même qu'il fait partie des substances végétales ou animales ; par conséquent, dans l'hypothèse que nous considérons, il se produirait chaque jour dans les poumons d'un homme, par le seul effet de la respiration, une quantité de calorique capable de fondre 395 grammes de glace multipliés par 96 1/2 ou 38 k., 118 ; ou, si l'on veut une quantité de calorique capable de faire passer 38 k., 118 d'eau de 0 à 75°. Or, il paraît qu'une partie de l'oxigène s'unit à l'hydrogène, d'où il suit que la quantité de chaleur produite doit être plus grande encore. Cependant la température du sang artériel n'est que d'environ un degré plus élevée que celle du sang veineux : c'est que la circulation est très rapide, et que, par cette raison, les parties du poumon au milieu desquelles est censée se faire la combinaison du carbone et de l'hydrogène avec l'oxigène peuvent à peine s'échauffer plus que les parties environnantes. D'ailleurs, à mesure qu'il se forme, le sang artériel se répand partout, traverse tous les organes de l'économie animale, les échauffe tous, non-seulement parce que son degré de chaleur est un peu supérieur au leur, mais encore parce qu'il leur cède une certaine quantité de ses principes ; et de là la cause pour laquelle les parties mêmes les plus éloignées du cœur sont très chaudes.

S'il se produit constamment de la chaleur au sein des animaux, ils doivent en perdre sans cesse en raison de leur pouvoir rayonnant, et des corps avec lesquels ils sont en contact, etc. L'expérience prouve que le produit et la perte sont

---

(1) La quantité d'oxigène consumée par une tanche n'est que la cinquante millième partie de celle qui est consumée par l'homme, suivant M. de Humboldt.

tels que leur température reste à-peu-près constante dans le même animal, mais qu'elle varie d'une espèce à une autre; qu'elle est, pour les animaux à sang froid, un peu au-dessus du milieu qu'ils habitent, et que, pour les animaux à sang chaud, elle se trouve comprise entre 36 et 43°. L'expérience prouve aussi que les extrémités sont toujours un peu moins échauffées que le tronc, et d'autant moins, toutes circonstances égales, qu'elles reçoivent moins de sang.

Mais puisqu'il y a des causes de production et de déperdition de calorique dans les animaux, l'on n'a qu'à les faire varier, et l'on devra changer le degré de chaleur animale : c'est ce qu'ont démontré parfaitement MM. Berger et de Laroche, et Legallois, etc.

MM. Berger et de Laroche s'étant placés dans une étuve à 39° R., leur température s'éleva de 3° R., et M. de Laroche trouva que la sienne avait augmenté de 4° R., après avoir passé 16 minutes dans une étuve sèche à 64° R. : alors la transpiration cutanée et pulmonaire est extrêmement abondante, et voilà pourquoi la température du corps ne s'élève pas davantage. Aussi lorsqu'on met, comme l'a fait M. de Laroche, des animaux dans une atmosphère très chaude et saturée d'humidité, ne tardent-ils point à périr, parce que la transpiration se faisant mal, ils n'ont presque aucun moyen de se refroidir, et qu'ils prennent une température qu'ils ne peuvent supporter. Ils résisteraient, au contraire, à une température supérieure, si l'air était parfaitement sec, comme le prouvent les expériences que Banks, Blagden et Fordice ont faites sur eux-mêmes en s'exposant à une température de près de 100° R.

On conçoit, d'après ces observations, qu'il est possible qu'en passant d'un climat froid ou tempéré dans un climat très chaud, la température du corps s'élève; et en effet, le docteur John Davy a observé des différences de 1° à 1°,5. (*Ann. de Chim. et de Phys.*, t. XXII, p. 433).

Nous devons à Legallois des expériences non moins curieuses. Il a parfaitement reconnu que toutes les fois que l'air était raréfié au point de faire baisser le baromètre de près de 30 centimètres, les animaux qui respiraient cet air se refroidissaient constamment, quelquefois même au point de mourir. Il a vu encore qu'il suffisait souvent de les placer sur le dos pour gêner la respiration et produire le même effet. Son Mémoire, qui se trouve imprimé dans le 4° volume des *Annales de Chimie et de Physique*, pag. 5 et pag. 113, contient d'ailleurs beaucoup d'autres observations qu'il n'entre point dans mon plan d'exposer ici, ne m'étant proposé que de traiter de la source de la chaleur animale.

SECTION V.

De l'action des Gaz autres que l'oxigène sur l'économie animale.

2778. Lorsque, au lieu de respirer le gaz oxigène, ou l'air, qui ne semble agir dans la respiration de l'homme et des mammifères que par l'oxigène qu'il contient, un animal respire tout autre gaz, il périt plus ou moins promptement : tous les gaz excepté l'oxigène, sont donc contraires à la vie. Les uns produisent la mort seulement parce que, privant le sang veineux du contact du gaz oxigène, ils s'opposent à sa transformation en sang artériel, et les autres la produisent non-seulement par cette cause, mais surtout par l'action qu'ils exercent sur les organes de l'économie animale : les premiers ne sont réellement que l'occasion de la mort, tandis que les seconds la donnent ; ils sont véritablement délétères.

2779. *Gaz de la première classe.* — A cette classe appartiennent l'azote, le protoxide d'azote, l'hydrogène, et sans doute quelques autres.

Lorsque l'on plonge un oiseau dans une cloche pleine de l'un de ces gaz, et qu'on la recouvre d'un obturateur, il tombe asphyxié en moins d'une minute ; en le retirant de la cloche presque aussitôt que l'asphyxie a lieu et l'exposant à l'air, il reprend ses forces premières ; il meurt au contraire, s'il reste exposé trop long-temps à l'action du gaz méphitique : quelques centièmes d'oxigène suffisent pour prolonger son existence.

Plusieurs chimistes ont osé respirer une assez grande quantité de protoxide d'azote pur. Les premiers essais en ce genre furent faits en Angleterre par sir H. Davy ; les effets qu'il en éprouva sont si extraordinaires qu'ils méritent d'être rapportés. Écoutons ce savant chimiste en faire le récit :

« Après avoir expiré l'air de mes poumons, dit-il, et m'être
« bouché les narines, je respirai environ 4 litres de gaz oxide
« nitreux : les premiers sentimens que j'éprouvai furent,
« comme dans la première expérience, ceux du vertige et du
« tournoiement ; mais en moins d'une demi-minute, conti-
« nuant toujours de respirer, ils diminuèrent par degrés et fu-
« rent remplacés par des sensations analogues à une douce pres-
« sion sur tous les muscles, accompagnée de frémissemens très
« agréables, particulièrement dans la poitrine et les extrémi-
« tés ; les objets, autour de moi, devenaient éblouissans, et mon
« ouïe plus subtile. Vers les dernières inspirations, l'agitation
« augmenta, la faculté du pouvoir musculaire devint plus

« grande, et il acquit à la fin une propension irrésistible au
« mouvement. Je ne me souviens qu'indistinctement de ce
« qui suivit ; je sais seulement que mes mouvemens furent
« variés et violens. Ces effets cessèrent dès que j'eus discon-
« tinué de respirer ce gaz, et dans dix minutes je me retrouvai
« dans mon état naturel : la sensation de frémissement dans
« les extrémités se prolongea plus long-temps que les autres.»

Tels sont aussi les effets que le protoxide d'azote produisit
sur M. Tennant et M. Underwood. Cependant tous ceux à qui
je l'ai vu respirer s'en sont trouvés mal : je citerai Vauquelin, deux jeunes gens chargés de préparer mes leçons, et
je me citerai moi-même. Vauquelin fit l'expérience de la
même manière que M. Davy : à peine avait-il inspiré ce gaz
qu'il tomba presque sans force ; son pouls était extrêmement
agité ; un bourdonnement considérable avait lieu dans ses
oreilles ; ses yeux étaient hagards et roulaient dans leurs or-
bites ; sa figure était décomposée ; sa voix ne pouvait se faire
entendre, et sa souffrance était extrême : il resta dans cet état
pendant environ deux minutes. Mes deux préparateurs s'y pri-
rent autrement : ils remplirent de protoxide d'azote une vessie d'environ 15 pintes ; ils en embouchèrent le robinet, en la
soutenant d'une main et pressant le nez de l'autre, de manière
que le gaz passait alternativement de la vessie dans leurs
poumons, et de leurs poumons dans la vessie, mêlé avec la
quantité d'air que leur poitrine pouvait contenir. Leur respiration devint bientôt très précipitée, et leur figure blême et
bleuâtre ; on les aurait crus pleins de force, à ne consulter que
l'espèce d'ardeur avec laquelle ils respiraient le gaz ; et cependant, aussitôt que la vessie leur fut arrachée, ils tombèrent en
défaillance, et restèrent quelques secondes sans mouvement,
les bras pendans et la tête penchée sur les épaules.

Pour moi, je fis l'expérience, tantôt comme mes préparateurs, et tantôt en chassant une portion de l'air de ma poitrine, inspirant alors le gaz et l'expirant dans l'atmosphère,
puis en inspirant de nouveau, le rejetant comme le premier,
et ainsi de suite, jusqu'à ce que j'en eusse consommé à-peu-
près 15 litres : je devins successivement pâle et légèrement
violet ; j'étais presque sans forces ; je ne voyais plus qu'à
travers un nuage les objets qui m'environnaient ; tous me
semblaient être en mouvement, et je suis persuadé que si j'a-
vais respiré un peu plus de gaz, je serais tombé en défaillance
comme mes préparateurs : j'en fus quitte pour un mal de tête
qui se dissipa en quelques heures. (1)

____

(1) Davy, à qui j'ai communiqué ces observations, pense que si nous n'avons

2780. *Des Gaz de la deuxième classe.* —Dans cette classe se trouvent tous les gaz acides, moins l'acide carbonique peut-être, et plus le gaz ammoniac, le gaz sulfhydrique, le gaz hydrogène arseniqué, le bi-oxide d'azote, et probablement plusieurs autres sur lesquels l'expérience n'a point prononcé. Lorsqu'on plonge un animal dans une atmosphère de l'un de ces gaz, il y périt tout-à-coup; il y périt même encore lorsque le gaz est mêlé à une grande quantité d'air atmosphérique. Le plus délétère est le gaz sulfhydrique : son action est si grande qu'on a peine à la concevoir. L'air contenant $\frac{1}{1500}$ de son volume de gaz sulfhydrique donne promptement la mort à un verdier; celui qui en contient $\frac{1}{800}$ la donne à un chien de moyenne taille, et un cheval finit par succomber dans un air où on en a ajouté $\frac{1}{250}$.

Ces expériences, qui datent de vingt-six ans et que j'ai faites avec Dupuytren, ont été précédées de celles du docteur Chaussier, qui prouvent qu'il suffit même de faire agir le gaz sulfhydrique sur la surface cutanée pour faire périr les animaux, parce qu'alors il est absorbé par les bouches inhalantes du derme. Que l'on prenne une vessie munie d'un robinet, au fond de laquelle on aura pratiqué une ouverture; que l'on y introduise un jeune lapin jusqu'au cou; que l'on colle hermétiquement, avec un emplâtre de poix et de térébenthine, les bords de la vessie sur le cou épilé du lapin; que l'on fasse alors le vide dans la vessie par la succion, et qu'on la remplisse ensuite de gaz, l'animal périra en quinze à vingt minutes. En général, tous les jeunes animaux succombent assez promptement à cette épreuve; les adultes résistent beaucoup plus long-temps. (Nysten).

2781. Nysten a fait, sur les gaz injectés dans l'économie animale, des observations intéressantes qui se rattachent immédiatement à ce qui précède.

Les gaz dont il a examiné les effets sont : l'air atmosphérique, l'oxigène, l'azote, l'hydrogène, l'hydrogène carboné, l'hydrogène phosphoré, l'acide carbonique, l'oxide de carbone, le protoxide d'azote, le gaz sulfhydrique, le bi-oxide d'azote, le chlore et l'ammoniaque : les quatre derniers sont les seuls qu'il regarde comme délétères. (1)

---

point obtenu les mêmes effets que lui, c'est parce que nous n'avons point respiré assez de gaz.

M. Cardone, chimiste italien, ayant respiré du protoxide d'azote, a obtenu des effets très variés qui sont cités, *Journal de Chimie médicale*, t. 11. p. 132.

(1) Cependant, plusieurs des gaz que Nysten regarde comme non délétères n'agissent point tous de la même manière dans la respiration. Le gaz oxide de carbone fait périr les animaux bien plus vite que le protoxide d'azote et l'azote;

Il résulte de ses expériences, 1° que l'on peut injecter dans le système veineux d'un chien de moyenne taille, sans le faire périr, une assez grande quantité de gaz non délétère, pourvu qu'on n'en introduise que peu à-la-fois, par exemple, 15 à 20 centimètres cubes, et qu'on mette un certain intervalle entre deux injections consécutives.

2° Que ceux dont on peut introduire le plus sont : l'acide carbonique, le protoxide d'azote, sans doute en raison de leur solubilité.

3° Que tous, injectés en grande quantité à-la-fois, distendent fortement l'oreillette et le ventricule droits, s'opposent à leur contractilité, arrêtent tout-à-coup la circulation et donnent promptement la mort. Leur action est donc entièrement mécanique : aussi quand, après avoir injecté successivement une assez grande quantité d'air pour mettre l'animal dans un état de mort apparente, on ouvre la veine sous-clavière et qu'on comprime le thorax, l'animal est rappelé peu-à-peu à la vie, parce que l'air est chassé des cavités pulmonaires du cœur et que la circulation se rétablit.

4° Qu'aucun d'eux, injecté dans la plèvre, ne produit d'effet nuisible, excepté le gaz hydrogène phosphoré, qui, en s'enflammant, occasionne une phlegmasie de cette membrane.

5° Que lorsque l'animal résiste aux injections de ces gaz, une petite partie de ceux-ci se dégage du sang par les voies de la respiration (1), tandis qu'une autre reste en dissolution pendant un certain temps dans le sang artériel, dont elle diminue toujours plus ou moins la teinte vermeille, pourvu toutefois que le gaz soit tout autre que le protoxide d'azote ou l'oxigène.

6° Qu'on peut aussi injecter de très petites quantités de gaz délétères dans le système veineux des animaux sans occasioner la mort (2); qu'ils la produisent promptement lorsque

---

ils périssent aussi plus promptement dans le gaz hydrogène proto-phosphoré, et je crois même dans le gaz carbonique; d'où il suit qu'ils doivent être au moins un peu délétères.

(1) Et probablement par la sueur, la transpiration, les urines; car lorsqu'on injecte dans le système veineux toute autre matière que des gaz, et que l'animal ne périt point, c'est par la transpiration pulmonaire et cutanée, par les urines, que la nature s'en débarrasse. M. Magendie a fait à ce sujet des expériences fort intéressantes.

(2) Nysten a fait trois injections de gaz sulfhydrique de 10 centimètres cubes chacune, dans le système veineux d'un chien-loup de moyenne taille et du poids de 8 kilogrammes et demi, sans que ce chien mourût. Après la première, l'animal s'est agité un peu et a fait de grandes inspirations; la deuxième lui a donné des mouvemens convulsifs qui se sont calmés peu-à-peu; la troisième l'a jeté dans une mort apparente; il est resté long-temps faible et chancelant; le lendemain, il était aussi bien portant qu'auparavant. Il n'aurait pas résisté à cette dose de gaz

ces quantités sont trop fortes; qu'introduits dans la plèvre, mais à une plus haute dose que dans le système veineux, ils la causent également; que le bi-oxide d'azote et le gaz sulfhydrique la causent encore lorsqu'on les porte dans le tissu cellulaire sous-cutané, mais que le premier ne possède point, comme le second, la propriété de la déterminer par son seul contact avec la peau; que ces différens gaz ne la produisent point de la même manière; qu'ils la produisent tous en raison de leur nature et jamais mécaniquement, savoir : le gaz ammoniac et le chlore gazeux en irritant violemment les organes avec lesquels ils sont en contact; le gaz sulfhydrique, en portant atteinte à la vie de tous les organes par sa puissance débilitante; et le bi-oxide d'azote, en s'unissant au sang, le rendant noir, et le mettant hors d'état de pouvoir se transformer en sang artériel. En effet, 1° lorsqu'on injecte du chlore et de l'ammoniaque dans le système veineux, le sang reste liquide; on n'aperçoit aucune lésion dans le cœur, et on n'y trouve point de gaz. Si l'injection a lieu dans la plèvre, celle-ci se recouvre de fausses membranes qui contiennent beaucoup de sérosité, et les autres organes n'offrent rien de remarquable; d'où Nysten conclut que c'est probablement en irritant vivement les fibres du cœur qu'ils occasionnent la mort après leur introduction dans le système veineux. 2° Lorsqu'on injecte du bi-oxide d'azote dans les veines, dans la plèvre ou dans le tissu cellulaire cutané, la mort a lieu sans qu'on observe de lésion dans les organes, ou qu'on trouve de gaz dans le cœur (1); le sang seul devient noir; il conserve cette teinte dans les artères. Par conséquent, dans tous les cas, la cause morbifique doit être la même : c'est donc le gaz qui arrive, par voie d'absorption, du tissu cutané ou de la plèvre dans le sang; il se combine avec celui-ci et s'oppose à sa transformation en sang artériel. Est-ce en s'emparant de l'oxigène qu'il produit cet effet? On est tenté de le croire d'abord; mais cette opinion devient peu probable en considérant que, si l'on injecte 15 centimètres cubes de bi-oxide d'azote dans le système veineux d'un chien, il ne périt souvent que plus d'un jour après, et que, pendant tout ce temps, il y a circulation sans que le sang devienne vermeil. 3° Lorsqu'on injecte du gaz sulfhydrique dans les veines, dans la plèvre, dans le tissu cutané, l'animal éprouve bientôt une grande prostration de forces qui le fait succomber, et dans laquelle le système

sulfhydrique porté dans les organes de la respiration et disséminé dans cinq à six cents fois son volume d'air.

(1) Ou du moins le cœur est seulement marbré de rouge livide par les injections dans le système veineux.

V. *Sixième édition.*

nerveux est profondément atteint : après la mort, l'on ne trouve point de gaz dans les cavités pulmonaires, et si, pendant que l'animal est vivant, on retire du sang de ses artères, on le trouve vermeil. Ce gaz arrive donc par voie d'absorption, de même que le bi-oxide d'azote, du tissu cutané, de la plèvre et de la peau, dans le cours de la circulation, et son action débilitante se porte sur les principaux organes.

SECTION VI.

Des matières salines et terreuses mêlées ou combinées avec les humeurs et les parties molles ou solides des animaux.

2782. Toutes les humeurs, toutes les parties molles et solides des animaux renferment une certaine quantité de matières salines et terreuses.

On y trouve :

Parmi les sels inorganiques
- Le sous-phosphate de chaux, et peut-être le phosphate acide de chaux ;
- Le sous-phosphate de fer,
- Les phosphates de soude, de magnésie, d'ammoniaque,
- Les carbonates de soude, de potasse, de chaux, de magnésie,
- Les sulfates de potasse, de soude.
- Les chlorures de potassium, de sodium,

Parmi les sels organiques.
- L'acétate de potasse,
- L'oxalate de chaux.
- L'hippurate de soude,
- L'urate d'ammoniaque, et celui de soude,
- Les lactates de soude et de potasse, suivant Berzelius.

Parmi les oxides..........
- Celui de fer,
- Celui de manganèse.

Parmi les acides. L'acide silicique ou la silice.

Ces différentes matières ne sont pas toutes contenues, il s'en faut beaucoup, dans la même humeur ou la même partie animale. Celles qu'on y rencontre le plus fréquemment sont le phosphate de chaux, le sel marin, le carbonate de soude. Lorsque les matières salines et terreuses sont indécomposables par le feu, on les extrait en incinérant les substances animales, et procédant à l'analyse de la cendre par les moyens ordinaires, dont nous nous occuperons plus tard, en traitant de l'analyse proprement dite. Lorsque les sels sont au contraire susceptibles de décomposition par le feu, on doit chercher à les reconnaître par les réactifs qui indiquent leur présence, et chercher à les séparer par des procédés qui ressortent des propriétés des sels mêmes : l'emploi de l'eau, de l'alcool, de l'éther, la cristallisation, la transformation des matières salines en d'autres d'une séparation plus facile, tels sont les moyens dont on fait ordinairement usage.

M. Berzelius n'admet pas toujours ces matières toutes formées dans les substances animales ; il pense qu'elles sont quelquefois des produits de la combustion. Il s'appuie sur ce que le charbon de la matière colorante du sang a la propriété de donner autant de cendres, après avoir été traité par l'eau régale bouillante, qu'auparavant. Or, ces cendres sont composées de phosphate de chaux, de carbonate de chaux, d'oxide de fer, de magnésie, et par conséquent sont très solubles dans l'acide précédent. S'il ne les dissout point, dit le célèbre chimiste suédois, c'est que le charbon ne contient que leurs radicaux en combinaison intime ; savoir : le phosphore, le calcium, le fer. Nous ne pouvons partager cette opinion ; car l'eau régale agit bien plus fortement sur le fer, et surtout sur le calcium, que sur le phosphate de chaux et l'oxide de fer. A la vérité, M. Berzelius suppose que ces métaux, par leur union avec le carbone, deviennent beaucoup moins combustibles ; mais rien n'empêche qu'on ne suppose également le charbon étroitement uni au phosphate de chaux et au carbonate de chaux, et qu'on explique ainsi pourquoi ils résistent à l'action des acides. (*Ann. de Chim.*, t. LXXXVIII, p. 47).

SECTION VII.

Des liqueurs des sécrétions.

2783. On entend, par le mot *sécrétion*, une fonction par laquelle un organe, en décomposant le sang, donne lieu à une liqueur particulière : c'est ainsi que se forment toutes les liqueurs animales, excepté le sang et le chyle. La plupart de ces liqueurs restent en totalité ou en partie dans le corps, et y remplissent des fonctions qui ont pour objet la nutrition et l'accroissement de l'animal ; quelques-unes seulement en sont rejetées directement, tels que l'urine, la sueur et le lait ; elles ne pourraient y être conservées long-temps sans danger. Toutes sont alcalines ou acides, ce qui a fait penser à plusieurs observateurs qu'il serait possible qu'elles fussent produites par quelque force analogue à celle qui se développe dans la pile. Ce qu'il y a de certain, c'est qu'un seul élément formé d'une pièce d'argent et d'un fil de zinc, comme l'a observé

9.

Wollaston à ce sujet, suffit pour rendre sensible, en deux ou trois minutes, la décomposition d'un peu de sel marin dissous dans deux cent quarante fois son poids d'eau. En effet, que l'on prenne un petit tube de verre de 50 millimètres de long et de 20 de diamètre; que l'on ferme l'une de ses extrémités avec un morceau de vessie; que l'on y verse ensuite la dissolution saline, et qu'après avoir mouillé la surface inférieure du morceau de vessie, l'on place le tube debout sur une pièce d'argent; enfin, que l'on mette en contact un fil de zinc avec cette pièce, et qu'on le fasse plonger par son autre extrémité dans la dissolution saline, l'on verra que le liquide dont est mouillé la vessie deviendra dans très peu de temps capable de ramener au bleu le tournesol rougi par les acides. (*Ann. de Chim.*, t. LXXIV, p. 298).

2784. *Des liqueurs alcalines.* — Ces liqueurs doivent leurs propriétés alcalines à une petite quantité de soude, quelquefois à de la potasse; elles sont toutes composées d'eau, des mêmes matières salines, à peu de chose près, que celles qui existent dans le sang, et de substances animales particulières.

2785. *Des liqueurs acides.* — Ces liqueurs, au nombre de quatre dans l'homme, l'urine, la sueur, le suc gastrique et le lait, sont légèrement acides : les trois premières le sont plus que la dernière. Le lait sert à la nourriture des jeunes animaux; le suc gastrique contribue puissamment à la digestion; quant à la sueur et à l'urine, elles sont destinées à porter au-dehors les matières qui pourraient être nuisibles à l'économie animale. La sueur n'est que de l'eau légèrement acide, tenant en dissolution une très petite quantité de matières animales et de sels. Le lait renferme, outre un acide, des sels et de l'eau, trois substances particulières, de la matière caséeuse, de la lactine et du beurre. Le suc gastrique est mal connu dans sa nature; on sait toutefois que celui des animaux, et probablement celui de l'homme, renferment toujours de l'acide chlorhydrique libre; souvent, si ce n'est toujours aussi, de l'acide acétique, et quelquefois de l'acide butyrique (*Voyez* plus loin, *suc gastrique*). L'urine est le liquide dont la composition est la plus compliquée : on y trouve différens acides, de l'urée, et un grand nombre de sels, dont quelques-uns n'ont point encore été rencontrés dans le sang.

Des liquides provenant des membranes séreuses.

2786. La surface des membranes séreuses est toujours humectée d'un liquide qui est connu sous le nom de *sérosité.* Ce liquide, dans l'état de santé, est en si petite quantité, qu'il est impossible de s'en procurer assez pour en faire l'analyse. Il

n'en est pas de même dans l'affection morbifique connue sous
le nom d'*hydropisie* : alors il s'épanche à travers le tissu cellulaire, ou remplit, en partie du moins, les cavités tapissées
par les membranes dont il s'exhale. Quelques-unes de ces
cavités, savoir, le bas-ventre et la poitrine, en contiennent
souvent plusieurs litres. Dans tous les cas, il ne diffère du
sérum du sang qu'en ce qu'il est moins albumineux : celui qui
existe dans les ventricules du cerveau l'est ordinairement très
peu ; c'est ce que les chimistes savaient très bien, et ce que
M. Lassaigne a confirmé par une nouvelle analyse. (*Journ. de
Chim. méd.*, 1, 229).

Telle est encore exactement la nature de l'humeur de la
brûlure et de celle des vésicatoires.

De la lymphe.

2787. La lymphe est un liquide sans odeur, presque insipide, incolore et transparent, qui circule dans un ordre de
vaisseaux qui semblent partir des extrémités artérielles, et
dont les troncs viennent se rendre dans le canal thoracique.
Cette humeur est l'une des plus abondantes, l'une de celles
qui jouent le plus grand rôle dans l'économie animale, et cependant elle n'a encore été que peu examinée ; car MM. Reuss,
Emmert, Brande, Chevreul, Leuret et Lassaigne sont à-peu-
près les seuls chimistes qui s'en soient occupés avec quelque succès. On peut l'extraire des lymphatiques du cou d'un cheval,
comme l'a fait M. Lassaigne, ou bien encore du canal thoracique, mais vingt-quatre heures après avoir donné des alimens à un animal. Reuss et Emmert sont les premiers qui y
aient signalé la fibrine et l'albumine. De 1000 parties, M. Chevreul a retiré 926,4 d'eau, 61,0 d'albumine, 4,2 de fibrine,
6,1 de sel marin, 1,8 de carbonate de soude, 0,5 de phosphate de chaux, phosphate de magnésie, et carbonate de
chaux. MM. Leuret et Lassaigne sont parvenus à des résultats
analogues (*Journ. de Chim. méd.*, t. 1, p. 155). Ceux de
M. Brande en diffèrent en ce qu'il ne fait point mention de
fibrine (*Ann. de Chim.*, t. xciv, p. 43). Mais il y a évidemment erreur dans son observation, car il est certain que la
lymphe, abandonnée à elle-même, se prend assez promptement
en une gelée incolore qui se contracte peu-à-peu, et forme un
caillot fibrineux.

De la Synovie.

2788. Des capsules synoviales des articulations et des cou-
lisses des tendons, il suinte un liquide visqueux destiné à lubrifier ces parties ; c'est la *synovie.*

La synovie de bœuf, la synovie de l'homme, celles du cheval et de l'éléphant, sont les seules qui aient été examinées : la première par M. Margueron, en 1792 (*Ann. de Chim.*, t. xiv, p. 123); la seconde par MM. Lassaigne et Boissel; la troisième par John, et la quatrième, en 1817, par Vauquelin. (*Journ. de Pharm.*, t. iii, p. 289).

Au sortir des articulations, la synovie de bœuf a une demi-transparence, une couleur d'un blanc verdâtre, une fluidité visqueuse, une odeur animale telle que celle du frai de grenouille, une saveur salée; bientôt elle prend une consistance gélatineuse, reprend ensuite son premier état, perd de sa viscosité, et dépose une matière filandreuse.

M. Margueron la regarde comme formée de 80,46 d'eau, 4,52 d'albumine, 11,86 de matière fibreuse, 1,75 de sel marin, 0,70 de carbonate de soude, 0,70 de phosphate de chaux. Elle contient sans doute, en outre, les autres sels qui entrent dans la composition du sérum du sang.

Pour séparer la matière fibreuse, il faut, suivant M. Margueron, verser un acide faible dans la synovie, par exemple, du vinaigre : à l'instant cette matière se dépose en une masse filandreuse qu'il est facile d'enlever avec un tube : l'acide agit probablement alors en s'unissant à l'albumine, la rendant plus liquide, et la dégageant du réseau fibreux qui l'enveloppait. D'ailleurs, on procède à l'analyse de la liqueur restante comme à celle du sérum du sang. (Voy. plus haut, p. 107).

M. Margueron pense que la matière filandreuse est de l'albumine dans un état particulier, parce qu'elle se dissout par l'agitation dans l'eau froide, que cette dissolution mousse en la remuant, que les acides et l'alcool y forment un précipité floconneux, et que l'ébullition y produit une écume très blanche. Ne serait-elle point la même que celle qui se dépose en petite quantité du blanc d'œuf traité par l'eau?

MM. Lassaigne et Boissel ont trouvé que la synovie humaine contenait les mêmes principes constituans que le *sérum du sang*, à cela près qu'elle était beaucoup moins aqueuse que celui-ci, et qu'elle ne se coagulait pas spontanément.

Suivant John, la synovie du cheval serait composée de 92,8 d'eau; de 6,4 d'albumine; de 0,75 tant en matières extractives que sel marin, carbonate de soude et phosphate de chaux.

De la synovie de l'éléphant, Vauquelin a retiré de l'eau, de l'albumine, quelques traces de filamens blancs ayant l'apparence de la fibrine, des carbonates de soude et de chaux, et des chlorures de sodium et de potassium. Il n'y a point trouvé de phosphate; mais il pense qu'elle contient, outre tous ces principes, une matière animale particulière qui n'est pas susceptible de coagulation par l'alcool et par les acides, et qui est tout-à-coup précipitée par le tannin. Cette matière est toutefois bien moins abondante que l'albumine : aussi la synovie délayée dans l'eau présente-t-elle, avec les réactifs, à-peu-près les mêmes phénomènes que le sérum du sang.

Des liqueurs contenues dans les membranes qui enveloppent le fœtus.

2789. Ces membranes sont au nombre de trois dans la plupart des mammifères : la première ou l'extérieure est appelée *chorion;* l'intermédiaire, *allantoïde;* l'interne, *amnios.* Toutes trois contiennent des liqueurs diverses. La première n'a point encore été examinée ; les autres ont été l'objet des recherches de divers chimistes, mais malheureusement les résultats obtenus ne sont pas d'accord : de nouvelles analyses deviennent donc nécessaires.

D'après Vauquelin et M. Buniva, la liqueur contenue dans l'amnios de la femme est composée d'une très petite quantité d'albumine, de soude, de sel marin, de phosphate de chaux, de carbonate de chaux, et de matière caséiforme qui lui donne un aspect laiteux : l'albumine et les sels ne forment que les 0,012 de l'eau ; c'est cette liqueur dans laquelle nage le fœtus.

Celle qu'on trouve dans l'amnios de la vache est toute différente, suivant les mêmes chimistes : loin d'être alcaline, elle rougit le tournesol, et contient un acide particulier (*Ann. de Chim.* XXXIII, 269) ; nous en avons donné la composition. (2152.)

MM. Dulong et Labillardière ont été conduits à d'autres résultats. Ayant eu occasion d'analyser les eaux de l'amnios et de l'allantoïde, provenant d'une vache arrivée au septième mois de la gestation, ils ont trouvé que les eaux de l'allantoïde étaient de la même nature que l'urine de vache, et que les eaux de l'amnios se rapprochaient de la bile de vache, non-seulement par leur couleur et leur viscosité, mais encore par leur composition. L'eau du chorion n'a pas été soumise à l'analyse ; elle a été perdue par accident. (*Procès-verbal de la séance publique de l'école d'Alfort,* 1817).

Dzoudi admet que la liqueur de l'allantoïde n'est que l'*urine du fœtus,* ce que tendent à démontrer les expériences de MM. Dulong et Labillardière.

Suivant Frommherz et Gugert, l'eau de l'amnios de la femme contiendrait de la matière caséeuse, de la matière salivaire, de l'albumine surtout, de l'urée, du benzoate d'ammoniaque avec excès de base, du sel marin, des carbonate, phosphate et sulfate de soude, du sulfate de chaux, des traces de sels à base de potasse. Ces différentes matières équivaudraient aux trois centièmes de la liqueur.

Prout ayant analysé l'eau de l'amnios de la vache dans les premiers temps de la gestation, en a retiré 97,70 d'eau, 0,26 d'albumine, 1,66 de lactate et de matière extractiforme, solubles dans l'alcool; 0,38 de sucre de lait, de sels et de matière extractive solubles dans l'eau et insolubles dans l'alcool.

Enfin M. Lassaigne a vu :

1° Que l'eau de l'allantoïde de la vache contient de l'albumine, de l'*osmazôme* en assez grande quantité, une matière mucilagineuse azotée, l'acide désigné par Vauquelin et Buniva sous le nom d'*amniotique*, de l'acide lactique et du lactate de soude, du sel ammoniac, du sel marin, du sulfate de soude en grande quantité, des phosphates de soude, de chaux et de magnésie.

2° Que l'eau de l'amnios de la vache renferme de l'albumine, du mucus, une matière jaune analogue à celle de la bile, des *chlorures* de potassium et de sodium, du carbonate de soude, du phosphate de chaux.

Il conclut de ces résultats, obtenus plusieurs fois sur les eaux du fœtus de vache de cinq, six et huit mois, que l'acide appelé *amniotique* n'existe que dans l'eau de l'allantoïde; que Vauquelin et Buniva auront sans doute opéré sur cette sorte d'eau ou sur son mélange avec l'eau de l'amnios; que l'acide amniotique doit prendre le nom d'acide *allantoïque*.

M. Lassaigne a aussi analysé les eaux de l'*allantoïde* et de l'*amnios* de la jument : elles ne sont point semblables à celles de la vache : par exemple, l'eau de l'allantoïde ne contient ni acide *amniotique*, ni sulfate de soude : celui-ci est remplacé par le sulfate de potasse. (*Ann. de Chim. et de Phys.*, t. XVII, p. 295).

Comment se fait-il que les chimistes que nous venons de citer soient si peu d'accord entre eux? M. Lassaigne explique bien pourquoi ses observations diffèrent de celles de Vauquelin; mais on ne voit pas la cause de la différence qui existe entre toutes celles que nous venons de rapporter. Il est donc évident, comme nous l'avons dit au commencement de cet article, que de nouvelles expériences sont nécessaires.

De la salive.

2790. La salive est un fluide inodore, sans saveur, limpide, visqueux, dont la pesanteur spécifique est un peu plus grande que celle de l'eau, que l'agitation rend écumeux, qui est sécrété du sang par diverses glandes environnant la bouche, et

-versé dans celle-ci par des canaux particuliers : c'est surtout à la vue des alimens, et lorsque le besoin d'en prendre se fait sentir, que la sécrétion de la salive s'opère abondamment. L'un des meilleurs moyens de s'en procurer consiste à faire jeûner un animal, par exemple, un chien, à lui mettre un bâillon dans la gueule, à l'approcher de viande rôtie et encore fumante : tout-à-coup les glandes salivaires sont excitées; elles se gonflent et sécrètent tant de salive, que celle-ci forme, pendant un certain temps, un filet presque continu.

La salive de l'homme est composée, suivant M. Berzelius, de 992,9 d'eau, 2,9 de matière animale particulière, à laquelle il donne le nom de *ptyaline* (de πτυω, je crache), 1,4 de mucus, 1,7 de chlorures de potassium et de sodium, 0,9 de lactate de soude et de matière animale, 0,2 de soude.

En desséchant la salive, et la traitant par l'alcool, on dissout les chlorures de potassium et de sodium, le lactate et la matière animale à laquelle il est uni. La partie non dissoute est faiblement alcaline. Si on la sature avec un peu d'acide acétique, qu'on la dessèche et qu'on la traite de nouveau par l'alcool, on obtiendra par évaporation de l'acétate de soude dont la base était unie à l'acide carbonique et peut-être à une matière animale. Il ne reste plus alors que la substance particulière qui est soluble dans l'eau, et le mucus qui y est insoluble. La solution de la matière particulière, évaporée à siccité, donne une masse transparente que l'eau froide dissout de nouveau; cette solution n'est troublée ni par la chaleur, ni par les alcalis, ni par les acides, ni par le sous-acétate de plomb, le sublimé corrosif et le tannin.

Il suffit, pour obtenir le mucus, de mêler de l'eau à la salive; par ce moyen, il se rassemble peu-à-peu à la partie inférieure, et lorsqu'il est déposé, on le recueille sur un filtre et on le lave : il paraît provenir plutôt des membranes muqueuses de la bouche que des glandes salivaires.

Ainsi préparé, il est blanc; l'eau ne le dissout point; les acides acétique et sulfurique, étendus, le rendent seulement transparent et corné; il est en grande partie soluble dans la potasse et la soude, et en est précipité par les acides; la partie qui échappe à l'action de l'alcali disparaît promptement dans l'acide chlorhydrique, et ne reparaît point par un excès de dissolution alcaline.

Exposé à une chaleur rouge, il donne un charbon facile à incinérer, de la cendre qui contient beaucoup de phosphate calcaire, et une certaine quantité de phosphate de magnésie.

C'est ce mucus et celui de la bouche qui, en se déposant sur les dents, et en s'y décomposant peu-à-peu, forment le *tartre* qui y adhère si fortement. Ce tartre est composé, d'après l'analyse de M. Berzelius, de 79 de phosphate terreux, 12,5 de mucus non décomposé, 1 de matière particulière à la salive, 7,5 de matière animale soluble dans l'acide chlorhydrique (*Ann. de Chim.*, t. LXXXVIII, p. 123). D'après celle de Vauquelin et de Laugier, il contiendrait 7 d'eau, 13 de mucus, 66 de phosphate de chaux, avec des traces de magnésie, 9 de carbonate de chaux, et 5 de matière animale soluble dans l'acide chlorhydrique. Ces résultats s'accordent avec la composition des concrétions calculeuses qu'on trouve quelquefois dans les conduits salivaires, surtout dans ceux du cheval et de l'âne. (*Voyez* plus loin, art. *Concrétions*).

2791. MM. Gmelin et Tiedemann ont fait l'analyse, non-seulement de la salive de l'homme, mais encore de celle de brebis et de celle de chien ; ils sont arrivés à des résultats qui diffèrent de ceux de M. Berzelius, et que nous devons faire connaître, d'autant plus que quelques-uns sont fort remarquables : la salive de l'homme contiendrait, selon eux, du sulfo-cyanure de potassium, et une matière grasse phosphorée.

L'excrétion de la salive d'homme a été provoquée par la fumée de tabac.

La salive de chien et celle de brebis ont été obtenues en ouvrant le conduit extérieur de la glande parotide et l'introduisant dans un flacon.

100 parties évaporées jusqu'à siccité donnèrent pour résidu, salive d'homme, de 1,14 à 1,19; salive de chien, 2,58; salive de brebis, 1,68.

L'analyse fut faite en traitant successivement le résidu par l'alcool et par l'eau, et examinant la dissolution alcoolique, la dissolution aqueuse, et les matières insolubles dans l'alcool et dans l'eau. Par exemple, de 100 parties de salive de brebis, on retira :

Eau...	98,90
Matières solubles dans l'alcool, savoir : beaucoup d'extrait de viande ou *osmazôme*, une substance qui fit cristalliser le chlorure de sodium en octaèdres, du chlorure de sodium et un peu de sulfo-cyanure de sodium..............................	0,11
Matières solubles seulement dans l'eau, savoir : des traces de ptyaline, une grande quantité de phosphate de soude, beaucoup de chlorure de potassium et du carbonate de soude......................	0,82
Matières insolubles dans l'alcool et l'eau, savoir : mucus ou albumine coagulée, un peu de phosphate et de carbonate de chaux............................	0,05
	99,88

Ces trois salives contiennent de la *ptyaline*, du mucus, de *l'osmazôme* ou *extrait alcoolique de viande*, probablement un peu d'albumine et un assez grand nombre de sels : 1° du carbonate de potasse ou de soude, plus chez la brebis que chez le chien et surtout chez l'homme ; 2° du phosphate de potasse ou de soude, plus chez l'homme et le mouton que chez le chien ; 3° du lactate de potasse ou de soude, très peu ; 4° du sulfate de potasse, très peu ; 5° des chlorures de potassium et de sodium, beaucoup plus du premier que du deuxième chez l'homme ; le contraire chez le chien et le mouton ; 6° un peu de phosphate de chaux, moins de carbonate de chaux, moins encore de carbonate de magnésie.

De plus, la salive d'homme contient du sulfo-cyanure de potassium, et de la matière grasse phosphorée soluble dans l'alcool.

La salive de brebis ne contient que du sulfo-cyanure de sodium.

Celle de chien ne contient ni matière grasse, ni sulfo-cyanure.

La matière grasse s'extrait en faisant évaporer la dissolution alcoolique et reprenant le résidu par l'eau : la matière grasse reste indissoute.

Quant au sulfo-cyanure, on en démontre la présence dans la salive de l'homme en y ajoutant une solution d'un sel neutre de per-oxide de fer ou de per-chlorure de fer. Elle devient d'un rouge très foncé, phénomène dû au sulfo-cyanogène. En effet, si après avoir évaporé jusqu'à siccité la dissolution provenant de l'action de l'alcool sur la salive desséchée, on distille au bain-marie le résidu alcoolique avec de l'acide phosphorique concentré, l'on obtiendra une liqueur acide qui sera douée des principales propriétés de l'acide sulfo-cyanhydrique (2140). Du moins, tels sont les résultats que MM. Gmelin et Tiedemann ont obtenus. Ils sont si remarquables, qu'il est extraordinaire que les chimistes ne se soient point occupés de les constater. (*Ann. de Chim. et de Phys.* XXXV, 266, et *Chimie de Berzelius*, t. VII, 157).

Suc pancréatique.

2792. Le pancréas est une glande située dans la région épigastrique, et qui sécrète un fluide que l'on appelle *suc pancréatique*. Ce fluide, conduit par le canal excréteur dans le duodénum, se mêle à la matière nutritive, et contribue, selon toute apparence, à la digestion duodénale.

La difficulté qu'on éprouve à se procurer ce liquide a empêché jusqu'ici les chimistes d'en faire une analyse exacte. MM. Leuret et Lassaigne le regardent comme étant de la même nature que la salive (*Journal de Chim. méd.*, I , 549); cependant il paraît démontré , d'après les expériences de Gmelin et de Tiedemann, qu'il en diffère essentiellement. Chose digne de remarque, il rougit le papier dans l'état où il est préparé par la glande ; mais il devient alcalin, dès que l'animal commence à s'affaiblir par suite de l'opération nécessaire pour le recueillir.

Celui du chien, tel que l'ont obtenu Gmelin et Tiedemann, était limpide, sensiblement salé, d'un blanc un peu bleuâtre, opaque, filant comme du blanc d'œuf peu épais. Exposé au feu, il se coagulait de même que le sérum du sang. Desséché, il laissait 8,72 pour cent de son poids, d'un résidu qui, traité successivement par l'alcool et l'eau, donnait :

> Matières solubles dans l'alcool................ 3,68
> Matières solubles dans l'eau seulement........... 1,53
> Albumine coagulée............................ 3,55

L'alcool tenait en dissolution du chlorure de sodium, du lactate de soude, de l'extrait de viande ou de l'*osmazôme*, une substance animale particulière qui communiquait à l'extrait alcoolique redissous dans l'eau la propriété de devenir rose par l'addition d'un peu de chlore, et de former en 12 heures un dépôt violet.

La dissolution aqueuse contenait une substance qui se rapprochait tout à-la-fois du caséum et de l'albumine ; elle contenait d'ailleurs un peu de carbonate de soude qui la rendait alcaline, et d'autres sels, peut-être aussi un peu de *ptyaline*.

Les sels, que l'on peut estimer à 1,15 pour cent, du moins voilà ce que donne l'incinération, se composent de beaucoup de carbonate de soude et de chlorure de sodium, d'un peu de lactate et de sulfate de potasse, de phosphate de soude ou de potasse, de phosphate de chaux et de carbonate de chaux.

Le suc pancréatique de la brebis était plus aqueux que celui du chien, et ne renfermait pas *de la matière* qu'un peu de chlore fait rougir.

Des humeurs de l'œil.

2793. Les humeurs de l'œil sont au nombre de trois : 1° l'humeur aqueuse, placée dans la chambre antérieure de l'œil, entre la cornée transparente et l'iris, et dans la chambre postérieure, entre l'iris et le cristallin ; 2° le cristallin ou l'humeur cristalline, qui est épaisse, diaphane, semblable à une lentille, et formée de couches concentriques dont la densité va en augmentant de la circonférence au centre ; 3° l'humeur vitrée, qui est derrière le cristallin et qui occupe la plus grande partie de l'œil. Elles sont toutes trois très limpides. Chenevix, Nicolas et M. Berzelius sont les seuls chimistes qui en aient fait l'analyse (*Bibliothèque britannique*, vol. LIV, p. 51; *Ann. de Chim.*, t. LIII, p. 307; et t. LXXXVIII, p. 138). Chenevix et Nicolas ont fait leurs expériences sur les yeux de bœuf, de mouton et d'homme; M. Berzelius, sur ceux de bœuf. Les résultats de Chenevix et Nicolas sont à peu de chose près les mêmes.

Chenevix regarde l'humeur aqueuse et l'humeur vitrée comme composées d'une grande quantité d'eau et d'une très petite quantité d'albumine, de gélatine et de sel marin; Nicolas y admet en outre un peu de phosphate de chaux. Suivant Chenevix, la pesanteur spécifique de ces deux humeurs est égale, dans le bœuf, à 1,0088, et dans l'homme à 1,0053; mais, suivant Nicolas, l'humeur vitrée est un peu plus dense que l'humeur aqueuse : il trouve que la densité de celle-ci est de 1,0009.

Tous deux pensent, d'ailleurs, que le cristallin ne diffère des humeurs vitrée et aqueuse qu'en ce qu'il ne contient point de sel marin, et qu'il contient beaucoup plus d'albumine et de gélatine, ce qui rend sa pesanteur spécifique plus considérable. Chenevix a trouvé celle du cristallin de bœuf de 1,0765, celle du cristallin de l'homme de 1,0790, et celle du cristallin de mouton de 1,1000.

Tous deux aussi n'ont admis de gélatine dans ces diverses humeurs que parce qu'elles peuvent précipiter la dissolution de noix de galle; mais cette propriété ne suffit point pour en reconnaître la présence, puisque la noix de galle précipite plusieurs autres substances animales, et particulièrement l'albumine.

Il s'en faut beaucoup que les résultats de M. Berzelius s'accordent avec ceux de Chenevix et Nicolas. En effet, M. Berzelius a trouvé que les humeurs aqueuse et vitrée du bœuf étaient composées de (*Ann. de Chim.*, t. LXXXVII et vol. 7 du *Traité de Chimie* de l'auteur) :

	Humeur aqueuse.	Humeur vitrée.
Eau	98,10	98,40
Albumine	un peu	0,16
Chlorure de sodium avec un peu de matière extractiforme	1,15	1,42
Substance soluble seulement dans l'eau	0,75	0,02
	100,00	100,00

Et que le cristallin était formé de :

Eau..	58,0
Matière particulière.............................	35,9
Extrait de viande acide, lactate de soude et chlorure de sodium , solubles dans l'alcool.................	2,4
Matière animale seulement soluble dans l'eau, avec quelques traces de sels.............................	1,3
Portions de la membrane cellulaire qui restent insolubles.	2,4
	100,0

On voit donc qu'il n'admet de gélatine dans aucune humeur de l'œil.

La matière particulière est soluble dans l'eau ; elle se coagule par la chaleur, et présente alors , à la couleur près , toutes les propriétés chimiques de la matière colorante du sang : on en retire, par la calcination, un peu de cendre qui contient une petite portion de fer.

Des Larmes.

2794. Les larmes , liquide aussi limpide que l'eau, destinées à faciliter les mouvemens du globe oculaire et des paupières , sont sécrétées par une petite glande qui a son siège dans la fossette externe de la paroi supérieure de l'orbite. Il s'en produit constamment une petite quantité, laquelle, après avoir mouillé le globe de l'œil, passe dans les conduits lacrymaux qui portent ce liquide dans un petit sac ; d'où il se rend par un autre conduit dans les fosses nasales : arrivé là, il se mêle au mucus, dont il entretient la fluidité.

L'analyse des larmes a été faite par Fourcroy et Vauquelin : ils les regardent comme formées de beaucoup d'eau , d'un peu de mucus, et d'une très petite quantité de soude, sel marin, phosphates de chaux et de soude. (*Ann. de Chim.*, t. x, p. 113).

L'alcool en précipite facilement le mucus.

Du Mucus animal et de ses différentes espèces.

2795. Le mucus a été connu de tout temps par les médecins ; mais l'étude chimique n'en a été faite que par Bostock, par Fourcroy et Vauquelin, et par M. Berzelius. Il n'est renfermé dans aucun organe, dans aucun vaisseau, dans aucun réservoir ; il se forme sans cesse à la surface de toutes les membranes muqueuses, et paraît destiné à les lubrifier ; on le trouve constamment dans les fosses nasales, la bouche, l'arrière-bouche, l'œsophage, l'estomac, les intestins, la bile, etc. C'est lui qui, en se desséchant à la surface de la peau, forme les petites écailles qu'on détache par le frottement. Les durillons et les couches épaisses de la plante des pieds, les ongles, les parties cornées, ne contiennent pour ainsi dire que du mucus ; les cheveux, les poils, la laine, les plumes, les écailles des poissons en renferment une très-grande quantité.

Fourcroy et Vauquelin l'ont considéré comme un corps toujours identique et doué des propriétés suivantes :

Uni à l'eau, tel qu'on le trouve dans les fosses nasales, il est transparent, visqueux, filant, sans odeur, sans saveur. Exposé à une douce chaleur, il perd peu-à-peu l'eau qu'il contient, diminue beaucoup de volume, et se transforme en une masse demi-transparente et cassante, capable de se fondre sur les charbons ardens, de s'y boursouffler et de brûler en répandant l'odeur de la corne. On en retire par la distillation une assez grande quantité de carbonate d'ammoniaque. Conservé dans un vase ouvert, il finit par se dessécher et prendre l'aspect que lui donne une douce chaleur long-temps continuée. L'eau n'en dissout qu'une petite quantité. Ses véritables dissolvans sont les acides.

A l'état sec, il est entièrement insoluble dans l'eau : celle qui est chaude ne fait que le gonfler et le ramollir. Sous cet état, les acides n'en opèrent eux-mêmes la dissolution qu'avec beaucoup de peine. (*Annales de Chimie*, tom. LXVII, p. 26.).

M. Berzelius, loin de considérer le mucus comme un corps identique, le regarde comme une substance dont les propriétés chimiques varient suivant les fonctions qu'elle doit remplir.

Mucus des narines. — Ce mucus, qui a pour objet de protéger la membrane muqueuse des fosses nasales contre l'action de l'air, est formé, sur 1000 parties, de 933,9 d'eau, de 53,3 de matière muqueuse, de 5,6 de chlorures de potassium et de sodium, de 3 de lactate de soude uni à une substance animale, de 0,9 de soude combinée avec le mucus, de 3,5 de phosphate de soude, d'albumine et d'une matière animale insoluble dans l'alcool, mais soluble dans l'eau. A quelque chose près, M. Berzelius lui attribue les mêmes propriétés que Fourcroy et Vauquelin.

Mucus de la trachée. — Le mucus de la trachée paraît être le même que celui des narines.

Mucus de la vésicule du fiel. — Celui-ci est plus transparent que celui des narines ; il a toujours une teinte jaune provenant de la bile. Desséché, il se ramollit de nouveau dans l'eau, mais en perdant une partie de ses propriétés. Il est très soluble dans les alcalis, et en est séparé par les acides. L'alcool le coagule en une masse grenue, jaunâtre, qui ne peut pas reprendre les propriétés du mucus.

Mucus des intestins. — Lorsqu'il est desséché, on ne saurait lui rendre par l'eau ses propriétés muqueuses ; les alcalis produisent cet effet sans le rendre transparent.

Mucus des conduits de l'urine. — Ce mucus est rare. Les alcalis le dissolvent facilement, et la dissolution n'est point troublée par les acides ; il est précipité de l'urine par une infusion de noix de galle, sous forme de flocons blancs. (*Ann. de Chim.*, t. LXXXVIII, p. 135).

De la liqueur spermatique ou séminale.

2796. La liqueur séminale, au moment de l'émission, se compose de deux substances différentes : l'une, liquide et laiteuse, que l'on attribue à la glande prostate ; et l'autre, blanche, épaisse, comme du mucilage, que l'on croit provenir des testicules. Celle-ci renferme ordinairement des animalcules qui ont été observés par un grand nombre de physiologistes, et en dernier lieu par MM. Prevost et Dumas. Une décharge électrique les prive de la vie ; du moins, après la décharge, ils cessent de se mouvoir. (*Ann. d'histoire naturelle*, t. I, p. 167 et 274).

Vauquelin et John sont les seuls chimistes qui jusqu'ici aient analysé cette liqueur (*Ann. de Chim.*, t. IX, p. 64). Leurs expériences ont été faites sur la liqueur séminale humaine ; suivant Vauquelin, elle est formée de 900 d'eau, de 60 de mucilage animal, de 10 de soude, de 30 de phosphate calcaire. Suivant John, elle contiendrait une matière particulière, analogue au mucus, et que M. Berzelius propose d'appeler *spermatine*, quelque peu d'albumine modifiée, une petite quantité de matière soluble dans l'éther, une matière odorante volatile, de la soude, du phosphate calcaire, des chlorures, du soufre.

Abandonnée à elle-même dans des vases ouverts ou fermés, la liqueur séminale se liquéfie complètement en vingt ou vingt-cinq minutes : nous ne connaissons point encore la cause de ce phénomène. Une douce chaleur en favorise la liquéfaction. En la chauffant fortement, elle se décompose et fournit beaucoup de carbonate d'ammoniaque.

Exposée à l'air, elle présente divers phénomènes, selon que l'atmosphère est plus ou moins chaude et humide : dans une atmosphère chaude et sèche, elle s'épaissit, laisse déposer des cristaux de phosphate de chaux et se prend en écailles solides, cassantes et demi-transparentes comme de la corne ; mais dans une atmosphère chaude et humide, elle s'altère avant de se dessécher ; elle devient jaune, acide, répand une odeur de poisson pourri, et se couvre d'une grande quantité de *byssus septica.*

La liqueur séminale n'est soluble dans l'eau froide ou chaude qu'après sa liquéfaction ; elle en est précipitée en flocons blancs par l'alcool et par le chlore liquide.

La potasse et la soude la dissolvent, mais moins facilement que la plupart des acides. Ces dissolutions ne sont point troublées, savoir : les premières par les acides, et les secondes par les alcalis.

2797. M. Berzelius cite, dans son *Traité de Chimie,* d'autres résultats que nous devons rapporter. Si, au moment de l'émission, le sperme tombe dans de l'alcool à 0,833, et qu'on l'y laisse quelques minutes sans agiter le vase, il prend une teinte opaline, et forme un caillot qui ressemble à un peloton de ficelle et qui est principalement composé de *spermatine.*

Dans cet état, la spermatine a perdu la propriété de se liquéfier ; l'eau froide la ramollit peu-à-peu et lui donne l'apparence mucilagineuse ; l'eau bouillante lui donne cette apparence plus promptement et d'une manière plus sensible ; toutefois elle n'en dissout qu'une petite quantité.

L'acide sulfurique concentré en opère la dissolution à froid ; la spermatine s'en précipite par l'addition de l'eau. L'acide azotique ne la dissout qu'à chaud et la laisse précipiter, comme l'acide sulfurique, lorsqu'on l'affaiblit : seulement, la liqueur en retient une petite portion. L'acide acétique concentré rend d'abord la spermatine gélatineuse et translucide, puis il la dissout presque complètement, en étendant la masse d'eau et la faisant bouillir ; le cyanure jaune de potassium et de fer, et l'infusion de noix de galle, troublent la dissolution.

La spermatine n'est soluble dans la potasse caustique qu'à chaud ; à froid, il n'y a que ramollissement. L'acide acétique ne produit aucun nuage dans la liqueur ; mais si on la dessèche, étant acide, et qu'on redissolve l'acétate de potasse dans l'alcool, la plus grande partie de la matière animale reste indissoute.

Lorsque le sperme tombe dans l'eau au moment de son émission, il gagne le fond, s'y coagule à-peu-près comme dans l'alcool, mais finit par se dissoudre en laissant de petits flocons très divisés. La liqueur filtrée et évaporée au bain-marie, exhale pendant long-temps l'odeur spéciale du sperme, prend une teinte légèrement opaline, et laisse sur les parois du vase un vernis transparent, presque invisible. En reprenant ce vernis par l'eau, laissant évaporer la dissolution tirée à clair et traitant le résidu par l'alcool, celui-ci donne un extrait qui rougit le tournesol et ressemble à celui de viande ; cet extrait répand l'odeur de viande rôtie, quand on le chauffe, se charbonne ensuite, et donne un peu de cendre qui consiste en chlorure de sodium et carbonate de soude.

De la bile.

2798. La bile est une liqueur amère, plus ou moins visqueuse, d'un jaune verdâtre, d'une odeur particulière et nauséabonde, d'une pesanteur spécifique un peu plus grande que celle de l'eau : c'est dans le foie qu'elle se forme.

La plupart des physiologistes pensent que ses matériaux proviennent, non point du sang artériel, mais de celui que les veines rapportent de la rate, du pancréas, de l'estomac et du tube intestinal. Ces veines se réunissent en un gros tronc que l'on appelle *veine-porte*, laquelle se partage en deux branches qui pénètrent dans le foie, s'y divisent à l'infini, et dont les dernières ramifications s'abouchent, d'une part, avec les conduits biliaires, et de l'autre, avec les veines hépathiques simples chargées de rendre à la circulation le sang qui n'est point employé à la confection de la bile. Celle-ci arrive directement dans le duodénum par les canaux hépathique et cholédoque, lorsque les animaux n'ont point de vésicule; lorsqu'au contraire ils en ont une, ce qui a lieu le plus souvent, elle y reflue, en grande partie du moins, par le canal cystique; elle y séjourne plus ou moins long-temps, et y éprouve quelquefois des altérations remarquables : sa fonction principale paraît être de favoriser la digestion duodénale, de concert avec le suc pancréatique. Contribue-t-elle par ses principes à la formation du chyle? nous ne le savons point encore; ce qu'il y a de certain, c'est que la matière fécale en contient presque constamment, et parfois une assez grande quantité pour avoir une saveur d'une amertume insupportable.

Beaucoup de physiologistes et de chimistes s'en sont successivement occupés; mais, parmi ceux dont les travaux ont fixé l'idée qu'on a prise de sa nature à diverses époques, on doit citer surtout Boerhaave, Verheyen, Baglivi, Burgrave, Hartmann, Macbride, Gaubius, Cadet, Van-Bochante, Poulletier de la Salle, Fourcroy, Thénard, Chevreul, Berzélius, Braconnot, Gmelin et Tiedemann.

Boerhaave, par une erreur inconcevable, regardait la bile comme un des liquides les plus putrescibles, et de là sont sorties plusieurs théories plus ou moins hypothétiques sur les maladies et leur traitement.

Verheyen, Burgrave et Hartmann, ont tous annoncé l'existence d'un alcali dans la bile. Macbride a entrevu qu'elle contenait quelque chose de sucré; Gaubius en a séparé le premier une matière huileuse d'une grande amertume; et Cadet, guidé par les recherches de ces divers savans, a été conduit, en 1767, à la regarder comme un savon à base de soude, mêlé avec du sucre de lait.

Dix ans s'écoulèrent ensuite sans qu'il parût rien de remarquable sur la bile : ce n'est même qu'en 1778 que, dans sa dissertation, Van-Bochante y annonça une matière fibrineuse qui, depuis, a été prise pour de l'albumine. Mais, malgré ses efforts, il n'a pu réussir à isoler le corps sucré, et cependant il conclut de ses expériences que ce corps entre dans la composition de la bile.

Quoique le travail de Poulletier de la Salle n'ait point eu pour objet la bile même, il n'a pas moins contribué à en éclairer l'histoire ; il a jeté le plus grand jour sur les concrétions qui se forment dans celle de l'homme surtout, et ce travail, repris ensuite par Fourcroy, a bientôt reçu un nouveau degré de précision.

L'opinion de Cadet a prévalu jusqu'en 1805. A cette époque, ayant eu occasion de faire des expériences sur la bile d'un grand nombre d'animaux, j'annonçai que ce liquide ne devait point être considéré comme un savon; que sa composition, dans les différens animaux, n'était point toujours la même; que, le plus souvent, il renfermait toutefois une grande quantité de picromel, plus un corps gras, de la soude et du mucus.

Depuis, je m'assurai que ce corps gras était acide au moins en partie; M. Chevreul le reconnut en même temps de son côté, et vit de plus que c'était de l'acide margarique mêlé à un peu de cholestérine.

Berzelius, à qui la chimie doit tant d'analyses, a fait aussi celle de la bile; Braconnot a été conduit à la regarder avec les anciens médecins comme un véritable savon; Gmelin et Tiedemann n'admettent point cette opinion; ils ont signalé dans la bile l'existence d'un grand nombre de substances diverses.

Malgré tant de recherches, il règne encore sur la nature de la bile une incertitude que de nouvelles observations peuvent seules dissiper. Dans cet état de choses, je crois devoir citer d'abord mes propres expériences, puis celles de Berzelius et de Braconnot, et enfin celles de Gmelin et Tiedemann.

2799. *Bile de bœuf.* — La bile de bœuf, toujours déposée en quantité considérable dans une sorte de poche ou sac, est ordinairement d'un jaune verdâtre, rarement d'un vert foncé. Elle agit, principalement par sa couleur, sur le bleu de tournesol et de violette qu'elle change en jaune rougeâtre. Très amère et légèrement sucrée tout-à-la-fois, on n'en supporte la saveur qu'avec répugnance. Son odeur, quoique faible, est facile à distinguer; et s'il est permis de la comparer à quelque autre, ce ne sera qu'à l'odeur nauséabonde que nous offrent certaines matières grasses lorsqu'elles sont chaudes. Sa pesanteur spécifique varie peu, et est, en général, de 1,026 à 6°. Sa consistance est plus variable : tantôt elle coule à la manière d'un léger mucilage, tantôt comme la synovie ; quelquefois elle est d'une limpidité parfaite ; quelquefois aussi elle est troublée par une matière jaune dont il est facile de la séparer par l'eau. (1)

2800. Huit cents parties de cette bile sont composées à-peu-près de :

Eau.	700,0
Picromel.	69,0 (2).
Corps gras acide au moins en partie.	
Cholestérine, peu.	15,0 (3).
Matière colorante, très peu.	
Matière jaune provenant du mucus altéré. (quantité variable, mais seulement quelques centièmes.)	
Soude.	
Phosphate de soude.	
Chlorures de potassium et de sodium.	10,3
Sulfate de soude.	
Phosphate de chaux et peut-être de magnésie.	1,2
Oxide de fer.	des traces.

2801. Parmi toutes ces matières, il n'en est qu'une seule qui n'ait point été décrite ; c'est le picromel. Traçons-en l'histoire en peu de mots :

Le picromel, ainsi appelé à cause de sa saveur, est une substance propre à la bile de la plupart des animaux, du moins d'après mes expériences.

---

(1) Il existe dans la bile de presque tous les animaux une matière jaune que l'on peut considérer, jusqu'à un certain point, comme différente de celles qui sont connues jusqu'ici. Cette matière constitue souvent seule les calculs de la vésicule du bœuf. Elle entre dans la composition de presque tous ceux de la vésicule de l'homme. On la trouve aussi déposée dans cette vésicule, ainsi que dans la précédente et beaucoup d'autres, sous forme de magma. Dans quelques circonstances même elle obstrue les canaux biliaires : nous citerons pour exemple un éléphant mort au Jardin des Plantes il y a environ trente-ans : l'on a retiré des canaux hépatiques plus de 500 grammes de cette matière.

La matière jaune est solide, pulvérulente lorsqu'elle est sèche, insipide, inodore, plus pesante que l'eau. Décomposée par le feu, elle donne du carbonate d'ammoniaque, du charbon, etc. Elle est insoluble dans l'eau, dans l'alcool, les huiles; elle est, au contraire, soluble dans les alcalis, dont elle est précipitée en flocons brun-verdâtre par les acides. L'acide chlorhydrique ne l'attaque qu'avec peine; il ne la dissout point ou en dissout très peu, mais il la rend d'un beau vert, qu'on peut attribuer à des traces de bile entraînée. Cette matière paraît provenir d'une altération du mucus.

(2) Je crois cette quantité un peu trop forte; il était resté de l'eau unie au picromel.

(3) Je crois cette quantité également trop forte.

Il est sans couleur, et a le même aspect et la même consistance que la térébenthine épaisse ; sa saveur est d'abord âcre et amère, puis elle devient sucrée ; son odeur est nauséabonde, et sa pesanteur spécifique plus grande que celle de l'eau.

Soumis à l'action du feu, le picromel perd une partie de sa viscosité, se boursoufle, se décompose, en ne donnant point ou que très peu de carbonate d'ammoniaque. Il se conserve pendant long-temps sans subir la moindre altération. Exposé à l'air, il en attire légèrement l'humidité : par conséquent, il est très soluble dans l'eau. L'alcool le dissout aussi avec facilité. Chauffé légèrement avec les acides chlorhydrique, azotique, sulfurique, convenablement affaiblis, il forme un composé visqueux sur lequel l'eau n'a que très peu d'action. Les alcalis et la plupart des sels n'en troublent point la dissolution, et il n'y a guère que l'azotate de mercure, l'acétate de plomb avec excès d'oxide et les sels de fer qui aient cette propriété. L'infusion de noix de galle ne la possède point.

C'est de la bile du bœuf que l'on extrait le picromel : il faut d'abord y verser un excès de dissolution d'acétate de plomb du commerce : par ce moyen, on précipite toute la matière jaune et toute la matière grasse acide unie à l'oxide de plomb ; on précipite également l'acide phosphorique et l'acide sulfurique du phosphate et du sulfate de soude. La liqueur étant filtrée, on y ajoute du sous-acétate de plomb : à l'instant, le picromel s'empare de l'excès d'oxide de ce sel, et se dépose sous forme de flocons blancs avec la cholestérine. Ces flocons doivent être lavés à grande eau par décantation, placés dans une éprouvette avec une petite quantité d'eau pure, et soumis à l'action d'un courant de gaz sulfhydrique pour séparer le plomb. Alors on filtre la liqueur, on l'évapore le plus possible, et l'on traite, à froid, le résidu par l'éther qui dissout la cholestérine. Le nouveau résidu desséché est le picromel pur.

2802. Connaissant la nature de la bile et les principales propriétés des substances qui la composent, il va nous devenir plus facile d'en faire un examen spécial.

2803. Distillée jusqu'à siccité, la bile de bœuf se trouble d'abord légèrement ; il s'y forme ensuite une écume considérable par le mouvement que produit l'ébullition ; et bientôt après, il passe dans le récipient une liqueur incolore, précipitant légèrement en blanc l'acétate de plomb, d'une saveur fade, d'une odeur toute particulière, analogue à celle de la bile, et qui, distillée de nouveau, conserve encore toutes ses propriétés, qu'elle doit sans doute à une portion de matière qu'elle entraîne. Le résidu solide et bien sec qui tapisse le fond de la cornue forme depuis $\frac{1}{8}$ jusqu'à $\frac{1}{7}$ de la bile employée.

Toujours d'un vert jaunâtre, très amer, légèrement déliquescent, ce résidu se dissout presque entièrement dans l'eau et dans l'alcool; il se fond à une basse température et se décompose par une forte chaleur, en donnant tous les produits des matières animales, plus d'huile, très peu de carbonate d'ammoniaque, et un charbon très volumineux, renfermant diverses espèces de sels, particulièrement de la soude. Pour ne rien perdre dans cette décomposition, il est quelques précautions à prendre : il faut projeter la matière par fragmens du poids de quelques grammes, dans un creuset de platine ou d'argent, porté à peine au rouge-cerise : autrement la calcination serait longue et inexacte. Un coup de feu plus fort opérerait la sublimation d'une partie du résidu; un coup de feu moindre volatiliserait une partie de la matière même sans la décomposer; et, dans l'un et l'autre cas, si cette matière était trop abondante, le boursouflement considérable qui a toujours lieu la porterait promptement hors du creuset. Dans le premier mode d'opération, au contraire, tous ces inconvéniens disparaissent, et de 100 grammes d'extrait on retire 22 grammes de résidu charbonneux et de matières salines.

Abandonnée à elle-même dans un vase ouvert, la bile se corrompt peu-à-peu, et laisse déposer une petite quantité de matière jaunâtre ; le mucus seul qu'elle contient se décompose alors en partie : aussi la fermentation qu'elle éprouve est-elle très lente, et l'odeur qu'elle exhale n'est-elle point insupportable : on prétend même que cette odeur finit par se rapprocher beaucoup de celle du musc.

L'eau et l'alcool se combinent en toutes proportions avec la bile, ou du moins l'alcool en sépare tout au plus un peu de matière jaune : il la sépare surtout de l'extrait de bile.

Pour peu qu'on verse d'acide dans la bile, elle se trouble légèrement et rougit le papier de tournesol; si l'on en ajoute davantage, le précipité augmente, mais beaucoup plus par l'acide sulfurique que par l'acide azotique ou tout autre. Dans tous les cas, il est toujours formé d'une matière animale jaune et de très peu de corps gras, et ne correspond jamais, à beaucoup près, aux quantités réunies qu'on trouve de ces deux matières dans la bile : aussi la liqueur filtrée a-t-elle une saveur amère très forte, et donne-t-elle par l'évaporation un résidu à-peu-près égal aux $\frac{24}{25}$ de celui que donnerait la bile elle-même. Il n'en serait pas de même si, faisant usage d'acide sulfurique, azotique, chlorhydrique, l'on élevait la température. Alors l'acide s'unirait au picromel et le rendrait insoluble. Toutefois, cet effet n'a pas lieu avec les acides acétique et phosphorique, d'après la remarque de Berzelius.

La potasse et la soude, loin de troubler la bile, en augmentent la transparence et en diminuent la viscosité.

La dissolution d'acétate de plomb précipite la matière jaune, la matière grasse acide, et les acides sulfurique et phosphorique de la bile; la dissolution de sous-acétate précipite non-seulement ces différens corps, mais encore le picromel, la cholestérine et l'acide chlorhydrique. L'acide acétique reste toujours, dans la liqueur, uni en partie à la soude. Dans tous les cas, l'oxide de plomb fait partie des précipités.

La plupart des matières grasses ont la propriété de se dissoudre dans la bile : cette propriété n'a pas peu contribué à la faire regarder comme un savon; elle la doit à la soude et au picromel qu'elle contient. Les dégraisseurs s'en servent même de préférence au savon pour dégraisser les étoffes de laine.

D'après ce que nous venons de dire, il sera facile de concevoir le procédé par lequel on peut, à peu de chose près, déterminer la proportion des différentes substances qui entrent dans la composition de la bile.

1° La quantité d'eau se détermine en évaporant une certaine quantité de bile jusqu'à siccité, pesant le résidu et le retranchant du poids de la bile soumise à l'évaporation.

2° Par l'acide azotique, l'on en précipite toute la matière jaune et une très petite quantité de matière grasse que l'on redissout par l'alcool.

3° Dans la liqueur filtrée et réunie aux eaux de lavage, l'on verse un petit excès d'acétate de plomb fait avec 8 parties d'acétate de plomb du commerce et 1 partie de litharge; l'on recueille sur un filtre le précipité, qui est formé de matière grasse acide, de matière colorante et d'oxide de plomb, et lorsqu'il est bien lavé, on le traite à froid par de l'acide azotique faible. L'oxide de plomb se dissout, et la matière grasse acide, plus la matière colorante, restent sous forme de glèbes molles et vertes. (1)

4° La matière jaune, la matière grasse acide et la matière colorante étant séparées, on procède à l'extraction du picromel. On l'opère par une dissolution de sous-acétate de plomb, comme nous l'avons dit précédemment (2801). A la vérité, dans cet état, il est toujours mêlé à la petite quantité de cho-

---

(1) Il paraît aussi qu'une portion de ces matières se dissout dans l'eau à la faveur de l'acide et peut-être bien d'un peu de picromel entraîné; et il est à remarquer que la matière colorante, quelle qu'en soit la nature, se trouve précipitée en même temps que la matière grasse, et qu'au moyen de l'éther qui la dissout on parvient à la séparer et à l'obtenir presque pure.

lestérine que peut renfermer la bile ; mais on le purifie au moyen de l'éther qui dissout la cholestérine.

5° C'est en calcinant l'extrait de bile avec les précautions que nous avons indiquées (2803) qu'on obtient les sels : on les sépare, d'ailleurs, par les méthodes ordinaires.

Biles de chien, de mouton, de chat, de veau. — Les biles de ces divers animaux, soumises à l'analyse, donnent les mêmes résultats que celle du bœuf, dont nous venons de faire l'histoire.

Bile de porc. — Il en est de même de la bile de porc, sinon qu'elle contient beaucoup moins de picromel et plus de matière grasse : aussi les acides y produisent-ils un précipité très abondant.

2804. *Bile des oiseaux.* — Quoique la bile des oiseaux ait une grande analogie avec la bile des quadrupèdes, elle en diffère essentiellement sous les rapports suivans : 1° elle contient une grande quantité de matière albumineuse ; 2° le picromel qu'on en retire n'est pas sensiblement sucré ; il est, au contraire, très âcre et amer ; 3° on n'y trouve que des traces de soude ; 4° l'acétate de plomb du commerce n'en précipite point de matière grasse. Du moins, telles sont les propriétés que nous offrent les biles de poulet, de chapon, de dindon et de canard.

2805. *Bile de quelques espèces de poissons.* — Les biles de raie, de saumon, de carpe et d'anguille, sont les seules qui aient été examinées, et encore n'en a-t-on pas fait un examen approfondi. On sait seulement que la bile de raie et celle de saumon sont d'un blanc jaunâtre ; qu'elles donnent par l'évaporation, une matière très sucrée, légèrement âcre, et qu'elles ne paraissent point contenir de matière grasse ; que celles de carpe et d'anguille sont très vertes, très amères, peu ou point albumineuses, et qu'on en peut retirer de la soude, de la matière grasse et une matière sucrée et âcre semblable à celle qui forme la bile de raie et de saumon. Cette matière âcre et sucrée est probablement du picromel.

2806. *Bile humaine.* — La bile humaine varie en couleur : tantôt elle est verte, presque toujours d'un brun jaunâtre, quelquefois presque sans couleur ; la saveur n'en est pas très amère. Il est rare que, dans la vésicule, elle soit d'une limpidité parfaite ; elle contient souvent, comme celle du bœuf, une certaine quantité de matière jaune en suspension ; parfois cette matière est en assez grande quantité pour rendre la bile comme grumeleuse. Filtrée et soumise à l'ébullition, elle se trouble fortement et répand l'odeur de blanc d'œuf. Si on l'évapore jusqu'à siccité, il en résulte un extrait brun, égal en poids à la onzième partie de la bile employée. En calcinant 100 parties de cet extrait, on en retire tous les sels qu'on trouve dans la bile de bœuf; savoir : de la soude, du sulfate, du phosphate de soude, du phosphate de chaux, du chlorure de sodium et de l'oxide de fer.

Tous les acides décomposent la bile humaine et y déterminent un précipité abondant d'albumine et de matière grasse, qu'on sépare l'une de l'autre par l'alcool. Il ne faut qu'un gramme d'acide azotique à 25° pour en saturer 100 de bile.

Enfin, lorsqu'on y verse de l'acétate de plomb du commerce, on la transforme en une liqueur légèrement jaune, qui ne contient que de l'acétate de soude et quelques traces de matière animale, et dans laquelle on ne trouve point de picromel. De là j'avais conclu que cette dernière substance ne faisait pas partie de la bile humaine ; cependant il paraîtrait, d'après les recherches de M. Chevallier, que cette conséquence ne serait pas exacte, et que, pour obtenir le picromel de cette bile, il faudrait seulement, avant de la traiter comme celle de bœuf (2801), en précipiter l'albumine par l'alcool, et chasser celui-ci, par distillation, de la liqueur filtrée.

2807. La bile humaine, à part le picromel, paraît formée d'eau, d'une petite quantité de matière jaune, d'albumine, d'une sorte de matière grasse, de cholestérine et des mêmes sels que ceux qui entrent dans la composition de la bile de bœuf.

2808. Ce n'est que dans certaines maladies du foie qu'elle change de nature : quand cet organe passe au gras, la bile qu'il sécrète est moins chargée de matière grasse que dans l'état sain; et quand l'affection est tellement avancée que le foie contient les cinq sixièmes de son poids de graisse, alors elle n'est réellement qu'albumineuse : tel est au moins le résultat de cinq analyses de bile de foie presque entièrement gras.

2809. *Recherches de Berzelius.* — D'après l'analyse qu'il en a faite, la bile de bœuf serait composée de :

Eau	90,44
Matière biliaire (y compris la graisse)	8,00
Mucus de la vésicule	0,30
Extrait de viande, chlorure de sodium, lactate de soude	0,74
Soude	0,41
Phosphate de soude, phosphate de chaux et traces d'une substance insoluble dans l'alcool	0,11
	100,00

La graisse est séparée par l'éther, qui la dissout, de la matière biliaire sur laquelle il est sans action.

Or, la matière biliaire possède sensiblement toutes les propriétés du picromel ; il suit donc de-là que l'analyse de M. Berzelius se rapproche de la mienne.

Celle de Gmelin et Tiedemann offre au contraire des différences très marquées.

2810. *Recherches analytiques de Gmelin et Tiedemann.* — Il résulte de ces recherches que la bile de bœuf contiendrait un très grand nombre de substances diverses, savoir : une substance ayant l'odeur du musc, de la cholestérine, de l'acide margarique, de l'acide oléique, de l'acide cholique, tous trois unis à la soude, de la résine biliaire, de la taurine, du sucre biliaire, une matière colorante, une substance analogue au gluten végétal, de la matière caséeuse, de la matière salivaire, de l'albumine, du mucus de la vésicule, de l'extrait de viande, une substance extractive insoluble dans l'alcool, du bi-carbonate de soude, de l'acétate de soude, des sulfates et phosphates de soude et de potasse, du phosphate de chaux, du chlorure de sodium.

1° *La substance à odeur de musc* n'a point été isolée convenablement ; son existence n'a été admise que, parce qu'en distillant la bile on obtient de l'eau qui a une odeur musquée.

2° *La cholestérine* a été décrite n° 2356. On la sépare de la bile en évaporant celle-ci jusqu'en consistance d'extrait peu épais, en traitant cet extrait par l'éther jusqu'à ce qu'il soit complètement épuisé, et distillant la liqueur jusqu'à un certain point. La cholestérine se dépose peu-à-peu en petites lames imprégnées d'acide oléique. Pour la purifier il suffit de la redissoudre dans l'alcool bouillant : elle cristallise par le refroidissement, tandis que l'acide oléique reste dissous.

3° L'acide oléique s'extrait facilement de l'éther ou de l'alcool dont la cholestérine a été séparée dans l'opération précédente : on concentre la liqueur et bientôt l'acide oléique apparaît à l'état liquide et oléagineux (2081).

4° *Acide margarique.* — Pour se procurer l'acide margarique il faut reprendre l'extrait de bile épuisé par l'éther, le dissoudre dans l'eau, y ajouter un excès d'acétate neutre de plomb, décomposer le précipité lavé et délayé dans une quantité convenable d'eau, par un courant de gaz sulfhydrique, laver le nouveau précipité noir, qui contient de l'acide margarique, de l'acide cholique, de l'acide oléique, de la résine biliaire, du sulfure de plomb, etc., puis le faire dessécher, le faire bouillir avec de l'alcool, étendre d'eau la solution alcoolique, retirer l'alcool du mélange par distillation, faire bouillir plusieurs fois de suite avec de l'eau le précipité qui se forme, le dessécher, le dissoudre dans la plus petite quantité possible d'alcool, et enfin y ajouter de l'éther. Celui-ci en sépare la résine biliaire, qui n'est soluble ni dans l'alcool seul, ni dans l'alcool éthéré. La liqueur étant éclaircie, on laisse évaporer l'éther, après quoi la dissolution alcoolique restante est précipitée par l'eau. Le précipité obtenu est de l'acide margarique encore mêlé de résine biliaire : la séparation s'en fait en versant sur le mélange de l'éther un peu alcoolisé ; de là résultent deux couches liquides, l'une, inférieure, d'alcool contenant la résine, et l'autre, supérieure, d'éther contenant l'acide margarique. Abandonné à lui-même, l'éther se vaporise et laisse un acide gras, solide, qui, purifié à plusieurs reprises par l'alcool, se présente sous forme de paillettes incolores et nacrées, fusibles à 50° et contenant encore de l'acide oléique.

5° *Acide cholique.*—On a vu (2163) comment on parvenait à l'extraire de la bile.

6° *Résine biliaire.* —— On vient de voir qu'on peut se procurer une certaine quantité de résine biliaire en même temps que l'acide margarique. Seulement nous devons faire observer que la résine biliaire, séparée par l'éther de la dissolution alcoolique, n'est pas complètement soluble dans l'alcool une fois qu'elle a été desséchée, et que celui-ci laisse indissoute une matière animale que Gmelin regarde comme un mélange d'albumine coagulée et de *gliadine.* Cette résine peut être obtenue beaucoup plus facilement de la dissolution aqueuse qu'on obtient en décomposant par le gaz sulfhydrique le précipité qu'occasione l'acétate neutre de plomb dans la bile ; elle s'y trouve en combinaison avec le sucre biliaire. Pour l'isoler on filtre la liqueur et on l'évapore jusqu'en consistance d'extrait, on fait bouillir le résidu à plusieurs reprises avec de l'eau ou plutôt jusqu'à ce que celle-ci ne devienne plus sucrée : la matière restante est la résine biliaire. Le sucre biliaire se retrouve dans l'eau.

La bile décomposée par l'acétate neutre de plomb renferme encore de la résine biliaire qui peut être extraite comme il suit : après avoir filtré la liqueur, on y ajoute un excès de sous-acétate de plomb qui précipite la résine biliaire, le sucre biliaire qui la tenait en dissolution et la taurine ; on recueille le précipité emplastique et visqueux, on le mêle avec de l'eau tiède chargée de vinaigre distillé et on le décompose par un courant de gaz sulfhydrique. La liqueur filtrée et convenablement concentrée par évaporation se partage en deux couches, dont la supérieure est très aqueuse, acide, et doit être décantée encore chaude, et dont l'inférieure est une masse brune, visqueuse, résiniforme. Cette masse est ensuite lavée à l'eau chaude pour séparer la taurine qu'elle contient. Ainsi lavée, elle ne se compose plus que de résine biliaire et de sucre biliaire qu'on dissout dans l'alcool et dont on précipite la résine par l'eau. Quant à l'eau de lavage de la masse résiniforme, on la réunit à la couche liquide et supérieure qui a été décantée ; il s'en sépare de la taurine cristallisée par concentration et refroidissement.

La résine biliaire est solide, transparente, d'un brun clair, cassante à froid, et se réduisant facilement en poudre. Elle se ramollit à une légère chaleur et fond vers 100°. Par la distillation sèche, elle fournit de l'huile empyreumatique, et une liqueur très acide ne contenant qu'une trace de sel ammoniacal. Chauffée avec le contact de l'air, elle s'enflamme, et laisse un charbon poreux qui donne des traces de cendres par l'incinération. Elle est insoluble dans l'eau et dans l'éther pur, très soluble, au contraire, dans l'alcool. Les acides étendus et l'acide acétique sont sans action sur elle. L'acide sulfurique concentré la dissout lentement, mais complètement ; l'acide azotique la détruit. Une certaine proportion de potasse forme avec elle un *magma* de couleur brune, dont l'eau peut opérer la dissolution, et qu'un excès de potasse rend insoluble. Elle peut encore être dissoute par l'ammoniaque et le carbonate d'ammoniaque.

7° *Taurine.* — On se la procure cristallisée, comme il vient d'être dit, en même temps que la résine biliaire ; mais pour l'avoir très pure, il faut réduire les cristaux en poudre et les faire digérer avec de l'alcool anhydre, qui dissout la résine biliaire et le sucre biliaire que la taurine pourrait contenir. En la redissolvant ensuite dans l'eau et la soumettant à une ou plusieurs cristallisations successives, elle finit par donner aisément de gros cristaux incolores et transparens, qui sont des prismes hexaèdres terminés par des pyramides à quatre ou six faces. Ces cristaux croquent sous la dent et ont une saveur piquante qui n'a rien de douceâtre ni de salé ; ils sont sans action sur les couleurs. L'air ne les altère pas même à 100°. Chauffés dans un creuset, ils fondent en un liquide épais, se décomposent et exhalent, en se boursouflant, une odeur qui rappelle celle de l'indigo. Soumis dans une cornue à la distillation, ils donnent une grande quantité d'huile épaisse, brune, plus un peu d'une liqueur jaune acidule qui contient de l'ammoniaque, et rougit une dissolution de perchlorure de fer.

La taurine est soluble dans quinze fois et demie son poids d'eau à 12°, beaucoup plus soluble dans l'eau bouillante, très peu soluble dans l'alcool bouillant d'une densité de 0,835 , et insoluble pour ainsi dire dans l'alcool anhydre. Sa dissolution aqueuse ne produit aucune réaction avec l'acide chlorhydrique, la potasse, l'ammoniaque, l'alun, le chlorure d'étain, le sulfate de bi-oxide de cuivre, l'azotate de protoxide de mercure et l'azotate d'argent. L'acide sulfurique concentré et l'acide azotique ne la décomposent point : ils ne font que la dissoudre.

8° *Sucre biliaire.*— Il s'en faut de beaucoup qu'en extrayant la résine biliaire, on retire tout le sucre biliaire que la bile contient ; la plus grande partie reste dissoute après la précipitation de la bile par le sous-acétate de plomb. Lorsqu'on veut le retirer de cette liqueur filtrée, on y fait passer un excès de gaz sulfhydrique, on la filtre de nouveau, on l'évapore à une douce chaleur jusqu'en consistance de sirop, et on l'abandonne à elle-même ; il s'en dépose peu-à-peu une grande quantité de grains jaunâtres de sucre biliaire, qui doivent être recueillis sur un filtre, lavés avec un peu d'eau froide, et exprimés avec force entre des feuilles de papier-brouillard. Dans cet état, il contient encore de l'acétate de soude cristallisé auquel il adhère fortement, et dont on ne parvient à le débarrasser qu'imparfaitement en le faisant cristalliser à plusieurs reprises.

Lorsqu'il est très pur, le sucre biliaire est en grains cristallins incolores, mais plus ordinairement il a une teinte d'un jaune brun ; sa saveur est sucrée, légèrement amère, et analogue à celle du suc de réglisse. L'air sec ou humide ne l'altère pas. Projeté sur des charbons incandescens, il se ramollit, se boursoufle, brunit, répand une odeur en partie aromatique, en partie analogue à celle de la corne grillée, il s'enflamme, et laisse un charbon facile à incinérer. Chauffé dans des vases clos, il éprouve la fusion aqueuse, perd son eau de cristallisation, redevient solide et blanc, puis, à une température plus élevée, entre de nouveau en fusion, se décompose en donnant une huile empyreumatique brune, et un liquide jaunâtre fortement ammoniacal. Il est très soluble dans l'eau, dans l'alcool anhydre, insoluble dans l'éther pur, et très peu soluble dans celui qui contient de l'alcool.

L'acide chlorhydrique médiocrement concentré, dissout facilement le sucre biliaire, et laisse déposer par évaporation au bain-marie pendant quelques heures, une masse d'un jaune brun, transparente, oléagineuse, qui n'est point soluble dans l'eau froide. L'acide azotique produit un précipité dans une dissolution concentrée de sucre biliaire : si le sucre biliaire était sec, il serait rapidement dissous par l'acide azotique fumant et froid; mais il y aurait production de chaleur, décomposition, et dégagement de bi-oxide d'azote. L'acide sulfurique ne trouble point la dissolution de sucre biliaire; lorsqu'il est concentré, il dissout le sucre biliaire sec, s'échauffe et donne lieu à une liqueur d'un jaune orangé qui, par le refroidissement, se prend à moitié en une masse cristalline, susceptible de se fondre lorsqu'on l'expose à l'action du feu, puis, à une température plus élevée, de laisser dégager du gaz sulfureux.

Les alcalis paraissent être sans action sur le sucre biliaire; sa dissolution n'est point altérée par le chlore, l'iode, l'alun, les sels d'étain, de plomb, le sulfate de protoxide de fer, le sulfate de cuivre, le perchlorure de fer, le bi-chlorure de mercure, l'azotate de protoxide de mercure et l'azotate d'argent. Le tannin n'y occasione aucun trouble, et la levure de bière ne la fait point fermenter. Enfin une dissolution concentrée de sucre biliaire dissout un peu de résine biliaire par voie de digestion, et constitue, suivant MM. Gmelin et Tiedemann, un composé analogue au picromel.

9° *Matière colorante.* — Elle a été décrite précédemment (note, p. 148).

10° *Extrait de viande* ou *osmazôme, et matière qui répand l'odeur de l'urine quand on la chauffe.* — Les auteurs pensent que le précipité formé dans la bile par le sous-acétate de plomb (*Voy.* 6° *résine biliaire*) contient ces deux substances, outre la résine biliaire, le sucre biliaire et la taurine; mais, si elles en font partie, ce n'est du moins qu'en très petite quantité.

11° *Matière analogue au gluten et albumine.* — Ces deux matières s'obtiennent, à l'état de mélange, dans l'opération par laquelle on extrait l'acide margarique et la résine biliaire (4° et 6°). On les sépare l'une de l'autre par l'alcool bouillant, qui dissout la gliadine (2538) et ne dissout point l'albumine. De nouvelles expériences sont nécessaires surtout pour constater l'existence de la gliadine.

12° *Mucus de la vésicule, matière caséeuse et matière salivaire* — Pour les obtenir, on traite d'abord l'extrait de bile desséché par l'alcool à 0,833; le résidu obtenu se compose de ces trois matières. En le faisant bouillir avec de l'eau, on dissout seulement la matière caséeuse et la matière salivaire. Si ensuite on fait évaporer la dissolution aqueuse, et que l'on mette le nouveau résidu en contact avec de l'alcool bouillant, celui-ci n'enlevera que la matière caséeuse.

13° *Bi-carbonate de soude.* — L'existence du bi-carbonate se constate en distillant de la bile et adaptant à la tubulure du récipient un tube recourbé qui se rend dans l'eau de chaux. Cette eau se trouve bientôt troublée par une certaine quantité de carbonate qui s'y forme. Avant la distillation, la bile n'exerce point de réaction alcaline sur le papier de curcuma ; mais après l'ébullition, cette réaction devient très prononcée. On observe en même temps, que la liqueur qui se condense dans le récipient contient du carbonate d'ammoniaque, et que les cendres provenant de l'incinération de l'extrait de bile renferment de la soude.

14° *Acétate de soude.* —Son existence est douteuse. Cependant MM. Gmelin et Tiedemann assurent qu'en distillant au bain-marie, jusqu'à siccité, la bile avec de l'acide phosphorique, le liquide qui passe est acide et donne avec la baryte un sel qui, desséché, répand avec l'acide sulfurique une odeur de vinaigre.

15° *Oléate, margarate, cholate de soude.* — Puisque la bile contient du bi-carbonate de soude, qu'on peut en extraire des acides oléique, margarique, cholique, et que, d'ailleurs, les cendres qu'elle donne par la calcination sont alcalines et ne renferment point de potasse, il faut en conclure que ces trois acides sont unis à la soude.

16° *Sulfates et phosphates de potasse et de soude, phosphate de chaux, chlorure de sodium.* — On les extrait par l'incinération de l'extrait de bile desséché.

2811. MM. Gmelin et Tiedemann ont retiré sensiblement de la bile des oiseaux les mêmes substances que de la bile de bœuf, et MM. Frommherz et Gugers sont arrivés à des résultats analogues dans leur analyse de la bile humaine.

2812. *Recherches de M. Braconnot.* — M. Braconnot s'est particulièrement occupé de déterminer la nature du picromel de bœuf. Suivant lui, le picromel serait composé : 1° d'une résine acide particulière, qui en formerait près des 0,9 ; 2° d'acides margarique, oléique ; 3° d'une matière animale ; 4° d'une matière très amère d'une nature alcaline ; 5° d'un principe sucré, incolore, qui devient pourpre, violet et bleu par l'acide sulfurique ; 6° enfin, d'une matière colorante. La matière amère de nature alcaline serait combinée avec la résine acide, formerait avec elle un savon, et la rendrait ainsi très soluble dans l'eau. Le principe sucré jouirait également de cette propriété. Voici, d'après les propres expressions de M. Braconnot, le procédé qu'il suit pour extraire la résine acide du picromel :

« 10 grammes de picromel en poudre ont été broyés, pour les dissoudre dans une quantité suffisante d'acide sulfurique du commerce, médiocrement concentré, et on a abandonné le mélange à lui-même pendant onze jours. L'acide, en attirant peu-à-peu l'humidité, a abandonné une masse abondante d'un rouge sanguin qui, d'abord filante comme la térébenthine, a pris ensuite une consistance très ferme, comme la cire. Cette matière, après avoir été mise en ébullition à huit reprises différentes avec de l'eau, pour la priver de l'acide sulfurique qu'elle retenait à l'état de faible combinaison, a pris la couleur verte primitive et l'aspect satiné du picromel précipité de sa dissolution par l'acide sulfurique; mais, ayant été soumise à plusieurs autres lavages à l'eau bouillante, elle a fini par s'y délayer entièrement en formant une sorte d'émulsion, laquelle, suffisamment étendue d'eau, passait trouble à travers le filtre, moussait comme de l'eau de savon, et donnait un coagulum abondant avec l'eau de baryte. Ce liquide émulsif ayant été mis en évaporation, la résine s'en est séparée sous forme de pellicules poissantes d'un jaune verdâtre, qui étaient miscibles à l'eau comme auparavant. Soupçonnant que cette propriété pouvait être due à la présence d'une petite quantité de matière amère encore retenue par la résine, on a dissout celle-ci par l'alcool, et on a fait chauffer le tout avec un peu de carbonate de baryte; une petite partie de la résine, unie à du principe amer, s'est déposée en combinaison avec la baryte, sous la forme d'une matière glutineuse, et le liquide alcoolique, évaporé, a offert une résine qui ne se laissait plus délayer par l'eau. Tout compris, son poids était de 8, 7 grammes pour les 10 grammes de picromel employés; ce qui est d'autant plus remarquable, que j'ai dû nécessairement éprouver quelques pertes. »

Lorsque la résine du picromel a été ainsi extraite, M. Braconnot retire ensuite de la liqueur acide, et des eaux de lavage, le principe sucré, la matière animale et la matière amère de nature alcaline, qu'elles renferment. A cet effet, il les sature par du carbonate de chaux, les filtre, les évapore, traite le résidu par de l'alcool qui est sans action sur le sulfate de chaux, évapore la nouvelle dissolution alcoolique, et traite le nouveau résidu par de l'alcool concentré, mélangé d'éther; il obtient ainsi un troisième résidu qui est le principe sucré, plus un peu de matière animale, laquelle est susceptible d'être précipitée par une infusion de noix de galle. La matière amère de nature alcaline reste dissoute dans l'alcool éthéré, d'où il est facile de la séparer en vaporisant l'alcool et l'éther. (*Ann. de Chim. et de Phys.* XLII, 177.)

2813. Nous venons d'exposer les principales recherches qui ont été faites sur la bile; elles prouvent ce que nous avons dit d'abord, savoir : qu'il règne sur la nature de la bile une incertitude que de nouvelles observations peuvent seules dissiper. Toutefois, nous devons reconnaître que les recherches de MM. Gmelin et Tiedemann ont beaucoup avancé la solution de la question. Je suis porté à croire que le picromel, tel que je l'ai obtenu, contient encore de la résine, et qu'ils ont raison de le regarder comme formé de résine et d'une autre matière qu'ils ont appelée sucre biliaire. Je ne puis admettre que le picromel contienne autant de résine que le dit M. Braconnot, et un alcaloïde avec lequel elle serait unie. Il a obtenu si peu de cet alcaloïde qu'il n'en a pas eu assez pour l'examiner.

Des liqueurs acides.

2814. Les liqueurs acides sont au nombre de quatre dans l'homme : le suc gastrique, l'humeur de la transpiration, l'urine et le lait. Les deux premières sont les moins compliquées dans leur composition, et l'urine est celle qui l'est le plus.

Du suc gastrique.

2815. Le suc gastrique est regardé comme un liquide sécrété par l'estomac, et comme l'agent principal de la digestion stomacale. Il a été l'objet d'un grand nombre de recherches, parmi lesquelles nous citerons celles de Spallanzani, de Montègre, de Brugnatelli, de Chevreul, de Leuret et Lassaigne, de Prout, de Gmelin et Tiedemann.

Trois procédés ont été indiqués par Spallanzani pour se le procurer : le premier consiste à tuer un animal après l'avoir fait jeûner ; le second, à faire avaler par des animaux de petits tubes métalliques contenant des éponges, percés de trous et attachés à un fil ; et le troisième, à exciter le vomissement le matin, lorsque l'estomac est vide d'alimens. Spallanzani a pratiqué le premier sur un mouton, le second sur cinq corbeaux, le troisième sur lui-même : il a retiré ainsi 37 cuillerées de suc des deux premiers estomacs du mouton, et seulement 51 grammes de celui des corbeaux. Voici les résultats auxquels il est parvenu :

1° Le suc gastrique est un vrai dissolvant des alimens, même hors du corps vivant, pourvu qu'il en conserve la chaleur.

2° A la chaleur tempérée de l'atmosphère, il est seulement anti-septique.

3° Il peut se conserver long-temps à une température qui ne dépasse pas celle du corps humain, sans éprouver de décomposition putride (un mois, par exemple).

4° Le suc gastrique n'est jamais ni acide ni alcalin : du moins, quand cet état se développe, il tient à la nature des alimens, et s'évanouit bientôt.

M. le docteur Montègre, qui avait la propriété de vomir à volonté, en a profité pour répéter les expériences de Spallanzani, et en tenter de nouvelles. Les résultats qu'il a obtenus sont bien différens de ceux que nous venons de rapporter. Suivant M. Montègre :

1° Dans l'état de santé parfaite, l'on trouve très fréquemment dans l'estomac un liquide plus ou moins abondant, transparent, filant, ordinairement écumeux, tantôt absolument semblable à la salive, soit par les caractères extérieurs, soit par les altérations qu'il éprouve, et tantôt en différant, parce qu'il est acide et qu'il ne se putréfie que difficilement; il contient très souvent, en quantité plus ou moins grande, des flocons de mucus qui paraît n'être que du mucus des narines.

2° Les matières soumises à la digestion passent naturellement à l'état acide par suite de ce qu'elles éprouvent dans l'estomac et indépendamment de leur nature particulière.

3° Le suc non acide de l'estomac ne possède pas la propriété de s'opposer à la putréfaction des matières animales, et il se putréfie lui-même avec autant de promptitude que la salive lorsqu'il est exposé à une chaleur à-peu-près égale à celle du corps humain.

4° Le suc acide de l'estomac ne préserve pas de la putréfaction les viandes peu animalisées qui s'y sont conservées, par une propriété qui lui soit particulière.

5° Le suc de l'estomac n'agit point sur les alimens à la manière d'un dissolvant chimique.

De là, M. Montègre conclut que le suc non acide n'est autre chose que de la salive récemment introduite dans l'estomac, ou n'ayant pas encore éprouvé l'action de ce viscère, et que le suc acide n'est que de la salive altérée à la manière des autres alimens, et véritablement digérée.

M. Chevreul le regarde comme un composé de 98 parties d'eau et de 2 parties d'acide lactique, chlorhydrate d'ammoniaque, chlorure de sodium, matière animale soluble dans l'eau, mucus, phosphate de chaux.

Il en est de même de MM. Leuret et Lassaigne. (*Journ. de Chim. méd.*, 1, 549).

Que conclure de tout ce qui précède? rien de positif. Mais si l'on considère que le docteur Prout a retiré des matières qui avaient été soumises à l'acte de la digestion une certaine quantité d'acide chlorhydrique; que MM. Prevost et Le Royer, après avoir vidé l'estomac d'un lapin et l'avoir lavé, se sont assurés que du linge teint en bleu par le tournesol devenait rouge dans des parties correspondantes à certains points de ce viscère, et que la présence de l'acide devenait bien plus sensible lorsque l'estomac contenait quelques alimens, nous admettrons que l'estomac sécrète une liqueur acide, et que cette sécrétion, comme celle de la salive, a lieu surtout au moment de la digestion : c'est ce que confirment complètement les observations de Gmelin et Tiedemann, dont nous allons donner une idée précise. Ils ont vu :

1° Que le suc gastrique tiré d'un estomac vide est peu ou point acide; qu'il est mêlé de beaucoup de mucus; que filtré et évaporé, il donne au plus 2 pour 100 d'un résidu solide, qui paraît être composé des mêmes matières que celui qui provient de la liqueur des membranes séreuses;

2° Que le suc gastrique devient très acide, dès que les alimens sont introduits dans l'estomac; qu'on y trouve alors de l'acide chlorhydrique, des traces d'acide acétique, quelquefois même comme dans le cheval, de l'acide butyrique;

3° Qu'indépendamment de ces acides, il contient de la matière salivaire, de l'extrait alcoolique de viande ou *osmazôme*, et un grand nombre de sels, savoir : des chlorures de potassium et de sodium, du chlorhydrate d'ammoniaque, du sulfate de potasse, des traces de phosphate de chaux, de magnésie, de fer, et quelquefois de manganèse, quelquefois aussi du sulfate de chaux et du chlorure de calcium;

4° Que, de plus, la cendre provenant de la combustion de l'extrait de suc gastrique renferme du carbonate de chaux;

5° Que, du moins, telle est la composition du suc gastrique des oiseaux, des poissons, des reptiles, avec cette différence que la quantité d'acide chlorhydrique est plus grande chez les mammifères que chez les animaux des classes inférieures, et que, au contraire, celle d'acide acétique est plus grande chez ceux-ci que chez ceux-là.

Ainsi, il paraît donc bien démontré que le suc de l'estomac vide est tout autre que le suc d'un estomac où se trouve des alimens.

Brugnatelli a prétendu que des morceaux de cristal de roche et d'agathe, que l'on renfermait dans des tubes et que l'on faisait séjourner pendant dix jours de suite dans l'estomac de poules et de dindons, étaient corrodés à leur surface; mais il paraît que cette expérience a été vainement tentée par d'autres expérimentateurs.

De l'humeur de la transpiration.

2816. L'humeur de la transpiration est séparée du sang dans la peau par des vaisseaux exhalans. Tantôt elle se dégage d'une manière insensible, et tantôt en assez grande quantité pour apparaître sous la forme de gouttelettes : dans ce dernier cas, elle prend le nom de *sueur*.

La sueur de l'homme, dans l'état de santé, rougit d'une manière très sensible le papier et la teinture de tournesol. Cependant la saveur en est toujours plutôt franche et semblable à celle du sel marin, qu'acide. Quoique incolore, elle fait tache sur les tissus qui la reçoivent. Son odeur est toute particulière, et devient insupportable lorsqu'elle est concentrée ; c'est ce qui a lieu surtout lorsqu'on la distille.

Cette humeur est formée, d'après mes expériences, de beaucoup d'eau, d'une petite quantité d'acide acétique, de chlorures de sodium et peut-être de potassium, de très peu de phosphate terreux, d'une trace d'oxide de fer, et d'une quantité inappréciable de matière animale.

M. Berzelius l'a regardée d'abord comme de l'eau tenant en dissolution des chlorures de potassium et de sodium, de l'acide lactique, du lactate de soude, et un peu de matière animale (*Ann. de Chim.*, LXXXIX, 20). Depuis, il y a admis les mêmes matières que dans l'extrait alcoolique de viande, plus du sel ammoniac, et une petite quantité de matières animales insolubles dans l'alcool, et semblables probablement à celles qu'on trouve en général dans les liquides animaux.

Suivant Anselmino, 100 parties du résidu que donne la sueur par la dessiccation contiendraient :

Extrait de viande, acide lactique et lactates solubles dans l'alcool anhydre......................	29
Extrait de viande et chlorure de sodium solubles dans l'alcool aqueux......................	48
Matière animale et sulfates solubles dans l'eau, et non dans l'alcool......................	21
Matières insolubles dans l'eau et l'alcool, formées presque uniquement de sels de chaux............	2
	100

Les sels entrent pour beaucoup dans la sueur, à tel point que 100 de résidu sec donnent, en les incinérant, 22,9 de cendres, dont on retire du carbonate, du sulfate et du phosphate de soude ; un peu des mêmes sels à base de potasse, du chlorure de sodium, du phosphate et du carbonate de chaux, des traces d'oxide de fer.

La sueur de toutes les parties du corps ne serait pas acide, si l'on en croit M. Donné ; celle des aisselles, des parties génitales, des orteils, bleuirait le papier rouge.

Sanctorius est le premier qui se soit occupé de constater quantité d'humeur que nous rendons par la transpiration son travail est remarquable, surtout par le nombre d'année qu'il y consacra. Pendant trente ans, il eut la patience de peser tous les alimens qu'il prenait, tous les excrémens solides e liquides qu'il rendait, et de se peser lui-même tous les jour plusieurs fois. Il trouva que toutes les vingt-quatre heures son corps revenait sensiblement au même poids, et qu'il perdait la totalité des alimens pris; savoir : les 5 huitièmes par la transpiration et les 3 huitièmes par les excrémens. Ces expériences furent répétées dans presque toutes les parties du monde, *en y consacrant toutefois beaucoup moins de temps que Sanctorius;* mais c'est en France seulement que l'on a considéré séparément la transpiration cutanée et la transpiration pulmonaire : cette recherche est due à Lavoisier et à Séguin. Séguin se renfermait dans un sac de taffetas gommé, lié au-dessus de la tête, et offrant une ouverture dont on collait les bords autour de la bouche avec un mélange de térébenthine et de poix. Au moyen de cette disposition, l'humeur seule de la transpiration pulmonaire était rejetée dans l'air : pour en connaître la quantité, il suffisait donc à Séguin de se peser avec le sac, dans une balance très sensible, au commencement et à la fin de l'expérience. En répétant l'expérience hors du sac, il déterminait la quantité totale de l'humeur transpirée; de sorte que, en retranchant de celle-ci la quantité d'humeur transpirée par le poumon, il obtenait la quantité d'humeur transpirée par la peau : il tenait compte d'ailleurs des alimens qu'il prenait, des excrémens solides et liquides qu'il rendait, et, en général, autant que possible, de toutes les causes qui pouvaient avoir de l'influence sur la transpiration. On peut objecter avec raison, contre cette manière d'opérer, que la transpiration de la peau était gênée par l'enveloppe de taffetas.

Quoi qu'il en soit, voici les résultats auxquels ces deux chimistes sont parvenus : nous les citerons tels que Séguin les a rapportés. (*Ann. de Chim.* xc, 14).

« *Premier résultat.* — Quelque quantité d'alimens que l'on
« prenne, quelles que soient les variations de l'atmosphère,
« le même individu, après avoir augmenté en poids de toute la
« quantité de nourriture qu'il a prise, revient tous les jours,
« après la révolution de vingt-quatre heures, au même poids,
« à-peu-près, qu'il avait la veille, pourvu toutefois qu'il soit
« d'une forte santé, que sa digestion se fasse bien, qu'il n'en-
« graisse pas, qu'il ne soit pas dans un état de croissance, et
« qu'il évite les excès.

« *Deuxième résultat.* — Lorsque, toutes les autres circonstances
« étant les mêmes, la quantité d'alimens varie, ou lorsque, les
« quantités d'alimens étant semblables, les effets de la trans-
« piration diffèrent entre eux, la quantité de nos excrémens
« augmente ou diminue, de telle sorte que tous les jours à la
« même heure, nous revenons à-peu-près au même poids,
« ainsi que nous l'avons dit ci-dessus; ce qui prouve que,

« pourvu que la digestion se fasse bien, les causes qui con-
« courent à la perte de nos alimens se secourent mutuellement,
« et que, dans l'état de santé, l'une se charge de ce que l'au-
« tre ne peut pas faire.

« *Troisième résultat*— Le défaut de bonne digestion est une
« des causes les plus directes de la diminution de transpira-
« tion.

« *Quatrième résultat.* — Lorsque la digestion se fait bien,
« et que les autres causes sont semblables, la quantité d'ali-
« mens n'influe que peu sur la transpiration : il m'est arrivé
« très souvent de prendre à mon dîner deux livres et demie
« d'alimens solides et liquides, d'en prendre d'autre fois
« quatre livres, et d'obtenir dans ces deux cas des résultats
« peu différens entre eux.

« Il faut cependant observer que cet énoncé n'est vrai qu'au-
« tant que la quantité de boisson ne varie pas considérable-
« ment dans ces deux circonstances.

« *Cinquième résultat.* — C'est immédiatement après le dîner
« que la transpiration est à son minimum.

« *Sixième résultat.* — Lorsque toutes les autres circonstan-
« ces sont semblables, c'est pendant la digestion que la perte
« de poids ocasionée par la transpiration insensible est à son
« maximum.

« Cette augmentation de transpiration pendant la digestion,
« comparativement avec la perte qui existe lorsqu'on est à jeun,
« est, terme moyen, de 2 grains $\frac{3}{10}$ par minute.

« *Septième résultat.*—Lorsque les circonstances sont les plus
« favorables, la perte de poids la plus considérable qu'occa-
« sione la transpiration insensible est, suivant nos observa-
« tions, de 32 grains par minute, conséquemment de 3 onces
« 2 gros 48 grains par heure, et de 5 livres en vingt-quatre
« heures, en supposant toutefois que notre perte de poids soit
« égale pendant tous les momens de la journée, ce qui pour-
« tant est démenti par les faits. Cependant, pour ne pas en-
« trer dans des détails trop étendus, on peut dire que la perte
« de poids la plus considérable qu'occasione la transpiration
« insensible est de 5 livres en vingt-quatre heures.

« *Huitième résultat.* — Lorsque toutes les circonstances ac-
« cessoires sont les moins favorables, pourvu toutefois que la
« digestion se fasse bien, notre perte de poids la moins con-
« sidérable est, suivant nos expériences, de 11 grains par mi-
« nute, conséquemment de 1 once 1 gros 12 grains par heure,
« et de 1 livre 11 onces 4 gros en vingt-quatre heures.

« *Neuvième résultat.* — Immédiatement après les repas, la
« perte de poids occasionée par la transpiration insensible est

« de 10 grains 2 dixièmes par minute, dans les temps où tou-
« tes les causes extérieures sont les plus défavorables à la trans-
« piration , et de 19 grains 1 dixième par minute lorsque ces
« causes sont les plus favorables, et que les causes intérieures
« sont égales.

« Ces différences dans la transpiration après les repas, sui-
« vant que les causes qui y influent sont plus ou moins favo-
« rables, ne sont pas dans le même rapport que les différen-
« ces qu'on observe dans tout autre moment , lorsque les au-
« tres circonstances sont semblables ; mais nous ne savons pas
« à quoi tient ce phénomène.

« *Dixième résultat*. — La transpiration cutanée dépend im-
« médiatement et de la vertu dissolvante de l'air environnant,
« et de la faculté dont jouissent les vaisseaux exhalans de por-
« ter jusqu'à surface de la peau l'humeur transpirable.

« *Onzième résultat.*—Si nous prenons le terme moyen de tou-
« tes nos expériences, nous trouvons que la perte de poids occa-
« sionée par la transpiration insensible est de 18 grains par
« minute, et que, sur ces 18 grains, il y en a, terme moyen ,
« onze qui dépendent de la transpiration cutanée, et sept qui
« doivent être attribués à la transpiration pulmonaire.

« *Douzième résultat*. — La transpiration pulmonaire, rela-
« tivement au volume des poumons, est bien plus considérable
« que la transpiration cutanée, comparativement à la surface
« de la peau.

« *Treizième résultat*. — Lorsque toutes les autres circon-
« stances sont égales, la transpiration pulmonaire est à-peu-
« près la même avant et immédiatement après le repas.

« Si l'on prend un terme moyen, on trouve que lorsque la
« transpiration pulmonaire est, avant le dîner, de 17 grains
« 2 dixièmes par minute, elle est, après le dîner, de 17 grains
« 7 dixièmes.

« *Quatorzième résultat*. — Toutes les circonstances inté-
« rieures étant égales, c'est dans l'hiver que le poids de nos
« excrémens solides est le moins considérable. »

Du lait.

2817. Le lait est un liquide opaque, blanc, d'une pesanteur
spécifique un peu plus grande que celle de l'eau, et d'une saveur douce. Ce liquide est sécrété par les glandes mammaires
des femelles des animaux connus sous le nom de *mammifères* ;
il est destiné à nourrir leurs petits : aussi sa formation a-t-elle
lieu immédiatemement après leur naissance.

2818. En général, il est toujours composé d'eau, de caséum,
de lactine ou sucre de lait, de beurre, d'une matière extrac-

tiforme, plus ou moins analogue à l'extrait alcoolique de viande (*osmazôme*), de différens sels, et d'une très petite quantité d'acide (1). Toutefois, dans quelques circonstances, il doit contenir d'autres matières; car l'on sait que les alimens ou les matières qu'on introduit dans l'estomac, et l'état moral des nourrices, ont beaucoup d'influence sur ses propriétés; les alliacées, les crucifères, lui communiquent leur odeur; la gratiole le rend purgatif; l'absinthe, amer; la tithymale, âcre, etc.; on prétend même que certaines matières colorantes, telles que la garance, l'indigo, peuvent en modifier la teinte. Le chagrin, la peur, le saisissement, etc., sont capables d'en arrêter le cours.

La matière caséeuse et la matière butyreuse ne sont pour ainsi dire que suspendues dans le lait, et de là sans doute la cause pour laquelle il est opaque et susceptible de coagulation spontanée. Sa densité varie entre 1,023 et 1,045.

Les chimistes qui ont le plus étudié le lait sont Schéele, Parmentier, Deyeux, Fourcroy, Vauquelin, M. Berzelius (*Voy*. les Mémoires de Schéele, t. II, p. 51; le Traité de MM. Parmentier et Deyeux sur le lait; les Mémoires de l'Institut t. VI, p. 22; les *Annales de Chimie*, t. LXXXIX, p. 41, et le *Traité de Chimie* de M. Berzelius, t. VII, p. 627).

Le lait de vache étant le plus commun et celui dont les propriétés sont le mieux connues, nous en parlerons d'abord.

2819. *Lait de vache*. — Soumis à l'évaporation, il se forme à sa surface une pellicule composée principalement de matière caséeuse, et qui, lorsqu'on l'enlève, est bientôt remplacée par une autre : c'est cette pellicule qui, s'opposant au libre dégagement de la vapeur, donne au lait la propriété de se soulever à la température de l'ébullition.

Lorsqu'on le distille, il s'en dégage de l'eau qui emporte avec elle une petite quantité de la substance du lait.

Abandonné à lui-même, à la température ordinaire, en vases ouverts ou fermés, il se sépare peu-à-peu en trois parties : l'une supérieure, blanche, opaque, molle, onctueuse, d'une saveur agréable, formée de beaucoup de matière butyreuse, d'une certaine quantité de matière caséeuse et de sérum ou petit-lait : c'est la crême; la seconde, plus blanche que la première, opaque comme elle, sans onctuosité, sans saveur : c'est la matière caséeuse; la troisième, liquide, d'un jaune-verdâtre, transparente, d'une saveur douce, rougissant légèrement la teinture de tournesol : c'est le sérum ou petit-lait. La crême est celle qui se sépare la première, et le lait prend alors un

---

(1) Du moins le lait de vache est toujours légèrement acide.

aspect d'un blanc bleuâtre; puis il se coagule, et c'est surtout en brisant le coagulum que le petit-lait se sépare lui-même. Ce petit-lait est composé d'eau, d'acide lactique, peut-être d'acide acétique, d'une petite quantité de matière caséeuse dissoute à la faveur de l'acide, de sucre de lait, d'un peu de matière extractiforme et de tous les sels du lait : en le conservant surtout en contact avec l'air, son acidité augmente de plus en plus jusqu'à une certaine époque ; il se trouve alors contenir beaucoup d'acide lactique (2061), et une quantité sensible de vinaigre qu'il est facile d'en dégager par la distillation.

Si l'on met du lait dans un flacon, et qu'on l'y laisse pendant sept à huit jours, il se caillera d'abord, comme nous venons de le dire ; mais ensuite ses principes agiront les uns sur les autres, et il s'en dégagera beaucoup de gaz.

En le faisant chauffer tous les jours un peu, on prévient tout à-la-fois sa coagulation et sa décomposition. M. Gay-Lussac est parvenu à en conserver par ce moyen pendant plusieurs mois.

Le lait se mêle en toutes proportions à l'eau.

Tous les acides, pour peu qu'ils aient de force, le coagulent à la température ordinaire, et surtout à l'aide de la chaleur : quelques gouttes d'un acide fort suffisent même pour en coaguler un litre. L'acide agit toujours en s'unissant à la matière caséeuse, et en formant un composé insoluble. C'est sur cette propriété qu'est fondée la préparation du petit-lait artificiel. L'on prend du lait écrémé ; lorsqu'il est presque bouillant, l'on y jette une cuillerée de vinaigre par litre : à l'instant même, la liqueur se coagule et le petit-lait se sépare. Mais comme, dans cet état, le petit-lait est trouble, il faut le passer à travers un tamis de crin très serré, y ajouter un blanc d'œuf délayé dans quatre à cinq fois son poids d'eau, en supposant toujours qu'on n'opère que sur un litre, porter la liqueur à l'ébullition, et la jeter tout de suite sur un filtre de papier gris.

L'alcool, versé en grande quantité dans le lait, le coagule aussi à la température ordinaire : ce n'est point sur la matière caséeuse que se porte son action, c'est sur la matière aqueuse.

Il en est de même de tous les sels neutres très solubles, du sucre, de la gomme, pourvu toutefois que l'opération se fasse à chaud.

Il serait possible cependant que quelques sels coagulassent le lait par leurs oxides qui s'uniraient à la matière caséeuse : l'acétate de plomb paraît être dans ce cas, car il n'en faut que très peu pour produire le coagulum.

La potasse, la soude et surtout l'ammoniaque, loin de coaguler le lait, font disparaître sur-le-champ le coagulum formé par les acides, propriétés que ces bases alcalines doivent à l'action dissolvante qu'elles exercent sur la matière caséeuse.

2820. Mille parties de lait écrémé, d'une pesanteur spécifique de 1,0348 à 15°, contiennent, suivant M. Berzelius : eau, 928,75; matière caséeuse avec quelques traces de beurre, 26,00; sucre de lait, 35,00; chlorure de potassium, 1,70; phosphate de potasse, 0,25; extrait alcoolique, acide lactique et lactate de potasse et de soude, 6,00; phosphate de chaux, chaux qui avait été combinée avec de la matière caséeuse, magnésie et traces d'oxide de fer, 2,30.

Suivant le même chimiste, 100 parties de crême, d'une pesanteur spécifique de 1,0244, sont formées de : beurre, 4,5; fromage, 3,5; petit-lait, 92,0; lesquels 92 renferment 4,4 de sucre de lait et de sels.

Van Stiptrian Luiscius et Bondt ont extrait de 100 parties de lait de vache 4,6 de crême, et de 100 autres parties 2,68 de beurre; 8,95 de matière caséeuse, et 3,60 de sucre de lait.

M. Lassaigne, qui a analysé le lait de vache avant et après le part, a reconnu que, 40 jours avant le part, le lait est alcalin, très chargé d'albumine, et ne renferme ni caséum, ni sucre de lait, ni acide lactique; que la composition de ce fluide est la même pendant les 30 jours qui suivent cette époque; qu'il ne devient doux et sucré que 10 jours avant le part, qu'il présente alors des caractères d'acidité et contient les élémens du lait ordinaire, plus encore un peu d'albumine; enfin que 4 à 6 jours après la parturition, ce liquide ressemble sous tous les rapports au lait ordinaire. (*Ann. de Chim. et de Phys.* XLIX. 31).

Les sels contenus dans le lait sont : des lactates de potasse, de soude, de chaux, de magnésie, des chlorures de potassium, de sodium, tous solubles dans l'alcool à 0,833; du sulfate de potasse, des phosphates de potasse et de soude, seulement solubles dans l'eau; des phosphates de chaux, de magnésie, plus des traces de phosphate de fer, insolubles dans l'alcool et dans l'eau. (Berzelius).

2821. *Lait de femme.* — Le lait de femme diffère du lait de vache en ce qu'il contient plus de sucre de lait et de crême, et moins de matière caséeuse que celui-ci : aussi sa saveur est-elle plus douce. Meggenhofen assure que la matière caséeuse du lait de femme n'est pas coagulable par les acides ordinaires, par exemple, par les acides chlorhydrique et acétique : qu'elle ne l'est que par la *présure*. M. Payen dit qu'il est alcalin. Il a retiré de 50 parties de lait de femme, après 4, 7 et 18 mois d'accouchemens (*Journ. de Chim. Méd.* t. IV, 118), savoir :

Eau......................................	43,00	42,80	42,90
Matière grasse..........................	2,58	2,60	2,59
Caséum et traces de sels non dissous......	0,09	0,125	0,12
Sucre de lait, sels solubles et traces de matière azotée......................	3,81	3,96	3,93

2822. *Lait de chèvre.*—Le lait de chèvre a beaucoup d'analogie avec celui de vache; il se comporte de même avec tous les réactifs; mais il contient plus de beurre, et de l'acide hircique, auquel il doit l'odeur particulière dont il jouit.

Stiptrian Luiscius et Bondt en ont obtenu 7,5 pour cent de crême, équivalant à 4,56 de beurre; 9,12 de matière caséeuse, et 4,38 de sucre de lait.

2823. *Lait de brebis.* — Le lait de brebis contient plus de crême qu'aucun autre; mais cette crême donne un beurre qui n'a pas beaucoup de consistance. Le lait de brebis diffère encore du lait de vache en ce que la matière caséeuse qu'il contient a un aspect graisseux et visqueux : c'est avec cette sorte de lait et celui de chèvre qu'on fait les fromages de Roquefort. (*Mémoire* de M. Chaptal, *Ann. de Chim.*, t. IV, p. 31).

Stiptrian Luiscius et Bondt y ont trouvé 11,5 pour cent de crême, équivalant à 5,8 de beurre; 15,3 de matière caséeuse, et 4,2 de sucre de lait.

2824. *Lait d'ânesse.*—Ce lait se rapproche plus de celui de femme que de tout autre; il en a la consistance, l'odeur et la saveur; comme lui, il est très doux et contient beaucoup de sucre de lait; mais il renferme un peu moins de crême et un peu plus de matière caséeuse. La crême qu'on en retire fournit, par une longue agitation, un beurre mou, blanc et insipide; ce beurre est doué de la propriété remarquable de pouvoir se mêler facilement avec le lait de beurre, et d'en être de nouveau séparé par l'agitation, pourvu, toutefois, qu'on tienne le vase dans l'eau froide.

Stiptrian Luiscius et Bondt ont retiré de 100 de lait d'ânesse, 2,9 de crême; 2,3 de matière caséeuse, et 4,5 de sucre de lait. Ils ont observé en même temps qu'il passe très facilement à la fermentation alcoolique. M. Payen a obtenu des résultats qui diffèrent beaucoup de ceux-ci. (*Journ. de Chim. Méd.* IV, 118).

2825. *Lait de jument.*—Ce lait a une consistance qui tient le milieu entre celle du lait de femme et celle du lait de vache; la crême qui s'en sépare peu-à-peu ne fournit point de beurre par l'agitation; les acides le coagulent facilement.

Stiptrian Luiscius et Bondt en ont retiré $\frac{4}{5}$ seulement pour cent de crême; 1,62 de matière caséeuse, et 8,75 de sucre de lait.

C'est avec cette espèce de lait que les Tartares préparent une sorte de liqueur vineuse. Pallas dit même qu'à défaut de lait de jument, ils se servent de celui de vache, mais qu'alors ils obtiennent une liqueur moins forte; ils y ajoutent sans doute quelque matière particulière, car le lait de vache, abandonné à lui-même, n'éprouve point de fermentation spiritueuse.

2826. *Usages.* — Les usages du lait sont très nombreux : il est employé comme aliment dans une foule de circonstances; il fournit la crême, le beurre, le petit-lait, le sucre de lait; évaporé jusqu'à siccité et mêlé aux amandes et au sucre, il constitue la frangipane; quelquefois on s'en sert pour clarifier les liqueurs : par exemple, on s'en est servi avec succès pour clarifier le sirop de betterave; Cadet Devaux en a proposé l'emploi dans la peinture en détrempe (*Traité sur les Vernis,* par Tingry, tom. II, pag. 273); enfin, c'est avec le lait que l'on fait toutes les espèces de fromages.

Dans les fromages mous ou nouvellement faits, la matière caséeuse n'a point subi d'altération; il n'en est pas de même dans les autres : nous ne pouvons rapporter tous les détails de leur fabrication; nous nous contenterons de citer ceux qui sont relatifs à la préparation du fromage de Brie. Aussitôt que le lait est tiré du pis de la vache, on le coule à travers un tamis de soie très fin, et on le porte à la laiterie, où il est versé dans une terrine; ensuite on y ajoute un peu de présure délayée dans une petite portion de lait (2532), et on l'abandonne à lui-même : par ce moyen, il se caille en vingt-quatre heures; alors on le fait égoutter sur une claie d'osier, dans un moule cylindrique en bois, jusqu'à ce qu'il ne s'en sépare plus de sérum, ce qui a lieu au bout de quelques jours; à cette époque, on le sale et on l'emporte de la cave pour l'exposer au grand air, à la température de 15 à 20°; là, on le retourne au moins tous les deux jours, en ayant soin d'en saler la partie supérieure. Lorsqu'il est bien imprégné de sel et qu'il est sec, on le reporte à la cave et on le dépose sur un lit de foin, où, de temps en temps on le retourne de nouveau jusqu'à ce qu'il soit fait ou qu'il soit devenu gras. Dans cet état, on y rechercherait en vain la matière caséeuse; elle a éprouvé une véritable décomposition; elle est transformée en aposépédine (2532) et en sels ammoniacaux, acétate, carbonate, etc. : aussi, en traitant le fromage par les alcalis, surtout celui qui est très avancé, en dégage-t-on de l'ammoniaque.

De l'Urine.

2827. L'urine est un liquide sécrété du sang artériel par les reins. Conduite par les uretères dans la vessie, elle est bientôt portée au dehors par le canal de l'urètre. Elle a pour fonction, ainsi que la sueur, de débarrasser les animaux des matières qui pourraient leur être nuisibles : la quantité qu'on en rend est d'autant plus grande qu'on prend plus de boissons et qu'on transpire moins.

Sa composition est très variable dans les divers animaux. On y rencontre toujours de l'eau et du mucus, et presque toujours de l'urée.

L'urine humaine est celle qui a été le plus examinée : aussi est-ce de cette urine que nous nous occuperons principalement.

2828. *Urine humaine.* — L'urine humaine est composée d'eau, d'urée, de mucus de la vessie, d'une très petite quantité d'une autre matière animale difficile à isoler, d'acide urique, d'acide lactique, peut-être d'acide acétique; quelquefois, comme celle des enfans, d'acide hippurique; de traces d'acide silicique ou silice; de phosphate acide de chaux; de chlorures de sodium et de potassium, de chlorhydrate d'ammoniaque, de phosphate d'ammoniaque et de soude, de phosphate ammoniaco-magnésien, de sulfates de potasse et de soude, de lactates alcalins, surtout de lactate d'ammoniaque, et, selon quelques autres chimistes, de soufre, d'acide carbonique, de résine et d'une substance noire particulière; mais il paraît que ces quatre dernières matières n'en font point partie.

2829. L'urine a été l'objet des recherches d'une foule de chimistes. Ceux qui ont le plus contribué à en éclairer l'histoire sont Brandt, Kunkel, Rouelle le cadet, Schéele, Cruickshanks, Bergmann, Wollaston, Fourcroy et Vauquelin, Proust, M. Berzelius. Brandt et Kunkel y découvrirent le phosphore, de 1669 à 1674; Rouelle le cadet, l'urée en 1773; Schéele, trois ans après, y démontra l'existence du phosphate de chaux et de l'acide urique : c'est à cet acide qu'il attribua la formation de tous les calculs. Cruickshanks reconnut la présence d'une matière sucrée dans l'urine des diabétiques. Bergmann prouva que tous les calculs urinaires n'étaient point formés d'acide urique, comme l'avait cru Schéele, mais qu'ils contenaient très souvent en outre du phosphate de chaux. Wollaston, Fourcroy et Vauquelin, allèrent plus loin; ils firent voir, le premier, qu'on devait mettre au nombre des matériaux des calculs urinaires l'oxalate de chaux, le phosphate ammoniaco-magnésien et l'oxide cystique ; et les deux autres, qu'on devait y mettre aussi l'urate d'ammoniaque et la silice. Fourcroy et Vauquelin firent, en outre, l'analyse de l'urine, examinèrent ses principes constituans, et parvinrent, par un procédé simple et facile, à en extraire l'urée pure. Proust prouva que l'acide rosacique entrait quelquefois dans sa composition; il y annonça de plus la présence de l'acide carboni-

que, du soufre, d'une résine et d'une substance noire particulière. Enfin, M. Berzelius la soumit à une nouvelle analyse,
d'après laquelle il admet qu'elle contient de l'acide lactique,
du lactate d'ammoniaque et de la silice.

2830. La couleur de l'urine varie du jaune clair à l'orangé
foncé. Sa saveur est salée et un peu âcre. Elle a une odeur
qui est connue de tout le monde et que certains alimens font
varier : c'est ainsi que les asperges la rendent désagréable,
tandis que la térébenthine, la résine, les baumes, la rendent
analogue à celle de la violette : dans tous les cas, elle devient
fétide et ammoniacale dans l'espace de quelques jours, en
raison des altérations qu'éprouve l'urée. L'urine est quelquefois légèrement filante, ce qui est dû au mucus qui entre dans
sa composition ; elle prend ce caractère surtout dans les affections calculeuses, et toutes les fois que la vessie est irritée
par une cause quelconque. Elle rougit constamment la couleur et le papier de tournesol. Constamment aussi sa pesanteur spécifique est un peu plus grande que celle de l'eau : elle
varie entre 1,005 et 1,030.

L'urine ne possède point toujours ces propriétés au même
degré; elle les présente d'autant plus qu'elle est plus concentrée : ainsi, l'urine du matin est plus colorée, plus sapide, plus odorante, plus pesante, plus acide que l'urine de
la boisson.

L'urine laisse ordinairement déposer, quelquefois immédiatement après qu'elle est rendue, mais le plus souvent dans
l'espace de quelques heures, un sédiment jaunâtre qui s'attache fortement aux parois des vases, et qui n'est que de l'a-
cide urique, substance que nous savons être plus soluble à
chaud qu'à froid, et dont la quantité varie dans le liquide
urinaire (1). Quelquefois encore il s'en sépare un peu de
mucus si transparent qu'il est à peine visible : ce n'est que
quand la vessie est irritée qu'il apparaît en flocons.

Abandonnée à elle-même pendant quelques jours, à la
température ordinaire, l'urée, ainsi que l'autre matière animale qu'elle contient, se décompose, lui donne une odeur

---

(1) Le docteur Prout, en examinant les sédimens rouges de l'urine, les trouva
formés d'urate d'ammoniaque ou d'urate de soude, mêlés à plus ou moins de phosphate ; il y rencontra aussi une petite quantité de purpurate de soude ou d'ammoniaque : il assure même en avoir retiré de l'acide azotique. Suivant lui, leur couleur serait toujours due au purpurate et non à l'acide rosacique que d'autres chimistes
ont admis, et que d'autres encore regardent comme un composé d'acide urique et
de matière particulière rouge (*Ann. de Chim. et de Phys.*, t. xiv, p. 442). Mais
l'acide rosacique se dissout dans l'alcool et le colore, tandis que les purpurates ne
le colorent nullement.

presque insupportable, y développe de l'ammoniaque qui en sature l'acide, en précipite tout le phosphate de chaux, et en partie le phosphate ammoniaco - magnésien; la quantité d'alcali produite peut être même assez grande, à une certaine époque, pour redissoudre tout l'acide urique qui s'était précipité d'abord : c'est cet alcali qui pique si fortement les yeux, surtout en été, dans les latrines qui fermentent mal; il se forme en même temps du carbonate et de l'acétate d'ammoniaque.

De semblables phénomènes ont lieu presque instantanément lorsqu'on fait bouillir de l'urine concentrée et réduite à l'état de sirop; ils se produisent même, en partie, au-dessous de la chaleur de l'ébullition, et l'eau, en se dégageant, emporte toujours des matières qui la rendent odorante et susceptible de putréfaction.

Lorsqu'on pousse l'évaporation assez loin, et qu'on laisse refroidir la liqueur, il s'en sépare une grande quantité de cristaux colorés, et appelés autrefois *sels fusibles*, *sels natifs*, *sels microscomiques* de l'urine. Ces cristaux sont un mélange de phosphate d'ammoniaque et de soude, de phosphate ammoniaco-magnésien, de chlorures de potassium et de sodium, de chlorhydrate d'ammoniaque, de sulfates de potasse et de soude : en les traitant par l'alcool, on leur enlève presque toute la matière colorante, le chlorhydrate d'ammoniaque, plus une partie des chlorures, et l'on achève de purifier ceux qui restent, en les dissolvant dans l'eau et les faisant cristalliser. Quant à ceux que contient la solution alcoolique, ils doivent être ramenés à l'état de siccité et calcinés dans un petit matras : le chlorhydrate ammoniacal, sali d'un peu d'huile, se vaporisera; les chlorures alcalins imprégnés de charbon formeront le nouveau résidu.

Concentrée davantage, l'urine, par un nouveau refroidissement, peut encore donner lieu à une nouvelle cristallisation; mais alors, en la soumettant une troisième fois à l'action du feu, elle se trouve bientôt réduite en un liquide sirupeux, d'un brun foncé, qui contient beaucoup d'urée, puis en un extrait plus foncé encore, qui attire l'humidité de l'air, et qui, calciné, donne beaucoup de carbonate d'ammoniaque et un charbon très salin, difficile à incinérer en raison de la grande fusibilité des sels qu'il renferme.

L'eau se mêle à l'urine en toutes proportions; il n'en est point de même de l'alcool : versé en grande quantité dans l'urine, il la trouble, et en précipite l'acide urique, les phosphates terreux, et d'autres sels encore.

Les dissolutions de potasse, de soude et d'ammoniaque, la

troublent aussi sur-le-champ, en saturant l'acide qui en tient dissous les phosphates terreux : l'eau de baryte, l'eau de strontiane, l'eau de chaux, opèrent non-seulement la précipitation de ces sels, mais encore celle de l'acide phosphorique des phosphates de soude et d'ammoniaque. La baryte, et peut-être même la strontiane, précipitent en outre l'acide des sulfates de potasse et de soude, en sorte que le précipité produit par ces deux dernières bases et la chaux est bien plus abondant que celui qui provient des premières.

L'acide oxalique passe pour être le seul acide qui, au bout d'un certain temps, produit un léger nuage dans l'urine ; il s'unit à la chaux du phosphate calcaire, et forme un oxalate que les acides faibles ne peuvent dissoudre. Il serait possible cependant que l'acide fluorhydrique fût dans le même cas. Si l'urine était concentrée, l'acide azotique y formerait tout-à-coup des cristaux d'azotate d'urée ; l'acide oxalique serait dans le même cas ; les autres acides agiraient sur cette substance comme nous l'avons dit précédemment (2505).

Presque tous les phénomènes que nous offre l'urine avec les sels dépendent des phosphates de soude et d'ammoniaque, des chlorures de sodium et de potassium, du chlorhydrate d'ammoniaque, et des sulfates de potasse et de soude qu'elle renferme : lorsqu'il y a action, ce sont presque toujours de nouveaux sels qui se forment, et qui, étant insolubles, se déposent.

Le dépôt occasioné par l'azotate de mercure est rose et a beaucoup fixé l'attention des anciens chimistes.

Enfin, le tannin forme un léger précipité dans l'urine, dû sans doute à sa combinaison avec le mucus. (1)

2831. Mille parties d'urine ordinaire sont composées, selon M. Berzelius, de :

Eau	933,00
Urée	30,10
Sulfate de potasse	3,71
Sulfate de soude	3,16
Phosphate de soude	2,94
Sel marin	4,45
Phosphate d'ammoniaque	1,65
Chlorhydrate d'ammoniaque	1,50

---

(1) Les Mémoires de Fourcroy et Vauquelin sur l'urine et les calculs se trouvent dans les *Ann. de Chim.*, t. XXXI et XXXII, et dans les *Ann. du Mus. d'Hist. nat.*; celui de Wollaston sur les calculs est imprimé dans les *Transactions philosophiques* de 1797; et celui de M. Berzelius sur l'analyse de l'urine, dans les *Ann. de Chim.*, t. LXXXIX, p. 22.

Acide lactique libre................................	
Lactate d'ammoniaque..............................	
Matière animale soluble dans l'alcool, et qui accompagne ordinairement les lactates (1)......	17,14
Matière animale insoluble dans l'alcool.........	
Urée qu'on ne peut séparer de la matière précédente..	
Phosphate de chaux et phosphate de magnésie....	1,00
Acide urique......................................	1,00
Mucus de la vessie................................	0,32
Silice...	0,03
	1000,00

Il serait possible que les sulfates et les phosphates fussent dus à l'action des reins ; car les autres liquides du corps ne nous offrent que peu de ces sels. Le soufre contenu dans l'albumine et la fibrine serait alors converti en acide ; il en serait de même du phosphore de la matière grasse.

D'après Proust, l'urine contiendrait, outre les substances que l'on y a admises jusqu'à présent, du soufre, de l'acide carbonique, de la résine et une substance noire particulière.

On reconnaîtrait la présence du soufre en faisant chauffer l'urine dans une bassine d'argent : celle-ci noircirait, et sa surface se convertirait en un sulfure d'argent qui s'en séparerait en écailles. Cependant, il m'est arrivé plusieurs fois de tenter cette expérience sans succès.

L'acide carbonique s'obtiendrait en faisant passer sous une cloche l'écume blanche et volumineuse qui recouvre l'urine au moment où elle commence à bouillir ; ou bien encore, suivant MM. Alexandre Marcet et Vogel, en plaçant sous le récipient de la machine pneumatique un vase plein d'urine et auquel se trouve adapté un tube recourbé qui plonge dans de l'eau de chaux. Lorsqu'on vient à faire le vide, l'eau de chaux se trouble; mais c'est qu'alors quelques bulles de l'écume sont mécaniquement chassées ; car M. Berzelius ayant répété l'épreuve en versant sur l'urine une couche d'huile d'olive d'un pouce d'épaisseur, l'eau de chaux ne s'est pas troublée.

On se procure la résine en versant de l'acide sulfurique ou chlorhydrique sur de l'extrait d'urine ; cette matière se précipite sous l'apparence d'une huile noire et épaisse. On la purifie en la lavant à l'eau chaude. Cette substance purifiée a une couleur fauve, l'odeur et la saveur amère des urines ; elle est très soluble dans les alcalis.

L'acide lactique est, d'après Berzelius, l'acide qui tiendrait en dissolution le phosphate de chaux et le phosphate ammo-

---

(1) C'est ce que M. Berzelius désigne aujourd'hui sous le nom d'extrait alcoolique de viande.

niaco-magnésien. Pour en démontrer la présence dans l'urine, il traite l'extrait d'urine par l'alcool à o,833, et ajoute à la liqueur une solution alcoolique de chlorure de calcium mêlée d'un peu d'ammoniaque qui sature l'acide lactique libre ; il obtient par ce moyen un précipité contenant du lactate de chaux ; il le lave à l'alcool, puis le redissout dans l'eau, le filtre, et décompose la dissolution aqueuse par une quantité convenable d'acide oxalique. La nouvelle liqueur filtrée est chargée d'acide lactique que l'on parvient à purifier par le carbonate de zinc, comme il a été dit (2061).

Je reconnais, avec M. Berzelius, que cette expérience démontre la présence de l'acide lactique dans l'urine ; il doit agir sur le phosphate de chaux comme tous les autres acides, c'est-à-dire qu'il donne lieu sans doute à un lactate calcaire très acide et à un phosphate acide de chaux. Mais il est très possible, et je regarde comme très probable, qu'elle contient aussi de l'acide acétique ; parce que, de quelque manière qu'on la traite, on en retire toujours une certaine quantité de cet acide.

C'est aussi M. Berzelius qui, le premier, a démontré l'existence de la silice dans l'urine. On parvient à l'en retirer, en traitant l'extrait d'urine par l'eau, mettant en contact le résidu avec l'acide chlorhydrique qui dissout le phosphate de chaux, et calcinant dans un creuset le nouveau résidu lavé, qui se compose de silice, de mucus et d'acide urique. La silice seule ne se décompose pas et reste tout entière en poudre blanche.

Quant à la résine et à la substance noire, elles sont évidemment aussi étrangères à l'urine. On les obtient, à la vérité, comme Proust l'indique ; savoir : la *résine*, en versant de l'acide sulfurique sur l'extrait d'urine, et la *substance noire*, en lavant la résine à grande eau : la substance noire est emportée sous forme de poussière. Ces matières sont le résultat de l'action de l'acide ; elles se forment surtout, lorsqu'on fait chauffer l'acide sulfurique un peu affaibli, avec la portion de l'extrait d'urine insoluble dans l'alcool.

2832. L'urine n'a d'usage dans les arts qu'autant qu'elle est putréfiée : alors on s'en sert quelquefois pour dégraisser la laine, pour dissoudre l'indigo et se procurer du sel ammoniac.

Caractères que présente l'urine dans certaines maladies ou par l'effet de quelques alimens, etc.

1° *Dans les accès des fièvres intermittentes*, la nature et la quantité des urines sont sujettes à varier rapidement. Dès le début et pendant toute la durée du premier stade, la transpiration est supprimée, et par cela même la sécrétion des urines se trouve augmentée ; elles sont plus limpides et moins colorées que de coutume. Pendant la durée du deuxième stade, quand la chaleur du corps augmente, les urines sont moins abondantes, se colorent, deviennent alcalines, se troublent, et l'on commence à y dénoter la présence de l'albumine, par le bi-chlorure de mercure d'abord, puis par l'alun et par l'acide azotique ensuite. Dans le troisième stade, la sueur apparaît, les urines cessent habituellement de couler, mais elles redeviennent acides et retournent à l'état normal.

On observe les mêmes phénomènes dans les fièvres continues, qui commencent souvent par un froid subit, d'assez courte durée, suivi d'un paroxisme qui représente le deuxième stade de l'accès intermittent ; elles se terminent par une *crise* dans laquelle les urines laissent déposer un sédiment par le refroidissement, se décolorent et redeviennent acides.

2o *Dans la jaunisse.*—L'urine, pendant la jaunisse, est d'un jaune orangé. Il en est de même de la plupart des autres parties du corps naturellement plus ou moins blanches. Cet effet, attribué par quelques médecins au passage de la bile dans le sang, est dû à une matière colorante particulière.

3° *Dans l'hydropisie générale.* — Alors l'urine est très chargée de matière albumineuse.

4° *Dans le rachitis.* — Suivant Fourcroy, dans cette maladie, où les os se ramollissent, le phosphate de chaux abonde dans l'urine.

5° *Dans la goutte.* — M. Berthollet a observé que l'urine des goutteux perdait de son acidité au commencement de l'accès, qu'elle cessait même d'être acide pendant le paroxisme, qu'elle le devenait ensuite un peu plus que dans l'état de santé, et qu'elle ne reprenait son état ordinaire que quelque temps après la cessation de l'accès. On sait d'ailleurs que l'urine des goutteux laisse déposer plus d'acide urique que l'urine ordinaire, et, chose digne de remarque, que les concrétions arthritiques qui produisent la goutte, sont formées d'urate de soude et d'urate de chaux.

6° *Dans les affections hystériques.* — L'urine coule abondamment, et n'est chargée que de très peu d'urée : aussi est-elle presque sans couleur.

7° *Dans la dyspepsie.* — L'urine se putréfie rapidement, et précipite abondamment par le tannin.

8° *Dans le diabètes sucré.*— Les individus attaqués de la maladie connue sous le nom de *diabètes sucré*, maladie dont le siège est dans les reins, ont une soif inextinguible. Comme ils prennent une grande quantité de boisson, ils rendent beaucoup d'urine. Leur urine est sucrée, et ce qui n'est pas moins remarquable, c'est qu'elle ne contient pas sensiblement d'urée ni d'acide urique; que les réactifs les plus sensibles y indiquent à peine des traces de phosphate et de sulfate; qu'elle rougit à peine la teinture de tournesol; enfin, qu'on n'y trouve, pour ainsi dire, que de l'eau en très grande quantité, du sucre et du sel marin. Le sucre, qui, d'après M. Chevreul, est toujours analogue au sucre de raisin, en fait tantôt la dix-septième, tantôt la vingtième, et tantôt la trentième partie. Le sel marin y est toujours bien moins abondant. A ces faits, dont la découverte résulte des travaux de Willis, Pool, Dobson, Cawley, Cruickshanks, Franck le fils, Nicolas et Gueudeville, etc., il faut ajouter qu'en ne donnant aux diabétiques que des alimens animalisés, leur urine change assez promptement de nature; que d'abord, comme l'ont observé MM. Dupuytren et Thenard, on y trouve une matière albumineuse dont la quantité va toujours en croissant pendant quelques jours, et qui paraît être un signe non équivoque de la guérison de la maladie; qu'ensuite l'albumine disparaît peu-à-peu; qu'alors le rein commence à sécréter de l'urée, de l'acide urique, etc., et que l'urine ne tarde point à être semblable à celle d'un individu sain; que néanmoins le malade, pour prévenir une rechute, doit encore observer long-temps le régime animal, et ne rien prendre enfin de ce qui peut faire reparaître le diabètes. (*Ann. de Chim.*, t. XLIV, p. 45; et t. LIX, p. 41).

9° *Dans le diabètes non sucré.* — Outre le diabètes sucré dont nous venons de parler, les médecins en distinguent un autre non moins remarquable, dans lequel les urines sont insipides. Celui-ci ne paraît différer du précédent qu'en ce que l'urine contient du sucre dont la saveur est à peine sensible.

10° *Dans les forts vomissemens, causés par la migraine, un squirrhe d'estomac ou autres causes semblables.* — L'urine est parfois blanche au sortir du corps, et forme un sédiment composé de mucus et de phosphate de chaux.

11° *Par certains alimens ou par certains corps introduits dans l'estomac.* — Nous avons déjà dit que les asperges rendaient l'urine fétide, tandis que la térébenthine, les résines, les baumes, lui communiquaient une odeur de violettes.

Il paraît, surtout d'après les expériences de Wöhler sur des hommes et sur des chiens, qu'un grand nombre de corps introduits dans les voies digestives passent dans les urines, du moins en partie. Tels sont les carbonates, azotates, chlorates, borates, silicates de potasse et de soude, le cyanure jaune de potassium et de fer, le cyanure rouge, qui toutefois ne s'y trouve que décomposé et à l'état de cyanure jaune, le sulfure de potassium, presque entièrement transformé en sulfate. Tels sont aussi les acides oxalique, tartrique, gallique, citrique, malique, benzoïque, succinique : les deux premiers donnent lieu à de l'oxalate et à du tartrate de chaux qui se dépose par le refroidissement des urines, et dont il se produit beaucoup plus par l'addition du chlorure de calcium. Tels sont encore un assez grand nombre de couleurs végétales ; celles des cerises, des mûres, des framboises, communiquent à l'urine la propriété de rougir par les acides et de verdir par les alcalis. Il ne faut souvent qu'avoir respiré pendant quelques instans de l'air chargé d'un peu d'essence de térébenthine pour que les urines contractent l'odeur de la violette ; l'huile volatile de valériane, l'huile de genièvre, celle d'ail, etc., rendent également l'urine odorante. Mais, chose remarquable, c'est que Wöhler a trouvé que les sels végétaux à bases de potasse et de soude se détruisaient et formaient des carbonates qui rendaient les urines alcalines.

D'autres substances, au contraire, ne passent jamais dans les urines ; on cite les acides minéraux, qui n'en augmentent pas l'acidité, les sels de fer oxidé, les préparations de bismuth et de plomb, l'alcool, l'éther, le musc, le tournesol, le carmin, l'orcanette.

Urines bleues. — Plusieurs médecins ont eu l'occasion d'observer que dans quelques maladies les urines devenaient bleues. M. Julia Fontenelle avait avancé que cette couleur était due au bleu de Prusse; mais il paraît, d'après M. Braconnot, qu'elle provient d'une matière particulière formée d'hydrogène, d'oxigène, de carbone et d'azote, et qui posséderait, jusqu'à un certain point, les propriétés qui caractérisent les bases salifiables. Ce chimiste propose même de la désigner par le nom de *Cyanourine*. (*Ann. de Chim. et de Phys.*, t. xxix, p. 252). Il propose aussi d'appeler *Mélanourine* une autre substance, qui est noire et qui se trouvait avec la précédente dans les urines qu'il a analysées; mais les caractères qui la distinguent ne nous semblent point assez précis jusqu'ici pour lui donner un nom particulier.

Urines noires. — Marcet a décrit l'urine d'un enfant, dont la couleur étoit noire comme de l'encre ou devenait telle par l'addition d'un alcali. L'addition d'un acide y produisait peu-à-peu un dépôt noir, insoluble dans l'eau et l'alcool, mais soluble dans les acides sulfurique et azotique, dans la potasse, la soude, l'ammoniaque, caustiques ou carbonatées. Prout a proposé le nom d'*acide mélanique* pour la substance qui constitue ce dépôt, et qui est peut-être la même que la mélanourine de Braconnot.

Urines laiteuses. — Il paraît que l'on a vu quelquefois l'urine blanche comme du lait, qu'il s'en séparait une sorte de crême par le repos, qu'elle se coagulait par l'ébullition, que le caillot avait les propriétés du *caséum*, et cédait à l'éther une matière grasse.

Urines des syphilitiques soumis à des frictions mercurielles. — Suivant le docteur Cantu, ces sortes d'urines contiendraient du mercure. (*Ann. de Chim. et de Phys.* t. XXVII, p. 335).

Des variétés de l'urine dans les animaux.

2833. Les urines de lion, de tigre, de léopard, de hyène, de panthère ; de cheval, d'âne, de vache, de chameau, de rhinocéros, d'éléphant, de lapin, de cochon d'Inde, de castor ; de quelques oiseaux et de quelques animaux amphibies, sont les seules sur la composition desquelles nous ayons des notions plus ou moins certaines.

2834. *Urines de lion et de tigre.* — Vauquelin les a trouvées composées d'eau, d'urée, de mucus animal, de phosphates de soude et d'ammoniaque, de phosphate de chaux en petite quantité, de sulfate de potasse en grande quantité, de chlorhydrate d'ammoniaque, d'un peu de sel marin. (*Annales de Chimie,* t. LXXXII, p. 197).

Mais, suivant Hieronymi, elles contiendraient, ainsi que celles de léopard, de hyène et de panthère, de l'acide urique. Toutes renfermeraient les mêmes substances ; les trois premières sur 100 seraient formées de :

Eau.	84,600
Urée, matière animale soluble dans l'alcool (*osmazôme*) et acide acétique ou plutôt acide lactique	13,220
Acide urique.	0,022
Mucus vésical	0,510
Sulfate de potasse.	0,122
Chlorhydrate d'ammoniaque, plus un peu de sel marin.	0,116
Phosphate de chaux et phosphate de magnésie, plus un peu de carbonate de chaux provenant de la décomposition du lactate calcaire par le feu.	0,176
Phosphates de potasse et de soude..	0,802
Phosphate d'ammoniaque.	0,102
Lactate de potasse.	0,330

2834 *bis.* *Urine de cheval.* — L'urine de cheval, analysée d'abord par Rouelle le cadet, l'a été ensuite par Fourcroy et Vauquelin, par M. Brande, et enfin par M. Chevreul. Il résulte des recherches de Fourcroy et Vauquelin, et de celles de M. Chevreul, qu'elle est composée de carbonates de chaux, de magnésie, de soude, de benzoate de soude (*hippurate*), de sulfate de potasse, de chlorure de potassium, d'urée, de mucus, d'huile rousse. (*Mémoires de l'Institut*, an 5; *Ann. de Chim.*, t. LXVII, p. 3o3).

Cette huile paraît exister dans les urines de la plupart des animaux herbivores, et leur donner l'odeur et la couleur qu'elles ont; elle se vaporise en soumettant l'urine à la distillation.

2835. *Urine de vache.* — Rouelle est le premier qui ait fait l'analyse de cette urine : il la regarde comme composée d'eau, d'urée, d'une autre matière animale qu'il appelle *extractive*, de sulfate, benzoate (hippurate), carbonate de potasse, de chlorure de potassium; elle contient sans doute aussi des carbonates terreux et de l'huile.

2836. *Urine de chameau.* — C'est aussi à Rouelle que nous devons la première analyse qui ait été faite de l'urine de chameau. Il la croyait, ainsi que l'urine de vache, formée seulement d'eau, d'urée, etc. M. Chevreul, en l'examinant de nouveau, en a retiré de l'eau en grande quantité, une matière animale coagulable par la chaleur, des carbonates de chaux et de magnésie, de la silice, des traces de sulfate de chaux, des traces d'oxide de fer, du carbonate d'ammoniaque provenant sans doute de l'altération de l'urée, du chlorure de potassium, du carbonate de potasse et du sulfate de soude en petite quantité, du sulfate de potasse en grande quantité, de l'acide benzoïque (acide hippurique) uni sans doute à la potasse, de l'urée, une huile odorante rousse. (*Annales de Chimie*, t. LXVII, p. 3o2).

2837. *Urine de lapin.* — Suivant Vauquelin, l'urine de lapin est formée d'eau, de carbonates de chaux, de magnésie et de potasse, de sulfate de potasse, de chlorure de potassium, d'urée très altérable, de mucus, de soufre.

2838. *Urine de cochon d'Inde.* — L'urine de cochon d'Inde, sur laquelle Vauquelin n'a pu faire que quelques essais, en raison de la petite quantité qu'il a eue à sa disposition, paraît être analogue aux précédentes : on n'y trouve ni phosphates ni acide urique; elle renferme de l'urée, du carbonate de chaux et des sels à base de potasse.

2839. *Urine de castor.* — Celle-ci, d'après le même chimiste, est formée d'eau, d'urée, de mucus animal, de benzoate (hippurate) et de sulfate de potasse, de carbonates de chaux et de magnésie, de chlorure de potassium et de sodium, peut-être d'acétate de magnésie, d'un peu d'oxide de fer et d'une matière colorante végétale. (*Annales de Chimie*, t. LXXXII, p. 197).

2840. *Urine de rhinocéros.* — Cette urine est trouble, jaune, et a quelque chose de l'odeur des fourmis écrasées. Abandonnée à elle-même, il s'y forme un dépôt jaunâtre de carbonates de chaux et de magnésie, d'une matière animale azotée, de silice et d'oxide de fer. Elle contient d'ailleurs de l'urée, de l'hippurate de potasse et les sels ordinaires (Vogel).

2841. *Urine d'éléphant.* — On n'y trouve point d'hippurate; mais elle renferme beaucoup plus d'urée que celle de rhinocéros; elle est troublée, comme celle-ci, par des carbonates de chaux et de magnésie qu'elle tient en suspension. M. Vogel, à qui sont dues ces observations, a recherché en vain dans ces deux urines l'huile rousse que Fourcroy et Vauquelin ont retirée des urines de cheval et de vache.

2842. *Urine des oiseaux.* — Tout ce que nous savons de précis sur l'urine des oiseaux est dû à Fourcroy, à Vauquelin et à Wollaston. Ce sont les deux premiers de ces chimistes qui ont démontré l'existence de l'acide urique dans ces sortes d'urine; ils ont trouvé celle d'autruche, dont ils ont particulièrement fait l'analyse, composée d'acide urique, de sulfate de potasse, de sulfate de chaux, de chlorhydrate d'ammoniaque, d'une matière animale, d'une substance huileuse, et peut-être d'acide acétique : l'acide urique en fait à-peu-près la soixantième partie, et existe dans ces urines à l'état de bi-urate. Il s'en faut de beaucoup que l'urine humaine en contienne cette quantité.

Il paraît, d'après les recherches de Wollaston, que la quantité d'acide urique dans les urines des oiseaux, varie en raison de la nature des alimens, et qu'elle est bien plus grande lorsque ces alimens sont très azotés que lorsqu'ils ne le sont pas, ou qu'ils ne le sont que peu. En effet, les excrémens d'une poule qui ne vivait que d'herbes n'en contenaient que 2 centièmes; ceux d'une poule vivant libre dans la basse-cour d'une ferme en contenaient davantage; ceux d'un faisan uniquement nourri d'orge en renfermaient 14 pour 100; ceux d'un faucon nourri de chair en étaient presque entièrement formés, et ceux d'un gannet ne vivant que de poisson en étaient entièrement composés. (*Ann. de Chim.*, t. LXXVI, p. 31).

Coindet prétend que l'urine des oiseaux carnassiers renferme de l'urée.

2843. *Urine des animaux amphibies.* — M. John Davy, en soumettant à l'analyse les urines de plusieurs espèces de la classe des amphibies, a vu que presque toutes renfermaient beaucoup d'acide urique. La *rana taurina* et le *bufo fuscus* sont les seuls qui dans ses expériences ont fait exception : leurs urines contenaient de l'urée sans traces d'acide urique, du sel marin et un peu de phosphate de chaux (*Ann. de Chim. et de Phys.*, t. XVIII, p. 107.) L'acide urique a été trouvé aussi par le docteur Prout dans les urines du *boa constrictor*, et par Vauquelin dans celles de plusieurs serpens. (*Id.*, t. XIII, p. 42 — t. XXI, p. 440).

On observe que l'urine des serpens, à sa sortie, se concrète en une masse blanche, crayeuse, qui n'est pour ainsi dire formée que d'acide urique et de bi-urates de potasse, de soude, mêlés à des traces de phosphate calcaire et d'une matière extractiforme soluble dans l'alcool.

2844. *Urine du fœtus de vache.* — De cette urine, M. Lassaigne n'a retiré que du mucus en grande quantité, de la matière animale incristallisable, du chlorure de sodium et de potassium, du sulfate de potasse et de l'acide lactique.

2845. Il résulte de toutes ces observations :

1° Que l'urine humaine rougit le papier de tournesol, qu'elle contient de l'urée, de l'acide urique, des phosphates acides, de l'acide lactique libre; qu'il en est de même de celle des mammifères carnassiers, suivant Hyeronimi : ce qu'il y a de certain, du moins, c'est que ces sortes d'urines renferment de l'urée, des phosphates acides et de l'acide lactique libre;

2° Que l'urine des mammifères herbivores ramène au bleu le papier de tournesol rougi par les acides; qu'elle contient de l'urée, des carbonates, souvent des hippurates, jamais de phosphates ni d'acide urique;

3° Que l'urine des oiseaux n'est pour ainsi dire formée que d'acide urique en partie combiné à l'ammoniaque; qu'elle ne contient ni phosphate acide, ni acide lactique libre, ni hippurates, ni carbonates, et qu'elle ne paraît point contenir d'urée;

4° Que l'urine des animaux amphibies est dans le même cas, ou du moins que jusqu'à présent on ne connaît que deux exceptions à cet égard.

SECTION VII.

Des matières molles et solides.

De la matière cérébrale.

2846. La matière cérébrale est une pulpe en partie blanche et en partie grise, contenue dans la boîte osseuse du crâne; elle donne naissance à la moelle épinière, et se retrouve dans les nerfs, entre les lamelles membraneuses qui les divisent. Elle paraît être, en général, d'autant plus abondante dans les animaux, qu'ils ont plus d'intelligence. C'est une des matières du règne animal qui se putréfie le plus facilement, car il est difficile de la conserver fraîche en été pendant vingt-quatre heures : c'est aussi l'une de celles dont l'incinération est la plus longue.

Vauquelin, qui a analysé la matière cérébrale de l'homme, l'a trouvée formée de 80,00 d'eau, 4,53 de matière grasse blanche, 0,70 de matière grasse rouge, 1,12 d'osmazôme (*extrait alcoolique de bouillon*), 7,00 d'albumine, 1,50 de phosphore uni aux matières grasses blanche et rouge, 5,15 de soufre, et de différens sels, entre autres de phosphate acide de potasse, de phosphate de chaux et de magnésie. C'est en traitant à plusieurs reprises la matière cérébrale par l'alcool bouillant à 0,833, qu'il enlève les matières grasses, l'*osmazôme*, etc., et qu'il obtient pour résidu l'albumine et les phosphates, mêlés avec une petite quantité de vaisseaux. (*Ann. de Chim.*, t. LXXXI, p. 65).

M. John est parvenu à des résultats à-peu-près analogues. M. Couerbe en a obtenu de différens ; suivant lui, les matières grasses du cerveau sont au nombre de cinq : la *cérébrote*, la *céphalote*, la *stéaroconote*, l'*éléencéphol*, et la *cholestérine*. (*Voy.* ce qui a été dit à ce sujet, 2549.)

A quel état le phosphore est-il dans les quatre premières matières ? Il n'y est probablement ni à l'état d'acide ni à l'état de phosphate, puisque ces matières ne rougissent point la teinture de tournesol ; qu'en les traitant par une dissolution chaude de potasse, il ne se forme point de phosphate et ne se dégage point d'ammoniaque, et qu'on ne peut y démontrer la présence d'aucun sel. Il faut donc qu'il y soit, comme dans la laitance de carpe, uni aux principes mêmes de ces matières, et considéré comme l'un d'eux.

C'est ce corps qui rend la matière cérébrale si difficile à incinérer : en s'acidifiant, il recouvre de toutes parts les molécules combustibles, et les protège contre l'action de l'air : aussi favorise-t-on singulièrement l'incinération en lavant de temps en temps le charbon.

De la peau.

2847. La peau est composée de trois parties appliquées les unes sur les autres : de l'épiderme ou cuticule, du tissu réticulaire et du derme ou vraie peau. Celle-ci est placée immédiatement sur la chair : au-dessus d'elle se trouve la seconde, et la première est extérieure.

2848. *Epiderme.* — L'épiderme est une membrane mince, blanche, élastique, sèche, transparente, écailleuse, beaucoup plus distincte dans l'homme que dans la plupart des autres animaux. Il se sépare assez facilement du reste de la peau par la macération dans l'eau chaude. Soumis à la distillation, il donne beaucoup de carbonate d'ammoniaque. Il est insoluble même dans l'eau bouillante; il l'est également dans l'alcool et l'éther : tous deux en séparent un peu de graisse. Les acides sulfurique et chlorhydrique étendus l'attaquent à peine. L'acide sulfurique concentré le ramollit et le dissout ensuite. La potasse et la soude caustiques en opèrent la dissolution avec une grande facilité ; leurs carbonates sont sans action sur lui. Le chlorure d'or le rend purpurin ; l'azotate de bi-oxide de mercure, rouge brun ; l'azotate d'argent, brun noir ; l'acide osmique, noir.

2849. *Tissu réticulaire.* — Ce tissu, siège des papilles nerveuses destinées à la perception du tact, est si fin, qu'il est impossible de le séparer, et que plusieurs anatomistes en ont nié l'existence : c'est dans ce tissu que paraît résider la matière colorante de la peau des nègres.

2850. *Derme*, ou *peau proprement dite.* — Le derme est une membrane épaisse, dure, assez dense, composée de fibres entrelacées et disposées comme les poils d'un feutre ; il n'est point également épais partout : le derme du dos l'est plus que celui du ventre. Chauffé dans une cornue, il se fond, se boursoufle, se décompose, et donne de l'huile très fétide, du carbonate d'ammoniaque, etc. Mis en contact avec les acides étendus d'eau, à la température ordinaire, il se ramollit, se gonfle, devient presque transparent, et se dissout en partie ; il se comporte de la même manière avec les dissolutions alcalines ; il éprouve aussi, jusqu'à un certain point, de semblables phénomènes par son séjour dans l'eau froide. L'eau bouillante, après l'avoir gonflé, finit par le dissoudre presque entièrement : en se refroidissant, la liqueur se prend en gelée. C'est même en traitant ainsi les rognures de peaux qu'on prépare une grande quantité de colle-forte pour le besoin des arts. Cette colle nous paraît être un produit de l'action de l'eau sur le derme, car celui-ci est absolument insoluble dans l'eau froide, et n'est même complètement attaqué par l'eau bouillante que dans un espace de temps assez considérable. L'alcool, l'éther, ne sont point capables d'en opérer la dissolution : ils n'en extraient que de la graisse. Plongé dans des dissolutions de sulfate de bi-oxide de fer et de bi-chlorure de mercure, il en absorbe plus ou moins, et devient imputrescible.

M. Berzelius rapporte, d'après Wienholt, que le derme est composé de :

Tissu cutané proprement dit (y compris tissu cellu-
    laire et vaisseaux)........................ 32,53
Albumine............................... 1,54
Matière extractive soluble dans l'alcool.......... 0,83
Matière extractive soluble dans l'eau seulement.... 7,60
Eau................................... 57,50

2851. *Du tannage.* — Le tannage est une opération par laquelle on combine le tannin avec la peau proprement dite.
La peau tannée prend le nom de *cuir*. L'art de tanner les peaux
peut être divisé en quatre parties.

La première a pour objet de les écorner et de les laver.

La deuxième consiste à les débourrer, ou bien à enlever le
poil qui les recouvre : à cet effet, on les plonge, à la température ordinaire, dans une dissolution très faible d'alcali ou
d'acide, pendant un certain nombre de jours ; elles se gonflent,
se distendent, et leurs pores s'ouvrent de manière qu'on peut
en arracher facilement tout le poil. Lorsqu'on se sert de liqueur alcaline, c'est la chaux qu'on emploie ; lorsqu'on se sert
de liqueur acide, on fait usage quelquefois d'eau aigrie par un
mélange de farine d'orge et de levure ; d'autres fois de *jusée*,
c'est-à-dire, d'eau aigrie par son contact avec la tannée ou le
tan usé (1) ; quelquefois enfin de jusée aiguisée d'acide sulfurique. Certains tanneurs opèrent encore le débourrement
en plaçant les peaux les unes sur les autres, dans un lieu dont
la température est élevée : bientôt il s'établit une fermentation qui produit sur la peau le même effet que les alcalis et les
acides : cette manière de débourrer est connue sous le nom de
procédé à l'échauffe. Dans tous les cas, on met ensuite les
peaux sur le chevalet, où, à l'aide d'un couteau rond qui ne
coupe ni du milieu ni des talons, on enlève non-seulement le
poil, mais encore l'épiderme. La séparation de l'épiderme est
nécessaire, car ce corps, ne se combinant point avec le tannin,
empêcherait celui-ci de pénétrer du côté du poil.

3° Lorsque le poil est enlevé, l'on plonge les peaux dans
une eau courante pour les ramollir ; puis on les écharne et on
les étire, ce qui se fait en enlevant la chair avec la faux, les
plongeant de nouveau dans l'eau, mais seulement pendant
quelques heures, et les pressant fortement avec le couteau
rond. Cette dernière manipulation a encore pour but de séparer les restes d'épiderme et de faire sortir, lorsqu'on s'est

---

(1) On appelle *tannée* le tan dont on s'est déjà servi pour tanner les peaux, et
qui est par conséquent privé de tannin. En le mettant en contact avec l'eau, celle-ci
finit par s'acidifier. L'acide qui se forme est de l'acide acétique. M. Braconnot en
a constaté l'existence dans son analyse de la jusée. (*Ann. de Chim. et de Phys.*,
t. L, p. 380).

servi de chaux, la portion de cet alcali qui a pu pénétrer dans le tissu de la peau.

4° Les peaux destinées à former des *cuirs à œuvre*, telles que celles de veau pour empeigne, celle de vache pour baudrier, doivent être tannées immédiatement après avoir subi toutes les préparations dont nous venons de parler; mais celles que l'on destine à former des semelles et autres cuirs forts, doivent en subir encore une autre que l'on appelle *gonflement :* celui-ci s'opère en plongeant les peaux dans des dissolutions faibles d'alcali ou d'acide, de même que pour le débourrement : par ce moyen, on ouvre davantage les pores de la peau; elle devient plus épaisse, demi-transparente, et capable de recevoir une plus grande quantité de tannin.

5° Au gonflemnt succède le *passement*, qui s'exécute en tenant les peaux, pendant quelque temps, dans une eau où l'on a mis quelques écorces.

6° Enfin l'on procède au tannage. C'est au moyen d'écorce réduite en poudre, et qui, sous cette forme, prend le nom de *tan*, que l'on fait cette dernière opération : l'écorce que l'on emploie le plus souvent est celle de chêne.

L'opération se fait ordinairement dans des cuves rondes ou carrées, qui prennent le nom de *fosses,* et qui peuvent être construites en bois ou en maçonnerie; leurs bords sont à fleur de terre. Pour les cuirs forts, l'on établit d'abord au fond de la cuve une couche de 16 centimètres de tan qui a déjà servi; l'on recouvre cette couche d'une autre de 27 millimètres de tan neuf. Sur celle-ci l'on étend une peau; sur cette peau, l'on forme une seconde couche de tan neuf, et ainsi de suite jusqu'à ce que la fosse soit pleine; puis on recouvre le tout de 16 centimètres de tannée ou tan usé, que l'on foule aux pieds, et l'on fait couler de l'eau dans la fosse par un petit conduit en bois qui se rend jusqu'à la partie inférieure. Peu-à-peu le tannin pénètre dans les peaux et s'y unit. Lorsqu'on juge que le tan ne contient plus de principe astringent, ce qui a lieu au bout de deux à trois mois, on le renouvelle en vidant la fosse et en la remplissant de nouveau; mais, comme cette nouvelle quantité de tan n'est point encore suffisante, il faut la renouveler elle-même au bout de trois à quatre mois; et celle-ci exigeant plus de temps pour se dépouiller de tannin que la seconde, et, à plus forte raison, que la première, il s'ensuit que les peaux restent en fosse au moins un an. On pourrait éviter de renouveler le tan en l'arrosant avec de l'eau chargée de tannin, lorsqu'il serait épuisé de ce principe : de cette manière, on rendrait l'opération beaucoup plus prompte.

Le procédé de tannage que nous venons d'exposer n'est pas

le seul qui soit suivi. Il en est deux autres qui sont pratiqués, l'un depuis long-temps, et l'autre depuis trente à trente-cinq ans. Le premier consiste à coudre les peaux comme des sacs, à les remplir de tan et d'eau, à fermer les sacs et à les coucher dans des fosses pleines d'eau de tan. Deux mois suffisent pour cette sorte de tannage, qu'on appelle *tannage au sippage* ou *apprêt à la danoise*. Le second a été suivi en grand, pour la première fois par Séguin : dans ce procédé, on commence par mettre les peaux en contact avec des eaux chargées d'une très petite quantité de tannin, et on les en retire au bout de quelques jours pour les plonger dans d'autres eaux qui en sont de plus en plus chargées; après quoi on les met en fosse pendant six semaines.

2852. *Art du mégissier.* — Cet art est très simple. Il consiste à plonger les peaux minces dans une dissolution de chlorure de sodium et d'alun, après les avoir écharnées et débourrées. De là résulte du sulfate de soude et du chlorure d'aluminium. Celui-ci s'unit au tissu cutané et le rend inaltérable à l'air.

2853. *Chamoisage.* — Le chamoiseur commence par séparer de la peau l'eau qu'elle contient; il l'imprègne ensuite d'une graisse particulière, afin de la rendre molle et flexible. C'est ainsi que l'on prépare la peau avec laquelle on fait les gants. Quelquefois, avant de les chamoiser, on tanne légèrement les peaux dans une infusion d'écorce de saule.

Des tissus cellulaire, membraneux, tendineux, aponévrotique,
ligamenteux.

2854. Ces différens tissus n'ont été examinés chimiquement que d'une manière très superficielle. Tout ce qu'on en sait de général et de positif, c'est qu'il sont azotés, et qu'en les faisant bouillir dans l'eau, ils se convertissent en tout, ou au moins en partie, en gélatine; propriétés par lesquelles ils se rapprochent de la peau proprement dite.

2855. *Tissu cellulaire* — Le tissu cellulaire surpasse en finesse la gaze la plus légère : c'est lui qui lie les unes aux autres les fibres musculaires, etc., et que l'on aperçoit sous forme de lamelles transparentes lorsqu'on vient à les écarter. Sa transformation en gélatine s'opère facilement.

2856. *Membranes.* — L'on désigne par le nom de *membrane* ou *tissu membraneux*, des parties blanches, minces, transparentes ou opaques, dont l'aspect n'est point argenté, qui enferment ou recouvrent des viscères, et qui sont destinées à contenir des liquides, à séparer les différentes parties du corps, etc. Nous citerons comme exemple la plèvre et le péricarde dans la poitrine; le péritoine dans l'abdomen; la dure-mère, la pie-mère, l'arachnoïde, dans le crâne; le périoste, autour des os. On en distingue trois classes : les muqueuses, les séreuses et les fibreuses. Toutes se dissolvent presque entièrement dans l'eau bouillante : toutefois celles qui sont fibreuses résistent pendant très long-temps à l'action de ce liquide.

2857. *Fausses membranes* . — Elles sont formées, d'après Lassaigne, d'albumine, de fibrine et de sels;(*Journ. de Chim. Méd.* II, 68).

Tendons. — Ce sont des espèces de cordons brillans, nacrés, tenaces, denses, capables de porter un poids considérable sans se rompre, formés de fibres qui s'attachent d'une part à celles des muscles, et de l'autre au périoste. Traités par l'eau bouillante, ils finissent par se dissoudre entièrement.

Lorsqu'on les dessèche, soit en les abandonnant à l'air, soit en les plaçant dans le vide sec, ils se réduisent au moins à la moitié de leur poids, diminuent beaucoup de volume, prennent la demi-transparence de la corne et une couleur jaune un peu rougeâtre, deviennent raides, et perdent leur extrême souplesse; mais si, après les avoir desséchés, on les plonge dans l'eau pendant douze à vingt-quatre heures, ils absorbent ce liquide et reprennent leur poids primitif et toutes les propriétés qui les caractérisaient. M. Chevreul, à qui ces expériences sont dues, a prouvé que l'eau avait, sur les propriétés de beaucoup d'autres tissus animaux, la même influence que sur les tendons. (*Ann. de Chim. et de Phys.*, XIX, 33.)

2858. *Aponévroses.* — Les aponévroses sont des variétés des tendons. Au lieu d'être, comme ceux-ci, sous forme de cordons, elles sont sous forme de membranes; elles enveloppent ordinairement les muscles, et sont faciles à reconnaître par leur aspect satiné.

2859. *Ligamens.* — Les ligamens sont formés de fibres très fortes, très denses et très élastiques, qui joignent ensemble les os dans les différentes articulations. Ils résistent beaucoup plus à l'action de l'eau que les tissus précédens : cependant ils s'y dissolvent en partie, et lui donnent la propriété de se prendre en gelée par le refroidissement.

Du Tissu glanduleux.

2860. Le foie de bœuf est la seule glande qui ait été analysée avec quelques soins. Sa composition chimique, d'après M. Braconnot, a beaucoup d'analogie avec celle du cerveau. En effet, ce chimiste a trouvé, 1° que 100 parties de foie étaient composées de 18 part., 94 de tissu vasculaire et de membranes, et de 81 part., 06 de parenchyme; 2° que 100 parties de parenchyme ou de substance propre du foie contenaient 68 ᵖᵃʳᵗ, 64 d'eau ; 20,19 d'albumine desséchée ; 6,07 d'une matière peu azotée, soluble dans l'eau et peu soluble dans l'alcool ; 3,89 d'huile phosphorée, soluble dans l'alcool et analogue à celle du cerveau ; 0,64 de chlorure de potassium sans aucun indice de sel marin ; 0,47 de phosphate de chaux ferrugineux ; 0,10 de sel acidule, insoluble dans l'alcool, et formé d'un acide combustible uni à la potasse ; d'un peu de sang. L'albumine forme donc plus de la cinquième partie du parenchyme, tandis qu'elle ne forme pas la seizième partie du sérum du sang.

Disons un mot de l'analyse. En broyant le foie dans un mortier, le délayant dans l'eau tiède et filtrant le tout à travers un tamis de soie très fin, le tissu vasculaire et les membranes resteront seuls sur le tamis. La liqueur, exposée ensuite à la chaleur de l'eau bouillante, laissera précipiter l'albumine mêlée intimement ou unie à l'huile ; puis, au moyen d'un linge serré, on séparera le coagulum, que l'on exprimera et qu'on lavera convenablement, etc. Pour extraire l'huile de celui-ci, il suffira de le mettre en contact, à chaud, soit avec l'alcool, soit avec l'essence de térébenthine : l'huile se dissoudra et s'obtiendra par l'évaporation. Toutes les autres matières se trouveront dans les eaux de lavage. Nous ne suivrons pas l'auteur dans leur séparation. (*Ann. de Chim. et de Physique*, t. x, p. 189).

Du Tissu musculaire ou des Muscles.

2861. Les muscles, organes qui, par leur contraction toujours soumise à la volonté, donnent aux animaux la faculté de se mouvoir, constituent ce que l'on désigne sous le nom de *chair* dans le langage ordinaire. Indépendamment de la fibre qui en fait la base et dont les propriétés sont les mêmes que celles de la fibrine, on y trouve des tendons qui les terminent et les attachent aux os, des aponévroses qui les enveloppent, du tissu cellulaire qui lie les filamens fibreux les uns aux autres, du tissu adipeux, des vaisseaux sanguins, des vaisseaux lymphatiques, des nerfs comme par toute l'organisation, de la matière extractive, une petite quantité d'acide libre, qui, selon M. Berzelius, est l'acide lactique, et des sels de diverse nature. En dernier résultat, ils sont donc composés de fibrine, d'albumine, de matière extractive, de graisse, de substances capables de passer à l'état de gélatine, d'acide, et de différens sels.

2862. Il sera facile, d'après cela, de comprendre l'action de l'eau froide et de l'eau bouillante sur la chair musculaire.

L'eau froide, même par une longue macération, ne devra dissoudre que l'albumine des vaisseaux lymphatiques, l'albumine et l'hématosine des vaisseaux sanguins, la matière extractive, l'acide et différens sels : quant à l'eau bouillante, elle coagulera en grande partie l'albumine qui, colorée par un peu d'hématosine, formera l'écume; elle fondra en même temps la graisse qui se rassemblera à la surface du liquide, et dissoudra la matière extractive, les mêmes sels que l'eau froide, et une partie des tissus aponévrotique, cellulaire et tendineux, qu'elle convertira en gélatine; de plus, la vapeur aqueuse se chargera, surtout au commencement de l'ébullition, de substances aromatiques. Dans tous les cas, la fibrine restera à-peu-près intacte, entremêlée de la portion insoluble des tissus cellulaire et tendineux, et ordinairement imprégnée de graisse, de matières extractive et salines, à moins que l'ébullition n'ait été soutenue pendant long-temps et que l'eau n'ait été souvent renouvelée, ce qui rendrait la viande insipide. C'est à la matière extractive que le bouillon doit presque toute sa saveur agréable. Toutefois la gélatine, après l'eau, en fait la majeure partie, et c'est pourquoi, par la concentration, il se prend en gelée.

2864. Pour se procurer cette matière extractive, dont Thouvenel a parlé il y a long-temps, il faut s'y prendre comme il suit: on divise la chair et on la met d'abord en contact avec deux ou trois fois son volume d'eau froide pendant une à deux heures, en ayant soin de la malaxer de temps en temps; ensuite on décante cette première eau, que l'on remplace par une seconde, et même par une troisième: l'albumine, la matière extractive, divers sels et l'acide se dissolvent. Toutes les eaux réunies sont soumises à l'évaporation dans une capsule de porcelaine. Bientôt l'albumine commence à se coaguler, et le coagulum continue d'avoir lieu pendant presque tout le temps de l'évaporation, qu'il faut ménager, surtout, lorsqu'elle touche à sa fin. On enlève les écumes à mesure qu'elles se forment, et l'on ne filtre qu'à l'époque où il ne se sépare plus sensiblement d'albumine. Alors la liqueur, très réduite et déjà très colorée, doit être exposée à une douce chaleur, jusqu'à ce qu'elle soit en consistance sirupeuse. L'extrait qu'on obtient ainsi n'est plus qu'un mélange de matière extractive et de sels primitivement dissous. En le traitant par l'alcool concentré, à la température ordinaire, et faisant évaporer la dissolution alcoolique, on en sépare la matière extractive presque pure.

Dans cet état, cette matière est d'un brun-jaunâtre; jamais elle ne se prend en gelée comme la gélatine; sa saveur et son odeur, quand elle est chaude, rappellent celle du bouillon:

aussi le bouillon est-il d'autant meilleur qu'il en contient davantage ; elle s'y trouve, par rapport à la gélatine, à-peu-près dans la proportion de 1 à 7.

Soumise à l'action du feu, elle se fond, se boursoufle, se décompose, donne du carbonate d'ammoniaque, et un charbon très volumineux contenant du carbonate de soude qui provient, selon M. Berzelius, du lactate de soude qu'elle renferme. Elle ne se putréfie que très lentement. L'eau et l'alcool la dissolvent avec facilité. Sa dissolution aqueuse est troublée tout-à-coup par l'infusion de noix de galle, par l'azotate de mercure, par l'acétate et l'azotate de plomb. C'est cette matière qui a été citée plusieurs fois sous les noms d'*extrait alcoolique de bouillon* ou d'*osmazôme*. Elle contient de l'acide lactique, du lactate de soude, des substances azotées et surtout une substance particulière pour laquelle M. Chevreul a proposé le nom de *créatine* (de κρέας, chair).

La *créatine* est solide, incolore, nacrée, inodore, insipide, sans action sur les papiers réactifs, cristallisable en prismes droits rectangulaires d'une grande limpidité ; sa densité est de 1,35 à 1,84. Lorsqu'on la chauffe, elle pétille, perd de l'eau à 100°, fond sans se décolorer, puis elle se décompose en donnant des produits ammoniacaux. A la température de 18°, cent parties d'eau en dissolvent 1,204. A 15°, 100$^{part.}$ d'alcool d'une densité de 0,810 en dissolvent à peine 0$^{part.}$, 05. Les acides sulfurique, azotique et chlorhydrique peuvent aussi la dissoudre, mais en quantité qui n'a point été déterminée.

Dissoute dans l'eau, elle se décompose lentement, exhale alors une odeur ammoniacale assez prononcée et se trouble. Sa solution aqueuse ne fait éprouver aucun changement aux dissolutions moyennement étendues de chlorure de barium, d'oxalate d'ammoniaque, d'azotate d'argent, de sulfate de cuivre, de sulfate de sesqui-oxide de fer, de sous-acétate de plomb, ni à la dissolution concentrée de chlorure de platine. Ces propriétés font voir qu'elle a beaucoup d'analogie avec l'asparamide.

On l'obtient en traitant par l'alcool l'extrait aqueux de viande préparé dans le vide sec, et concentrant la dissolution : la créatine cristallise en partie.

Indépendamment des observations précédentes sur la créatine, M. Chevreul en a fait sur le bouillon plusieurs autres que nous devons rapporter. 500 grammes de viande privée d'os et, autant que possible, de tendons et de graisse, ont été mis dans un litre et demi d'eau distillée. La température a été portée peu-à-peu à l'ébullition et soutenue à ce degré pendant cinq heures, en ayant soin de remplacer par de nouvelle eau celle qui s'évaporait. La décoction décantée et dégraissée contenait :

Eau et traces de matières volatiles............... 988,570

Matières organiques, fixes, séchées à 200 dans le vide................................ 12,700

Matières inorganiques solubles dans l'eau :

Soude.................................

Potasse en partie sans doute primitivement combinée à un acide organique qui parait être le lactique............................

Acide phosphorique | combinés à la potasse et à 2,900

Acide sulfurique { la soude...............

Chlore combiné..........................

Matières inorganiques insolubles dans l'eau :

Phosphate de magnésie..................... 0,230

Phosphate de chaux.......................

Oxide de fer............................. 0,100

1004,500

Les matières organiques fixes étaient formées d'acide lactique combiné, de gélatine, d'albumine cuite, d'une matière ayant une saveur douce et sucrée qui n'a point été examinée, et de créatine.

M. Chevreul a observé d'ailleurs, en faisant cuire de la viande dans un appareil distillatoire, qu'il se volatisait pendant la coction :

1° De l'ammoniaque sensible à du papier d'hématine plongé dans le tube adapté au ballon;

2° Un produit sulfuré qui noircit une lame d'argent plongée dans le ballon ;

3° Un principe doué de l'odeur prédominante de la viande, lequel se fixe sur la lame d'argent;

4° Un principe odorant ambré (acide gras volatil innommé, plus ou moins analogue aux acides hircique et butyrique);

5° Des traces d'un acide volatil qui a de l'analogie avec l'acide acétique.

Ces divers produits paraissent provenir de la réaction qui a lieu entre les élémens d'une ou de plusieurs des substances immédiates solubles dans l'eau.

En substituant de l'eau contenant $\frac{1}{125}$ de son poids de chlorure de sodium à l'eau distillée, on obtient un bouillon plus sapide et plus odorant; la viande est aussi tendre qu'elle le serait après avoir été cuite dans l'eau distillée, mais elle est considérablement durcie quand on la fait bouillir dans une dissolution concentrée de sel marin. On obtient un résultat semblable quand on emploie l'eau des puits de Paris, qui contient beaucoup de sulfate et de carbonate de chaux.

On peut aussi obtenir des produits différens rien qu'en changeant le mode de préparation du bouillon : que l'on place la chair dans de l'eau froide et qu'on élève lentement sa température jusqu'à l'ébullition, on obtiendra un bouillon aussi sapide que possible ; tandis que si l'on plonge immédiatement la viande dans l'eau distillée bouillante, il en résultera un bouillon plus faible et inférieur sous tous les rapports. Dans le premier cas, 500 grammes de chair et 1 litre et $\frac{1}{2}$ d'eau distillée, ont donné un bouillon qui contenait 0,013 de matières organiques, 0,003 de sels fixes, un bouilli qui ne pesait que 326 gr., et 3 gr. 25 de graisse. Dans le deuxième cas, les mêmes quantités de chair et d'eau distillée ont produit un bouillon qui ne contenait que 0,010 de matières organiques et 0,002 de sels ; mais le bouilli pesait 375 gr., et avait retenu presque toute la graisse. (*Journ. de Pharm.* XXI, 231).

2864 *bis.* M. d'Arcet, qui est parvenu à extraire à bas prix 30 pour 100 de gélatine pure des os, a présenté une série d'observations dignes d'attention sur l'emploi qu'on en peut faire dans la préparation du bouillon. Nous citerons les principales. On sait que 100 kilogrammes de viande contiennent, terme moyen, 80 kilogrammes de chair, 20 kilogrammes d'os, et qu'ils donnent dans les hospices 400 bouillons d'un demi-litre chacun, et 50 kilogrammes de bouilli. Or, l'expérience prouve que l'on fait la même quantité de bon bouillon avec 25 kilogrammes de viande et 3 kilogrammes de gélatine sèche : il doit donc y avoir un grand avantage à s'en servir. A la vérité, l'on obtiendra 37 kilogrammes $\frac{1}{2}$ de bouilli en moins ; mais l'on aura en plus, moyennant 3 kilogrammes de gélatine, dont le prix est de 15 fr., 75 kilogrammes de viande, lesquels peuvent fournir 50 kilogrammes de rôti. (*Ann. de Chim.*, tom. XCII, pag. 300).

Quelques personnes ayant élevé des doutes sur les qualités nutritives de la gélatine, M. d'Arcet a prié la Société de l'École de Médecine de vouloir bien charger plusieurs de ses membres de faire à cet égard toutes les expériences qu'ils jugeraient convenables. Ces expériences ont été faites à l'hospice de Clinique interne de la Faculté, et continuées sous les yeux des commissaires pendant trois mois. Les commissaires rapportent : « que l'on a préparé le bouillon avec le quart de la « viande qu'on employait ordinairement ; que l'on a remplacé « par de la gélatine et des légumes les trois autres quarts, qui « ont été donnés en rôti, et que les malades, les convalescens, « et même les gens de service, n'ont pas aperçu de différence « entre ce bouillon et celui qu'on leur donnait précédemment ;

« qu'ils ont été aussi abondamment nourris et très satisfaits
« d'avoir du rôti au lieu de bouilli. » (*Annales de Chimie*,
tom. XCII, pag. 300).

En mêlant la gélatine avec une certaine quantité de jus de
viande et de racines. M. d'Arcet est aussi parvenu à préparer
des tablettes de bouillon meilleures que toutes celles qui ont
été faites jusqu'ici. Mieux vaudrait encore ne faire des tablettes de bouillon qu'avec la viande seule ; elles seraient beaucoup
plus succulentes, se conserveraient mieux et donneraient un
bouillon plus savoureux. M. Proust a fait à cet égard des expériences dont les résultats ont été publiés. (*Annales de Chimie et de Physique*, t. XVIII, p. 170).

2865. Suivant Berthollet, lorsque après avoir enlevé, par des
ébullitions successives, tout ce que la chair contient de soluble, et qu'après l'avoir exposée au-dessus de l'eau dans une certaine quantité d'air, on la fait bouillir de nouveau avec de l'eau,
pour la mettre une seconde fois en contact avec l'air et répéter cette expérience plusieurs fois, il en résulte que la chair
s'altère, que l'air se charge de gaz carbonique et d'une odeur
infecte, et que l'eau dissout une matière qui a la propriété de
précipiter le tannin ; mais on observe en même temps que ces
phénomènes perdent peu-à-peu de leur intensité, et que la
chair finit par prendre l'odeur et la saveur du vieux fromage.

2866. Traitée par l'acide sulfurique, la chair subit des altérations remarquables observées en 1820 par M. Braconnot
(*Ann. de Chim. et de Phys.*, t. XIII, p. 118.) Ses expériences
ont été faites sur 30 grammes de matière. La chair, ayant été
bien divisée, lavée à plusieurs reprises avec beaucoup d'eau,
exprimée graduellement et fortement dans une toile, fut mise
en contact et broyée, à la température ordinaire, avec 30 grammes d'acide sulfurique concentré ; elle s'y est ramollie et presque entièrement dissoute sans aucun dégagement de gaz sulfureux : pour favoriser la solution de quelques grumeaux, le mélange a été chauffé doucement, puis on l'a laissé refroidir.
Après quoi on a enlevé une petite couche de graisse qui s'é-
tait rassemblée à la surface de la liqueur ; on a étendu celle-ci
d'environ un décilitre d'eau, et on a fait bouillir le tout pendant neuf heures, en ayant soin de remplacer l'eau à mesure
qu'elle se vaporisait. Alors la nouvelle liqueur fut saturée par
la craie, filtrée et évaporée. L'extrait qu'elle a fourni avait une
saveur marquée de bouillon, et n'était point sucré ; la potasse
en dégageait de l'ammoniaque ; étendu d'eau et exposé à une
douce chaleur long-temps continuée, il ne se putréfiait point ;
mis en contact avec de l'alcool bouillant, il se dissolvait en
partie, et l'alcool laissait déposer, par son retour à la tempéra-

ture ambiante, une matière blanche particulière. C'est cette matière, dont le poids était d'environ un gramme, qui fait le principal objet des recherches de l'auteur; il la regarde comme nouvelle et la désigne par le nom de *leucine* (λευκός, blanc). Dans cet état, la leucine n'est point parfaitement pure; elle contient un peu de matière animale précipitable par une infusion de noix de galle : il faut donc la redissoudre dans l'eau, y ajouter quelques gouttes d'infusion, ou plutôt en telle quantité que la dissolution ne précipite ni par l'infusion même ni par la liqueur primitive. Amenée à ce point, la dissolution donnera la leucine en l'évaporant convenablement. Les propriétés que cette substance possède sont les suivantes : elle a une saveur agréable de jus de viande ou de bouillon; sa densité paraît être moindre que celle de l'eau. Chauffée dans une petite cornue de verre, elle fond, mais seulement bien au-dessus de 100 degrés, répand une odeur de viande grillée, se sublime en partie sous forme de petits cristaux blancs, grenus, opaques, et du reste se décompose en produisant de l'huile, de l'ammoniaque, etc. Sa dissolution dans l'eau n'est troublée par aucun sel métallique, si ce n'est l'azotate de mercure. Lorsque cette dissolution est faite dans l'eau tiède, et qu'on l'abandonne à une évaporation spontanée, il se forme à sa surface beaucoup de petits cristaux, isolés, aplatis, qui ressemblent à des moules de boutons. Enfin la leucine est capable de s'unir à l'acide azotique et de former un composé que M. Braconnot appelle *acide nitro-leucique*. Qu'on dissolve en effet la leucine dans l'acide azotique, et qu'on évapore la dissolution jusqu'à un certain point, elle se prendra en une masse cristalline, sans qu'il se dégage de vapeur nitreuse, et même sans qu'il se produise pour ainsi dire de gaz. Si l'on presse ensuite cette masse dans du papier joseph, et qu'on la redissolve dans l'eau, on retirera de celle-ci, par la concentration, des aiguilles fines, divergentes, presque incolores : ce sera le nouveau composé acide. M. Braconnot l'a à peine étudié : il a vu seulement qu'il était différent de l'acide nitro-saccharique, qu'il s'unissait bien aux bases, qu'il formait avec elles des sels qui fusaient sur les charbons ardens, que le nitro-leucate de chaux et celui de magnésie étaient inaltérables à l'air.

Lorsqu'on traite, comme nous venons de le dire, la chair musculaire par l'acide sulfurique, il se forme diverses substances, outre la leucine. Sans compter l'ammoniaque déjà nommée, il y en a au moins deux : l'une reste en dissolution dans l'alcool avec une certaine quantité de leucine; l'autre est insoluble dans ce réactif. Ajoutons actuellement que, tant qu'on n'aura point fait l'analyse de toutes ces substances, et qu'on n'aura point comparé leur poids à celui de la fibre, il sera impossible d'établir la théorie de leur formation, etc.

Des Cheveux, des Poils, de la Laine, des Ongles, de la Corne.

2867. *Cheveux.* — C'est à M. Vauquelin que nous sommes redevables de presque tout ce que nous savons sur la nature des cheveux. Il résulte de ses expériences (*Ann. de Chim.*, t. LVIII, p. 41):

1° Que les cheveux noirs sont formés de neuf substances différentes, savoir : d'une matière animale semblable au mucus, qui en fait la plus grande partie; d'une petite quantité d'huile blanche concrète, et d'une autre d'un noir verdâtre, épaisse comme le bitume; d'un peu de phosphate de chaux, de carbonate de chaux, d'oxide de manganèse et de fer oxidé ou sulfuré; d'une quantité notable de silice et d'une quantité plus considérable de soufre.

2° Que les cheveux rouges ne diffèrent des cheveux noirs qu'en ce qu'ils contiennent de l'huile rouge au lieu d'huile d'un noir verdâtre, et moins de fer et de manganèse.

3° Que ceux qui sont blancs renferment un peu de phosphate de magnésie, et contiennent d'ailleurs les mêmes substances que ceux qui sont noirs ou rouges, moins l'huile colorée.

4° Que les noirs doivent leur couleur à l'huile noire et probablement au fer sulfuré; les rouges, à l'huile rouge, et les blancs à ce qu'ils ne contiennent ni huile colorée ni fer sulfuré.

Soumis à la distillation, les cheveux se décomposent, donnent de l'huile, du carbonate d'ammoniaque, etc., et 0,28 à 0,30 de charbon. L'air ne les altère point. Il n'est aucune substance animale qui résiste autant qu'eux à la décomposition putride. Ils ne se dissolvent dans l'eau qu'à un certain nombre de degrés au-dessus de 100° : aussi n'en peut-on opérer la dissolution dans ce liquide qu'au moyen du digesteur de Papin. Toutefois il ne faut pas trop élever la température; car le mucus, qui constitue la majeure partie des cheveux, loin de se dissoudre, se décomposerait et se transformerait en acide carbonique, en carbonate d'ammoniaque, etc. Dans tous les cas, il se dégage une certaine quantité de gaz sulfhydrique; il s'en dégage d'autant plus que la température est plus élevée, ce qui semble annoncer que ce gaz est dû à un commencement de décomposition.

L'eau chargée d'une petite quantité de potasse caustique,

par exemple, de 4 centièmes, dissout bien mieux les cheveux que l'eau pure. Lorsqu'on traite ainsi les cheveux noirs et les cheveux rouges, il se dégage, pendant la dissolution, du sulfhydrate d'ammoniaque, qui provient sans doute de ce qu'une petite portion de la matière se décompose, et l'on obtient; savoir : avec les cheveux noirs, un résidu noir formé d'huile épaisse, de fer et de soufre, et avec les cheveux rouges, un résidu composé d'huile, de soufre et d'une trace de fer.

Les acides agissent diversement sur les cheveux. L'acide sulfurique et l'acide chlorhydrique, étendus d'eau, après s'être colorés en rose, les dissolvent. L'acide azotique les jaunit d'abord; il les dissout ensuite à l'aide d'une douce chaleur, en isole l'huile, et les décompose complètement : de cette décomposition résultent de l'acide oxalique, de l'acide sulfurique en raison du soufre que contiennent les cheveux, de la matière amère, etc. Le premier effet du chlore est de les blanchir; bientôt après il les ramollit, et les réduit en pâte visqueuse et transparente comme de la térébenthine.

L'alcool bouillant nous offre aussi des phénomènes remarquables dans son action sur les cheveux; il en dissout les matières huileuses : celle qui est blanche se dépose, par le refroidissement de la dissolution, sous forme de petites lames brillantes; celle qui est noire ne s'en sépare que par l'évaporation ; il en est de même de celle qui est rouge. On remarque qu'en traitant ainsi les cheveux rouges pendant long-temps, ils deviennent bruns ou châtains foncés.

Enfin, mis en contact avec les cheveux rouges, châtains et blancs, les sels de mercure, de plomb, de bismuth, ou leurs oxides, les font passer au noir ou au violet foncé : alors il se forme sans doute un sulfure métallique. Lorsqu'on veut faire usage des sels, il faut les étendre d'une grande quantité d'eau; lorsqu'on veut se servir des oxides, il faut les employer très divisés et récemment précipités. J'ai vu quelquefois la recette suivante réussir assez bien. L'on prend une partie de litharge réduite en poudre très fine, une demi-partie de chaux éteinte et une partie de craie; après avoir mêlé ces trois substances intimement, on délaie le mélange dans l'eau, de manière à lui donner la consistance d'une bouillie épaisse ; on applique une petite couche de cette bouillie sur du papier, et l'on s'en sert pour mettre les cheveux en papillottes à la manière ordinaire : au bout de quatre heures, l'effet est produit; on ôte les papillottes, et l'on enlève le mélange avec un peigne et de l'eau.

2868. *Ongles, cornes, épiderme, laine et poils en général.* — Toutes ces substances sont formées, suivant Vauquelin, d'une grande quantité de mucus, semblable à celui qui entre dans la composition des cheveux, et d'une petite quantité d'huile à laquelle elles doivent leur souplesse et leur élasticité. (*Ann. de Chim.*, t. LVIII, p. 52).

Il paraît en être de même des plumes chez les oiseaux et des écailles chez les reptiles.

Du Tissu cartilagineux.

2869. Ce nom est donné indistinctement à un tissu solide, demi-transparent, facile à couper, compressible, élastique. Il n'a encore été que peu examiné. On sait toutefois qu'il ne contient que très peu de sels terreux, et qu'il constitue au moins trois espèces bien distinctes sous le rapport de la nature chimique.

L'un se résout en colle, lorsqu'on le fait bouillir avec l'eau; un autre est inattaquable par l'eau bouillante; le troisième y devient transparent, et finit par s'y dissoudre comme une sorte de mucus.

Cartilage qui se résout en colle. — Tel est celui qui unit les côtes au sternum dans la jeunesse, car ce n'est que dans un âge assez avancé qu'il commence à s'ossifier, ou que les interstices se remplissent de phosphate et carbonate de chaux. Tel doit être encore, et tel est en effet le cartilage des os proprement dits, du moins chez les mammifères et les oiseaux, cartilage qu'il est facile d'obtenir en faisant plonger pendant quelques jours, à la température ordinaire, les os dans l'acide chlorhydrique affaibli.

Cartilage inattaquable par l'eau bouillante. — Nous citerons celui des oreilles, du nez, de la trachée-artère, et celui des extrémités des os destinés à se mouvoir les uns sur les autres. Dépouillés du *périchondre* qui les enveloppe, ces organes résistent à l'action long-temps continuée de l'eau bouillante. Une ébullition prolongée pendant douze heures ne les ramollit point.

Cartilage semblable à une sorte de mucus. — C'est cette espèce qui constitue les os cartilagineux des poissons : du moins voilà ce qui semble résulter des observations de M. Chevreul sur ceux du *squalus maximus* (Bulletin de la Société philomatique, 1811, p. 318). Le cartilage se gonfle peu-à-peu dans l'eau bouillante, devient transparent au point de ne plus être visible, mais ne se dissout que dans mille fois son poids de ce liquide. L'acide chlorhydrique en opère aisément la dissolution. Il paraît que c'est également cette sorte de cartilage qui se trouve dans les os durs et les écailles des poissons, lesquels os et écailles contiennent beaucoup de sels calcaires.

Du Tissu osseux.

2870. *Composition.* — Les os, séparés de leur périoste, de la moelle ou graisse qui existe surtout au centre de ceux qui sont longs (1), de la matière mollasse et rougeâtre qu'on appelle *diploé* (2), et qu'on trouve plus particulièrement entre les deux tables qui constituent les os plats, doivent être considérés, en général, comme un tissu cellulaire, cartilagineux, fort épais, traversé par des vaisseaux, et dont les cavités contiennent beaucoup de sous-phosphate de chaux, beaucoup moins de carbonate calcaire, très peu de phosphate de magnésie, quelques traces d'alumine, de silice, d'oxide de fer et d'oxide de manganèse.

M. Morichini et M. Berzelius admettent aussi un peu de fluorure de calcium dans les os ; cependant Fourcroy et Vauquelin n'ont pu découvrir la moindre trace de ce composé dans ces organes ; ils ne l'ont trouvé d'une manière sensible que dans les os fossiles, où M. Morichini en a annoncé, le premier, la présence. M. Berzelius admet aussi un peu de soude et de sel marin.

2871. *Historique.* — La découverte du phosphate de chaux dans les os date de 1771 ; elle est due à Gahn. Celle du phosphate de magnésie, de l'alumine, de la silice, de l'oxide de fer et de l'oxide de manganèse, appartient à Fourcroy et à Vauquelin : ils la firent de 1800 à 1807. On ne sait pas précisément à quelle époque fut faite celle du carbonate calcaire : quant à celle de la matière animale, elle remonte aux temps les plus reculés.

2872. *Propriétés.* — Les os sont solides, blancs, insipides, inodores, d'une contexture lamelleuse, ductiles jusqu'à un certain point, plus durs et plus denses que toutes les autres parties de l'économie animale. Leur forme varie singulièrement, détermine celle du squelette, et par conséquent de l'animal même.

Calcinés dans une cornue, ils se décomposent sans se déformer, noircissent, perdent à-peu-près les trois septièmes de leur poids, deviennent cassans, et fournissent tous les produits provenant de la distillation des matières animales. Chauffés dans des vaisseaux ouverts, ils s'enflamment, noircissent d'abord comme dans des vases fermés, perdent un peu plus de leur poids que dans ces sortes de vases, et se transfor-

---

(1) M. Berzelius a retiré de la moelle d'un humerus non bouilli de bœuf, 96 de graisse, 1 de membranes et vaisseaux, 3 de liquides renfermant les matières que l'eau froide extrait de la viande de bœuf.

(2) Composée, d'après M. Berzelius, de 75,5 d'eau, et de 24,5 de matières solides semblables à celles que l'eau extrait de la viande.

ment enfin en une substance blanche et si friable, qu'il suffit de la presser entre les mains pour l'écraser. Cette substance était considérée par les anciens chimistes comme une terre particulière qu'ils appelaient *terre des os :* elle doit être évidemment formée, d'après ce que nous avons dit précédemment, de phosphates de chaux et de magnésie, de carbonate de chaux, d'alumine, de silice, d'oxide de fer et de manganèse.

Exposés à l'air, à la température ordinaire, ou enfouis dans la terre, les os finissent par se déliter, s'exfolier et tomber en poussière. (1)

Lorsqu'on les traite par l'eau bouillante, sous la pression de 0^m,76, on ne dissout qu'une portion de leur matière animale, à moins qu'ils ne soient râpés et que l'ébullition ne soit soutenue pendant long-temps ; lorsque l'expérience se fait dans la marmite de Papin, cette matière se dissout complètement, et les os deviennent aussi friables que par la calcination ; ils sont même réduits en une sorte de bouillie ; mais, dans ce cas, il y a toujours décomposition d'une partie de la matière animale et production d'ammoniaque. Mis en contact avec les acides étendus d'eau, surtout avec ceux qui dissolvent facilement le phosphate de chaux, le phosphate de magnésie, le carbonate de chaux, les os se ramollissent et deviennent peu-à-peu, quelle que soit leur grosseur, demi-transparens et aussi flexibles que le jonc ; ils ne sont plus alors composés que de tissu cellulaire. C'est en les faisant digérer dans l'acide chlorhydrique faible, pendant sept à huit jours, renouvelant l'acide au besoin dans cet intervalle, les plongeant ensuite quelques instans dans l'eau bouillante, puis les essuyant et les exposant à un courant d'eau froide et vive, que M. d'Arcet en extrait le cartilage, qui, desséché, se conserve indéfiniment à l'abri de l'humidité, et qui peut toujours être converti en colle très facilement à la manière ordinaire.

Toutefois, la colle que l'on prépare ainsi contient constamment du phosphate acide de chaux. Pour l'en priver entièrement, il faut, après avoir traité les os par l'acide chlorhydrique et les avoir lavés, les faire macérer dans un lait de chaux pendant un temps assez considérable : il se forme alors du phosphate de chaux insoluble à $1\frac{1}{3}$ de base, qui se sépare de la liqueur lorsqu'on fait bouillir le cartilage avec l'eau. Par l'emploi de la chaux, on parvient d'ailleurs à former avec la graisse qui reste

---

(1) On a trouvé, dans un tombeau de l'église de Sainte-Geneviève, des os qui pouvaient avoir sept cents ans, et qui étaient devenus acides et de couleur pourpre. L'acide qu'ils contenaient était l'acide phosphorique ; il était uni au phosphate de chaux. (Fourcroy et Vauquelin, *Annales de Chimie*, t. LXIV, p. 190).

dans les os, des savons insolubles qui se déposent également. La colle obtenue de cette manière est moins colorée, plus tenace et moins hygrométrique que celle que l'on obtient sans neutraliser les os par la chaux.

2873. *Proportions des principes constituans.* — La proportion des principes constituans des os n'est point précisément la même dans les divers animaux; elle est surtout très variable dans le même individu aux diverses époques de la vie: lorsqu'il est jeune, la substance cellulaire est prépondérante; lorsqu'il est avancé en âge, c'est au contraire le phosphate de chaux qui prédomine : aussi les os commencent-ils par ressembler à une sorte de cartilage, deviennent-ils ensuite fermes, solides, et finissent-ils par être, pour ainsi dire, cassans.

Suivant Fourcroy et Vauquelin, les os de bœuf sont composés d'environ 50 de tissu cellulaire, 37 de phosphate de chaux, 10 de carbonate de chaux, 1,3 de phosphate de magnésie, de traces d'alumine, de silice, d'oxide de fer, d'oxide de manganèse. (*Ann. du Muséum d'Hist. natur.*, tom. XIII, pag. 267).

M. Berzelius a obtenu des résultats différens; il a trouvé dans les os :

	D'HOMME.	DE BOEUF.
Cartilage complètement soluble dans l'eau.....	32,17	
Vaisseaux...............................	1,13	33,30
Sous-phosphate de chaux avec un peu de fluorure de calcium.....................	53,04	57,35
Carbonate de chaux.....................	11,30	3,85
Phosphate de magnésie.................	1,16	2,05
Soude avec très peu de sel marin...........	1,20	3,45
	100,00	100,00

C'est en calcinant un poids donné d'os bien desséchés, jusqu'à ce qu'ils deviennent blancs et qu'ils ne fassent plus effervescence avec les acides, puis les pesant après la calcination, que l'on détermine la quantité de matière animale qu'ils contiennent. La différence entre les deux poids se compose, à la vérité, de cette matière que le feu détruit, et de l'acide carbonique du carbonate de chaux; mais, comme on parvient facilement à connaître le poids de cet acide, il suffit de le retrancher de la différence obtenue pour avoir celui de la matière animale même.

Les os étant calcinés, si on les met en contact, à la température ordinaire, avec le vinaigre distillé, on ne décomposera et on ne dissoudra que le carbonate de chaux; de sorte qu'en filtrant la dissolution, lavant le résidu, et versant de l'oxalate

	Émail d'homme.	Émail de bœuf.
Phosphate de chaux avec fluorure de calcium.	88,5	85,0
Carbonate de chaux.	8,0	7,1
Phosphate de magnésie.	1,5	3,0
Soude.	»	1,4
Membranes brunes tenant à l'os dentaire, alcali, eau.	2,0	3,5

	Os dentaire d'homme.	Os dentaire de bœuf.
Cartilage et vaisseaux.	28,0	31,00
Phosphate de chaux avec fluorure de calcium.	64,3	63,15
Carbonate de chaux.	5,3	1,38
Phosphate de magnésie.	1,0	2,07
Soude avec un peu de sel marin.	1,4	2,40
	100,0	100,00

Des différentes parties susceptibles d'ossification.

2877. M. Dupuytren m'ayant remis un assez grand nombre de matières ossifiées, je me suis convaincu que toutes ces matières devaient principalement leur dureté au phosphate de chaux. Je les citerai toutes, mais en indiquant seulement le poids du résidu provenant de leur calcination jusqu'au rouge, résidu qui, parfois seulement, renfermait, outre le phosphate de chaux, une très petite quantité de carbonate de chaux.

	Poids du résidu.
Kyste osseux de la glande thyroïde.	0,04
Kyste osseux de la même glande.	0,65
Kyste osseux de la même glande.	0,34
Plèvre ossifiée.	0,14
Ossification trouvée dans l'aorte.	0,52
Ovaire de femme ossifié.	0,55
Glande mésentérique ossifiée.	0,73
Glande thyroïde ossifiée.	0,66
Concrétion trouvée à la surface convexe du foie dans un kyste recouvert par la péritonéale.	0,63
Concrétion osseuse trouvée au-dessus du ventricule latéral droit dans la substance cérébrale d'une femme de trente ans.	0,66

Telle est aussi, à ce qu'il paraît, abstraction faite de la matière animale, la composition des concrétions qu'on trouve dans les poumons de personnes menacées de consomption, quelquefois dans les amygdales (Laugier). Cependant Crumpton ayant analysé une concrétion du poumon, l'a trouvée formée de 82 de carbonate de chaux, et de 18 de matière animale et d'eau.

Une observation faite il y a quelque temps par Laugier doit trouver place ici ; elle est relative à la nature d'une matière renfermée dans un kiste qui se trouvait attaché au bord libre du foie, dans le cadavre d'une femme âgée d'environ soixante-dix ans. Une partie de cette matière était molle; l'autre était composée de grumeaux solides et durs. En traitant le tout à plusieurs reprises par de l'alcool bouillant, la liqueur filtrée laissa déposer, par le refroidissement, des cristaux lamelleux qui avaient l'aspect de la cholestérine. Calcinant ensuite jusqu'au rouge les grumeaux, qu'il était facile de séparer, ils donnèrent pour résidu les 0,78 de leur poids d'une substance blanche qui ne contenait, pour ainsi dire, que du phosphate de chaux. (*Ann. de Chim. et de Phys.*, t. II, p. 126.)

SECTION VIII.

Des calculs ou concrétions.

2878. Il se forme au sein de plusieurs liquides, dans l'économie animale, des dépôts solides qui ont reçu le nom de *calculs* ou de *concrétions*. On distingue aujourd'hui, 1° les calculs urinaires; 2° les calculs de la glande prostate; 3° les calculs arthritiques; 4° les calculs de la vésicule; 5° les concrétions intestinales; 6° les concrétions salivaires; 7° les concrétions pancréatiques; 8° les concrétions pinéales. Nous allons les examiner dans cet ordre.

Des calculs urinaires de l'homme.

2879. L'on connaît sous le nom de *calculs* ou de *pierres urinaires de l'homme*, les concrétions qui se forment dans l'urine humaine, et qu'on rencontre ordinairement dans la vessie, quelquefois dans les reins, rarement dans les uretères, plus rarement encore dans le canal de l'urètre.

Quelques-uns ne sont pas plus gros que la tête d'une épingle; d'autres, mais en petit nombre, sont si volumineux qu'ils distendent la vessie; presque tous ont la forme d'un sphéroïde ou d'un ovoïde légèrement aplati; il n'y a que ceux qui se développent dans les reins, les uretères et le canal de l'urètre, qui, se trouvant comprimés, prennent une autre forme. Ceux des reins, surtout, lorsqu'ils ne sont point entraînés dans la vessie par l'urine, s'étendent par des branches et des ramifications dans le bassinet, se moulent dans ses divisions, deviennent très irréguliers, et nous offrent quelque ressemblance avec les madrépores.

Leur couleur et leur densité varient en raison de leur nature: il en est de blancs, de jaunes, d'un jaune-rougeâtre, de gris-cendré, de noirâtres; ils pèsent spécifiquement de 1,213 à 1,976.

Plusieurs ont une surface lisse et polie ; d'autres en ont une qui est graveleuse ; d'autres sont chargés de petits tubercules ou de pointes. Leur dureté est aussi très variable : les plus durs sont formés de chaux unie à l'acide oxalique.

Ils sont sans odeur, à moins qu'on ne les frotte, sans saveur, sans action sur les couleurs bleues. Enfin tous sont formés d'un grand nombre de couches superposées, au centre desquelles se trouve un petit noyau.

Les calculs ne sont pas toujours composés d'acide urique, comme le croyait Schéele, ou d'acide urique et de phosphate de chaux, comme le pensait Bergmann. Huit autres substances peuvent encore en faire partie, ainsi que l'ont prouvé Fourcroy, Wollaston, Vauquelin et le docteur Marcet ; savoir : le phosphate ammoniaco-magnésien, l'oxalate de chaux, l'urate d'ammoniaque, la silice, la cystine ou oxide cystique, et trois autres matières animales.

Donnons les caractères qui distinguent chacun de ces corps dans les calculs.

1° *Acide urique.* — Jaunâtre ou d'un jaune-rougeâtre, surtout lorsqu'il est mouillé ; donnant, lorsqu'on le scie, une poussière analogue à la sciure de bois ; laissant dégager une odeur d'acide cyanhydrique, lorsqu'on le chauffe peu-à-peu dans des vaisseaux ouverts, et brûlant sans résidu en élevant la température jusqu'au rouge ; ne dégageant point d'ammoniaque avec les dissolutions alcalines ; formant, par la trituration, des composés onctueux avec celles qui sont concentrées ; se dissolvant facilement, même à froid, dans celles qui sont étendues et en excès, et possédant alors la propriété d'en être précipité par les acides en flocons blancs qui, recueillis sur un filtre, ne tardent point à apparaître en paillettes brillantes ; enfin décomposable par l'acide azotique, et laissant un résidu rouge par l'évaporation à siccité.

2° *Urate d'ammoniaque.* — D'un gris de cendre, brûlant sans résidu, dégageant une forte odeur d'ammoniaque avec les dissolutions alcalines, et se comportant d'ailleurs comme l'acide urique avec ces dissolutions : il est toujours avec excès d'acide.

3° *Cystine.* (Voy. 2544.)

4° *Oxalate de chaux.* — Gris, et quelquefois d'un brun foncé, en raison de la matière animale qui l'accompagne ; toujours disposé en couches ondulées ; présentant extérieurement des tubercules rarement aigus et le plus souvent arrondis et analogues à ceux des mûres ; donnant, lorsqu'on le calcine, un résidu blanc de chaux ou de carbonate de chaux, facile à reconnaître ; savoir : la chaux par sa saveur âcre, et le carbo-

nate de chaux par l'effervescence qu'il produit avec les acides, etc. Ce résidu, lorsqu'il n'est composé que de chaux,
équivaut à-peu-près au tiers du poids du calcul.

M. Lassaigne a annoncé, il y a quelque temps, que ce sel faisait partie des *hippomanes* ou matières blanches, molles et vis-
queuses qui nagent dans la liqueur de l'*allantoïde* (*Ann. de
Chim. et de Phys.*, t. x, p. 200). Cet oxalate ne se forme-
rait-il pas aux dépens de cette liqueur même, qui est analogue à l'urine (2789), et sa formation ne serait-elle point ac-
cidentelle ?

5° *Silice.* — Même aspect que l'oxalate de chaux, si ce n'est
qu'elle est moins colorée ; facile à en distinguer, parce qu'elle
ne perd presque rien par la calcination, et que le résidu
est insipide, inattaquable par les acides, vitrifiable par les
alcalis, etc.

6° *Phosphate ammoniaco-magnésien.* — Blanc, cristallin,
demi-transparent, vitrifiable par une chaleur rouge, par conséquent à celle du chalumeau, laissant dégager de l'ammoniaque par la trituration avec les alcalis en liqueur, ne s'y dissolvant point, se dissolvant au contraire dans l'acide sulfurique.

7° *Phosphate de chaux.* — Blanc, opaque, non cristallisé,
non vitrifiable, ne perdant presque rien par la calcination,
ne laissant pas dégager d'ammoniaque par sa trituration avec les
alcalis, insoluble dans ces substances, insoluble aussi dans l'a-
cide sulfurique, formant avec lui un *magma* épais en donnant
lieu à un grand dégagement de calorique, soluble dans l'acide
azotique et dans l'acide chlorhydrique.

8° M. le docteur Marcet, dans un grand nombre d'analyses
de calculs qu'il a eu occasion de faire, en a rencontré deux
d'une espèce nouvelle et de nature animale, qu'il propose
d'appeler : l'un, *calcul fibrineux*, parce qu'il est composé
d'une matière dont les propriétés sont analogues à la fibrine ;
et l'autre, *oxide xanthique* (de ξανθός, jaune), parce qu'il
forme un composé de cette couleur avec l'acide azotique. Mais
comme M. Marcet n'a remarqué qu'une seule fois chacune de
ces variétés, et qu'il ne se dissimule pas qu'elles pourraient
être des productions accidentelles, nous ne les décrirons point,
et nous renverrons ceux qui voudront les connaître au Mémoire
même de l'auteur, ou à l'extrait qui en a été publié dans les
Ann. de Chim. et de Phys., t. XIII, p. 14.

9° *Matière animale autre que la cystine, l'oxide xanthique et la matière fibrineuse.* — Cette matière n'a point encore été isolée ; elle existe dans presque tous les calculs, et
particulièrement dans ceux d'oxalate de chaux, qu'elle colore

en brun et dont elle lie toutes les parties. Ne proviendrait-elle pas du mucus de la vessie, altéré ?

10° *Urate de soude.* — Ce sel fait aussi partie des calculs urinaires, d'après M. Lindbergson : c'est du moins ce que M. Berzelius a annoncé dans une lettre écrite à Berthollet. (*Ann. de Chim. et de Phys.*, t. XIV, p. 192.) S'il existe, il doit être très rare et avec excès d'acide.

Les calculs sont formés, tantôt d'une seule substance, et tantôt de plusieurs qui, presque toujours, se trouvent superposées de telle sorte qu'en général la plus insoluble est au centre : on ne peut donc avoir une idée de leur nature qu'en les sciant. Fourcroy, qui a analysé plus de six cents calculs avec Vauquelin, en reconnaît douze espèces. On peut en admettre trois nouvelles depuis que Wollaston et Marcet nous ont prouvé que certains calculs étaient formés les uns de cystine, d'autres d'oxide xanthique, et d'autres de matière fibrineuse. Nous allons énoncer ces différentes espèces, et le nombre qui s'en est trouvé dans les six cents calculs analysés par les deux chimistes français que nous venons de citer, en observant d'ailleurs que l'on pourra consulter avec fruit les nombreuses recherches dont les résultats sont consignés : (*Journ. de Chim. méd.*, VI, 362 et 590.)

1ʳᵉ *Espèce.* Acide urique ; environ un quart.

2ᵉ Urate d'ammoniaque ; rare.

3ᵉ Oxalate de chaux ; environ un cinquième : les calculs de la vessie des rats sont ordinairement composés de ce sel. (*Journ. de Chim. méd.*, VII, 289.)

4ᵉ Cystine ou oxide cystique ; très rare.

5ᵉ Oxide xanthique ; très rare : il n'a encore été vu qu'une seule fois par le docteur Marcet, et une autre fois par Laugier. (*Journ. de Chimie médicale*, V, 313.)

6ᵉ Calcul fibrineux : il n'a également été trouvé qu'une seule fois par le docteur Marcet.

7ᵉ Acide urique et phosphates terreux en couches distinctes ; environ un douzième.

8ᵉ Acide urique et phosphates terreux, mêlés intimement ; environ un quinzième.

9ᵉ Urate d'ammoniaque et phosphates en couches distinctes ; environ un trentième.

10° Urate d'ammoniaque et phosphates terreux mêlés intimement ; environ un quarantième.

11° Phosphates terreux en couches fines ou mêlés intimement ; environ un quinzième

12ᵉ Oxalate de chaux et acide urique en couches très distinctes ; environ un trentième.

13° Oxalate de chaux et phosphates terreux en couches distinctes ; environ un quinzième.

14 Oxalate de chaux, acide urique ou urate d'ammoniaque et phosphates terreux ; environ un soixantième.

15° Silice, acide urique, urate ammoniacal et phosphates terreux ; environ un trois-centième.

Le phosphate calcaire, le phosphate ammoniaco-magnésien et la silice n'ont point encore été trouvés isolés, si ce n'est la silice une seule fois, par M. Lassaigne, dans le canal de l'urètre d'un agneau. (*Journ. de Chim. méd.*, VI, 449.) (1)

Après avoir fait connaître la nature des différens calculs trouvés jusqu'à ce jour, essayons de présenter la théorie de leur formation.

Si l'on introduit dans la vessie un corps étranger, par exemple, un petit caillou, ce corps attirera les substances les moins solubles qui entrent dans la composition de l'urine, de même qu'un cristal attire des particules salines, et il deviendra le centre d'un calcul qui se formera dans un espace de temps plus ou moins considérable : ce qui le prouve, c'est qu'il existe certains calculs qui ont pour noyau, tantôt des épingles à friser, tantôt des cure-dents, et que toutes les fois qu'une sonde séjourne trop long-temps dans la vessie, elle se recouvre d'une croûte terreuse. La question se réduit donc à faire comprendre comment se forme le noyau dans ces organes.

Lorsqu'il est composé d'acide urique, ce qui arrive le plus souvent, sa formation a toujours lieu dans les reins. En effet, c'est dans cet organe que l'urine est sécrétée du sang artériel. Or, il se produit dans quelques circonstances plus d'acide urique que cette liqueur n'en peut dissoudre ; il doit donc s'en déposer une certaine quantité. Tantôt le dépôt reste dans le rein, tantôt il est entraîné dans les uretères, souvent dans la vessie ; et de là les calculs qui ont pour siège ces différentes parties de l'appareil urinaire. Quelquefois aussi il est porté au dehors, sous forme de petits graviers, par le canal de l'urètre : il en résulte alors l'affection connue sous le nom de *gravelle*.

Est-ce également dans le rein que se forment les noyaux composés d'oxalate de chaux, d'urate d'ammoniaque, etc.?

Nous manquons de données pour répondre à cette question : nous remarquerons seulement qu'on rencontre ordinairement dans la vessie les calculs au centre desquels ils se trouvent.

____

(1) M. Pietro Alemani dit avoir trouvé un calcul urinaire formé, sur 100 parties, de 51 de magnésie, 20 de silice, 11,84 de phosphate de fer, 4 de carbonate de magnésie, 3,16 de substances volatiles. Je doute fort que la matière sur laquelle M. Pietro a opéré fût un véritable calcul. (*Ann. de Chim.*, t. LXV, p. 222).

Il est facile toutefois de concevoir la formation de ces divers noyaux.

L'oxalate de chaux, l'urate d'ammoniaque, la cystine, etc., qui ne sont point des matériaux constans de l'urine, s'y trouvent dans quelques circonstances, puisqu'ils font quelquefois partie des calculs; mais ces corps sont insolubles : ils doivent donc pouvoir se déposer et attirer à eux les matières étrangères.

Le phosphate de chaux et le phosphate ammoniaco-magnésien existent toujours dans l'urine; ils y sont dissous à la faveur d'un excès d'acide : celui-ci peut être neutralisé par de l'ammoniaque provenant de la décomposition d'une certaine quantité d'urée, ou plutôt par une certaine quantité d'ammoniaque qui se formerait en même temps que l'urine; et dès lors il y aurait dépôt de ces deux sels.

Quant à la silice, il suffit, pour en concevoir la présence dans les calculs, d'observer qu'elle est tenue parfois en suspension intime et même en dissolution dans l'eau, et que, selon M. Berzelius, elle fait toujours partie de l'urine.

Enfin, il paraît que la matière animale, qu'on trouve en assez grande quantité dans les calculs muraux, et qui existe d'ailleurs dans presque tous les autres, joue aussi un rôle dans leur formation; il semble qu'elle en lie toutes les parties, et que, sans elle, leur réunion ne se ferait que difficilement.

2880. Tout cela étant conçu, supposons, pour plus de clarté, qu'un noyau d'acide urique soit transporté des reins dans la vessie, et qu'il y séjourne : de quelle nature sera le calcul qui se formera? Sa nature dépendra de celle du liquide urinaire. Si l'acide urique domine dans ce liquide, ce sera cet acide qui se déposera; si les phosphates sont, au contraire, prédominans, et s'ils sont à peine retenus par l'excès d'acide, ils se sépareront en partie et viendront couvrir le noyau d'acide. Ce qu'il y a de remarquable dans cette formation, c'est que, comme nous l'avons déjà dit, ce sont les substances les plus insolubles qui se trouvent au centre : ainsi, dans un calcul qui serait formé de silice, d'oxalate de chaux, d'urate d'ammoniaque, d'acide urique et de phosphates, ces substances seraient disposées, en général, de telle manière que la silice serait au centre; puis viendraient successivement les autres substances dans l'ordre où nous venons de les énoncer. (1)

---

(1) L'acide urique étant un peu soluble dans l'eau, on pourrait croire qu'il devrait se déposer après les phosphates, qui, par eux-mêmes, y sont insolubles; mais ceux-ci sont très solubles dans l'excès d'acide.

2881. Il est difficile, pour ne pas dire impossible, de dissoudre la pierre dans la vessie, pour peu que son volume soit considérable ; mais il est possible d'en prévenir la formation dans le plus grand nombre de cas. En effet, nous avons vu que la plupart des calculs avaient pour noyau l'acide urique, que ce noyau se formait dans le rein, et qu'il ne se formait que parce que l'urine ne contenait point assez d'eau pour pouvoir le dissoudre. Conséquemment, lorsqu'on est atteint de la gravelle, les diurétiques ou les boissons aqueuses, pris en quantité convenable, peuvent être employés avec succès : par conséquent encore, il convient de mettre le malade au régime végétal, afin qu'il se forme le moins possible de cet acide.

Mademoiselle Stephens a indiqué les pilules savonneuses ; Hartley, la potasse ou la soude ; Wilt, l'eau de chaux ; Mascagni et le docteur Styprian Luiscius de Leyde, le carbonate de potasse ; sir Everard Home et Hatchette, la magnésie ; d'autres chimistes, le bi-carbonate de soude. (*Annales de Chimie*, LXX, 32, et LXXV, 204 ; *Journal de Pharmacie*, XII, 124.) Le remède le plus sûr est l'emploi du bi-carbonate, pris à la dose de deux à trois grammes par litre d'eau ; il rend les urines alcalines, prévient la formation des graviers, et peut même dissoudre ceux qui seraient déjà formés. C'est ainsi que agissent évidemment plusieurs eaux minérales dont ce carbonate fait partie : telles sont entre autres les eaux de Contrexeville, de Vichy, etc. Mais il paraît, d'après les expériences de M. Brande, que la magnésie agirait tout autrement : suivant lui, elle modifierait tellement l'action des reins, que, dans la sécrétion de l'urine, il ne se produirait presque plus d'acide urique, et que la maladie ne reparaîtrait point. S'il en était ainsi, ce remède serait bien préférable aux autres ; car ceux-ci font seulement disparaître la crise du moment sans influer sur les crises à venir ; en un mot, ils détruisent l'effet sans anéantir la cause. Toutefois, il est certain que la magnésie n'a pas toujours une action efficace ; je l'ai vu employer sans aucun succès.

2882. Si le noyau était de l'urate d'ammoniaque, les remèdes précédens pourraient être employés avec le même succès que lorsqu'il est formé d'acide urique ; mais s'il était composé de phosphate de chaux ou de phosphate ammoniaco-magnésien, ils ne conviendraient point, puisqu'au lieu de favoriser la dissolution de ces sels, on en favoriserait au contraire la précipitation : il vaudrait mieux faire usage d'acides faibles. L'on ne connaît point encore de substances au moyen desquelles on puisse s'opposer au dépôt de l'oxalate de chaux ni de la silice : heureusement que les calculs qui ont pour noyau ces matières sont bien moins nombreux que ceux dont le noyau est l'acide urique. (*Voyez,* pour plus de détails, d'une part, les *Recherches physiologiques et médicales sur les causes, les symptômes et le traitement de la gravelle,* par M. Magendie ; et d'autre part, l'*Essai sur l'Histoire chimique et le Traitement des maladies calculeuses,* par le docteur Marcet.)

Concrétions urinaires des animaux.

2883. Ces sortes de concrétions ont été beaucoup moins examinées que les précédentes ; mais si l'on considère que les urines des animaux ne contiennent que peu de substances insolubles par elles-mêmes, il deviendra probable que les concrétions qui peuvent s'y former ne doivent pas être très variées.

Celles qui se produisent dans la vessie des herbivores sont composées, en général, de carbonate de chaux, et assez souvent d'un peu de carbonate de magnésie : leur friabilité est ordinairement très grande.

Celles des carnivores sont d'une autre nature : Fourcroy et Vauquelin y ont toujours trouvé du phosphate de chaux ; M. Bénédict Prévost a reconnu le phosphate de chaux et le phosphate ammoniaco-magnésien dans une concrétion de petite chienne. (*Ann. de Chim. et de Phys.*, t. VI, p. 218.) M. Gauthier de Claubry a vu que plusieurs calculs provenant de divers chiens contenaient, outre ces deux phosphates, une certaine quantité de carbonate de chaux. Enfin, M. Lassaigne assure qu'un calcul extrait de la vessie d'un chien par MM. Dupuy et Barthelemy, professeurs à l'École d'Alfort, était composé d'urate d'ammoniaque et d'un peu de phosphate de chaux. (*Ann. de Chim. et de Phys.*, t. IX, p. 324).

Calculs de la glande prostate.

2884. Ces calculs paraissent être formés, d'après les expériences de Wollaston, de phosphate de chaux au même état de saturation que dans les os. Leur volume varie entre celui d'une tête d'épingle et celui d'une noisette ; leur forme est plus ou moins sphéroïdale et leur couleur d'un brun jaunâtre : cette couleur provient de la sécrétion de la glande même, et leur donne l'apparence extérieure des calculs formés d'acide urique ; mais il est facile de les en distinguer, soit en les entamant, soit en les calcinant, soit en les traitant par la potasse, etc.

Je dois ajouter ici que l'on me remit, il y a quelques années, comme provenant de la prostate, un tout petit calcul dont je ne pus soupçonner la nature à l'aspect, et que je trou-

vai formé d'oxalate de chaux : cet oxalate était remarquable
en ce qu'il était blanc, peu compacte et sans protubérance.
Depuis, j'ai eu occasion de faire l'analyse de plusieurs autres
calculs sur l'origine desquels je n'avais aucun doute : tous venaient de la prostate, et tous étaient composés de phosphate
de chaux, de quelques traces de carbonate de chaux et d'un
peu de matière animale. M. Lassaigne a confirmé cette observation. (*Journ. de Chim. méd.*, IV, 126.)

Concrétions arthritiques.

2885. Les personnes sujettes depuis long-temps à la goutte
nous offrent parfois, dans leurs articulations, des dépôts
mous et friables qui ressemblent à de la craie. Ce n'est que
depuis 1797 que nous en connaissons la nature : alors M. Wollaston les soumit à l'analyse, et trouva qu'ils étaient formés
d'acide urique et de soude.

Depuis cette époque, M. Vogel eut l'occasion d'analyser
une de ces concrétions, qui contenait, outre l'urate de soude,
de l'urate de chaux et un peu de sel marin. (*Bull. de Pharm.*,
t. III, p. 568.) Laugier a fait aussi une observation semblable.
(*Journ. de Chim. méd.*, I, 6,)

De la Nature et de la Formation des Calculs de la vésicule du bœuf et de l'homme.

2886. Les concrétions qui se produisent au sein de la bile,
prennent le nom de *calculs biliaires*, et plus souvent celui de
calculs de la vésicule, parce qu'on les rencontre bien plus souvent dans cette sorte de réservoir que dans les canaux avec
lesquels elle communique.

2887. *Calculs du bœuf.*—Les calculs de la vésicule de bœuf
sont rares ; ils sont assez gros, et on n'en trouve ordinairement
qu'un seul dans la même vésicule.

Ceux que j'ai examinés n'étaient composés que de grumeaux
légèrement agglutinés ou adhérens à peine les uns aux autres;
tous étaient formés de la matière que j'ai décrite précédemment
sous le nom de *matière jaune*, imprégnée seulement d'un peu
de bile (page 148). Delà, j'ai conclu que telle était sans doute
la composition de tous les calculs de la vésicule du bœuf. Ce
qu'il y a de certain, c'est qu'alors on n'en connaissait pas
d'une autre nature.

Cependant, il paraîtrait, d'après les observations de
M. Charlot, pharmacien vétérinaire, qu'il existe quelquefois
des calculs de la vésicule du bœuf très différens de ceux dont
j'ai fait l'analyse.

Il en cite un qui pesait 15 onces avant d'être desséché, et
9 onces après sa dessiccation. La couche extérieure était d'un

vert-jaunâtre et avait une saveur de bile; les autres étaient blanches et insipides.

Ce calcul avait été trouvé dans la vésicule d'une vache affectée d'ictère; il était composé d'une substance grasse acide, que l'auteur croit être l'acide margarique, d'une matière résineuse verte très amère, de mucus animal, de chaux et de magnésie.

Le même observateur, ayant eu ensuite l'occasion d'examiner des calculs ordinaires de la vésicule de bœuf, dit qu'ils sont jaunes de la circonférence au centre, que néanmoins ils ressemblent par leur composition à celui qui précède, et qu'ils sont formés, en quantité variable, d'acide margarique, de mucus animal, d'une matière colorante jaune résineuse qui domine les autres substances, de chaux et de magnésie. (*Journ. de Pharm.*, XVIII, 159.)

Ces résultats laissent beaucoup à désirer.

Pourquoi ne pas avoir donné, du moins, des proportions approximatives? Comment se fait-il que l'auteur ne puisse pas nous dire si la substance acide dont il a eu une grande quantité, est réellement de l'acide margarique? Qu'est-ce que la matière colorante jaune résineuse, et la matière résineuse verte amère dont il parle? A quel état se trouvent la chaux et la magnésie qui font partie des calculs? Je ne conteste pas qu'il ne puisse y avoir des calculs d'une autre espèce que ceux que j'ai analysés; mais j'affirme de nouveau que tous ceux que je me suis procurés, étaient formés de la matière jaune dont j'ai fait connaître les propriétés, laquelle était imprégnée d'un peu de bile.

2888. *Calculs de la vésicule de l'homme.* —Les calculs biliaires de l'homme sont beaucoup moins rares que les calculs biliaires du bœuf; ils sont plus petits et plus nombreux. On en trouve quelquefois un très grand nombre dans la même vésicule : alors ils s'usent les uns contre les autres et présentent ordinairement plusieurs faces. Dupuytren en ayant mis à ma disposition plus de trois cents, j'ai eu occasion de faire sur ces calculs un travail assez complet.

Parmi ces trois cents, dont les uns ont eu pour siège la vésicule, d'autres les canaux chargés de verser la bile dans le duodénum, et d'autres dans le foie, un petit nombre était formé de lames blanches, brillantes et cristallines de cholestérine; beaucoup, formés de lames jaunes, contenaient depuis 88 jusqu'à 94 centièmes de cette substance, et de 12 à 6 de la matière qui les colorait; quelques-uns, verdis extérieurement par un peu de bile, étaient du reste jaunes dans l'intérieur et semblables aux précédens; plusieurs, recouverts, en grande partie au moins, d'une croûte brune-noirâtre dans laquelle on ne trouvait que peu de cholestérine, étaient intérieurement encore dans le même cas que ceux-ci; quelquefois c'était la matière noire qui était au centre, et la matière jaune lamelleuse à la partie supérieure; deux ou trois enfin étaient, depuis le centre jusqu'à la circonférence, brun-noirs, sans aucun point brillant ou cristallin, et presque sans cholestérine. Il faut ajouter que dans tous, excepté dans ceux qui étaient blancs, il y avait quelques traces de bile qu'on pouvait en séparer par l'eau.

Les calculs qu'on trouve quelquefois dans les intestins de l'homme sont encore semblables à ceux de la vésicule : du moins, j'en ai analysé deux qui n'en différaient en rien : tous deux contenaient beaucoup de cholestérine en lames grises et jaunes.

Depuis que ces recherches ont été faites, M. Orfila ayant eu occasion d'examiner différens calculs biliaires, en a trouvé un qui ne contenait point de cholestérine, et qui était formé d'une grande quantité de matière jaune et d'une petite quantité de picromel et de matière grasse de la bile. (*Ann. de Chimie*, t. LXXXIV, p. 34.) M. Caventou a aussi rencontré le picromel dans un calcul du poids de 12 à 13 décigrammes. (*Journal de Pharmacie*, t. III, p. 369.) Enfin, MM. Bally et Henry fils ont fait l'analyse d'un calcul qui était composé de 10,81 d'une matière animale analogue au mucus ou plutôt à l'albumine; de 72,70 de carbonate de chaux; de traces de magnésie; de 13,51 de phosphate de chaux; de 2,98 tant en oxide de fer, qu'en matière grasse, matière colorante verte de la bile et perte. (*Journal de Pharm.*, XVI, 196.)

Un de mes grands desirs était aussi de soumettre à l'analyse les calculs biliaires de quelques autres animaux, et je regrette bien, faute d'en avoir pu trouver, de ne pouvoir présenter que des conjectures sur leur nature. Toutefois ces conjectures acquerront un grand degré de probabilité, si l'on observe qu'elles reposent sur la connaissance des principes constituans de la bile au sein de laquelle ces calculs peuvent prendre naissance. Je dirai donc que s'il existe des calculs biliaires dans le chien, dans le chat, dans le mouton, ainsi que dans la plupart des quadrupèdes, il est probable qu'ils sont tous de la nature des calculs du bœuf, puisque la bile de tous ces animaux se ressemble; que pourtant celle du cochon doit faire exception. (1)

Qu'on réfléchisse maintenant sur ce qu'on a dit de la disso-

_____

(1) Cette assertion a été confirmée par M. Lassaigne : ayant eu l'occasion d'analyser un calcul de la vésicule du fiel d'une truie ladre, il se trouva formé de 6 de cholestérine; de 44,95 de résine incolore; de 45 de matière animale et résine verte altérée, et de 3,6 de bile. (*Journal de Chimie médicale*, t. II, p. 49.)

lution des calculs dans la vésicule, et l'on avouera, je pense, qu'on regarde comme bien positif ce qui n'est qu'incertain. Comment croire, en effet, que les calculs de la vésicule du bœuf disparaissent au printemps, lorsque ces animaux se nourrissent d'herbes fraîches? On pouvait admettre cette opinion lorsqu'on supposait que ces calculs n'étaient que de la bile épaissie, et encore ne voit-on pas pourquoi ils ne seraient pas dissous en hiver par l'eau de la bile. Mais maintenant qu'on sait qu'ils sont formés d'une matière insoluble dans l'eau, et qui résiste pendant long-temps à l'action des réactifs les plus forts, si on ne la rejette point, du moins est-il bien permis de la mettre au nombre de celles qui sont peu fondées; car on ne peut la soutenir qu'en l'appuyant de l'observation faite par les bouchers, savoir de l'absence, en été, et de la présence, en hiver, de calculs dans la vésicule du bœuf. Or, doit-on avoir une grande confiance dans cette observation? J'en fais plus que douter, 1° parce que les bouchers, pour la plupart au moins, ont l'habitude de ne jamais tâter les vésicules des bœufs en été; 2° parce que, de leur aveu, ces calculs sont très rares en hiver; et enfin, parce qu'il m'est arrivé d'en trouver deux en été dans deux vésicules différentes. Il me semble donc que tout ce qu'on peut dire de plus raisonnable à cet égard, c'est qu'il s'en forme peut-être moins en été qu'en hiver.

La dissolution des calculs, dans la vésicule humaine, par l'éther uni à l'huile essentielle de térébenthine, ne doit pas paraître plus vraisemblable que celle des calculs de bœufs nourris d'herbes fraîches, si l'on considère qu'à la température de 36 à 40°, l'éther doit se séparer en grande partie de l'huile essentielle et se volatiliser; que, d'ailleurs, on ne peut prendre cette mixtion qu'en petite quantité, et que, quand bien même on la prendrait à forte dose, il ne saurait en arriver jusqu'à la vésicule, ou qu'il en arriverait si peu que l'action dissolvante serait nulle. Cependant il paraît, d'après l'observation du docteur Durande et de Guyton, que l'huile de térébenthine éthérée, plus d'une fois, a fait disparaître tous ceux qui se trouvaient dans ce viscère (3° vol. de la *Chim. de Dijon*, pag. 322); mais n'est-ce point en favorisant le transport de la pierre dans les intestins? Ce qui tend à le faire croire, c'est que Durande et Guyton ont remarqué que deux malades guéris par ce remède avaient rendu de véritables calculs par le bas, quelque temps après en avoir fait usage.

Des concrétions intestinales.

2889. Il se produit assez souvent, dans les intestins et dans l'estomac des animaux, des concrétions dont la nature est très variable, et auxquelles on donne le nom de *bézoards*. Ces concrétions ont été principalement analysées par Fourcroy et Vauquelin. Ils en distinguent sept espèces. (4ᵉ volume du *Muséum d'Histoire naturelle*, pag. 329).

La première est composée de phosphate ammoniaco-magnésien et d'un peu de matière animale. Quelquefois elle présente çà et là des fibres végétales. Sa couleur est d'un gris brun ; sa compacité, assez grande; sa texture, rayonnée; son poids, souvent très considérable ; sa forme, sphéroïdale quand l'intestin ne renferme qu'un seul calcul, et triangulaire, en raison des frottemens produits, quand il en renferme plusieurs. C'est dans les animaux herbivores, et particulièrement dans les chevaux qu'on rencontre ces sortes de calculs. Le phosphate de magnésie provient des alimens dont ces animaux se nourrissent. L'ammoniaque sans doute est un produit de la digestion.

La deuxième espèce n'est formée que de phosphate de magnésie et d'un peu de matière animale; elle est demi-transparente, jaunâtre, en couches concentriques, bien moins fréquente que la première, et plus rare aussi que la troisième.

La troisième est un phosphate de chaux légèrement acide , contenant quelquefois un peu de phosphate de magnésie. Celle-ci est formée de couches concentriques très fragiles et qui se séparent facilement les unes des autres : elle est blanche, légèrement soluble dans l'eau, et rougit le tournesol d'une manière sensible.

La quatrième ne paraît être autre chose que des grumeaux de la matière jaune de la bile, adhérens les uns aux autres.

La cinquième est fusible, très combustible, décomposable par le feu, et plus ou moins analogue aux matières résineuses. Les couches dont elle est formée sont lisses, polies, douces au toucher et très cassantes. C'est à cette espèce qu'appartiennent les bézoards orientaux auxquels on attachait tant de prix autrefois, en raison des vertus médicales dont on les supposait doués. Elle a souvent pour noyau des coques d'un fruit gros au plus comme une noisette. Elle nous vient d'Asie ou d'Afrique. On suppose qu'elle est due à des résines séparées des végétaux qui servent d'alimens aux animaux dans les intestins desquels elle se trouve. Ces animaux sont presque toujours inconnus.

La sixième espèce provient évidemment du *boletus igniarius*, dont les débris encore très distincts sont liés par un suc animal. Cette espèce, formée, comme presque toutes les précédentes, de couches concentriques , est très légère, et quelquefois recouverte d'une croûte de phosphate ammoniaco-magnésien.

La septième est composée de poils que quelques animaux avalent et qui s'agglutinent ; elle est jaunâtre : on la désigne ordinairement par le nom d'*égagropile*.

2890. On rencontre aussi, mais rarement, des concrétions autres que des calculs biliaires dans les intestins de l'homme : leur formation paraît dépendre de circonstances accidentelles. Voici ce qu'on lit à ce sujet dans l'ouvrage déjà cité du docteur Marcet. (*Ann. de Chim. et de Phys.*, t. XIII, p. 38.)

1° Qu'un calcul de la grosseur d'une noix, blanc dans l'intérieur, léger, spongieux, très friable, sans couches distinctes, formé principalement d'un mélange de phosphate de chaux et de phosphate ammoniaco-magnésien, a été trouvé dans le rectum d'un enfant né avec un anus imperforé, et dans lequel il paraissait y avoir une communication entre le rectum et la vessie.

2° Que M. Brande a eu occasion d'observer, il y a quelques années, chez un individu qui faisait par goût un usage journalier de la magnésie, des concrétions considérables qui étaient entièrement composées de carbonate de cette terre, et auxquelles le mucus servait de lien.

3° Que les docteurs Marcet et Wollaston ont fait l'analyse de concrétions qui avaient jusqu'à un pouce et demi de circonférence, et qui étaient de nature caséeuse.

4° Enfin qu'on trouve en Écosse, dans la basse classe du peuple, qui mange du pain d'avoine, des concrétions en couches concentriques et alternatives, formées d'une part d'un mélange de phosphate de chaux et de phosphate ammoniaco-magnésien, et d'autre part d'une substance veloutée, compacte et brunâtre, provenant des petites arètes situées à l'une des extrémités de la semence de l'avoine.

A ces observations, il faut ajouter celles qui ont été faites plus récemment par M. Braconnot, M. Robert, M. Lassaigne et M. Dublanc. Ces chimistes rapportent, savoir : M. Braconnot, qu'ayant eu occasion d'analyser beaucoup de concrétions intestinales rendues par une fille de trente-six ans, il a trouvé que ces concrétions, qui avaient la forme de pralines et la grosseur de petites noisettes, étaient composées d'une matière analogue au bois. (*Annales de Chimie et de Physique*, t. XX, p. 194.)

M. Robert, que de petites concrétions qui lui avaient été remises par M. Flaubert lui ont semblé formées de mucus. (*Journ. de Pharm.*, t. VII, p. 161.)

M. Lassaigne, que des calculs provenant des intestins d'une jeune fille, et gros comme de petits pois, étaient composés de

74 de stéarine, oléine, acide particulier, 21 de matière fibrineuse et 5 de phosphate de chaux et sel marin. (*Journ. de Chim. méd.*, III, 119.)

M. Dublanc, que des concrétions qui avaient été trouvées dans les intestins d'un enfant, étaient de nature fibrineuse. (*Idem*, 496.)

Concrétions salivaires.

2891. Un calcul salivaire de cheval, analysé par M. Lassaigne, s'est trouvé formé de 84 de carbonate de chaux, de 3 de phosphate de chaux, de 9 de matière animale et de 3 d'eau. Les mêmes principes ont été rencontrés dans ceux de vache et d'éléphant, et dans ceux d'âne. (*Ann. de Chim. et de Phys.*, t. XIX, p. 174—XXX, 332, et *Journ. de Pharm.*, t. III, p. 208—XI, 464 et 465.)

Cependant Laugier a extrait en outre, d'un de ces derniers, du carbonate de magnésie. (*Journal de Chimie médicale*, t. II, p. 105.)

Concrétions pinéales.

2892. La glande pinéale, dont on ignore les usages, contient presque toujours deux ou trois graviers si petits, qu'on ne peut les découvrir, pour ainsi dire, qu'en écrasant cette glande entre les doigts. Suivant Fourcroy, ces concrétions sont formées de phosphate de chaux et de matière animale. Le phosphate de chaux en fait environ le tiers.

Concrétions nasales.

Suivant M. Collard de Martigny, il existerait quelquefois des calculs nasaux, qui contiendraient beaucoup de phosphate de chaux, du carbonate de chaux, de la silice, des matières analogues au mucus, à l'albumine, deux substances grasses, l'une soluble dans l'alcool et l'éther, et l'autre soluble dans l'éther seulement, enfin une substance verte. Cette analyse laisse beaucoup à desirer. (*Journ. de Chim. méd.*, VII, 723.)

De quelques autres matières particulières à certaines classes d'animaux.

2893. Après avoir examiné les matières liquides, molles et solides les plus répandues dans l'économie animale, nous devons du moins indiquer, autant que possible, la source et la nature de celles qui sont particulières à quelques animaux, et qui sont remarquables par leurs propriétés ou par leur emploi dans les arts et l'économie domestique. Ces matières sont : *dans la classe des mammifères*, le musc, la civette, le castoréum, l'ivoire, le bois ou la corne de cerf; *dans les oiseaux*, les œufs, les nids d'hirondelles des Indes; *dans les reptiles*, l'écaille de la tortue et le venin des serpens; *dans les poissons,* la laitance, les os, les écailles; *dans les mollusques,* l'encre et les os de la sèche, les coquilles, la perle et la nacre de perle; *dans les crustacés,* la croûte qui les enveloppe; *dans les insec-tes et les vers,* les cantharides, le miel et la cire, la cochenille, la soie; *dans les zoophytes,* le corail, la coraline, le madrépore, l'éponge.

2894. *Matières appartenant aux mammifères.* — *Musc.* — Le musc est une matière extrêmement odorante, amère, d'un brun noirâtre, renfermée dans une poche que porte le chevrotin mâle (*moschus moschiferus*, L.), espèce d'animal qui ressemble au chevreuil, et qui habite le Thibet et le Tonquin. Cette po-che est située entre le nombril et les parties de la génération, ou bien en avant du prépuce. Il est rare que l'on trouve du musc pur dans le commerce; il ne s'y rencontre presque ja-mais que mêlé à des graisses ou des résines, et toujours sous forme de grumeaux; dans le chevrotin vivant, il est demi-fluide.

Sa propriété caractéristique est de pouvoir, à la dose d'un seul grain, répandre une odeur très forte et particulière, dans un grand espace, pendant plusieurs années.

Le musc a été analysé par MM. Blondeau et Guibourt d'une part (*Journ. de Pharm.*, vi, 105), et par MM. Geiger et Reimann de l'autre; mais les résultats obtenus ne sont pas les mêmes. MM. Blondeau et Guibourt y admettent de la stéarine, de l'o-léine, de la cholestérine, une huile acide combinée à l'ammo-niaque, une huile volatile, de la gélatine, de l'albumine, de la fibrine, une matière très charbonnée, très soluble dans l'eau, insoluble dans l'alcool, un acide indéterminé, en partie saturé par la potasse, la chaux et l'ammoniaque, plus divers sels, des poils et du sable. MM. Geiger et Reimann le regardent comme étant composé de stéarine, d'oléine, de cholestérine, de résine amère particulière, d'une substance nouvelle combinée avec de la potasse et de l'ammoniaque, d'acide lactique en partie saturé par l'ammoniaque, de divers sels et de sable. Une nou-velle analyse du musc serait donc nécessaire, afin de bien dé-terminer à quelle substance il doit son odeur.

2895. *Civette.* — Substance dont l'odeur se rapproche de celle du musc et de celle de l'ambre, d'un jaune pâle, d'une saveur un peu âcre, d'une consistance analogue à celle du miel, d'une odeur aromatique et très forte. Cette substance pro-vient de deux petits quadrupèdes du genre *viverra* (*v. zibetha* et *v. civetta*), vivant, l'un en Afrique, l'autre dans l'Asie, où ils sont élevés avec soin, surtout en Abyssinie; elle se trouve contenue dans une poche située entre l'*anus* et les parties de la génération : on ne l'emploie que dans la parfumerie.

Suivant M. Boutron-Charlard, la civette contient de l'huile volatile à laquelle elle doit son odeur, de l'ammoniaque libre, de la résine, de la graisse, une matière extractiforme, du mucus ; elle donne, par la calcination, une cendre dans laquelle on trouve du carbonate et du sulfate de potasse, du phosphate de chaux et de l'oxide de fer.

2896. *Castoréum.* — Le castoréum provient du castor (*Castor fiber*) ; il se trouve chez les mâles et les femelles, dans deux bourses accolées à la manière des deux poches d'une besace : dans les mâles, elles sont situées derrière le prépuce ; dans les femelles, au bord supérieur de l'orifice du vagin. Il est onctueux, presque fluide dans l'animal vivant ; mais dans le commerce, on ne le trouve le plus souvent qu'en petite masse desséchée, d'un brun noirâtre à l'extérieur, d'un brun jaunâtre à l'intérieur, et à cassure résineuse. Sa saveur est acre et amère ; son odeur, très forte et même fétide, surtout quand il conserve une certaine mollesse.

Brandes, qui en a fait l'analyse, l'a trouvé formé sur 100 de 1 partie d'huile volatile, à laquelle il doit son odeur ; de 2,05 de castorine ; de 13,85 de résine, mêlée de benzoate et d'urate de chaux ; de 0,05 d'albumine ; de 0,20 d'extrait alcoolique et sels ordinaires ; de 4,60 de matières animales insolubles dans l'alcool ; de 19,20 parties de peau ; de divers sels à bases de chaux, de potasse, de magnésie, d'ammoniaque, et entr'autres de carbonate d'ammoniaque ; de 23,23 d'eau et perte.

Le castoréum n'est employé qu'en médecine.

2897. *Ambre gris.* — Matière que l'on regarde comme une concrétion qui se forme dans l'estomac ou les intestins du *physeter macrocephalus*, et que l'on trouve ordinairement en petits morceaux, quelquefois aussi en masses d'un volume assez considérable, flottant sur la surface de la mer, aux environs de Madagascar, du Coromandel, des îles Moluques et du Japon.

L'ambre gris est solide, presque insipide, plus léger que l'eau, à cassure écailleuse ; sa couleur est d'un gris cendré, rayé de jaune-brunâtre et de blanc ; son odeur est agréable, et le devient plus encore avec le temps. La chaleur le ramollit et le fond comme la cire.

Il n'est, pour ainsi dire, formé que d'une matière grasse reconnue comme particulière par Rose et Bucholz, et désignée par MM. Pelletier et Caventou sous le nom d'*ambréine* (2357).

2898. *Ivoire.* — L'ivoire est une substance osseuse qui con-

stitue les dents connues sous le nom de *défenses de l'éléphant.*
Il est de même nature que les os proprement dits. Les tabletiers
en font usage pour la préparation de divers objets. On s'en sert
aussi pour obtenir un noir très beau, très fin et très recherché:
à cet effet, on le calcine à l'abri du contact de l'air.

2899. *Bois ou corne de cerf.* — Les cornes de cerf ne diffèrent en rien des os. Lorsqu'on les divise et qu'on les traite par
l'eau bouillante, on en extrait une gelée que l'on ordonnait
autrefois en médecine. C'était aussi en distillant la corne de
cerf qu'on préparait l'huile animale de Dippel, huile qu'on ne
parvient à rendre blanche qu'en lui faisant subir plusieurs réc-
tifications et qu'en ne recueillant que les premières portions.

2900. *Matières appartenant aux oiseaux.* — *OEufs.* — Les
œufs sont composés d'une coquille solide, d'une membrane
mince adhérant intérieurement à la coquille, de blanc, de
jaune, de ligamens appelés *glaires,* et de cicatricule.

La coquille est formée, suivant M. Vauquelin, de matière
animale, d'une grande quantité de carbonate de chaux, et
d'une petite quantité de phosphate calcaire, de carbonate de
magnésie, d'oxide de fer et de soufre. (*Ann. de Chim.,*
t. LXXXI, p. 304.)

Le blanc est analogue au sérum du sang.

La membrane mince paraît être albumineuse.

Le jaune n'a point encore été soumis à une analyse exacte :
on sait qu'en le chauffant il devient solide, et qu'en le comprimant ensuite, il en suinte une certaine quantité d'huile.

Les ligamens et la cicatricule n'ont été jusqu'ici l'objet d'aucune recherche.

Il paraît qu'on conserve les œufs pendant très long-temps,
en les tenant plongés dans de l'eau chargée de chaux. (*Ann. de
Chim. et de Phys.,* t. XIX, p. 110.)

2901. *Matières appartenant aux reptiles.* — *Ecaille de la tortue.* — Elle se comporte comme la corne avec les réactifs; donne,
d'après Hatchett, lorsqu'on l'incinère, depuis 1 jusqu'à 6 pour
100 d'un résidu composé de phosphate de chaux, de phosphate de soude, de carbonate de chaux, d'oxide de fer. Cette
écaille sert à la fabrication d'une multitude d'objets.

Venin des serpens. — Fontana est le seul qui l'ait examiné;
mais malheureusement ses expériences ne nous ont rien appris
de positif sur la nature de ce venin. Tout ce qu'on sait, c'est
que ce venin et la plupart des venins animaux, tels que ceux
de la petite-vérole, de la rage, produisent des effets violens à
des doses extrêmement faibles.

2902. *Matières appartenant aux poissons.* — *Laite des poissons,
et en particulier de la carpe.* — La laite de carpe est d'une na-

ture toute particulière : elle n'est pas seulement formée d'hydrogène, de carbone, d'oxigène et d'azote, comme les autres substances animales; elle contient en outre du phosphore, ainsi que l'ont démontré Fourcroy et Vauquelin. En effet, 1° elle ne rougit point la teinture de tournesol; 2° lorsqu'on la calcine fortement dans une cornue de grès, l'on obtient de l'huile, du carbonate d'ammoniaque, etc., et une quantité très notable de phosphore; 3° lorsque la calcination se fait à un feu modéré, le charbon qui en résulte ne s'incinère qu'avec difficulté; il devient très acide pendant l'incinération, et l'acide produit est l'acide phosphorique. A la vérité, la laite contient des phosphates à bases de potasse, de soude, de chaux et de magnésie, mais elle n'en contient point d'autres; elle ne contient point surtout de phosphate d'ammoniaque, et aucun de ceux qui entrent dans sa composition n'est capable de produire les phénomènes observés. Donc le phosphore doit être considéré comme l'un des principes de cette substance. (*Ann. de Chim.*, t. LXIV, p. 5.)

2903. *Os cartilagineux des poissons.* — (*Voy.* 2869.)

2904. *Matières appartenant aux Mollusques—Os de sèche.* — Corps ovale, épais, solide, friable, rempli de cellules, formé en grande partie de matière animale et de carbonate de chaux, situé vers le dos de la sèche commune; il entre dans la composition des poudres dentifrices, et on le suspend, sous le nom de *biscuits de mer*, dans les cages des petits oiseaux, qui le becquettent de temps en temps.

2905. *Encre de sèche.* — Liqueur noire produite dans les sèches par un appareil glanduleux, et contenue dans un réservoir particulier. L'animal qui la fournit s'en sert pour se dérober aux dangers dont il se croit menacé; lorsqu'il est poursuivi, il en répand une certaine quantité et trouble ainsi toute l'eau qui l'environne. Quelques personnes ont prétendu que c'était avec cette encre qu'on préparait l'encre de la Chine; mais il paraît que celle-ci a toujours pour base le noir de fumée très divisé.

Suivant Rizio, la couleur de l'encre de sèche serait due à une matière particulière qu'il a proposé d'appeler *mélaïne* (de μελὰς, noir), et qu'on obtiendrait pure en évaporant l'encre à siccité et faisant bouillir le résidu successivement avec de l'eau, de l'alcool, de l'acide chlorhydrique, puis le lavant avec de nouvelle eau, à laquelle on ajouterait, sur la fin des lavages, un peu de carbonate d'ammoniaque. La *mélaïne* est noire, pulvérulente, insipide, inodore, insoluble dans l'eau, l'alcool, l'éther, les acides chlorhydrique et acétique, dans l'acide sulfurique faible, dans les carbonates alcalins. Mais l'acide sulfurique concentré, à froid, la potasse caustique, à chaud, la dissolvent. Elle décompose l'acide sulfurique concentré à chaud, et l'acide azotique concentré, soit à froid, soit à chaud : il suit de là que la *mélaïne* aurait beaucoup d'analogie avec le pigment noir de l'œil.

Prout a trouvé sur 100 parties de résidu sec de l'encre de sèche 78 parties de *mélaïne*; 0,84 d'une matière analogue au mucus ; 10,40 de carbonate de chaux ; 7,00 de carbonate de magnésie, et une petite quantité de divers autres sels.

2906. *Coquilles.* — Nous désignons par ce nom toutes les enveloppes osseuses des diverses espèces de coquillages. Les unes ont une contexture compacte, presque semblable à celle de la porcelaine, tandis que les autres sont formées de couches constituant la nacre de perle, et recouvertes d'un fort épiderme. A la première classe appartiennent les différentes espèces de *voluta;* et dans la seconde se trouve la *moule d'eau douce,* etc. Toutes, suivant Hatchett, sont composées de matière animale et de carbonate de chaux : seulement, celles qui sont compactes contiennent beaucoup plus de carbonate que les autres. Cependant ces résultats ne s'accordent pas complètement avec ceux que Vauquelin a obtenus en analysant les coquilles d'huîtres : il a trouvé dans ces espèces de coquilles, non-seulement de la matière animale et du carbonate de chaux, mais encore un peu de phosphate calcaire, de carbonate de magnésie et d'oxide de fer. (*Ann. de Chim.*, t. LXXXI, p. 306.)

2907. *Perles.* — Elles se trouvent dans les mêmes coquilles que la nacre, et sont, comme celle-ci, de la même nature que les coquilles dont elles font partie. On est parvenu à les imiter si bien que l'œil distingue difficilement celles qui sont artificielles de celles qui sont naturelles.

2908. *Matière appartenant aux insectes et aux vers.* — *Cantharides.*—Les cantharides ont été l'objet d'un grand nombre de recherches, parmi lesquelles on doit distinguer celles de Thouvenel, celles de M. Beaupoil, et surtout celles de M. Robiquet. En effet, c'est ce dernier chimiste qui est parvenu le premier à en extraire la matière vésicante pure, et qui, de plus, a démontré dans ces insectes l'existence d'une huile verte, de deux autres matières, l'une jaune et l'autre noire, de l'acide acétique, de l'acide urique, du phosphate de magnésie. Exposons en peu de mots les procédés qu'il a suivis pour cela.

1o L'on fait bouillir dans l'eau, à plusieurs reprises, les cantharides légèrement contusées ; traitant ensuite le résidu par l'alcool, et exposant la liqueur à l'air libre, l'huile s'en sépare : elle est verte, fluide et nullement vésicante.

2° La dissolution aqueuse étant évaporée en extrait mou, on traite celui-ci par l'alcool de même que le résidu précédent : on obtient ainsi un nouveau résidu qui est la matière noire, et une nouvelle dissolution alcoolique.

3° Après avoir vaporisé l'alcool de cette nouvelle dissolution, on met la matière restante en contact avec de l'éther dans un flacon qu'on bouche et qu'on agite. Peu-à-peu l'éther se colore en jaune; on le décante, et le mettant dans une capsule, il laisse bientôt déposer de petites lames micacées, salies par des gouttelettes d'un liquide jaunâtre que l'on enlève par l'alcool froid. Ces lames, desséchées, sont insolubles dans l'eau, solubles dans l'huile, et solubles dans l'alcool bouillant, dont elles se précipitent pures par refroidissement sous forme cristalline ; elles constituent la matière vésicante proprement dite : aussi, lorsqu'on en dissout gros comme une tête d'épingle dans 2 à 3 gouttes d'huile d'amande douce, celle-ci agit-elle promptement sur la peau, tandis que l'huile verte, la matière noire et la matière jaune purifiées ne l'attaquent en aucune manière (2543).

4° Pour obtenir l'acide urique, il suffit de faire bouillir les cantharides fraîches dans l'eau, et de concentrer la liqueur; l'acide ne tarde point à se précipiter et à former un dépôt dont l'aspect est terreux; ce qu'il y a de remarquable, c'est que les cantharides anciennes n'en contiennent pas sensiblement. Quoi qu'il en soit, en versant de l'ammoniaque dans l'eau-mère, il se produit un nouveau dépôt dû au phosphate de magnésie en combinaison avec du phosphate d'ammoniaque.

5° Enfin, pour isoler l'acide acétique, il faut infuser des cantharides fraîches dans de l'éther, filtrer la liqueur, la concentrer en l'exposant à l'air, et la distiller : il se vaporisera un liquide qui possédera toutes les propriétés qui caractérisent cet acide.

Outre tous ces principes, les cantharides contiennent une certaine quantité d'albumine, une matière animale insoluble dans l'eau et dans l'alcool, du phosphate de chaux, et sans doute plusieurs autres sels. (*Ann. de Chim.*, t. LXXVI, p. 302.)

2909. *Miel, cire, cochenille, résine-laque, soie.* (*Voyez* les n°° 2243, 2387, 2470, 2592, 2609.)

2910. *Matières appartenant aux crustacés.* — *Croûtes qui les enveloppent.* — Toutes ces enveloppes, d'après l'analyse de MM. Hatchett et Mérat-Guillot, sont formées d'une grande quantité de carbonate de chaux, d'une moindre quantité de matière animale, et d'une quantité moindre encore de phosphate calcaire. M. Lassaigne s'est assuré que la couleur que prennent ces crustacés par la cuisson est toute contenue dan ces animaux, et qu'elle ne fait que se répandre dans le test par l'action de la chaleur. (*Journ. de Pharm.*, t. vi, p. 174.)

2911. *Zoophytes.* — Hatchett partage les zoophytes en quatre classes, en raison de leur nature. Dans la première, il place ceux qui sont formés d'une grande quantité de carbonate de chaux et d'une très petite quantité de matière animale : telles sont les *madrepora muricata*, *labyrinthica* ; les *millepora cœrulea*, *alcicornis*. La seconde renferme ceux qui contiennent une assez grande quantité de matière animale, et qui, d'ailleurs, ne contiennent que du carbonate de chaux : à cette seconde classe appartiennent le *madrepora fascicularis*, les *millepora cellulosa*, *fascicularis*, *truncata*. La troisième comprend ceux où la matière animale est assez abondante, mais qui renferment en outre beaucoup de carbonate de chaux et un peu de phosphate de chaux : nous citerons comme exemples le *madrepora polymorpha*, l'*iris ochracea*, le *coralina opuntia*, le *gorgonia nobilis* ou corail rouge. Celui-ci, cependant, devrait être rangé dans la première classe, d'après les expériences de M. Vogel ; car il n'y a point découvert de phosphate de chaux, et l'a trouvé composé de 27,5 d'acide carbonique, de 50,5 de chaux, de 3 de magnésie, de 1 d'oxide de fer, de 5 d'eau, de $\frac{1}{2}$ de débris animaux, de $\frac{1}{2}$ de sulfate de chaux, et d'une trace de sel marin. (*Bullet. de Pharm.*, t. vi, pag. 258). Enfin, la quatrième se compose de ceux qui ne contiennent, pour ainsi dire, que de la matière animale : telle est l'éponge, dans laquelle M. Fife a trouvé de l'iode, et dans laquelle M. Hatchett admet de la gélatine et une substance mince, membraneuse, possédant les propriétés de l'albumine coagulée. Il paraît que la plupart des zoophytes, de même que l'éponge, contiennent des traces d'iode.

SECTION X.

De la fermentation putride.

2912. Tout le monde sait que les animaux et les végétaux soustraits à l'influence de la vie, s'altèrent peu-à-peu, laissent dégager de leur sein des matières souvent dangereuses à respirer et d'une odeur désagréable, perdent leur forme, et finissent même par se consumer ou disparaître entièrement : c'est cette sorte de décomposition, dont ne sont point susceptibles les minéraux, qu'on appelle *fermentation putride* ou *putréfaction*. Les plantes dont le tissu est toujours lâche, l'éprouvent plus promptement que celles dont le tissu est serré ; et les animaux en sont bien plus vite atteints que les plantes elles-mêmes. Aucuns ne l'éprouvent toutefois sans être soumis

à une certaine température, et sans être en contact avec l'eau.
En effet, les viandes bien enfumées, les légumes secs, se conservent indéfiniment, et il est probable que le sel et l'esprit-
de-vin ne les empêchent de se putréfier que parce qu'ils
s'emparent surtout de leur humidité. Personne n'ignore que
les chairs, qui, dans l'été, se corrompent du jour au lendemain, se gardent très long-temps en hiver. Combien de cadavres sains, absolument intacts, n'a-t-on point retirés de la
neige où ils étaient ensevelis depuis plusieurs mois, peut-être
même depuis plusieurs années ! Aussi profite-t-on des rigueurs
de la saison pour les dissections, et la police s'oppose-t-elle
à ce qu'il en soit fait par un temps trop chaud.

L'eau agit sans doute en ramollissant les fibres, en détruisant leur cohésion et en tendant à s'unir avec quelques produits de la putréfaction. Il n'est pas probable qu'elle se décompose, car il paraît qu'il s'en forme au contraire une certaine
quantité. Quant à la chaleur, elle agit évidemment en diminuant l'attraction des molécules unies, et les mettant dans le
cas de se dissocier ou de se combiner différemment ; il ne faut
pas qu'elle soit trop grande : elle vaporiserait l'eau, et alors,
loin de favoriser la putréfaction, elle l'empêcherait d'avoir
lieu ; la plus convenable est de 15 à 35° : au-dessous de zéro,
terme où l'eau est toujours congelée, il n'y a plus de décomposition putride.

L'air a une influence marquée sur la fermentation putride :
stagnant, il contribue à la développer, en cédant une portion
de son oxigène au carbone et à l'hydrogène du corps qui doit
l'éprouver ; libre et à l'état de courant, il la retarde s'il se
trouve immédiatement en contact avec ce corps, probablement
parce qu'il tend à le dessécher, et à emporter les germes putrides qui se forment.

2913. Les causes de la fermentation étant connues, nous
allons en rechercher les produits d'abord dans les matières
animales, puis dans les matières végétales. Il existe tant d'analogie entre la formation des uns et celle des autres, que nous
avons cru devoir n'en traiter que dans la physiologie chimique
animale.

De la fermentation putride des substances animales.

2914. Lorsque les matières animales sont humides et abandonnées à elles-mêmes à la température de l'atmosphère,
bientôt leurs principes se séparent, se combinent dans un
autre ordre, et donnent lieu à beaucoup de produits, parmi
lesquels on doit compter l'eau, le gaz carbonique, l'acide acétique, l'ammoniaque, l'hydrogène carboné. Plusieurs de ces

produits, en se dégageant, emportent une portion de la matière même à demi décomposée; ils répandent une odeur si fétide, qu'il est difficile de la supporter; et de là sans doute les miasmes ou germes putrides que l'on détruit tout-à-coup en répandant dans l'air une quantité convenable de chlore gazeux. Quand la matière animale a le contact de l'air, elle finit par se dissiper tout entière; mais quand elle est enfouie dans la terre ou plongée dans l'eau, et que d'ailleurs elle constitue l'une des parties musculaires d'un cadavre, elle ne laisse point dégager tous ses principes; elle se transforme en un composé gras mêlé seulement d'un peu de tissu cellulaire. Cette transformation, en été, s'opère au sein de l'eau dans l'espace de six semaines à deux mois; elle se fait bien plus lentement dans la terre, surtout dans celle qui est peu humide : aussi certains cadavres ne sont-ils point entièrement convertis en gras au bout d'un an, et même de dix-huit mois.

L'on pensait généralement autrefois que la graisse qui se forme alors provenait en grande partie de la décomposition de la fibre musculaire. Mais M. Chevreul, dans un Mémoire publié, *Ann. de Chim.*, t. xcv, p. 46, a fait voir que cette opinion devait être au moins révoquée en doute. Observant que le gras des cadavres est un composé semblable à celui que l'on obtient en traitant la graisse par les alcalis, il lui a semblé que ce composé ne dépendait que de l'action de l'ammoniaque produite par la décomposition de la fibrine, de l'albumine, etc., sur la graisse toute formée. Que l'on se rappelle d'ailleurs que la fibrine pure ne passe point au gras, et la manière de voir de M. Chevreul devra devenir très vraisemblable. Pour acquérir une complète conviction, il ne s'agirait plus que de démontrer que la quantité de graisse contenue dans les cadavres correspond à la quantité de gras qu'ils sont capables de fournir.

2915. *Des fumigations.* — Les exhalaisons produites par les matières animales en putréfaction, et même par les individus attaqués de certaines maladies, sont toujours plus ou moins dangereuses à respirer. Pendant long-temps l'on a cherché vainement les moyens de les détruire. Enfin Guyton nous en a fait connaître un qui ne laisse rien à desirer. Il consiste à répandre, dans le lieu où se forment ces exhalaisons, une certaine quantité de chlore gazeux. S'agit-il de purifier l'air d'un amphithéâtre de dissection, l'on met dans une terrine un mélange de 250 grammes de sel marin et de 70 grammes d'oxide de manganèse; l'on verse dessus 125 grammes d'acide sulfurique, que l'on étend auparavant de 125 grammes d'eau; l'on place la terrine sur quelques charbons incandescens, et l'on ferme l'amphithéâtre. Au bout de vingt-quatre heures, et même de douze heures, la fumigation est terminée : alors on ouvre les portes et les fenêtres, on emporte la terrine, et bientôt on ne sent ni l'odeur cadavéreuse, ni celle du chlore. Le procédé doit être modifié, lorsqu'on veut purifier l'air des salles remplies de malades : il faut éviter de répandre une trop grande quantité de chlore. Pour cela, on introduit seulement 30 à 40 grammes de sel marin avec les quantités convenables d'oxide de manganèse et d'acide sulfurique étendu d'eau, dans une fiole que l'on chauffe légèrement; l'on fait le tour de la salle en tenant la fiole à la main, puis l'on se retire. Si, au bout de quelques minutes, l'air de la salle conserve une très légère odeur de chlore, c'est une preuve qu'une seule fumigation est suffisante; si cette odeur, au contraire, disparaît tout entière, il faudra répéter l'opération, etc. D'ailleurs, le chlore agit dans ce cas comme nous l'avons exposé en parlant en général de l'action de ce corps sur les substances végétales (1925).

J'ai été à même d'observer que quand on était obligé de respirer pendant long-temps un air malfaisant, comme celui d'un marais ou de fossés fétides, il était très utile de se laver les mains de temps en temps avec une solution concentrée de chlore : celui-ci s'attache à la peau à tel point qu'il s'en dégage encore du chlore au bout de cinq à six heures, et que, par conséquent, au moyen de cette précaution, l'on est presque toujours exposé à une faible émanation de ce gaz, par l'habitude que l'on a d'approcher les mains de la figure. Ce gaz n'agirait-il point alors surtout comme excitant ?

M. Labarraque, dans ces derniers temps, a fait usage avec un grand succès, d'une solution de *chlorure de chaux* contre la putréfaction des matières animales. Que l'on imprègne, par exemple, un cadavre en putréfaction, même très avancée, d'une solution de ce chlorure ou de tout autre chlorure d'oxide alcalin, il cessera sur-le-champ d'être infect. M. Labarraque a été jugé, par la Société d'encouragement, digne du prix qu'elle avait proposé sur la question suivante : *Trouver un moyen chimique ou mécanique pour enlever la membrane muqueuse des intestins traités dans les boyauderies, sans employer la macération, et en s'opposant à la putréfaction; décrire les moyens de préparer les boyaux par insufflation.* Voy. le *Mémoire de M. Labarraque* et le *Rapport de la Société d'encouragement*, imprimés en 1822 chez madame Huzard. *Voy.* de plus un extrait d'une instruction publiée par M. le préfet de police, sur l'emploi du chlorure de chaux. (*Journ. de Chim. médicale*, t. 1, p. 401.)

2916. *Des moyens de prévenir la fermentation putride.* — Les moyens connus jusqu'à présent de prévenir la fermentation putride sont au nombre de huit : la dessiccation, le froid, la cuisson et la soustraction du contact de l'air, l'emploi du sel marin, celui des acides, celui de l'alcool, celui du sublimé corrosif, de la créosote et de quelques autres matières.

Nous avons déjà parlé, sous ce point de vue, de la dessiccation, du froid, du sel marin, de l'esprit-de-vin et de la créosote (2448). Il ne nous reste donc plus qu'à parler des autres agens.

1° *Acides.* — Depuis long-temps, on sait que les viandes marinées dans le vinaigre se conservent très bien. Cette propriété n'est point particulière à l'acide acétique, elle est commune à tous les acides un peu forts. Que l'on prenne, par exemple, de l'eau chargée d'un cinquantième ou d'un soixantième d'acide sulfurique ou d'acide chlorhydrique ; qu'on y plonge de la viande pendant quelques heures, ou mieux encore qu'on la tienne dans le liquide bouillant pendant sept à huit minutes, et elle pourra se garder vingt, vingt-cinq jours et plus. L'acide agit probablement en se combinant avec la substance même.

2° *Cuisson.* — On sait aussi, depuis très long-temps, que la cuisson retarde ou suspend la putréfaction des alimens. Mais comment agit-elle ? serait-ce en coagulant certaines matières dont la décomposition est facile, ou bien en dégageant une portion de l'eau de l'aliment, ou bien encore en changeant les propriétés de l'aliment même, c'est ce que nous ne savons pas : peut-être que ces trois causes exercent simultanément leur influence.

3° *Cuisson et soustraction du contact de l'air.* — Lorsqu'on fait cuire les alimens ou qu'on les fait seulement chauffer à 80°, et qu'on les place dans des vases bien fermés de manière à les abriter du contact de l'air, leur conservation est de bien plus longue durée. M. Appert de Massy est parvenu, par ce moyen, à conserver toutes espèces de légumes, de poissons, de viandes, etc., pendant des années entières. Ses procédés se trouvent décrits dans une brochure qui a déjà eu plusieurs éditions.

4° *Emploi du sublimé corrosif.* — Le sublimé corrosif est employé pour conserver les cadavres. C'est à M. Chaussier qu'on doit ce procédé de conservation. Il consiste à mettre le cadavre, bien vidé et lavé, dans une eau qu'on tient toujours saturée de sublimé corrosif. Ce sel se combine peu-à-peu avec chairs, les affermit, et les rend imputrescibles et inattaqua-

bles par les insectes, les vers. J'ai vu une tête ainsi préparée
qui a été exposée, tantôt au soleil, tantôt à la pluie, pendant
un grand nombre d'années, sans avoir subi la moindre altération : elle était peu déformée et très reconnaissable, quoique les chairs fussent devenues presqu'aussi dures que le
bois. Sans doute que, parmi les matières dont les anciens se
servaient pour embaumer les corps, celles qui étaient essentiellement conservatrices, agissaient de la même manière que le
sublimé corrosif.

Emploi du sulfate de peroxide de fer.—Suivant M. Braconnot, une solution de sulfate de peroxide de fer, marquant 3°
à l'aréomètre de Baumé, est tout aussi propre que le sublimé
corrosif, à la conservation des cadavres, et a sur ce sel l'avantage de se vendre à bas prix et de ne point être vénéneux.
(*Journ. de Chim. médic.* 1, 170.)

De la fermentation putride des végétaux.

2917. Lorsque les végétaux sont imprégnés d'humidité et
qu'ils ont le contact de l'air, il s'en dégage peu-à-peu du gaz
carbonique, du gaz hydrogène carboné, du gaz azote; il se
forme en outre de l'eau, de l'acide acétique, peut-être de
l'huile, et enfin une substance noire dans laquelle le charbon
prédomine. Les produits auxquels ils donnent lieu, lorsqu'ils
sont recouverts d'eau aérée ou dans des vases purgés d'air,
n'ont point encore été bien examinés : ils doivent être plus ou
moins analogues aux précédens.

Cependant, d'après les observations de M. de Saussure,
les gaz qui se dégageraient alors consisteraient le plus souvent en hydrogène pur ou presque pur, et en gaz carbonique,
dans le rapport d'environ 1 à 4 en volume. Le gluten
frais produirait lui-même de semblables résultats, remarque que M. Proust a faite aussi de son côté, et par suite de
laquelle il a mis en question si cet hydrogène ne proviendrait
pas de la décomposition de l'eau. (*Ann. de Chim. et de Phys.*,
tom. x, p. 31; et tom. xi, p. 397). (1)

Ce ne sont point tous les matériaux immédiats des végétaux
qui concourent à la formation de ces divers produits. En effet,

---

(1) M. Th. de Saussure a fait encore, sur la fermentation putride, d'autres
remarques qui méritent d'être citées. Suivant lui, le bois, qui se décompose par la
seule influence de l'eau, blanchit au lieu de noircir, et contient alors moins de
carbone que celui dont la décomposition a lieu tout à-la-fois par l'influence de
l'eau et de l'air.

Suivant lui aussi, l'action de l'oxigène de l'air se borne à enlever du carbone
au bois, de sorte que l'eau qui se forme provient de l'union de l'oxigène et de
l'hydrogène de ce végétal; il se produit proportionnellement plus d'eau que d'acide,
et c'est par cette raison que le bois noircit.

ceux dans lesquels l'hydrogène et le charbon dominent, tels que les huiles, les résines, l'alcool, ne peuvent éprouver la fermentation putride ; ceux qui sont très oxigénés, tels que les acides, ne l'éprouvent que difficilement ; les seuls qui l'éprouvent plus ou moins bien sont ceux qui contiennent l'oxigène et l'hydrogène dans les proportions nécessaires pour faire l'eau, et surtout ceux qui, contenant de l'azote, se rapprochent par cela même de la nature des matières animales : aussi le propre de la fermentation putride est-il de transformer, comme nous venons de le voir, les corps sur lesquels elle s'exerce, en d'autres, les uns très oxigénés et les autres très hydrogénés et très carbonés. Cependant plusieurs d'entre eux passent quelquefois par des états intermédiaires dans lesquels ils restent long-temps : par exemple, ils se recouvrent d'une sorte de moisissure dont la nature et les propriétés ont été à peine étudiées.

2918. La fermentation putride dont sont susceptibles les matières organiques nous permet de concevoir la formation du terreau, de la tourbe, du lignite, et, jusqu'à un certain point, celle de la houille et des bitumes.

2919. *Terreau* — Le terreau, engrais si excellent, n'est autre chose que la matière noire qui reste après la putréfaction plus ou moins avancée des substances organiques exposées au contact de l'air. Th. de Saussure et Einhoff en ont étudié les propriétés (*Rech. sur la Végétation*, p. 162; Gehlen, *Journ.* vi, p. 373). Il résulte principalement des recherches de Th. de Saussure que l'eau et l'alcool ne dissolvent qu'une très petite quantité de la matière du terreau ; que les alcalis la dissolvent complètement ; que les acides n'ont que peu d'action sur elle ; et que, à poids égaux, elle contient plus de carbone et d'azote et moins d'hydrogène et d'oxigène que les végétaux qui la fournissent. De 10 g., 614 m. de terreau de bois de chêne, et de quantité égale de bois de chêne soumis à la distillation, il a retiré, savoir :

	Du terreau.	Du bois de chêne.
	centimètres cubes.	
Gaz hydrogène carboné..........	2456.......	2293
Acide carbonique...............	673.......	575
	grammes.	
Eau cont. un peu d'huile, d'acét. ou de carbonate d'ammoniaque..	2,81......	4,25 (1).
Huile empyreumatique..........	0,53......	0,589
Charbon.......................	3,13......	2,23
Cendres.......................	0,424....	0,026

(1) Il y avait moins d'ammoniaque dans ces 4,25 grammes, que dans les 2,81 grammes.

2920. *Tourbe.* — La tourbe est un combustible spongieux, léger, brun ou noirâtre, dans lequel on reconnaît toujours des parties végétales non altérées. Elle est formée par l'accumulation de plantes herbacées et surtout de plantes aquatiques qui croissent dans les marais ; elle appartient aux dépôts les plus modernes, et se forme même journellement dans certaines localités ; quelquefois elle couvre des espaces immenses dans les parties les plus basses de nos continens, et remplit les bas-fonds des larges vallées dont la pente est peu considérable. On la trouve aussi dans les petites vallées, les gorges, les bassins des hautes montagnes. La plupart des tourbières sont encore sous l'eau ; quelques-unes seulement sont à sec et en pleine culture.

Les amas de tourbe sont souvent d'une grande épaisseur ; parfois ils sont divisés en plusieurs couches, d'autant plus denses qu'elles sont plus enfoncées dans le sol ; parfois aussi les couches sont séparées çà et là par de petits lits de matières argileuses et sableuses.

Les végétaux qui constituent les dépôts tourbeux sont très difficiles à reconnaître à une certaine profondeur ; il n'en est pas de même dans les parties élevées. On y reconnaît distinctement toutes les plantes aquatiques, et particulièrement celles de la famille des cypéracées. Mais si ces plantes contribuent à la formation de la tourbe, elles ne la constituent pas essentiellement ; il paraît qu'il en faut chercher l'origine dans celles qui sont toujours submergées, comme les sphaignes, les conferves, etc. Il y a également de petits dépôts qui sont entièrement formés de feuilles accumulées et probablement charriées par les eaux ; d'autres sont formés de mousses et de graminées ; M. Decandolle en a observé en Hollande qui étaient entièrement composés de warecs.

2921. Nous ne citerons point toutes les tourbières exploitées ; nous nous contenterons de nommer les plus remarquables ; savoir : celles de Hollande, qui sont si étendues, celles d'Ecosse, de Westphalie, de Hanovre, et celles de France : ces dernières se trouvent principalement dans la vallée de la Somme, entre Amiens et Abbeville ; dans les environs de Bauvais ; sur la rivière d'Essonne, entre Corbeil et Villeroi ; dans les environs de Dieuze, département de la Meurthe.

2922. On trouve nombre de corps au milieu de la tourbe : 1° de petites couches d'argile, de sable, ainsi que nous l'avons dit plus haut ; 2° quelquefois des troncs d'arbres et des arbres entiers parfaitement conservés, et couchés dans le même sens auprès de leurs souches, qui sont toutes coupées à la même hauteur, et qui présentent souvent l'empreinte de la hache; 3° des débris d'animaux, des bois de cerfs, des squelettes de bœufs; 4° enfin, on trouve dans ces dépôts beaucoup de traces de l'industrie humaine, des armes, des outils, des bois de construction, des chaussées etc.; mais ces objets n'ont pas été recouverts par des attérissemens de tourbe; ils se sont seulement enfoncés dans les tourbières après avoir été déposés ou construits à leur surface.

2923. *Lignite*. — On désigne en minéralogie, par le nom de *lignite*, un corps solide et opaque, dont la couleur varie depuis le noir foncé et brillant jusqu'au brun-terreux, dont la cassure est compacte, conchoïde, quelquefois résinoïde, et dont le tissu est presque toujours le même que celui du bois. En brûlant, il se boursoufle à peine, ne s'agglutine pas comme la houille, et ne coule pas comme les bitumes solides; il répand souvent une odeur acre, fétide, et sa flamme est assez claire. Par la distillation, on en retire une liqueur acide, etc., et un charbon qui conserve la forme des fragmens employés.

Le lignite provient évidemment de la décomposition du bois; il varie par son aspect et ses propriétés, suivant que cette décomposition est plus ou moins avancée. De là les différentes variétés désignées ordinairement par les noms de *lignite jayet*, qui est d'un beau noir et d'une grande compacité; *lignite friable*, *lignite terreux* ou terre de Cologne, *lignite fibreux*: dans celui-ci le bois n'est qu'altéré.

Les lignites se trouvent partout dans les dépôts secondaires et tertiaires; mais c'est surtout à la base de ces derniers qu'ils sont extrêmement abondans; il en existe des couches immenses entre Aix et Toulon, dans le département des Bouches-du-Rhône. Les substances qu'on nomme *cendres noires*, aux environs de Soissons, etc., ne sont que des lignites très terreux et pyriteux. Les lignites fibreux se trouvent aussi dans les mêmes positions, souvent dans les mêmes localités; mais en général, ils appartiennent aux dernières alluvions : tels sont ceux de l'île de Chatou et du Port-à-l'Anglais. La terre de Cologne paraît appartenir à des dépôts tertiaires plus anciens.

On se sert de lignite comme combustible dans un grand nombre de lieux. Le jayet était employé autrefois pour faire des bijoux de deuil.

2924. *Houille*. — La houille ou charbon de terre est solide, opaque, noire, plus ou moins brillante, insipide, quelquefois friable, rarement assez tendre pour être rayée par l'ongle, d'une pesanteur spécifique moyenne de 1,3. On ne la trouve point cristallisée.

La houille de bonne qualité brûle avec facilité; sa flamme est blanche; la fumée qu'elle répand est noire, et l'odeur qui s'en dégage n'a rien de piquant. En brûlant, elle se gonfle et s'agglutine, propriété qu'elle doit à une matière bitumineuse, et qu'elle possède d'autant plus qu'elle contient davantage de cette matière.

Par la distillation, on en retire de l'huile due à la matière grasse qui s'y trouve, beaucoup de gaz hydrogène carboné qu'on emploie aujourd'hui avec succès dans l'éclairage, du gaz oxide de carbone, un charbon volumineux appelé *coke*, quelquefois un peu d'ammoniaque, d'acide acétique, d'acide sulfhydrique. La meilleure laisse après sa combustion au moins 3 pour 100 de résidu.

La quantité de matière grasse est extrêmement variable dans la houille suivant les différentes localités; elle varie même dans les différentes couches d'un même dépôt, quelquefois dans les diverses parties d'une même couche. Les variétés qui en renferment 30 à 40 pour 100 sont désignées sous le nom de *houille grasse* : telle est celle de Saint-Étienne-en-Forez.

La houille appartient aux terrains secondaires, et se rencontre principalement à la base de ces terrains dans les dépôts arénacés, qu'on désigne sous le nom de *grès houiller*. Les couches terreuses qui séparent celles de houille, renferment souvent une grande quantité de débris végétaux qui appartiennent particulièrement à la famille des fougères. Il est rare d'y trouver des plantes dicotylédones.

La houille forme toujours des couches plus ou moins épaisses, et présente en petit une structure schisteuse; quelquefois aussi elle est compacte; mais rarement sa cassure est complètement conchoïdale; rarement aussi elle a assez de solidité pour recevoir le poli comme le jayet.

La France, l'Angleterre, le Brabant sont très riches en houillères.

2925. Plusieurs géologistes regardent la houille comme provenant de la décomposition des corps organisés enfouis dans le sein de la terre; mais d'autres objectent à cette opinion : 1° qu'on trouve souvent, au milieu des couches de houille, des végétaux à peine décomposés; 2° qu'il n'est pas démontré que les corps organisés donnent des matières grasses dans leur décomposition spontanée : d'où l'on doit conclure que nous ignorons encore l'origine de cette sorte de substance.

2926. *Bitumes.* — On nomme *bitumes* des liquides ou des solides fusibles à une faible température, qui répandent à l'état de fusion naturelle ou artificielle une odeur particulière plus ou moins forte, qui brûlent aisément, et ne laissent qu'un très petit résidu charbonneux, toujours très léger et facile à incinérer.

Les bitumes appartiennent aux terrains secondaires et tertiaires ; mais c'est à la base de ces derniers surtout qu'ils sont très abondans. On doit distinguer dans ces substances deux espèces, le naphte et l'asphalte.

Bitume naphte. —Liquide, transparent, d'un blanc légèrement jaunâtre, d'une odeur qui, pour quelques personnes, est difficile à supporter ; pesant spécifiquement 0,836 environ ; combustible à tel point qu'il prend feu par la présence d'un corps enflammé placé à peu de distance de lui.

On le trouve assez abondamment en Perse, sur les bords de la mer Caspienne, près de Bakou, dans la presqu'île d'Apcheron. Du sol qui le fournit, il se dégage continuellement des vapeurs inflammables et très odorantes ; les habitans y mettent le feu et en profitent pour faire cuire des alimens, de la chaux, etc. Lorsqu'on creuse, à 600 mètres environ de ces feux, des puits de 10 mètres de profondeur, bientôt il s'y rassemble une grande quantité de naphte : aussi est-ce de cette manière qu'on se le procure : seulement, pour l'avoir plus pur, on le distille.

On rencontre encore du naphte en Calabre, en Sicile, en Amérique, etc., et on en a découvert, en 1802, près le village d'Amiano, dans le duché de Parme, une source si abondante, qu'elle fournit à l'éclairage de quelques localités.

Il est employé en médecine, comme calmant, à l'intérieur, et en frictions sur le bas-ventre, dans les affections vermineuses des enfans. Les Indiens s'en servent pour faire du vernis.

Th. de Saussure a fait, sur le naphte d'Amiano, une série d'expériences intéressantes.

Ce naphte, qui pèse spécifiquement 0,836, ne pèse plus que 0,758 lorsqu'on le soumet à 3 distillations successives, et qu'on ne recueille que les premières portions du produit. Ainsi purifié, il ne change plus de densité en le distillant de nouveau, et présente les propriétés indiquées (2212), qu'il partage avec les napthes provenant de la distillation du pétrole de Gabian, des asphaltes du sol de Travers et du département de l'Ain.

Bitume asphalte. — Ce bitume est noir, solide, sec, friable, insoluble dans l'alcool ; sa pesanteur spécifique est de 1,104 à 1,205 ; il ne répand d'odeur qu'en le chauffant ou en le frottant ; il brûle facilement, mais laisse quelquefois 0,15 de résidu. On le trouve particulièrement à la surface du lac de Judée, dont les eaux sont salées. Il est versé dans ce lac par des sources, et porté par les vents sur les rives. Les historiens rapportent que les murs de Babylone étaient construits de briques cimentées par ce bitume. Il paraît que les Egyptiens s'en servaient, ainsi que de malthe, dans les embaumemens.

L'asphalte et le naphte se rencontrent assez souvent unis ensemble dans la nature, et, suivant que le composé contient plus ou moins de l'un d'eux, il varie par sa consistance et prend différens noms. On l'appelle *pétrole* lorsque le naphte y prédomine, et *malthe, pissasphalte, goudron minéral*, dans le cas contraire. Le pétrole, en France, s'appelle encore *huile de Gabian*, parce qu'il se trouve à Gabian, près de Béziers.

Le *pétrole* est fluide, mais moins que le naphte, d'un brun foncé, presque opaque, onctueux au toucher, d'une odeur forte et tenace.

Des matières argileuses et sableuses en sont imprégnées dans un grand nombre de lieux, et l'on peut le retirer en traitant ces matières par l'eau bouillante : c'est ainsi qu'on le rencontre, près de Neufchâtel, sur plusieurs points des bords de l'Isère, en Italie, en Transylvanie, etc. Quelquefois aussi il découle naturellement des terrains, comme à Gabian, près de Béziers, à Amiano, sur les bords de la mer Caspienne, etc. Dans d'autres cas, il flotte sur les eaux: la mer en est quelquefois couverte autour des îles du cap Vert.

Il sert à l'éclairage.

Le *malthe*, ou *pissasphalte*, ou *goudron minéral* a une consistance visqueuse, et est plus foncé en couleur que le pétrole; il se trouve dans les mêmes lieux que celui-ci, et plus particulièrement près de Clermont, au lieu nommé *Puy de la Pège*. Tous deux chauffés convenablement laissent dégager le naphte et donnent l'asphalte pour résidu.

M. de Saussure a cherché à dépouiller de sa mauvaise odeur l'huile que l'on retire par la distillation de la mine d'asphalte de Travers dans le canton de Neufchâtel, espérant que cette huile pourrait remplacer les huiles essentielles dans les vernis et dans les préparations pharmaceutiques. Ce chimiste a employé à-peu-près le même procédé que celui par lequel on purifie l'huile de colza. (Voyez *Biblioth. universelle*, VI, 115.)

Autre espèce de bitume. — Il est une autre matière à laquelle on donne également le nom de *bitume*, mais qui diffère beaucoup des bitumes précédens. Ce bitume a ordinairement l'aspect, la mollesse et l'élasticité du caoutchouc: aussi l'appelle-t-on *caoutchouc minéral ou fossile, bitume élastique;* quelquefois cependant il est mou, et dans d'autres circonstances, presque sec. Il a été trouvé, en 1785, près de Castleton en Derbyshire, dans les fissures d'un schiste argileux (*Ann. de Chim.*, XLV, 36), et près d'Angers, aux mines de houille de Montrelais, en 1816. Suivant M. Henry fils, le caoutchouc du Derbyshire contient 52,25 de carbone; 7,496 d'hydrogène; 40,100 d'oxigène; 0,154 d'azote; et le caoutchouc indigène 58,26 de carbone; 4,89 d'hydrogène;

36,746 d'oxigène ; 0,104 d'azote. (*Journal de Chimie médicale*, 1, 18.)

Succin. — Le succin, qu'on appelle aussi *karabé*, ambre jaune, est une matière dont les propriétés sont analogues à celles des résines, et particulièrement de la gomme copal. Sa pesanteur spécifique est de 1,078 ; sa couleur, jaunâtre ; sa cassure, vitreuse. Souvent il est diaphane, et toujours il est homogène et capable de recevoir un beau poli.

Il paraît formé d'une matière grasse particulière, unie à une petite quantité d'acide succinique.

Le succin s'enflamme assez facilement ; l'air ne l'altère point à la température ordinaire ; l'eau et l'alcool sont presque sans action sur lui. Lorsqu'après l'avoir fondu, on le délaie dans les huiles grasses et les huiles essentielles, il s'y dissout facilement.

Soumis à l'action du feu dans une cornue de verre, il présente des phénomènes remarquables : il se ramollit, entre en fusion, se boursoufle considérablement, et laisse dégager de l'acide succinique (2064), de l'huile et des gaz combustibles. A mesure que l'acide se dégage, le boursouflement diminue et cesse bientôt d'avoir lieu. Si alors on laisse refroidir le résidu, et qu'on l'examine, on trouve qu'il a une cassure nette, vitreuse et un aspect résineux ; mais si, au contraire, on le chauffe brusquement, il ne tarde point à bouillir vivement sans se tuméfier, et en produisant une si grande quantité d'huile qu'elle coule en filet. Enfin, lorsque la matière paraît complètement charbonnée, qu'il ne se forme presque plus d'huile, et qu'on augmente le feu au point de ramollir la cornue, il se sublime une substance jaune, de la consistance de la cire, qui quelquefois se rend en partie jusque dans le récipient. La distillation du succin offre donc trois époques bien distinctes et caractérisées par la nature des produits que l'on obtient, savoir : la première, par l'acide succinique et par de l'huile, qui, d'abord très fluide et peu colorée, devient ensuite très brune, visqueuse et comme onguentacée ; la seconde, par une grande quantité d'huile, dont la fluidité est assez grande, dont la couleur est jaunâtre, et qui ne se produit qu'autant que la température est assez élevée ; la troisième par la production d'une substance jaune, solide, entièrement différente des précédentes : bien entendu d'ailleurs que dant tout le cours de l'opération, il se dégage du gaz hydrogène carboné. (MM. Robiquet et Colin, *Ann. de Chim. et de Phys.*, t. IV, p. 326.)

Cette dernière substance a été observée, pour la première fois, par M. Vogel de Bayreuth ; mais elle n'a été obtenue bien pure ou séparée de toute l'huile qui la salit que par MM. Robiquet et Colin : à cet effet, ils commencent par la faire bouillir dans l'eau pendant long-temps; puis ils la font fondre pour la dessécher, la laissent refroidir, et la mettent en contact avec de l'éther sulfurique. L'éther enlève une sorte de matière résineuse, tandis que la matière nouvelle forme un dépôt jaune et composé d'une multitude de petites paillettes micacées. Ainsi purifiée, cette substance est insoluble dans l'eau, dans l'alcool, et très peu soluble dans l'éther. Chauffée seule en vaisseau clos, elle se volatilise, se décompose en partie, et laisse un petit résidu charbonneux. Les alcalis n'ont que peu d'action sur elle; il en est de même de plusieurs acides, même de l'acide azotique. L'éther, dans lequel elle n'est que très peu soluble, la dissout très facilement, au contraire, avant d'avoir été purifiée.

Le succin appartient particulièrement aux terrains tertiaires; il accompagne le lignite dans plusieurs localités, comme, par exemple, autour de Soissons, à Saint-Paulet, département du Gard, etc. Il existe en assez grande quantité dans les dunes sablonneuses qui bordent le rivage de la mer Baltique, entre Kœnigsberg et Memel. Le mouvement des eaux en apporte aussi journellement sur la côte.

Il entre dans la composition des vernis gras, et sert à faire des bijoux recherchés par les Orientaux.

TROISIÈME PARTIE.

DES PRINCIPES GÉNÉRAUX DE L'ANALYSE CHIMIQUE.

2927. Après avoir examiné les différentes propriétés des corps, jeté un coup-d'œil sur leur état naturel, décrit leur préparation, leurs usages, exposé les lois de leur composition, nous devons considérer les procédés que l'on doit employer pour déterminer leur nature et la proportion de leurs principes constituans. Ce sont ces procédés qui constituent l'analyse chimique proprement dite.

Cette partie de la chimie, inconnue, pour ainsi dire, il y a soixante-dix ans, a fait, depuis cette époque, et surtout depuis une cinquantaine d'années, d'immenses progrès qui sont dus aux instrumens que l'on est parvenu à se procurer, à l'adresse avec laquelle on les a maniés, à la fidélité des réactifs dont on fait usage, aux lois que l'on a découvertes, à la précision qu'on s'est attaché à mettre dans toutes les opérations, précision dont Lavoisier a donné le premier l'exemple.

Il était rare autrefois, lorsqu'on parvenait à connaître les principes constituans d'un corps, d'en déterminer la proportion à un dixième près ; aujourd'hui, les erreurs que l'on commet ne vont presque jamais au-delà d'un centième, à moins que les principes ne soient nombreux.

Il semble d'abord qu'il suffise de connaître toutes les propriétés des corps pour analyser ceux-ci : cependant l'on serait fort embarrassé, si, ne s'étant jamais occupé d'analyse, il s'agissait de faire celle d'un composé, même peu compliqué. A quelles épreuves le soumettre ? Comment parvenir à savoir le nombre des substances différentes qu'il contient ? Comment les reconnaître, et lorsqu'on les aura reconnues, comment les séparer et comment estimer la quantité de chacune d'elles ? Ce sont des questions dont on ne peut trouver la solution qu'autant qu'on est guidé dans la marche qu'il est nécessaire de suivre. On sent combien serait précieux un traité où elle serait fidèlement tracée ; mais la composition d'un ouvrage de ce genre offre de grandes difficultés : j'essaierai seulement de tracer ici quelques principes généraux de l'analyse chimique ; ce qui m'y détermine, c'est la conviction où je suis qu'ils seront utiles, tout en laissant beaucoup à desirer.

2928. Je diviserai cet essai en neuf chapitres : je traiterai, dans le premier, des manipulations communes à un grand nombre d'analyses ; dans le second, de l'analyse des gaz ; dans le troisième, de celle des corps combustibles ; dans le quatrième, de celle des oxides et des acides ; dans le cinquième, de celle des sels ; dans le sixième, de celle des eaux minérales ; dans le septième, de celle des matières végétales et animales ; dans le huitième, je considérerai le problème dans toute sa généralité, et je traiterai de l'art de reconnaître à laquelle de ces divisions le corps à analyser appartiendra ; enfin, dans un neuvième et dernier chapitre, je donnerai les moyens de reconnaître les poisons minéraux et ceux des poisons organiques dont la chimie peut constater la présence à des doses très faibles.

Chaque chapitre comprendra souvent plusieurs sections, et chaque section un certain nombre de problèmes, dont le premier, quand il s'agira d'analyse, aura ordinairement pour objet de distinguer les uns des autres les différens corps qui seront compris, soit dans la section, soit dans le chapitre.

CHAPITRE PREMIER.

Des manipulations communes à un grand nombre d'analyses.

2929. Il est un certain nombre d'opérations ou de manipulations que nous aurons souvent occasion de faire. Nous allons les examiner et les décrire une fois pour toutes, afin de n'être point obligé d'en répéter la description.

2930. Lorsqu'on soumet un corps à l'analyse, et que ce corps est solide, il faut d'abord le diviser. Cette opération doit être faite au moyen de mortiers, de porphyres, de limes, d'une dureté bien plus grande que celle du corps même, pour que celui-ci ne puisse pas les attaquer. S'il n'en était pas ainsi, l'on déterminerait par une expérience préliminaire la quantité de matière enlevée à l'instrument dont on se servirait, et l'on en tiendrait compte.

2931. Après avoir divisé convenablement le corps, on en

pèse une certaine quantité, ordinairement de 2 à 10 grammes, par exemple. A cet effet, l'on ne doit employer que des balances très sensibles : nous en possédons aujourd'hui qui, chargées d'un kilogramme, trébuchent à un milligramme.

2932. Le corps étant pesé, on le met en contact avec les agens qui doivent en opérer la dissolution totale ou partielle; après quoi l'on verse dans la dissolution différens réactifs pour précipiter successivement, autant que possible, les substances qui s'y trouvent. Il faut toujours verser un grand excès du précipitant, à moins qu'il ne redissolve des quantités sensibles de précipité. C'est ainsi que, pour extraire le bioxide de cuivre de la dissolution de sulfate de bi-oxide de ce métal, on ajoute beaucoup plus de solution de potasse qu'il n'en faut pour saturer l'acide : sans cela, une portion de celui-ci pourrait rester unie à l'oxide, et alors le précipité, au lieu d'être de l'oxide pur, serait un sous-sulfate ou un mélange d'oxide et de sous sulfate.

2933. Le précipité, quel qu'il soit, doit être lavé jusqu'à ce que les matières qui l'altèrent soient entièrement enlevées. Le lavage se fait, tantôt par décantation, au moyen d'un siphon ou d'une pipette, et tantôt par filtration. Dans tous les cas, on reconnaît qu'il est terminé lorsque les eaux de lavage ne contiennent plus aucune trace des matières étrangères au précipité : par exemple, si l'on a versé de l'acide sulfurique dans une dissolution d'azotate de baryte, pour en séparer cette base, on ne cessera de laver le sulfate insoluble qui se formera, qu'à l'époque où l'eau de lavage ne sera plus troublée par l'azotate de baryte. Dans tous les cas aussi, l'on a soin de réunir les eaux de lavage à la liqueur même, toutes les fois qu'il reste encore en dissolution quelques matières du corps que l'on analyse.

2934. Le précipité étant lavé, l'on procède à sa dessiccation, en l'exposant d'abord à la chaleur de l'étuve, puis, lorsqu'il est amené à l'état de poudre, en le faisant rougir dans un creuset, si toutefois il est capable de résister à l'action d'une haute température : après quoi il doit être pesé. Que si cette température pouvait en opérer la décomposition, on se contenterait de le soumettre à la chaleur de l'eau bouillante, en le remuant de temps en temps; ou bien de le placer dans le vide sur du sable chaud, à côté d'une capsule contenant des fragmens de chlorure de calcium ; ou bien encore de l'exposer à la température d'un bain-marie dans un tube où l'on fait le vide avec une pompe à air comme on le voit pl. 20, fig. 10. Quelques développemens sont nécessaires pour plusieurs de ces opérations.

1° Supposons que le précipité ait été séparé par décanta-tion, et qu'on puisse le faire rougir sans le décomposer, on le mettra tout de suite dans le creuset où la calcination devra être faite. Ce creuset sera de platine ou d'argent, et pesé avant et après l'opération : la différence des poids donnera la quantité de précipité.

Mais si le précipité ne pouvait supporter une aussi haute température sans être altéré, et si par conséquent il devait être desséché par l'un des autres moyens indiqués, il serait plus commode de le mettre dans une petite capsule de porcelaine que l'on peserait, comme le creuset, avant et après la dessiccation.

2° Supposons maintenant que le précipité ait été recueilli sur un filtre, il faudra, si la matière peut supporter la chaleur rouge sans éprouver d'altération, et si les principes du filtre ne sont pas capables de l'attaquer, la mettre, ainsi que le filtre, dans le creuset : le filtre se consumera, et la matière restera seule avec les cendres du papier dont il faudra tenir compte; ce qui sera facile, lorsque, par une expérience particulière, le rapport du poids des cendres au poids du papier employé aura été déterminé.

Dans le cas où le précipité ne pourrait pas résister à l'action d'une chaleur rouge, on le ferait sécher sur le filtre même que l'on étendrait sur quelques doubles de papier, et l'on déduirait du poids total celui du filtre, ce que l'on ferait en prenant un filtre de même poids, le desséchant bien et le pesant.

3° Enfin, lorsque le précipité pourra supporter une chaleur rouge, mais qu'il sera altéré par les principes du filtre, l'on étendra encore celui-ci sur des doubles de papier, et l'on enlevera de dessus, avec un couteau d'ivoire ou de corne, le plus possible de précipité; ou bien, après avoir plié le filtre une fois sur lui-même, on absorbera l'eau du pli supérieur en appliquant sur celui-ci deux doubles de papier non collé que l'on pressera légèrement. Par ce moyen, la matière du pli supérieur adhèrera si bien à celle du pli inférieur, qu'on pourra soulever le premier pli sans entraîner, pour ainsi dire, de matière. On fera ensuite sur le pli inférieur ce qu'on aura fait sur le filtre entier, c'est-à-dire qu'on le pliera en deux, etc., et bientôt le précipité se trouvera rassemblé et détaché. Toute la partie enlevée sera calcinée au rouge ; quant à ce qui restera sur le filtre, on en connaîtra la quantité, comme nous venons de le dire précédemment.

2935. Il arrive assez souvent que, dans le cours d'une analyse, l'on est obligé d'évaporer certaines dissolutions jusqu'à siccité. Tant qu'il y a beaucoup de liquide, l'évaporation se fait sans qu'on puisse rien perdre; mais lorsqu'il n'en reste presque plus et que la matière commence à s'épaissir, il serait possible, si la chaleur était trop forte, qu'il y en eût de projetée çà et là, hors la capsule même. On prévient cet inconvénient en remuant la matière avec une spatule ou une baguette de verre, et en diminuant un peu le feu.

2936. Si le corps était liquide au lieu d'être solide, les mêmes opérations seraient à faire, excepté la première, c'est-à-dire la réduction en poudre.

2937. Il s'en rencontre aussi quelques-unes de semblables dans l'analyse des gaz; mais il en est d'autres qui lui sont particulières. Comme on juge dans ce genre d'analyse du poids des corps par leur volume, leur pesanteur spécifique étant connue, il faut tenir compte sans cesse de la pression à laquelle ils sont soumis, de leur température, et même, lorsqu'ils sont en contact avec l'eau, de leur état hygrométrique : c'est ce que nous avons exposé avec soin (131 et 131 bis). Il faut aussi, par la même raison, les mesurer avec une attention toute particulière. L'on peut se servir commodément pour cela d'un tube gradué contenant deux centilitres et demi et divisé en 250 parties, de sorte que chaque partie représente un centième de centilitre. L'on remplira d'abord le tube d'eau ou de mercure, en ayant soin qu'il ne reste aucune portion d'air attachée à ses parois; ensuite le tenant d'une main, l'extrémité ouverte plongée dans le liquide, l'on y fera passer le gaz par le moyen d'un petit entonnoir. A cet effet, l'on soutiendra l'entonnoir avec la main qui tiendra le tube; l'on prendra de l'autre le vase qui renfermera le gaz, et dont l'ouverture devra plonger dans le liquide comme celle du tube, et l'on engagera peu-à-peu l'ouverture de ce vase sous l'entonnoir, en inclinant doucement le vase même. Lorsque le tube contiendra la quantité de gaz convenable, l'on plongera une éprouvette à pied dans la cuve où l'opération se fera, et lorsque cette éprouvette sera pleine, l'on y recevra le tube et l'on enlevera le tout. Enfin, saisissant le tube, non plus avec les doigts, mais avec une pince, pour ne pas l'échauffer, on attendra qu'il soit à la même température que l'atmosphère; après quoi, rendant les niveaux extérieur et intérieur égaux, c'est-à-dire, élevant ou abaissant le tube de manière que le liquide qu'il contient soit à la même hauteur que celui dans lequel il plonge, on lira sur la division du tube la quantité de gaz qu'il renfermera, et l'on notera tout de suite la pression et la température pour en tenir compte, si elles viennent à changer dans le cours de l'opération.

Observons cependant que, pour mesurer les gaz sur le mercure, il est plus commode d'enfoncer le tube dans un trou vertical placé à l'une des extrémités de la cuve, et de lire les divisions à travers une glace faisant partie de la paroi même de la cuve. (Voy. *Descrip. de la cuve à mercure.*)

CHAPITRE II.

De l'analyse des gaz.

2938. Les gaz sont au nombre de trente-cinq, à la température de 0°; savoir : l'oxigène, l'hydrogène, le proto-carbure d'hydrogène, le méthylène ou bi-carbure d'hydrogène CH (1), le gaz oléfiant ou bi-carbure d'hydrogène C^2H^2 (1), le bi-carbure d'hydrogène C^4H^4 (1), le proto-phosphure d'hydrogène, le sesqui-phosphure d'hydrogène, le proto-arséniure d'hydrogène, le chlore, l'oxide de chlore, l'acide chloreux (2), l'azote, le protoxide d'azote, le bi-oxide d'azote, le cyanogène, le chlorure de cyanogène, l'ammoniaque, l'oxide de carbone, l'acide carbonique, l'acide chloroxi-carbonique, l'acide sulfureux, l'oxide de sélénium, les acides chlorhydrique, bromhydrique, iodhydrique, sulfhydrique, sélénhydrique, tellurhydrique, fluo-borique, fluo-silicique, chloro-borique, le monhydrate de méthylène, le chlorhydrate de méthylène, le fluorhydrate de méthylène. (3)

Rappelons d'abord leurs propriétés les plus apparentes.

2939. Parmi les gaz, les uns sont colorés; d'autres répandent des vapeurs blanches dans l'air; d'autres sont susceptibles d'inflammation ; d'autres rallument les bougies qui présentent quelques points en ignition; d'autres rougissent la teinture de tournesol; d'autres sont sans odeur ou n'en ont qu'une faible ; d'autres sont très solubles dans l'eau; d'autres le sont dans des dissolutions alcalines; enfin, un d'eux est alcalin. Quelques-uns possèdent plusieurs de ces propriétés.

Gaz colorés. — Chlore, oxide de chlore et acide chloreux : tous trois sont d'un jaune-verdâtre. A la vérité, il est certains gaz colorés en rouge ; mais cette teinte provient de ce qu'ils contiennent de la vapeur d'acide hypo-azotique ou de brôme.

---

(1) Cette formule représente un volume de gaz.

(2) Cet acide, que M. Balard est parvenu à isoler dans ces derniers temps (*voy.* additions), possède la composition qui était assignée au *protoxide de chlore*; ce qui rend encore plus douteuse l'existence de ce dernier produit comme composé défini : aussi n'en sera-t-il point question ici.

(3) Gaz récemment obtenu par MM. Dumas et Péligot (*voy.* additions).

Gaz produisant des vapeurs blanches dans l'air. — Acides chlorhydrique, bromhydrique, iodhydrique, fluo-borique, fluo-silicique, chloro-borique.

Gaz inflammables par le contact de l'air et des bougies allumées. — Hydrogène, proto-carbure d'hydrogène, méthylène, gaz oléfiant, bi-carbure d'hydrogène C^4H^4, proto-phosphure d'hydrogène, sesqui – phosphure d'hydrogène, proto-arséniure d'hydrogène, cyanogène; acides sulfhydrique, sélénhydrique, tellurhydrique; oxide de carbone, monhydrate de méthylène, chlorhydrate de méthylène, fluorhydrate de méthylène.

Gaz rallumant les bougies qui présentent quelques points en ignition. — Oxigène, protoxide d'azote, oxide de chlore.

Gaz rougissant la teinture de tournesol. — Acides carbonique, sulfureux, chlorhydrique, bromhydrique, iodhydrique, sulfhydrique, sélénhydrique, tellurhydrique, fluo-borique, fluo-silicique, chloro-borique, chloroxi-carbonique; cyanogène.

Gaz qui n'ont point d'odeur, ou qui n'en ont qu'une faible. — Oxigène, azote, hydrogène, carbures d'hydrogène, oxide de carbone, acide carbonique, protoxide d'azote. L'odeur de tous les autres est très forte et souvent caractéristique.

Gaz très solubles dans l'eau, c'est-à-dire dont l'eau dissout plus de trente fois son volume à la pression et à la température ordinaires. — Acides fluo-borique, fluo-silicique, chloroborique, chlorhydrique, bromhydrique, iodhydrique, sulfureux, chloreux; gaz ammoniaque, monhydrate de méthylène.

Gaz solubles dans les dissolutions alcalines. — Acides carbonique, sulfureux, chloreux, chlorhydrique, bromhydrique, iodhydrique, sulfhydrique, sélénhydrique, tellurhydrique, fluo-borique, fluo-silicique, chloro-borique, chloroxicarbonique; chlore, oxide de chlore, cyanogène, chlorure de cyanogène, ammoniaque, et peut-être monhydrate de méthylène. (1)

Gaz alcalin. — Ammoniaque.

SECTION I.

Un gaz étant donné, comment en reconnaître la nature ?

2940. Que l'on remplisse une éprouvette de ce gaz, et que l'on y plonge une bougie allumée ; s'il s'enflamme et si d'ailleurs il n'est point absorbable par une dissolution de potasse

---

(1) Ce n'est que par l'eau que la dissolution agit sur l'ammoniaque. Il en doit être de même à l'égard du monhydrate de méthylène.

étendue d'eau, ce sera l'un des onze gaz suivans, qui en raison de leurs propriétés, peuvent être groupés comme il suit :

1° *Chlorhydrate* et *fluorhydrate de méthylène.* — Leur odeur est éthérée; ils forment en brûlant un produit qui rougit fortement la teinture de tournesol. Celui du chlorhydrate précipite l'azotate d'argent. L'autre, au contraire, ne le précipite point; mais lorsqu'on sature l'acide par la potasse, qu'on fait évaporer la liqueur jusqu'à siccité, qu'on met le résidu dans un creuset de platine ou d'argent avec de l'acide sulfurique, il en résulte des vapeurs qui attaquent sur-le-champ la lame de verre dont le vase est ensuite recouvert.

2° *Proto-phosphure* et *sesqui-phosphure d'hydrogène.* — Tous deux ont une odeur d'ail, forment en brûlant, comme ceux qui précèdent, un produit qui rougit fortement la teinture de tournesol, et laissent déposer sur les parois de la cloche une couche d'un jaune-rougeâtre d'oxide de phosphore. Le sesqui-phosphure se distingue du proto-phosphure en ce qu'il est spontanément inflammable.

3° *Oxide de carbone, proto-carbure d'hydrogène* et 3 *bi-carbures, qui sont le méthylène* CH, *le gaz oléfiant* C^2H^2, *et le gaz* C^4H^4. — Leur odeur est faible; le produit de leur combustion ne rougit point la teinture de tournesol ou la rend à peine vineuse, et trouble l'eau de chaux. Ce sera :

Du gaz oxide de carbone, s'il peut absorber la $\frac{1}{2}$ de son volume de gaz oxigène, et donner un volume de gaz carbonique égal au sien, propriété que l'on constate en introduisant 100 parties de gaz oxide de carbone avec 60 d'oxigène, à-peu-près, dans l'eudiomètre plein de mercure, excitant l'étincelle à travers le mélange, mesurant le résidu et le mettant en contact avec une dissolution de potasse pour déterminer la quantité d'acide carbonique et celle d'oxigène en excès.

Du gaz bi-carbure d'hydrogène C^4H^4, s'il est absorbé en grande quantité par l'acide sulfurique concentré; si, mêlé sur l'eau avec un peu plus que son volume de chlore, il disparaît en donnant lieu à un liquide oléagineux; si sa combustion dans l'eudiomètre produit 4 fois son volume de gaz carbonique, et consomme 6 fois son volume de gaz oxigène.

Du gaz oléfiant, s'il est absorbé, comme le précédent, par le gaz chlore à la lumière diffuse ou dans l'obscurité, et donne lieu à quelques gouttes d'un liquide, dont l'aspect est huileux et l'odeur éthérée; s'il ne l'est point, au contraire, en quantité notable par l'acide sulfurique concentré; s'il donne en brûlant un volume d'acide carbonique double du sien, et fait disparaître un volume d'oxigène qui en soit le triple.

Du méthylène, s'il n'est condensé par le chlore qu'à la lumière solaire directe; s'il absorbe 1 $\frac{1}{2}$ fois son volume d'oxigène et produit un volume d'acide carbonique égal au sien.

Du proto-carbure d'hydrogène, s'il ne forme point avec le chlore de gouttelettes oléagineuses; si, brûlé dans l'eudiomètre, il est remplacé par un volume d'acide carbonique égal au sien, et absorbe le double de gaz oxigène.

4° *Gaz arséniure d'hydrogène*. — Son odeur est nauséabonde; il forme sur les parois de l'éprouvette où on le brûle un dépôt d'un brun-marron, qui ne rougit point la teinture de tournesol, et qui n'est que de l'arsenic divisé; agité avec le quart de son volume d'une solution de chlore, il en résulte une liqueur dont l'acide sulfhydrique précipite des flocons jaunes.

5° *Gaz hydrogène*. — Son odeur est nulle ou très faible; lorsqu'on le fait détoner avec le gaz oxigène dans l'eudiomètre, il en absorbe la moitié de son volume. Le produit de sa combustion ne rougit point le tournesol, ni ne trouble l'eau de chaux.

2941. Supposons maintenant que le gaz soit tout à-la-fois inflammable au contact de l'air et d'une bougie allumée, et absorbable par une dissolution étendue de potasse caustique, ce sera du monhydrate de méthylène ou de l'acide sulfhydrique, ou de l'acide sélénhydrique, ou de l'acide tellurhydrique, ou du cyanogène :

Du monhydrate de méthylène, si son odeur est éthérée et s'il n'exerce aucune action sur les couleurs végétales. On pourrait ajouter que ce gaz est très soluble dans l'alcool, l'esprit de bois, l'acide sulfurique concentré, et que sa détonation dans l'eudiomètre donne exactement les mêmes résultats que celle du gaz oléfiant.

Du gaz acide sulfhydrique, s'il répand une odeur d'œufs pourris; s'il noircit les dissolutions de plomb; s'il laisse déposer du soufre en poudre jaune lorsqu'on le brûle dans une éprouvette; ou lorsqu'on le met en contact avec du chlore à la température ordinaire.

Du gaz acide sélénhydrique, s'il a une odeur analogue à celle du gaz sulfhydrique; s'il irrite fortement les yeux et la membrane pituitaire; s'il est soluble dans l'eau; si, mis en contact avec de l'oxigène et un papier humide, il colore ce papier en rouge; si la dissolution aqueuse exposée à l'air devient peu-à-peu rougeâtre à la surface; si elle donne à la peau une teinte brune; enfin, si elle trouble presque toutes les dissolutions salines des quatre dernières sections, et si elle produit, savoir : des précipités couleur de chair dans les sels de zinc, de manganèse et de cérium, et des précipités noirs ou bruns dans les autres sels.

Probablement que le chlore, mêlé en quantité convenable

avec l'acide sélénhydrique , y occasionerait un dépôt de sélénium rouge et pulvérulent.

Du gaz acide tellurhydrique, s'il a une odeur fétide qui se rapproche de celle du gaz sulfhydrique; s'il est soluble dans l'eau; s'il forme avec elle une liqueur qui, exposée à l'air, laisse précipiter une poudre brune métallique; s'il se dissout, en grande quantité, dans la potasse concentrée, en la colorant en rouge, et lui communiquant également la propriété de laisser déposer du tellure, au contact de l'air; enfin si, agité avec excès d'une solution de chlore , il en résulte un chlorure précipitant en blanc par les carbonates alcalins, et en noir par les sulfures.

Du cyanogène, s'il a une odeur extrêmement vive et pénétrante; s'il brûle avec une flamme d'un assez beau violet; si le produit de sa combustion trouble l'eau de chaux; s'il est absorbable par la potasse, et si, lorsqu'on verse ensuite dans la liqueur, d'abord un acide, puis un mélange de sulfate de protoxide et de sulfate de peroxide de fer, il se forme tout-à-coup un précipité de bleu de Prusse.

2942. Supposons ensuite que le gaz ne soit point inflammable, et qu'il soit absorbable par une dissolution alcaline (1): ce sera l'un des quatorze gaz suivans : chlorhydrique, bromhydrique, iodhydrique, fluo – borique, fluo – silicique, chloro-borique, sulfureux, carbonique, chloroxi-carbonique, chlore, oxide de chlore, acide chloreux, ammoniaque, chlorure de cyanogène.

1o Les *acides chlorhydrique, bromhydrique, iodhydrique, fluo-borique, fluo-silicique* et *chloro-borique*, étant les seuls gaz qui produisent des vapeurs blanches avec l'air, en raison de leur grande affinité pour l'eau, sont par cela même distincts de tous les autres : ils sont faciles à reconnaître d'ailleurs:

Le *gaz fluo-silicique*, parce que l'eau en sépare des flocons blancs de silice en gelée.

Le *gaz iodhydrique*, parce que le chlore en précipite de l'iode et le rend violet.

Le *gaz bromhydrique*, parce qu'il devient rutilant en y ajoutant du chlore qui en précipite le brôme.

Le *gaz chlorhydrique*, parce que sa dissolution aqueuse ne laisse point de résidu quand on l'évapore, qu'elle forme dans la solution d'azotate d'argent un précipité blanc insoluble dans les acides et très soluble dans l'ammoniaque, et que, mise en contact à une douce chaleur avec le bi-oxide de manganèse, elle donne lieu à un dégagement de chlore.

____

(1) Je suppose la dissolution alcaline concentrée.

Le *gaz chloro-borique*, parce que sa dissolution dans l'eau, mêlée avec l'azotate d'argent, y produit le même précipité que l'acide chlorhydrique; et que, évaporée à siccité, elle laisse un résidu cristallin qui donne une couleur verte à la flamme de l'alcool.

Enfin, le *gaz fluo-borique*, parce qu'il répand dans l'air des vapeurs plus épaisses que les autres, et qu'il noircit sur-le-champ le papier qu'on plonge dans le vase qui le renferme.

2° Le *chlore*, l'*oxide de chlore*, l'*acide chloreux*, ne peuvent être confondus avec aucun autre, en raison de leur couleur qui est d'un jaune-verdâtre. Ils se distinguent entre eux :

Le *chlore*, parce qu'il n'est que légèrement soluble dans l'eau; parce qu'il n'éprouve aucune altération à une chaleur quelconque, qu'il détruit les couleurs, et qu'il attaque tout-à-coup le mercure à la température ordinaire.

L'*oxide de chlore*, parce qu'il est d'un jaune plus verdâtre que le précédent, qu'il n'exerce aucune action sur le mercure à la température ordinaire, et qu'en approchant un fer rouge ou des charbons incandescens de l'éprouvette qui le contient, il se décompose, occasione une secousse, et se transforme en oxigène et en chlore.

L'*acide chloreux*, par sa grande solubilité dans l'eau, par son action sur le mercure, et par la décomposition en oxigène et en chlore que lui fait éprouver la chaleur.

Quant aux autres gaz, on les reconnaît également bien :

Le *gaz sulfureux*, par son odeur, qui est la même que celle du soufre qui brûle.

Le *gaz ammoniaque*, par son odeur qui est vive et toute particulière; parce qu'il ramène au bleu le tournesol rougi par les acides; qu'il sature ceux-ci, et qu'il forme d'épaisses vapeurs avec ceux qui sont gazeux.

L'*acide chloroxi-carbonique*, parce qu'une très petite quantité d'eau suffit pour le convertir tout-à-coup en acide chlorhydrique qui reste en dissolution, et en acide carbonique qui conserve l'état gazeux; que, traité à chaud par le zinc, l'antimoine, il en résulte des chlorures et du gaz oxide de carbone; que, traité de la même manière par les oxides de ces métaux, il produit des chlorures et du gaz carbonique; et que, dans tous les cas, la quantité de gaz oxide de carbone et de gaz carbonique dégagée est aussi grande que celle de gaz chloroxi-carbonique sur laquelle on opère.

L'*acide carbonique*, parce qu'il est sans odeur, et que tous les autres gaz absorbables par les alcalis en ont une très forte; qu'il rougit à peine la teinture de tournesol, même très affaiblie ; qu'il trouble l'eau de chaux, et forme un précipité soluble dans le vinaigre avec effervescence.

Le *chlorure de cyanogène*, parce qu'il a une odeur piquante, qu'il n'exerce aucune action sur le papier de tournesol bleu ou rougi, que sa dissolution dans la potasse saturée par l'acide azotique trouble l'azotate d'argent, et exhale l'odeur d'ammoniaque en y ajoutant un oxide alcalin.

2943. Supposons enfin que le gaz ne soit ni inflammable, ni capable d'être absorbé par une dissolution de potasse, ce sera de l'oxigène, ou de l'azote, ou du protoxide d'azote, ou du bi-oxide d'azote, ou de l'oxide de sélénium.

L'*oxigène* ne peut être confondu qu'avec le protoxide d'azote : la propriété qu'ils ont de rallumer les allumettes qui présentent quelques points en ignition, les distingue des trois autres ; ils sont caractérisés d'ailleurs :

L'*oxigène*, parce qu'il est sans saveur et qu'il peut absorber deux fois son volume de gaz hydrogène (39) ;

Et le *protoxide d'azote*, parce qu'il a une saveur sucrée, qu'il est soluble dans un peu moins de la moitié de son volume d'eau à la température et à la pression ordinaires ; et qu'en le faisant détoner dans l'eudiomètre à mercure avec son volume d'hydrogène, on obtient pour résidu un égal volume d'azote (273).

Les trois autres se distinguent :

L'*oxide de sélénium*, par son odeur caractéristique de rave pourrie.

Le *bi-oxide d'azote*, parce qu'il est incolore, et qu'aussitôt qu'il est en contact avec l'air ou l'oxigène, il devient rouge et passe à l'état d'acide hypo-azotique ;

L'*azote*, parce qu'il est sans odeur, sans couleur, sans saveur ; qu'il éteint les corps en combustion, qu'il n'éprouve aucune altération de la part de l'air, qu'il ne trouble point l'eau de chaux.

SECTION II.

Un mélange de gaz étant donné, déterminer ceux qui en font partie.

2944. Il est un certain nombre de gaz qui agissent les uns sur les autres de manière à s'unir ou à se décomposer. La première recherche à faire pour arriver à la solution de ce problème est donc de déterminer ceux qui sont dans ce cas. L'expérience prouve que les gaz suivans ne peuvent exister ensemble à la température ordinaire ; savoir :

1° L'oxigène avec le sesqui-phosphure d'hydrogène (1), le bi-oxide d'azote, ainsi qu'avec les gaz arséniure d'hydrogène (2) et sélénhydrique (2), du moins par l'intermède de l'eau; et de plus, lorsque la pression est faible, avec le proto-phosphure d'hydrogène.

2° L'hydrogène avec le chlore sous l'influence solaire, et probablement avec l'oxide de chlore dans toutes les circonstances possibles.

3° Le proto-carbure d'hydrogène avec le chlore humide (2), sous l'influence solaire.

4° Le méthylène avec le chlore sous l'influence des rayons solaires, et probablement avec l'acide chloreux et l'oxide de chlore.

5° Le gaz oléfiant avec le chlore, l'acide chloreux et l'oxide de chlore.

6° Le bi-carbure d'hydrogène (C^4H^4) avec le chlore, et probablement avec l'acide chloreux et l'oxide de chlore.

7° Le proto-phosphure d'hydrogène avec le chlore, l'oxide de chlore, l'acide chloreux, l'acide iodhydrique, l'acide bromhydrique; avec l'oxigène sous une faible pression (1), et avec l'acide sulfureux (3).

8° Le sesqui-phosphure d'hydrogène avec l'oxigène, le chlore, l'oxide de chlore, l'acide iodhydrique, l'acide bromhydrique, l'acide chloreux et l'acide sulfureux (3).

9° Le gaz arséniure d'hydrogène avec le chlore, l'oxide de chlore et l'acide chloreux; avec l'oxigène (2), du moins en présence de la vapeur d'eau, et l'acide sulfureux (3).

10° L'oxide de carbone avec le chlore, du moins sous l'influence de la lumière solaire, l'acide chloreux (2), et probablement l'oxide de chlore.

11° Le protoxide d'azote, peut-être avec l'oxide de chlore.

12° Le bi-oxide d'azote avec l'oxigène, l'oxide de chlore, l'acide chloreux, et avec le chlore lorsqu'il a le contact de l'eau.

13° Le chlore avec les gaz hydrogène, oxide de carbone, méthylène, sous l'influence solaire; avec le gaz oléfiant, le bi-carbure C^4H^4, les gaz phosphures d'hydrogène, le gaz arséniure d'hydrogène, l'ammoniaque, les acides bromhydrique, iodhydrique, sulfhydrique, sélénhydrique, tellurhydrique, dans toutes les circonstances; avec le bi-oxide d'azote, le gaz sulfureux, lorsque ces gaz ont le contact de l'eau;

____

(1) Les gaz phosphures d'hydrogène cessent d'être incompatibles avec l'oxigène, après avoir été délayés dans 20 à 30 fois leur volume d'un autre gaz, tel que l'hydrogène, l'acide carbonique, etc.

(2) Action lente.

(3) L'action du gaz sulfureux est très lente lorsque les gaz sont secs.

V. Sixième édition. 17

enfin, avec le gaz proto-carbure d'hydrogène (1) et le cyanogène (1), sous l'influence de l'eau et de la lumière.

14° L'oxide de chlore avec l'hydrogène, les carbures d'hydrogène, les phosphures d'hydrogène, le gaz arséniure d'hydrogène, l'ammoniaque, les acides bromhydrique, iodhydrique, sulfhydrique, sélénhydrique, tellurhydrique, l'acide sulfureux contenant de la vapeur d'eau, et peut-être avec le protoxide d'azote et le cyanogène.

15° L'acide chloreux avec le gaz oléfiant, les phosphures et arséniure d'hydrogène, le cyanogène (1), l'ammoniaque, l'oxide de carbone (1), le bi-oxide d'azote, les acides sulfureux (2), chlorhydrique, iodhydrique, sulfhydrique, et par conséquent avec les acides bromhydrique, sélénhydrique, tellurhydrique.

16° Le cyanogène avec l'ammoniaque (1), le gaz sulfhydrique (1), l'acide chloreux (1); avec le chlore (1), sous l'influence de l'humidité et des rayons solaires, et peut-être avec l'oxide de chlore, et les gaz sélénhydrique et tellurhydrique.

17° L'acide sulfureux avec l'ammoniaque, les gaz phosphures d'hydrogène (2), le gaz arséniure d'hydrogène (2), l'acide sulfhydrique (2), l'acide chloreux (2); probablement avec les acides sélénhydrique, tellurhydrique; et, de plus, avec le chlore, l'oxide de chlore, lorsque ces gaz ont le contact de l'eau.

18° L'acide fluo-borique, l'acide fluo-silicique, l'acide chloro-borique, l'acide carbonique et l'acide chloroxi-carbonique, avec l'ammoniaque.

19° L'acide chlorhydrique avec l'oxide de chlore, l'acide chloreux, l'ammoniaque.

20° L'acide bromhydrique et l'acide iodhydrique avec le chlore, l'oxide de chlore, l'acide chloreux, l'ammoniaque, les gaz phosphures d'hydrogène.

21° L'acide sulfhydrique avec le chlore, l'oxide de chlore, l'acide chloreux, l'ammoniaque, le cyanogène (1), l'acide sulfureux (1), l'acide chloreux.

22° L'acide tellurhydrique avec le chlore, l'oxide de chlore, l'ammoniaque, et probablement l'acide chloreux et l'acide sulfureux.

23° L'acide sélénhydrique avec les mêmes gaz que le précédent, et de plus avec l'oxigène (1) par l'intermède de l'eau.

24° L'ammoniaque avec le cyanogène (1), le chlore, l'oxide de chlore, et tous les gaz acides.

____

(1) Action lente.
(2) Sans eau, l'action est lente.

2945. Maintenant, reprenons le problème qu'il s'agit de résoudre.

La première opération à faire sera d'éprouver le mélange par une dissolution étendue de potasse caustique : à cet effet, l'on fera passer 100 à 200 parties de ce mélange dans un tube gradué et plein de mercure, puis l'on y introduira un peu de dissolution de potasse caustique et l'on agitera le tout. S'il n'en résulte point d'absorption très sensible, l'on conclura que le mélange ne contient que des gaz appartenant à la série suivante :

Oxigène,	Oxide de carbone,
Hydrogène,	Azote,
Carbures d'hydrogène,	Protoxide d'azote,
Phosphures d'hydrogène,	Bi-oxide d'azote,
Arséniure d'hydrogène,	Chlorhydrate de méthylène,
Oxide de sélénium,	Fluorhydrate de méthylène.

Si l'absorption est totale, au contraire, le mélange ne pourra être formé que des gaz :

Carbonique,	Tellurhydrique,
Sulfureux,	Fluo-borique,
Chlore,	Fluo-silicique,
Oxide de chlore,	Chloro-borique,
Chloreux,	Chloroxi-carbonique,
Chlorhydrique,	Ammoniaque,
Bromhydrique,	Cyanogène,
Iodhydrique,	Chlorure de cyanogène,
Sulfhydrique,	Hydrate de méthylène.
Sélénhydrique,	

Enfin, si l'absorption est partielle, ce sera une preuve que le mélange sera composé de gaz appartenant à la première et à la seconde série : nous supposerons ce cas, qui est le plus compliqué et qui comprend les deux autres. Mais pour rendre le problème moins difficile à résoudre, nous admettrons que le résidu ne contienne ni méthylène, ni oxide de sélénium, ni chlorhydrate, ni fluorhydrate de méthylène, qui sont très rares, et qui n'ont point encore été assez bien examinés pour qu'on puisse opérer leur séparation.

2946. Après avoir absorbé les gaz de la deuxième série par la potasse (1), et s'être procuré ainsi un résidu de gaz appartenant à la première, et assez grand pour remplir plusieurs

---

(1) Cette opération se fait, comme il est facile de l'imaginer, en renversant les flacons qui contiennent le mélange, plongeant leurs cols dans le mercure; les débouchant, y faisant entrer un peu d'eau et des fragmens de potasse, les agitant

17.

petits flacons, on le soumettra successivement aux épreuves que nous allons indiquer.

2947. On saura, par le bi-oxide d'azote, s'il contient du gaz oxigène; et par le gaz oxigène, s'il contient du bi-oxide d'azote. Dans les deux cas, il prendra une teinte d'un jaune-rougeâtre et deviendra acide. L'expérience se fera commodément dans une petite éprouvette pleine de mercure et où se trouvera du papier bleu humecté.

2948. La dissolution d'azotate d'argent est très propre à déceler la présence des gaz phosphures et arséniure d'hydrogène; elle devient noire tout-à-coup, pour peu que le mélange renferme de l'un d'eux, tandis qu'elle n'est altérée par aucun des autres. Mais cette épreuve, laissant ces sortes de gaz confondus ensemble, doit être suivie de celles que nous allons indiquer.

Il suffit, pour découvrir le gaz arséniure d'hydrogène, lorsqu'il entre pour une assez grande quantité ou seulement même quelques centièmes dans le mélange, de faire passer une partie de celui-ci dans une éprouvette pleine d'eau, et d'y introduire du chlore peu-à-peu : les parois de l'éprouvette se couvrent promptement d'une couche d'un brun-marron. Mais lorsque le mélange ne contient qu'une quantité moindre de cette sorte de substance gazeuse, ce qu'il y a de mieux à faire est de le chauffer avec du potassium dans une petite cloche courbe sur le mercure : il en résulte un arséniure qui, mis en contact avec l'eau, donne, d'une part, du gaz arséniure d'hydrogène que l'on reconnaît comme il vient d'être dit, et, de l'autre, des flocons brun-marron d'hydrure d'arsenic. Les produits sont très sensibles en employant seulement 3 centigrammes de métal et un excès de mélange : celui-ci est d'abord reçu dans la cloche pleine de mercure; on porte ensuite le potassium à l'extrémité d'une tige dans la partie courbe de la cloche, puis on la chauffe avec la lampe à esprit-de-vin ; on renouvelle le gaz, s'il en est besoin, pour détruire le potassium, et le transformer en une masse terne et brune ; alors on fait sortir de nouveau le résidu gazeux de la cloche, et l'on y fait passer de l'eau.

Il en est, jusqu'à un certain point, du gaz phosphure d'hydrogène (1) comme du gaz arséniure d'hydrogène ; lorsqu'il

---

et y introduisant de nouveau gaz à mesure que l'absorption a lieu ; et, lorsqu'elle n'est plus sensible, faisant passer le résidu dans de petits flacons pleins d'eau.

(1) On désigne sous ce nom les deux phosphures gazeux d'hydrogène ; ils ne peuvent être distingués l'un de l'autre dans un mélange gazeux, d'autant plus que, suivant M. Rose, ils sont isomériques.

prédomine dans le mélange ou qu'il en fait même la neuvième ou la dixième partie, on le distingue facilement; son odeur, sa manière de brûler, et la propriété qu'il a de former en brûlant un produit très acide et fixe, suffisent pour cela. Mais lorsque le mélange n'en contient que fort peu, il faut employer le potassium et faire l'expérience comme la précédente : il se forme alors un phosphure d'où, par l'eau, l'on dégage du phosphure d'hydrogène, qui ne peut être mêlé tout au plus qu'à de l'arséniure. Or, celui-ci, dans son inflammation, ne donnant pas lieu à un produit acide, il sera toujours possible de reconnaître l'autre. Au reste, l'on pourra faire usage de gaz iodhydrique, qui, pourvu qu'il soit sec, ainsi que les autres gaz, s'emparera du gaz phosphure d'hydrogène, et produira un composé qui se déposera en lames blanches et cristallines.

2949. Rien de plus facile que de savoir, par le chlore, si le gaz oléfiant fait partie du mélange. Que l'on remplisse une éprouvette de mercure, que l'on y fasse passer successivement un peu d'eau, beaucoup de gaz et un petit excès de chlore; que l'on absorbe l'excès de chlore, au bout de quelques minutes, par un fragment de potasse caustique, et qu'alors, après avoir agité et renversé l'éprouvette, on respire le gaz qui s'y trouve : pour peu que le mélange contienne de gaz oléfiant, on sentira une odeur éthérée propre à l'éther protochloré. Toutefois il serait possible que l'on fût induit en erreur par le bi-carbure d'hydrogène C^4H^4, qui a la propriété de se combiner pareillement au chlore, si l'on ne prenait la précaution d'absorber préalablement ce bi-carbure par l'acide sulfurique concentré. Observons en outre que si le mélange renfermait beaucoup de phosphure ou d'arséniure d'hydrogène, il conviendrait de le mêler avec une certaine quantité d'acide carbonique, afin de prévenir l'inflammation qu'occasionerait le chlore, et la décomposition que pourrait éprouver le gaz oléfiant en raison de la haute température; ou plutôt il vaudrait mieux, dans tous les cas, les absorber par une solution de sulfate de cuivre.

2950. La propriété que possède le bi-carbure d'hydrogène C^4H^4 d'être absorbé en grande quantité par l'acide sulfurique concentré, à la température ordinaire, permettra toujours de le distinguer facilement.

2951. Pour reconnaître la présence du protoxide d'azote, il faut commencer par séparer l'oxigène au moyen d'un excès de bi-oxide d'azote ou de la combustion lente du phosphore, après quoi le mélange doit être traité par le chlore, comme il vient d'être dit. De cette manière on fait disparaître le bi-oxide d'azote, les phosphures et l'arséniure d'hydrogène, les bi-carbures d'hydrogène. Ces deux traitemens pourront toujours être faits sous l'eau dans un flacon. Lorsqu'on se sera procuré un assez grand résidu, il faudra l'agiter, pendant dix à douze minutes, avec le quart de son volume d'alcool rectifié, remplir une grande fiole de cet alcool, y adapter un tube renversé plein d'alcool lui-même, placer la fiole sur le feu, et engager le tube sous une éprouvette pleine de mercure. Le protoxide d'azote, s'il fait partie du gaz, se dissoudra à la température ordinaire, et reprendra l'état gazeux à une température élevée : il sera facile de le distinguer par la propriété qu'il a de rallumer les bougies qui présentent quelques points en ignition. Le protoxide ainsi extrait sera sensiblement pur; il ne contiendra ni proto-carbure d'hydrogène, ni oxide de carbone, ni hydrogène, ni azote, sur lesquels l'alcool n'exerce point d'action dissolvante; ce ne serait qu'autant que tous les autres gaz n'auraient point été complètement détruits ou absorbés, que le protoxide d'azote pourrait être impur; car, de même que l'alcool dissout le protoxide d'azote, de même il dissout aussi les bi-carbures d'hydrogène $C H^2$ et $C^4 H^4$, les phosphures et arséniure d'hydrogène et le bi-oxide d'azote.

2952. La recherche de l'azote exige la destruction de tous les autres gaz. Il faut d'abord enlever les bi-carbures d'hydrogène, les phosphures et arséniure d'hydrogène, et le bi-oxide d'azote, par un excès de chlore; absorber cet excès par une dissolution d'alcali fixe; absorber ensuite tout le protoxide d'azote en agitant le résidu dans l'esprit-de-vin rectifié, puis aire détoner le nouveau résidu avec un excès de gaz oxigène pur dans l'eudiomètre à mercure; traiter le troisième résidu par la potasse et un peu d'eau, afin de liquéfier l'acide carbonique qui aurait pu se former; et enfin, laver le quatrième résidu et le mettre en contact avec le phosphore, à l'aide de la chaleur, dans une petite cloche courbe (138). Si l'on obtient un cinquième résidu, il devra n'être formé que d'azote, et l'on sera certain que le gaz en contiendra réellement, à moins que ce dernier résidu équivale seulement à quelques centièmes du volume gazeux soumis à l'expérience; car alors l'azote pourrait provenir de l'air adhérent aux parois des vases que l'on emploie. Il serait possible aussi qu'après le traitement par le chlore et l'alcool la détonation ne pût avoir lieu ou que la combustion fût incomplète : c'est ce qui arriverait nécessairement si le gaz ne contenait point de gaz inflammable, c'est-à-dire, de gaz hydrogène, de gaz carbure d'hydrogène, de gaz oxide de carbone, ou s'il en contenait trop peu; mais l'on sera toujours certain de faire disparaître tous ces inconvéniens par l'addition de vingt-cinq à trente centièmes de gaz hydrogène.

2953. L'expérience que nous venons de rapporter peut servir en même temps à démontrer l'existence du proto-carbure d'hydrogène ou de l'oxide de carbone. En effet, si, après avoir fait détoner le mélange, l'on obtient un résidu gazeux en parti absorbable par la potasse, et troublant l'eau de chaux, ce résidu contiendra de l'acide carbonique; et cet acide ne pourra provenir que de la combustion de ces gaz.

Mais comment savoir s'il provient de tous deux ou de l'un d'eux? Pour cela, il faut absorber l'oxigène, le bi-oxide d'azote, le protoxide d'azote, les bi-carbures d'hydrogène C^4H^4 et C^2H^2, les phosphures d'hydrogène, l'arséniure d'hydrogène; savoir, les phosphures et l'arséniure d'hydrogène par une dissolution d'azotate d'argent, et les autres par les procédés qui ont été exposés précédemment.

Alors il ne pourra plus rester que de l'oxide de carbone, du proto-carbure d'hydrogène, de l'hydrogène et de l'azote, dont on déterminera la présence en suivant la même marche que pour en faire l'analyse quantitative (2962). L'application des formules aux moyens desquelles on détermine les volumes d'oxide de carbone et de proto-carbure d'hydrogène, faite à un mélange où ne se trouverait pas l'un de ces gaz, donnerait zéro pour la valeur de son volume, et attesterait par là son absence.

2954. Les gaz de la première série étant reconnus, on s'occupera de reconnaître ceux de la seconde, c'est-à-dire, ceux qui peuvent être absorbés par les alcalis. Mais nous en retrancherons l'acide chloreux, l'oxide de chlore, l'acide chloro-borique, l'acide chloroxi-carbonique et le chlorure de cyanogène, parce que, d'une part, ils sont rares, et que de l'autre, ils compliqueraient trop, dans l'état actuel de la science, la solution du problème.

On distinguera les gaz du mélange par les propriétés qu'il présentera et que nous allons exposer :

Lorsque le mélange contiendra :

1° De l'*ammoniaque*, son odeur sera vive, piquante; il verdira fortement le sirop de violettes, rougira le papier de curcuma, et formera d'épais nuages avec les gaz acides.

2° Du gaz *iodhydrique*, il deviendra violet par l'addition du chlore, et laissera déposer de l'iode; que si la présence de quelques gaz décomposables par le chlore, tels que l'acide sulfhydrique, l'acide tellurhydrique, etc., rendait le caractère incertain, il faudrait mettre le mélange en contact avec le borax humecté : ces gaz ne seraient point absorbés; l'acide iodhydrique le serait au contraire, et dès-lors, en dissolvant le sel et versant peu-à-peu du chlore dans la dissolution, l'iode se précipiterait tout-à-coup à l'état de pureté. Observons toutefois que le chlore décomposerait d'abord les gaz sulfhydrique, sélénhydrique, tellurhydrique, les phosphures et arséniure d'hydrogène, et que par conséquent, en ajoutant le chlore peu-à-peu, l'apparition de l'iode devrait avoir lieu.

3° Du *gaz bromhydrique*, il deviendra rutilant par l'addition du chlore, qui mettra du brôme en liberté; que si la présence d'autres gaz décomposables par le chlore empêchait cette réaction de donner un résultat certain, il faudrait ou les détruire d'abord par une quantité convenable de chlore ajouté peu-à-peu, ou bien employer le borax comme pour l'acide précédent, après avoir toutefois laissé le mercure décomposer l'acide iodhydrique que le mélange pouvait renfermer, puis extraire le brôme du produit par les procédés ordinaires.

4° Du *gaz fluosilicique*, il laissera déposer des flocons gélatineux de silice dans son contact avec l'eau.

5° Du *chlore*, il aura ou pourra avoir une couleur d'un jaune verdâtre (1); il fera passer au jaune la teinture de tournesol; il attaquera le mercure à la température ordinaire, et donnera lieu à une poudre noire ou grise de chlorure de mercure. En traitant ce chlorure par une dissolution alcaline, il en résultera une liqueur qui, sursaturée d'acide azotique, formera, avec l'azotate d'argent, un précipité insoluble dans ce dernier acide et très soluble dans l'ammoniaque.

6o De l'*acide sulfureux*, il aura ou pourra avoir une odeur de soufre qui brûle, et mis en contact avec le borax humide en fragmens, il formera un composé qui, calciné jusqu'au rouge avec le charbon, acquerra une saveur d'œufs pourris.

7o De l'*acide fluoborique*, il noircira promptement (pourvu que l'acide soit en quantité notable) les petites bandes de papier que l'on y plongera, et produira des vapeurs blanches dans son contact avec l'air. A la vérité, ce dernier phénomène peut être aussi produit par les acides chlorhydrique, iodhydrique, bromhydrique et fluosilicique.

2955. Enfin le mélange contiendra :

Du *gaz chlorhydrique*, si, agité avec du mercure, pour absorber le chlore, et mis en contact avec la baryte, il donne lieu à du chlorure de barium, qu'on reconnaîtra en dissolvant dans l'alcool le bromure de barium qui aurait pu se former

---

(1) Je me sers de cette expression pour indiquer que le mélange ne sera d'un jaune verdâtre qu'autant qu'il contiendra une quantité suffisante de chlore.

en même temps, faisant agir sur le résidu un excès d'acide azotique étendu d'eau, qui en opérera la dissolution, et versant de l'azotate d'argent dans la liqueur : il devra se former aussitôt un précipité blanc, floconneux, très soluble dans l'ammoniaque et insoluble dans l'acide azotique.

Du *gaz carbonique*, si, traité successivement par le mercure pour enlever le chlore, et par le borax humide, pour séparer les acides sulfureux, chlorhydrique, bromhydrique, iodhydrique, fluosilicique et fluoborique, il a la propriété de former avec l'eau de chaux, un précipité qui fasse effervescence avec le vinaigre ou l'acide chlorhydrique faible.

Du *gaz sulfhydrique*, si, après l'avoir mis en contact avec le borax humide, pour absorber les gaz acides puissans, il a une odeur d'œufs pourris ; s'il précipite en noir la dissolution d'acétate de plomb ; s'il produit un dépôt d'un brun foncé dans celle d'azotate de cuivre, et si ce dépôt, chauffé avec l'acide azotique, donne une liqueur dans laquelle l'azotate de baryte forme un précipité blanc, insoluble dans un grand excès d'acide azotique ou chlorhydrique.

Du *gaz sélénhydrique*, si, privé par le borax humide des acides puissans qui pourraient s'y trouver, il a d'abord une odeur d'œufs pourris comme l'acide sulfhydrique ; s'il produit ensuite une sensation tout à-la-fois piquante, astringente et douloureuse, qui affecte fortement l'odorat et les yeux ; s'il trouble presque toutes les dissolutions salines des quatre dernières sections ; si les précipités formés dans celles de zinc, de manganèse et de cérium, sont *couleur de chair*, et susceptibles d'exhaler, quand on les chauffe au chalumeau, une odeur de raves pourries, et surtout enfin, si celui qui provient du sulfate de protoxide de fer est brun et de nature à donner, à l'aide de la chaleur, du gaz sélénhydrique pur, avec l'acide chlorhydrique liquide.

Du *gaz tellurhydrique*, si, privé des acides puissans par le borax humide, puis agité avec une petite quantité de potasse en liqueur, il lui communique une couleur rouge et la propriété de laisser déposer, au contact de l'air, du tellure métallique.

Du *cyanogène*, si, après avoir enlevé, par l'oxide d mercure, la vapeur cyanhydrique que l'on pourrait y supposer, et détruit par un petit excès de chlore les acides sulfhydrique, sélénhydrique, tellurhydrique, il donne, à une dissolution de potasse ou de soude, la propriété de précipiter en bleu lorsqu'on ajoute ensuite à cette dissolution de l'acide sulfurique et du sulfate de fer en partie peroxidé.

De *l'hydrate de méthylène*, si, après avoir été mis en contact avec l'eau , il en résulte une liqueur qui , saturée par la potasse et chauffée, laisse dégager un gaz inflammable d'une odeur éthérée, sans action sur les couleurs végétales, très soluble dans l'alcool et l'acide sulfurique.

2956. J'ajouterai encore qu'il serait possible que le mélange contînt des vapeurs, et qu'il contiendra en effet :

De la *vapeur aqueuse*, lorsque, ne renfermant point d'ammoniaque , il produira des fumées blanches avec le gaz fluoborique*, et que le chlorure de calcium pourra s'y humecter.

De la *vapeur d'acide hypo-azotique*, lorsqu'il aura une couleur rougeâtre, et que , mis en contact avec une dissolution alcaline, l'on obtiendra , par l'évaporation de celle-ci, un résidu qui , avec l'acide sulfurique, laissera dégager des vapeurs rutilantes.

Cette vapeur ne saurait exister avec l'acide sulfhydrique , l'ammoniaque, l'acide sulfureux contenant un peu d'eau, peut-être l'acide iodhydrique, et sans doute avec le gaz sélenhydrique, le gaz tellurhydrique, les phosphures et l'arséniure d'hydrogène.

De la *vapeur alcoolique* , lorsqu'agité avec une dissolution de potasse ou de soude l'on retirera , par la distillation, un produit spiritueux.

De la *vapeur éthérée*, lorsqu'il aura une odeur prononcée d'éther, ou que, le traitant de même que pour reconnaître la vapeur alcoolique , il se vaporisera d'abord un produit qui aura cette odeur d'une manière bien marquée : que s'il y avait tout à-la-fois dans le mélange, de la vapeur alcoolique et de la vapeur éthérée, il suffirait de fractionner les produits pour obtenir à part l'éther et l'alcool.

De la *vapeur cyanhydrique*, lorsque , de son action sur le bi-oxide de mercure, résulte du cyanure mercuriel, toujours facile à distinguer par la propriété qu'a ce cyanure de se dissoudre dans l'eau, et de former avec les sels de fer en partie peroxidé un précipité d'un beau bleu.

Nous pourrions parler de l'existence possible de beaucoup d'autres vapeurs dans les gaz ; mais ce sujet nous entraînerait trop loin : nous nous contenterons de dire que, toutes les fois qu'un gaz quelconque sera saturé de vapeur, il sera toujours facile de connaître la quantité de cette vapeur par une méthode analogue à celle que nous avons employée pour déterminer la quantité de vapeur aqueuse que peut contenir l'air.
(131.)

ARTICLE I.

2957. *Analyse d'un mélange de deux gaz compris :*

L'un, dans la série : oxigène, hydrogène, proto-carbure d'hydrogène, méthylène, gaz oléfiant, bi-carbure d'hydrogène C^4H^4, proto-phosphure d'hydrogène, sesqui-phosphure d'hydrogène, arséniure d'hydrogène, oxide de sélénium, oxide de carbone, azote, protoxide d'azote, bi-oxide d'azote, chlorhydrate de méthylène, fluorhydrate de méthylène.

Et l'autre, dans la série : acides sulfureux, chlorhydrique, bromhydrique, iodhydrique, sulfhydrique, sélénhydrique, tellurhydrique, chloroborique, fluo-borique, fluo-silicique, carbonique, chloroxi-carbonique; chlore, oxide de clore, acide chloreux, cyanogène, chlorure de cyanogène, ammoniaque, hydrate de méthylène.

2958. Tous les gaz de la première série étant insolubles dans les dissolutions de potasse et de soude, et tous ceux de la seconde y étant au contraire solubles, il sera toujours facile de faire l'analyse d'un mélange semblable : ce sera d'en faire passer une certaine quantité, par exemple, 100 ou 200 parties dans un tube gradué plein de mercure, d'y introduire ensuite, avec une pipette recourbée (pl. 5, fig. 13), quelques parties de dissolution alcaline assez concentrée, et d'agiter le tube jusqu'à ce que l'absorption ne soit plus sensible : alors, en mesurant le résidu, on aura la quantité de gaz appartenant à la première série, et en la retranchant de la totalité du mélange, on aura la quantité de l'autre. (1)

2959. *Analyse d'un mélange de deux gaz compris dans la première série* (2957), *savoir :*

1° *De gaz oxigène et de gaz azote.*

Cette analyse se fait toujours en absorbant l'oxigène et en laissant l'azote libre. A cet effet, on emploie l'hydrogène ou le phosphore.

L'analyse par l'hydrogène s'opère dans l'eudiomètre à mercure ou à eau de même que celle de l'air atmosphérique. (*Description des appareils*, art. *Eudiomètre.*) Ainsi, après avoir introduit le gaz dans l'eudiomètre, on excite l'étincelle

---

(1) Si le gaz de la seconde série était l'ammoniaque ou l'hydrate de méthylène, ce ne serait que par l'eau que la dissolution alcaline agirait ; de sorte qu'il faudrait n'employer, pour la séparation des deux gaz, que de l'eau ou une dissolution alcaline étendue, surtout si le gaz était l'hydrate de méthylène.

à travers; on mesure le résidu, et le retranchant de la totalité des gaz, on a le nombre des parties absorbées, lequel, divisé par 3, donne la quantité d'oxigène.

Supposons que le mélange de gaz oxigène et de gaz azote soit de... 110 }
L'hydrogène de... 106 } — 216
Le résidu après l'étincelle de... 96
L'absorption sera de... 120
L'oxigène de $\frac{120}{3}$ —... 40
Et par conséquent l'azote de... 70

Il faut toujours que l'hydrogène soit en excès par rapport à l'oxigène, et que le mélange total soit de nature à s'enflammer par l'étincelle. Si donc la quantité d'oxigène n'était point assez grande pour que l'inflammation eût lieu, on en ajouterait un certain nombre de parties dont on tiendrait compte, et dont on reconnaîtrait d'abord le degré de pureté.

Quant à l'analyse par le phosphore, nous n'avons rien à ajouter à ce que nous en avons dit (138 et 141.)

2° *De gaz oxigène et de gaz hydrogène.*

Il suffira de faire détoner le mélange dans l'eudiomètre, de mesurer le résidu et d'en reconnaître la nature. En effet, si l'on opère sur 100 parties, si le résidu est de 19, et que ce résidu soit de l'hydrogène, les 81 parties absorbées seront formées de 54 d'hydrogène et de 27 d'oxigène (135), et par conséquent le mélange sera composé de 27 d'oxigène et de 73 d'hydrogène. Dans le cas où le mélange ne contiendrait point assez d'oxigène ou d'hydrogène pour s'enflammer par l'étincelle, il faudrait en ajouter une quantité convenable, et en tenir compte.

On pourrait encore procéder à la séparation des gaz oxigène et hydrogène, en les mettant sur le mercure en contact avec le phosphore à la température ordinaire : seulement, si le mélange ne contenait point les trois quarts de son volume de gaz hydrogène, il faudrait y ajouter une certaine quantité de celui-ci, et humecter les parois de l'éprouvette pour rendre l'absorption de l'oxigène plus prompte (138). L'expérience durerait assez long-temps pour qu'il fût nécessaire d'apprécier les changemens de température et de pression qui pourraient survenir ; elle ne serait terminée qu'à l'époque où il ne se formerait plus de vapeurs, ou mieux qu'à celle où le phosphore cesserait d'être lumineux dans l'obscurité.

3. *De gaz oxigène et de protoxide d'azote ou d'oxide de carbone.*

Ces deux analyses se font, comme celle de l'air, par la combustion lente du phosphore (138.).

L'on peut aussi doser le protoxide d'azote d'après l'azote mis en liberté, pendant la détonation du mélange avec un excès d'hydrogène, et l'oxide de carbone, d'après l'acide carbonique qui résulte de sa combustion dans l'eudiomètre.

4° *De gaz oxide de carbone et de proto-carbure d'hydrogène, ou de gaz oléfiant, ou de bi-carbure d'hydrogène $C^4 H^4$, ou de méthylène.*

Rien de plus facile à faire que cette analyse : pour cela, il ne faut que faire détoner le mélange avec un excès d'oxigène dans l'eudiomètre à mercure, le transformer ainsi en eau et en gaz carbonique, mesurer le résidu, l'agiter avec une dissolution de potasse, et le mesurer de nouveau. L'absorption par la potasse donnera la quantité de gaz acide; le résidu donnera l'excès d'oxigène; et de là l'on conclura la quantité de carbone et d'hydrogène.

Soit, par exemple, un mélange de gaz hydrogène et de gaz oléfiant.

<pre>
Mélange gazeux............................ 100
Oxigène employé........................... 300
Gaz, après la détonation.................. 225
Même gaz, après l'absorption par la potasse. 125
La quantité d'oxigène absorbée sera de...... 175
Et la quantité d'acide carbonique formée de.. 100
</pre>

Or, 100 d'acide carbonique contiennent 100 de vapeur de carbone et 100 d'oxigène; mais la quantité d'oxigène absorbée est de 175; il y en a donc 75 qui s'unissent à 150 d'hydrogène pour former de l'eau : par conséquent le mélange est formé de 50 de gaz oléfiant et de 50 d'hydrogène; car le gaz oléfiant résulte de la combinaison de 2 volumes de vapeur de carbone et de 2 volumes d'hydrogène, condensés en un seul (54).

5° *De gaz azote et de proto-carbure d'hydrogène, ou de l'un des trois bi-carbures (méthylène, gaz oléfiant, et bi-carbure $C^4 H^4$).*

Cette analyse se fait comme la précédente, si ce n'est que, après avoir absorbé le gaz carbonique par la potasse, il faut déterminer la quantité de gaz oxigène et de gaz azote qui composent le nouveau résidu.

Supposons que la quantité de gaz sur laquelle on opère soit, en volume, de. 100;

Que la quantité de gaz carbonique formée soit de. . . 120;

Que la quantité d'oxigène absorbée soit de 180;

Que la quantité d'azote soit de. 40;

Il s'ensuit que le gaz carboné devra entrer pour 60 dans le mélange et que, par conséquent, ce gaz ne pourra être que du gaz oléfiant.

6° De protoxide d'azote et de proto-carbure d'hydrogène, ou de gaz oléfiant, ou de bi-carbure $C^4 H^4$.

Pour analyser ce mélange, il sera nécessaire de le faire détoner d'abord dans l'eudiomètre à mercure avec un excès d'oxigène, afin de déterminer la quantité de vapeur de carbone qu'il contient par la quantité de gaz carbonique produit; puis de soumettre le gaz à analyser à une autre détonation, après l'avoir mêlé avec assez d'oxygène et un excès d'hydrogène. De cette manière, on parviendra facilement à savoir le volume d'azote du protoxide, et par suite le volume du protoxide lui-même. Admettons que sur 100 de mélange on trouve 30 de protoxide, il y aura 70 de gaz carburé, dont on connaîtra l'espèce par la quantité de vapeur de carbone obtenue. (1)

7° De bi-oxide d'azote et de proto-carbure, ou d'un des b bures d'hydrogène.

En absorbant le bi-oxide d'azote par la solution de sulfate de protoxide de fer, comme à l'article 11°.

8° De gaz hydrogène et de gaz azote.

L'analyse de ce mélange se fait dans l'eudiomètre, de même que celle d'un mélange d'oxigène et d'azote : seulement au lieu d'un excès d'hydrogène, il faut ajouter un excès d'oxigène. Les deux tiers de l'absorption représentent la quantité d'hydrogène. (*Voyez Description des Appareils,* art. *Eudiomètre.*)

---

(1) Nous n'avons pas admis le méthylène dans cet exemple, comme dans le précédent : la raison en est très simple; c'est que, 1 vol. de méthylène, donne, en brûlant, 1 vol. égal au sien de gaz carbonique, comme le proto-carbure d'hydrogène, d'où il suit que pour les distinguer, il faudrait dans la première détonation tenir compte de la quantité d'oxigène absorbée. Or, c'est ce qu'on n'est pas sûr de pouvoir faire, parce que, l'oxigène étant en excès, il y a probablement production d'acide hypo-azotique, qui rend cette détermination impossible.

9° *De gaz hydrogène et de gaz oxide de carbone.*

C'est encore avec l'oxigène, dans l'eudiomètre à mercure, que se fait cette analyse.

Que le volume du mélange à analyser soit de. 100;
Que celui d'acide carbonique formé soit de. 50;
Que celui d'oxigène absorbé soit aussi de. 50;

Il en résultera que les 100 parties de ce mélange seront composées de 50 d'oxide de carbone et de 50 d'hydrogène; car l'acide carbonique représente un volume d'oxide de carbone égal au sien, et l'oxide de carbone absorbe la moitié de son volume d'oxigène : or, l'absorption de l'oxigène est de 50; il y en a donc 25 qui se combinent avec l'hydrogène, et par conséquent la quantité de celui-ci s'élève à 50.

10° *De gaz hydrogène et de protoxide d'azote.*

Cette analyse se fait encore par la détonation dans l'eudiomètre en ajoutant de l'hydrogène, si ce gaz n'était point en excès, et une quantité d'oxigène dont on tiendrait compte, si la proportion de protoxide d'azote était trop faible pour que le mélange pût s'enflammer par l'étincelle. Chaque volume de protoxide d'azote contenant 1 vol. d'azote et $\frac{1}{2}$ vol. d'oxigène qui absorbe en détonant 1 vol. d'hydrogène, l'azote remplacera volume pour volume le gaz duquel il proviendra; de sorte que la diminution de volume que l'on remarquera après la détonation sera due uniquement à la disparution de l'hydrogène converti en eau, et sera par conséquent égale au volume du protoxide d'azote.

L'hydrogène est évalué par différence.

11° *De gaz hydrogène et de bi-oxide d'azote.*

La séparation des deux gaz s'effectue facilement à l'aide du chlore, en opérant, autant que possible, à l'abri de la lumière. L'on fait passer 100 ou 200 parties du mélange dans un tube gradué plein d'eau; on y introduit ensuite un excès de chlore; celui-ci convertit subitement le bi-oxide en acide qui se dissout, de sorte qu'en absorbant l'excès de chlore par la potasse, l'on obtient de l'hydrogène pour résidu; retranchant ensuite la quantité d'hydrogène de la totalité du mélange, l'on a pour différence la quantité de bi-oxide.

L'on peut aussi faire l'analyse du mélange en l'agitant avec la dissolution de sulfate de protoxide de fer qui n'a pas d'action sur le gaz hydrogène et qui dissout le bi-oxide d'azote.

12° *D'azote et d'oxide de carbone.*

Comme celle de l'un des gaz carbures d'hydrogène et de gaz azote (2959, 5°), en observant seulement que le volume de l'oxide de carbone est égal à celui du gaz carbonique formé, puisque 100 parties d'oxide de carbone, plus 50 d'oxigène, égalent 100 d'acide carbonique.

13° *D'azote et de protoxide d'azote.*

Par la détonation avec l'hydrogène, comme celle de ce protoxide et de gaz hydrogène. Le volume de protoxide d'azote est égal au volume qui disparaît dans la réaction.

14° *D'azote et de bi-oxide d'azote.*

Par le chlore, ou par la dissolution de sulfate de protoxide de fer, comme celle de gaz hydrogène et de bi-oxide d'azote. (2959, 11°).

15° *D'oxide de carbone et de protoxide d'azote.*

Par la détonation dans l'eudiomètre, comme celle de ce protoxide et d'hydrogène (2959, 10°), soit en évaluant la quantité d'oxide de carbone d'après le volume d'acide carbonique résultant de sa combustion; soit en opérant comme pour un mélange d'hydrogène et de protoxide d'azote, et déduisant le volume du protoxide du volume d'azote que fournit sa décomposition.

16° *D'oxide de carbone et de bi-oxide d'azote.*

Par le chlore ou par la dissolution de sulfate de protoxide de fer, comme celle de ce bi-oxide et d'hydrogène (2959, 11°).

ARTICLE II.

2960. *Analyse d'un mélange de deux gaz appartenant à la deuxième série* (2957), *savoir:*

1° *De gaz carbonique et de l'un des gaz suivans: chlorhydrique, fluo-borique, fluo-silicique.*

Que l'on fasse passer une certaine quantité de gaz carbonique et de l'un des trois autres dans une éprouvette pleine de mercure, et que l'on y introduise ensuite une quantité d'eau égale à la 40ᵉ ou à la 50ᵉ partie du volume du mélange, il ne se dissoudra pas sensiblement d'acide carbonique, tandis qu'au contraire tout l'autre gaz se dissoudra promptement, pour peu qu'on agite l'éprouvette : leur séparation est donc facile à opérer. Toutefois mieux vaudrait encore se servir de borax humecté.

2° De gaz carbonique et de gaz sulfureux.

On a proposé de séparer ces deux gaz par l'eau de même que les précédens; mais comme l'eau ne dissout à o^m, 76 et à 20o que trente-sept fois son volume de gaz sulfureux, il faut toujours la remplacer par quelques fragmens humides de borax, qui absorbe tout cet acide, et qui est sans action sur le gaz carbonique.

3° De gaz carbonique et de chlore.

Par le mercure, qui n'a aucune action sur le premier, et qui, à la température ordinaire, absorbe très bien le second.

4° De gaz carbonique et d'oxide de chlore.

Le meilleur moyen d'estimer la proportion de ces deux gaz serait sans doute de les faire passer dans un tube plein de mercure, d'y introduire un excès de gaz chlorhydrique pour ramener l'oxide de chlore à l'état de chlore, d'agiter le tube pour favoriser l'absorption de celui-ci, et de s'emparer en-suite de l'excès d'acide chlorhydrique par le borax humide. Le résidu serait le gaz carbonique pur: en le retranchant de la totalité du mélange, on aurait la quantité d'oxide de chlore.

5° De gaz carbonique et de gaz sulfhydrique.

Comme celle du gaz carbonique et des acides chlorhy-drique, fluo-borique, etc. (2960, 1°): seulement, au lieu d'eau, il faut employer une dissolution d'acétate acide de plomb. Cette dissolution absorbe et décompose tout le gaz sulfhydrique, et laisse l'acide carbonique libre.

6° De gaz carbonique et de gaz sélénhydrique ou tellurhydrique.

Par le chlore, qui détruit le gaz sélénhydrique ou tellur-hydrique, et dont l'excès peut être absorbé par le mercure, sur lequel l'expérience doit être faite.

7° De gaz carbonique et de gaz chloroxi-carbonique.

Que l'on remplisse une cloche courbe de mercure; que l'on y fasse passer une certaine quantité de gaz; que l'on porte ensuite de l'arsenic dans la partie courbe de la cloche; que l'on chauffe l'arsenic à la lampe pour décomposer com-plètement tout le gaz chloroxi-carbonique; que l'on mesure

V. *Sixième édition.*

18

le résidu; qu'on l'agite avec une dissolution de potasse et qu'on le mesure de nouveau, il est évident que, par ce moyen, l'on connaîtra tout le gaz carbonique, et que l'on pourra en conclure le volume du gaz chloroxi-carbonique, volume qui sera donné d'ailleurs par l'oxide de carbone restant.

8° *De gaz sulfhydrique, et de l'un des gaz suivans: chlorhydrique, fluo-borique et fluo-silicique.*

Ce qu'il y a de mieux à faire est de mettre les gaz en contact avec le borax humecté qui est sans action sur le gaz sulfhydrique et qui absorbe les autres, et de tenir compte ensuite de la vapeur dont se trouve saturé le gaz restant.

9° *De gaz sélénhydrique ou tellurhydrique, et de l'un des trois derniers gaz de l'article précédent.*

Comme celle de l'acide sulfhydrique et de ces mêmes gaz.

10° *De gaz sulfureux et de gaz chlorhydrique.*

C'est en dissolvant ces gaz dans l'eau et versant de l'eau de baryte dans la dissolution, qu'on parvient à les séparer facilement. Il en résulte du sulfite de baryte, qui se précipite, qu'on lave et que l'on fait sécher (1), et du chlorure de barium qui reste dans la liqueur. Les eaux de lavage étant réunies à celleci, l'on y verse d'abord de l'acide azotique pur pour saturer l'excès de baryte, et ensuite de l'azotate d'argent, qui décompose le chlorure de barium, et produit du chlorure d'argent. Le poids de ce chlorure bien lavé et desséché donne celui de l'acide chlorhydrique réel, et par conséquent le poids et le volume de l'acide gazeux; il en est de même du sulfite de baryte relativement au gaz sulfureux.

L'on pourrait encore déterminer la quantité d'acide sulfureux, en le changeant en acide sulfurique. Alors, après avoir dissous le gaz dans l'eau, il faudrait partager la solution en deux parties égales; l'une serait mêlée à un excès de chlore, puis à du chlorure de barium qui donnerait lieu à du sulfate de baryte; l'autre serait mêlée directement avec l'azotate d'argent, et de là du chlorure d'argent. Ce chlorure ferait connaître, comme nous venons de le dire, l'acide chlorhydrique, et du sulfate l'on déduirait l'acide sulfureux, d'après la densité de celui-ci et la composition bien connue des sulfates et des sulfites.

---

(1) La dessiccation doit être faite dans le vide, pour éviter l'absorption d'oxigène.

11° *De gaz sulfureux et de gaz fluo-borique ou de gaz fluo-sili-cique.*

C'est en mettant les gaz en contact avec le bi-oxide de plomb ou de manganèse parfaitement sec, qu'on les sépare. Le gaz sulfureux seul est absorbé.

12° *De gaz chlorhydrique et de chlore.*

Par le mercure, qui absorbe celui-ci, et qui est sans action sur le premier.

13° *De chlore, et de l'un des gaz suivans : gaz fluo-silici-que, gaz fluo-borique, gaz chloroxi-carbonique, gaz carboni-que, gaz sulfureux.*

Par le mercure, qui absorbe le premier, et qui n'a aucune action sur les autres.

ARTICLE III.

2961. *Analyse d'un mélange de trois gaz, l'un absorbable par une dissolution de potasse caustique, et les deux autres non absorbables par cette dissolution.*

Le mélange étant reçu dans une éprouvette pleine de mer-cure, l'on y fait passer un peu de dissolution alcaline; lorsque tout le gaz acide est absorbé, l'on mesure le résidu, et l'on sépare les deux gaz qui restent par les procédés que nous avons exposés précédemment (2959).

L'on traiterait encore le mélange par une dissolution alca-line, quand bien même il serait composé d'un seul gaz non absorbable et de deux gaz absorbables : par ce moyen, l'on isolerait le gaz non absorbable; après quoi l'on déterminerait la quantité des deux autres gaz par des méthodes variables en raison de la nature de ces gaz. Plusieurs des analyses suivantes pourront servir d'exemple.

ARTICLE IV.

2962. *Analyse d'un mélange d'azote, d'hydrogène, d'oxide de carbone et de gaz proto-carbure d'hydrogène.*

Qu'on fasse détoner le mélange dans l'eudiomètre avec de l'oxigène en excès et en quantité déterminée; qu'après avoir observé le volume du résidu, on absorbe le gaz carbonique par la potasse; que l'on évalue le volume du nouveau résidu, puis qu'on enlève l'excès d'oxigène à l'aide du phosphore, et que l'on mesure encore le gaz restant, l'on aura toutes

18.

les données nécessaires pour la solution du problème. En effet :

L'azote, constituant uniquement le dernier résidu, sera connu immédiatement.

L'hydrogène est le seul des quatre gaz qui disparaisse sans remplacement par la détonation, car l'azote n'est point altéré, et les deux autres fournissent un volume d'acide carbonique égal au leur. Si donc le résidu de la détonation, diminué de l'excès d'oxigène, est retranché du volume primitif de gaz soumis à l'analyse, la différence obtenue sera l'hydrogène.

Quant aux gaz oxide de carbone et proto-carbure d'hydrogène, on déterminera leurs volumes au moyen des formules suivantes :

$$\text{Vol. de l'oxide de carbone} = \frac{4\,a - 2\,b}{3}$$

$$\text{Vol. du proto-carbure d'hyd.} = \frac{2\,b - a}{3}$$

dans lesquelles a représente le volume d'acide carbonique produit, et b le volume d'oxigène absorbé par les deux gaz en question : celui-ci s'obtient en retranchant du volume d'oxigène employé celui qui a été trouvé en excès, et celui que l'hydrogène a consommé, lequel est égal à la $\frac{1}{2}$ du volume de ce gaz précédemment évalué. (1)

---

(1) Soit x le volume d'oxide de carbone, y celui de proto-carbure d'hydrogène ; on aura d'après ce qui a été dit : $x + y = a$.

D'ailleurs, l'oxide de carbone absorbera la $\frac{1}{2}$ de son volume de gaz oxigène, c'est-à-dire $\frac{x}{2}$, et le proto-carbure d'hydrogène en absorbera le double du sien, c'est-à-dire $2y$; donc $\frac{x}{2} + 2y = b$.

De la première équation, on déduit : $y = a - x$.
Substituant à y dans la deuxième la quantité $a - x$ qui lui est égale, il vient : $\frac{x}{2} + 2a - 2x = b$; d'où : $2a - b = \frac{3}{2}x$, et enfin, $x = \frac{4\,a - 2b}{3}$.

Remplaçant x par cette valeur dans l'équation $y = a - x$, l'on a : $y = a - \frac{4\,a - 2b}{3} = \frac{3a - 4a + 2b}{3} = \frac{2b - a}{3}$.

ARTICLE V.

2963. *Analyse d'un mélange de six gaz non absorbables par la potasse, savoir : d'oxigène, d'azote, d'hydrogène, de gaz oléfiant, d'hydrogène proto-carboné, d'oxide de carbone.*

L'on fera passer 100 à 200 parties du mélange dans un tube gradué plein de mercure, puis l'on y introduira un peu d'eau, un excès de chlore, et quelque temps après de la potasse pour absorber le chlore excédant. Mesurant alors le résidu et le retranchant de la totalité du gaz sur lequel l'expérience sera faite, on aura pour différence la quantité de gaz oléfiant : seulement il faudra opérer dans un lieu peu éclairé ou sous un manchon opaque, pour prévenir l'action du chlore sur le protocarbure d'hydrogène et sur l'hydrogène (55 et 89). Cette première opération terminée, le résidu sera mis en contact avec le phosphore, à la température ordinaire ; lorsque, l'appareil étant porté dans l'obscurité, le phosphore ne sera plus lumineux, on mesurera de nouveau le gaz, et la diminution du volume correspondra précisément à la quantité d'oxigène renfermée dans le mélange, en tenant compte toutefois des changemens qu'aura pu éprouver, soit le baromètre, soit le thermomètre. (1)

Les quantités de gaz oléfiant et d'oxigène ayant été déterminées, il ne restera plus que de l'hydrogène, du protocarbure d'hydrogène, de l'oxide de carbone et de l'azote, dont le mélange sera analysé comme nous venons de le dire dans l'article précédent.

Si le mélange donné contenait du bi-carbure d'hydrogène, $C^4 H^4$, l'analyse se ferait avec la même facilité. Car par l'acide sulfurique concentré, à la température ordinaire, on commencerait par absorber cette sorte de bi-carbure.

ARTICLE VI,

2964. *Analyse d'un mélange de trois gaz absorbables par une dissolution de potasse, savoir : de gaz carbonique, de chlore, de gaz chlorhydrique.*

L'on mettra d'abord le mélange en contact avec le mercure, à la température ordinaire, pour absorber le chlore. Lorsque

---

(1) L'on suppose ici que l'oxigène fait tout au plus le tiers du mélange, pour que le phosphore puisse l'absorber (138).

l'absorption sera terminée, ce qui aura lieu en moins d'un quart d'heure, surtout en la favorisant par l'agitation, l'on fera passer dans le résidu des fragmens de borax humide qui absorberont l'acide chlorhydrique et laisseront l'acide carbonique libre, mais saturé de vapeur dont on tiendra compte.

ARTICLE VII.

2965. *Analyse d'un mélange de trois autres gaz absorbables par une dissolution de potasse; savoir : de gaz carbonique, d'acide sulfhydrique et d'acide chlorhydrique.*

Après avoir mesuré 200 à 300 parties de gaz, on les introduira dans une éprouvette pleine de mercure avec des fragmens de borax. Celui-ci n'absorbera que l'acide chlorhydrique; de sorte que l'acide carbonique et l'acide sulfhydrique, restant libres, pourront être séparés par le procédé que nous avons décrit (2960, 5°), en tenant compte de la vapeur qu'ils contiendront.

ARTICLE VIII.

2966. *Analyse d'un mélange de gaz absorbables et de gaz non absorbables par une dissolution de potasse, savoir: d'azote, de protoxide d'azote, de bi-oxide d'azote et d'acide carbonique.* (1)

Faites passer d'abord 100 ou 200 parties de gaz dans un tube plein de mercure, et ensuite quelques parties de dissolution de potasse; vous n'absorberez que le gaz carbonique. La quantité de ce gaz étant connue, déterminez celle du bi-oxide : à cet effet, mesurez une nouvelle quantité de gaz, et introduisez successivement dans le tube quelques parties d'eau, un petit excès de chlore, et quelques petits fragmens d'hydrate de potasse; vous convertirez le bi-oxide en acide qui se dissoudra, et vous absorberez tout à-la-fois l'acide carbonique et l'excès de chlore, en sorte que, retranchant de l'absorption totale le volume de l'acide carbonique qui vous est connu, vous aurez celui du bi-oxide d'azote; après quoi vous analyserez le mélange restant de protoxide d'azote et d'azote, à la manière indiquée (2959, 13°).

---

(1) C'est un mélange de ce genre qu'on obtient en traitant les matières végétales et animales par l'acide azotique : seulement on prétend qu'il contient un peu de vapeur cyanhydrique. S'il en était ainsi, l'on n'aurait qu'à mettre d'abord le gaz en contact avec le bi-oxide de mercure : celui-ci absorberait la vapeur et produirait un cyanure mercuriel facile à reconnaître.

ARTICLE IX.

2967. *Analyse d'un mélange des gaz précédens et de gaz sulfhydrique.*

Cette analyse se fait à-peu-près comme la précédente. Vous
mettrez d'abord une certaine quantité de gaz en contact avec
quelques parties de dissolution d'acétate acide de plomb pour
absorber l'acide sulfhydrique. Le résidu étant mesuré, vous l'a-
giterez avec un peu de potasse pour absorber l'acide carbonique. Du reste, il faudra faire toutes les opérations dont nous
venons de parler, en ayant soin de retrancher de l'absorption
qu'occasionera le chlore, etc., non-seulement le volume de
l'acide carbonique, mais encore celui de l'acide sulfhydrique.

ARTICLE X.

2968. *Analyse d'un mélange d'azote, de bi-oxide d'azote, d'hydrogène, de gaz oléfiant, de bi-carbure d'hydrogène* C^4H^4,
*de proto-carbure d'hydrogène, d'oxide de carbone, d'acide
carbonique, d'acide sulfhydrique, d'acide chlorhydrique.*

Les gaz étant introduits dans une éprouvette pleine de
mercure, on absorbera le gaz chlorhydrique par quelques
fragmens de borax; puis, après avoir fait passer le résidu
dans un tube gradué, on le traitera successivement, comme
dans l'analyse précédente, par une dissolution d'acétate acide
de plomb et par une dissolution de potasse, qui feront connaître, la première, la quantité d'acide sulfhydrique, et la
seconde, la quantité d'acide carbonique. La quantité de bi-
carbure (C^4H^4) sera déterminée par l'acide sulfurique concentré; celle de bi-oxide d'azote, par la solution de sulfate de protoxide de fer; celle de gaz oléfiant, par le chlore. Il ne restera
plus que de l'hydrogène, du proto-carbure d'hydrogène, de
l'oxide de carbone et de l'azote, au dosage desquels on procédera comme il a été dit (2962).

SECTION III.

Analyse des gaz composés.

2969. Ce genre d'analyse, si peu avancé autrefois, a été
porté tout-à-coup à son plus haut degré de perfection, pour
ainsi dire, par la belle loi que M. Gay-Lussac a découverte;
savoir : que les corps supposés à l'état de gaz se combinent

toujours en volume dans des rapports très simples. En effet, l'on peut corriger maintenant par le calcul les petites erreurs dues à l'expérience, et obtenir des résultats d'une très grande exactitude.

On compte aujourd'hui trente-et-un gaz composés : le proto-carbure d'hydrogène, trois bi-carbures d'hydrogène, le proto-phosphure d'hydrogène, le sesqui-phosphure d'hydrogène, le proto-arséniure d'hydrogène, le cyanogène, l'oxide de carbone, l'oxide de sélénium, le protoxide d'azote, le bi-oxide d'azote, l'oxide de chlore, l'acide chloreux, l'acide carbonique, l'acide chloroxi-carbonique, l'acide sulfureux, l'acide chlorhydrique, l'acide brombydrique, l'acide iodhydrique, l'acide sulfhydrique, l'acide sélénhydrique, l'acide tellurhydrique, le gaz fluo-borique, le gaz fluo-silicique, le gaz chloro-silicique, le gaz ammoniaque, le gaz chlorure de cyanogène, l'hydrate de méthylène, le chlorhydrate de méthylène, le fluorhydrate de méthylène.

Nous n'avons rien à ajouter à ce que nous avons dit sur l'analyse de ces gaz dans l'histoire de chacun d'eux.

CHAPITRE III.

De l'analyse des corps combustibles.

SECTION I.

Un métalloïde étant donné, comment en reconnaître la nature ?

2970. Nous ne connaissons que douze métalloïdes : l'hydrogène, le bore, le silicium, le carbone, le phosphore, le soufre, le sélénium, l'iode, le brôme, le chlore, le fluor et l'azote.

En parlant des gaz, nous avons dit comment on pouvait reconnaître l'hydrogène, le chlore et l'azote. Le fluor n'a point encore pu être obtenu pur. Le brôme se distingue de tous les autres, parce qu'il est le seul qui soit liquide à la température ordinaire. D'ailleurs, sa couleur rougeâtre, son odeur forte qui a de l'analogie avec celle du chlore, la facilité avec laquelle il se réduit en vapeurs rouges semblables à celles de l'acide hypo-azotique, son action destructive sur les couleurs végétales, sont autant de propriétés par lesquelles on ne peut être induit en erreur. Il ne nous reste donc qu'à exposer les caractères des sept autres métalloïdes qui sont solides.

Le bore est solide, insipide, inodore, brun-verdâtre, pulvérulent, infusible, fixe, sans action sur le gaz oxigène à la température ordinaire, capable d'absorber ce gaz à une température élevée et de former un acide vitrifiable en donnant lieu à un dégagement de calorique et de lumière, capable enfin de décomposer l'acide azotique à l'aide d'un peu de chaleur et de se tranformer tout entier en acide borique, qu'on peut obtenir pur par l'évaporation de la liqueur, et qui est doué de propriétés très remarquables.

Le silicium est d'un brun de noisette sombre, et comme le bore, solide, insipide, infusible, fixe. Le gaz oxigène est sans action sur lui, même à une température élevée. Aucun acide ne l'attaque, ou du moins il n'y a qu'un mélange d'acide azotique et d'acide fluorhydrique qui puisse le dissoudre. Les hydrates de potasse, de soude, de baryte agissent sur lui très fortement; mêlé avec eux en proportions convenables, il détone à un degré de chaleur bien inférieur au rouge : de l'hydrogène se dégage, et un silicate, très facile à reconnaître, se produit. *Voy*. d'ailleurs, n° 45.

Le carbone est aussi, comme le bore et le silicium, solide, insipide, inodore, infusible, fixe; mais il est noir le plus souvent; et, lorsqu'on le chauffe avec le contact de l'air ou du gaz oxigène, il brûle, se vaporise tout entier et forme un acide gazeux, contenant son volume d'oxigène (201), et facile à distinguer de tous les autres gaz (2942).

La propriété d'être ductile, presque aussi facile à couper que la cire, plus ou moins transparent, fusible à environ 40°, lumineux dans l'obscurité; celle de répandre des vapeurs blanches dans l'air à la température ordinaire, d'en absorber l'oxigène et de donner lieu à de l'acide hypo-phosphorique; celle enfin de s'enflammer vivement par le contact d'un corps en combustion, feront toujours reconnaître aisément le phosphore.

Les caractères du soufre sont tout aussi tranchés : c'est un corps solide, insipide, jaune, fusible à 107 ou 109°, volatil, qui brûle avec une flamme bleue, et se convertit tout entier en gaz sulfureux dont l'odeur est très remarquable.

Ceux de l'iode le sont plus encore : son aspect est métallique, sa couleur bleuâtre, son odeur analogue à celle du chlore; chauffé peu-à-peu dans un matras, il fond, se réduit en vapeurs violettes, et vient se rassembler à la partie supérieure du vase en lames brillantes. Mis en contact avec une dissolution de baryte, il disparaît et donne lieu à de l'iodate de baryte qui se précipite, et à de l'iodure de barium qui reste dans la liqueur, et dont l'on peut précipiter l'iode par une solution de chlore.

Quant au sélénium, on trouvera les caractères qui le distinguent (82).

Nous ajouterons cependant, d'après M. Berzelius, qu'il es facile de reconnaître ce corps dans les minéraux qui le contiennent, en les chauffant même en très petite quantité avec la lampe, dans un tube de verre ouvert aux deux extrémités et incliné sous un angle de 45° : le soufre renfermé dans le minéral passe à l'état d'acide sulfureux, tandis que le sélénium, du moins en partie, se sublime en forme d'un anneau rouge. Il est vrai qu'un minéral qui contiendrait du soufre et de l'arsenic produirait un phénomène analogue; mais alors l'odeur de rave que répand le sélénium lorsqu'on le calcine, ne se ferait pas sentir pendant la formation de l'anneau rouge.

2971. D'après l'ordre que nous avons adopté, nous devrions maintenant nous occuper des questions suivantes :

1° *Un mélange de métalloïdes étant donné, reconnaître ceux qui entrent dans sa composition.*

2° *Déterminer la proportion des principes d'un mélange de métalloïdes.*

3° Enfin, *déterminer la proportion des principes des divers composés de métalloïdes.*

Mais comme nous avons déjà donné la solution de plusieurs des problèmes compris dans ces questions; que nous croyons que le lecteur pourra trouver les solutions des autres après la lecture de ce traité, et que, d'ailleurs, on en a rarement besoin, nous ne les examinerons pas.

SECTION II.

Des corps combustibles placés entre les métalloïdes et les métaux.

2971 *bis*. Ces corps sont seulement au nombre de deux : le zirconium et le thorinium. Nous croyons ne devoir rien ajouter à ce qui en a été dit (469 et 483).

SECTION III.

Un métal étant donné, comment en reconnaître la nature?

2972. La première chose à faire sera d'examiner les caractères physiques du métal : si ces caractères ne suffisaient pas pour faire adopter une marche particulière dans les expériences à tenter pour constater la nature de ce métal, il faudrait procéder à sa recherche de la manière suivante.

2973. Supposons d'abord que, mis en contact avec l'eau à la température ordinaire, le métal la décompose subitement et donne lieu à une effervescence plus ou moins considérable, en se changeant en un oxide alcalin plus ou moins soluble dans l'eau, il appartiendra à la première section : alors, pour déterminer la nature de ce métal, il faudra saturer la liqueur par l'acide chlorhydrique, et la soumettre à diverses épreuves.

Ce sera : du *potassium* ou du *sodium*, ou du *lithium*, si elle n'est pas troublée par la dissolution de carbonate de potasse, ou de soude, ou d'ammoniaque ; savoir :

Du *potassium*, si la liqueur concentrée est précipitée en jaune par le chlorure de platine. (*Voy*. les autres caractères, 724.)

Du *lithium*, si elle n'est pas précipitée par ce chlorure ; si le phosphate d'ammoniaque et de soude ou le phosphate de soude y produit un dépôt abondant par l'ébullition et la concentration (1) ; et si évaporée jusqu'à siccité, elle donne un résidu qui colore en une belle couleur rouge-carmin la flamme du chalumeau (747 *bis*.)

Du *sodium*, si elle n'est pas précipitée à chaud, ni par le chlorure de platine, ni par le phosphate de soude ou de soude et d'ammoniaque, et si le chlorure chauffé au chalumeau communique à la flamme une couleur jaune intense (739.)

Ce sera : du *barium*, du *strontium* ou du *calcium*, si la liqueur est, au contraire, troublée par la dissolution de carbonate de potasse, ou de soude ou d'ammoniaque ; savoir :

Du *barium*, si la dissolution de sulfate de strontiane, et l'acide sulfurique, étendu d'une très grande quantité d'eau, y forme un précipité blanc, insoluble dans les acides ; et si, portée jusqu'à un certain point de concentration, elle laisse déposer, par le refroidissement, des cristaux en lames carrées, sur lesquels l'alcool anhydre est sans action (772).

Du *strontium*, si elle est troublée, par la dissolution de sulfate de chaux, mais non par celle de sulfate de strontiane ; et si, portée jusqu'à un certain point de concentration, elle laisse déposer, par le refroidissement, des cristaux en aiguilles, non déliquescens, solubles dans l'alcool, donnant

---

(1) Le phosphate de lithine est peu soluble ; le phosphate de lithine et de soude l'est moins encore. Toutefois, l'évaporation est nécessaire pour déterminer promptement le précipité (1460.)

à celui-ci la propriété de brûler avec une flamme purpurine, et communiquant la même couleur à la flamme du chalumeau (782).

Du *calcium*, si la dissolution de sulfate de chaux et l'acide sulfurique étendu de beaucoup d'eau n'y forme pas de précipité ; si, au contraire, l'acide oxalique y en forme un ; s'il en est de même du sulfate de potasse lorsqu'elle est concentrée ; et si le résidu qu'elle fournit par l'évaporation est déliquescent et soluble dans l'alcool (799).

2973 *bis*. Supposons, en second lieu, que le métal soit sans action, sur l'eau à la température ordinaire ; mais qu'à cette température, il soit capable de se dissoudre dans l'acide sulfurique étendu, avec dégagement de gaz hydrogène, ce sera du *magnésium*, ou de l'*yttrium*, ou de l'*aluminium*, ou du *glucinium*, ou du *cérium*, ou du *zinc*, ou du *cadmium*, ou du *manganèse*, ou du *fer*, ou du *cobalt* ou du *nickel*. (1)

1° *L'un des trois derniers*, si la dissolution est colorée en vert ou en rose :

Du *fer*, si la dissolution métallique est verte ; et si , après y avoir ajouté un petit excès de chore, elle acquiert la propriété de former un précipité bleu avec le cyanure jaune de fer et de potassium, et noir avec l'infusion de noix de galle (896).

Du *nickel*, si elle est d'un vert-pré ; si la potasse et la soude en précipitent un oxide d'un vert tendre ; si l'ammoniaque en rend la couleur d'un bleu violacé (1003).

Du *cobalt*, si la dissolution est d'un rouge violet, et si du borax qui en est imprégné forme un verre bleu en le chauffant au chalumeau (992).

2° *L'un des huit premiers*, si la dissolution est incolore ;

Du *cadmium*, si le gaz sulfhydrique y occasione un précipité d'un beau jaune (952).

Du *manganèse*, si la dissolution forme avec la potasse ou la soude un précipité blanc qui passe au brun-marron par le contact de l'air, et si, mise avec son poids d'hydrate de potasse et calcinée jusqu'au rouge pendant 15 à 18 minutes, on obtient une masse verte, présentant toutes les propriétés du caméléon minéral (854).

---

(1) Le cobalt et le nickel se dissolvent très difficilement dans l'acide sulfurique ; à moins qu'ils ne soient très divisés, et qu'ils ne proviennent, soit de la réduction des oxides par le gaz hydrogène, soit de la calcination des oxalates en vases clos. C'est pourquoi on les retrouvera parmi les métaux, sur lesquels l'acide-sulfurique est sans action, et que l'acide azotique attaque.

Du *cérium*, si elle produit avec la potasse ou la soude, ou l'ammoniaque, un précipité blanc qui, desséché et calciné jusqu'au rouge avec le contact de l'air, devienne rouge-brique; et si ce précipité rouge se dissout à chaud dans l'acide chlorhydrique avec dégagement de chlore (1127).

Du *magnésium* ou de l'*yttrium*, si elle donne avec la potasse ou la soude caustique un précipité blanc, insoluble dans un excès d'alcali, et qui ne se colore point en le calcinant au contact de l'air, savoir : du magnésium, si le sulfate acide n'est point précipité par l'ammoniaque (808) ; de l'yttrium, si, au contraire, il est précipité par ce réactif (816).

Du *glucinium*, ou de l'*aluminium*, ou du *zinc*, si la dissolution étendue forme avec la potasse ou la soude caustique un précipité blanc soluble dans un excès d'alcali, savoir : du *zinc*, si l'ammoniaque redissout le précipité qu'elle pourra former d'abord (942) ; du *glucinium*, si le précipité est insoluble dans un excès d'ammoniaque, et si la dissolution saline versée dans un grand excès de carbonate ammoniacal donne lieu à un dépôt floconneux qui disparaît par l'agitation (822) ; de l'*aluminium*, dans le cas où le précipité ne disparaîtrait ni dans l'ammoniaque, ni dans le carbonate d'ammoniaque (831).

2974. Supposons maintenant que le métal soit sans action sur l'eau et sur l'acide sulfurique étendu d'eau, à la température ordinaire, mais qu'il puisse être attaqué par l'acide azotique, à cette température, ou du moins à l'aide de la chaleur, il fera partie de la série suivante : *vanadium, tungstène, étain, antimoine, molybdène, arsenic, cobalt,* (1) *urane, cuivre, nickel* (1), *palladium, mercure, bismuth, tellure, plomb, argent.* (2)

Le cobalt, l'urane, le cuivre, le vanadium, le nickel et le palladium étant les seuls de ces quinze métaux qui, en se dissolvant dans l'acide azotique, le colorent, ne pourront être confondus, par cela même, qu'entre eux on les reconnaîtra aux propriétés que possédera la liqueur. Le métal sera :

---

(1) Ce métal, lorsqu'il est très divisé est attaqué par l'acide sulfurique étendu.

(2) L'osmium est encore attaqué par l'acide azotique, lorsqu'il n'a point subi l'action de la chaleur : il cesse de l'être, non-seulement par cet acide, mais encore par l'eau régale, lorsqu'il a été calciné : nous le supposons à cet état. D'ailleurs l'on reconnaîtrait toujours l'osmium, et l'acide osmique qui résulterait de l'action de l'acide azotique, aux caractères que l'on trouvera exposés (2979 et 1206).

D'après M. Berthier, le tungstène et le chrôme doivent être aussi compris parmi les métaux, sur lesquels l'acide azotique a de l'action ; mais ce n'est qu'avec beaucoup de difficulté, qu'ils sont attaqués par cet acide et même par l'eau régale. C'est pour cela que nous ne donnerons point ici leurs caractères.

Du *cobalt* ou du *palladium*, si la liqueur est plus ou moins rouge, savoir : du cobalt, si elle possède les propriétés énoncées précédemment ; du *palladium*, si le sulfate de protoxide de fer en réduit le métal, et si, lorsqu'elle est bien neutralisée, le cyanure de mercure y fait subitement un précipité blanc (1232).

Du *vanadium* ou du *cuivre*, si elle est bleue ou d'un bleu quelquefois verdâtre, savoir : du *cuivre*, si elle forme avec l'ammoniaque, un précipité d'un blanc-bleuâtre qu'un excès d'ammoniaque redissout tout de suite en communiquant à la dissolution une couleur d'un bleu céleste ; avec le cyanure jaune de fer et de potassium, un précipité cramoisi (1153) ; du *vanadium*, si elle produit avec un excès d'ammoniaque un précipité brun et une liqueur incolore ; avec le cyanure jaune de fer et de potassium, un précipité jaune-citron, qui verdit à l'air ; avec l'infusion de noix de galle, un précipité bleu si foncé qu'il paraît noir, etc. (1055).

Du *nickel*, si elle est d'un vert-pré. (*Voyez* ce qui a été dit précédemment.)

De l'*urane*, si elle est jaune ou jaunâtre ; si le cyanure jaune de fer et de potassium y produit un précipité couleur de sang ; l'infusion de noix de galle, un précipité brun-chocolat ; etc. (1121).

2975. Le *mercure*, en raison de sa fluidité et de la propriété qu'il a de bouillir et de se volatiliser sans s'oxider au-dessous de la chaleur rouge, est toujours facile à distinguer.

Les caractères de l'*arsenic* ne sont pas moins saillans : soumis dans une cornue, à l'action d'une chaleur rouge, il se volatilise tout entier et se condense dans le col sous forme de cristaux qui ont le brillant métallique ; projeté dans un têt ou sur des charbons incandescens, il passe en partie à l'état d'acide arsénieux qui s'exhale en vapeurs blanches, et il répand une très forte odeur d'ail ; chauffé sur le mercure dans une petite cloche courbe avec du gaz oxigène, il s'enflamme, absorbe le gaz et se transforme en acide arsénieux, qui se dépose sur les parois à l'état de petits cristaux. Mis en contact, à chaud, avec l'acide azotique faible, il se dissout, donne lieu à une liqueur qui laisse déposer des cristaux blancs par le refroidissement, qui précipite en jaune par l'acide sulfhydrique, et qui, saturée de potasse de manière à former non-seulement un azotate, mais encore un arsenite, précipite en vert par une dissolution de sulfate de bi-oxide de cuivre.

2976. L'étain, l'antimoine, le molybdène se distinguent de tous les autres, parce que l'acide azotique concentré les attaque facilement et les convertit en une poudre blanche ou d'un blanc-jaunâtre, insoluble ou très peu soluble dans cet acide : ils sont caractérisés d'ailleurs :

Le *molybdène*, parce qu'il est infusible ou très difficile à fondre ; que la poudre dans laquelle il est converti par l'acide azotique est sensiblement soluble dans cet acide et même dans l'eau ; que la dissolution aqueuse de cette poudre, privée d'acide azotique, rougit le tournesol, et devient bleue en peu de temps par le contact d'une lame de zinc ou d'étain ; enfin, que cette même poudre s'unit facilement aux alcalis, qu'elle les sature et qu'elle forme des sels dont elle est séparée par des acides puissans ; savoir : avec la potasse et la soude, des sels solubles et cristallisables ; et avec l'ammoniaque, un sel qui se prend en une masse sirupeuse par l'évaporation.

L'*antimoine*, parce qu'il est cassant, qu'il se dissout dans l'eau régale ; que la dissolution précipite en blanc par l'eau et en rouge-orangé par l'acide sulfhydrique, etc. (1090).

L'*étain*, parce qu'il est ductile ; qu'il se dissout à chaud dans l'acide chlorhydrique avec dégagement de gaz hydrogène, et que le proto-chlorure qui en résulte donne lieu au précipité pourpre de Cassius par son mélange avec la dissolution d'or (977).

2977. Quant au bismuth, au tellure, au plomb et à l'argent, qui, comme le mercure et l'arsenic, se dissolvent dans l'acide azotique sans le colorer, et qui, par cela même, sont distincts des autres, on les reconnaît :

Le *bismuth*, parce qu'il est cassant, très fusible, que sa dissolution dans l'acide azotique est précipitée en blanc par l'eau, et en noir par l'acide sulfhydrique, et que les précipités ne se dissolvent point dans les solutions alcalines.

Le *tellure*, parce qu'il est cassant, très-fusible ; que, chauffé au chalumeau, il brûle avec une flamme bleue en donnant lieu à un oxide qui se sublime sous forme de vapeurs blanches ; que sa dissolution dans l'acide azotique forme, avec la potasse, la soude, l'ammoniaque et leurs carbonates, un précipité blanc qui disparaît dans un excès d'alcali ou de carbonate alcalin ; et que sa combinaison avec le potassium se dissout dans l'eau et produit une liqueur rouge, d'où le tellure se dépose avec le contact de l'air.

L'*argent*, parce qu'il est ductile, non oxidable par l'air ; que sa dissolution azotique forme, avec l'acide chlorhydrique, un précipité insoluble dans un excès d'acide, et très soluble dans l'ammoniaque ; et que l'oxide qu'on en sépare, au moyen de la potasse et de la soude, se réduit par une chaleur bien moindre que le rouge-cerise ; etc. (1254).

Le *plomb*, parce qu'il est ductile, très fusible ; que sa dissolution azotique a une saveur douce ; qu'elle est précipitée en blanc par l'acide sulfurique et les sulfates, en noir par l'acide sulfhydrique, etc. (1157).

2978. Supposons, en quatrième lieu, que le métal soit sans action, du moins bien sensible, sur l'acide azotique concentré et bouillant, et qu'il puisse être attaqué par l'*eau régale*, ce sera ou de l'or, ou du platine, ou du titane. (1)

De l'*or*, si la dissolution est jaune ; si elle est précipitée en pourpre ou en violet, ou en brun-noirâtre par le protochlorure d'étain ; si le sel qu'elle contient est réduit tout-à-coup par le sulfate de protoxide de fer, et si le dépôt que ce sulfate y fait naître, et qui est brun-jaunâtre, prend par la calcination l'aspect de l'or mat ; enfin si l'ammoniaque en sépare une poudre jaunâtre qui, séchée et exposée sur une lame de couteau au-dessus de la flamme d'une bougie, détone fortement.

Du *platine*, si la dissolution est d'un jaune tirant un peu sur le rouge ; si elle n'est troublée ni par le sulfate de protoxide de fer, ni par le proto-chlorure d'étain ; si, lorsqu'elle est concentrée, elle forme avec les dissolutions de sels ammoniacaux et les dissolutions de sels de potasse, des précipités jaunes, solubles dans une plus ou moins grande quantité d'eau ; enfin, si le précipité formé par le chlorhydrate d'ammoniaque donne, en le calcinant jusqu'au rouge, un résidu composé d'une multitude de petits grains blancs et métalliques.

Du *titane*, si la dissolution est incolore ou légèrement jaune ; si, concentrée, elle donne avec le cyanure jaune de potassium et de fer un précipité floconneux, rouge-brun ; avec l'infusion de noix de galle, un précipité également rouge-brun ou couleur de sang ; avec les alcalis caustiques ou carbonatés, un précipité blanc ; avec une lame de zinc ou d'étain, une liqueur bleue, surtout en y ajoutant de l'acide chlorhydrique (1102).

2979. Supposons enfin que le métal soit inattaquable, non-seulement par l'acide azotique concentré et bouillant,

---

(1) Il faut pour que le titane soit attaquable par l'eau régale, qu'il n'ait point été soumis à une forte calcination, et qu'il provienne, par conséquent, de la réduction du chlorure par l'ammoniaque.

Nous ne comprenons point ici le chrôme et le tungstène, sur lesquels il paraît que l'eau régale n'est pas tout-à-fait sans action. Nous en avons dit le motif (20 note de la page précédente 285). L'iridium qui n'a point été calciné est, relativement à l'eau régale, dans le même cas que le chrôme et le tungstène.

mais encore par l'*eau régale*, ce sera du *titane* ou de l'*osmium* s'ils ont été fortement calcinés, ou du *chrôme*, ou du *tungstène* (1), ou du *colombium*, ou du *rhodium*, ou de l'*iridium*.

Du *chrôme*, si, en le triturant et le mêlant avec son poids d'azotate de potasse, et chauffant le mélange jusqu'au rouge pendant une demi-heure, il en résulte une masse jaunâtre; si cette masse colore l'eau en jaune; si la dissolution, saturée par l'acide azotique, précipite l'azotate d'argent en pourpre, l'acétate de plomb en jaune vif, et l'azotate acide de mercure en rouge; enfin, si, faisant rougir ce dernier précipité, on obtient un oxide vert, capable de se fondre dans beaucoup de borax, et de le colorer en vert émeraude (1044).

Du *tungstène*, si en le calcinant de même que le chrôme avec son poids d'azotate de potasse, il en résulte une masse en grande partie soluble dans l'eau; si la dissolution est incolore, et si l'acide azotique y forme un précipité blanc, qui par un excès d'acide bouillant, devienne jaune, et possède toutes les propriétés de l'acide tungstique.

Du *titane*, si, en le faisant rougir avec un poids d'azotate de potasse égal au sien et lessivant le produit à grande eau, l'on obtient un résidu qui se dissolve dans l'acide chlorhydrique, et si la dissolution se comporte avec les réactifs comme nous l'avons dit dans l'article précédent.

De l'*osmium*, si, mis en petite quantité sur les bords d'une feuille de platine, et exposé à l'action de la flamme extérieure d'une lampe à alcool, la flamme s'agrandit en ce point et devient plus vive; si, à une température élevée, il s'oxide dans l'air, et donne lieu à des vapeurs blanches, qui répandent une odeur très pénétrante et irritent fortement les yeux; si, chauffé dans un tube de verre horizontal, au milieu d'un courant de gaz oxigène sec, il se transforme en acide osmique, qui possède les propriétés caractéristiques énoncées (1206).

De l'*iridium*, si, calciné dans un creuset avec l'azotate de potasse, il donne lieu à une masse noire pulvérulente, qui, traitée par l'acide azotique étendu, laisse un résidu noir; si ce résidu, qui devra être un sesqui-oxide, se dissout dans l'acide chlorhydrique, et forme un chlorure déliquescent, incristallisable, d'un brun très foncé, tirant sur le jaune; si le chlorure ainsi obtenu devient rouge en le chauffant doucement avec de l'eau régale; s'il ne faut que très peu de la dissolu-

---

tion du chlorure devenu rouge pour donner à celle de chlorure de platine la propriété de précipiter en rouge briqueté par le sel ammoniac; si, convenablement rapprochée, elle laisse déposer, lorsqu'on y verse peu-à-peu de l'ammoniaque liquide, une grande quantité de petits cristaux brillans, d'un pourpre si intense qu'ils paraissent noirs; enfin, si, par la calcination jusqu'au rouge, ces cristaux donnent une poudre métallique, que le bi-sulfate de potasse à une haute température n'attaque point de manière à la rendre soluble dans l'eau en colorant celle-ci en jaune, caractère qui permet aisément de distinguer le rhodium de l'iridium.

Du *rhodium*, s'il est attaqué lorsqu'on le chauffe au rouge avec le bi-sulfate de potasse en formant un double sulfate, de couleur jaune, soluble dans l'eau; s'il l'est également, lorsqu'on le calcine avec la potasse ou l'azotate dē potasse, et si, après avoir lessivé le produit, l'on obtient un résidu qui se dissout dans l'acide chlorhydrique et le colore en rouge; enfin, si la dissolution forme avec les chlorures de sodium et de potassium des sels doubles d'un rose rouge, insolubles dans l'alcool, et facilement cristallisables.

Du *colombium*, si, chauffé à l'air libre, il s'embrase bien avant que la température ne soit portée jusqu'au rouge, et se transforme en acide colombique; s'il est soluble dans l'acide fluorhydrique avec dégagement d'hydrogène; si, fondu avec l'hydrate ou le carbonate de potasse, il s'acidifie, soit aux dépens de l'eau, soit aux dépens de l'acide carbonique; si, calciné avec l'azotate de potasse, il s'acidifie également, et s'il en résulte une masse qui, traitée par l'acide azotique et bien lavée, laisse une substance blanche, reconnaissable pour être de l'acide colombique aux caractères qui ont été exposés (1071).

2981. Indépendamment de tous les caractères que nous venons de donner pour reconnaître les divers métaux, il en est d'autres qu'on tire de l'action du chalumeau. Ces caractères se manifestent surtout quand les métaux sont oxidés. C'est pourquoi nous ne les ferons connaître qu'en parlant des oxides eux-mêmes.

SECTION IV.

Un mélange de métaux étant donné, comment les reconnaître?

2982. Nous supposons, dans ce que nous allons dire, que les métaux ne sont que mêlés et non combinés, et qu'ils n'agissent que comme s'ils étaient isolés, sur les corps avec lesquels nous les mettons en contact, ce qui n'a pas toujours lieu, il s'en faut beaucoup : sans cette supposition le problème proposé, en raison de sa généralité, deviendrait insoluble.

Peut-être certaines personnes penseront-elles qu'alors il est inutile de s'en occuper; mais il nous semble qu'elles seraient dans l'erreur. En effet, c'est un moyen de comparer les métaux les uns aux autres dans leurs propriétés, de faire ressortir celles qu'on peut appeler *caractéristiques*. C'est par conséquent une étude utile, nécessaire; je dirai plus : si rien n'indiquait la nature du mélange, et tel est le cas que nous considérons, il faudrait adopter la marche que nous allons tracer, ou une marche analogue : elle conduirait nécessairement à la connaissance de quelques-uns des principes. Guidé par les résultats observés, on prendrait une nouvelle voie, et on arriverait plus ou moins directement au but. Je n'ai point voulu faire un ouvrage de docimasie; un ouvrage de cette nature exigerait lui seul plus d'un volume, et je n'ai pas consacré deux cent cinquante pages aux généralités que j'expose, et aux applications que je présente.

Je reviens actuellement à la solution du problème proposé, en observant que j'exclus du mélange l'arsenic et le molybdène.

2983. Ce qu'on devra faire d'abord, ce sera : de mettre le mélange en contact avec l'eau, à la température ordinaire, pour savoir s'il contient du potassium, ou du sodium, ou du barium, ou du strontium, ou du calcium, ou du lithium. S'il en contient, il se dégagera tout-à-coup du gaz hydrogène, et la liqueur deviendra alcaline : alors on y versera un excès de carbonate d'ammoniaque mêlé d'ammoniaque caustique pour transformer en carbonates les divers oxides provenant de la décomposition de l'eau; et comme les carbonates de baryte, de strontiane et de chaux sont insolubles, tandis que ceux de potasse et de soude sont, au contraire, très solubles, et que celui de lithine l'est aussi d'une manière très sensible, l'on traitera la liqueur filtrée, et le précipité bien lavé, s'il s'en forme, de la manière suivante :

La liqueur sera saturée d'acide chlorhydrique et concentrée le plus possible. Pour en séparer le potassium, il suffira d'y ajouter un peu d'alcool et un petit excès de chlorure de platine, qui en précipitera le chlorure de potassium, à l'état de chlorure double, lequel sera recueilli sur un filtre et lavé avec une quantité convenable d'eau alcoolisée. Après quoi, on enlèvera par un courant de gaz sulfhydrique l'excès de platine contenu dans la nouvelle liqueur, on la filtrera et on l'évaporera à siccité; il en résultera un résidu de chlorures de sodium et de lithium. Le premier sera facile à distinguer, en chauffant un peu de matière saline au chalumeau; la flamme se colorera en jaune. Celui de lithium se reconnaîtra très aisément aussi en dissolvant dans l'eau ce qui restera des chlorures, y ajoutant un excès de phosphate et de carbonate de soude, faisant évaporer de nouveau la liqueur jusqu'à siccité, et reprenant le nouveau résidu par l'eau. Tout se dissoudra, excepté un sel double de phosphate de soude et de lithine, lequel est très peu soluble.

Au lieu de se servir de chlorure de platine pour séparer le potassium, l'on pourrait employer l'acide hyper-chlorique avec beaucoup de succès. On transformerait ainsi les trois carbonates alcalins en hyper-chlorates, on les dessècherait, et on les traiterait par l'alcool qui dissoudrait seulement ceux de soude et de lithine, lesquels seraient ensuite soumis aux opérations qui viennent d'être décrites pour distinguer ces deux bases l'une de l'autre.

Quant au précipité, formé par le carbonate d'ammoniaque, il faudra le dissoudre dans l'acide chlorhydrique, faire évaporer la dissolution jusqu'à siccité, et traiter le résidu par l'alcool bouillant et anhydre, qui est presque sans action sur le chlorure de barium, et qui dissout bien les chlorures de strontium et de calcium; puis l'on étendra d'eau la dissolution alcoolique; l'on y ajoutera du carbonate de potasse, qui précipitera tout-à-coup la strontiane et la chaux à l'état de carbonates; l'on dissoudra de nouveau, non plus dans l'acide chlorhydrique, mais dans l'acide azotique, le précipité, s'il s'en forme un; et enfin, de nouveau aussi l'on fera évaporer la dissolution jusqu'à siccité, afin de pouvoir traiter, dans un flacon fermé, à la température ordinaire, le résidu par l'alcool absolu, qui, à froid, n'a point d'action dissolvante sur l'azotate de strontiane, et en a une très forte sur l'azotate calcaire.

Ajoutons que la baryte peut être très facilement reconnue par l'acide sulfurique très étendu, ou par une dissolution de sulfate de strontiane; et que mêlée à la strontiane et à la chaux, elle peut être séparée par le fluorhydrate de fluorure de silicium. (Voyez plus loin *l'analyse des oxides*.)

2984. Lorsque l'eau sera sans action sur le mélange, on le mettra en contact avec l'acide sulfurique étendu dans une fiole munie d'un tube recourbé, et l'on élèvera la température de cet acide jusqu'à l'ébullition.

Le cérium, le magnésium, l'yttrium, le glucinium, l'aluminium, le manganèse, le zinc, le fer, le cadmium, qu'il pourra contenir, se dissoudront avec dégagement d'hydrogène, comme dans le cas précédent : il en sera de même du cobalt et du nickel, s'ils sont très divisés.

La présence de ces divers métaux sera reconnue comme il suit :

1° L'on y fera passer un courant de gaz sulfhydrique qui ne précipitera que le *cadmium*, à l'état de sulfure, d'un beau jaune. Ce sulfure, attaqué par l'acide azotique, ou l'eau régale, donnera lieu à une dissolution qui présentera les caractères des sels de cadmium (952).

2° La présence du fer sera toujours facile à constater par le précipité bleu foncé qu'il produira, en versant du chlore et du cyanure jaune de potassium et de fer, dans une portion de la liqueur, après l'avoir en grande partie neutralisée, de manière qu'elle ne conserve plus qu'une légère acidité.

3° En mettant un excès de potasse dans la liqueur débarrassée de cadmium par l'acide sulfhydrique, cet alcali ne retiendra que les oxides de zinc, de glucinium, d'aluminium, et précipitera tous les autres (1). La solution alcaline sursaturée par l'acide sulfurique, puis versée dans du carbonate d'ammoniaque, ne laissera déposer que l'*alumine*, dont il sera facile de constater les propriétés (831). La *glucine* sera séparée à son tour, en décomposant le carbonate ammoniacal par l'acide sulfurique, chassant tout l'acide carbonique par l'ébullition, et ajoutant un excès d'ammoniaque. Quant à l'oxide de *zinc*, on l'obtiendra en évaporant la liqueur à siccité, calcinant le résidu, afin de vaporiser le sulfate d'ammoniaque et de décomposer le sulfate de zinc, puis le traitant par l'eau bouillante pour dissoudre le sulfate de potasse.

4° Le manganèse et le cobalt se reconnaîtront aisément dans le dépôt qui proviendra de la potasse. Il suffira d'en calciner une petite partie avec de la potasse ou de la soude, et une autre avec du borax à la flamme intérieure du chalumeau ; le *manganèse* colorera l'alcali en vert, en produisant du caméléon minéral, et le *cobalt* communiquera au borax une couleur bleue.

5° Le reste du mélange des oxides insolubles dans la potasse devra être dissous dans l'acide sulfurique affaibli, et la solution mêlée avec du sel ammoniac et un excès d'ammoniaque caustique. Les oxides de fer, d'yttrium et de cérium seront, par ce moyen, isolés de ceux de magnésium, de manganèse, de cobalt et de nickel, qui resteront en dissolution. Si la liqueur était bleue, on en conclurait la présence du

---

(1) Dans cette précipitation, comme dans plusieurs de celles qui suivront, il pourra souvent arriver qu'une petite portion des oxides solubles dans l'alcali, soit entraînée par ceux qui ne s'y dissolvent pas. Mais il n'en résultera aucune entrave pour l'objet que nous avons en vue, puisque nous ne nous proposons ici qu'une analyse qualitative.

nickel ; si elle ne l'était pas, il faudrait rechercher ce métal par des procédés qui seront exposés tout-à-l'heure. Dans tous les cas, un courant de gaz sulfhydrique ferait passer le manganèse, le cobalt et le nickel à l'état de sulfures insolubles, en sorte que la potasse versée ensuite dans la liqueur filtrée n'en séparerait que la *magnésie*.

6° L'yttria, l'oxide de cérium et l'oxide de fer, précipités ensemble par l'ammoniaque, étant mis en contact avec de l'acide sulfurique, s'y dissoudront en formant des sulfates. Or, comme le sulfate de cérium, en se combinant avec celui de potasse, donne lieu à un sel double complètement insoluble dans l'eau saturée de sulfate de potasse, et qu'il n'en est pas de même des sulfates de fer et d'yttria, la séparation du *cérium* n'offrira pas de difficulté : elle s'effectuera en plongeant à la surface de la dissolution sulfurique neutralisée autant que possible une croûte cristalline de sulfate de potasse, et lavant avec une dissolution concentrée du même sel le dépôt qui se produira. Celui-ci ne devra être jeté sur le filtre qu'après un contact prolongé du sulfate alcalin, et lorsqu'il aura cessé de s'accroître.

Le filtre ne contiendra que du sulfate de cérium uni à du sulfate de potasse, et dont la base pourra être mise en liberté par la digestion avec la potasse ou la soude caustique.

7° Dans la liqueur où se trouveront les sulfates de fer, d'yttria et de potasse, on ajoutera de l'ammoniaque pour la neutraliser exactement, ou plutôt de manière à séparer une petite partie de l'oxide de fer ; on achèvera la séparation de ce métal à l'aide d'un succinate alcalin neutre, et par une nouvelle addition d'ammoniaque, l'*yttria* sera seule précipitée.

8° Il ne restera plus qu'à rechercher le nickel, si déjà il n'avait été reconnu aux signes précédemment indiqués. Pour cela, il faudra attaquer par l'eau régale le mélange des sulfures de manganèse, de nickel et de cobalt, et verser dans la dissolution qui en résultera, d'abord de l'ammoniaque, puis un grand excès de potasse, en évitant d'ailleurs de la laisser exposée au contact de l'air ; l'oxide de *nickel* se déposera, et ne pourra être accompagné que de protoxide de manganèse incolore. Aucune cause ne pourra donc masquer sa couleur vert-pomme, qui, par conséquent, attestera toujours sa présence. D'ailleurs, si le précipité renferme du nickel et qu'on le dissolve dans un acide, la liqueur sursaturée par l'ammoniaque se colorera aussitôt en bleu.

2985. A l'action de l'eau et de l'acide sulfurique étendu, on devra faire succéder celle de l'acide chlorhydrique concentré et bouillant : s'il en résulte un dégagement de gaz hydrogène ; si la liqueur précipite en brun ou en pourpre la dissolution d'or ; si, en y versant du carbonate de potasse ou de soude, on obtient un précipité qui, traité par l'acide azotique, laisse un résidu blanc, ce sera une preuve que le mélange contiendra de l'étain.

2986. Le mélange ayant été traité successivement par l'eau, par l'acide sulfurique étendu, et par l'acide chlorhydrique, on le traitera par l'acide azotique bouillant : celui-ci dissoudra le nickel, le cobalt, l'urane, le bismuth, le tellure, le cuivre, le vanadium, le plomb, le mercure, l'argent, le palladium ; il transformera l'antimoine en acide antimonieux qui se déposera sous forme de poudre blanche ; il oxigènera aussi l'osmium qui n'aurait point été exposé à l'action de la chaleur rouge, et le fera passer à l'état d'acide osmique, qui se volatilisera et qu'on pourra recueillir ; il sera presque sans action sur le tungstène ; il n'attaquera pas sensiblement le colombium, le chrôme, le titane, l'osmium calciné, le rhodium, le platine, l'or, l'iridium (1). Si la dissolution ne peut être troublée par l'eau, on y ajoutera une certaine quantité de ce liquide ; on la filtrera et on lavera le résidu ; mais si elle peut être troublée, il faudra l'étendre d'acide azotique faible, qui n'y produira point d'altération, la filtrer comme à l'ordinaire, et laver le résidu avec cet acide affaibli.

Le résidu bien lavé devra être mis en contact, à chaud, d'abord avec l'acide chlorhydrique afin de dissoudre l'acide antimonieux (1090), puis avec la potasse caustique pour dissoudre l'acide tungstique qui aurait pu se former (1061) ; après quoi, il faudra procéder à l'examen de la dissolution azotique.

Cette dissolution devra être évaporée peu-à-peu, de manière à chasser la majeure partie de l'excès d'acide.

Lorsqu'elle sera concentrée, on y recherchera successivement la présence du bismuth, du palladium, de l'argent, du

---

(1) Si le mélange contenait de l'arsenic et du molybdène, tous deux seraient attaqués par l'acide azotique, et passeraient à l'état d'acides arsenique et molybdique. Nous n'avons point supposé l'existence de ces métaux dans le mélange, pour ne pas trop compliquer le problème. Il serait, au reste, très facile de reconnaître l'arsenic par le grillage ; et mieux en unissant une portion du mélange à une suffisante quantité de potassium, et mettant ensuite l'alliage pulvérisé en contact avec l'eau : il en résulterait du gaz arseniure d'hydrogène dont les caractères sont très tranchés.

On exposera d'ailleurs plus loin (2980) le procédé par lequel on pourrait très probablement, reconnaître le molybdène dans le mélange.

vanadium, du plomb, du cuivre, du nickel, du tellure, du mercure, du cobalt, de l'urane.

Elle contiendra :

Du *bismuth*, si, étendue d'eau, elle laisse déposer une matière blanche qui, bien lavée, soit capable de devenir noire par l'acide sulfhydrique et le sulfhydrate d'ammoniaque, sans se dissoudre dans celui-ci, de fondre par l'effet d'une chaleur rouge et de se prendre en une masse jaunâtre; enfin de se réduire en la chauffant au chalumeau dans une cavité de charbon, et de donner un métal très fusible et cassant.

Du *plomb*, si, après l'avoir étendue d'eau, elle forme avec les sulfates de potasse ou de soude, un précipité blanc que l'acide sulfhydrique rende noir tout-à-coup comme le précédent, et qui, chauffé avec de l'eau et de l'azotate acide de baryte, donne lieu à une liqueur d'où l'on retire, par l'évaporation, des cristaux blancs, sucrés, semblables à ceux qu'on obtiendrait en traitant la litharge par l'acide azotique, etc.

De l'*argent*, si, après l'avoir étendue d'eau, elle est troublée tout-à-coup par l'acide chlorhydrique, et si le précipité est blanc, floconneux, insoluble dans un excès d'acide, très soluble, au contraire, dans l'ammoniaque.

Du *palladium*, si le cyanure de mercure y produit un précipité blanc, et si le sulfate de protoxide de fer en sépare promptement un métal blanc, brillant, formant avec l'acide azotique une dissolution rouge-jaunâtre.

Du *cuivre*, si, lorsqu'on y plonge une lame de fer bien décapée, celle-ci se recouvre en peu de temps d'une couche métallique d'un rouge plus ou moins foncé; ou, si ce caractère n'étant pas bien prononcé, le précipité métallique dissous dans l'acide azotique donne une liqueur qui se colore en bleu par l'ammoniaque.

Du *tellure*, si, après en avoir retiré le plomb, l'argent et le palladium, le carbonate de potasse y produit un précipité en partie soluble dans la potasse caustique; si, saturant ensuite la dissolution alcaline par un acide, il s'en dépose un oxide blanc; si cet oxide, chauffé sur du charbon, à la flamme intérieure du chalumeau, se réduit, se volatilise aisément, et s'oxide de nouveau, en couvrant le charbon d'une fumée blanche; enfin, si ce même oxide, mêlé avec du carbonate de potasse sec, du noir de fumée et de l'huile, puis calciné dans un creuset, et traité par l'eau, donne lieu à une liqueur rouge qui laisse déposer du tellure métallique au contact de l'air.

Du *mercure*, si, en chauffant jusqu'au rouge dans une cornue la partie du précipité de l'expérience précédente qui résiste à l'action dissolvante de l'alcali, il se vaporise des globules métalliques liquides à la température ordinaire, ou bien encore si l'on obtient de semblables globules en calcinant les métaux avant de les traiter par l'acide azotique.

Du nickel, ou du cobalt, ou de l'urane, ou du vanadium, si, après en avoir séparé le plomb, l'argent, le palladium, le cuivre, le tellure et le mercure par un courant de gaz sulfhydrique (1), le sulfhydrate d'ammoniaque ajouté peu-à-peu y forme un précipité noir, savoir :

Du *nickel*, si, saturée par la potasse, elle devient bleue en y ajoutant de l'ammoniaque et la filtrant.

Du *vanadium*, si, un excès de sulfhydrate d'ammoniaque donne lieu à une liqueur pourpre, et si cette liqueur elle-même donne ensuite, par l'addition d'acide chlorhydrique, un précipité de bi-sulfure, reconnaissable aux caractères exposés (1062).

Du *cobalt*, si le précipité qu'y occasione le sulfhydrate d'ammoniaque employé en excès, calciné au contact de l'air et fondu avec 40 à 50 fois son poids de borax, colore ce sel en bleu : dans le cas où il n'y aurait point ou que peu de vanadium, il suffirait pour reconnaître le cobalt d'évaporer une petite quantité de la liqueur à siccité et de fondre le résidu avec le borax.

De l'*urane*, si le précipité bien lavé qu'aurait pu produire un excès de sulfhydrate d'ammoniaque se dissout dans l'acide azotique, et si la dissolution filtrée et très acide laisse déposer, en la sursaturant d'ammoniaque, un oxide qui, redissous dans l'acide azotique, le colore en jaune et lui donne les propriétés qui ont été exposées au sujet de l'azotate d'urane.

2987. Ces opérations étant faites, les métaux non attaqués devront être mis en contact à chaud avec de l'eau régale un peu affaiblie, laquelle dissoudra seulement l'or et le platine qui pourraient en faire partie et tout au plus des traces de quelques autres. On concentrera la liqueur, et on l'éprouvera successivement par une dissolution de chlorhydrate d'ammo-

---

(1) Dans le cas où le mélange de métaux contiendrait du molybdène, on devrait le retrouver ici à l'état d'acide molybdique; il serait précipité par le gaz sulfhydrique en même temps que le plomb, l'argent, etc., et l'on pourrait le séparer par le sulfhydrate d'ammoniaque, qui le dissoudrait en même temps que le sulfure de tellure. Dès-lors, en sursaturant la liqueur filtrée d'acide chlorhydrique, on les précipiterait de nouveau l'un et l'autre, et en les faisant chauffer avec l'acide azotique, on les acidifierait; il n'y aurait plus qu'à évaporer la liqueur à siccité, à reprendre le résidu par l'eau, et à y plonger une lame de zinc ou d'étain, pour y découvrir l'acide molybdique : la liqueur, si elle en contenait, deviendrait bleue.

niaque dans l'alcool faible et par une dissolution aqueuse de sulfate de protoxide de fer. La première en précipitera le platine à l'état de poudre jaune (1280), ou d'un jaune rougeâtre, en supposant qu'elle contienne un peu de chlorure d'iridium; et la deuxième, l'or en poudre métallique très divisée.

2988. Enfin, après avoir traité le mélange des différens métaux dont on voudra reconnaître la nature par l'eau, l'acide sulfurique affaibli, l'acide azotique, l'eau régale, il faudra calciner le résidu dans un creuset de platine, avec une fois ou une fois et demie son poids d'azotate de potasse ou d'un mélange de potasse caustique et d'azotate de potasse.

Si ce résidu se compose, ce qui sera possible, de chrôme, de titane, d'osmium, de rhodium, d'iridium, de tungstène métallique ou acidifié, voici ce qui arrivera : le chrôme, l'osmium, le titane, le tungstène s'acidifieront et s'uniront à la potasse ; l'iridium et le rhodium s'oxideront aussi et se combineront également à l'alcali.

Dans tous les cas, l'on fera chauffer la masse restante d'abord avec l'eau, qu'on portera à l'ébullition, puis avec de l'acide chlorhydrique concentré, et l'on répétera cette double opération, en la faisant précéder d'une nouvelle calcination avec l'azotate de potasse, jusqu'à ce que toute la masse soit attaquée : il en résultera deux dissolutions, l'une alcaline, l'autre acide ; c'est dans la dissolution alcaline que se rencontreront le chrôme, le tungstène, et une partie de l'osmium. On sera certain qu'elle contiendra :

De l'*osmium*, si, en y versant de l'acide azotique, la filtrant dans le cas où elle se troublerait, et la soumettant à l'ébullition dans une cornue, il passe dans les récipiens une liqueur incolore, ayant une odeur très pénétrante, possédant la propriété de devenir bleue par la noix de galle, et de laisser déposer des flocons noirs par l'action du zinc.

Du *chrôme*, si, après y avoir versé de l'acide azotique, l'avoir filtrée pour séparer le dépôt que cet acide pourrait y former, l'avoir saturée de potasse, de soude ou d'ammoniaque, l'azotate acide de mercure y produit un précipité rouge, devenant vert au grand feu.

Du *tungstène*, si les acides sulfurique, azotique, chlorhydrique, y forment un précipité blanc, et si ce précipité devient jaune par l'un de ces acides bouillans, ou plutôt par un mélange d'acide azotique et d'acide chlorhydrique.

Du *colombium*, si le précipité blanc, déterminé par l'addition d'un acide dans la liqueur alcaline, ne se dissout pas en totalité dans le sulfhydrate d'ammoniaque, et si le résidu se fond, au chalumeau, avec le phosphate de soude et d'ammoniaque, en donnant un verre limpide, et n'est pas dissous au contraire par le carbonate de soude en fusion.

C'est dans la dissolution chlorhydrique que se trouveront le titane, l'iridium et le rhodium.

Pour savoir si elle contient ces métaux, il faudra l'étendre d'eau, la soumettre à une ébullition prolongée, puis la filtrer et y plonger une lame de fer : l'ébullition en précipitera la majeure partie du titane à l'état d'acide titanique, et le fer en réduira l'iridium et le rhodium, qui ne tarderont point à se déposer sous forme de poudre noire métallique. L'acide titanique sera facile à reconnaître d'après les caractères qui ont été exposés (1098). Quant à l'iridium et au rhodium, on les reconnaîtra en les calcinant avec du bi - sulfate de potasse, à plusieurs reprises, et lessivant à chaque fois la masse refroidie, faisant rougir le résidu avec de la potasse caustique, et l'attaquant ensuite par l'acide chlorhydrique. Le bi-sulfate de potasse oxidera les deux métaux, mais le rhodium seul passera à l'état de sulfate et se dissoudra dans l'eau. Ce ne sera qu'après avoir été traité successivement par la potasse et l'acide chlorhydrique, que l'iridium sera amené à l'état de composé soluble. On retrouvera dans les deux liqueurs les propriétés générales indiquées pour les sels de rhodium et d'iridium. (1241 et 1223).

SECTION IV.

Analyse d'un assez grand nombre d'alliages, et surtout de ceux qui sont employés dans les arts; savoir:

2989. *De mercure et d'étain, de mercure et de bismuth, de mercure et d'argent, de mercure et d'or.* — C'est en chauffant graduellement jusqu'au rouge ces différens alliages dans une petite cornue dont le col est muni d'un nouet de linge plongeant dans l'eau, qu'on détermine la proportion de leurs principes constituans : le mercure se volatilise, et vient se condenser dans le récipient, tandis que l'autre métal reste dans la cornue. Tout autre alliage formé de mercure et d'un métal fixe, ou qui ne se volatiliserait pas au-dessous de la chaleur rouge, s'analyserait de la même manière.

2990. *D'étain et de plomb.* — L'on prendra une certaine quantité d'alliage, par exemple 10 grammes ; on les introduira dans une fiole, et l'on versera dessus 60 à 70 grammes d'acide azotique pur à environ 30° de l'aréomètre de Baumé, puis l'on exposera le tout à une chaleur graduelle : l'acide azotique se décomposera, et de cette décomposition résulteront du bi-oxide d'étain blanc et insoluble, et de l'azotate de plomb soluble. Lorsque l'on n'apercevra plus de parcelles métalliques, et que la liqueur étant très acide et bouillante, il ne se dégagera plus de gaz, il faudra la faire évaporer presque à siccité, l'étendre d'eau, la jeter sur un filtre et laver le résidu jusqu'à ce que l'eau de lavage ne rougisse plus le tournesol ou ne noircisse plus par l'acide sulfhydrique ; faisant alors sécher ce résidu, qui ne sera composé que de bi-oxide d'étain , le calcinant jusqu'au rouge, le pesant, et en retranchant la quantité d'oxigène qu'il contient, c'est-à-dire, 27,2 sur 127,2, l'on aura la quantité d'étain de l'alliage. L'on réunira ensuite toutes les eaux de lavage à la liqueur filtrée, et l'on y ajoutera un excès de sulfate de potasse ou de soude : tout l'oxide de plomb se précipitera uni à l'acide sulfurique, de sorte que, pour connaître la quantité de plomb, il n'y aura plus qu'à recueillir le précipité, le laver, le sécher, le peser, et observer que 100 de sulfate de plomb contiennent 68,39 de plomb.

2990 bis. *De la soudure des plombiers.* — La soudure des plombiers étant formée de deux parties de plomb et d'une partie d'étain, l'analyse s'en fait comme la précédente. Ce ne serait qu'autant que ces métaux renfermeraient une petite quantité de cuivre, ce qui arrive souvent, qu'il faudrait faire une opération de plus. Alors on verserait de la potasse caustique dans la liqueur d'où le plomb aurait été séparé : le cuivre s'en précipiterait tout-à-coup à l'état d'hydrate ; calcinant ensuite jusqu'au rouge cet hydrate lavé et desséché, on en dégagerait l'eau, et du poids de l'oxide, l'on conclurait celui du métal.

2991. *D'étain et de cuivre.* — Pour peu qu'on réfléchisse sur les propriétés de l'étain et du cuivre, il est facile de voir que l'analyse de cet alliage doit se faire en partie comme celle de l'étain et du plomb (2990) : seulement, au lieu de sulfate de potasse ou de soude, il faut verser immédiatement dans la liqueur filtrée un excès de dissolution d'hydrate de potasse ou de soude pour en précipiter le cuivre, comme nous venons de le dire (2990 bis).

2992. *Du métal des bouches à feu.* — Les bouches à feu sont composées généralement de 89 parties de cuivre et de 11 parties d'étain : par conséquent, c'est au moyen de l'acide azotique que l'on en doit séparer les principes constituans (2991).

Cependant, comme il pourrait arriver que l'alliage contînt un peu de plomb et même quelques traces de fer, il faut toujours y rechercher ces métaux. Tous deux se dissoudront dans l'acide azotique en même temps que le cuivre. L'on concentrera d'abord la liqueur pour en chasser la plus grande partie de l'excès d'acide, puis on l'étendra d'eau, et on y versera du sulfate de soude ou de potasse, qui en précipitera tout-à-coup le plomb à l'état de sulfate et sous forme de poudre blanche. Lorsqu'on aura filtré de nouveau la liqueur et qu'on y aura réuni les eaux de lavage, on y fera passer un courant de gaz sulfhydrique, qui séparera le cuivre à l'état de bi-sulfure d'un brun très foncé. Après avoir recueilli ces flocons sur un filtre et les avoir lavés avec de l'eau chargée d'acide sulfhydrique (1), on les redissoudra dans de l'acide azotique, et on y ajoutera un excès de potasse caustique pour en retirer le cuivre à l'état d'hydrate, etc (2990 bis). Quant au fer, il sera resté dans la liqueur où il aura été ramené à l'état de protoxide par l'acide sulfhydrique; il faudra d'abord faire chauffer la liqueur pour en chasser le gaz sulfhydrique qu'elle pourra contenir, puis réoxigéner le fer par le chlore, et le précipiter par l'ammoniaque. Le sesqui-oxide ferrugineux sera recueilli, lavé, séché et calciné. De son poids, l'on conclura celui du fer, de même que des poids des bi-oxides d'étain et de cuivre et du sulfate de plomb, l'on conclura ceux de l'étain, du cuivre et du plomb.

Du tam-tam, des cymbales. — Ces instrumens ne diffèrent de l'alliage des bouches à feu que par la proportion des principes constituans; d'où il suit que la manière de les analyser doit être la même. Tous sont composés de 78 à 80 parties de cuivre et de 22 à 20 parties d'étain. *Voyez* comment M. d'Arcet est parvenu à les faire (974).

Du métal des cloches. — C'est encore l'étain et le cuivre qui servent de base à l'alliage des cloches. La quantité de l'un est à la quantité de l'autre à-peu-près dans le même rapport que dans le tam-tam et dans les cymbales. Mais comme il arrive souvent que les cloches contiennent en outre un peu de zinc, de plomb et de fer, l'analyse en est assez compliquée. L'on séparera d'abord l'étain et le plomb de la même manière que de l'alliage des bouches à feu. Faisant ensuite passer un courant de gaz sulfhydrique à travers la dissolution, le cuivre se séparera à l'état de sulfure, comme précédemment. La liqueur filtrée réunie aux eaux de lavages, sera traitée par le chlore pour ramener le fer à l'état de sesqui-oxide et mêlée avec un excès d'ammoniaque, qui ne précipitera que l'oxide de fer; puis, enfin, en ajoutant du carbonate de soude en ex-

---

(1) Parce que le bi-sulfure de cuivre passe peu-à-peu à l'état de sulfate, dans son contact avec l'air, et se dissout. (596)

cès dans la dissolution, qui ne renfermera plus que le zinc, la faisant évaporer à siccité, calcinant légèrement le résidu, et le mettant en contact avec l'eau, l'on obtiendra du carbonate de zinc que l'on pèsera après l'avoir ramené à l'état d'oxide par l'action de la chaleur. Les poids du fer et du zinc se déduiront de ceux de leurs oxides. On pourrait encore séparer le fer avec le succinate de soude ou d'ammoniaque.

2993. *De plomb et d'antimoine.* — Cette analyse se fait absolument comme celle de l'alliage d'étain et de plomb (2990), si ce n'est que la matière insoluble dans l'acide azotique étant alors l'antimoine à l'état d'acide antimonieux, il faudra en retrancher 26,07 sur 126,07 pour avoir le poids de ce métal (1078).

2994. *D'étain et d'antimoine.* — Il semble d'abord que le meilleur procédé que l'on puisse employer pour analyser cet alliage consiste à le dissoudre dans l'eau régale, à concentrer la dissolution et à en précipiter l'oxide d'antimoine par l'eau; mais ce procédé n'est point praticable, parce que cet oxide entraîne avec lui, à l'état de combinaison, une grande quantité d'oxide d'étain. (*Ann. de Chim.*, t. LV, p. 276.)

M. Chaudet conseille, avec raison, de fondre l'alliage avec assez d'étain pur pour que la quantité de celui-ci soit à celle de l'antimoine comme 20 à 1; de le réduire, au moyen du laminoir, en une lame très mince, de le couper et de le traiter à chaud dans un matras par un excès d'acide chlorhydrique. Celui-ci dissout peu-à-peu tout l'étain et laisse l'antimoine en poudre, et tellement divisé qu'il nage en partie dans la liqueur: l'ébullition doit être soutenue pendant près de deux heures; après quoi l'on étend la liqueur d'eau, on la filtre, etc. (*Ann. de Chim. et de Phys.*, t. III, p. 376.)

M. Chaudet est aussi parvenu, par un procédé semblable, à faire l'analyse d'un alliage de bismuth et d'étain; mais les proportions des principes constituans de cet alliage peuvent être facilement et plus promptement déterminées par l'acide azotique, qui ne dissout point l'étain, et qui dissout au contraire très bien le bismuth.

Un alliage d'étain et d'antimoine peut être encore analysé en plongeant une lame d'étain dans la dissolution de leurs chlorures. L'antimoine est précipité : on le recueille et on le pèse. L'évaluation de l'étain se fait par différence.

2995. *Des caractères d'imprimerie.* — Les caractères d'imprimerie résultent de la combinaison de 4 parties de plomb, de 1 partie d'antimoine et d'une très petite quantité de cuivre. Il suit de-là qu'après avoir séparé l'antimoine par l'acide azotique, comme nous venons de le dire (2993), il faut traiter la liqueur de même que celle que l'on obtient dans l'analyse de la soudure des plombiers.

2996. *De zinc et de cuivre.* — Faites dissoudre 5 grammes d'alliage, à l'aide d'une douce chaleur, dans l'acide azotique faible; étendez la dissolution d'eau; faites y passer un excès de gaz sulfhydrique pour en précipter le cuivre à l'état de bi-sulfure; recueillez le précipité sur un filtre, et lavez-le avec de l'eau chargée de gaz sulfhydrique; puis, retirez le cuivre à l'état d'oxide par le procédé qui a été exposé (2992). D'une autre part, réunissez les eaux de lavages à la liqueur primitive, dégagez-en le gaz sulfhydrique par la chaleur, et ajoutez-y du carbonate de soude, qui en séparera le zinc à l'état de carbonate. Celui-ci, lavé, séché et calciné donnera de l'oxide, d'où l'on conclura le poids du zinc comme on déduit le poids du cuivre de celui de son bi-oxide.

2997. *Analyse du laiton.* — Tantôt le laiton est formé de zinc et de cuivre, et tantôt il contient en outre 0,02 à 0,03 de plomb (939). Dans le premier cas, il faut déterminer la quantité des deux métaux, comme nous venons de le dire; dans le deuxième, il faut toujours dissoudre l'alliage dans l'acide azotique: après quoi l'on rapproche la dissolution pour en chasser, autant que possible, l'excès d'acide; l'on ajoute du sulfate de potasse ou de soude qui en précipite le plomb à l'état de sulfate et sous forme de poudre blanche, et l'on traite d'ailleurs la liqueur filtrée qui ne contient plus que du zinc et du cuivre, par l'acide sulfhydrique, etc. (2996).

2998. *D'argent et d'or.* — L'argent étant soluble dans l'acide azotique, et l'or n'y étant pas soluble, il faudra laminer cet alliage, et le traiter par l'acide azotique de même que le précédent, mais à plusieurs reprises, ou plutôt jusqu'à ce qu'il ne se dégage plus de bi-oxide d'azote : le résidu, bien lavé et calciné au rouge, donnera la quantité d'or, et l'on conclura celle de l'argent de la quantité de chlorure qu'on obtiendra en versant de l'acide chlorhydrique dans la liqueur, lavant le précipité, le faisant sécher et le pesant : 100 parties de précipité représenteront 75,33 d'argent.

Cependant, si la quantité d'argent était très petite, l'acide azotique ne le dissoudrait qu'en partie; il faudrait alors combiner l'alliage avec une telle quantité d'argent, que celui-ci fît au moins les trois quarts de la masse : on tiendrait compte de cette addition à la fin de l'opération.

2999. *D'argent et de cuivre.* — C'est encore l'acide azotique qu'il faut employer pour analyser cet alliage, du moins par la voie humide (1). La dissolution de l'alliage dans cet acide étant faite et étendue d'eau, l'on y versera peu-à-peu de l'acide chlorhydrique, qui en précipitera tout l'argent à l'état de chlorure ; après quoi l'on filtrera la liqueur et on lavera le précipité jusqu'à ce que les eaux de lavage cessent de devenir bleues par l'ammoniaque ; puis l'on réunira les eaux à la liqueur filtrée, et l'on y ajoutera un excès de dissolution d'hydrate de potasse ou de soude qui en séparera tout le cuivre à l'état de bi-oxide : ce bi-oxide, bien lavé, séché et calciné, donnera la quantité de cuivre, de même que le chlorure d'argent donnera la quantité d'argent (1164, 2998).

3000. *D'argent, de cuivre et d'or.* —— C'est également par l'acide azotique qu'il faut traiter cet alliage : l'argent et le cuivre se dissoudront, et l'or restera intact ; on appréciera le poids de celui-ci comme dans l'article 2998, et l'on déterminera la quantité d'argent et de cuivre contenue dans la dissolution, comme nous venons de le dire (2999).

L'on voit donc que cette analyse participe des deux précédentes, et que, par conséquent, si l'alliage contenait trop peu d'argent ou de cuivre, il faudrait, pour le rendre plus attaquable par l'acide, le combiner avec une certaine quantité de l'un de ces métaux, et de préférence avec l'argent, parce que ce métal n'étant point oxidable, on tiendrait plus facilement compte de ce qu'on ajouterait. (2)

3001. *De bismuth, d'étain et de plomb.* — Que l'on se rappelle que l'acide azotique ne fait qu'oxider l'étain, mais qu'il oxide et dissout le bismuth et le plomb ; que l'eau précipite l'oxide de l'azotate de bismuth, et qu'elle ne trouble point l'azotate de plomb ; enfin, que le sulfate de potasse décompose l'azotate de plomb, et qu'il résulte de cette décomposition de l'azotate de potasse soluble et un sulfate insoluble contenant 68,28 pour 100 de plomb, et l'on verra qu'on doit parvenir facilement à faire l'analyse de l'alliage d'étain, de bismuth et de plomb de la manière suivante :

1° L'alliage sera traité à chaud par un excès d'acide azotique à environ 30°, jusqu'à ce qu'on n'aperçoive plus de parcelles métalliques, ou mieux qu'il ne se dégage plus de gaz, puis l'on

---

(1) Il est encore une autre méthode d'analyse pour cet alliage : c'est celle de la coupellation (3010). L'on s'en sert pour déterminer le titre de toutes les monnaies et de tous les ustensiles d'argent. L'on se sert aussi de celle que nous venons d'indiquer ; mais alors on détermine la quantité d'argent, au moyen d'une liqueur titrée de sel marin. (*Voy.* plus loin, 3011.)

(2) L'on peut aussi déterminer la quantité de cuivre de cet alliage par la coupellation (3014) ; mais ce n'est que par l'emploi d'un acide, l'acide azotique ou l'acide sulfurique, qu'on peut séparer l'argent de l'or.

évaporera la liqueur presqu'entièrement, et l'on versera de l'eau à plusieurs reprises sur la masse restante pour la laver : par ce moyen, l'on dissoudra tout le plomb à l'état d'azotate, et l'on obtiendra un résidu blanc contenant l'étain et le bismuth oxidés : faisant chauffer alors ce résidu avec une nouvelle quantité d'acide azotique, on redissoudra tout l'oxide de bismuth ; mais, pour séparer, sans la décomposer, la portion de l'azotate de bismuth, qui pourrait être adhérente à l'oxide d'étain, il faudra avoir le soin de laver celui-ci avec de l'acide azotique faible.

Ces opérations faites, l'analyse sera presque achevée. En effet, il suffira de sécher, de calciner et de peser l'oxide d'étain pour connaître la quantité d'étain, d'évaporer la dissolution d'azotate de bismuth jusqu'à siccité, de décomposer cet azotate par le feu dans un creuset de platine, et de peser l'oxide qui en proviendra, pour savoir combien il y a de bismuth ; enfin, de verser du sulfate de potasse dans la dissolution d'azotate de plomb, de recueillir, laver, sécher et peser le sulfate de plomb, qui se précipitera : 127,2 d'oxide d'étain contiennent 100 d'étain; 111,275 d'oxide de bismuth contiennent 100 de bismuth, et 100 de sulfate de plomb, 68,28 de plomb.

Toutefois, comme il serait possible qu'il se fût dissous un peu de bismuth en même temps que l'azotate de plomb, il faudra, après avoir séparé le plomb par le sulfate de potasse, ajouter à la liqueur de la potasse caustique et réunir le précipité, s'il s'en fait un, à l'azotate de bismuth.

3002. *D'étain, de plomb, de cuivre et d'argent.* (1) — Que l'on traite ce mélange à chaud par un excès d'acide azotique de 25 à 30°; que l'on évapore la liqueur presque jusqu'à siccité, et que l'on verse de l'eau sur le résidu, il en résultera une dissolution d'azotates d'argent, de plomb, de cuivre, et un dépôt de bi-oxide d'étain : celui-ci, bien lavé et séché, donnera par son poids la quantité d'étain du mélange. Quant aux quantités d'argent, de plomb et de cuivre, on les déterminera en versant dans la dissolution, d'abord du chlorure de sodium, puis du sulfate de potasse ou de soude, et enfin de l'hydrate de potasse. Le chlorure précipitera l'argent; l'acide sulfurique du sulfate précipitera l'oxide de plomb, et l'hydrate de potasse l'oxide de cuivre. L'on obtiendra donc ainsi du chlorure

---

(1) Nous nous contenterons d'indiquer la marche générale que l'on doit suivre dans cette analyse, ainsi que dans les suivantes. Il ne sera question, ni des lavages, ni des filtrations, ni des dessiccations, ni de toutes les autres opérations que l'on pratique en analysant ces divers composés. Le lecteur doit être maintenant au courant de tous ces détails analytiques, d'autant plus qu'ils ont été exposés (2932 et suiv.).

d'argent, du sulfate de plomb et du bi-oxide de cuivre, dont il suffira de prendre les poids pour connaître ceux de l'argent, du plomb et du cuivre. (*Voy*. l'analyse de l'alliage d'étain et de plomb, celle de l'alliage d'or et d'argent, et celle de l'alliage de zinc et de cuivre, pour l'estimation des quantités de plomb, de cuivre et d'argent) (2989, 2998, 2996).

3003. *D'étain, de plomb, d'argent, de cuivre et de zinc.* — L'on déterminera les quantités des trois premiers métaux comme dans l'analyse précédente, et l'on séparera par l'acide sulfhydrique, comme dans celle du laiton (2997), les deux autres, qui resteront tous deux en dissolution dans l'acide azotique.

3004. *D'étain, de plomb, d'argent, de cuivre et de manganèse.* — Cette analyse s'exécute exactement comme celle qui précède, en séparant le manganèse du cuivre de la même manière que le zinc.

3005. *D'étain, de plomb, d'argent, de cuivre, de zinc, et d'or.* — Traitez encore ce mélange comme le précédent; vous séparerez le plomb, l'argent, le cuivre, le zinc, et vous obtiendrez un résidu formé de bi-oxide d'étain et d'or. Mettez ensuite ce résidu en contact avec la potasse, vous dissoudrez l'oxide d'étain, qu'il vous sera facile de précipiter par l'acide azotique, et il ne vous restera plus que l'or.

3006. *D'étain, de plomb, d'argent, de cuivre, de manganèse, d'or et de fer.* — Que l'on sépare l'étain, le plomb, l'argent, le cuivre et l'or, comme il vient d'être dit, il ne restera plus qu'à isoler le fer et le manganèse, qui resteront ensemble en dissolution. On effectuera leur séparation, par l'un des deux procédés que nous allons exposer.

Le premier a été publié par M. Herschel dans les *Ann. de Chim. et de Phys.*, t. xx., pag. 304; il permet non-seulement de séparer le fer du manganèse, mais encore de plusieurs autres substances métalliques. « Les métaux ou leurs oxides étant dissous dans l'acide sulfurique, par exemple, on porte d'abord le fer au *maximum* d'oxidation en tenant pendant quelque temps la dissolution métallique en ébullition avec l'acide azotique. Pendant qu'elle est encore bouillante, on la neutralise exactement avec du carbonate d'ammoniaque; tout le fer, jusqu'au dernier atome, se précipite, et les autres métaux (qu'on suppose être le manganèse, le cérium, le nickel et le cobalt) restent en dissolution.

« Les précautions à prendre pour assurer la réussite de ce procédé sont en petit nombre et très simples; il faut d'abord que le manganèse et le cérium ne se trouvent dans la liqueur qu'au premier degré d'oxidation; et si l'on avait lieu de soupçonner le contraire, il faudrait les y ramener par une courte ébullition avec un peu de sucre; et en ajoutant de nouveau de l'acide azotique, le fer seul se trouverait porté au *maximum*. On doit en outre, lorsque l'on fait la précipitation, avoir soin que la dissolution ne soit pas très concentrée, agiter constamment pendant toute la durée de la saturation, et, quand on approche de son terme, n'ajouter le carbonate que par très petite quantité et délayé. Si l'on avait ajouté trop de carbonate d'ammoniaque, une goutte ou deux d'acide rétablirait la neutralité; mais on observera, et c'est de ceci que dépend toute la rigueur du procédé, qu'il n'y a aucun inconvénient à dépasser un peu le terme de la neutralité, les carbonates récemment précipités des métaux ci-dessus nommés étant jusqu'à certain point solubles dans les dissolutions dans lesquelles ils se sont formés, quoiqu'elles soient parfaitement neutres. Pour être assuré néanmoins qu'on n'est pas allé trop loin, il convient, après avoir séparé le précipité ferrugineux, d'essayer le liquide clair encore chaud avec une goutte ou deux de carbonate alcalin. Si le nuage qui s'y forme se redissout complètement par l'agitation, on peut être assuré qu'on n'a séparé que le fer : autrement il faudra ajouter un peu d'acide, faire repasser le liquide sur le filtre pour laver le précipité, et recommencer de nouveau la saturation. »

Au lieu de carbonate d'ammoniaque, on peut également se servir de carbonate de potasse ou de soude pour séparer le fer du manganèse : le procédé réussit bien ; il est même employé depuis long-temps.

Quant au deuxième procédé, il repose sur ce que le succinate de potasse ou de soude ou d'ammoniaque précipite complètement le fer de ses dissolutions et qu'il ne trouble point celles de manganèse. Il faudra donc dissoudre les deux oxides dans l'acide sulfurique étendu ou dans l'acide chlorhydrique, porter le fer à l'état de peroxide, faire ensorte que la dissolution contienne le moins d'excès d'acide possible, ajouter ensuite assez de succinate alcalin pour précipiter tout l'oxide de fer, filtrer la liqueur et y verser de la potasse caustique qui en séparera l'oxide de manganèse. Le succinate de fer sera transformé en oxide par la calcination, et du poids des deux oxides l'on conclura comme à l'ordinaire celui des deux métaux.

SECTION V.

Essais des monnaies, vases, ustensiles, lingots d'argent et d'or, et de quelques autres alliages, par la coupellation et la voie humide.

3007. Les coupelles sont de petites coupes très poreuses,

qui se font en comprimant dans un moule, des os calcinés, broyés et lavés. Il y en a du poids de 12 grammes et demi, et d'autres du poids de 17 grammes. On n'emploie presque toujours que les premières. Toutes laissent écouler les oxides fondus, comme un tamis très serré, et sont au contraire imperméables aux métaux, de sorte que ceux-ci restent à leur surface, tandis que ceux-là passent à travers leurs parois; phénomène qui provient, à n'en pas douter, de ce que les oxides peuvent mouiller la matière de la coupelle, et de ce que les métaux ne peuvent contracter aucune adhérence avec elle. Aussi voit-on les métaux à l'état liquide conserver dans la coupelle une forme demi-sphérique, comme le mercure dans un verre, et les oxides en fusion s'étendre sur ses parois, et bientôt les pénétrer à la manière de l'eau. Une coupelle, en un mot, peut être regardée, jusqu'à un certain point, comme un filtre perméable seulement à quelques liquides.

Si donc l'on met dans une coupelle deux métaux, l'un inaltérable par l'air, et l'autre capable de s'oxider et de donner lieu à un oxide très fusible, il est évident qu'en les exposant à une chaleur convenable, on parviendra à en faire la séparation. On y parviendrait encore quand bien même l'oxide serait infusible, pourvu qu'il se trouvât en contact avec un autre oxide qui le rendît fusible. Il faut toutefois que, dans l'un et l'autre cas, le métal inaltérable ne soit point volatil; il faut même qu'il puisse se fondre et former culot au degré de chaleur que l'on emploie; sans cela il resterait disséminé, adhérent à la portion d'oxide dont la surface de la coupelle serait imprégnée, et ne pourrait être recueilli complètement.

C'est en effet de cette manière qu'on procède à ce genre d'analyse. L'opération s'exécute toujours en plaçant les métaux dans la coupelle bien sèche, et mettant celle-ci, pendant un certain temps, dans la moufle du fourneau de coupelle, où la température ne s'élève pas au-delà de 35° du pyromètre de Wedgwood.

D'après cela, l'on peut donc dire que l'analyse par la coupelle est une opération qui a pour objet de séparer les métaux inaltérables par l'air, fusibles et non volatils à la température de 35° pyrométriques, de ceux qui sont oxidables par ce fluide, et dont les oxides entrent facilement en fusion, soit seuls, soit en s'unissant à d'autres oxides.

Or, comme il n'existe que l'or et l'argent qui réunissent les trois propriétés d'inaltérabilité, de fusibilité et de fixité, à la température précédente, il s'ensuit que, par eux-mêmes, ils peuvent seuls être séparés des métaux qui donnent lieu à des oxides fusibles ou capables de le devenir par leur union avec d'autres. (1)

3008. Lorsque ce dernier cas a lieu, ce qui arrive souvent, on y satisfait toujours en mettant une certaine quantité de plomb dans la coupelle avec l'alliage : le plomb facilite d'abord la fusion des métaux qui constituent l'alliage, puis il s'oxide, ainsi que ceux qui sont unis à l'or et à l'argent, les liquéfie et les entraîne à travers la coupelle.

Citons maintenant les principaux exemples.

3009. *Analyse d'un alliage de plomb et d'argent.* — L'on introduit la coupelle dans la moufle, et lorsque le fourneau est assez chaud pour que le fond de celle-ci soit à-peu-près à 24° du pyromètre de Wedgwood, on met l'alliage dans la coupelle (2). Bientôt il entre en fusion, se recouvre d'une couche d'oxide de plomb, s'aplatit, laisse exhaler des fumées et prend un mouvement assez considérable qui, renouvelant la surface de la matière, en favorise l'oxidation. Tout le plomb passe ainsi à l'état d'oxide, et tout l'oxide, à mesure qu'il se forme, fond et est absorbé par la coupelle, à l'exception d'une très-petite partie qui se volatilise et produit les fumées dont nous venons de parler. En même temps que ces phénomènes ont lieu, il s'en présente d'autres non moins importans pour la conduite de l'essai. L'alliage diminue de volume, et laisse sur le bassin de la coupelle une trace ou une empreinte circulaire d'un rouge-brun ; sa surface, qui était d'abord sensiblement plane, devient de plus en plus convexe, et offre des points brillans qui vont continuellement en augmentant. A cette époque, le plomb est presque entièrement absorbé, et l'on doit ramener la coupelle sur le devant de la moufle. Là, en très peu de temps, les points brillans disparaissent ; l'alliage présente toutes les couleurs de l'iris ; il perd un instant son éclat, et redevient tout-à-coup brillant par un mouvement instantané qu'on appelle *éclair, fulguration :* c'est à ce dernier signe qu'on reconnaît que l'opération est terminée. Alors il faut rapprocher de l'ouverture de la moufle la porte qui en avait été un peu éloignée, et attendre que l'argent soit complètement solidifié pour retirer la coupelle. Lorsqu'elle est refroidie, on saisit le bouton d'argent avec une pince ; on brosse la partie inférieure de ce bouton pour enle-

---

(1) Le platine, et probablement d'autres métaux de la dernière section, pourraient être aussi passés à la coupelle ; mais il faudrait les combiner avec assez d'argent et d'or pour les rendre fusibles.

(2) La moufle, à ce degré de chaleur, paraît d'un rouge blanc ; c'est ordinairement vers le tiers de la profondeur qu'on place la coupelle.

ver les portions de matière terreuse qui pourraient y adhérer, et on le pèse. Son poids, retranché de celui de l'alliage, donne le poids du plomb.

Il est bien essentiel de ne point retirer la coupelle du fourneau immédiatement après l'éclair, parce que l'argent se refroidissant trop promptement, il serait possible qu'il *végétât* ou *rochât*, c'est-à-dire, qu'au moment où la couche extérieure de l'essai se solidifierait, une petite partie du métal intérieur, encore liquide, formât une sorte d'herborisation à la surface du bouton, ou même fût projetée non-seulement dans la coupelle, mais au dehors (1244). Au reste, l'essai ne pourra être regardé comme bon qu'autant qu'il sera bien arrondi, brillant, cristallisé en dessus, d'un blanc mat et grenu en dessous, et qu'il se détachera bien du bassin de la coupelle. Si sa surface était terne et aplatie, on en conclurait qu'il *aurait eu trop chaud*, ou que la chaleur aurait été assez forte pour volatiliser un peu d'argent. Si sa surface était brillante dans plusieurs points, et présentait çà et là des espèces de cristaux d'un blanc mat; si, de plus, il offrait de petites cavités en dessous, qu'il adhérât assez fortement à la coupelle; enfin, s'il restait des écailles jaunâtres dans la coupelle, on en conclurait qu'il *aurait eu trop froid* et qu'il retiendrait du plomb : dans tous les cas, il faudrait recommencer l'essai jusqu'à ce qu'il fût tel que nous venons de dire d'abord.

3010. *Analyse d'un alliage de cuivre et d'argent.* —Le cuivre ne formant pas un oxide très fusible, il faudra, d'après ce que nous avons dit (3008), employer une certaine quantité de plomb pour faire cette analyse. Supposons que l'alliage à analyser soit celui des monnaies de France, qui est formé de 9 parties d'argent et de 1 de cuivre : on mettra 7 grammes de plomb dans la coupelle, disposée comme précédemment, et élevée à la même température (3009); et lorsque le plomb sera fondu et *découvert*, on y ajoutera, avec des pincettes, un gramme d'alliage enveloppé dans du papier (1). Les trois métaux s'uniront presque à l'instant, et formeront un bain qui présentera les mêmes phénomènes que celui de plomb et d'argent (3009). Ainsi, dès que l'éclair aura paru, on sera certain que tout le plomb et le cuivre seront absorbés par la coupelle : de sorte qu'il ne s'agira plus que de peser le bouton ou petit culot d'argent pour connaître la proportion d'argent et de cuivre qui constitue l'alliage.

---

(1) On dit que le plomb se découvre, lorsque la couche d'oxide qui se forme d'abord et qui est terne vient à se fondre.

Si l'alliage, au lieu de contenir un dixième de cuivre, en contenait une plus ou moins grande quantité, il faudrait employer plus ou moins de 7 parties de plomb : par exemple, pour essayer l'argent de vaisselle, qui est au titre de 0,950, on n'emploie que 3 parties de plomb, tandis que, pour essayer l'argent du second titre, qui est à 0,800, on en emploie 10 parties, et que, pour essayer la monnaie de billon, qui est au titre de 0,200, l'on en emploie 16 à 17 parties. (1)

L'on trouvera au reste tout ce qu'il est possible de desirer à cet égard dans la table suivante, qui est due à M. d'Arcet. (*Ann. de Chim. et de Phys.*, t. 1, p. 75.)

TITRES de L'ARGENT.	QUANTITÉS de cuivre allié à l'argent, suivant les titres correspondans.	DOSES de plomb nécessaires pour l'affinage complet de l'argent, le poids de celui-ci étant un.	RAPPORT qui existe dans le bain entre le plomb et le cuivre.	
millièmes. Argent à 1000	0	$\frac{3}{10}$		
950	50	3	60	à 1
900	100	7	70	à 1
800	200	10	50	à 1
700	300	12	40	à 1
600	409	14	35	à 1
500	500	de 16 à 17	32	à 1
400	600	de 16 à 17	26,666	à 1
300	700	de 16 à 17	22,857	à 1
200	800	de 16 à 17	20	à 1
100	900	de 16 à 17	17,777	à 1
Cuivre pur.	1000	de 16 à 17	16	à 1

Cette table suppose que l'on connaît le titre de l'argent à

---

(1) Pour faire ce dernier essai, il ne faut opérer que sur un demi-gramme, à moins qu'on n'emploie de grandes coupelles.

essayer; mais lorsqu'on ne le connaît pas on le détermine approximativement, en passant à la coupelle 0,1 de gramme de cet argent avec un gramme de plomb.

3011. *Analyse des alliages d'argent et de cuivre par des liqueurs titrées.* — Cette opération est basée sur la propriété qu'a le sel marin de précipiter complètement l'argent de sa dissolution dans l'acide azotique, sans réagir sur le cuivre auquel ce métal était allié. Le principe est donc le même que celui sur lequel est fondé le procédé analytique indiqué (2999); mais au lieu d'évaluer la quantité d'argent par le poids de son chlorure, l'on obtient cette détermination par le volume d'une dissolution titrée de sel marin, qu'il a fallu employer pour précipiter l'argent contenu dans l'alliage. C'est cette méthode que l'on suit à l'hôtel des monnaies et au bureau de garantie.

Les dissolutions de sel marin dont on fait usage présentent deux degrés de concentration différens; l'une, dite *dissolution normale*, est composée de telle manière qu'un décilitre pris à la température de + 20° précipite exactement 1 gramme d'argent pur; l'autre appelée *dissolution décime*, résulte du mélange d'une partie de liqueur normale avec 9 parties d'eau également à + 20°. Chaque centimètre cube de cette dernière liqueur représente donc 1 milligramme d'argent.

Un gramme d'argent exigeant pour sa précipitation complète 0 gr., 54274 de chlorure de sodium, la liqueur normale peut être facilement préparée en dissolvant 5 gr., 4274 de ce sel pur et fondu dans une quantité d'eau distillée, convenable pour former 1 litre de liqueur à la température de + 20°. (1)

Cette dissolution et la liqueur décime obtenues, la première

---

(1) À défaut de chlorure de sodium pur et d'eau distillée, les liqueurs titrées peuvent être aisément préparées avec le sel commun du commerce et l'eau ordinaire; c'est même ce qu'on fait à l'Hôtel de la Monnaie de Paris. Pour cela, il faut d'abord saturer l'eau de sel, à froid, filtrer la dissolution, en évaporer 100 gramm. à siccité, peser le résidu, et, d'après un calcul fondé sur le rapport du résidu à la liqueur, étendre celle-ci de manière qu'elle contienne, par litre, à 20°, 5 gr., 427 de matière solide. L'on aura ainsi une liqueur normale qui, en raison de l'impureté du sel employé, sera nécessairement trop faible, et dont 1 décilitre mêlé avec 9 décil. d'eau, servira à former une dissolution décime qui sera pareillement trop faible.

S'étant procuré d'autre part de l'argent parfaitement pur (tel qu'il s'obtient, par exemple, par deux réductions successives du chlorure, en calcinant 100 parties de ce composé avec 66 de chaux et 2 de charbon), on fera dissoudre 1 gramme du métal dans environ 10 gramm. d'acide azotique; puis, l'on y versera 1 décil. de la dissolution normale, à 20°, et l'on achèvera la précipitation de l'argent avec la liqueur décime.

Cela fait, que l'on calcule la quantité de la solution saturée de sel, qui devait se trouver dans la quantité de liqueur décime employée, pour précipiter le reste chose à faire est de déterminer approximativement, par la coupellation, le titre de l'alliage, lorsque le titre approximatif n'est point connu.

On choisit ensuite un flacon à l'émeri de la capacité de 150 à 200 centimètres cubes, et on y dissout dans l'acide azotique, à la chaleur du bain-marie, un poids d'alliage représentant un peu plus d'un gramme d'argent (environ 5 à 6 milligrammes en sus). La dissolution étant faite et refroidie, on mesure exactement un décilitre de liqueur normale dans une pipette graduée, on le fait tomber dans la dissolution azotique; on lave la pipette avec de petites quantités d'eau; on réunit ces eaux de lavage à la liqueur, et l'on agite fortement celle-ci jusqu'à ce qu'elle se soit parfaitement éclaircie. Alors on verse dans le flacon 1 centimètre cube de dissolution décime; il s'y forme un nuage plus ou moins épais qui indique que l'argent n'a point été entièrement précipité; on fait disparaître ce nuage par une nouvelle agitation; on ajoute un second cent. cube de liqueur décime, et ainsi de suite, jusqu'à ce qu'on ne voie plus apparaître de trouble dans les liqueurs éclaircies. On a le plus grand soin de noter le nombre de cent. cubes qui ont été ainsi employés. Le dernier doit être effacé, puisqu'il n'a pas déterminé de précipitation. Celui qui le précède a pu être employé entièrement; mais comme il est possible aussi qu'il ne l'ait été qu'en partie, on n'en conserve que la moitié, et en opérant ainsi, on est certain que l'erreur, s'il y en a une, ne va pas au-delà d'un demi-millième.

Le titre de l'alliage se déduit facilement de la quantité de liqueur dont on s'est servi; le décilitre de liqueur normale représente 1 gramme d'argent, et chaque centimètre cube de liqueur décime, équivaut à 1 milligramme de ce métal. La quantité d'alliage soumis à l'analyse étant connue, il ne reste plus qu'une proportion à faire pour connaître celle de l'argent qu'il renferme.

3012. *Détermination de la quantité d'or contenue dans les lingots, pièces, vases et ustensiles d'or.* — Si ces objets n'étaient composés que d'or et de cuivre (1), on pourrait se contenter

---

du gramme d'argent, et qu'on l'ajoute à la dissolution normale imparfaite que l'on avait préparée : celle-ci se trouvera rectifiée, du moins presque complètement. Elle acquerra exactement le titre voulu, par une deuxième rectification semblable, où tout au plus après une troisième.

La liqueur ainsi obtenue et la liqueur décime que l'on prépare avec elle, doivent être conservées dans des vases fermés, à l'abri des courans d'air.

(1) Parmi ces objets, il n'y a que ceux qui sont faits avec l'or affiné, ou dont on a séparé l'argent par les acides, qui ne contiennent point un peu de ce dernier métal.

de les passer à la coupelle avec du plomb, comme les alliages d'argent et de cuivre (3010); mais comme on doit toujours y supposer de l'argent, et qu'ils n'en contiennent jamais que très peu, il faut les combiner avec une certaine quantité de ce métal en même temps qu'on les coupelle, et traiter ensuite l'essai par l'acide azotique, opérations qui prennent, la première, le nom d'*inquartation* (1), et la dernière, le nom de *départ*. Par ce moyen, l'on parvient à dissoudre et l'argent qu'on a ajouté et celui qui fait partie de l'alliage, tandis qu'autrement l'argent de l'alliage étant enveloppé d'or, il n'y aurait tout au plus que celui de la surface qui se dissoudrait. Dans tous les cas, l'or resté intact. Prenons pour exemple la monnaie d'or de France, qui, sur 1000 parties, doit contenir de 898 à 902 d'or, ou 900, terme moyen.

Lorsque la coupelle est à 30° ou 32° du pyromètre de Wedgwood, l'on y met 7 grammes de plomb pur, et lorsque le plomb est découvert, l'on y ajoute un demi-gramme d'or et 1^{gram},35 d'argent fin, enveloppés tous deux dans le même cornet de papier. Tous les phénomènes que nous avons décrits précédemment s'observent encore ici, et l'on reconnaît aux mêmes signes que l'opération est terminée (3009). Il faut donc la conduire comme celle de la coupellation de l'argent : seulement, comme l'essai n'est point sujet à rocher, l'on peut se dispenser, au moment où il est près de passer, de rapprocher la coupelle de l'ouverture de la moufle. (2)

La coupellation étant faite, et l'essai brossé par-dessous avec la gratte-brosse, il doit être aplati sur une enclume avec un marteau, puis recuit ou chauffé jusqu'au rouge pour qu'il ne se gerce pas en passant au laminoir, laminé de manière à obtenir une lame d'un sixième de ligne d'épaisseur, recuit de nouveau, et roulé sur lui-même en forme de cornet : après quoi il est introduit avec 70 à 72 grammes d'acide azotique pur à 22° de l'aréomètre de Baumé, dans un petit matras pyriforme dont la capacité peut être de 9 à 10 centilitres, et soumis peu-à-peu à la chaleur jusqu'au point de faire bouillir l'acide. Au bout de 22 minutes d'ébullition, l'acide est décanté et remplacé par 30 à 36 grammes d'acide azotique à 32°, que l'on n'entretient bouillant que pendant dix minutes : alors on le décante aussi, et on lave à plusieurs reprises, par décantation, le cornet avec de l'eau distillée ; ensuite on rem-

---

(1) Ce nom provient de ce que l'inquartation se fait ordinairement avec 3 parties d'argent et 1 partie d'or, supposé fin.
(2) L'or fin est le seul qui roche quelquefois.

plit le matras d'eau, et on le renverse en recevant son col dans
un petit creuset de terre où, par ce moyen, le cornet descend toujours sans se briser; enfin, relevant adroitement le
col du matras, décantant l'eau du creuset, et plaçant celui-ci
sur des cendres chaudes pour en vaporiser la majeure partie
de l'humidité, il ne s'agit plus que de le faire rougir dans la
moufle, de le laisser refroidir, d'en retirer l'or et de le
peser.

Cette manière d'opérer réussit parfaitement bien lorsque l'or
est allié; mais lorsqu'il est pur, on obtient presque toujours
une surcharge de 1 et même quelquefois de 2 millièmes; c'est-
à-dire qu'au lieu de trouver l'or à 1000 millièmes, on le trouve
à 1001, 1002. M. Chaudet, essayeur-général des monnaies,
conseille alors d'allier $\frac{1}{2}$ gramme d'or sur lequel on opère avec
trois fois son poids d'argent, comme à l'ordinaire, de le passer
à la coupelle avec un gramme de plomb, de laminer le bouton, aplati et recuit, de manière à donner à la lame 8 centimètres de long; de mettre la lame roulée en spirale ou le cornet dans de l'acide azotique à 22°, et de ne l'y faire chauffer
que trois à quatre minutes, ou plutôt pendant le temps nécessaire au dégagement de la vapeur azotique; de décanter tout de
suite l'acide, d'en ajouter d'autre à 32°, de faire bouillir celui-
ci dix minutes, et de le décanter de nouveau, pour y en substituer une nouvelle quantité au même degré, et l'entretenir
bouillante le même espace de temps. Alors on lave à l'eau
distillée, l'on recuit et l'on pèse le cornet. Le poids que l'on
trouve est toujours égal à celui de l'or que l'on a employé.
(Voy. *Ann. de Chim. et de Phys.*, t. IV, p. 356.)

Les essais d'or se font toujours sur un demi-gramme; mais
la quantité de plomb et d'argent qu'on ajoute varie en raison
du titre de l'or. La quantité d'argent doit être à-peu-près trois
fois celle de l'or présumé dans l'alliage. Plus grande, le cornet
n'aurait point assez de consistance, et se briserait; plus petite, il pourrait rester de l'argent uni à l'or. Quant à la quantité de plomb, elle doit croître avec la quantité de cuivre.
Ainsi, dans les essais d'or fin ou presque fin, c'est-à-dire, à
1000,997,995,990 millièmes, on n'emploie que la quantité de
plomb nécessaire pour faire fondre et allier facilement l'or et
l'argent : 4 grammes suffisent ordinairement pour ceux qui
sont à 990, tandis qu'il en faut employer 7 grammes dans les
essais d'or à 900 millièmes, et 10 dans ceux à 750. Le titre
approximatif de la pièce se détermine en passant à la coupelle
un demi-gramme d'or avec 10 à 12 grammes de plomb, et
regardant comme de l'or pur le bouton qu'on obtient : il pourrait être tout au plus allié à quelques centièmes d'argent; car

une plus grande quantité de celui-ci altérerait la couleur de l'or et le rendrait verdâtre ou même blanc. (1)

3013. *Analyse d'un alliage d'or et de cuivre.* — D'après ce que nous venons de dire, il suffit de passer à la coupelle un demi-gramme de cet alliage avec une quantité convenable de plomb, pour en connaître la quantité d'or, et par conséquent la quantité de cuivre. L'or retient, à la vérité, du cuivre et peut-être du plomb, mais si peu, surtout lorsqu'on a eu le soin d'opérer à 32° du pyromètre de Wedgwood, que les erreurs que l'on commet ne sont jamais de l'ordre des centièmes.

3014. *Analyse d'un alliage d'or, d'argent et de cuivre.* — Cette analyse se fait absolument de la même manière qu'un essai d'or (3012) : seulement il faut élever un peu moins la température du fourneau, afin de ne pas volatiliser d'argent, et peser le bouton après la coupellation. En effet, en retranchant le poids du bouton, de celui de l'alliage et de l'argent qu'on aura pu ajouter, on connaîtra le poids du cuivre ; retranchant ensuite le poids du cuivre et le poids de l'or de celui de l'alliage, on aura celui de l'argent. Le poids de l'or sera donné directement comme à l'ordinaire.

Si l'alliage contenait naturellement assez d'argent, c'est-à-dire trois fois autant que d'or, ce que l'on saurait par une opération d'épreuve (2), il n'en faudrait point ajouter, à plus

---

(1) Il est une autre méthode de déterminer la quantité d'or d'un alliage d'or et de cuivre; mais cette méthode n'est qu'approximative et ne s'emploie que pour les bijoux, qui doivent être tous au titre de 0,750.

A cet effet, l'on frotte l'or sur une pierre noire très dure, appelée *cornéenne lydienne* (vulgairement pierre de touche), de manière à former sur cette pierre une couche d'environ 2 à 3 millimètres de largeur et 4 millimètres de longueur ; on passe sur cette couche de l'eau forte faite avec 25 parties d'eau, 38 parties d'acide azotique et 2 parties d'acide chlorhydrique, le premier à 1,340 de densité, le second à 1,173, et l'on observe attentivement les nuances qu'elle présente : si la trace conserve la couleur jaune et son éclat métallique, on juge que l'or est au moins à 0,750 ; mais si, au contraire, la trace prend une couleur rouge-brun et s'efface en grande partie en essuyant la pierre, on en conclut que l'or est à un titre inférieur, et d'autant plus bas que la trace est plus effacée.

M. Vauquelin a fait l'analyse de la pierre de touche, il en a retiré un assez grand nombre de substances différentes dont les proportions sont très variables dans les diverses pierres. Ces substances, pour la plupart, sont mêlées et non combinées. C'est la silice et le protoxide de fer qui prédominent et qui paraissent être les principes essentiels ; ils constituent presqu'entièrement la pierre. (*Ann. de Chim. et de Phys.*, t. XXI, p. 317 ; et t. XXIV, p. 377.)

(2) Lorsqu'on a beaucoup d'habitude, l'on peut se contenter, pour l'opération d'épreuve, de passer à la coupelle un demi-gramme de l'alliage avec 10 à 12 grammes de plomb, de peser le bouton et d'en examiner la couleur. Le poids du bouton donne la quantité de cuivre, et sa couleur indique sensiblement la quantité d'argent : s'il a la couleur de l'or vert, il contiendra environ un tiers d'argent; s'il est à peine coloré, il en contiendra à-peu-près parties égales; si, placé à côté

forte raison s'il en contenait beaucoup plus. Il est à remarquer que, dans ce cas, l'or serait obtenu, non plus en cornet, mais en poudre.

On trouve dans le commerce des lingots d'or et d'argent, ou d'or, d'argent et de cuivre. Ceux qui contiennent beaucoup d'argent et peu d'or, prennent le nom de doré : ils sont blancs comme l'argent.

3015. *Analyse d'un alliage de platine, d'argent et de cuivre.* — M. d'Arcet a publié à cet égard, dans les *Annales de Chimie*, t. LXXXIX, p. 135, une excellente méthode fondée sur la propriété qu'a l'acide sulfurique de dissoudre l'argent et de ne point dissoudre le platine. On commence par passer à la coupelle ½ gramme de l'alliage, en employant plus que moins de plomb, et y ajoutant un gramme d'argent fin ; ensuite on pèse le bouton de retour, on le met en cornet à la manière ordinaire, et on le traite dans un matras à deux reprises différentes, par un excès d'acide sulfurique pur, concentré et bouillant. La première portion d'acide doit être maintenue en ébullition pendant dix minutes ; après quoi on la laisse refroidir et on la décante : la seconde ne doit bouillir que sept à huit minutes. Alors on la décante comme la première ; on lave à grande eau le platine, qui se trouve sous forme de poudre grise ; on le recueille le plus exactement possible en y réunissant celui que l'acide aurait pu entraîner ; et on le pèse. Ce premier essai indique à-peu-près, comme on le voit, les proportions de cuivre, d'argent et de platine de l'alliage ; mais le platine se présentant toujours sous forme de poudre, l'analyse ne saurait être rigoureuse ; il faut la répéter, en ayant soin, pour que le cornet ne se brise pas, que la quantité d'argent soit à la quantité de platine dans le rapport de 2 à 1. Si donc l'alliage ne contenait point assez d'argent, il serait nécessaire d'y en ajouter, de même qu'il faudrait l'allier à du platine si celui-ci était en quantité trop petite ; mais, dans ce dernier cas, il vaudrait mieux employer de l'or fin, qui produirait le même effet que le platine pour la conservation du cornet, et dont l'on tiendrait compte à la fin de l'opération.

3016. *Analyse d'un alliage de cuivre, d'argent, d'or et de platine.* — Nous venons de voir comment on pouvait analyser

---

de l'argent, il paraît aussi blanc que celui-ci, il en contiendra au moins deux parties ; et dans ce cas, on se contentera d'en ajouter une partie.

Lorsqu'au contraire l'on manque d'habitude, il vaut mieux faire l'analyse comme nous venons de dire (3014), en opérant sur un demi-gramme d'or, et en employant 10 à 12 grammes de plomb et un gramme et demi d'argent.

un alliage de cuivre, d'argent et de platine. Si l'on considère actuellement que lorsque le platine est uni à une certaine quantité d'argent et d'or, il se dissout dans l'acide azotique, il sera facile de concevoir par quel procédé l'on déterminera la proportion des principes constituans de l'alliage quaternaire dont nous nous occupons. En effet :

1° La quantité de cuivre s'obtiendra en passant à la coupelle $\frac{1}{2}$ gramme de l'alliage, et pesant le culot ou le petit bouton de retour.

2° En ajoutant à ce bouton de l'argent ou de l'or, de telle manière que la quantité d'argent soit à la quantité d'or et de platine comme 2 à 1, le mettant en cornet et le traitant par l'acide sulfurique pur et bouillant, comme nous venons de le dire tout-à-l'heure (3015), on en conclura évidemment la quantité d'argent.

3° On reprend $\frac{1}{2}$ gramme de l'alliage et on le passe à la coupelle, en y ajoutant une telle quantité d'or et d'argent purs que l'argent fasse les $\frac{3}{4}$ de l'or, et l'or environ les $\frac{2}{10}$ du $\frac{1}{2}$ gramme d'alliage, y compris l'or et l'argent que ce $\frac{1}{2}$ gramme d'alliage contient naturellement. L'on met ensuite le bouton en cornet après l'avoir réduit en une lame de 4 pouces de long, et on le traite par de l'acide azotique à 22°, seulement l'espace de vingt minutes; puis on décante la liqueur, on lave le cornet, on le sèche, on le recuit et on le pèse. L'opération serait terminée si du premier coup l'on pouvait dissoudre tout le platine ; mais comme cela est impossible, il faut allier le cornet à trois parties d'argent fin, en le repassant à la coupelle avec un gramme de plomb, traiter le nouveau bouton comme le premier, et répéter cette opération de départ jusqu'à ce que les deux dernières donnent des cornets qui soient du même poids : alors on sera sûr qu'il ne restera plus de platine dans l'or, et l'on connaîtra la quantité de celui qui fait partie de l'alliage en retranchant du poids du cornet le poids de l'or ajouté.

D'ailleurs, il faudra faire un essai préliminaire pour connaître à-peu-près la proportion des métaux alliés, en ajoutant plus que moins d'argent et d'or, comme nous l'avons indiqué au sujet de l'analyse de l'alliage du cuivre, de l'argent et du platine (3015).

Il faudra aussi, pour passer l'alliage à la coupelle, n'employer que certaines quantités de plomb. (*Voyez*, pour plus de détails, le Mémoire de M. Chaudet, *Ann. de Chim. et de Phys.*, t. II, p. 264.)

SECTION VI.

*Détermination de la proportion des principes constituans des
sulfures, des séléniures, des fluorures, des chlorures, des
bromures, des iodures, des azotures, des phosphures métalliques, et des autres composés combustibles.*

3017. Nous n'avons rien à ajouter à ce que nous avons dit
en parlant de chacun de ces corps en général ou en particulier.

CHAPITRE IV.

De l'analyse des corps brûlés.

SECTION PREMIÈRE.

*Un oxide non métallique étant donné, comment en reconnaître
la nature ?*

3018. Les oxides non métalliques sont seulement au nombre
de huit : l'eau ou protoxide d'hydrogène, le bi-oxide d'hydrogène, l'oxide de phosphore, l'oxide de sélénium, l'oxide de
carbone, l'oxide de chlore, le protoxide et le bi-oxide d'azote.
Or, les cinq derniers étant gazeux, les meilleurs moyens de les
distinguer se trouvent compris dans le chapitre II (2943, 2940,
2942); il ne nous reste donc qu'à exposer les propriétés caractéristiques de l'eau, du bi-oxide d'hydrogène et de l'oxide de
phosphore.

Les propriétés de l'eau sont tellement connues que personne
ne la confond jamais avec aucun autre corps. L'on sait, en effet,
que c'est un liquide incolore, sans odeur, sans saveur, non
inflammable, qui entre en ébullition à 100° sous la pression
de 76 centimètres, qui se vaporise sans laisser de résidu,
capable enfin de dissoudre un grand nombre de corps.

La transformation du bi-oxide d'hydrogène en oxigène et
en eau, dans son contact avec un grand nombre de métaux et
d'oxides, est un caractère si tranché que cet oxide ne peut
être confondu avec aucune autre substance.

L'oxide de phosphore n'est pas moins facile à reconnaître
par la propriété qu'il a d'être rouge, de répandre des vapeurs
blanches dans l'air comme le phosphore, de s'y enflammer
pour peu qu'on le chauffe, d'en absorber l'oxigène, et de
passer à l'état d'acide phosphorique, de décomposer aussi
l'acide azotique à une température peu élevée, et de produire

également de l'acide phosphorique qu'on obtient en évaporant la liqueur jusqu'à siccité.

SECTION II.

Un mélange d'oxides non métalliques étant donné, comment reconnaître chacun d'eux?

3019. Cette question rentre en grande partie dans celle de la section 11 du chap. 11 (2944), puisque, sur huit oxides non métalliques; savoir : l'oxide de carbone, l'oxide de chlore, l'oxide de sélénium, le protoxide d'azote, le bi-oxide d'azote, le protoxide d'hydrogène ou d'eau, le bi-oxide d'hydrogène et l'oxide de phosphore, les cinq premiers sont toujours à l'état de gaz. Si l'on considère d'ailleurs que l'eau est liquide; qu'il en est de même du bi-oxide d'hydrogène ; que le platine, l'argent, l'or dégagent une partie de l'oxigène de ce bi-oxide et le ramènent à l'état d'eau ; que l'oxide de phosphore est solide et insoluble dans les deux oxides d'hydrogène; que l'eau peut dissoudre, à la vérité, l'oxide de chlore, le protoxide et le bi-oxide d'azote, mais que l'oxide de chlore est décomposé par le bi-oxide, et probablement par le protoxide d'azote, il sera facile de résoudre tous les problèmes que la question comprend.

SECTION III.

Un oxide métallique étant donné, comment en reconnaître la nature? (1)

3020. Si l'oxide à la propriété de se dissoudre dans l'eau froide ou chaude, et de former avec elle une dissolution âcre, caustique, qui verdisse le sirop de violettes, il appartiendra à la première section, et l'on saura s'il est à base de potassium, ou de sodium, de barium, de strontium, de calcium, de lithium, en le soumettant aux épreuves que nous avons indiquées (2972).

3021. Si l'oxide ne possède pas les propriétés qui précèdent; il fera partie des cinq dernières sections : alors il faudra le dissoudre dans l'acide azotique, ou l'acide chlorhydrique, et éprouver la dissolution par l'acide sulfhydrique.

3022. Lorsque l'acide sulfhydrique ne précipitera pas le métal de la dissolution, ce sera un oxide terreux, (oxide de la deuxième section) ou de l'oxide de zinc, de manganèse, de fer, de nickel, de cobalt, de cérium, d'urane, de vanadium, de chrôme :

Un oxide terreux ou de protoxide de cérium, ou de zinc,

---

(1) Voyez pour la zircone et la thorine ce qui a été dit (472 et 487)

de zinc, ou quelquefois même de manganèse, si la dissolution est incolore; l'un des autres, si elle est colorée. Celle de manganèse sera ou incolore ou légèrement rose ; celle de cobalt, rose plus ou moins foncé, pourvu qu'elle ne soit pas concentrée; celle de fer, d'un vert clair ou d'un jaune plus ou moins rougeâtre, suivant que le métal sera protoxidé ou sesqui-oxidé; celle de peroxide de cérium, jaunâtre; celle de nickel, vert-pré intense; celle de chrôme, vert émeraude foncé; celle de peroxide d'urane, jaune; celle de protoxide d'urane, vert jaunâtre, mais passant au jaune par addition de chlore, etc. (1121); celle de vanadium, bleue.

Chaque oxide des dissolutions incolores se distinguera facilement par les propriétés qui caractérisent le métal (2973 *bis*). Quant aux oxides des dissolutions colorées, ils se reconnaîtront aisément aussi, soit par la couleur de la dissolution, soit par les caractères qui ont été exposés (2973 *bis* et 2974) : seulement il sera bon de calciner avec de l'azotate de potasse une petite partie de l'oxide qu'on aura été conduit à regarder comme de l'oxide de chrôme, et à le transformer ainsi en chrômate de potasse, dont les caractères sont extrêmement tranchés (1847).

3023. Lorsque l'acide sulfhydrique précipitera le métal de la dissolution métallique, ou lorsque l'un des deux acides azotique et chlorhydrique ne dissoudra pas l'oxide, celui-ci sera de l'oxide d'étain ou de l'oxide de cadmium, qui tous deux font partie de la troisième section; ou bien il appartiendra, soit à la quatrième section, en exceptant l'oxide de vanadium, l'oxide d'urane, et quelquefois l'oxide de chrôme (1), soit aux deux dernières sans exception aucune.

Les oxides de cuivre, de palladium, de bismuth, d'argent, de plomb, de mercure, de tellure, se reconnaîtront tout de suite aux caractères indiqués (2973, 2975, 2977); il en sera de même de l'oxide de cadmium (952).

L'oxide et les acides de l'antimoine se rencontreront dans la dissolution chlorhydrique à laquelle ils donneront la propriété de précipiter en blanc par l'eau et en jaune-rougeâtre par l'acide sulfhydrique.

Cette même dissolution renfermera du protoxide d'étain, si elle forme du *pourpre de Cassius* avec le chlorure d'or. Le bi-oxide se distinguera par son insolubilité dans l'acide azotique, par sa couleur blanche à l'état pulvérulent, par sa solubilité dans la potasse caustique et par la propriété qu'aura la liqueur

____

(1). L'oxide de chrôme calciné est insoluble dans les acides, mais il s'y dissout à l'état d'hydrate.

V. Sixième édition.

sur-saturée d'acide chlorhydrique, de précipiter en jaune par l'acide sulfhydrique et de donner lieu à un dépôt soluble dans le sulfhydrate d'ammoniaque : au besoin l'oxide pourrait être réduit dans un petit creuset par une quantité convenable de noir de fumée et d'huile, ou sur un morceau de charbon à la flamme intérieure du chalumeau.

Les oxides d'osmium ne sauraient être confondus avec aucun autre : chauffés sur une lame de platine, ils laissent exhaler l'odeur caractéristique de l'acide osmique, etc.

L'odeur et les fumées blanches que répandent les oxides et acides de l'arsenic, projetés sur un charbon incandescent, suffisent également pour les faire reconnaître : est-il besoin d'ajouter que d'ailleurs ils doivent être soumis à toutes les épreuves qui les caractérisent, surtout quand il s'agit de cas criminels? (*Voyez* plus loin les moyens de découvrir la nature des poisons.)

3024. En supposant que l'oxide cherché ne soit aucun de ceux qui viennent d'être nommés, il devra être soumis à l'action de l'eau régale faible, qui dissoudra les protoxides et les peroxides d'or et de platine, et qui formera avec eux des chlorures jaunes ou d'un jaune rougeâtre dont les propriétés caractérisques sont des plus faciles à constater (2979); il serait même possible que l'or ou le platine se trouvât dans la dissolution chlorhydrique : c'est ce qui arriverait si l'oxide était l'un de ces métaux peroxidé.

3025. Enfin, pour dernière épreuve, l'oxide devra être calciné avec l'azotate de potasse, et le produit de la calcination, traité comme il a été dit précédemment. On reconnaîtra de cette manière les oxides et acides de chrôme, de tungstène, de colombium, de titane, de rhodium et d'iridium (2979). On reconnaîtra également ceux de molybdène : car il en résultera du molybdate de potasse, soluble dans l'eau et dont la solution mise avec l'acide chlorhydrique et une lame d'étain ou de zinc deviendra bleue.

SECTION IV.

Un mélange d'oxides métalliques étant donné, déterminer la nature de chacun deux.

3026. Les oxides devront être traités à chaud et à plusieurs reprises, d'abord par l'acide azotique, puis par l'acide chlorhydrique, et enfin par un mélange de l'un et de l'autre.

La plupart d'entre eux au moins se dissoudront; de là, trois dissolutions et un résidu qui pourront être examinés séparément, et dans lesquels il sera facile de reconnaître par les épreuves ordinaires un grand nombre de métaux. Mais comme nous voulons tracer ici une marche générale, nous supposerons qu'on réunisse ces dissolutions diverses après avoir séparé l'argent de la dissolution azotique par l'acide chlorhydrique, et avoir recueilli l'acide osmique qui aurait pu se volatiliser pendant le traitement par les acides, et s'être assuré si le mélange contient de l'oxide de mercure en le calcinant à petites doses dans une cornue.

La première chose qu'il conviendra de faire sera de concentrer la dissolution pour en dégager la majeure partie de l'acide (1), de la laisser refroidir et d'y verser du mercure, en l'agitant de temps à autre pour en précipiter l'or, le platine, le rhodium, l'iridium, le palladium, et l'osmium ; puis on la décantera, on lavera le dépôt métallique (2), et l'on soumettra la nouvelle liqueur et les eaux de lavage, d'abord à froid, ensuite à chaud, à un courant de gaz sulfhydrique qui déterminera la précipitation de sulfures, dont plusieurs seront solubles dans le sulfhydrate d'ammoniaque. Le sulfure déposé à chaud n'est ordinairement que du sulfure d'arsenic, de sorte qu'il est bon de le recueillir séparément.

Lorsqu'on aura séparé de la liqueur et lavé tous les sulfures métalliques résultant de l'action de l'acide sulfhydrique, il faudra la neutraliser presque entièrement et y ajouter un excès de sulfhydrate d'ammoniaque : un nouveau dépôt de sulfures aura lieu, que l'on recueillera comme les précédens et qu'on lavera avec beaucoup de soin.

L'on voit donc que si le mélange contenait tous les oxides, il serait transformé en quatre dépôts et deux dissolutions. Supposons ce cas, qui est le plus compliqué, et voyons maintenant comment on pourra séparer ou reconnaître au moins chaque espèce d'oxide.

3027. *Premier dépôt ou dépôt métallique fait par le mercure.* Ce dépôt sera formé de palladium, d'or, de platine, d'iridium, de rhodium et probablement d'osmium qui ne se sera pas volatilisé tout entier à l'état d'acide osmique. On le traitera par l'eau régale affaiblie qui dissoudra le palladium, l'or et le platine, et n'attaquera ni le rhodium, ni l'iridium. Le palladium sera précipité de la dissolution par le cyanure de mercure (2974) ; le platine, par le chlorhydrate d'ammoniaque (2978) ; l'or, par le sulfate de protoxide de fer (2978). Quant à l'iridium et au rhodium, on les séparera en les calcinant au rouge avec du bi-sulfate de potasse (2988).

___

(1) L'évaporation pourrait donner lieu à un dépôt de sel double de platine et de potassium, coloré même par un peu d'iridium : on le reconnaîtrait à sa couleur jaune ou d'un jaune briqueté, et aux propriétés caractéristiques qui le distinguent.

(2) On se servirait d'eau acidulée par l'acide chlorhydrique, si l'eau seule, ce qui serait possible, y produisait un précipité blanc.

3028. *Deuxième dépôt.* — *Sulfures métalliques provenant de l'action de l'acide sulfhydrique et insolubles dans le sulfhydrate d'ammoniaque.* Ces sulfures sont ceux de cadmium, de cuivre, de plomb, de bismuth, de mercure. En les chauffant dans un petit matras jusqu'au rouge naissant, on en vaporise le sulfure mercuriel. Traitant ensuite le résidu par l'acide azotique, il se trouve bientôt converti en sulfates. L'eau dissout celui de cadmium, celui de cuivre, et le sulfate de bismuth, à l'aide d'un excès d'acide, et laisse sous forme de poudre blanche le sulfate de plomb ; de la dissolution, l'on précipite d'abord l'oxide de bismuth par un excès d'ammoniaque, puis, l'excès d'ammoniaque étant saturé, l'oxide de cadmium, à l'état de carbonate par le carbonate d'ammoniaque. La liqueur retient le cuivre ; elle est bleue, signe suffisant pour indiquer l'existence de ce métal.

3029. *Première dissolution.* — *Sulfures provenant de l'action de l'acide sulfhydrique et solubles dans le sulfhydrate d'ammoniaque.* Ils peuvent être au nombre de cinq, savoir : les sulfures d'étain, d'antimoine, d'arsenic, de molybdène, de tellure. On les précipite de la dissolution en y versant un léger excès d'acide chlorhydrique étendu, et on les recueille en faisant chauffer la liqueur et la filtrant, etc.

Le filtre étant desséché, le tellure se découvre en calcinant une petite quantité du précipité avec du potassium dans un tube de verre, dissolvant le produit dans l'eau et l'exposant à l'air : la solution est rouge pourpre, et laisse déposer le tellure peu-à-peu.

Pour reconnaître les autres métaux, on mêle le reste des sulfures avec deux fois leur poids de nitre, et l'on projette le mélange dans un creuset incandescent ; il en résulte du sulfate, de l'arséniate, du molybdate, de l'antimonite ou de l'antimoniate, du stannate et du tellurite ou du tellurate de potasse, que l'on partage en deux parties.

L'une est mise en contact avec de l'acide chlorhydrique et un barreau de zinc : la liqueur devient bleue, ce qui décèle par cela même l'acide molybdique.

L'arsenic se démontre en faisant bouillir l'autre partie saline avec de l'acide azotique, étendant la liqueur d'eau, la filtrant, l'évaporant à siccité, incorporant intimement le résidu avec du charbon et le calcinant dans une petite cornue de verre jusqu'au rouge : il se forme un sublimé métallique contenant peut-être du tellure, mais dans lequel l'existence du métal arsénical est facile à constater.

L'antimoine et l'étain se trouvent ensemble sur le filtre à travers lequel a passé la liqueur acidifiée par l'acide azotique.

Ce qu'il y aura de mieux à faire afin d'en constater la présence, est de dessécher cette matière, de la triturer avec du soufre, et de l'exposer dans un tube de verre au rouge naissant pour convertir les oxides d'étain et d'antimoine en protosulfures, de traiter ceux-ci par l'acide chlorhydrique concentré à chaud et d'éprouver la liqueur : elle donnera du *pourpre de Cassius* avec le chlorure d'or, et un précipité blanc avec l'eau pure, etc. L'on pourrait encore reconnaître l'antimoine en prenant une petite partie de la première dissolution chlorhydrique, la concentrant et l'étendant d'eau : l'oxide ou l'acide antimonial s'en déposerait tout-à-coup.

3o3o. *Troisième Dépôt.—Sulfures ou oxides provenant de l'action du sulfhydrate d'ammoniaque sur les dissolutions à travers lesquelles on a fait passer du gaz sulfhydrique.* — Ce dépôt se trouve composé d'alumine, de glucine, d'yttria, d'oxide de cérium, d'oxide de chrôme; de sulfures de manganèse, de fer, de nickel, de cobalt, de zinc, d'urane. On l'attaquera par l'eau régale, et l'on versera dans la dissolution qui en résultera, d'abord du sel ammoniac, puis un excès d'ammoniaque : le zinc, le manganèse, le cobalt, le nickel, resteront en dissolution; tous les autres métaux seront précipités à l'état d'oxide. Si la liqueur se colore en bleu, on en conclura la présence du nickel, et si ce caractère est masqué par le cobalt, on aura recours à la potasse, comme nous l'avons indiqué (2984, 8°), en opérant sur une partie de la dissolution. L'autre partie servira à reconnaître les trois autres métaux. Pour cela, il faudra l'évaporer à siccité, calciner le résidu pour expulser les sels ammoniacaux, le redissoudre dans l'eau acidulée par l'acide chlorhydrique, et y ajouter de la potasse en excès qui ne retiendra que l'oxide de zinc en dissolution. Le manganèse et le cobalt se reconnaîtront aisément dans le précipité, savoir : le premier, par la couleur d'un vert intense qu'il communiquera a la potasse avec laquelle on le calcinera en donnant lieu à du caméléon minéral; le deuxième, par le beau verre bleu qu'il formera avec le borax.

Examinons actuellement le précipité produit par l'ammoniaque, qui se composera de glucine, d'alumine, d'yttria, d'oxide de cérium, d'oxide de fer, d'oxide de chrôme, et d'oxide d'urane. En le faisant bouillir avec une dissolution étendue de potasse caustique, la glucine et l'alumine seront seules dissoutes : elles se sépareront aisément l'une de l'autre au moyen du carbonate d'ammoniaque (2984, 3°). Faisant succéder à l'action de la potasse en liqueur une calcination au rouge avec cet alcali mêlé de nitre dans le creuset d'argent, l'on fera passer l'oxide de chrôme à l'état de chrômate de potasse que l'on dissoudra dans l'eau. Mettant ensuite les oxides restant en contact avec l'acide sulfurique affaibli, ils donneront lieu à des sulfates solubles que l'on traitera successivement, d'abord par le sulfate de potasse et par le succinate d'ammoniaque pour enlever le cérium et le fer comme il a été dit (2984, 6°), puis par l'acide tannique pour séparer l'urane, et enfin par la potasse pour précipiter l'yttria.

3031. *Deuxième dissolution renfermant les métaux que ne précipite point l'acide sulfhydrique et qui restent dans la liqueur saline après l'addition du sulfhydrate d'ammoniaque.*— Dans cette dissolution se trouvent les bases alcalines, potasse, soude, lithine, baryte, strontiane, chaux, toutes unies aux acides; la magnésie au même état de combinaison, et le sulfure de vanadium dissous dans l'excès de sulfhydrate ammoniacal.

Le sulfure de vanadium, qui colore la dissolution en pourpre, se retire en y versant un faible excès d'acide chlorhydrique, la faisant chauffer et la filtrant.

L'on sur-sature ensuite la liqueur filtrée par de l'ammoniaque, et l'on y ajoute du carbonate ammoniacal qui en précipite la baryte, la strontiane et la chaux à l'état de carbonate; une douce chaleur favorise le dépôt : on procède à leur séparation comme il a été dit (2983).

Pour reconnaître l'existence de la potasse, de la soude, de la lithine et de la magnésie, restées en dissolution, il faudra évaporer complètement cette dissolution, mettre le résidu avec un excès d'acide sulfurique, le faire chauffer peu-à-peu et jusqu'au point de porter le creuset presque à l'incandescence : l'on se débarrassera ainsi de tous les sels amoniacaux qui se vaporiseront ou se décomposeront, et l'on obtiendra la potasse, la soude, la lithine et la magnésie en combinaison avec l'acide sulfurique. Alors les sulfates seront dissous dans l'eau et mêlés avec la quantité de solution d'acétate de baryte nécessaire pour les décomposer : de là, du sulfate de baryte insoluble qu'on recueillera sur un filtre, et des acétates solubles de potasse, etc. Ceux-ci devront être évaporés et calcinés : il en résultera un mélange de charbon et de bases plus ou moins carbonatées; par le moyen de l'eau employée en quantité convenable, la potasse, la soude et la lithine seront dissoutes; la magnésie restera avec le charbon, qu'on brûlera entièrement par une nouvelle calcination, et avec la baryte qui pourra provenir de l'excès d'acétate barytique, et dont il sera facile de la séparer par de l'acide sulfurique faible.

D'ailleurs, l'on procédera à la séparation de la potasse, de la soude et de la lithine par le même procédé que celui qui a été exposé (2983).

3032. *Cinquième dépôt.—Matières inattaquables par les acides.* — L'on y trouve, ou l'on peut y trouver du titane, du colombium, du tungstène, du chrôme (1), du bi-oxide d'étain(1), du molybdène (1), du rhodium (1), de l'iridium (1), de l'osmium (1). Leur mélange devra être attaqué par la potasse mêlée de nitre, de même que le mélange des métaux insolubles dans les acides (2988.), et le produit de la calcination sera soumis aux mêmes essais, pour reconnaître l'osmium, le chrôme, le tungstène, le colombium, le titane, le rhodium et l'iridium.

La liqueur alcaline qui aura été traitée par l'acide chlorhydrique, pour précipiter les acides tungstique et colombique et volatiliser l'acide osmique, retiendra l'acide molybdique, le bi-oxide d'étain, et l'acide chromique, dont une portion aura pu être ramenée à l'état d'oxide. Une lame d'étain, plongée dans une petite partie de la liqueur, la rendra bleue et y décélera le molybdène. Versant ensuite du carbonate d'ammoniaque dans le reste, on en précipitera le bi-oxide d'étain, plus de l'oxide de chrôme. Le bi-oxide sera redissous dans la potasse bouillante et précipité de nouveau par l'acide azotique.

3033. Indépendamment des caractères que nous venons de donner pour reconnaître les divers oxides métalliques, il en est d'autres qu'on tire de l'action du chalumeau. Il nous serait difficile d'entrer à cet égard dans tous les détails convenables. Nous nous bornerons à indiquer la manière dont se comportent les différens oxides avec le borax, le phosphate double de soude et d'ammoniaque, le carbonate de soude, matières le plus souvent employées dans ces sortes d'essais; nous renverrons nos lecteurs, pour tout le reste, au Traité de M. Berzelius sur le chalumeau, Traité qui a été traduit par M. Fresnel.

La forme du chalumeau et la manière d'en faire usage ont déjà été indiquées dans la *Description des appareils.* Nous ajouterons seulement une observation à ce qui a été dit alors : c'est que la partie de la flamme à l'action de laquelle on soumet la matière d'essai, a souvent la plus grande influence sur les résultats obtenus. Lorsqu'on l'expose devant la pointe extrême de la flamme, elle est soumise aux influences réunies de la chaleur et de l'oxigène de l'air; elle doit donc s'oxider, si elle est susceptible d'absorber l'oxigène à une haute température. En la plaçant, au contraire, dans le centre de la partie la plus brillante de la flamme, elle se trouve au milieu d'une atmosphère de gaz hydrogénés et carburés imparfaitement brûlés, de sorte que si elle renferme de l'oxigène qu'elle puisse céder aux prin-

_____

(1) L'oxide calciné est insoluble dans les acides azotique et chlorhydrique.

cipes combustibles de ces gaz avec le concours de la chaleur, elle se réduit complètement ou partiellement. Il est donc important de ne pas confondre, dans l'emploi du chalumeau, la *flamme extérieure* que l'on appelle encore *feu d'oxidation*, et la *flamme intérieure* ou *feu de réduction*.

TABLEAU

DE LA COLORATION DU BORAX ET DU PHOSPHATE DE SOUDE ET D'AMMONIAQUE, AU CHALUMEAU, PAR LES OXIDES ET ACIDES MÉTALLIQUES. (1)

OXIDES ET ACIDES.	COULEUR DU BORAX		COULEUR DU PHOSPHATE.	
	A LA FLAMME EXTÉRIEURE.	A LA FLAMME INTÉRIEURE.	A LA FLAMME EXTÉRIEURE.	A LA FLAMME INTÉRIEURE.
Oxides alcalins..	Nulle.........	Nulle.........	Nulle.........	Nulle.
Magnésie, yttria, glucine, alumine.	Idem.........	Idem.........	Idem.........	Idem.
Ac. colombique..	Idem.........	Idem.........	Idem.........	Idem.
Ox. d'étain.....	Idem.........	Idem.........	Idem.........	Idem.
Ox. de zinc....	Idem.........	Nulle : le métal est réduit et volatilisé.	Idem.........	Idem.
Ox. de tellure...	Idem.........	Grise, en raison du métal réduit, disséminé dans le sel.	Idem.........	Idem.
Ox. de bismuth..	Idem.........	Idem.........	Brun jaunâtre, à chaud ; nulle, à froid.	Nulle, à chaud ; gris-noir, à froid.
Ox. de cadmium.	Légèrement jaunâtre, au moins à chaud.	Nulle : le métal est réduit et volatilisé.	Nulle.........	
Ox. de plomb...	Idem.........	Grise.........	Jaune, à chaud ; nulle, à froid.	Jaune, à chaud ; nulle, à froid.
Ox. d'argent....	Idem.........	Idem.........	Nulle ou légèrement jaunâtre, mais seulement à chaud.	Grise.
Ac. antimonieux.	Idem.........	Idem.........	Idem.........	Nulle, à chaud gris-noir, à froid.

(1) La couleur que prend la flamme lorsqu'on traite une matière au chalumeau sans l'intervention d'un fondant, est encore quelquefois un indice suffisant pour la reconnaître. C'est ainsi que l'oxide de cuivre communique à la flamme une couleur verte, la strontiane et la lithine une couleur purpurine, la potasse une couleur violette, et la soude une couleur jaune qui se manifeste même lorsque cet alcali est accompagné de potasse ou de lithine.

OXIDES ET ACIDES.	COULEUR DU BORAX.		COULEUR DU PHOSPHATE.	
	A LA FLAMME EXTÉRIEURE.	A LA FLAMME INTÉRIEURE.	A LA FLAMME EXTÉRIEURE.	A LA FLAMME INTÉRIEURE.
Ac. titanique...	Nulle..........	D'un violet tirant sur le bleu.	Nulle..........	Jaune, à chaud; d'un violet bleuâtre, à froid.
Ac. molybdique.	Idem..........	Brun-sale......	Légèrement verte à chaud, nulle à froid.	Bleu noirâtre, à chaud; verte, à froid.
Ac. tungstique..	Idem..........	Jaune ou même rouge-sanguin.	Nulle ou jaunâtre.	Beau bleu pur : l'oxide de fer le rend rouge.
Ox. d'urane....	Jaune sombre...	Vert sale.......	Jaune, s'affaiblissant et tournant un peu au vert par le refroidissement.	Verte.
Ox. de fer.....	Rouge, qui pâlit ou même disparaît par le refroidissement..	Vert bouteille ou vert bleuâtre..	Rouge, pâlissant ou même disparaissant par le refroidissement.	Verdâtre.
Ox. de nickel...	Idem..........	Grise..........	Rouge ou jaune, à chaud; jaunâtre ou nulle, à froid.	Comme à la flamme intérieure.
Ox. de cérium..	Rouge, qui passe au jaune par le refroidissement, et qui devient blanc d'émail en projetant la flamme sur le verre à plusieurs reprises.	Nulle..........	Rouge, disparaissant par le refroidissement.	Nulle.
Ox. de manganèse.	Améthyste......	Idem..........	Améthyste......	Idem.
Ox. de cobalt...	Bleue..........	Bleue..........	Bleue..........	Bleue.
Ox. de chrôme..	Brune, à chaud; vert pâle, à froid.	Verte..........	Verte..........	Verte.
Ox. de cuivre...	Verte..........	Nulle à chaud, devenant rouge en se solidifiant	Verte..........	Nulle, à chaud, devenant rouge en se solidifiant.

Traitement des oxides et acides métalliques, au chalumeau, par le carbonate de soude.

3034. La chaux, la magnésie, l'yttria, la glucine (auxquelles se joindraient la zircone et la thorine, si on les considérait comme oxides métalliques) n'éprouvent aucune action du carbonate de soude.

L'alumine chauffée avec ce sel se gonfle un peu et en absorbe une partie sans entrer en fusion. Il en est de même de l'acide colombique, et de l'oxide d'étain à la flamme extérieure; il y a seulement de plus une effervescence due au gaz carbonique qui se dégage.

Le carbonate de soude, à la flamme extérieure et sur un support de platine, dissout les oxides et acides suivans, savoir :

1° Sans produire de coloration : l'oxide de tellure, l'acide molybdique, l'acide antimonieux, la baryte, la strontiane après qu'elle a passé à l'état de carbonate, et l'oxide de plomb; mais celui-ci ne se mêle qu'en très petite quantité au carbonate alcalin.

2° En colorant le fondant : les acides tungstique et titanique, qui produisent un verre limpide, jaune-sombre, lequel en se refroidissant, cristallise, perd sa transparence et devient blanc, ou tout au plus jaunâtre, s'il est chargé de beaucoup d'acide tungstique, et blanc sale, s'il contient beaucoup d'acide titanique (1); l'oxide de chrôme, qui donne un verre transparent, orangé-sombre, devenant jaune et opaque par le refroidissement; les oxides de manganèse, de cuivre et de cobalt, qui toutefois ne sont que très peu solubles dans le carbonate en fusion : le premier même en très faible quantité colore ce sel en vert, surtout par l'addition d'un peu de nitre; le deuxième donne un beau verre vert limpide, devenant opaque et blanc par le refroidissement; le troisième communique au fondant une couleur rouge-pâle, qui passe au gris par le refroidissement.

L'acide titanique est le seul de tous les oxides ou acides métalliques qui forme un globule vitreux avec le carbonate de soude sur le charbon. Tous les autres ou restent intacts, ou passent dans le charbon avec le fondant. Le verre produit par l'acide titanique au feu de réduction est opaque et d'un blanc gris. Dans les mêmes circonstances, la silice, qui se mêle également au carbonate sans s'écouler dans le charbon, donne un verre incolore et transparent.

Les oxides ou acides réductibles à la flamme intérieure du chalumeau, sur le charbon, par l'intermède du carbonate de soude, se divisent en deux séries. Les uns déposent sur le sup-

_____

(1) Le globule vitreux que forment l'acide titanique et le carbonate de soude, en proportions convenables, redevient incandescent après avoir cessé de l'être, au moment où il se solidifie.

port un enduit provenant des vapeurs métalliques qui ont repassé à l'état d'oxide; les autres, au contraire, n'en déposent pas. Les oxides d'étain, de cuivre, d'argent, de nickel, de cobalt, de fer, les acides tungstique et molybdique, sont dans ce dernier cas. Mais ceux de cadmium, de zinc, de tellure, d'antimoine, de bismuth, de plomb, recouvrent le charbon d'un enduit plus ou moins abondant. Parmi ceux-ci, les oxides de cadmium et de zinc ne laissent même jamais apparaître le métal : l'enduit dont le cadmium couvre le charbon est brun-rouge; celui que donne le zinc est jaunâtre à chaud, et blanc à froid. L'oxide de tellure donne un enduit blanc et colore la flamme en bleu. Les oxides et acides d'antimoine fournissent un métal cassant, qui fume beaucoup après avoir été long-temps chauffé, et produit un enduit blanc. Les oxides de bismuth et de plomb donnent lieu à un enduit jaune foncé, et à un métal qui répand beaucoup moins de fumée que les métaux des oxides qui précèdent : il est d'ailleurs facile de distinguer l'un de l'autre le bismuth et le plomb, en raison de la malléabilité que présentent les grains formés par celui-ci.

3035. *Analyse de divers mélanges d'oxides, savoir:*
1° *D'oxide d'étain et de protoxide de plomb.*
2° *D'oxide d'étain et d'oxide de cuivre.*
3° *De protoxide de plomb et d'oxide d'antimoine.*
4° *D'oxide de zinc et d'oxide de cuivre.*
5° *D'oxide d'argent et d'oxide de cuivre.*
6° *D'oxide d'étain, de protoxide de plomb et d'oxide d'argent.*
7° *D'oxide d'étain, de protoxide de plomb, d'oxide d'argent, d'oxide de cuivre et d'oxide de zinc.*
8° *D'oxide d'étain, de protoxide de plomb, d'oxide d'argent, d'oxide de cuivre, d'oxide de manganèse et d'oxide de fer.*

Toutes ces analyses se font absolument de la même manière que si les métaux étaient à l'état métallique (2990—3006.)

3036. *De baryte et de strontiane.* —Dissolvez ces deux bases dans l'acide chlorhydrique, versez un excès de fluorhydrate de fluorure de silicium dans la dissolution, et peu-à-peu il se produira un précipité grenu et cristallin de fluosilicate de fluorure de barium qui, recueilli sur un filtre, lavé, séché et pesé, donnera la baryte du mélange. Toutefois il sera bon d'ajouter à la liqueur filtrée et réunie aux eaux de lavage de l'acide sulfurique assez étendu pour ne pas troubler les sels de strontiane : il se déposera des traces de sulfate barytique, dont on devra tenir compte pour plus d'exactitude. Quant à la strontiane, on en appréciera le poids en acidifiant la nouvelle liqueur filtrée par une quantité suffisante d'acide sulfurique concentré, l'évaporant à siccité et calcinant le résidu jusqu'au rouge : on obtiendra ainsi du sulfate de strontiane qui servira à doser très exactement la base.

De baryte et de chaux. — Leur séparation est facile à opérer en les dissolvant dans un excès d'acide chlorhydrique, étendant la dissolution de beaucoup d'eau, y versant plus d'acide sulfurique que n'en exigent les bases pour être transformées en sulfates, filtrant la liqueur, et lavant le sulfate de baryte précipité jusqu'à ce que les eaux de lavage ne soient plus troublées par du chlorure de barium. Du poids du sulfate de baryte calciné on conclut celui de la base, et du poids du sulfate calcaire qu'on obtient par évaporation, etc. l'on conclut également celui de la chaux.

De strontiane et de chaux. — L'azotate de chaux est très soluble dans l'alcool; celui de strontiane y est au contraire insoluble : de là le moyen de séparer ces deux bases. Seulement il est nécessaire que l'alcool soit bien concentré, autrement il attaquerait sensiblement l'azotate de strontiane. Il faut aussi faire agir l'alcool à la température ordinaire et à l'abri du contact de l'air. On satisfait à toutes les conditions desirables, en mettant les matières dans un flacon que l'on bouche et que l'on agite de temps en temps, versant le tout sur un filtre couvert d'un obturateur, lavant le filtre avec de l'alcool absolu, et convertissant les deux azotates en sulfates. C'est par ce procédé qu'on a découvert de très petites quantités de strontiane dans certaines arragonites.

De chaux et de magnésie. — Plusieurs méthodes ont été proposées; les meilleures sont les trois suivantes :

Lorsqu'on veut pratiquer la première, il faut dissoudre les bases dans l'acide chlorhydrique, ajouter du chlorhydrate d'ammoniaque à la dissolution, puis de l'oxalate ammoniacal qui précipite la chaux seulement : sans l'addition du chlorhydrate d'ammoniaque, une partie de la magnésie pourrait se déposer unie à l'acide oxalique. Versant ensuite du phosphate d'ammoniaque dans la liqueur filtrée, on en sépare la magnésie à l'état de phosphate ammoniaco-magnésien. Le poids de celui-ci donne la quantité de magnésie. Pour avoir celle de chaux, on décompose l'oxalate par la chaleur, et on convertit le résidu en un sulfate, d'où l'on déduit exactement la quantité de base.

La seconde, qui est de Richard Phillips, consiste à ajouter

du sulfate d'ammoniaque à la dissolution azotique ou chlorhydrique des deux terres, à l'évaporer à siccité, et à expulser par la calcination tous les sels ammoniacaux, à peser le résidu, à le faire digérer avec de l'eau saturée de sulfate de chaux, et à bien laver avec la même liqueur. Le sulfate de magnésie se dissout seul ; on en déduit la proportion par différence en pesant le sulfate de chaux non dissous. On peut aussi déterminer la proportion du sulfate de magnésie : 1° en notant la quantité de dissolution de sulfate de chaux employée, précipitant la chaux et la magnésie contenues dans la liqueur par le carbonate de soude, et comparant le poids du précipité à celui qu'aurait donné la dissolution de sulfate de chaux ; 2° en précipitant l'acide sulfurique contenu dans la liqueur, et comparant le poids du précipité à celui qu'on aurait obtenu par le même réactif dans la dissolution du sulfate de chaux. On déduit par calcul la proportion de la magnésie de celle de l'acide sulfurique combiné à cette terre. (*Ann. des Mines*, t. v, p. 150.)

Enfin ; d'après une troisième méthode, on verse un excès d'acide sulfurique dans la dissolution chlorhydrique des deux bases, et l'on ajoute ensuite assez d'alcool pour ramener la liqueur au degré de force de l'eau-de-vie. Toute la chaux se précipite à l'état de sulfate que l'on recueille sur un filtre et qu'on lave avec de l'eau-de-vie : tout le sulfate de magnésie reste au contraire dissous. Le poids des deux sulfates calcinés au rouge donne celui des bases.

D'alumine et de glucine. —Que l'on dissolve les deux bases dans l'acide azotique ou chlorhydrique, et que l'on verse la liqueur dans un grand excès d'une solution aqueuse de carbonate d'ammoniaque, ce carbonate retiendra celui de glucine ; toute l'alumine au contraire sera précipitée et devra être recueillie sur un filtre qu'on lavera avec soin. Faisant ensuite bouillir la liqueur réunie aux eaux de lavage, le carbonate d'ammoniaque se dégagera, et le carbonate de glucine se déposera en flocons blancs, qu'il faudra recueillir et laver sur un filtre comme l'alumine. D'ailleurs, les filtres seront séchés, puis calcinés dans un creuset de platine qu'on pesera avant et après la calcination.

De magnésie et d'alumine. — La séparation de ces deux terres peut se faire exactement en les dissolvant dans l'acide acétique, évaporant la dissolution jusqu'à siccité, et ménageant le feu lorsque l'évaporation touche à sa fin. L'acétate d'alumine est décomposé ; celui de magnésie ne l'est pas, de sorte qu'en versant de l'eau sur le résidu, filtrant la liqueur et lavant le filtre, l'alumine reste sur celui-ci, tandis que la magnésie unie à l'acide se trouve tout entière dans la liqueur, d'où on peut la précipiter par la potasse caustique.

On peut encore séparer ces deux terres en les dissolvant dans un acide, et versant du sulfhydrate d'ammoniaque dans la liqueur : l'alumine est précipitée avec dégagement d'acide sulfhydrique; la magnésie, au contraire, reste dissoute, etc.

La potasse ou la soude qui dissout si bien l'alumine et qui est sans action sur la magnésie, n'opère pas complètement la séparation de ces deux terres, à cause de leur affinité réciproque.

Il en est de même du bi-carbonate de potasse que l'on verse dans une dissolution de magnésie et d'alumine, ou de l'ammoniaque que l'on ajoute à la dissolution des deux terres, après l'avoir mêlée avec du sel ammoniac : l'alumine qui se précipite alors entraîne toujours un peu de magnésie.

Peut-être même le procédé par le sulfhydrate n'est-il pas exempt de cet inconvénient.

De potasse et de soude. — Par le chlorure de platine ou par l'acide hyper-chlorique (2983).

De silice et des diverses bases. — L'un des meilleurs moyens de découvrir la silice et de la séparer, est de mêler intimement la matière qui la contient avec du fluorure de calcium pur, et de chauffer doucement le mélange dans un vase de platine ou même de plomb, d'argent, avec de l'acide sulfurique concentré : il en résulte du gaz fluo-silicique qu'il serait possible, avec un appareil convenable, de recueillir dans l'eau. La seule précaution à prendre est de s'assurer que le fluorure soit exempt de silice. On conçoit d'ailleurs que ce procédé peut être employé pour attaquer toutes les pierres siliceuses.

Souvent aussi l'on sépare la silice en attaquant la matière par les alcalis, la rendant ainsi très soluble dans l'acide chlorhydrique, et faisant évaporer doucement la dissolution. La silice seule se précipite et reste sur le filtre lorsqu'on vient à filtrer le résidu délayé dans l'eau. (*Voyez* l'exécution de ce procédé, 3042.)

D'oxide de fer et de manganèse. — (*Voyez* le n° 3006.) Ce même procédé, d'après M. Herschel, permet aussi de séparer le fer d'une dissolution qui contiendrait non-seulement du manganèse, mais encore du cérium, du nickel et du cobalt.

3037. *De potasse, de soude, de lithine, de magnésie.* — Comme nous l'avons dit (2983) : seulement, il faut prendre le poids des chlorures de sodium et de lithium, et conclure celui de la soude par différence.

3038. *De baryte, de strontiane, de chaux, de magnésie.* —
Après avoir dissous les bases dans l'acide chlorhydrique, on en
précipitera la baryte par le fluorhydrate de fluorure de silicium, puis l'on combinera les trois autres bases avec l'acide
sulfurique, et l'on calcinera les sulfates en suivant la marche
qui a été indiquée au sujet de la séparation de la baryte et de
la strontiane. Le sulfate de magnésie sera repris par l'eau; et
pour prévenir la dissolution du sulfate de chaux, de l'alcool
sera ajouté à la liqueur de manière à donner à celle-ci le degré
de force de l'eau-de-vie (page 333). Cela fait, il ne faudra plus
que décomposer les sulfates de strontiane et de chaux en les
calcinant dans un creuset de platine avec trois fois leur poids de
carbonate de soude desséché, et soutenant le feu jusqu'à ce
que le carbonate soit fondu. Il en résultera du sulfate de
soude qu'on enlevera par des lavages, et des carbonates de
strontiane et de chaux que l'on transformera en azotates et
que l'on mettra en contact avec l'alcool absolu (2983).

3039. *D'alumine, de glucine, de silice, d'oxide de fer, d'o-
xide de manganèse.* —La silice étant la seule de ces substances insoluble dans l'acide chlorhydrique, il sera facile de la
séparer. Cette séparation étant faite, l'on versera un grand
excès de potasse caustique dans la dissolution, qui devra contenir le fer à l'état de peroxide (1), et l'on filtrera la liqueur.
L'oxide de fer et l'oxide de manganèse resteront sur le filtre;
ils seront séparés après leur lavage par l'un des procédés indiqués (3006). La glucine et l'alumine, unies à la potasse, passeront à travers le filtre. Pour les isoler, il faudra d'abord
convertir la combinaison en chlorures par l'addition d'une
quantité convenable d'acide chlorhydrique; après quoi l'on
traitera les sels par le carbonate d'ammoniaque. (*Voyez* page
333.)

3040. *De baryte, de strontiane, de chaux, de magnésie,
de glucine, d'alumine, de silice, d'oxide de fer, d'oxide de
manganèse.*— Cette analyse se compose des deux précédentes.
En effet, le mélange doit être traité par l'acide chlorhydrique,
et la dissolution par le sulfhydrate d'ammoniaque. Par l'a-
cide, on dissout toutes les matières mélangées, excepté la silice; et par le sulfhydrate, on précipite l'alumine, la glucine, l'oxide de fer, l'oxide de manganèse, à la séparation
desquels on procède comme nous venons de dire; versant ensuite un petit excès d'acide chlorhydrique dans la liqueur filtrée, on la fait chauffer pour en dégager l'acide sulfhydrique,
après quoi la baryte, la strontiane, la chaux et la magnésie

---

(1) Par un peu d'acide azotique, on le porte facilement à cet état d'oxidation.

qui restent dans la liqueur sont isolées comme il a été dit.
(3038).

Analyse des pierres.

3041. La plupart des pierres sont des silicates simples,
doubles ou triples.

Presque toutes sont formées de silice, d'alumine, de chaux,
de magnésie, d'oxide de fer et d'oxide de manganèse ; elles
contiennent rarement de la glucine, de l'yttria, de la zircone,
de la potasse, de la soude, de l'oxide de chrôme ; plus rarement de la baryte, de l'oxide de nickel ; plus rarement encore
d'autres oxides : les deux premières matières, c'est-à-dire, la
silice et l'alumine, sont celles qui entrent le plus souvent et
le plus abondamment dans leur composition.

3042. Il est peu de pierres qui n'aient assez de dureté pour
résister à l'action des acides chlorhydrique, sulfurique, azotique : de là la nécessité de détruire leur agrégation de la
manière suivante, avant de les traiter par ces acides.

La pierre devra d'abord être réduite en poudre impalpable (1) : à cet effet, on la broiera dans un mortier d'agathe ou
de silex, par partie d'un demi-gramme au plus, jusqu'à ce que
la poussière placée entre l'ongle et le doigt ne paraisse plus
rugueuse ; ensuite on en pesera de 2 à 5 grammes, que l'on
mettra avec trois fois leur poids d'hydrate de potasse ou de
soude dans un creuset d'argent. Celui-ci, surmonté de son
couvercle, sera exposé peu-à-peu à la chaleur rouge, retiré du
feu dès que la matière sera fondue, ou au moins devenue pâteuse, ce qui aura lieu dans l'espace de trois quarts d'heure,
puis abandonné à lui- même pour qu'il refroidisse ; alors on y
versera à plusieurs reprises de l'eau, que l'on fera chauffer et
que l'on décantera chaque fois dans une capsule, sans en
perdre la plus petite portion : par ce moyen, toute la matière
se séparera du creuset et deviendra capable de se dissoudre, à
la température ordinaire ou à celle de l'eau bouillante, dans
l'acide chlorhydrique, qui devra être ajouté par portion, en
ayant soin, pour faciliter l'action, d'agiter la matière avec
une spatule. Lorsque la dissolution sera complètement opérée,
il faudra l'évaporer jusqu'à consistance pâteuse, afin de vola-

---

(1) Lorsque la pierre est très dure, il est bon de la faire rougir et de la plonger
dans l'eau : par ce moyen on l'*étonne* et on en facilite la pulvérisation. Il faut s'assurer que, dans cette calcination, elle ne perd rien, ou tenir compte de ce qu'elle
pourrait perdre.

tiliser l'excès d'acide et de précipiter la silice (1) : après quoi, délayant le résidu dans huit à dix fois son volume d'eau, portant la liqueur à l'ébullition et la filtrant, l'on recueillera la silice sur le filtre ; l'on extraira les diverses bases de la liqueur réunie aux eaux de lavage, à la manière ordinaire (3036 et suiv.), en se rappelant que les pierres ne contiennent qu'un certain nombre d'oxides que nous avons fait connaître. Au reste, il faudra consacrer une première opération à la recherche des principes constituans de la pierre que l'on voudra analyser, et en faire une seconde pour déterminer la proportion de ces principes.

Au lieu d'hydrate de potasse ou de soude, l'on peut aussi faire usage de carbonate de soude pour attaquer la plupart des pierres. L'opération se fait dans un creuset de platine, à une haute température, en employant trois ou quatre fois autant de carbonate alcalin que de silicate, et maintenant le tout en fusion pendant environ 20 minutes. Il faut ménager avec soin la chaleur, tant qu'il se dégage du gaz carbonique, pour éviter de faire jaillir une portion de la matière hors du vase.

3043. Si l'on ne trouvait pas, à quelques centièmes près, le poids sur lequel l'opération serait faite, ce serait une preuve que la pierre contiendrait probablement de la potasse, ou de la soude, ou de la lithine, et peut-être plusieurs de ces alcalis. L'on s'en convaincrait en calcinant une certaine quantité de pierre avec de l'azotate ou du carbonate de baryte, délayant la matière dans l'eau, la traitant par l'acide chlorhydrique, ajoutant de l'ammoniaque et du carbonate d'ammoniaque en excès à la dissolution, faisant bouillir la liqueur, la filtrant, la faisant évaporer à siccité et calcinant la masse restante. Celle-ci se composerait de chlorure de potassium, ou de sodium, ou de lithium, ou de plusieurs d'entre eux, et peut-être en outre de chlorure de magnésium. (2)

En supposant le cas le plus compliqué, savoir : que ces quatre chlorures fussent réunis, les opérations analytiques seraient les mêmes que celles qui ont été exposées (3037). (3)

---

(1) Lorsque l'évaporation touchera à sa fin, il sera nécessaire de ménager le feu pour ne point décomposer de chlorure métallique, et de remuer sans cesse la matière pour empêcher qu'il ne s'en projette hors la capsule.

(2) L'acide chlorhydrique a pour objet de dissoudre les bases; le carbonate d'ammoniaque, de précipiter la baryte, la chaux, l'alumine, etc.; la filtration, d'obtenir en dissolution limpide la potasse, ou la soude, ou la lithine, unie à l'acide chlorhydrique et mêlée au chlorhydrate d'ammoniaque provenant de l'action du carbonate d'ammoniaque; l'évaporation, d'avoir ces chlorhydrates à l'état solide; la calcination, de vaporiser le chlorhydrate d'ammoniaque.

(3) Au lieu de carbonate ou d'azotate de baryte, on peut employer le carbonate ou l'azotate de plomb. Ceux-ci ont même un avantage sur les autres : c'est

3044. L'acide fluorhydrique, qui décompose facilement les silicates, offre encore un bon moyen d'attaquer ceux pour lesquels il est nécessaire d'éviter l'emploi des hydrates ou carbonates de potasse et de soude. L'opération s'exécute facilement à l'aide d'un appareil particulier, indiqué par M. Laurent (*Ann. de Chim. et de Phys.*, t. LVIII, 428). Il consiste en un vase cylindrique en plomb, muni d'un couvercle de même métal, et percé latéralement, à sa partie supérieure, d'un petit orifice, où s'adapte exactement un tube de platine, courbé à angle droit dans le milieu de sa longueur. Ce vase, destiné à la production de l'acide fluorhydrique, reçoit les quantités convenables de fluorure de calcium et d'acide sulfurique (319). La matière à analyser, à la dose de 2 à 3 grammes et à l'état de poudre impalpable, est mise dans un creuset de platine de 40 à 45 millimètres de profondeur, et délayée dans deux ou trois fois son poids d'eau; puis on pose le creuset, sur un support, à côté du vase en plomb, de manière à y faire entrer l'extrémité du tube de platine, jusqu'à ce qu'il ne soit séparé de la surface de l'eau que par une distance de quelques millimètres. Alors, plaçant quelques charbons allumés sous le vase qui renferme le mélange de fluorure de calcium et d'acide sulfurique, l'acide fluorhydrique ne tarde point à se dégager. Passant par le tube de platine, il va se dissoudre dans l'eau que contient le creuset, et bientôt il réagit sur les silicates, dont il convertit l'acide et les bases en fluorures. Le fluorure de silicium, ou acide fluo-silicique, étant gazeux, se sépare immédiatement des fluorures métalliques, qui sont fixes, et doit être conduit, avec l'excès d'acide fluorhydrique, dans un tuyau où l'on établit un tirage avec une lampe ou des charbons incandescens. Il faut agiter constamment la matière contenue dans le creuset, à l'aide d'une spatule de platine que l'on tient avec des pinces de bois, et ajouter quelques gouttes d'eau lorsqu'elle devient gélatineuse. On reconnaît que l'opération est terminée, à ce que le silicate disparaît pour faire place à une dissolution plus ou moins louche ou à une matière semblable à de l'empois : elle dure ordinairement de trois quarts d'heure à une heure.

L'on retire alors le creuset du feu, et l'on convertit les fluorures en sulfates, en ajoutant de l'acide sulfurique à la liqueur,

---

d'attaquer toute la pierre en une seule opération. Il est vrai que, si par hasard une partie du plomb était réduite, le creuset serait troué; mais cet accident ne pouvant arriver que par le contact d'un corps combustible, on s'en met à l'abri en plaçant le creuset de platine dans un autre creuset de terre. M. Berthier, à qui cette méthode est due, la préfère à toutes les autres. (*Annales de Chimie et de Physique*, t. XVII, pag. 28.)

et évaporant le tout à siceité. Cette évaporation exige quelques précautions, pour éviter les projections. Il ne faut échauffer le creuset que légèrement à la partie inférieure, et en exposer la partie supérieure à l'action de charbons bien allumés et disposés tout autour. De cette manière, l'évaporation s'effectue sans accident : après quoi, l'on verse sur la masse desséchée, de l'acide chlorhydrique, avec lequel on la laisse digérer à une douce chaleur, pendant une heure ; on dissout dans l'eau bouillante les sulfates qui peuvent ne l'avoir point été par l'acide chlorhydrique et l'on achève l'analyse à la manière ordinaire : seulement, la silice ne saurait être dosée directement ; elle ne peut être évaluée que par la perte de poids, à moins qu'on ne l'évalue par les méthodes ordinaires.

3045. Enfin si, ne trouvant pas à quelques centièmes près, le poids sur lequel l'opération serait faite, la pierre ne contenait pas d'alcali, il deviendrait probable qu'elle contiendrait un acide autreque la silice : alors on chercherait à le connaître en soumettant la pierre à diverses épreuves, puis on en déterminerait, autant que possible, la quantité. Ce cas est très rare, et jusqu'à présent l'on n'a rencontré dans les pierres gemmes que l'acide phosphorique, l'acide borique et l'acide fluorhydrique ou plutôt le fluor.

3046. Supposons qu'il s'agisse d'analyser l'aigue-marine, qui, d'après M. Vauquelin, est composée de 69 parties de silice, de 13 d'alumine, de 16 de glucine, de 1 d'oxide de fer et de 0,5 de chaux.

1° Après en avoir séparé la silice, comme nous venons de dire, l'on versera un excès d'ammoniaque dans la dissolution, qui contiendra cinq chlorures : du chlorure d'aluminium, du chlorure de glucinium, du chlorure de fer, du chlorure de calcium et du chlorure de potassium. Cet alcali décomposera les trois premiers chlorures et en précipitera les bases. Celles-ci seront recueillies sur un filtre, et lavées jusqu'à ce que les eaux de lavage ne verdissent plus le sirop de violettes.

2° La liqueur étant réunie aux eaux de lavage, l'on y ajoutera de l'oxalate d'ammoniaque, afin d'opérer la décomposition du chlorure de calcium : il en résultera, d'une part, du chlorhydrate d'ammoniaque soluble, et de l'autre, de l'oxalate de chaux insoluble. Ce sel lavé, séché et calciné, sera amené à l'état de sulfate par l'addition d'une petite quantité d'acide sulfurique, et le sulfate desséché par une nouvelle calcination donnera, par son poids, celui de la chaux de l'aigue-marine.

3° L'alumine, la glucine et l'oxide de fer, précipités de la solution de leurs chlorures (*expérience première*), seront enlevés à l'état gélatineux, avec un couteau de corne ou d'ivoire, de dessus le filtre, et traités à chaud dans une capsule par un grand excès de potasse caustique liquide, qui dissout l'alumine et la glucine, et qui est sans action sur l'oxide de fer (1). Au bout de quelques minutes d'ébullition, on retirera la capsule du feu, et lorsqu'elle ne sera plus qu'à 30 ou 40°, on filtrera la liqueur (2), et on lavera le filtre jusqu'à ce qu'il cesse de donner des signes d'alcalinité : alors l'oxide de fer resté sur le filtre sera séché, calciné et pesé.

4° Lorsque ces opérations seront faites, l'on saturera d'acide azotique ou d'acide chlorhydrique la liqueur alcaline, puis l'on versera peu-à-peu la dissolution dans un grand excès de carbonate d'ammoniaque liquide, en ayant soin d'agiter de temps en temps le flacon dans lequel l'expérience se fera : par ce moyen, la glucine restera dissoute, tandis que l'alumine se déposera sous forme de flocons blancs. Si donc l'on filtre la nouvelle liqueur, l'alumine se rassemblera sur le filtre, et l'on en connaîtra la quantité en la pesant après l'avoir lavée, séchée et calcinée.

5° Enfin, pour terminer l'analyse, il ne s'agira plus que d'extraire la glucine ; et c'est à quoi il sera facile de parvenir en faisant bouillir la dissolution de carbonate d'ammoniaque. Ce sel, en se vaporisant, laissera déposer la base, qui, comme l'alumine, devra être recueillie sur un filtre et pesée après son lavage, sa dessiccation et sa calcination.

Analyse des argiles.

3047. Les argiles étant ordinairement au plus formées de silice, d'alumine, de carbonate de chaux, d'oxide de fer et d'eau, c'est par des procédés semblables à ceux que nous venons d'exposer qu'elles doivent être analysées.

L'on en extraira la silice de même que des pierres gemmes. Versant ensuite de l'ammoniaque dans la dissolution acide, l'on en précipitera l'alumine et l'oxide de fer : après quoi, filtrant la liqueur et y ajoutant du carbonate de potasse ou un oxalate, on obtiendra un nouveau précipité, qui sera du carbonate ou de l'oxalate calcaire.

L'oxide de fer et l'alumine seront séparés par la potasse liquide, à la manière ordinaire.

---

(1) Comme le couteau de corne laisse quelques traces de matière sur le filtre, il est bon de mettre le filtre dans un peu d'acide chlorhydrique faible qui dissout la matière non enlevée, de filtrer la liqueur et de la réunir à la dissolution alcaline.

(2) Si la liqueur était assez caustique pour trouer le papier, il faudrait l'étendre d'eau.

Quant à l'eau, l'on pourra en connaître la proportion en calcinant fortement 100 parties d'argile, par exemple, dans un creuset de platine, et retranchant de ces 100 parties le résidu, plus l'acide carbonique du carbonate de chaux, qui se dégagera en même temps que l'eau par la calcination.

Si la magnésie faisait partie de l'argile, ce qui arrive quelquefois, la marche de l'analyse devrait être un peu modifiée : il faudrait n'ajouter que la quantité d'ammoniaque convenable pour saturer la majeure partie de l'excès d'acide, précipiter ensuite par son sulfhydrate le fer et l'alumine, afin d'éviter que cette terre n'entraîne de la magnésie, puis procéder comme il a été dit (3038) à la séparation de la magnésie et de la chaux.

SECTION V.

Des principaux procédés qu'il faut employer pour déterminer la proportion des principes constituans d'un oxide métallique. (1)

3048. Il est des oxides que la chaleur est capable de réduire facilement : tels sont ceux de mercure, d'argent, d'or, de platine. L'on peut donc déterminer par ce moyen la proportion de leurs principes constituans. Pour cela, on doit : 1° se procurer une certaine quantité d'oxide; 2° le dessécher complètement, en l'exposant dans le vide à la température de l'eau bouillante; 3° en prendre environ 10 à 20 grammes, et les introduire dans une petite cornue bien sèche, de manière qu'il n'en reste pas sur les parois du col; 4° peser cette cornue avec des balances très sensibles, avant et après l'introduction de l'oxide, afin d'en connaître le poids à un demi-milligramme près; 5° y adapter un tube qui puisse s'engager sous une cloche pleine d'eau et s'élever jusqu'à la partie supérieure de la cloche; 6° procéder à l'opération en portant peu-à-peu la cornue au rouge-cerise, pour qu'il n'y ait aucune portion d'oxide entraînée; 7° recueillir l'air des vaisseaux avec le gaz oxigène, entretenir le feu jusqu'à ce que la décomposition soit complète, et laisser le tube, qui est adapté à la cornue, plongé dans les gaz jusqu'à ce qu'elle soit à la même température que l'atmosphère (2); 8° retirer alors le

---

(1) Nous ne parlerons point ici de l'analyse des oxides non métalliques : tous, excepté l'oxide de sélénium, ont été analysés. (*Voyez* 287, 293, 299 *bis*, 300, 312 et 323.)

(2) Par ce moyen, il en entre dans la cornue, après l'opération, autant qu'il en sort au commencement.

tube, mais de manière qu'il ne rentre point d'air dans la cloche; 9° enfin, mesurer la quantité de gaz qu'elle contiendra dans cet état, quantité qui représentera précisément le volume de l'oxigène de l'oxide, et peser la cornue après l'avoir bien essuyée et en avoir ôté le bouchon. En retranchant de ce poids celui de la cornue vide, on aura celui du métal, pourvu qu'il ne soit pas volatil. Celui de l'oxigène sera donné par le volume de ce gaz. Pour que l'analyse soit exacte, il faudra retrouver ainsi tout l'oxide, tant en oxigène qu'en métal.

3049. Les oxides de mercure, d'argent, d'or, de platine, ne sont pas les seuls que la chaleur puisse réduire; elle réduit encore les autres oxides des deux dernières sections. Mais comme la réduction n'a lieu qu'à une haute température, il faut alors faire intervenir l'action du gaz hydrogène pur et bien sec. L'oxide est placé dans un petit tube horizontal de verre, dont on connaît le poids avant et après l'introduction de l'oxide. D'un côté, on fait communiquer le tube avec un appareil d'où l'hydrogène se dégage, et de l'autre, avec un autre tube de verre qui contient du chlorure de calcium, et que l'on pèse avec beaucoup de soin. Les tubes étant pleins d'hydrogène, on chauffe l'oxide à la lampe. Bientôt il se produit de l'eau à l'état de vapeur, qui est entraînée par le courant et absorbée par le chlorure, tandis que le métal est mis en liberté. Si donc, l'on pèse les tubes après leur refroidissement, on pourra conclure de la différence de poids, celui du métal et celui de l'oxigène; non-seulement on parviendra ainsi à déterminer les quantités d'oxigène et de métal des oxides des deux dernières sections, mais encore plusieurs de ceux de la quatrième et même de la troisième, tels que les oxides de plomb, de cuivre, d'urane, de bismuth, de nickel, de cobalt. Seulement, il faudra 1o que le métal réduit se refroidisse au milieu du courant de gaz hydrogène, de crainte qu'il n'absorbe une partie de l'oxigène de l'air; 2° que, dans tous les cas, les tubes soient pesés pleins d'air, et que l'air en rentrant dans l'appareil soit parfaitement sec, afin qu'il ne cède point d'humidité au chlorure. (*Voyez* à ce sujet l'appareil à l'analyse des matières végétales.)

3050. Si les métaux des deux dernières sections ont si peu d'affinité pour l'oxigène qu'ils sont réductibles par la chaleur seule, ceux de la seconde et de la troisième en ont, au contraire, une si grande pour ce principe, qu'ils décomposent l'eau. Or, comme dans cette décomposition l'hydrogène est mis en liberté, il résulte de là un moyen très simple et très exact pour connaître la quantité d'oxigène de l'oxide métallique qui se forme : c'est de peser le métal, de l'oxider complètement, et de recueillir tout l'hydrogène qui se dégage. Du volume de l'hydrogène on conclut le volume de l'oxigène, et du volume de celui-ci on en conclut le poids.

L'opération se fait de deux manières. Lorsque le métal appartient à la première section, lorsque c'est du potassium, par exemple, on en remplit par compression un petit tube de verre fermé par un bout, que l'on pèse avant et après l'introduction du métal, pour connaître exactement le poids de celui-ci, qui doit être au moins d'un demi-gramme; fermant ensuite le tube avec un obturateur, on le porte sous une cloche pleine d'eau; on écarte l'obturateur avec le doigt, et à l'instant même le métal agit sur l'eau, la décompose, et disparaît complètement en donnant lieu à un dégagement de gaz hydrogène qui se rassemble dans la cloche, et à du protoxide de potassium qui reste en dissolution.

Mais lorsque le métal appartient à la troisième section, l'eau seule ne suffit plus; il faut joindre à son action celle de l'acide sulfurique ou de l'acide chlorhydrique, savoir : de l'un des deux pour le fer, le manganèse et le zinc, et de l'acide chlorhydrique pour l'étain. On met le métal dans un petit matras placé sur un fourneau (1), et au col de ce matras on adapte deux tubes, l'un à boule et à trois branches parallèles, et l'autre recourbé de manière qu'il s'engage sous une cloche pleine d'eau (2). L'appareil étant ainsi disposé, l'on verse une certaine quantité d'acide convenablement concentré par le tube à trois branches, dans le matras, que l'on chauffe, s'il en est besoin, et l'on en verse de temps en temps de nouvelles quantités jusqu'à ce que le métal soit complètement dissous (3). Alors on achève de remplir le matras avec de l'eau, en ayant soin d'en ajouter assez pour que le tube de communication se remplisse lui-même. Par ce moyen, tout l'air des vases et tout le gaz hydrogène se rassemblent dans la cloche; d'où il suit que, pour terminer l'analyse, il ne s'agit plus que de mesurer le gaz, de déterminer dans l'eudiomètre la quantité de gaz hydrogène

---

(1) On pourra opérer sur 3 ou 4 grammes de métal.

(2) Que l'on suppose le tube $E\,E$ recourbé à la partie inférieure et engagée sous une cloche pleine d'eau (pl. 3, fig. 7), et l'on aura exactement l'appareil dont nous parlons.

(3) Pour le zinc, le manganèse et le fer, on peut employer l'acide sulfurique étendu de dix fois son poids d'eau; pour l'étain, il faut se servir d'acide chlorhydrique concentré, et encore l'action n'est-elle bien prononcée qu'à chaud.

qu'il contient (1), et de conclure de cette quantité le volume et le poids de l'oxigène absorbé par le métal.

3051. Plusieurs métaux ont la propriété d'absorber l'oxigène au dessous de la chaleur rouge, et de passer tout entiers à un certain degré d'oxidation. C'est ainsi que le potassium et le sodium passent à l'état de peroxide, l'arsenic, à l'état d'acide arsénieux.

Si donc l'on prend une certaine quantité de l'un de ces métaux, qu'on le mette en contact avec un excès de gaz oxigène dans une petite cloche courbe sur le mercure, qu'on le chauffe avec la lampe, et qu'après l'opération l'on retranche le volume du résidu gazeux du volume gazeux primitif, l'on aura le volume et par conséquent le poids de l'oxigène absorbé. —

Lorsque l'expérience se fera sur le potassium et le sodium, il faudra placer ces métaux dans une petite capsule ovale de platine ou d'argent pour répartir promptement la chaleur, qui est très forte, et éviter la fracture de la cloche (664); mais lorsqu'elle se fera sur l'arsenic, le métal pourra être placé sur le verre même. Il est possible de déterminer aussi par ce moyen la quantité de gaz oxigène qu'exige le protoxide de barium pour passer à l'état de bi-oxide, et je crois qu'on réussirait également à déterminer la proportion des principes constituans de l'oxide de tellure, en raison de la volatilité de celui-ci.

3052. L'acide azotique attaque la plupart des métaux, et de son action sur eux résultent quelquefois des oxides qu'il ne dissout point, et d'autres fois, des oxides qu'il dissout, à la vérité, mais dont il se sépare par l'action d'une chaleur rouge, sans que ces oxides se vaporisent ou éprouvent des altérations qui rendraient l'opération inexacte. À la première classe appartiennent l'étain, l'antimoine; dans la seconde se trouvent le zinc, le fer, le bismuth, le cuivre, le plomb, etc. Il est évident, d'après cela, que l'on peut, au moyen de cet acide, déterminer combien ces métaux exigent d'oxigène pour passer à certains degrés d'oxidation; savoir : le fer et l'étain à l'état de peroxide, le cuivre à l'état de bi-oxide, le zinc, le bismuth et le plomb à l'état de protoxide; l'antimoine, à l'état d'acide antimonieux.

L'expérience devra être faite dans un creuset de platine dont on connaîtra le poids. L'on y mettra 14 à 15 grammes d'un de ces métaux en poudre, en limaille ou en grenaille, et l'on y

---

(1) Cette analyse pourra se faire en traitant 100 parties de gaz et 60 de gaz oxigène dans l'eudiomètre à eau ou à mercure, et excitant l'étincelle à travers le mélange : les deux tiers de l'absorption représenteront la quantité de gaz hydrogène contenu dans les 100 parties de gaz.

versera peu-à-peu de l'acide azotique pur, dans un tel état de concentration que l'action soit modérée. Lorsque tout le métal sera dissous, ou lorsqu'il sera complètement oxidé, ce qu'on reconnaîtra à ce qu'il ne produira plus de vapeurs rouges avec l'acide azotique à l'aide de la chaleur, l'on fera évaporer la liqueur jusqu'à siccité, en ayant soin d'éviter que la matière puisse être projetée; alors on couvrira le creuset et on le chauffera jusqu'au rouge pendant vingt à vingt-cinq minutes, excepté pour l'oxidation de l'étain et du fer (1); puis on le laissera refroidir et on le pesera; d'où l'on conclura la quantité d'oxigène fixée par le métal.

3053. L'on peut encore déterminer la quantité d'oxigène d'un oxide métallique en dissolvant une certaine quantité du métal dans l'acide sulfurique, azotique, chlorhydrique, ou dans l'eau régale; précipitant l'oxide par la potasse, la soude ou l'ammoniaque, où les carbonates de ces bases; le recueillant, le faisant sécher, le calcinant pour en chasser l'acide carbonique qu'il pourrait retenir, et le pesant; mais il faut pour cela que l'oxide métallique puisse être précipité complètement par l'alcali ou le carbonate alcalin que l'on emploie sans en entraîner avec lui; qu'il soit insoluble dans ces réactifs; qu'il soit inaltérable par le feu et par l'air.

3054. Mais de tous les procédés que l'on peut employer, le plus général est celui qui est fondé sur la loi de composition des sels; savoir : que dans tous les sels d'un même genre et au même état de saturation, les quantités d'oxigène des oxides sont proportionnelles aux quantités d'acides. Il suffit donc de connaître, par exemple, combien les sulfates neutres de baryte, de strontiane, de chaux, de magnésie, etc., contiennent d'acide sulfurique pour savoir combien leurs oxides contiennent d'oxigène, lorsqu'on sait d'ailleurs qu'un autre sulfate, celui de cuivre, est formé de 100 d'acide, 79,126 de cuivre et 20 d'oxigène.

L'on tirera également un grand parti, pour l'analyse des oxides qui ont le même radical, de la loi de composition à laquelle ils sont soumis (579).

3055. D'ailleurs, lorsqu'on voudra déterminer la proportion des principes constituans d'un oxide, il ne faudra pas se contenter de faire cette détermination par un seul procédé, s'il en est plusieurs qui s'y prêtent : l'on sera d'autant plus certain de l'exactitude des résultats, qu'on y arrivera par un plus

---

(1) Pour celle de l'étain et du fer, on pourra retirer le creuset aussitôt qu'il sera rouge; pour celle de l'antimoine, il ne faudra cesser de chauffer que quand l'oxide sera devenu blanc.

grand nombre de voies différentes. (*Voyez* chaque oxide en particulier pour connaître le procédé d'analyse qui lui est propre.)

SECTION VI.

Un acide minéral étant donné, en reconnaître la nature.

3056. Les acides minéraux sont au nombre de 45. Les uns sont naturellement gazeux, d'autres liquides, d'autres solides : parmi ceux-ci, il en est que l'eau dissout, et d'autres au contraire qu'elle ne dissout point ou sur lesquels elle est presque sans action. De là les 4 groupes dans lesquels ils peuvent être divisés.

1er GROUPE.

Acides gazeux.

3056 *bis.* On en compte 13, savoir : l'acide carbonique, l'acide sulfureux, l'acide chloreux, l'acide chloroxi-carbonique, l'acide fluo-borique, l'acide chloro-borique, l'acide fluo-silicique, l'acide chlorhydrique, l'acide bromhydrique, l'acide iodhydrique, l'acide sulfhydrique, l'acide sélenhydrique, et l'acide tellurhydrique Nous n'avons rien à ajouter à ce que nous en avons dit en traitant de leurs propriétés en particulier, et de l'analyse des gaz.

II^n GROUPE.

Acides liquides.

3057. Les acides liquides (1), au nombre de 12, sont les acides hypo-phosphorique et hypo-phosphoreux, sulfurique et hypo-sulfurique, sélénique, azotique et hypo-azotique, chlorique et hyper-chlorique, bromique, hyper-manganique, fluorhydrique.

3058. *Acides hypo-phosphorique et hypo-phosphoreux.* — Lorsqu'on les chauffe seuls, ils donnent du gaz proto-phosphure d'hydrogène (215 *ter* et 220); lorsqu'on les chauffe avec des dissolutions de mercure, ils en opèrent la réduction. L'acide phosphoreux, qu'on peut obtenir solide, mais qui est ordinairement à l'état liquide, possède les mêmes propriétés. Il est d'ailleurs facile de les distinguer, parce que l'acide hypo-phosphorique, dans son contact avec les bases, se transforme

---

(1) Nous comprenons ici sous le nom d'acides liquides non-seulement ceux qui, comme les acides hypo-azotique et fluorhydrique, se présentent à nous sous cette forme, quand ils sont bien purs et exempts d'eau; mais encore les acides que nous ne connaissons qu'à l'état d'hydrates liquides, tels que l'acide azotique, etc., et même ceux qui, étant solides par eux-mêmes, donnent lieu en s'unissant avec l'eau à des liquides, d'où ils ne peuvent être retirés par aucun procédé de dessication, comme, par exemple, l'acide sulfurique.

en phosphates et en phosphites; et qu'il existe entre les caractères des phosphates, les phosphites et les hypo-phosphites, des caractères tellement tranchés, qu'il est impossible de les méconnaître.

3059. *Acide sulfurique et hypo-sulfurique.* — L'acide sulfurique forme dans les sels de baryte très étendus d'eau un précipité blanc, insoluble dans les acides azotique et chlorhydrique, qui calciné avec le charbon passe à l'état de sulfure, lequel a la saveur d'œufs pourris, se dissout dans l'eau, et laisse déposer du soufre en poudre blanche ou jaunâtre par l'addition du chlore. L'acide hypo-sulfurique est inodore; mais aussitôt qu'on le porte à l'ébullition, il se transforme en acide sulfurique et en acide sulfureux, dont l'odeur est caractéristique.

3060. *Acide sélénique.* — Cet acide produit, comme l'acide sulfurique dans les dissolutions salines de baryte, un précipité blanc insoluble dans l'eau et les acides : il se confond donc sous ce point de vue avec l'acide sulfurique; mais il perd cette propriété après une ébullition plongée avec l'acide chlorhydrique concentré; et se trouvant alors ramené à l'état d'acide sélénieux, il laisse précipiter du sélénium sous forme de poudre rouge, en ajoutant une dissolution de sulfite d'ammoniaque. L'acide sulfurique n'offre rien de semblable.

3061. *Acide azotique et hypo-azotique.* — Pour reconnaître l'acide azotique, il suffit de le mettre dans un verre en contact avec de la tournure de cuivre : à l'instant même, il se produit de la vapeur d'acide hypo-azotique qui est rouge. Observons cependant que s'il était très étendu d'eau, cette vapeur ne se produirait bien qu'à chaud (285).—L'acide hypo-azotique est l'un des acides dont les caractères sont les plus prononcés : à la température ordinaire, sa couleur est rouge-brun; lorsqu'on le met en contact avec l'air ou un autre gaz, il y répand tout de suite des vapeurs rouges : à la vérité, ces caractères permettraient de le confondre avec le brôme; mais l'eau décompose tout de suite l'acide hypo-azotique avec effervescence, tandis qu'elle n'a point d'action sur le brôme, ou du moins qu'elle n'en dissout qu'une très petite quantité sans produire de dégagement gazeux (296) : d'ailleurs le brôme détruit les couleurs végétales, au lieu d'exercer sur elles une réaction acide. — Il existe un troisième acide qui a l'azote pour radical; c'est l'acide azoteux; mais on ne le connaît qu'uni aux bases salifiables (302).

3062. *Acides chlorique, hyper-chlorique et bromique.* — Ils se distinguent de tous les autres, parce qu'unis à la potasse ou à la soude, et calcinés, ils se transforment en un chlorure ou bromure alcalin, qui produit avec l'azotate d'argent un précipité blanc, insoluble dans l'acide azotique et soluble dans l'ammoniaque.

On les reconnaît d'ailleurs : l'acide hyper-chlorique, parce qu'il n'est décomposé ni par l'acide sulfureux, ni par les acides chlorhydrique et sulfhydrique, et qu'il détermine dans toutes les dissolutions de sels à base de potasse, un hyper-chlorate, pour peu qu'elles soient concentrées (266). — Les acides chlorique et bromique, parce qu'ils possèdent des propriétés contraires, et qu'en traitant l'acide bromique par une quantité convenable d'acide sulfureux, on obtient une liqueur d'un jaune rougeâtre, dont il est facile d'extraire le brôme par l'éther (107).

3063. *Acide fluorhydrique.* — C'est le seul qui attaque le verre à la température ordinaire. S'il était étendu de beaucoup d'eau, il faudrait le saturer par la potasse ou la soude, dessécher le fluorure alcalin, et le décomposer à l'aide d'une douce chaleur, par l'acide sulfurique concentré, dans un creuset de platine recouvert d'une lame de verre.

3064. *Acide hyper-manganique.* — Cet acide possède une couleur rouge très intense, qu'une chaleur de 30 à 40° suffit pour détruire, en donnant lieu à un dépôt de bi-oxide de manganèse, très aisé à caractériser au chalumeau, par la couleur verte qu'il développe avec le carbonate de soude.

IIIe GROUPE.

Acides solides, insolubles ou très peu solubles dans l'eau.

3065. Ce groupe se compose de 9 acides, savoir : des acides titanique, molybdeux, silicique, colombique, tungstique, vanadique, tellurique anhydre, antimonique, antimonieux.

Les deux premiers sont insolubles dans la potasse et la soude; du moins l'acide titanique ne s'y dissout pas, et l'acide molybdeux s'y transforme en bi-oxide de molybdène qui se précipite, et en acide molybdique qui s'unit à l'alcali.

Les trois suivans se dissolvent dans la potasse et la soude, mais sont insolubles dans l'acide chlorhydrique. Rappelons toutefois que lorsqu'on verse un acide dans une dissolution très étendue de silicate de potasse ou de soude, l'acide silicique ne se dépose que par l'évaporation.

Les quatre derniers sont tout à-la-fois solubles dans la potasse et la soude, et dans l'acide chlorhydrique.

3066. *Acides molybdeux et titanique.* — L'acide molybdeux est bleu, etc. (1032). — L'acide titanique, calciné avec du carbonate de potasse ou de soude, donne un produit qui se dissout, à la température de 30 à 40°, dans l'acide chlorhydrique concentré, et forme un sel très aisé à reconnaître par le cyanure jaune de potassium et de fer et l'infusion de noix de galle (1102).

3067. *Acides tungstique, silicique, colombique.* — L'acide tungstique se distingue, parce qu'il est jaune, etc. (1061).— L'acide silicique, parce que, chauffé au chalumeau avec du carbonate de soude, il se dissout, en donnant dans toutes les parties de la flamme, un verre incolore, qui reste transparent après le refroidissement, si l'on n'a point ajouté trop de carbonate alcalin ; parce qu'il est, au contraire, à peine soluble dans le phosphate de soude et d'ammoniaque en fusion, et qu'il forme avec l'acide fluorhydrique un composé gazeux, etc. (181).—L'acide colombique, parce qu'il ne se fond point avec le carbonate de soude, et se dissout au contraire dans le phosphate de soude et d'ammoniaque; que l'acide fluorhydrique en le dissolvant, ne donne point lieu à un produit volatil, etc. (1071).

3068. *Acides vanadique, tellurique anhydre, antimonieux, antimonique.* — Traités à chaud par l'acide chlorhydrique concentré, les acides vanadique, et tellurique anhydre se dissolvent avec dégagement de chlore, et en produisant : l'acide vanadique, un chlorure bleu (1055) ; l'acide tellurique, un chlorure incolore qui, mêlé à du sulfite d'ammoniaque, laisse déposer du tellure, etc. (1109). — L'acide antimonieux est blanc ou blanc-grisâtre, et l'acide antimonique est jaune : tous deux se dissolvent dans l'acide chlorhydrique, sans mettre de chlore en liberté; la liqueur est précipitée en blanc par l'eau, et en rouge-orangé par l'acide sulfhydrique. De plus, l'acide antimonique, fortement chauffé, abandonne de l'oxigène, et passe à l'état d'acide antimonieux.

IVe GROUPE.

Acides solides, solubles dans l'eau.

3069. Il existe 12 acides de cette sorte, qui sont : les acides iodique et hyper-iodique, l'acide sélénieux, l'acide osmique, les acides arsénieux et arsénique, l'acide tellurique hydraté, l'acide borique, les acides phosphorique et phosphoreux, l'acide molybdique, l'acide chromique.

Les sept premiers se vaporisent ou se transforment en produits volatils, savoir : les acides iodique, hyper-iodique, sélénieux, osmique, arsénieux, au-dessous du degré de la chaleur rouge, et les acides arsénique et tellurique, à-peu-près à ce degré de chaleur.

3070. *Acides iodique et hyper-iodique.*—Faciles à distinguer des autres acides, en ce qu'ils laissent dégager des vapeurs violettes d'iode, lorsqu'on les projette sur des charbons ardens. D'ailleurs, l'iodate et l'hyperiodate de soude donnent avec l'azotate d'argent : le premier, un précipité blanc que l'eau n'altère pas, et le deuxième, un précipité d'un jaune-clair, un peu verdâtre, que l'eau chaude fait passer au rouge. (269 et 1620).

3071. *Acide sélénieux.* — Dissous dans l'eau et mêlé avec du sulfite d'ammoniaque et de l'acide chlorhydrique, il s'en dépose du sélénium sous forme de poudre rougeâtre.

3072. *Acide osmique.* — On le reconnaît aisément par sa grande volatilité, son odeur et sa saveur, etc. (1206).

3073. *Acides arsénieux et arsénique.* — Projetés sur un charbon incandescent, ils laissent dégager des vapeurs blanches qui répandent une odeur d'ail. L'acide arsénieux en dissolution est décomposé, à la température ordinaire, par l'acide sulfhydrique, et donne un sulfure d'un beau jaune; l'acide arsénique n'est décomposé qu'autant que la liqueur est chaude, et le dépôt est d'un blanc jaunâtre. Unis à la potasse ou à la soude, ils forment des sels dont les caractères sont extrêmement tranchés (1817).

3074. *Acide molybdique.* — Sa dissolution dans l'eau est incolore; mais mise en contact avec une lame d'étain ou de zinc, elle devient bientôt bleue (1031).

3075. *Acide chromique.* — Il est purpurin, très soluble dans l'eau, décomposable par la chaleur en laissant un résidu vert d'oxide de chrôme, et susceptible d'être transformé rapidement en proto-chlorure de ce métal, par l'action de l'acide chlorhydrique et de l'alcool, etc. (1041 et 1044).

3076. *Acides phosphorique et phosphoreux.*—Les caractères de l'acide phosphoreux ont été exposés précédemment (3058). Ceux de l'acide phosphorique consistent en ce qu'il est vitreux, indécomposable par le feu, et que les sels qu'il forme avec la potasse ou la soude, donnent, lorsqu'on les dessèche et qu'on les calcine avec du potassium, un phosphure d'où se dégage du gaz phosphure d'hydrogène par son contact avec l'eau.

3077. *Acide borique.* — Fusible, vitrifiable, fixe, peu sapide, rougissant faiblement la teinture de tournesol, peu soluble dans l'eau, se déposant en petits prismes de sa dissolution chaude et saturée, communiquant à l'alcool la propriété de brûler avec une flamme verte (171).

Déterminer la proportion des principes constituans des acides minéraux.

3078. Nous n'avons rien à ajouter à ce que nous avons dit sur cet objet dans l'histoire de chaque acide en particulier.

SECTION VII.

Un mélange d'acides dissous dans l'eau étant donné, déterminer ceux qui en font partie.

3079. Les acides n'étant jamais réunis qu'en petit nombre, nous ne croyons pas devoir nous occuper de la solution de ce problème. Nous donnerons seulement le procédé par lequel on parvient à faire l'analyse d'un mélange d'acide sulfurique, d'acide chlorhydrique et d'acide azotique.

Analyse d'un mélange d'acide sulfurique, d'acide azotique et d'acide chlorhydrique (1)

3080. 1o Que l'on verse un excès d'azotate de baryte dans le mélange, et l'on en précipitera tout l'acide sulfurique en combinaison avec la base de l'azotate. Le poids du sulfate, lavé, séché et calciné, donnera celui de l'acide.

2° La quantité d'acide chlorhydrique sera tout aussi facile à déterminer que celle de l'acide sulfurique : il ne faudra, en effet, qu'ajouter au mélange un excès d'azotate d'argent, laver le chlorure, le recueillir, le sécher et le peser. 100 de ce chlorure représentent 24, 56 de chlore, et par conséquent 25, 256 d'acide chlorhydrique.

3° Quant à l'acide azotique, il faudra, pour en estimer la proportion, mettre d'abord le mélange avec un excès d'oxide d'argent très divisé, et l'agiter pendant quelque temps, puis décanter la liqueur, y réunir les eaux de lavage, et y ajouter de l'eau de baryte jusqu'à ce qu'il ne s'y forme plus de précipité; enfin recueillir ce précipité sur un filtre, le laver, séparer au besoin par un courant d'acide carbonique et une nouvelle filtration l'excès de baryte de la liqueur filtrée, et évaporer le tout jusqu'à siccité. L'acide chlorhydrique sera

---

(1) C'est le mélange d'acide le plus commun : on suppose que l'acide azotique et l'acide chlorhydrique sont assez étendus d'eau pour qu'ils ne puissent pas se décomposer à la température ordinaire.

absorbé par l'oxide d'argent ; l'acide sulfurique sera précipité par la baryte, et l'acide azotique se trouvera également combiné avec cette base. Le poids de l'azotate donnera celui de l'acide azotique ; car ce sel est composé de 100 d'acide et de 141, 35 de base : bien entendu qu'il faudra le sécher de manière qu'il n'y reste point d'humidité, ce à quoi on parvient aisément, parce qu'il ne commence à se décomposer qu'au rouge naissant. On pourrait, au reste, déterminer la quantité de baryte de l'azotate par l'acide sulfurique, et du poids de cette base conclure celui de l'acide azotique.

CHAPITRE V.

De l'analyse des sels minéraux.

SECTION I.

Un sel minéral étant donné, en determiner la nature.

3081. La première chose à faire pour arriver à la solution de ce problème, est de déterminer le genre auquel le sel appartient.

Les genres sont au nombre de 44 ; savoir :

1re SÉRIE.

1. Les azotites ;
2. Les bromates ;
3. Les bromures et bromhydrates ;
4. Les chlorates ;
5. Les chlorites ;
6. Les carbonates ;
7. Les sulfures et sufhydrates ;
8. Les séléniures et sélénhydrates ;
9. Les tellurures et tellurhydrates ;
10. Les sulfites ;
11. Les hypo-sulfites ;
12. Les fluorures et fluorhydrates ;
13. Les fluo-silicates ;
14. Les fluo-borates ;
15. Les chlorures et chlorhydrates ;
16. Les chloroxi-carbonates ;
17. Les iodures et iodhydrates.

2e SÉRIE.

18. Les azotates ;
19. Les sulfates ;
20. Les hypo-sulfates ;
21. Les sélénites ;
22. Les séléniates ;
23. Les iodates ;
24. Les hyper-iodates ;
25. Les hyper-chlorates ;
26. Les silicates ;
27. Les borates ;
28. Les phosphates ;
29. Les phosphites ;
30. Les hypo-phosphites.

---

31. Les arsénites ;
32. Les arséniates ;
33. Les manganates ;
34. Les hyper-manganates ;
35. Les osmiates ;
36. Les tungstates ;
37. Les tellurites ;
38. Les tellurates ;
39. Les antimonites ;
40. Les antimoniates ;
41. Les vanadates ;
42. Les chromates ;
43. Les colombates ;
44. Les titanates.

3082. Supposons que le sel fasse effervescence avec l'acide sulfurique à la température ordinaire, ou du moins à une température peu élevée, il fera partie de la première série, et l'on jugera du genre par la nature du gaz qui se dégagera.

Des azotites, des bromates, et des bromures et bromhydrates, il se dégage une vapeur rouge; mais tandis que celle des azotites rougit la couleur bleue du papier de tournesol humecté, celle des bromates, des bromures et des bromhydrates la détruit. D'ailleurs, le gaz provenant des bromures ou des bromhydrates répand des vapeurs blanches dans l'air, propriété que ne possède point celui des bromates.

Des chlorates et des chlorites, il se dégage un gaz d'un jaune verdâtre. Or, l'acide acétique décompose les chlorites et n'attaque point les chlorates; il sera toujours très facile de distinguer ces deux genres de sels par l'odeur de l'acide chloreux et son action sur les couleurs végétales. De plus, les chlorates, les chlorites, les azotites, les bromates, projetés sur les charbons incandescens, en augmentent plus ou moins la combustion, propriété que possèdent également les hyper-chlorates et quelques iodates et séléniates.

Le gaz que donnent les carbonates est sans couleur, n'a qu'une odeur légèrement piquante, et ne trouble point la transparence de l'air.

Celui des sulfures et sulfhydrates, celui des séléniures et sélénhydrates et celui des tellurures et tellurhydrates sont reconnaissables par leur odeur et par les propriétés qui ont été exposées (page 265 de ce volume).

Il en est de même de celui des sulfites et de celui des hyposulfites : du reste, ces deux genres de sel sont distincts l'un de l'autre, en ce que les sulfites laissent dégager du gaz sulfureux sans qu'il se dépose de soufre, et que les hypo-sulfites laissent déposer du soufre tout en dégageant du gaz sulfureux. Il est vrai que les hypo-sulfates, quand on les traite à chaud par l'acide sulfurique, produisent aussi un dégagement de gaz sulfureux; mais ce dégagement n'a lieu qu'à chaud pour ce genre de sels, surtout en se servant d'acide sulfurique étendu de son poids d'eau : au lieu qu'à froid comme à chaud, cet acide opère la décomposition des sulfites et des hypo-sulfites.

La propriété qu'ont les gaz qui proviennent des chlorures ou chlorhydrates, des fluorures ou fluorhydrates, des fluosilicates, des fluo-borates et du chloroxi-carbonate d'ammoniaque, d'être incolores, très piquans et de former des vapeurs blanches dans l'air, ne permet de les confondre avec aucun autre (1). D'ailleurs, en les produisant dans une petite fiole et les recueillant sur le mercure, on les distinguera tout de suite. Si le sel est un fluo-silicate, ou un fluorure, ou un fluor-hydrate, le gaz, en se dissolvant dans l'eau, laissera déposer des flocons blancs, phénomène qui n'aurait lieu qu'avec un fluo-silicate, en opérant dans des vases métalliques : alors, un fluorure ou un fluorhydrate dégagera de l'acide fluorhydrique aisé à reconnaître (3063). Si le sel est un fluo-borate, le gaz noircira le papier avec lequel on le mettra en contact. Si le sel est un chlorure ou un chlorhydrate, le gaz se dissoudra tout entier dans moins de la centième partie de son volume d'eau ; la dissolution précipitera l'azotate d'argent, et le précipité se redissoudra dans l'ammoniaque. Enfin, si le sel est un chloroxi-carbonate, le gaz sera formé de deux parties d'acide chlorhydrique et d'une acide carbonique, et alors, en les mettant en contact avec un peu d'eau, l'on dissoudra le premier de ces deux acides, tandis que l'autre conservera son état gazeux.

Les iodures et iodhydrates ont des caractères tout aussi tranchés que les sels dont nous venons de parler. A la vérité, lorsqu'on les traite par l'acide sulfurique, on décompose leur acide, mais on obtient du gaz sulfureux reconnaissable par son odeur, et de l'iode, dont une partie se réduit en vapeur remarquable par sa couleur violette ; de plus, le chlore et l'acide azotique en séparent l'iode, de même que l'acide sulfurique.

3083. Supposons maintenant que le sel ne fasse point effervescence avec l'acide sulfurique, ou, ce qui est la même chose, ne laisse dégager aucun gaz à la température ordinaire, ou à une température de 60 à 80°, le sel appartiendra aux genres de la deuxième série.

On saura si le sel est un azotate en le traitant, pur d'abord, puis mêlé avec la limaille de cuivre, par l'acide sulfurique, à la température ordinaire ; dans le premier cas, il y aura dégagement de vapeurs blanches sans effervescence, pourvu que l'acide soit concentré ; et, dans le second, dégagement de vapeurs rouges avec effervescence, pourvu que l'acide soit étendu d'à-peu-près son poids d'eau. Toujours aussi le sel projeté sur des charbons incandescens en augmentera plus ou moins la combustion, à la manière des azotites, des chlorates, des hyper-chlorates, etc., à moins que cet effet ne soit empêché par de l'eau de cristallisation.

Si le sel est un sulfate, il suffira, pour le reconnaître, d'en

___

(1) Le gaz iodhydrique et le gaz bromhydrique répandent aussi des vapeurs blanches ; mais, lorsqu'on traite les iodures ou les iodhydrates, les bromures ou les bromhydrates par l'acide sulfurique, l'on obtient du gaz sulfureux et de l'iode ou du brôme en vapeur.

faire bouillir 1 partie avec 1 partie et demie à 2 parties d'azotate de baryte et 8 à 10 parties d'eau pendant quelque temps ; il se fera un dépôt de sulfate de baryte qui, lavé, séché et calciné jusqu'au rouge avec un poids de charbon égal au sien, se transformera en sulfure, soluble dans l'eau, qui a la même saveur que les œufs pourris, et qui, traité par le chlore, laisse déposer du soufre en poudre d'un blanc-jaunâtre.

Si c'est un hypo-sulfate, l'acide sulfurique étendu de son poids d'eau, n'en dégagera, à froid, aucune odeur d'acide sulfureux; mais à chaud, cette odeur se manifestera tout de suite.

Mis en contact avec l'acide chlorhydrique et le sulfite d'ammoniaque, les sélénites laissent déposer du sélénium, qui apparaît en poudre rouge, et répand l'odeur de raifort pourri quand on le chauffe au chalumeau.

Les séléniates, chauffés avec une dissolution d'azotate de baryte, donnent tous du séléniate de cette base, insoluble, que l'on ramenera à l'état de sélénite par un mélange d'acide sulfurique et d'acide chlorhydrique bouillant, et que l'on reconnaîtra comme les sélénites proprement dits.

Les iodates et les hyperiodates sont aussi très faciles à reconnaître. Ils sont tous insolubles ou très peu solubles dans l'eau. L'acide sulfureux et l'acide sulfhydrique liquides les décomposent et en séparent l'iode, que l'on peut rendre sensible en recueillant le dépôt et le chauffant. D'ailleurs, les hyperiodates chauffés convenablement, passent à l'état d'iodates, en laissant dégager de l'oxigène, et peuvent être transformés en hyperiodate d'argent jaune, qui devient rouge-brun très foncé par l'action de l'eau bouillante; tandis que l'iodate d'argent reste toujours blanc.

Projetés sur des charbons incandescens, les hyper-chlorates en augmentent vivement la combustion. Ils ne donnent point, comme les chlorates simples, un gaz d'un jaune verdâtre avec l'acide sulfurique; mais quand on les chauffe dans une cornue avec cet acide étendu du tiers de son poids d'eau, ils laissent vaporiser, vers la température de 140°, l'acide même qu'ils contiennent et qu'on ne peut confondre avec aucun autre (266).

Que l'on mette un silicate en contact avec du fluorure de calcium pur et de l'acide sulfurique concentré dans un tube de plomb, il en résultera, à froid ou à l'aide d'un peu de chaleur, du gaz fluo-silicique, qui laissera déposer de la silice, en plaçant à l'orifice du tube une petite éponge légèrement mouillée, ou mieux en conduisant le gaz dans l'eau par un autre tube de plomb recourbé.

Les borates se distinguent, comme nous l'avons dit (1327), ou bien en les traitant par un petit excès d'acide sulfurique, agitant ensuite le tout avec l'alcool, filtrant la liqueur et y mettant le feu : elle brûlera avec une flamme verte.

Les phosphates, phosphites ou hypo-phosphites, mêlés avec le potassium et calcinés dans un tube de verre jusqu'au rouge, donnent toujours, lorsqu'on les met ensuite en contact avec de l'eau sur le mercure, du gaz phosphure d'hydrogène (589). Les phosphites et les hypo-phosphites en donnent également, lorsqu'on les calcine seuls, ou bien encore lorsqu'on les chauffe avec de l'acide phosphorique : ils sont donc par cela même distincts des phosphates qui, dans ce cas, n'en laissent pas dégager la moindre trace. Or, comme tous les hypo-phosphites sont très solubles dans l'eau; et que tous les phosphites, au contraire, y sont insolubles ou peu solubles, excepté ceux de potasse, de soude et d'ammoniaque, il s'ensuit qu'on ne peut les confondre ensemble. Ces trois genres de sels sont donc aisés à reconnaître.

3084. Lorsque le sel n'appartiendra ni à la première série, ni aux autres genres que nous venons d'examiner, son acide sera de nature métallique. Ce sera :

Un arsénite ou un arséniate si, chauffé à la flamme intérieure du chalumeau, il laisse dégager des vapeurs arsénicales. *Voy.* pour les caractères de ces deux genres (1817);

Un manganate ou un hyper-manganate, s'il possède les propriétés indiquées (845 et 846);

Un osmiate, si, mis dans une petite cornue avec de l'acide sulfurique, et porté à l'ébullition, il se distille une liqueur renfermant de l'acide osmique (1206);

Un tungstate, si, traité par l'acide chlorhydrique ou l'acide azotique, l'on obtient un résidu jaune, soluble dans la potasse (1061);

Un tellurite ou un tellurate, si, soumis à l'action de l'acide chlorhydrique bouillant, il en résulte une liqueur d'où se dépose du tellure par l'addition du sulfite d'ammoniaque : avec les tellurates, il y a dégagement de chlore, ce qui n'a pas lieu avec les tellurites;

Un antimonite ou un antimoniate, s'il se comporte avec l'acide azotique ou l'acide chlorhydrique, etc., comme il a été dit (vol. III, p. 545);

Un vanadate, s'il produit avec l'acide chlorhydrique bouillant une liqueur bleue, verte ou violette; si cette liqueur étendue d'eau, soumise à l'action d'un courant de gaz sulfhydrique, filtrée, puis mêlée avec un excès de sulfhydrate d'ammoniaque, et filtrée de nouveau, se trouve colorée en pourpre par le sulfure de vanadium qu'elle contiendra, lequel sulfure pourra en être précipité par les acides avec les caractères qui le distinguent (1052);

Enfin, un molybdate, un chromate, un colombate ou un titanate, s'il possède les propriétés énoncées (1833, ou 1847, ou 1873, ou 1875).

3086. Après avoir reconnu le genre par les procédés qui viennent d'être exposés, il faudra s'occuper de la détermination de l'espèce.

3087. Toutes les fois que le sel sera soluble dans l'eau, et sa dissolution, concentrée, il sera toujours facile d'en reconnaître la base, en s'assurant d'abord s'il fait partie des sels qui ne sont décomposables ni par l'acide sulfhydrique, ni par le sulfhydrate d'ammoniaque; ou de ceux qui sont décomposables par le sulfhydrate d'ammoniaque, mais qui ne le sont point par l'acide sulfhydrique; ou de ceux qui sont décomposables tout à-la-fois par l'acide sulfhydrique et par le sulfhydrate d'ammoniaque.

Le 1er groupe renfermera les sels de potassium, de sodium, de lithium, de barium, de strontium, de calcium, de magnésium, d'ammoniaque. Ceux-ci laissent dégager une odeur vive en les mêlant avec un peu de chaux et d'eau. Les sels magnésiens se troublent par l'ammoniaque lorsqu'ils sont neutres, et cessent de se troubler lorsqu'ils sont suffisamment acides : dans tous les cas une quantité suffisante d'eau de chaux les précipite. Les autres se distinguent aisément par les caractères qui ont été exposés (2973).

Le second groupe renfermera les sels de glucinium, d'yttrium, d'aluminium, de cérium, de manganèse, de zinc, de fer, de nickel, de cobalt, d'urane, de chrôme, de vanadium. Les neuf premiers se reconnaissent comme nous avons dit (2973 *bis*); les sels d'urane, parce qu'ils sont vert clair, tirant sur le jaune à l'état de protoxide, qu'ils deviennent jaunes en se peroxidant par l'acide azotique bouillant, et que, dans tous les cas, le cyanure jaune de potassium et de fer y forme un précipité rouge de sang; les sels de chrôme, parce qu'ils sont verts, que fondus au chalumeau avec le borax, ils le colorent en vert foncé, etc. (1054); les sels de vanadium, parce qu'ils sont bleus, etc. (1055).

Le troisième groupe renfermera les sels de cuivre, de palladium, d'or, de platine, d'osmium, d'iridium, de rhodium, de molybdène, de tungstène, de titane, d'antimoine, de bismuth, de tellure, d'étain, de plomb, d'argent, de cadmium, de mercure, d'arsenic, de colombium. Les 9 premiers sont colorés; il en est ordinairement de même de ceux de titane ; ceux d'antimoine sont sans couleur, ou légèrement jaunâtres, pourvu que l'acide ne leur communique aucune couleur ; les autres sont toujours incolores, lorsque l'acide l'est lui-même. Tous se reconnaîtront, savoir :

Les sels de cuivre, parce qu'ils seront bleus, ou d'un bleu verdâtre, et que l'ammoniaque y produira un précipité soluble dans un excès d'alcali, en donnant à la liqueur une couleur d'un beau bleu céleste.

Les sels de palladium, parce qu'ils seront d'un rouge jaunâtre, et qu'ils seront précipités en blanc par le cyanure de mercure.

Les sels d'or, parce qu'ils seront jaunes et réduits par le sulfate de protoxide de fer.

Les sels de platine, parce qu'ils seront jaune-rougeâtre, et que le chlorure de potassium et le chlorhydrate d'ammoniaque y produiront un dépôt jaune.

Les sels d'antimoine, parce qu'ils sont précipités en blanc par l'eau, et en rouge orangé par l'acide sulfhydrique.

Les sels de bismuth, parce qu'ils sont précipités en blanc par l'eau, et en noir par l'acide sulfhydrique, ainsi que par les sulfures ou les sulfhydrates alcalins, sans que le dépôt qui en résulte se dissolve dans un excès de réactif.

Les sels de tellure, parce que le sulfite d'ammoniaque opère la réduction du métal.

Les sels de plomb, parce que l'acide sulfurique étendu y produit un précipité blanc de sulfate.

Les sels d'argent, parce que l'acide chlorhydrique y produit un précipité blanc, insoluble dans un excès d'acide, et soluble dans l'ammoniaque.

Les sels de cadmium, parce que l'acide sulfhydrique y produit un précipité jaune, et la potasse un précipité blanc, insoluble dans un excès d'alcali.

Les sels de mercure, parce que le cuivre qu'on y plonge se couvre tout de suite de mercure, et que la potasse et la soude forment un précipité noir dans ceux qui sont à l'état de protoxide, un précipité jaune dans ceux qui sont à l'état de bi-oxide.

Les sels d'étain, parce que le carbonate d'ammoniaque y forme un précipité blanc, soluble dans l'acide chlorhydrique, insoluble dans l'acide azotique bouillant.

Les sels d'osmium, parce que distillés avec l'acide azotique, il s'en dégage de l'acide osmique.

Les sels d'iridium et de rhodium, parce qu'ils sont réduits par le fer, le zinc, etc., et que calcinés avec le bi-sulfate de potasse, ils se comportent comme il a été dit (2988).

Les sels de molybdène, de tungstène, de titane, parce qu'en les traitant par l'acide azotique, les métaux passent à l'état d'acides, reconnaissables aux caractères exposés (3074, 3067, 3066).

Les sels d'arsenic, de colombium, qui ne peuvent être que des chlorures, bromures, iodures, parce qu'ils sont transformés en acide chlorhydrique, bromhydrique, etc., et acides arsénieux, colombique, dont les propriétés caractéristiques ont été constatées (3067, 3073).

3088. Toutes les fois, au contraire, que le sel sera insoluble dans l'eau, on devra chercher à le transformer en un autre sel qui pourra s'y dissoudre. S'il est à l'état de carbonate, il suffira de le traiter par l'acide azotique ou chlorhydrique; s'il n'est point à l'état de carbonate, il faudra essayer de l'y ramener ou d'en isoler l'oxide, et l'on y parviendra presque toujours de la manière suivante. On le fera bouillir avec dix à douze fois son poids d'eau, et une à deux fois son poids de carbonate de potasse, en ayant soin, dans le cas où cette quantité de carbonate alcalin ne suffirait pas pour le décomposer complètement, de décanter la liqueur ou de la filtrer, et de traiter le résidu par une nouvelle quantité de matière alcaline : après quoi, le dépôt que fournira le sel devra être lavé à grande eau et recueilli. Ce dépôt sera l'oxide ou le carbonate cherché; on en déterminera la nature comme nous avons dit précédemment.

Il y a quelques sels insolubles dont la décomposition par les dissolutions bouillantes de carbonates alcalins est très difficile et même impossible. Alors le sel doit être fortement calciné avec le carbonate : c'est ainsi qu'on attaque les silicates.

Lorsque cette épreuve ne réussit pas, ce qui a lieu par exemple pour quelques phosphates, on opère la décomposition du sel par l'acide sulfurique; et l'on obtient ainsi, surtout en ajoutant de l'alcool à la liqueur acide, un sulfate ordinairement insoluble, que le carbonate alcalin peut décomposer sous l'influence de l'eau.

Quelquefois le carbonate alcalin en suffisant excès dissout le sel tout entier. Telle est l'action qu'il exerce sur les sels d'urane : dans ce cas, il convient d'essayer les alcalis caustiques, ou d'employer moins de carbonate que n'en exige le sel à décomposer et de ne pas mettre ensuite assez d'acide sur le résidu lavé pour dissoudre complètement le carbonate insoluble qui s'est produit.

Enfin, si dans des circonstances extrêmement rares, et même imprévues, le carbonate alcalin, employé comme il vient d'être dit, n'avait pas tout le succès desirable, le sel devrait être mis en contact avec le sulfhydrate d'ammoniaque : il se produirait un sulfure métallique qu'on isolerait, et qu'on pourrait traiter par l'acide azotique ou par l'eau régale, soit avant, soit après l'avoir grillé.

SECTION II.

Des Procédés par lesquels on parvient à déterminer la quantité des acides et des oxides qui composent les sels.

3089. Ces procédés sont tout aussi variés que ceux que l'on suit dans l'analyse des oxides.

Premier procédé. — Il consiste à mettre en contact l'acide avec l'oxide, et à tenir compte des quantités d'acide et d'oxide qui s'unissent, soit en les pesant toutes deux, s'il est possible, soit en pesant au moins l'une d'elles, et retranchant son poids de celui du sel desséché.

Supposons d'abord qu'il s'agisse de l'analyse du sulfate calcaire, qui est peu soluble, et dont la base est peu soluble elle-même : l'on prendra 5 à 6 grammes de chaux vive et pure, que l'on éteindra dans une capsule; ensuite on la délaiera dans l'eau, et l'on versera dessus peu-à-peu de l'acide sulfurique faible, en ayant soin d'agiter la matière avec une spatule; puis, lorsque l'acide sera en grand excès, l'on fera évaporer le tout jusqu'à siccité, et l'on calcinera le sulfate jusqu'au rouge, pour vaporiser l'eau et l'acide excédant : retranchant alors le poids de la chaux de celui du sulfate, l'on aura celui de l'acide (1). L'on ferait de la même manière l'analyse des sulfates de strontiane, de magnésie et de baryte. (2)

Supposons maintenant qu'il s'agisse de l'analyse du sulfate d'ammoniaque, qui est très soluble, et dont l'acide et la base sont aussi très solubles; ce qu'il y aura de mieux à faire, sera de prendre deux dissolutions faibles, l'une d'acide et l'autre d'ammoniaque, dont on connaîtra les quantités réelles d'acide et d'alcali, et de rechercher, en mêlant peu-à-peu l'alcali à

---

(1) Il faut nécessairement verser sur la chaux un grand excès d'acide; sans cela on n'aurait pas la certitude qu'elle serait tout entière neutralisée, à cause de l'espèce de bouillie qui se forme.

(2) Comme le sulfate de magnésie est soluble, il ne faudra verser d'acide que jusqu'à ce que la magnésie soit dissoute. Il en serait de même relativement à la base de tout autre sulfate soluble, bien entendu d'ailleurs que si le sulfate était décomposable par la chaleur, on ne l'exposerait pas à une très haute température.

l'acide, combien il faudra d'alcali pour neutraliser 100 ou 200 grammes d'acide.

Supposons enfin qu'il s'agisse de l'analyse du chlorhydrate d'ammoniaque, qui est solide, et dont la base et l'acide sont gazeux, on mesurera sur le mercure un certain volume d'acide, et l'on y ajoutera peu-à-peu du gaz ammoniaque jusqu'à ce que l'absorption soit totale, ou bien on y fera passer un excès de ce gaz, dont on tiendra compte. Par ce moyen, l'on déterminera facilement le rapport dans lequel les deux gaz se combineront, d'autant plus qu'il sera simple (*voy.* le tableau, tom. I, p. 434), et l'on conclura de ce rapport et de la pesanteur spécifique des gaz, la proportion en poids de l'acide et de la base du sel.

3090. *Deuxième procédé.* — Le deuxième procédé est l'inverse du précédent. En effet, on l'exécute en prenant une certaine quantité de sel bien desséché, séparant l'acide de l'oxide, déterminant ainsi le poids de l'un deux au moins, et le retranchant de celui du sel même.

Si le sel est indécomposable par la chaleur, ou s'il ne se décompose qu'à une haute température, on le desséchera en le calcinant jusqu'au rouge ; mais s'il ne peut résister à l'action d'une chaleur rouge, il faudra se contenter de l'exposer à la température de l'eau bouillante, ou mieux de le placer dans le vide, près d'un corps absorbant et sur du sable chaud, ou bien encore, de la mettre dans un bain d'huile ou d'une dissolution saline, chauffée un peu au dessous de la température où s'opérerait la décomposition.

La dessiccation étant faite, l'on procédera à la détermination des quantités d'acide et d'oxide.

On sait que la plupart des oxides sont insolubles dans l'eau et capables d'être séparés par la potasse, la soude et l'ammoniaque. Il sera donc possible d'employer ce moyen pour en estimer la quantité ; mais il faudra que l'oxide ne se dissolve pas dans un excès d'alcali, et qu'il n'absorbe pas d'acide carbonique, ou s'il absorbe, qu'il le laisse dégager par l'action du feu sans éprouver d'altération : tels sont les oxides des sels de magnésie, d'alumine, de glucine, d'yttria, de zircone, de peroxide de fer, de bi-oxide de cuivre, etc.

Si la plupart des oxides sont insolubles dans l'eau, tous les acides, au contraire, y sont solubles, excepté l'acide titanique, l'acide antimonique, l'acide antimonieux, l'acide tungstique, l'acide silicique, et l'acide colombique ; et encore l'eau a-t-elle une action sensible sur les deux derniers, à moins qu'ils n'aient été desséchés. Par conséquent l'on ne pourra isoler au plus tout l'acide d'un sel par précipitation au moyen d'un autre acide, qu'autant que le sel contiendra l'un des six acides désignés ci-dessus.

Il est peu d'acides qui ne forment avec quelques bases, et peu de bases qui ne forment avec quelques acides, des sels insolubles. L'on peut donc employer la voie des doubles décompositions (1310) pour déterminer la quantité d'acide et d'oxide d'un grand nombre de sels. Citons pour exemple le sulfate de soude d'une part, et l'azotate de baryte de l'autre. Que l'on dissolve dans l'eau une certaine quantité de sulfate de soude; que l'on y verse un excès de dissolution d'azotate de baryte ou de chlorure de barium, on obtiendra un précipité de sulfate de baryte qui contiendra tout l'acide du sulfate de soude; que l'on fasse ensuite la même opération, mais en dissolvant dans l'eau une certaine quantité d'azotate de baryte, et y ajoutant un excès de dissolution de sulfate de soude, ou de potasse, ou d'ammoniaque, l'on obtiendra encore un précipité de sulfate de baryte : celui-ci renfermera toute la baryte. Que l'on recueille séparément ces deux précipités, qu'on les lave, qu'on les sèche et qu'on les calcine : du poids du premier l'on conclura celui de l'acide du sulfate de soude, et du poids du second, celui de la base de l'azotate de baryte; car l'on trouve, par la combinaison directe, que 291,39 parties de sulfate de baryte sont composées de 100 d'acide sulfurique et de 191,39 de baryte.

Lorsque l'acide sera faible, gazeux et très peu soluble dans l'eau, comme l'acide carbonique, il suffira, pour en connaître le poids, de prendre un petit flacon à deux tubulures, contenant de l'acide azotique à 18° ou 20° de l'aréomètre, d'y projeter peu-à-peu le sel par l'une des tubulures en ayant soin de la boucher ensuite; d'adapter à l'autre tubulure un tube qui contiendra du chlorure de calcium et par lequel le gaz se dégagera; puis, après la dissolution du carbonate, de placer le flacon sous une cloche où l'on fera le vide pendant quelques instans. De cette manière, il ne restera pas sensiblement d'acide carbonique dans la liqueur, et toute l'eau réduite en vapeur sera absorbée par le chlorure calcaire. Si donc l'on pèse l'appareil avant et après l'expérience en ajoutant au premier poids celui du carbonate, la différence exprimera le poids du gaz acide.

Enfin, lorsque l'oxide sera fixe, qu'il n'éprouvera aucune altération à une haute température, ou qu'il n'éprouvera que des altérations dont il sera possible de tenir compte; que l'acide ou ses principes pourront être volatilisés, il faudra calciner le sel dans un creuset de platine pour connaître la quantité de l'oxide. La plupart des azotates, des azotites et des carbonates sont composés d'acides et d'oxides qui sont dans ce cas.

3091. *Troisième procédé.* — Si l'on sépare l'oxigène de l'acide et de l'oxide d'un sulfate, d'un sulfite, d'un iodate, d'un chlorate ; et si l'on suppose que le soufre, l'iode, le chlore restent unis au métal de leur sel respectif, l'on obtiendra un sulfure, un iodure, un chlorure, correspondant au degré d'oxidation du métal : c'est ce qui a lieu quand on calcine la plupart des chlorates, et les iodates de potasse, de soude : aussi peut-on déterminer de cette manière la quantité d'oxigène uui, tant au métal qu'au corps combustible dans ces différens sels. Par conséquent, la composition des sulfures, chlorures, iodures, étant donnée, il sera facile d'en déduire celles des sulfates, sulfites, chlorates, iodates, pourvu que l'on connaisse celle des oxides et des acides sulfurique, sulfureux, iodique et chlorique.

Il est probable que ce que nous venons de dire des sulfates, etc., est applicable aux phosphates, aux séléniates, etc.

3092. *Quatrième procédé.* — Ce procédé est sans contredit le plus exact et le plus général ; il est fondé sur la loi de composition à laquelle tous les sels sont soumis. Tous ceux qui sont du même genre et au même état de saturation, étant formés d'une telle quantité d'acide et d'oxide que la quantité d'acide est proportionnelle à la quantité d'oxigène de l'oxide, il suffit de connaître la composition des oxides et d'une espèce de sel d'un genre quelconque pour pouvoir déterminer, par le calcul, celle de toutes les espèces de ce genre. Par exemple, le sulfate neutre de bi-oxide de cuivre est composé de 100 d'acide et de 99,126 de bi-oxide ; mais cette quantité de bi-oxide contient 20 d'oxigène : par conséquent, tous les autres sulfates neutres doivent être composés de 100 d'acide et d'une quantité d'oxide qui contiendra 20 d'oxigène.

3093. Au reste, pour plus de certitude, il faudra toujours, autant que possible, employer divers procédés, et se servir, de l'un pour vérifier l'autre. Les nombres que l'on obtiendra devront être tels, d'après la loi précitée, qu'en considérant deux sels de genres et d'espèces différens, et en supposant que la base de l'un se combine avec l'acide de l'autre, il en résulte deux autres sels au même état de saturation. Soit comme exemple le sulfate neutre de chaux et le carbonate de soude qui, en se décomposant, donnent naissance à du sulfate neutre de soude et à du carbonate de chaux : si l'on trouve que le sulfate neutre de chaux est formé :

d'acide sulfurique...................... 50,00,
de chaux.............................. 35,46,

que le carbonate de soude l'est :

d'acide carbonique................ 27,54,
de soude........................ 39,10;

on devra d'un autre côté parvenir à ce résultat; savoir : que le sulfate de soude est composé :

d'acide sulfurique................ 50,00,
de soude........................ 39,10;

et que le carbonate de chaux renferme :

Acide carbonique................. 27,54,
Chaux.......................... 35,46 :

autrement, les quantités ne satisferaient pas à la loi de composition des sels, et il y aurait nécessairement quelques erreurs commises.

Toutes ces sortes de calculs se font commodément au moyen de la table des nombres proportionnels. (*Voyez* plus loin, *Phylos. chimique.*)

CHAPITRE VI.

Analyse des eaux minérales.

3094. Les eaux qu'on appelle *minérales* sont celles qui contiennent assez de matières étrangères pour avoir une action très marquée sur l'économie animale. Leur température est très variable : il en est qui sont chaudes; quelques-unes même le sont presque autant que l'eau bouillante; tandis que d'autres, au contraire, sont au même degré de chaleur que l'atmosphère : de là celles qui prennent le nom de *thermales*, et celles qui, par opposition, prennent le nom de *froides*. Ce phénomène remarquable dépend, à n'en pas douter, des terrains que les eaux traversent avant d'arriver dans les lieux où elles se rassemblent.

3095. Les substances qu'on y a annoncées jusqu'à présent sont :

L'oxigène;
L'azote;
L'acide carbonique;
L'acide sulfhydrique;
L'acide borique;
L'acide sulfureux;
L'acide chlorhydrique;
La silice ou acide silicique;
La soude;

Les sulfates de soude, d'ammoniaque, de chaux, de magnésie, d'alumine, de potasse, de fer, de cuivre, de zinc;

Les azotates de potasse, de chaux, de magnésie;

Les chlorures de potassium, de sodium, de barium, de calcium, de magnésium, d'aluminium, de manganèse, et le chlorhydrate d'ammoniaque;

Les bromures de sodium, de calcium et de magnésium;

L'iodure de potassium;

Le fluorure de calcium;

Les sulfures de sodium et de calcium, quelquefois sulfhydratés;

Les carbonates de potasse, de soude, de magnésie, de chaux, de strontiane, d'ammoniaque, de fer, de manganèse, de lithine;

Le borate de soude;

Les phosphates de chaux et d'alumine;

Des matières végétales et animales, ordinairement en petite quantité.

3096. L'*azote* paraît exister en dissolution dans toutes les eaux dont la température n'est pas très élevée. Quelquefois même, il s'en dégage à l'état de gaz, comme dans celle de Néris.

L'oxigène paraît également exister dans toutes les eaux à la température ordinaire, lorsqu'elles ne sont point de nature sulfureuse.

Il est peu d'eaux, ou plutôt il n'en est point qui ne renferment des traces d'*acide carbonique* : on le rencontre particulièrement dans celles qui sont mousseuses; elles en contiennent plusieurs fois leur volume; quelquefois même, comme à Vichy, etc., il s'en dégage continuellement, sous forme de bulles. (1)

L'acide sulfhydrique, ou les sulfures de sodium et de calcium, font partie de toutes les eaux qui ont une odeur ou une saveur d'œufs pourris.

---

(1) La même observation s'applique à l'azote; le dégagement de ce gaz paraît avoir été observé d'abord dans quelques eaux sulfureuses, et quelques chimistes étaient portés à croire qu'il était particulier à ces sortes d'eaux; mais il se remarque aussi dans des sources d'eaux non sulfureuses. Parfois il est mêlé à l'acide carbonique ou à un peu d'oxigène : suivant M. Longchamp, par exemple, le gaz qui se dégage des eaux de Plombières est un air vicié contenant 6 d'oxigène pour 100.

On peut consulter, sur le dégagement des gaz au sein des eaux minérales, beaucoup de Mémoires, et surtout ceux de MM. Anglada, Longchamp, Berthier et Puvis, John Davy, Boussingault et Mariano de Rivero (*Annales de Chimie et de Physique,* tom. XVI, XVIII, XIX, XX, XXII, XXIII.)

L'acide sulfureux et *l'acide chlorhydrique*, de quelques-unes de celles qui avoisinent les volcans.

L'acide borique, de quelques lacs d'Italie.

La *silice*, d'un très grand nombre.

La *soude*, de celles de Geyzer, de Rykum, Barèges, Cauterets, Saint-Sauveur, etc.

Les *sulfates de soude*, *de chaux*, *de magnésie*; les *chlorures de sodium*, *de calcium*, *de magnésium*; les *carbonates de soude*, *de chaux*, *de magnésie*, *de fer*, sont les sels qu'on rencontre le plus souvent dans les eaux minérales. Ces trois derniers carbonates y sont ordinairement tenus en dissolution à la faveur de l'acide carbonique.

Le *chlorhydrate* et le *sulfate d'ammoniaque*, le *sulfate de fer*, le *sulfate d'alumine*, le *sulfate de potasse*, le *sulfate de cuivre*, l'*azotate de potasse*, l'*azotate de chaux*, le *borax*, ne s'y trouvent que rarement. Les deux premiers appartiennent, comme l'acide sulfureux, à quelques-unes de celles qui sont voisines des volcans; les sulfates de cuivre, de fer, d'alumine, de potasse, à celles qui coulent à travers des couches pyriteuses ou des schystes pyriteux; et le borax, à quelques lacs de l'Inde et de l'Italie.

Les *bromures de sodium*, de *magnésium* et de *calcium*, se rencontrent dans les eaux de la mer, mais en très petite quantité. Celui de magnésium se trouve aussi dans quelques eaux minérales, par exemple, dans celles de Bourbonne-les-Bains et de Lons-le-Saulnier.

S'il est vrai que l'*azotate de magnésie*, le *chlorure* et l'*iodure de potassium*, le *carbonate de potasse*, le *carbonate d'ammoniaque*, le *carbonate de lithine*, le *sulfate de zinc*, soient aussi des ingrédiens des eaux minérales, du moins sont-ils plus rares que les précédens.

Le *phosphate de chaux*, le *phosphate d'alumine*, le *fluorure de calcium*, le *carbonate de strontiane*, et le *carbonate de manganèse* ont été découverts par M. Berzelius dans les eaux de Carlsbad, mais à des doses si petites, qu'il est assez difficile d'en constater la présence. (*Ann. de Chim. et de Phys.*, t. xxi, p. 246; xxviii, 225 et 366.)

Toutefois, depuis cette découverte, ce célèbre chimiste a signalé des traces de phosphate d'alumine dans les eaux de Tœplitz, et de phosphate d'alumine, de carbonate de strontiane et de carbonate de manganèse dans les eaux de Konigswart. (*Id.* 396.)

Suivant le docteur Withering, le *chlorure d'aluminium* ferait aussi quelquefois partie des eaux minérales. Ce qu'il y a de certain, c'est que M. Hess assure l'avoir retrouvé dans la mer d'Okhotsk.

Enfin, quoique Bergmann ait annoncé l'existence des *chlorures de barium* et *de manganèse* dans les eaux minérales, nous doutons fort qu'ils en fassent quelquefois partie.

3097. Toutes ces substances ne se rencontrent jamais ensemble dans une eau minérale, d'autant plus qu'il en est quelques-unes qui se décomposent réciproquement : tel est, par exemple, le carbonate de soude, relativement aux sulfates et azotates de chaux et de magnésie, et aux chlorures de calcium et de magnésium. La même eau en contient rarement au-delà de huit; rarement aussi elle renferme une grande quantité de l'une d'elles.

Parmi les substances qui entrent dans la composition d'une eau minérale, il en est toujours qui, par leur abondance ou leur énergie, ont la plus grande influence sur les propriétés que cette eau possède : de là la division qu'on fait des eaux minérales en quatre classes : eaux hépatiques ou sulfureuses; eaux acidules ou gazeuses; eaux ferrugineuses ; eaux salines. Mais il est évident, d'après le principe même de la classification, qu'il doit exister des classes mixtes.

Les matières salines ou gazeuses qui font partie d'une eau minérale ne sont pas toutefois la seule cause de sa manière d'agir sur l'économie animale; la température de la source, et la pression atmosphérique, qui varie avec la hauteur à laquelle cette source est située, sont des causes d'action souvent très puissantes: il en est de même de l'état hygrométrique de l'air.

Analyse qualitative.

3098. On peut presque toujours, par de simples essais, reconnaître la nature de la majeure partie des substances contenues dans les eaux.

Lorsqu'elles contiennent :

1° *De l'acide sulfhydrique libre,* ou *un sulfure alcalin,* ou *un sulfhydrate,* elles ont une odeur et une saveur d'œufs pourris, et précipitent les dissolutions de plomb en noir.

De l'acide sulfhydrique libre sans sulfure ou sulfhydrate; elles perdent les deux propriétés précédentes, en les faisant bouillir à l'abri du contact de l'air, ou en les plaçant sous un récipient, dans un vase dont le pied plonge dans une dissolution de potasse caustique, et faisant ensuite le vide sous le récipient.

Du sulfure, elles conservent leurs propriétés en les soumettant à l'épreuve que nous venons de décrire.

Du sulfhydrate alcalin; elles laissent dégager de l'acide sulfhydrique à la chaleur de l'ébullition, ou du moins en y ajoutant la dissolution d'un sel neutre de manganèse ou de fer protoxidé, et précipitent en noir les dissolutions de plomb, même après que l'ébullition a été long-temps soutenue.

2° *De l'acide carbonique;* elles sont aigrelettes, quelquefois mousseuses; elles rougissent faiblement le tournesol, ou du moins, à la chaleur de l'ébullition, elles laissent dégager un gaz qui précipite l'eau de chaux; mais dans ce dernier cas, il serait possible que le gaz acide provînt de bi-carbonates qu'elles contiendraient.

3° *Des carbonates insolubles*, c'est-à-dire, *de magnésie, ou de chaux, ou de fer* (1); elles se troublent ordinairement en les portant à l'ébullition, parce que l'acide carbonique qui tient ces carbonates en dissolution reprend l'état de gaz. Ce ne serait qu'autant qu'elles ne contiendraient point de carbonate de fer, et qu'elles ne contiendraient que des traces de carbonates de chaux et de magnésie, que le trouble n'aurait pas lieu.

Du carbonate de fer sans sulfate de ce métal; l'ébullition y fait naître un dépôt coloré en jaune; elles précipitent en *vinassé* ou en gris-noir par l'infusion de noix de galle; ne précipitent en bleu par le cyanure jaune de potassium et de fer que par l'addition d'un peu d'acide, et cessent de précipiter ainsi par ces deux réactifs après avoir été chauffées et filtrées. Si, au contraire, elles contenaient du sulfate de fer, elles conserveraient la propriété de précipiter en gris-noir et en bleu, après avoir été soumises à la chaleur de l'ébullition.

Du carbonate de chaux ou de magnésie sans carbonate et sulfate de fer; elles ne précipitent ni en gris-noir ni en *vinassé* par l'infusion de noix de galle, ni en bleu par le cyanure jaune de potassium et de fer, et elles laissent, par la chaleur, déposer une poudre blanche, si le carbonate est en quantité très sensible.

4° *Des carbonates solubles* (2) *(de soude ou de potasse);* elles font effervescence avec les acides étendus, du moins après les avoir

---

(1) Nous ne faisons pas mention des carbonates de strontiane et de manganèse, parce qu'on ne les a encore trouvés que dans des cas très rares et en quantité presque inappréciable.

(2) Il n'est point ici question du carbonate de lithine, parce que sa présence dans les eaux est extrêmement rare, et qu'il ne s'y trouve qu'en quantité très minime.

concentrées, et même au besoin, les avoir évaporées presqu'à siccité. Il est vrai que les sulfures alcalins sont également décomposés par les acides avec effervescence ; mais dans ce cas, le gaz dégagé répand l'odeur d'œufs pourris. Si ce cas avait lieu, il faudrait répéter l'expérience en versant dans l'eau minérale un petit excès d'acétate de plomb, dont le métal s'unirait au soufre ; et si alors l'effervescence avait encore lieu avec les acides, ce serait une preuve que l'eau contiendrait réellement un ou plusieurs carbonates.

5° *Des sulfates;* elles forment avec l'azotate de baryte ou le chlorure de barium un précipité blanc, insoluble dans un excès d'acide azotique ou chlorhydrique.

6° *Des chlorures avec ou sans bromures;* l'azotate d'argent y fait naître des flocons blancs, sur lesquels l'acide azotique est sans action, et que l'ammoniaque dissout tout de suite.

Les bromures se comportent avec cet azotate de la même manière que les chlorures; mais d'une part, l'on peut extraire le brome de l'eau minérale par le chlore et l'éther (107); et d'autre part, si, après avoir traité par l'ammoniaque le précipité produit par l'azotate d'argent, et l'avoir séparé par l'acide azotique de sa dissolution dans cet alcali, on le décompose par l'acide sulfhydrique, l'on obtiendra, dans le cas où il serait formé tout à-la-fois de chlorure et de bromure, un mélange d'acides chlorhydrique et bromhydrique, qu'il serait possible de séparer par la baryte et l'alcool (2955).

7° *Des iodures;* elles communiquent à l'amidon une couleur bleue ou violette plus ou moins foncée, en y ajoutant du chlore peu-à-peu.

8° *Un fluorure (celui de calcium);* évaporées à siccité, elles laissent un résidu, lequel, chauffé avec de l'acide sulfurique dans un creuset de platine recouvert d'une lame de verre, laisse dégager des vapeurs qui dépolissent la surface de celle-ci.

9° *Des azotates;* elles peuvent dissoudre l'or, après addition d'acide chlorhydrique, en sorte que la liqueur acquiert ainsi la propriété de donner lieu à du *pourpre de cassius* avec le proto-chlorure d'étain.

10° *Des phosphates (de chaux ou d'alumine);* évaporées à siccité, elles laissent un résidu qui, lavé à l'eau, puis calciné avec du potassium, décompose l'eau en dégageant un gaz qui s'enflamme immédiatement à l'air, ou du moins répand l'odeur alliacée que l'on connaît au gaz phosphure d'hydrogène.

11° *Un borate (celui de soude)* ; après avoir été réduites à un petit volume par l'évaporation, elles laissent déposer, en ajoutant de l'acide sulfurique, des paillettes cristallines d'un acide

V. *Sixième édition.*

24

faible, qui colore en vert la flamme de l'alcool, et se fond en un verre transparent.

12° *De l'acide borique libre;* elles laissent déposer des paillettes de même nature en les évaporant sans addition d'acide.

13° *De la silice;* le résidu de leur évaporation à siccité, traité par l'eau et l'acide chlorhydrique, laisse intact ce composé, que la potasse dissout, et que l'acide fluorhydrique fait disparaître en formant du fluorure de silicium gazeux : lorsque les eaux sont alcalines, il faut, avant de les évaporer, y verser un petit excès d'acide chorhydrique, afin de mettre la silice en liberté.

14° *De l'acide sulfureux;* elles rougissent fortement le tournesol; elles laissent précipiter du soufre par l'acide sulfhydrique; elles ont ou peuvent avoir une odeur de soufre en combustion, et donnent, du moins par la distillation, une eau acide qui, mêlée avec une dissolution de chlore acquiert la propriété de former avec les sels de baryte un précipité insoluble dans les acides.

15° *De l'acide chlorhydrique;* distillées, elles donnent, comme celles qui contiennent de l'acide sulfureux, une eau acide; cette eau produit avec l'azotate d'argent un précipité blanc, insoluble dans l'acide azotique et soluble dans l'ammoniaque.

16° *Des sels de potassium;* elles donnent un précipité jaune avec la dissolution de platine, aussitôt qu'elles sont suffisamment concentrées. Dans le cas où elles contiendraient des sels ammoniacaux, il faudrait les évaporer à siccité, calciner le résidu pour décomposer ou vaporiser le sel ammoniacal, puis redissoudre la matière restante, et l'éprouver par le chlorure de platine, comme il vient d'être dit.

17° *Des sels de sodium;* elles laissent par l'évaporation un résidu qui colore en jaune la flamme du chalumeau. Si cet essai n'était pas suffisant, ce qui arrivera rarement, on pourrait avoir recours au procédé qui a été indiqué pour découvrir la potasse, la soude, la lithine et même la magnésie dans un mélange d'oxides (3031).

18° *Des sels calcaires;* l'oxalate d'ammoniaque y produit un précipité blanc : si les sels calcaires sont autres que le carbonate de chaux, le même acide les trouble également avant et après leur ébullition. Observons cependant que cet effet pourrait avoir lieu même avec le carbonate de chaux, parce que l'eau en dissout quelques traces; mais alors le précipité serait extrêmement faible.

19° *Des sels magnésiens autres que le carbonate,* on reconnaît ces sels en versant dans les eaux du bi-oxalate de potasse pour en séparer la chaux, les faisant bouillir, les filtrant et les laissant refroidir, puis y versant du bi-carbonate de potasse ou de soude, les filtrant si elles se troublent, et les faisant bouillir de nouveau : alors la magnésie se dépose sous forme de poudre blanche à l'état de carbonate.

20° *Des sels ammoniacaux autres que le carbonate;* elles fournissent par l'évaporation un résidu qui, mêlé avec la chaux, laisse dégager une odeur vive et pénétrante d'ammoniaque.

21° *Du carbonate d'ammoniaque;* elles donnent à la distillation une eau qui est alcaline.

22° *Des sels d'aluminium;* l'ammoniaque y produit un précipité, dont la potasse caustique dissout une portion, laquelle se sépare de la liqueur par l'addition successive d'acide chlorhydrique et d'ammoniaque, et se colore en bleu par la calcination, après avoir été humectée avec une dissolution d'azotate de cobalt, etc. (831).

23° *Des sels de fer;* elles forment un précipité *vinassé* ou gris-noir avec l'infusion de noix de galle; un précipité bleu, avec le cyanure jaune de fer et de potassium, etc. (896 et 897).

24° *Des sels de cuivre;* elles deviennent bleues par l'ammoniaque, et ne tardent point à recouvrir de ce métal le barreau de fer qu'on y plonge.

25° *Des sels de manganèse;* le résidu de leur évaporation donne un manganate vert (845), en le calcinant avec la potasse ou la soude.

26° *Des sels de zinc;* il faut, dans le cas où elles contiendraient en même temps du cuivre, du fer, du manganèse, etc., 1° y faire passer du gaz sulfhydrique pour en précipiter le cuivre; 2° les faire bouillir pour en chasser l'excès de gaz sulfhydrique, les filtrer, et peroxider le fer par l'addition du chlore, puis y ajouter un excès d'ammoniaque; 3° filtrer la liqueur, et l'exposer à un nouveau courant de gaz sulfhydrique, qui en précipitera le zinc et le manganèse à l'état de sulfures; 4° dissoudre ceux-ci dans l'acide azotique, et verser la dissolution dans de la potasse caustique étendue d'eau; l'oxide de zinc seul restera dissous : on le séparera de la dissolution filtrée en la neutralisant par l'acide sulfurique, l'évaporant à siccité, calcinant et lessivant le résidu.

3098 *bis.* Quant aux matières organiques, on en reconnaît aisément l'existence en évaporant l'eau minérale à siccité et chauffant le résidu dans un tube bouché par un bout : ce résidu se charbonne ou du moins répand une odeur empyreumatique. Si elles sont azotées, elles exhalent en outre, après addition de potasse ou de chaux, de l'ammoniaque reconnaissable par son odeur ou son action sur le papier de tournesol rougi.

Au nombre des matières organiques dissoutes ou tenues en suspension dans l'eau, nous devons citer la *barégine*, dont les propriétés ont été exposées (2563). L'eau d'abord ne contient point de barégine; elle s'y développe au bout de quelque temps par le contact de l'air et de la lumière. Il paraîtrait que cette substance ne serait qu'une modification du *tremella thermalis* de Thoré, *anabaina thermalis* de Bory de St.-Vincent. Telle était, du moins d'après M. Richard, la nature de la *barégine* rapportée de Néris par M. Robiquet. S'il en était ainsi, il faudrait donc, comme le remarque ce chimiste, que les *séminules* qui lui donneraient naissance, fussent charroyées par l'eau elle-même, ou qu'elles y fussent déposées par l'air. En admettant cette hypothèse, on concevrait comment l'eau sort de la terre parfaitement limpide, sans apparence de barégine, et comment, sous l'influence de l'air et de la lumière, cette même eau se trouve peu-à-peu chargée de barégine à l'état gélatineux, ou en masse plus ou moins spongieuse, ou bien encore en longs filamens, quelquefois même en quantité considérable. (*Journ. de Pharm.*, t. XXI, p. 585.)

Cette hypothèse permettrait encore, selon moi, d'expliquer un fait remarquable : c'est la quantité d'oxigène que contient le gaz qui s'échappe des masses de *Barégine*, quand on les agite au sein de l'eau; l'oxigène en fait les deux cinquièmes. Ne proviendrait-il pas en grande partie de l'acide carbonique décomposé par la plante?

Extraction des matières volatiles.

3099. Les quantités d'azote d'oxigène se déterminent en remplissant d'eau un ballon, y adaptant un tube recourbé plein d'eau lui-même, engageant l'extrémité du tube sous une éprouvette pleine de mercure, et portant l'eau à l'ébullition : seulement, lorsque l'eau contient du gaz carbonique, il est nécessaire de le fixer par une addition convenable de potasse, comme aussi dans le cas où elle renfermerait de l'acide sulfhydrique, il faudrait le décomposer, soit à l'aide de la même matière, soit par une dissolution d'acétate de cuivre. D'ailleurs, lorsqu'on connaît le volume total de l'oxigène et de l'azote, relativement à celui de l'eau, on peut estimer celui de l'un et celui de l'autre en soumettant le mélange à l'analyse (2959); bien entendu que, rigoureusement parlant, il faudrait tenir compte du gaz qui reste dissous dans la petite quantité d'eau volatilisée. Les eaux minérales contiennent rarement autant d'oxigène et d'azote que l'eau ordinaire; celles qui sont sulfureuses ne peuvent pas contenir le premier de ces gaz.

3100. L'un des meilleurs moyens de déterminer la quantité de gaz carbonique, lorsque l'eau n'est pas mousseuse, est de remplir presque entièrement d'eau un matras, d'adapter au col du matras un tube recourbé qui s'engage sous un vase plein de mercure, de chauffer la liqueur, et de la maintenir en ébullition pendant deux à trois minutes. Tout l'air et tout le gaz carbonique passeront, avec un peu d'eau, dans le flacon ; on les mesurera en ayant soin de noter la température et la pression ; puis, pour connaître leurs volumes respectifs, on traitera une partie du mélange dans un tube gradué par de la potasse qui absorbera seulement le gaz acide. À la vérité, l'eau vaporisée retiendra de l'acide carbonique dont il faudra tenir compte : l'on y parviendra avec assez d'exactitude en agitant l'eau avec le gaz pour la saturer, la mesurant et se rappelant que, sous la pression de 76 centimètres, elle dissout une fois son volume d'acide carbonique à la température de 20°, ou mieux en doublant la quantité d'eau, et voyant combien la nouvelle quantité ajoutée est capable de dissoudre de gaz. (1)

Il est une autre manière de déterminer la quantité de gaz carbonique libre contenu dans les eaux, et d'apprécier en même temps la quantité d'acide combiné : M. Longchamp en fait usage de préférence.

C'est de verser dans l'eau une solution de chlorure de barium à laquelle on aura ajouté de l'ammoniaque, et de soustraire le mélange au contact de l'air. Le précipité obtenu pourra être composé tout à-la-fois de carbonate et de sulfate, dus, savoir : 1° le carbonate de baryte à la décomposition du chlorure de barium par le carbonate d'ammoniaque ou par des carbonates à base de soude, de chaux, de magnésie qui feraient partie des eaux minérales ; 2° le sulfate de baryte, à l'action du même

____

(1) On se rappelle que les bi-carbonates de potasse et de soude laissent dégager une certaine quantité de leur acide à la température de l'eau bouillante et passent à l'état de sesqui-carbonates. Si donc la liqueur contenait un carbonate de potasse ou de soude, il faudrait en conclure que ce carbonate serait au moins en partie à l'état de bi-carbonate ; il pourrait l'être tout entier, comme il se pourrait faire même que l'acide fût encore en excès. On le saurait en comparant la quantité de gaz carbonique dégagé à la quantité de carbonate simple que l'on obtiendrait dans le cours de l'analyse, et se rappelant la composition des bi-carbonates et des sesqui-carbonates comparée à celle des carbonates ordinaires.

On suppose que l'eau ne contient pas d'acide sulfhydrique ; si elle contenait tout à-la-fois ce gaz et du gaz carbonique, on estimerait le gaz carbonique comme il vient d'être dit, après avoir versé du sulfate de cuivre dans l'eau pour absorber l'acide sulfhydrique, ou bien encore on pourrait employer la méthode qui va être exposée : elle devrait même l'être exclusivement, si l'eau analysée renfermait en outre des carbonates.

chlorure et des sulfates de l'eau analysée. Dans tous les cas, sur le précipité l'on verse de l'acide chlorhydrique faible qui dissout le carbonate de baryte et n'attaque pas le sulfate; on estime ensuite la quantité de baryte dissoute par l'acide chlorhydrique, au moyen des procédés ordinaires, ce qui permet de connaître celle d'acide carbonique.

Il est évident que par cette opération on peut également connaître la quantité d'acide sulfurique. Le procédé ne serait pas moins bon quand même l'eau serait ferrugineuse; à la vérité, l'oxide de fer pourrait être précipité par l'ammoniaque, mais il serait redissous ensuite par l'acide chlorhydrique, et n'altérerait point les résultats obtenus.

D'une autre part, l'on détermine par la suite de l'analyse, la nature et la quantité des diverses bases et des acides autres que l'acide carbonique qui appartiennent à l'eau minérale : on a donc alors toutes les données nécessaires. Supposons, en effet, que les acides autres que l'acide carbonique exigent les neuf dixièmes des bases pour leur saturation, et que l'acide carbonique soit en quantité double de celle qui est nécessaire pour former un bi-carbonate avec l'autre dixième de base, il est évident que l'eau contiendra une moitié d'acide libre et une moitié d'acide combiné.

La méthode que nous venons d'indiquer en dernier lieu pour déterminer la quantité d'acide carbonique est même la seule applicable aux eaux gazeuses. Je conseillerais de remplir une bouteille de l'eau gazeuse en la plongeant dans la source et de la boucher avant de la retirer. On la déboucherait ensuite dans la solution de chlorure de barium chargée d'ammoniaque, et de cette manière, aucune portion de gaz ne pourrait échapper, tandis qu'autrement on en perdrait toujours plus ou moins.

3101. Le sulfate de cuivre est un réactif très commode pour estimer la quantité d'acide sulfhydrique ou de sulfure qu'une eau minérale renferme. Si l'acide sulfhydrique existe dans l'eau sans sulfure, il faut d'abord y ajouter un peu d'acide chlorhydrique pour décomposer les carbonates qu'elle pourrait contenir; après quoi l'on y verse un petit excès de sulfate de bi-oxide de cuivre en dissolution : tout-à-coup il se produit du bi-sulfure de cuivre que l'on recueille sur un filtre, qu'on lave avec de l'eau bouillie, en évitant avec soin le contact de l'air, que l'on sèche, et que l'on transforme, par le grillage à une forte chaleur, en bi-oxide, dont le poids fait connaître la quantité de soufre. M. Desfosses (*Journ. de Pharm.*, t. VIII, p. 477) et M. Longchamp ont employé ce procédé avec succès dans l'analyse de quelques eaux sulfureuses.

Si l'eau contenait tout à-la-fois de l'acide sulfhydrique et un sulfure alcalin, deux épreuves par le sulfate de cuivre seraient nécessaires; la première aurait lieu sur l'eau minérale pure; la seconde sur l'eau minérale qui aurait été soumise à l'ébullition, à l'abri du contact de l'air, pour en dégager l'acide sulfhydrique. De cette seconde épreuve, l'on conclurait la quantité de soufre des sulfures alcalins; de l'autre, la quantité totale de soufre des sulfures alcalins et de l'acide sulfhydrique : la différence ferait connaître celle de l'acide sulfhydrique seul, et par conséquent la quantité d'acide sulfhydrique lui-même.

Si l'eau ne contenait que du sulfure alcalin sans acide sulfhydrique, il est évident qu'une seule épreuve par le sulfate de cuivre suffirait.

Dans ces deux derniers cas, l'acide chlorhydrique ne devrait être ajoutée qu'après le sulfate de cuivre : s'il était versé auparavant, il pourrait développer par son action sur les sulfures alcalins assez de gaz sulfhydrique pour qu'il s'en dégageât une partie. A la vérité, le sulfate de cuivre donnerait lieu à du carbonate de cuivre : mais ce carbonate se dissoudrait comme les autres dans l'acide chlorhydrique. Il serait même plus sûr de suivre cette marche dans le premier cas, si les carbonates étaient en quantité telle, qu'ils fissent effervescence avec l'acide chlorhydrique; car il serait à craindre que le gaz carbonique n'entraînât un peu d'acide sulfhydrique.

3102. Lorsque les eaux contiennent de l'acide sulfureux, ce qui arrive très rarement, et qu'on veut connaître la quantité de cet acide, il faut le transformer par le chlore en acide sulfurique, précipiter celui-ci par le chlorure de barium mêlé d'acide chlorhydrique, recueillir le sulfate, le laver, le sécher et le calciner. 100 parties de ce sulfate représentent en poids 27,47 d'acide sulfureux. Si les eaux contenaient en même temps de l'acide sulfurique, on en tiendrait compte, en versant dans une autre portion d'eau minérale du chlorure de barium acide, comme nous venons de le dire, et retranchant le poids du précipité que l'on obtiendrait, du poids de celui que l'on aurait obtenu d'abord.

La détermination de l'acide chlorhydrique s'effectuera au moyen de l'azotate d'argent : il en résultera du chlorure de ce métal, qui servira à évaluer le poids total du chlore existant dans la liqueur. Des recherches postérieures feront connaître celui des chlorures métalliques, et il suffira de le soustraire de la quantité totale, pour avoir le chlore appartenant à l'acide chlorhydrique.

3103. Quant au carbonate d'ammoniaque, qui, comme l'acide sulfureux, ne se trouve que très rarement dans les eaux, on en apprécie la proportion en distillant une certaine quantité de ces eaux, les condensant dans un ballon qui contient un peu d'acide chlorhydrique, et faisant évaporer ensuite la liqueur jusqu'à siccité. Le poids du chlorhydrate d'ammoniaque qui se produit donne celui du carbonate.

Extraction des matières fixes. (1)

3104. C'est en évaporant les eaux jusqu'à siccité qu'on se procure ces matières. L'évaporation pourra être faite dans une bassine de cuivre étamée : il serait mieux de l'opérer dans une bassine d'argent. Lorsqu'elle sera terminée, il faudra enlever le résidu avec le plus grand soin. A cet effet, on en retirera d'abord le plus possible avec un couteau d'ivoire ou de corne très flexible ; mais comme il en restera adhérent aux parois de la bassine, on rincera ces parois à plusieurs reprises avec de l'eau distillée, en les frottant avec le doigt. Par ce moyen, l'on dissoudra ou l'on détachera le reste, que l'on obtiendra par une nouvelle évaporation, en la faisant dans une petite capsule de porcelaine. S'étant ainsi procuré d'une quantité connue d'eau, 12 à 15 grammes de résidu ; on traitera ce résidu par l'eau, après l'avoir bien séché et en avoir pris exactement le poids.

3105. *Traitement des matières fixes par l'eau distillée.* — Cette opération se fera en introduisant les matières dans une fiole avec sept à huit fois leur poids d'eau distillée, portant la liqueur à l'ébullition, la filtrant au bout de quelques minutes, et lavant le filtre. Il sera bon d'ajouter à l'eau distillée assez d'alcool pour avoir une eau-de-vie faible, et ne point redissoudre de sulfate de chaux.

De cette manière, l'on partagera en deux parties les matières fixes que l'eau minérale pourra contenir.

3106. *Matières fixes insolubles dans l'eau.* — La partie insoluble dans l'eau sera composée au plus de carbonate de chaux, de carbonate de magnésie, de peroxide de fer provenant du carbonate de protoxide, de sulfate de chaux et de silice. Je ne mentionne point ici le carbonate de strontiane, le carbonate de manganèse, le fluorure de calcium, le phosphate de chaux, le phosphate d'alumine, trouvés par M. Berzelius dans les eaux de Carlsbad ; ils y sont en si petite quantité qu'il pourraient facilement échapper à l'analyse. On a vu précédemment comment on pouvait les reconnaître. Supposons que la partie insoluble contienne les cinq premiers corps, on

---

(1) On suppose dans ce que l'on va dire que les eaux ne contiennent point de sulfure. (*Voyez,* ? 111, ce qu'il faut faire lorsqu'elles en contiennent.)

en prendra le poids dès qu'elle sera desséchée, et on la mettra en contact, dans une capsule, avec un très petit excès d'acide chlorhydrique faible. Les carbonates de chaux, de magnésie, et l'oxide de fer se dissoudront; ils seront séparés par la filtration et un lavage convenable, du sulfate de chaux et de la silice. En rendant les chlorures suffisamment acides et en y versant de l'ammoniaque, on en précipitera l'oxide de fer, qui, recueilli, lavé et séché, donnera par son poids celui du carbonate de protoxide de fer, supposé dissous. Evaporant ensuite la liqueur ammoniacale jusqu'à siccité, et traitant le résidu par de l'alcool affaibli, on dissoudra les chlorures de calcium et de magnésium et le chlorhydrate d'ammoniaque, et on isolera le peu de sulfate de chaux qui pourrait se trouver avec eux. Les chlorures de calcium et de magnésium seront traités, pour en séparer les bases, comme il a été dit (3036).

Quant au sulfate de chaux et à la silice, il suffira, pour les isoler, de les faire chauffer avec un excès de carbonate de soude, et de traiter par l'acide chlorhydrique leur résidu bien lavé. Le carbonate décomposera le sulfate de chaux, et l'acide chlorhydrique dissoudra le carbonate de chaux qui en résultera, de sorte que la silice restera intacte (1). Si l'on veut reformer le sulfate de chaux, afin d'en apprécier plus exactement le poids, l'on versera de l'acide sulfurique en excès dans la liqueur filtrée; on y ajoutera le sulfate isolé par l'alcool des chlorures de calcium et de magnésium, on la fera évaporer jusqu'à siccité dans un creuset de platine, et on calcinera la matière même dans le creuset, que l'on pesera avant et après l'opération.

3107. *Matières fixes solubles dans l'eau.*—Elles se composent de toutes les matières qui peuvent se rencontrer dans les eaux minérales, moins celles qui précèdent et qui sont insolubles par elles-mêmes dans l'eau pure, ou alcoolisée.

L'on est guidé dans la marche à suivre par l'analyse qualitative. Dans tous les cas, l'on doit déterminer séparément les quantités des divers acides et des diverses bases que la dissolution saline contient.

Il serait impossible d'isoler chaque sorte de sel par l'évaporation, la cristallisation, l'alcool, etc. : chacun d'eux se trouverait toujours mêlé avec quelque autre; d'ailleurs, ceux que l'on

---

(1) Observons cependant que si l'eau contenait de la soude, il serait possible que la silice ne se précipitât pas, du moins tout entière, par évaporation. Alors on pourrait mettre de l'acide acétique dans la dissolution aqueuse, et faire évaporer de nouveau. Par ce moyen, la précipitation de cette substance deviendrait totale.

obtiendrait, cristallisés ou solides, pourraient être le produit de la cohésion (1310).

Cette observation s'applique même aux sels insolubles que laisse le résidu de l'évaporation des eaux minérales, lorsqu'on le traite par l'eau distillée. Toutefois il est probable que les sels insolubles par eux-mêmes, y existent tout formés et qu'ils s'y trouvent dissous par quelque autre corps, notamment l'acide carbonique.

3108. Supposons que les réactifs aient indiqué de l'acide sulfurique, de l'acide chlorhydrique ou du chlore, de la soude, de la potasse, de la chaux, de la magnésie, de l'oxide de fer ou leurs radicaux.

1° L'on dosera l'acide chlorhydrique ou le chlore par l'azotate d'argent (3080);

2° L'acide sulfurique, par le chlorure de barium (3080);

3° L'oxide de fer, en le précipitant par l'ammoniaque de la liqueur filtrée, après avoir ajouté assez de chlorhydrate ammoniacal pour prévenir la décomposition des sels magnésiens;

4° La chaux, par l'oxalate d'ammoniaque (3036), mais en opérant sur une nouvelle quantité de liqueur, et y ajoutant d'abord, comme dans l'expérience précédente, du chlorhydrate d'ammoniaque, pour empêcher la précipitation de la magnésie;

5° La potasse, la soude et la magnésie, comme il a été dit (3037)

Si les sels contenus dans la dissolution sur laquelle on a opéré étaient neutres, il faudra que les quantités d'acides et de bases soient telles que ces composés se neutralisent réciproquement : sans cela l'opération ne serait point exacte.

3109. Supposons maintenant que l'on opère sur l'eau minérale dont on n'a extrait aucune matière, et que l'analyse qualitative y ait démontré la présence des acides carbonique et sulfurique, de l'acide chlorhydrique ou du chlore, de la chaux, de la potasse, de la soude, de la magnésie.

On commencera par déterminer la quantité d'acide carbonique et d'acide sulfurique, en ajoutant à l'eau minérale un mélange de chlorure de barium et d'ammoniaque, et opérant d'ailleurs, comme nous l'avons exposé précédemment (3100); puis l'on reprendra une nouvelle quantité d'eau, et l'on déterminera les quantités de chlore et de bases, de la manière qui vient d'être indiquée.

3110. Supposons en troisième lieu que l'eau minérale soit composée comme la précédente, mais qu'elle contienne en outre du fer, on dosera l'acide carbonique, l'acide sulfurique et le chlore ou l'acide chlorhydrique de la même manière. Ensuite, on séparera le fer par l'ammoniaque, après addition de sel ammoniac ; on reprendra une nouvelle quantité d'eau, on y versera un petit excès d'acide azotique pour décomposer tous les carbonates qui pourraient y exister, et on fera chauffer la liqueur pour dégager l'acide carbonique ; après quoi, l'on y ajoutera de l'ammoniaque qui précipitera l'oxide de fer, puis l'on se servira de la liqueur filtrée pour déterminer les quantités des autres bases comme dans l'expérience précédente.

3111. Nous venons d'examiner le cas où les eaux ne contiennent point de sulfure ni d'acide sulfhydrique ; examinons maintenant celui où elles en contiennent.

1° Il faudra déterminer les quantités d'acide sulfhydrique ou de soufre uni à un métal alcalin, comme il a été dit (310).

2° Il faudra déterminer également celle de l'acide carbonique par l'une des méthodes exposées (3100).

3° Quand les quantités d'acide sulfhydrique et d'acide carbonique seront connues, on reprendra une nouvelle portion d'eau, on y versera de l'acide acétique en excès pour chasser l'acide sulfhydrique, etc., et alors on déterminera les différens ingrédiens de l'eau à la manière ordinaire.

Les eaux sulfureuses sont toujours très actives, et cependant quelques-unes ne contiennent que très peu de principes fixes : telles sont celles de Barèges, de Cauterets, Saint-Sauveur (Hautes-Pyrénées), qui, par évaporation, laissent un résidu à peine égal à $\frac{1}{3400}$ de leur poids (M. Longchamp, *Annales de Chimie et de Physique*, t. XXII). On se rend facilement compte de ces effets d'après la grande action de l'acide sulfhydrique et des sulfures sur l'économie animale.

Eau de mer.

3112. — L'eau de mer peut être considérée comme une véritable eau minérale ; elle a été analysée par un assez grand nombre de chimistes. Leurs expériences font voir que les sels qu'elle contient sont principalement des chlorures ou des sulfates de sodium, de calcium, et de magnésium.

MM. Bouillon-Lagrange et Vogel ont trouvé dans 100 parties d'eau du grand Océan, puisée près de Bayonne, dans le golfe de Gascogne (*Ann. de Chim.*, t. LXXXVII, p. 190) :

Sel marin	2,310
Hydrochlorate de magnésie (Chlorure de magnésium)	0,550
Sulfate de magnésie	0,578
Carbonates de chaux et de magnésie	0,020
Sulfate de chaux	0,015
Acide carbonique	0,023
	3,496

M. Murray a retiré de 100 parties d'eau de mer prise dans le golfe appelé *Frith of Forth*, près de Leith (*Ann. de Chim. et de Phys.*, t. VI, p. 63) :

<table>
<tr><td>Hydrochlorate de soude (Chlorure de sodium)</td><td>2,470</td><td colspan="2">ou bien</td></tr>
<tr><td></td><td></td><td>Chaux</td><td>0,040</td></tr>
<tr><td>Hydrochlorate de magnésie (Chlorure de magnésium)</td><td>0,315</td><td>Magnésie</td><td>0,202</td></tr>
<tr><td></td><td></td><td>Soude</td><td>1,318</td></tr>
<tr><td>Sulfate de magnésie</td><td>0,212</td><td>Acide sulfurique</td><td>0,197</td></tr>
<tr><td>Sulfate de chaux</td><td>0,097</td><td>Acide chlorhydrique</td><td>1,337</td></tr>
<tr><td></td><td>3,094</td><td></td><td>3,094</td></tr>
</table>

Admettant ensuite que les composés salins qui se forment dans une solution étendue doivent être ceux qui sont les plus solubles, il suppose que les 100 parties d'eau de mer qu'il a analysées contiennent :

Sel marin	2,189
Hydrochlorate de magnésie (Chlorure de magnésium)	0,486
Hydrochlorate de chaux (Chlorure de calcium)	0,078
Sulfate de soude	0,350
	3,094

Il a reconnu, comme MM. Bouillon-Lagrange et Vogel, la présence d'un peu de gaz carbonique dans l'eau de la mer; mais il n'y admet ni carbonate de chaux, ni carbonate de magnésie, parce que l'azotate de baryte y produit un précipité qui ne fait aucune effervescence avec les acides. Il pense que les carbonates proviennent de la décomposition des chlorures de calcium et de magnésium par la dessiccation.

M. Gay-Lussac ayant eu occasion de déterminer avec M. Despretz la densité et la quantité de sel de l'eau du grand Océan, prise sous différens degrés de latitude et de longitude, n'a observé que des différences très peu sensibles. La densité la plus petite était de 1,0272 ; la plus grande de 1,0297, et la densité moyenne de 1,0286 à 8° centigr. La plus petite quantité de sel était, pour 100 parties d'eau, de 3,48 ; la plus grande de 3,77, et la moyenne de toutes les expériences, de 3,65.

Il semble donc, d'après cela, que les eaux du grand Océan sont à-peu-près également salées partout. En est-il de même de celles des mers intérieures ? Cela n'est pas probable, parce qu'en raison des localités, elles peuvent recevoir plus d'eau qu'elles n'en perdent, ou en perdre plus qu'elles n'en reçoivent (*Voy.* pour plus de détails, le Mémoire de M. Gay-Lussac, *Ann. de Chim. et de Phys.*, t. VI, p. 426.)

A ces observations, nous devrions joindre celles que le docteur Marcet a consignées dans un Mémoire qui a pour titre : « *sur la Pesanteur spécifique et la Température des eaux de la* mer dans différentes parties de l'Océan et dans des mers particulières, avec quelques détails sur la proportion des substances salines que ces eaux contiennent. » Mais ces observations étant nombreuses, nous renverrons nos lecteurs au Mémoire même, dont un extrait étendu a paru dans les *Annales de Chimie et de Physique*, t. XII, p. 295. Nous nous contenterons de dire que ce chimiste admet que 500 parties d'eau recueillie au milieu de l'Océan atlantique nord contiennent :

Sel marin... 13p ,30
Sulfate de soude... 2 ,33
Hydrochlorate de chaux (Chlorure de calcium)...... 0 ,616
Hydrochlorate de magnésie (Chlorure de magnésium). 2 ,577

Indépendamment des ingrédiens précédens, les eaux de la mer renferment, d'après le docteur Wollaston, une petite quantité de potasse, provenant sans doute de la décomposition des plantes charriées dans la mer par les fleuves. Cette quantité est moindre que $\frac{1}{2000}$. Le docteur Wollaston la croit combinée à l'acide sulfurique. On découvre facilement la potasse en faisant réduire l'eau de mer à $\frac{1}{8}$ et y versant du chlorure de platine : ce sel détermine tout de suite un précipité qui renferme le métal alcalin. (*Ann. de Chim. et de Phys.*, t. XII, p. 313.)

Il ne faut point perdre de vue qu'il existe aussi dans les eaux de la mer des traces d'iodures, et de très petites quantités de bromures.

Enfin, suivant M. Hess, les eaux de la mer d'Okhotsk contiendraient du chlorure d'aluminium. Il ferait même un peu plus des $\frac{6}{100}$ des sels qu'on en retire.

CHAPITRE VII.

Détermination de la proportion des principes constituans des composés organiques.

3113. La solution de cet important problème, que nous avons donnée avec M. Gay-Lussac dans nos Recherches physico-chimiques, et qui ne pouvait manquer d'avoir la plus grande influence sur les progrès de la chimie organique, consiste à transformer les matières végétales et animales en eau, en acide carbonique et en azote, et à évaluer les quantités de ces trois produits. Il est évident, en effet, qu'en remplissant ces conditions, l'analyse doit devenir d'une exactitude et d'une simplicité très grandes.

Analyse des matières organiques par le chlorate de potasse.

3114. Nous sommes parvenus à atteindre le but indiqué, au moyen du chlorate de potasse, en employant un appareil tel que nous pouvions :

1° Brûler des portions de matières assez petites pour qu'il n'y eût pas fracture des vases ;

2° Faire un assez grand nombre de combustions successives pour que les résultats fussent assez sensibles ;

3° Enfin, recueillir les gaz à mesure qu'ils étaient formés.

C'est un appareil de ce genre que nous allons décrire (*Voyez* cet appareil, pl. 20, fig. 1) ; il est formé de trois pièces bien distinctes : l'une, AA', est un tube de verre fort épais, fermé à la lampe par son extrémité inférieure, ouvert, au contraire, par son extrémité supérieure, long d'environ 2 décimètres, et large de 8 millimètres ; il porte latéralement, à 5 centimètres de son ouverture, un très petit tube BB' aussi de verre, qu'on y a soudé, et qui ressemble à celui qu'on adapterait à une cornue pour recevoir les gaz. L'autre pièce est une virole CC' en cuivre, dans laquelle on fait entrer l'extrémité ouverte du grand tube de verre, et avec lequel on l'unit au moyen d'un mastic qui ne fond qu'à 40 degrés. La dernière pièce est un robinet particulier DD' qui fait tout le mérite de l'appareil. La clef de ce robinet n'est pas trouée, et tourne en tous sens sans donner passage à l'air ; on y a seulement pratiqué à la surface et vers la partie moyenne, une cavité capable de loger un corps du volume d'un petit pois ; mais cette cavité est telle, qu'étant dans sa position supérieure, elle correspond à un petit entonnoir vertical E qui pénètre dans la douille, et dont elle forme en quelque sorte l'extrémité du bec, et que, ramenée dans sa position inférieure, elle communique et fait suite à la tige même du robinet, qui est creuse et qui se visse à la virole. Ainsi, lorsqu'on met une matière quelconque dans l'entonnoir, bientôt la cavité se trouve remplie de cette matière, et la porte, lorsqu'on tourne la clef, dans la tige du robinet, d'où elle tombe dans la virole, et de là au fond du tube de verre. (On voit, pl. 20, fig. 5, ce robinet adapté seulement à la virole ; la tige de ce robinet passe à travers une capsule FF', dont l'usage sera indiqué plus bas.)

3115. Si donc cette matière est un mélange de chlorate de potasse et de substance organique dans des proportions convenables, et si la partie inférieure du tube de verre est suffisamment chaude, à peine la touchera-t-elle qu'elle s'enflammera vivement : alors la substance organique sera détruite instantanément, et sera transformée en eau, en acide carbonique et en azote (dans le cas où elle est azotée); ces gaz seront recueillis sur le mercure, avec l'oxigène excédant, par le petit tube latéral.

3116. Pour exécuter facilement cette opération, on conçoit qu'il est nécessaire que la matière se détache tout entière de la cavité et tombe au fond du tube : à cet effet, on la met en petites boulettes, comme il sera dit tout-à-l'heure (1). On conçoit également qu'il est nécessaire de rechercher quelle est la quantité de chlorate convenable pour brûler complétement la substance organique : il faut même, afin d'être assuré d'une combustion complète, avoir la précaution d'en employer au moins moitié plus que cette substance n'en exige, pourvu qu'elle ne soit point azotée; mais si elle l'était, un excès de chlorate donnerait lieu à une production d'acide hypo-azotique plus ou moins abondante, ce qui rendrait l'analyse inexacte. (2)

3117. De toutes les recherches qui doivent précéder l'opération, la plus importante à faire est évidemment l'analyse du chlorate qu'on emploie. Il doit être fondu et pulvérisé, pour que toutes les parties en soient homogènes, puis analysé par le procédé indiqué pour les oxides métalliques aisément réductibles par la chaleur. Il convient d'en préparer à-la fois une masse assez considérable, afin de pouvoir faire un grand nombre d'analyses organiques sans être obligé d'en changer.

3118. Tout cela étant bien conçu, il sera facile d'entendre comment on peut faire l'analyse d'une substance organique avec le chlorate de potasse. On broie cette substance sur un porphyre avec le plus grand soin; on y broie également le chlorate; on pèse avec une balance très sensible des quantités de l'une et de l'autre desséchés au degré de l'eau bouillante, ou même à une température plus élevée; on les mêle intimement, afin que les pertes qui pourraient ensuite avoir lieu, por-

---

(1) Il faut nécessairement donner la forme de boulettes au mélange de chlorate et de substance végétale ou animale : si ce mélange était en poudre, il contracterait une sorte d'adhérence avec les parois de la cavité pratiquée dans la clef, et il serait difficile de l'en détacher; d'ailleurs, il s'en introduirait entre la douille elle-même et la clef, les gâterait l'une et l'autre, et les mettrait bientôt hors de service. Enfin, en tombant dans le tube de verre, il y en aurait une portion qui s'attacherait aux parois de ce tube, et ne s'y décomposerait qu'imparfaitement, à cause du peu de chaleur à laquelle elle serait exposée.

(2) On trouve facilement quelles sont les proportions de chlorate et de substance organique qu'on doit employer, en faisant différens mélanges pulvérulens de ces corps, et les projetant dans un tube de verre dont l'extrémité est presque chauffée au rouge. Tant que le résidu de la combustion n'est pas blanc, c'est une preuve que la quantité de chlorate n'est point assez grande.

tant sur des quantités proportionnelles de substance et de sel, n'aient aucune influence sur l'exactitude des résultats; on humecte le mélange, en y ajoutant de l'eau peu-à-peu, et le remuant avec la lame d'un couteau flexible, de manière à en former une pâte ferme; on le moule en cylindres, et l'on partage ces cylindres en petites portions, qu'on arrondit avec les doigts, en forme de petites boules, et qu'on ramène au même point de dessiccation que les matières primitives.

Le mélange réduit en pâte se moule dans un petit cylindre creux de laiton : ce cylindre doit avoir au plus 2^{millim}, 5 de diamètre intérieur, et peut être plus ou moins long; il doit être tranchant d'un côté; quand on veut s'en servir, on le tient verticalement, et on en applique le tranchant avec un peu de force sur la pâte qu'on a aplatie avec le couteau : cette pâte passe dans le cylindre, et lorsqu'il en contient assez pour faire trois à quatre boulettes, on l'en fait sortir avec une tige de même diamètre que le trou cylindrique. Si la pâte devient trop ferme, on la ramollit; et si le cylindre creux s'engorge, on le nettoie avec la tige et de l'eau. (*Voyez* pl. 20, fig. 4, ce cylindre et cette tige. *A* représente la tige seule, et *B* représente la tige enfoncée dans le cylindre.)

3119. Lorsque ces diverses opérations sont faites, il ne s'agit plus, pour terminer l'analyse, que de décomposer une certaine quantité de chlorate et de substance organique en boulettes, dans l'appareil que l'on a décrit précédemment; de recueillir tous les gaz provenant de cette décomposition, de les mesurer, et de les séparer les uns des autres : c'est à quoi l'on parvient comme on va le dire.

1° On commence par graisser la clef du robinet, afin qu'il ne fuie pas; on se sert à cet effet d'un mélange de suif et d'huile; on le fait fondre, et on en met seulement quelques gouttes sur la clef; ensuite on la tourne dans la douille, et on enlève tout ce qui peut être au fond de la cavité ou même autour des bords.

2° On fait un trou au milieu d'une brique, et on y enfonce le tube de verre *AA'* jusqu'au petit tube latéral *BB'*; ensuite, d'une part, on pose les deux extrémités de cette brique sur deux petits murs parallèles élevés sur une table auprès de la cuve à mercure, hauts à-peu-près comme cette cuve, et distans l'un de l'autre d'environ 0^m, 15; et, d'une autre part, on appuie l'extrémité inférieure du tube *AA'* sur une grille de fer *G*, qu'on soutient en la faisant pénétrer dans les murs mêmes.

3° On fait plonger le petit tube latéral *BB'* dans la cuve à mercure, et on place une ardoise entre la brique et ce tube pour qu'il ne s'échauffe pas, après avoir toutefois assujéti le tube AA' dans la brique avec du lut de terre infusible.

4° On met peu-à-peu des charbons rouges sur la grille et autour de l'extrémité inférieure du tube AA'; on met en même temps de la glace dans la petite capsule de laiton FF', pour empêcher que la graisse du robinet ne fonde et qu'il ne fuie; ensuite on met sous la grille G et au-dessous du tube AA', une lampe à esprit-de-vin HH'; bientôt la partie inférieure de ce tube approche de la chaleur rouge-obscur; alors on engage l'extrémité du tube recourbé BB' sous une petite éprouvette pleine de mercure, et on fait tomber successivement dans le tube AA', au moyen du robinet, un certain nombre de boulettes qu'il est inutile de peser. Chaque boulette s'enflamme presque aussitôt qu'elle est tombée, et donne lieu à un dégagement subit et assez considérable de gaz : par ce moyen, on chasse tout l'air de l'appareil, et on le remplace par un gaz absolument identique avec celui qui doit rester à la fin de l'expérience, de sorte qu'il y a compensation exacte, et qu'on n'a pas besoin de recueillir celui-ci.

5° Lorsqu'on a décomposé de cette manière une vingtaine de boulettes dans le tube AA', on incline la brique de manière à enfoncer davantage le tube recourbé dans le mercure; on enlève l'éprouvette où l'on a reçu en partie le gaz provenant de ces vingt boulettes, et l'on y substitue un flacon plein de mercure et bien jaugé. On soutient ce flacon sur une planche qui doit être percée d'un trou oblong : autrement on risquerait de casser le tube en voulant l'introduire dans le flacon, d'autant plus que, pour ne point perdre de gaz, il est nécessaire qu'il s'élève jusqu'au-dessus du goulot du flacon.

6° L'appareil étant ainsi disposé, on pèse, à un demi-milligramme près, le petit flacon dans lequel on a mis les boulettes qu'il s'agit de décomposer, si toutefois, pour ne point perdre de temps, on n'a pas eu le soin d'en prendre le poids d'avance. On verse plus ou moins de ces boulettes dans une sorte de main en laiton, pl. 20, fig. 2, et on les fait tomber avec une petite tige courbe l'une après l'autre dans le tube AA', jusqu'à ce que le flacon soit plein de gaz. (*Voyez* cette tige, pl. 20, fig. 3 : elle est vue de face en A et de côté en B). A cette époque, on dégage le tube de ce flacon, on l'engage sous un autre; on pèse de nouveau le petit flacon et toutes les boulettes restantes, et on recommence l'opération, etc. Si tous les flacons dans lesquels on recueille les gaz ont la même capacité, ils seront remplis de gaz par des poids égaux de mélange, et si l'on examine ces gaz, on les trouvera parfaitement identiques : dans tous les cas, on note avec grand soin le thermomètre et le baromètre.

7o On doit tenir le tube, pendant toute l'opération, au plus haut degré de chaleur qu'il peut supporter sans se fondre, afin que les gaz ne contiennent point ou contiennent le moins possible de gaz carbure d'hydrogène ou d'oxide de carbone. Dans tous les cas, on doit en faire l'analyse sur le mercure : c'est une épreuve à laquelle il est indispensable de les soumettre. On opère sur 200 parties du gaz obtenu ; on y ajoute environ 40 parties de gaz hydrogène ; on fait passer ce mélange dans un eudiomètre à mercure, et on y porte une étincelle électrique. Le gaz hydrogène qu'on a ajouté brûle au moyen de l'oxigène qui est en excès dans le gaz qu'on a recueilli, et il est évident que si ce gaz contenait quelques portions de carbure d'hydrogène ou d'oxide de carbone, elles brûleraient aussi. Après que la combustion a eu lieu, on mesure le résidu, et on voit de cette manière si les gaz contenaient du carbure d'hydrogène ou de l'oxide de carbone : en effet, supposons qu'ils n'en contiennent pas, l'absorption sera d'une fois et demie le volume du gaz hydrogène employé ; elle sera au contraire plus forte s'ils en contiennent, et d'autant plus forte qu'ils en contiendront davantage. Dans tous les cas, on absorbe l'acide carbonique par la potasse et l'eau, et on s'assure si le gaz qui n'est point absorbé n'est que de l'oxigène pur, ou combien il en contient : on conclut de là, d'une manière précise, le rapport du gaz acide carbonique, de l'oxigène, et de l'azote, s'il y en a, dont est composé le gaz recueilli.

3120. On a donc ainsi toutes les données nécessaires pour connaître la proportion des principes de la substance organique ; on sait combien on a brûlé de cette substance, puisqu'on en a le poids à 1 demi-milligramme près ; on sait combien il a fallu d'oxigène pour la transformer en eau et en acide carbonique, puisque la quantité en est donnée par la différence qui existe entre celle qui est contenue dans le chlorate de potasse, et celle qui est mêlée avec les gaz ; enfin, on sait combien il s'est formé d'acide carbonique, combien il y a eu d'azote devenu libre, et on calcule combien il a dû se former d'eau.

Analyse des matières organiques par le bi-oxide de cuivre.

3121. L'un des auteurs de la méthode d'analyse qui vient d'être décrite, M. Gay-Lussac, a substitué au chlorate de potasse le bi-oxide de cuivre, pour effectuer la combustion de la substance organique. Cette opération devient alors susceptible d'être exécutée dans un appareil d'une construction très facile. Le procédé que nous allons décrire est celui auquel on donne généralement la préférence aujourd'hui, et auquel on s'est arrêté après diverses modifications, dont les principales sont celles de M. Liebig pour le dosage du carbone, et celles de M. Dumas pour le dosage de l'azote. Le principe sur lequel il repose est le même que celui de la méthode précédente; mais la manière d'opérer est différente. La quantité d'hydrogène se déduit du poids de l'eau formée, que l'on recueille dans du chlorure de calcium; celle du carbone, du poids de l'acide carbonique obtenu, que l'on absorbe par une dissolution de potasse caustique; celle de l'azote, de la mesure de son volume : l'oxigène est évalué par la perte.

3122. *Analyse d'une matière organique non azotée.* — L'appareil dont on fait usage est représenté pl. 20, fig. 12. Le tube *a* est en verre vert; c'est dans son intérieur qu'a lieu la décomposition de la matière organique par l'oxide de cuivre. Il a de 10 à 12 millimètres de diamètre et de 40 à 50 centim. de longueur. L'une de ses extrémités est fermée, et tirée en pointe suivant l'axe du tube, ou bien encore relevée à environ 45 degrés. L'autre est ouverte, et doit avoir son arête intérieure abattue avec une lime, afin de ne point déchirer le bouchon que l'on y adapte, pour joindre au tube *a* le tube *b*. Celui-ci, dont le milieu présente deux boules remplies de fragmens de chlorure de calcium, communique lui-même avec un autre *n c p o* contenant une dissolution de potasse caustique à 40° de l'aréomètre de Baumé. Les trois boules inférieures ont pour objet de prolonger le contact de la dissolution alcaline avec les gaz qui la traversent, et d'assurer par là l'absorption totale de l'acide carbonique. Les deux boules latérales servent à empêcher le liquide d'être porté au dehors, en offrant un espace assez grand pour permettre aux bulles de gaz de se dégager sans pousser de liquide devant elles. La jonction du tube à potasse et du tube à chlorure de calcium est établie par l'intermédiaire d'un tuyau de caoutchouc. Le même moyen est mis en usage pour réunir le tube à potasse avec un dernier tube *r*, par lequel on aspire, à la fin de l'expérience, après avoir cassé la pointe du tube à combustion, afin d'entraîner les vapeurs aqueuses dans le chlorure de calcium et le gaz carbonique dans la potasse, au moyen du courant d'air ainsi établi.

3123. Avant d'introduire dans le tube à combustion *a* la substance à analyser et l'oxide de cuivre, il est nécessaire de chasser l'humidité déposée à sa surface intérieure : c'est ce que l'on fait en le chauffant, et y insufflant de l'air au moyen d'un soufflet dont on prolonge la douille avec un tube de verre joint par un tuyau de caoutchouc. Il est pareillement indispensable de n'employer que de l'oxide de cuivre bien sec. Pour cela, on doit le prendre à une température d'environ 100° ou même supérieure, à moins que la substance organique ne puisse s'altérer ou se volatiliser à ce degré de chaleur. Dans ce dernier cas, il faut dessécher l'oxide dans le vide, à côté d'un vase contenant de l'acide sulfurique, et éviter ensuite autant que possible de le laisser exposé au contact de l'air.

Les mêmes précautions doivent être prises à l'égard de la tournure de cuivre grillée, dont on fait ordinairement usage concurremment avec l'oxide de ce métal, pour diviser sa masse et la rendre moins compacte. Sans cette addition, les gaz ne trouveraient qu'un passage difficile, et pourraient projeter hors du tube une partie des matières qui s'opposeraient à leur dégagement. Cette tournure grillée a d'ailleurs l'avantage, tout en facilitant leur issue, de présenter une surface oxidée, qui agit comme l'oxide pulvérulent.

3124. La manière d'introduire dans le tube le composé à analyser varie suivant sa nature. Mais dans tous les cas, pour l'empêcher de tomber jusqu'à la partie effilée, où il serait difficile ou même impossible de le chauffer convenablement sans s'exposer à fondre le verre, il faut d'abord placer à cette extrémité une couche d'environ 4 centim. d'oxide de cuivre mélangé de tournure oxidée.

Cela fait, si la matière organique est solide et peu volatile, on la broie, après l'avoir desséchée et pesée, sans lui laisser le temps d'absorber de l'humidité, dans un mortier sec et chaud, avec de l'oxide de cuivre, en évitant de porter l'haleine sur le tout. Plus l'oxide est ténu, et mieux il convient en général. Cependant, avec un composé très hydrogéné, un oxide très divisé donnerait lieu à une combustion trop vive et difficile à modérer. Il convient alors d'employer celui que donne en brûlant le résidu de la distillation du verdet ou du vert de gris, ou bien celui que l'on obtient en oxidant du cuivre en tournures ou en limaille dans la moufle d'un fourneau de coupelle, détachant du métal la couche oxidée à coups de pilon dans un mortier, et séparant la poudre la plus fine à l'aide d'un tamis très serré. Dans les circonstances ordinaires, l'oxide provenant de la décomposition de l'azotate de cuivre par le feu mérite la préférence, en raison de sa ténuité. Si, au reste, on voulait le rendre plus cohérent et plus difficile à réduire, il suffirait de le soumettre à une chaleur rouge prolongée.

Ce n'est qu'après avoir opéré un mélange bien intime de l'oxide et de la substance à analyser, qu'il faut ajouter la tournure de cuivre grillée. Le tout est ensuite introduit dans le tube, et doit y occuper un espace de 5 à 6 centimètres. Enfin l'on achève de remplir ce tube jusqu'à environ 3 centimètres de l'ouverture, avec de l'oxide mélangé de tournure, que l'on passe d'abord dans le mortier, afin d'entraîner les parcelles de matière organique qui auraient pu y rester adhérentes.

Si cette matière était fortement hygrométrique, il serait très difficile, surtout à des personnes peu exercées, de se mettre entièrement à l'abri de l'influence de l'humidité, en opérant comme il vient d'être dit. Mais au moyen d'une petite pompe à air, il est toujours possible d'enlever la vapeur aqueuse condensée tant par l'oxide de cuivre que par la substance à analyser, pourvu qu'elle soit de nature à supporter, dans le vide, sans s'altérer et sans se volatiliser, la chaleur nécessaire pour lui faire abandonner l'eau qu'elle aura absorbée. La pompe (pl. 20, fig. 10) communique d'un côté avec un tube horizontal d rempli de chlorure de calcium, et en même temps, avec un tube vertical q, qui plonge dans le mercure et porte un curseur en fil de fer tourné en spirale. De l'autre côté, elle est jointe, au moyen d'un tuyau en caoutchouc, avec l'extrémité ouverte du tube à combustion : celui-ci est chauffé dans un bain d'eau saturée de sel, que renferme un long vase cylindrique d en fer blanc ; mais avant de l'introduire dans le bain, il faut ajuster à son extrémité effilée un bouchon percé, pour la préserver des chocs qui pourraient la briser.

Le robinet p étant fermé et tous les autres étant ouverts, on fait le vide dans l'appareil ; pour voir s'il le conserve, on marque avec le curseur le niveau où s'élève le mercure dans le tube q, et l'on ferme le robinet r. Au bout de quelques instans, on ouvre les robinets p et r, afin de laisser rentrer de l'air qui se dessèche en passant dans le tube d ; puis bientôt après, on recommence à faire le vide, et ainsi de suite 12 ou 15 fois. Par ce moyen, toute l'humidité du tube à combustion est emportée. L'on doit d'ailleurs se hâter de l'adapter au reste de l'appareil.

S'agit-il d'analyser une matière très volatile ; il est inutile de la mêler soigneusement avec l'oxide : à la première impression du feu, elle se distillerait et le mélange se trouverait détruit. Il suffit donc de la peser à l'état de fragmens, que l'on fait tomber dans le tube alternativement avec des portions d'oxide de cuivre divisé par de la tournure grillée.

Supposons maintenant que l'on opère sur un liquide peu volatil : on le pesera dans un petit tube bouché par une extrémité, ouvert par l'autre, capable d'entrer dans le tube à combustion ; on fera glisser ce petit tube dans le grand, après y avoir déjà placé quelques centimètres d'oxide, et l'on versera par dessus de l'oxide en poudre pour le remplir et l'entourer.

Enfin, si c'est un liquide très volatil, il faut le placer dans une petite ampoule qu'on laisse ouverte et que l'on fait tomber, la pointe en bas, sur la couche d'oxide introduite au fond du tube. L'oxide avec lequel on la recouvre doit nécessairement être froid, et avoir été privé d'humidité en séjournant dans le vide sec. Quant au mélange d'oxide et de tournure oxidée que l'on ajoute ensuite, il peut être plus ou moins chaud, suivant la nature de la liqueur.

Comme la température à laquelle on porte le tube dans le cours de l'expérience est assez élevée pour le ramollir et lui permettre de se déformer, il est très avantageux de l'envelopper d'une feuille de clinquant, ou mieux encore de ce qu'on nomme *cuivre gratté*, dans toute la partie qui ne renferme que la dernière couche d'oxide et de tournure.

3125. Le fourneau que l'on emploie de préférence pour cette opération n'est autre chose que le long fourneau en terre dont se servent les repasseuses pour chauffer leurs fers. Seulement il faut boucher avec de l'argile les trous qui donnent l'air ordinairement, et remplir de cendres la cavité du fourneau jusqu'au niveau des bords. Une grille en fil de fer, munie de 8 ou 10 arceaux sert à soutenir le tube à 4 centim. au-dessus de la surface qui reçoit les charbons. De cette manière, il n'y a point de faux courans d'air à craindre, et la chaleur devient très facile à régulariser. Le tube étant posé sur cette grille, on place vers son extrémité un écran en laiton pour arrêter le rayonnement de la chaleur qui pourrait contrarier la condensation de l'eau dans le chlorure de calcium, quelquefois même altérer le bouchon. Enfin, l'on réunit les diverses parties qui doivent composer l'appareil, les tubes à chlorure de calcium et à potasse ayant été pesés très exactement.

C'est du côté ouvert que doit être échauffé d'abord le tube à combustion. On l'entoure de charbons bien incandescens, ajoutés peu-à-peu à partir de cette extrémité jusqu'à 3 centim. environ du lieu où se trouve la matière organique, et quand la partie entourée de charbon est devenue d'un rouge vif, on porte autour de l'extrémité effilée 2 ou 3 charbons, pour empêcher qu'il ne vienne s'y condenser des vapeurs combustibles; car il serait fort difficile d'en régler ensuite la combustion. Le mélange de l'oxide de cuivre et de la matière à décomposer doit être chauffé avec ménagement, en prenant pour guide le dégagement de gaz carbonique. Dès que sa production devient trop abondante, on enlève quelques charbons : sans cette précaution, le gaz passant trop vite serait incomplètement absorbé, et, la combustion devenant imparfaite, on verrait apparaître des vapeurs empyreumatiques qui n'auraient pas eu le temps de se brûler.

3126. Lorsque des gouttes oléagineuses ou des vapeurs nuageuses se montrent dans les parties froides de l'appareil, la combustion n'a pas été complète : l'analyse doit être répétée. Souvent la combustion est assez bien faite pour que ces signes ne se manifestent pas, et néanmoins on trouve en aspirant le gaz, qu'il possède une saveur empyreumatique sensible. Cet effet peut être produit par des quantités de matière inappréciables à la balance, en sorte que l'erreur qu'il indique est souvent négligeable. D'autres fois, il se dépose du charbon, soit sur le tube, soit sur le cuivre qui a été ramené à l'état métallique. On évite cet accident avec les matières solides, en les mêlant bien intimement avec de l'oxide de cuivre fin et tendre. On peut encore, dans ce cas, placer du chlorate de potasse fondu à l'extrémité fermée du tube, qu'il devient alors inutile d'effiler. Mais avec une matière volatile, cette disposition serait dangereuse; elle exposerait à de graves détonations. Il faut alors donner plus de force à la pointe qu'à l'ordinaire, la tenir horizontale, la casser régulièrement, la laisser refroidir, tout en maintenant le tube incandescent, et y adapter, au moyen d'un tuyau de caoutchouc, une boule renfermant du chlorate de potasse fondu. Donnant alors naissance à un courant de gaz oxigène, tout le charbon déposé sera brulé. Ce gaz poussera en même temps devant lui les vapeurs aqueuses et l'acide carbonique, et rendra complète leur absorption par le chlorure de calcium et la potasse.

3127. C'est au moyen de l'air atmosphérique que l'on remplit presque toujours ce dernier objet. Pour cela, quand tout le tube a été porté à l'incandescence, on retire peu-à-peu les charbons placés vers son extrémité fermée; puis, dès que la pression, qui d'abord avait lieu de dedans en dehors, s'exerce d'une manière inverse par suite de l'absorption du gaz carbonique, et fait élever la dissolution de potasse dans la boule voisine du tube à combustion, on casse la pointe effilée, et l'on aspire doucement avec la bouche à l'extrémité opposée de l'appareil pendant quelques minutes. Il est vrai que l'air qui passe alors au milieu du chlorure de calcium, y dépose une certaine quantité d'eau; mais cette quantité, qu'on peut évaluer approximativement à 1 centigramme, ne peut pas ordinairement produire une erreur capable d'altérer les résultats obtenus. D'ailleurs, rien ne s'oppose à ce qu'un aide n'ajuste sur la pointe, aussitôt après l'avoir cassée, un tube e (fig. 11.) garni de chlorure de calcium. On voit dans la fig. 8 ce dernier tube adapté à un appareil monté pour le dosage de l'hydrogène seul.

Il arrive quelquefois qu'une portion de l'eau s'arrête près du bouchon. Alors, il faut, par l'approche de quelques charbons, la réduire en vapeur, et l'attirer, en aspirant, dans le tube à chlorure de calcium, où l'on se propose de la recueillir.

3128. Si l'on voulait évaluer avec une exactitude extrême l'hydrogène de la matière que l'on analyse, et si l'on craignait que le bouchon de liège n'offrît quelque inconvénient, on pourrait en éviter l'emploi, en effilant le tube à combustion après l'avoir convenablement rempli, et le disposant comme l'indique la fig. 7. L'opération s'exécute dans ce cas comme à l'ordinaire; mais lorsqu'elle est terminée, on coupe la pointe en c, et l'on pèse cette pointe avec le tube à chlorure. Après quoi, on la sèche, et on la pèse de nouveau afin d'en défalquer le poids.

3129. L'augmentation de poids du tube à chlorure de calcium et celle du tube à potasse donnent les quantités d'eau et d'acide carbonique, fournies par le composé sur lequel on a opéré. Pour en déduire de ces quantités celles de l'hydrogène et du carbone, il suffit de multiplier l'une par 0,1111 et l'autre par 0,2765.

3130. *Analyse d'une matière azotée.* — Elle nécessite deux sortes d'opérations : l'une, pour la détermination du carbone et de l'hydrogène; l'autre, pour celle de l'azote.

La première ne diffère de celle que nous venons de décrire pour l'analyse des matières non azotées qu'en un seul point. C'est qu'il faut placer à la suite de la colonne de cuivre oxidé une colonne de cuivre métallique d'environ 10 centimètres de longueur. Pour obtenir ce métal parfaitement exempt de matière organique, très divisé, et en même temps susceptible d'être facilement traversé par les gaz, ce qu'il y a de mieux à faire est de griller de la tournure de cuivre, et de réduire dans un courant d'hydrogène la couche d'oxide formée à sa surface.

3131. Le dosage de l'azote s'obtient en effectuant encore la combustion de la substance organique par l'oxide de cuivre dans un tube de même nature et de même grosseur $a\,f$ (pl. 20, fig. 6). Mais il est arrondi à son extrémité fermée a, et reçoit d'abord 10 à 20 grammes de carbonate de plomb sec et bien pur. L'on achève de le remplir comme pour l'expérience précédente, on l'entoure de laiton ou de cuivre gratté comme à l'ordinaire, et on le place sur le fourneau. Son ouverture est ensuite réunie, au moyen d'un tuyau en caoutchouc, avec une petite pompe à air h; un écran en clinquant est interposé au point f entre le fourneau et le tuyau de caoutchouc, et à l'aide de la pompe, le vide est fait dans l'appareil. On ferme alors le robinet r, on fixe le curseur à la hauteur à laquelle le mercure s'est élevé, et on abandonne pendant un quart d'heure l'appareil à lui-même: si les jointures ne laissent aucune issue à l'air, le mercure se maintient au même niveau ; on procède alors à l'expérience, en expulsant d'abord par un courant de gaz carbonique la petite quantité d'air atmosphérique qui n'a pu être enlevé par la pompe. On y parvient en chauffant avec la lampe à alcool une partie du carbonate de plomb contenu dans le tube. La quantité de gaz carbonique produit doit être au moins de 50 centimètres, et peut être portée, pour plus de certitude de succès, jusqu'à 200 ou 300 cent. cubes ou même au-delà. Un abondant dégagement de ce gaz suppléerait au besoin à l'effet de la pompe et dispenserait de son emploi. Dans tous les cas, il est utile, afin de se guider sur le temps pendant lequel il convient de prolonger son dégagement, de le recueillir pour juger approximativement de son volume ou pour vérifier sa pureté.

L'appareil étant purgé d'air, l'on procède comme il a été dit, à la décomposition de la matière organique, en conduisant les gaz qui en résultent dans une cloche graduée, placée sur la petite cuve à mercure et contenant de 30 à 40 centimètres cubes de dissolution concentrée de potasse caustique. Lorsque la combustion paraît terminée, on ajoute peu-à-peu quelques charbons du côté de l'extrémité fermée du tube. Par ce moyen, les vapeurs qui avaient pu se condenser dans cette partie se volatilisent et vont se brûler à leur tour. Enfin, on chauffe le carbonate de plomb, de manière à dégager pendant 10 à 15 minutes du gaz carbonique pur, qui achève d'entraîner l'azote dans la cloche graduée. L'acide carbonique est en grande partie dissous immédiatement par la liqueur alcaline, et l'absorption de ce qui en reste est facilitée par une agitation prolongée. Quand il ne se manifeste plus aucune diminution dans le volume du gaz renfermé dans la cloche, il faut la transporter dans une autre plus grande, renversée et remplie d'eau, puis mesurer soigneusement l'azote ; on tiendra compte d'ailleurs des indications du thermomètre et du baromètre. Au moyen de ces données, et en ayant égard à la vapeur aqueuse contenue dans le gaz, il sera facile d'en calculer le poids.

3132. Si, dans cette expérience, la décomposition que l'on se proposait d'effectuer ne l'était point complètement, on le reconnaîtrait presque toujours à l'un des signes suivans. L'ammoniaque, s'il s'en produisait, communiquerait à l'eau condensée à l'entrée du tube à combustion la propriété de ramener au bleu le papier de tournesol rougi, et de colorer en rouge-brun le papier de curcuma. En laissant entrer un peu d'air dans le gaz mesuré, le bi-oxide d'azote, s'il y en avait, se manifesterait par les vapeurs rutilantes d'acide hypo-azotique auxquelles il donnerait lieu. Enfin, pour s'assurer de la présence de l'oxide de carbone ou de celle du gaz carbure d'hydrogène, il suffirait d'ajouter à l'azote obtenu de l'oxigène et de l'hydrogène, de faire détoner le tout, et d'observer s'il s'est formé de l'acide carbonique.

Analyse des matières organiques qui renferment des élémens autres que le carbone, l'hydrogène, l'oxigène et l'azote.

3133. *Matières organiques sulfurées et phosphorées.* — Quelques matières organiques renferment du soufre et du phosphore dans leur composition, comme par exemple les matières grasses du cerveau, l'essence de moutarde, etc. La présence de ces élémens ne nécessite aucune modification dans l'opération qui a pour objet la détermination de l'azote. Le phosphore seul n'en exigerait même aucune dans l'opération qui sert au dosage du carbone et de l'hydrogène; mais le soufre, selon quelques chimistes, donnerait lieu à du gaz sulfureux, qui s'ajouterait à l'acide carbonique. Ils regardent donc comme nécessaire de faire suivre le tube à chlorure de calcium, par un autre contenant un mélange de bi-oxide de plomb et de borax concassé. Cette précaution ne paraît pas indispensable, la formation du gaz sulfureux étant presque toujours insensible; cependant on fait bien de la prendre.

La détermination du soufre et du phosphore n'offre d'ailleurs aucune difficulté; ils sont amenés à l'état d'acides sulfurique et phosphorique, soit par l'ébullition avec l'acide azotique ou l'eau régale, soit par la détonation avec le nitre. Cette dernière opération s'exécute en mêlant intimement une partie de matière organique, avec 5 ou 6 parties de nitre, autant de carbonate de soude, et 15 ou 20 parties de sel marin fondu, et projetant le tout par portions dans une capsule ou un creuset chauffé au rouge. Le produit qui en résulte est dissous dans l'eau et sursaturé par l'acide chlorhydrique.

L'acide sulfurique est ensuite précipité par le chlorure de barium auquel il faut ajouter de l'acide chlorhydrique, si la liqueur renferme en outre de l'acide phosphorique, et n'est pas déjà très acide. Le sulfate de baryte qui se dépose, recueilli sur un filtre, lavé, calciné et pesé, sert à faire connaître le poids du soufre, qui y entre pour les 0,1380.

3134. Si le phosphore n'était point accompagné de soufre, et si l'acide azotique brûlait complètement la matière organique phosphorée, il suffirait d'évaporer sur un poids connu de protoxide de plomb pur la liqueur résultant de l'action de cet acide, de calciner le résidu au rouge naissant, et de le peser ensuite, pour déduire de la différence des deux pesées le poids de l'acide phosphorique, et conclure, par suite, celui du phosphore. Mais ce procédé n'est plus praticable lorsque la dissolution renferme outre l'acide phosphorique d'autres matières que la chaleur ne peut point séparer de l'oxide de plomb; lorsque, par exemple, l'on a fait usage de chlorure de barium pour précipiter l'acide sulfurique. Il faut alors dissoudre dans l'acide azotique un poids de fer déterminé, égal à-peu-près ou bien supérieur à celui de la moitié de l'acide phosphorique présumé, verser la dissolution de l'azotate dans la liqueur qui contient l'acide phosphorique, préalablement débarrassée de chlorure de barium au moyen d'acide sulfurique étendu, puis y ajouter un excès d'ammoniaque. Le peroxide de fer se précipite, entraînant avec lui tout l'acide phosphorique à l'état de sous-sel. Le poids du précipité diminué de celui du peroxide de fer, calculé d'après la quantité de fer dont il provient, donne le poids de l'acide phosphorique. Observons d'ailleurs que si le fer employé ne provenait pas de la réduction de l'oxide par l'hydrogène, il ne faudrait pas oublier de tenir compte de la quantité de carbone qui s'y trouverait contenue. En général, on peut sans erreur bien sensible porter la proportion de ce corps simple, dans le fer forgé ordinaire, à $\frac{1}{2}$ pour 100, et compter sur $143^{\text{part}}.5$ de peroxide, au lieu de 144,2, pour 100 parties de métal employé.

3135. *Matières organiques contenant du chlore, du brôme, de l'iode.* En décomposant par l'oxide de cuivre un composé organique renfermant du chlore, du brôme ou de l'iode, on donne naissance à un chlorure, un bromure ou un iodure de ce métal, qui reste dans le tube à combustion. La présence de ces élémens extraordinaires ne rendra donc nécessaire aucune modification dans les procédés indiqués pour la détermination des élémens ordinaires des substances végétales et animales.

Quant au chlore, au brôme, à l'iode, ils pourraient être évalués en les extrayant des matières renfermées dans le tube à combustion, après l'expérience destinée au dosage de l'hydrogène et du carbone. Mais il est préférable d'obtenir cette détermination par une expérience à part, dans laquelle on fait usage de chaux vive ou de carbonate de soude pour décomposer la substance organique.

La chaux ordinaire ne peut être employée à cet effet qu'après avoir été purifiée; ce que l'on fait en l'éteignant, la lavant sur une toile jusqu'à ce que les eaux de lavages ne troublent plus l'azotate acide d'argent, la faisant sécher, et la calcinant dans un creuset. Il est bon de ne pas trop diviser les petites mottes formées pendant la dessiccation. À l'état de poudre, la chaux offrirait dans cette circonstance les inconvéniens que nous avons signalés dans l'emploi de l'oxide de cuivre pulvérulent, employé seul (3124).

Au fond d'un tube en verre vert, semblable à ceux dont on se sert pour le dosage de l'azote, on place d'abord une petite couche de chaux. Par dessus, est introduit le composé à analyser, mélangé avec de la chaux ou bien renfermé dans un petit tube ou une ampoule, suivant sa nature (3124)(1). Le reste du grand tube est rempli avec de la chaux. L'opération exige les mêmes soins que la décomposition par l'oxide de cuivre (3125), et se conduit de la même manière. Il se forme du chlorure ou du bromure de calcium, des gaz carburés et un dépôt de charbon. Si le composé renfermait de l'iode, il faudrait agir avec un mélange de chaux et de carbonate de soude fondu.

Le tout étant refroidi, le tube est cassé; la chaux est placée dans une capsule avec tous les morceaux de verre auxquels elle adhère, recouverte d'un entonnoir renversé, mise en contact avec de l'eau ajoutée peu-à-peu par le bec de celui-ci, de manière à former une bouillie claire, et dissoute, à une douce chaleur, dans un excès d'acide azotique pur. La liqueur débarrassée par la filtration du charbon et des matières insolubles dans l'acide azotique que la chaux pouvait renfermer, puis mêlée avec de l'azotate d'argent, donne naissance à un précipité formé par la combinaison de l'argent avec le corps simple recherché, et qui sert à en évaluer la quantité.

Combinaisons des substances organiques avec les substances inorganiques, et des substances organiques entre elles.

3136. C'est surtout pour se guider dans la recherche des formules atomiques à assigner aux substances organiques, après avoir déterminé le rapport des poids de leurs élémens, qu'il est important de les combiner, lorsqu'elles en sont susceptibles, avec des bases ou des acides, et d'analyser les composés qui en résultent. L'analyse des combinaisons qu'elles forment avec l'eau peut encore servir au même objet, et c'est par là que nous commencerons.

3137. *Combinaison de l'eau avec les substances organiques.* — Souvent cette eau se sépare ou par la simple exposition dans le vide, ou par l'action de la chaleur, ou par le concours de ces deux influences. Alors sa détermination se fait avec la

---

(1) Dans quelques cas, rares à la vérité, il est nécessaire d'y ajouter une matière inerte, afin de rendre l'action moins vive. Le chloral, par exemple, doit être étendu d'alcool pour être soumis à ce genre d'essai : sans cette précaution, il donnerait lieu à une explosion.

plus grande simplicité par la perte de poids que produit la dessiccation. *Voy.* art. *Étuve* (*Description des appareils*), et la manière de faire usage de la pompe à air (p. 388). Mais il y a un assez grand nombre d'acides hydratés qui résistent à ces épreuves. Il n'en est presque aucun au contraire qui n'abandonne, en s'unissant à l'oxide de plomb, toute l'eau avec laquelle il était combiné. En joignant l'action de l'oxide de plomb aux procédés ordinaires de dessiccation, l'expérience aura donc presque toujours un succès assuré. L'oxide doit être en excès, et en poudre très fine. On peut prendre 4 ou 5 grammes d'acide et une vingtaine de gram. d'oxide de plomb, et opérer dans un petit ballon. Il faut, pour favoriser la combinaison, ajouter assez d'eau pour former une bouillie très claire, exposer le tout à la chaleur d'un bain-marie, et l'agiter de temps en temps avec un fil de platine taré avec le vase. L'acide étant neutralisé, on chauffe le ballon soit dans une étuve, soit sur un bain de sable en le tenant incliné pour éviter les projections, jusqu'à ce que toute l'eau soit vaporisée.

3138. *Combinaison des matières organiques avec les bases minérales.* — Le premier procédé que nous avons indiqué pour l'analyse des sels minéraux (3089) est rarement appliqué aux sels à acides organiques. Toutefois, il est employé avec avantage pour quelques combinaisons ammoniacales. La composition de celles-ci peut être en effet facilement déterminée en introduisant dans une éprouvette remplie d'ammoniaque sèche, un poids connu de la matière organique à combiner avec cet alcali, l'y laissant séjourner tant qu'il y a absorption, et évaluant la quantité de gaz absorbé, soit par la diminution de volume qui en résulte, soit par l'augmentation de poids de la matière.

3139. Le procédé mis ordinairement en usage dans l'analyse des sels à acides organiques, est le même que le deuxième du chapitre V, section II. Il consiste à déterminer, en opérant sur une quantité connue du composé à analyser, les quantités de chacun de ses élémens, qui peuvent être une base, un acide et l'eau.

1° Le poids de la base s'évalue rarement en la séparant par une autre plus puissante, ou en la précipitant par la voie des doubles décompositions (3090). C'est ordinairement à la calcination avec le contact de l'air que l'on a recours. Par ce moyen, l'acide se brûle et disparaît; la base au contraire reste libre ou combinée avec l'acide carbonique, ou bien se suroxide, ou bien encore se réduit à l'état métallique.

Les oxides alcalins pourront seuls retenir de l'acide carbonique, et ils resteront toujours combinés avec lui s'ils sont autres que la chaux et la strontiane. Dans tous les cas, l'addition d'un petit excès d'acide sulfurique, suivie d'une nouvelle calcination, les transformera en sulfates, dont le poids servira à faire connaître celui de l'alcali.

Les oxides terreux seront mis en liberté et pourront être pesés immédiatement. Il en sera souvent de même des oxides de la troisième, de la quatrième et de la cinquième section, surtout en joignant à l'action de la chaleur et de l'air celle d'un acide oxigénant, l'acide azotique, par exemple.

Les combinaisons des matières organiques avec l'oxide de plomb sont celles dont l'analyse se présente le plus souvent. La détermination du poids de la base pourrait s'exécuter en détruisant le sel par la chaleur, et ramenant à l'état d'oxide le métal réduit, par l'emploi de l'acide azotique et la calcination; mais il est plus simple de peser séparément l'oxide et le métal. Voici comment l'opération se conduit. Le composé est chauffé doucement dans un verre de montre, à la lampe à alcool. Parvenu à une température suffisamment élevée, il prend feu, et alors, en retirant la lampe, il continue presque toujours à brûler comme de l'amadou, avec lenteur et sans projection. Si sa combustion s'arrêtait, il faudrait la ranimer en chauffant de nouveau. Lorsqu'elle est terminée, il reste un mélange de plomb et d'oxide de plomb que l'on pèse collectivement. Le mettant ensuite en contact avec de l'acide acétique pour dissoudre l'oxide, lavant le métal par décantation, le séchant et le pesant, il sera facile de connaître le poids de l'oxide dont il provient. D'ailleurs, la différence des deux pesées donnera la quantité d'oxide qui n'aura point été réduit.

On peut encore transformer le sel organique à base de plomb en sulfate. Pour cela, il faut le placer dans une petite capsule de platine avec un excès d'acide sulfurique, et l'arroser d'alcool auquel on met le feu. La chaleur qui en résulte occasionne la décomposition du sel, et partiellement, au moins, la combustion de la matière organique. Pour achever de la brûler et pour chasser l'excès d'acide, on projette d'abord sur la capsule avec le chalumeau, la flamme d'une lampe à alcool, afin que la vapeur se formant à la surface, ne produise point de projection en se dégageant; puis on termine la dessiccation de la masse en la chauffant par dessous. Si le résidu n'est pas parfaitement blanc, l'opération doit être réitérée.

Enfin, lorsqu'en calcinant un sel à acide organique, l'oxide se trouve ramené à l'état métallique, il suffit de peser le métal et de calculer la quantité d'oxide qu'il représente. C'est ce que

l'on fait, par exemple, pour les sels d'argent. La calcination
s'effectue dans un petit creuset de porcelaine.

2° Le dosage de l'eau d'un sel hydraté qui peut être vaporisée par l'un des procédés ordinaires de dessiccation, se déduit de la perte de poids qui en résulte; mais lorsqu'elle résiste
à ces épreuves sans se dégager, il faut, pour en évaluer la
quantité, déterminer le rapport du carbone à l'oxigène et à
l'hydrogène existant dans le sel, et le comparer au rapport dans lequel l'acide anhydre renferme les mèmes élémens.
Les quantités d'oxigène et d'hydrogène en excès dans le premier de ces deux cas, constitueront évidemment l'eau contenue dans le sel analysé.

3° L'analyse d'une matière organique combinée à un oxide
métallique s'exécute exactement comme si elle était isolée; et
quand l'oxide appartient à l'une des cinq dernières sections,
il est inutile d'en tenir compte, si ce n'est pour soustraire
son poids du poids total afin de connaître celui de la matière
organique que l'on analyse. Il ne faut pas oublier que l'eau,
quand il y en a, se trouve toujours comprise avec la substance organique, ainsi que nous l'avons dit tout-à-l'heure.

Mais lorsque l'oxide est alcalin, il retient de l'acide carbonique dont il faut calculer la quantité pour l'ajouter à celle de
l'acide que l'on recueille dans la potasse. Cette correction est
toujours délicate. Avec la chaux, on ne peut rien avoir de ré-
gulier ni d'exact. Avec le baryte, la potasse ou la soude, on
peut généralement admettre, à cause de l'influence de l'oxide
de cuivre sur l'alcali, que le résidu consiste en carbonate bi-
basique.

3140. *Combinaisons des matières organiques avec les acides*
minéraux et organiques. — Si le sel est neutre aux papiers
réactifs, et la base du sel, alcaline, la composition du produit se déterminera aisément par synthèse, en ajoutant peu-
à-peu, à un poids connu de la base dissoute ou délayée dans
l'eau, l'acide en un état de dilution également connu, jusqu'à
ce quelle soit neutralisé, et tenant compte de la quantité ajoutée.

Lorsque l'acide est volatil, on peut évaluer le rapport
dans lequel il s'unit avec la base, en suivant, après avoir
desséché celle-ci, la marche indiquée pour reconnaître la composition des combinaisons ammoniacales (3138). Mais pour
éviter qu'il n'y ait de l'acide retenu dans les pores du composé, il vaut beaucoup mieux, s'il peut résister à l'action de
la chaleur, placer la base dans une boule soufflée au milieu
d'un tube de verre, que l'on pèse, que l'on fait communiquer
de chaque côté avec un tube contenant du chlorure de calcium, et dans lequel on dirige un courant de gaz acide,

en lui faisant traverser le chlorure pour le dessécher. Ce dégagement doit durer environ une heure, pendant laquelle il faut chauffer la boule à 100°, et la secouer de temps en temps, afin de changer les surfaces de contact de l'acide et de la base. Après quoi, soufflant de l'air à la place du gaz acide, on en expulse l'excès, et l'on détermine l'augmentation de poids qu'a éprouvée la base.

Dans le cas où l'acide uni à la base organique produit un composé fixe avec l'oxide de plomb, on pourrait en apprécier la quantité en détruisant le sel par la calcination avec cet oxide dans une petite capsule de porcelaine, et ramenant à l'état d'oxide par l'acide azotique le plomb réduit dans le cours de l'expérience. Mais le plus souvent, c'est à la voie des doubles décompositions que l'on a recours pour le dosage de l'acide dans ces sortes de sels, surtout dans les sulfates et les chlorhydrates. Le chlorure de barium et l'azotate d'argent sont les réactifs dont on fait usage pour ces derniers.

L'analyse d'une base organique combinée avec l'acide chorhydrique, l'acide phosphorique, etc., s'exécute par les procédés mis en usage quand elle est libre. Si elle est à l'état de sulfate, il faut de plus employer le bi-oxide de plomb et le borax, comme il a été dit (3133).

3142. Enfin lorsqu'elle est combinée avec un acide qui lui-même est de nature organique, ou formé des élémens qui constituent les matières organiques, comme par exemple l'acide azotique, il faut soumettre le composé à l'analyse par la méthode ordinaire, chercher la formule qui lui convient en n'envisageant que sa composition élémentaire, puis la décomposer en les formules de l'acide, de la base et de l'eau, si ce corps en fait aussi partie constituante, ce qui pourra arriver. Lorsqu'un seul des composans du sel est azoté, la chose devient très facile. Il suffit de calculer les quantités de carbone qui se trouvent avec une même quantité d'azote dans le sel, d'une part, et dans le composant azoté du sel, de l'autre, puis de retrancher ces deux quantités l'une de l'autre. La différence constitue la quantité de carbone appartenant au composé non azoté.

CHAPITRE VIII.

Des procédés par lesquels on peut reconnaître à quelle classe de corps, et par conséquent à quel chapitre appartient la substance qu'il s'agit d'examiner.

3143. On doit se rappeler que cette partie du traité comprend huit chapitres, indépendamment de celui qui est consacré aux poisons; que nous nous sommes occupés, dans le premier, des manipulations communes à un grand nombre d'analyses; dans le second, de l'analyse des gaz ; dans le troisième, de celle des corps combustibles ; dans le quatrième, de celle des oxides et des acides; dans le cinquième, de celle des sels ; dans le sixième, de celle des eaux minérales ; dans le septième, de celle des substances organiques; et que dans le huitième, qui est celui-ci, nous devons traiter de l'art de reconnaître à quel chapitre ou à quelle classe le corps à analyser appartient. Nous supposerons d'abord que ce corps ne fasse partie que d'une seule classe.

1° Il sera toujours facile de savoir s'il appartient à la seconde, puisque celle-ci ne se compose que des substances gazeuses.

2° Rien de plus facile aussi que de reconnaître s'il fait partie de la sixième, qui ne comprend que les eaux minérales : alors il sera liquide, et proviendra de sources salines, ou ferrugineuses, ou sulfureuses, ou acidules.

3° On reconnaîtra avec la même facilité s'il est compris dans la septième classe, où se trouvent réunies toutes les substances organiques : ce sera de le projeter en petite quantité sur des charbons incandescens, ou bien de le soumettre à l'action du feu dans une cornue ou dans un tube de porcelaine. Alors, il se charbonnera, laissera dégager beaucoup de gaz, et donnera lieu aux divers produits qui proviennent de la décomposition des matières végétales ou animales par le feu.

4° Pour savoir si le corps fait partie de la cinquième classe, qui renferme les sels, il faudra le soumettre à diverses épreuves. L'on commencera par examiner ses propriétés physiques, sa couleur, sa forme, sa saveur, son action sur les couleurs. Souvent, surtout lorsqu'il sera sapide, il suffira de ces propriétés pour résoudre la question. Lorsqu'elles ne suffiront pas, il faudra avoir recours aux propriétés chimiques.

S'il est soluble dans l'eau, on l'y dissoudra, et l'on y versera, à la manière ordinaire, une dissolution de potasse, ou de soude, ou de carbonate de potasse, ou de carbonate de soude; s'il est insoluble, on le traitera, à la chaleur de l'ébullition, par une dissolution de l'un de ces deux carbonates ; et ordinairement, si ce corps est un sel, à moins qu'il ne soit à base de potasse, de soude ou d'ammoniaque, il en résultera un dépôt de carbonate ou d'oxide facile à reconnaître. Dans le cas où ces moyens ne réussiraient pas, il faudrait avoir recours à la calcination avec les alcalis caustiques ou carbonatés, ou au traitement par les sulfures, comme il a été dit (3088).

L'on recherchera d'ailleurs et l'on reconnaîtra la présence d'un acide dans la matière saline présumée, en la traitant comme nous avons dit au sujet de la détermination des divers genres de sels (3081).

Ajoutons à ce qui précède, ou plutôt rappelons que tous les sels ammoniacaux sont reconnaissables à l'odeur vive d'ammoniaque qui se dégage subitement de leur mélange avec la chaux éteinte; qu'aucun sel à base de potasse ne laisse alors exhaler d'odeur, et que tous, en dissolution concentrée, précipitent en jaune les dissolutions de platine également concentrées. Enfin, observons que les différens sels de potasse et de soude sont au nombre de ceux qu'on reconnaît le plus aisément comme sels, même par leurs seules propriétés physiques.

Ainsi donc l'on voit que, lorsque le corps à examiner sera compris dans la cinquième classe, il sera toujours possible de le savoir au moyen d'un petit nombre d'essais.

5° La quatrième classe comprenant les acides et les oxides minéraux solides ou liquides, il ne sera pas difficile de reconnaître si un corps en fait partie, lorsqu'on se sera assuré qu'il n'appartient à aucune des classes précédentes.

En effet, les acides se distingueront par la propriété de rougir la teinture de tournesol ou de neutraliser les bases salifiables.

Les oxides à radicaux métalliques se reconnaîtront par leurs propriétés physiques, et surtout par la propriété qu'ils ont de former des sels avec les acides, propriété qui n'existe pour quelques-uns qu'après avoir été chauffés au rouge avec la potasse caustique : quelques-uns même, mais très peu nombreux, ne l'acquièrent point par ce moyen; alors ils peuvent être transformés en acides par la calcination avec le nitre. D'ailleurs, la plupart sont réduits, soit par la chaleur seule, soit par l'action de l'hydrogène ou du charbon.

Quant aux oxides non métalliques, comme il ne s'en trouve que cinq dans la quatrième classe, l'oxide de phosphore, l'eau, le bi-oxide d'hydrogène, la zircone et la thorine, on ne pourra les confondre avec aucun autre, en ayant égard aux caractères qui ont été exposés (1er volume).

6° Enfin, comment reconnaître si un corps qui n'est ni gazeux, ni salin, etc., fait partie de la troisième classe, qui comprend : 1° les corps combustibles non métalliques solides. 2° les métaux; 3° les composés combustibles métalliques ou les alliages; 4° les composés combustibles non métalliques solides et liquides; 5° les composés combustibles mixtes?

D'abord par cela même qu'il n'appartiendra point aux autres classes, il sera naturel de penser qu'il appartiendra à celle-ci. Les corps combustibles simples non métalliques solides seront faciles à reconnaître aux caractères qui leur ont été assignés

(2970); il en sera de même des composés combustibles soli-des ou liquides, non métalliques et non acides (*Voyez* le pre-mier volume). On distinguera les métaux, les alliages et la plupart des composés combustibles mixtes par leur brillant, par leur pesanteur spécifique, qui, excepté celles du potas-sium et du sodium, est toujours très grande; par leur action sur l'air, sur l'acide azotique ou sur l'eau régale, et par les produits qui en résulteront; enfin, par la ductilité que possè-dent plusieurs de ces corps. Quant à ceux des composés com-bustibles mixtes qui n'auront pas l'éclat métallique, et qui consistent en fluorures, chlorures, bromures, iodures et en quelques sulfures, phosphures, séléniures, hydrures et azo-tures, on les reconnaîtra aussi, du moins comme corps appar-tenant à la troisième classe, en considérant leurs propriétés physiques et leur action sur l'air, l'acide azotique et l'eau régale : il sera bon d'y joindre l'action de l'eau et celle de l'azo-tate de potasse, et d'examiner, dans tous les cas, les produits qui se formeront. Ne perdons pas de vue toutefois que les fluorures, chlorures, etc., peuvent être considérés comme sels.

3144. Nous avons supposé, dans ce que nous venons de dire, que le corps qu'il s'agissait d'examiner ne faisait partie que d'une seule classe; mais s'il faisait partie de plusieurs, comment serait-il possible de s'en assurer? Le problème de-viendrait bien plus compliqué; ce ne serait souvent qu'en faisant un grand nombre d'essais qu'on y parviendrait, et qu'en se guidant par les phénomènes que l'on observerait. Il serait difficile de donner des règles générales à cet égard.

CHAPITRE IX.

Considérations sur l'analyse des poisons.

3145. Les substances capables d'occasioner des empoison-nemens à des doses plus ou moins fortes sont très nombreuses. Elles peuvent être de nature minérale ou organique.

ARTICLE I.

Poisons minéraux.

3146. Les poisons minéraux se reconnaîtront en général sans difficulté d'après les caractères exposés dans les chapitres précédens, à moins qu'étant assez actifs pour manifester, même à très faibles doses, leur influence vénéneuse, ils ne s'y rencontrent qu'en très petite quantité, disséminés dans beaucoup de matières végétales et animales. Tels sont principalement divers composés métalliques.

Parmi ces composés, les uns sont fixes. ou du moins doivent leur propriété vénéneuse à un principe fixe; alors il faut détruire par l'incinération les matières organiques qui les accompagnent. Les autres sont volatils; dans ce cas, il convient de décomposer ces matières par l'acide azotique.

Cette opération s'exécute en faisant bouillir l'acide dans une cornue tubulée avec le mélange où l'on suppose le poison, renouvelant l'acide lorsque la majeure partie en a été détruite et vaporisée, et réitérant cette addition tant qu'il se produit des vapeurs rouges d'acide hypo-azotique. La liqueur est ensuite évaporée pour concentrer la substance vénéneuse.

Nous ne nous occuperons ici que des poisons cuivreux, plombeux, mercuriels, arsénicaux, antimoniaux.

3147. *Poisons cuivreux.* — Il faut, après s'être débarrassé des substances végétales et animales par la calcination au contact de l'air, traiter à chaud le résidu par un excès d'acide azotique, évaporer la liqueur presque à siccité pour chasser la plus grande partie de l'excès d'acide, puis l'étendre d'eau, la filtrer et la concentrer convenablement. Elle sera bleue, si la quantité de cuivre est un peu notable. Dans tous les cas, la présence de ce métal y sera démontrée par la manière dont elle se comportera avec l'ammoniaque, le cyanure jaune de potassium et de fer, la potasse caustique, l'acide sulfhydrique, le fer métallique (1153). Pour que ce dernier caractère, qui est l'un des plus importans, se manifeste facilement, il convient de transformer l'azotate en sulfate : à cet effet, l'on versera sur l'azotate un peu d'acide sulfurique; l'on chauffera la dissolution jusqu'à ce qu'elle commence à se dessécher, et l'on fera dissoudre la matière saline dans l'eau. Un très petit barreau de fer bien décapé suffit pour faire l'épreuve; car le cuivre précipité est d'autant plus apparent qu'il se trouve étendu sur une moindre surface.

Est-il d'ailleurs besoin d'ajouter qu'il est absolument indispensable d'effectuer ces divers traitemens à l'abri de toutes les causes qui pourraient y porter le métal soupçonné?

3148. *Poisons plombeux.* — Le résidu de l'incinération traité par l'acide azotique, comme pour la recherche d'un sel de cuivre, donnera de l'azotate de plomb, pourvu que le composé vénéneux n'ait point été transformé en sulfate, ce qui pourrait être le résultat d'une double décomposition produite par le contact de sulfates solubles. Si cet effet avait eu lieu, il faudrait, avant d'employer l'acide azotique, faire bouillir une solution concentrée de carbonate de potasse ou de soude avec le produit incinéré, puis le laver jusqu'à ce que l'eau de lavage ne précipitât plus par les sels de baryte ou de plomb. Par ce moyen, le métal recherché, amené à l'état de carbonate, se dissoudrait sans difficulté dans l'acide azotique pur.

La liqueur qui renfermera l'azotate devra avoir une saveur douceâtre, précipiter en blanc par les sulfates et en noir par l'acide sulfhydrique ou les sulfures, et donner lieu avec les alcalis caustiques ou carbonatés à un dépot blanc, soluble dans un excès de potasse ou de soude, qui présentera au chalumeau les caractères indiqués (3034).

3149. *Poisons mercuriels.* — Après le traitement par l'acide azotique effectué comme il a été dit (1346), la liqueur sera étendue d'eau et filtrée; elle renfermera le mercure à l'état d'azotate de bi-oxide. Pour l'y découvrir, ce qu'il y a de mieux à faire, c'est de saturer presque complètement la liqueur par l'ammoniaque, et d'y plonger un tout petit barreau ou une toute petite lame de cuivre poli. Il se déposera sur la surface du cuivre, une couche de mercure qui la blanchira, et dont on pourra séparer par le frottement de petits globules liquides, à moins que la quantité de ce métal ne soit extrêmement faible. Dans tous les cas, le cuivre reprendra sa couleur naturelle par l'action de la chaleur qui volatilise le mercure. Ce dernier caractère ne doit pas être regardé comme suffisant. On ne peut prononcer avec certitude qu'après avoir reconnu le mercure coulant.

3150. *Poisons arsénicaux.* — Pour reconnaître un poison arsénical mélangé à des matières organiques, il faut commencer par faire agir sur le tout l'acide azotique (3146); concentrer ensuite le liquide acide de manière à le réduire à un petit volume, le décanter dans une capsule, le neutraliser par du carbonate de potasse, l'évaporer à siccité, dessécher le résidu, et le projeter par portion dans un creuset d'argent incandescent. Par ce moyen, les composés organiques indestructibles par l'acide azotique, et dont il se forme toujours une petite quantité dans cette sorte de traitement, tels que l'acide picrique, etc., sont eux-mêmes détruits par l'azotate de potasse, résultant de l'action du carbonate de cette base sur l'acide azotique : la quantité d'azotate ainsi produit est ordinairement suffisante; si elle ne l'était pas, il faudrait en ajouter assez pour qu'il y en eût un excès. Après quoi, l'on fait bouillir de l'eau avec la masse restante, on filtre la liqueur, on la neutralise par l'acide azotique ou acéti-

que, on la concentre, et l'on y verse peu-à-peu de l'acétate
de plomb neutre tant qu'il occasionne un précipité. Le dépôt,
qui renferme l'arsenic à l'état d'arséniate de plomb, est séparé
du liquide surnageant par décantation, puis recueilli sur un
très petit filtre, lavé avec le moins d'eau possible, et desséché. On le place ensuite dans une petite cornue tubulée, au col de laquelle est adapté un tube de verre qui
se termine par une partie effilée, précédée d'une boule
soufflée à la lampe. Cette boule est entourée de glace ou d'un
linge mouillé d'eau très froide, et la cornue est mise en communication par sa tubulure, avec un appareil d'où se dégage
un courant très lent d'hydrogène sec. La cornue étant remplie
de ce gaz, on la chauffe peu-à-peu à la lampe à esprit-de-vin
jusqu'au rouge. L'arsenic se réduit, se volatilise dans le courant
de gaz, et va se condenser dans la boule refroidie en un anneau brillant.

Exposé à une douce chaleur, le métal répandra l'odeur alliacée qui le caractérise; chauffé au milieu du gaz oxigène,
dans une petite cloche courbe, à la lampe à esprit-de-vin, sur
le mercure, il prendra bientôt feu, et se transformera en
acide arsénieux, blanc, et peu soluble dans l'eau. Cet acide,
décomposé par l'acide sulfhydrique, produira un sulfure
jaune, et, après avoir été uni à la potasse, il donnera avec le
sulfate de cuivre un précipité vert. A ces signes, on peut sans
crainte affirmer la présence d'un composé arsénical dans le
produit essayé. Ils apparaissent, pour peu que la matière
contienne de l'arsenic.

Au lieu d'acétate de plomb, on peut aussi se servir avec
beaucoup de succès d'eau de chaux. Il en résulte de l'arséniate de chaux, qu'il faut rassembler en faisant au besoin
chauffer la liqueur, et recueillir sur un filtre. Dès qu'il est desséché, on le mêle avec du charbon récemment rougi, et on
l'introduit au fond d'un petit tube bouché par un bout et
effilé près de là. Le mélange, chauffé d'abord légèrement à la
lampe à alcool, afin de chasser l'humidité qu'il a pu absorber,
doit ensuite être exposé à la flamme du chalumeau jusqu'à ce
que le verre commence à se fondre. L'arsenic est alors réduit,
et se dépose dans la partie effilée, où il est extrêmement facile
d'en reconnaître les plus petites quantités.

3151. *Poisons antimoniaux.* — La volatilité de l'oxide d'antimoine, et de l'antimoine lui-même dans un courant de gaz,
s'oppose à l'emploi de la calcination, dans la recherche d'un
poison antimonial, et oblige de recourir à celui de l'acide
azotique et de l'azotate de potasse, comme pour la recherche
des poisons arsénicaux. Cela fait, il faudra chauffer la matière

restante avec de l'acide chlorhydrique; chasser la majeure partie de l'excès d'acide par l'évaporation, ajouter un peu d'eau, filtrer la liqueur, et la soumettre à un courant de gaz sulfhydrique; il se déposera un sulfure rouge-orangé, aisément fusible, se changeant par la fusion en une masse noire, brillante et rayonnée, et se réduisant, à l'aide de la chaleur, dans un courant d'hydrogène. Le métal qui en proviendra sera cassant; l'acide azotique le transformera en une poudre blanche, insoluble dans cet acide, soluble dans l'acide chlorhydrique, et susceptible de s'en séparer en étendant la dissolution d'une grande quantité d'eau.

ARTICLE III.

Poisons organiques.

3152. Il n'en est pas des poisons organiques comme des poisons minéraux. Tandis que ceux-ci sont faciles à reconnaître à petites doses, la présence de ceux-là est au contraire très difficile à constater. Souvent même, il faut le dire, le problème analytique devient impossible à résoudre; c'est ce qui aurait lieu, par exemple, si l'on donnait la mort à un animal, en portant dans le système de la circulation un peu de strychnine au moyen d'une lancette, etc. Aussi les divers essais en ce genre laissent-ils beaucoup à desirer.

Acide cyanhydrique. — Nous avons indiqué (tom. IV, p. 187) le moyen qu'a proposé M. Lassaigne, pour le reconnaître au milieu de beaucoup d'autres matières; il les distille, et il assure qu'il est possible de découvrir dans la liqueur distillée $\frac{1}{10000}$ de cet acide. Mais pour que la conviction fût complète, il faudrait que le liquide distillé pût produire du bleu de Prusse avec les sels de fer en partie peroxidés.

Bases organiques vénéneuses. — M. Lassaigne a publié dans les *Ann. de Chim. et de Phys.* des recherches sur la possibilité de reconnaître de petites quantités d'acétate de morphine, chez les animaux empoisonnés par ce sel. Il isole le composé vénéneux à l'aide de traitemens par l'eau et l'alcool. (*Voy. les Ann.*, t. xxv, p. 102.)

M. O. Henry a indiqué le tannin pour découvrir la présence d'une base végétale quelconque dans un mélange de matières organiques. Il faut d'abord faire agir sur la masse totale de l'eau acidulée par l'acide sulfurique, puis filtrer la liqueur, la neutraliser, et y ajouter de l'acide tannique. Il en résulte un tannate insoluble, qui doit être recueilli sur un filtre, lavé, et décomposé par un léger excès de chaux éteinte. Desséchant ensuite le tout, le réduisant en poudre fine, et le traitant par l'alcool, on dissout la base organique seule, dont il ne reste plus qu'à constater les caractères. (*Journal de Pharm.*, xxi, 2r3.)

QUATRIÈME PARTIE.

ESSAI DE PHILOSOPHIE CHIMIQUE.]

3153. Si nous possédions des notions précises sur la constitution des molécules et sur leurs affections; si nous connaissions d'une manière certaine la nature de la force qui préside à leurs combinaisons, les géomètres pourraient soumettre au calcul les divers phénomènes dont la chimie s'occupe, et nous aurions à développer ici une véritable philosophie chimique. Mais dans l'ignorance où nous sommes aujourd'hui de tout ce qui concerne les propriétés intimes des molécules, et de la nature de l'affinité, comment pourrions-nous remonter aux principes généraux de la science?

Évidemment, il faut attendre, pour l'essayer, que des expériences nouvelles soient venues jeter quelque lumière sur ces deux points. Mais, s'il ne nous est pas encore permis de montrer quelles causes précises déterminent les effets que l'expérience établit, il existe du moins quelques idées générales auxquelles on arrive, quand on est familiarisé par une longue pratique avec les faits de la nature, et qu'il est bon de présenter à la méditation de ceux qui commencent l'étude de la chimie.

Ce sont ces considérations fondées sur l'expérience et généralement destinées à grouper un grand nombre de faits sous une loi commune, que l'on se propose d'exposer ici, en commençant par les notions relatives aux propriétés des molécules et terminant par celles qui concernent l'action chimique. Nous envisagerons donc en premier lieu les molécules supposées à l'état de repos; nous examinerons ensuite les effets qui résultent de leur mouvement et de leur action réciproque.

Si cet essai, en montrant que la chimie est assez avancée pour mériter l'attention des géomètres, les engageait à étudier les phénomènes dont cette science s'occupe, il rendrait un service important. D'un autre côté, si en prouvant que les lois établies jusqu'ici sont bien peu nombreuses, et qu'elles sont mal limitées dans beaucoup de cas, il conduisait les chimistes à reprendre quelques études de chimie générale qu'on néglige trop aujourd'hui, le double but de l'auteur se trouverait rempli.

CHAPITRE I.

Des équivalens chimiques ou nombres proportionnels.

3154. Quand on parcourt les écrits des anciens, on s'aperçoit bientôt qu'ils regardaient les composés chimiques comme devant subir des développemens analogues à ceux des corps organisés, et qu'ils supposaient que ces composés se formaient en acquerrant successivement, et par nuances insensibles, les élémens qui entraient dans leur composition.

Or, si Linné a pu dire avec quelque raison, en parlant des règnes organisés : *Natura non facit saltus*, il est évident que les découvertes de la chimie moderne ne permettent pas d'appliquer cette sentence au règne inorganique. Toutes les analyses s'accordent pour établir, en effet, que les corps possèdent une composition invariable, et passent de l'un à l'autre par des changemens brusques, par de véritables sauts, sans qu'on puisse observer aucune de ces modifications intermédiaires admises autrefois.

On ne saurait se figurer maintenant combien l'influence de ces idées sur la variabilité des composés chimiques a été grande et fâcheuse. Comment aurait-on mis quelque intérêt à déterminer par l'analyse les rapports des élémens d'un composé, quand on pensa t-qu'il n'y avait que leur nature qui eût quelque chose de constant, et que leurs proportions pouvaient varier à l'infini? Aussi attachait-on peu de prix aux analyses quantitatives. Presque toujours mal faites, soit à cause du peu de soin qu'on y apportait, soit à cause de l'inexactitude des procédés qu'on employait, elles venaient confirmer les chimistes dans leur opinion, par les résultats discordans que le même corps ne manquait pas d'offrir dans des essais consécutifs.

Mais dès que l'observation et la réflexion eurent appris à Wenzel qu'il y avait dans quelques-uns des phénomènes de la nature, des indices certains d'une véritable constance dans la composition des corps, et d'une sorte de règle dans leurs rapports mutuels, il sut bientôt trouver des méthodes analytiques assez délicates pour vérifier la justesse de ses vues : exemple remarquable de ce que le génie de l'expérience peut emprunter aux vues théoriques par lesquelles se dirige un esprit supérieur !

En effet, Wenzel, qui publia en 1777 sa *Théorie des affinités*, peut être considéré, non-seulement comme celui qui le premier a fait des analyses exactes, mais encore, comme un analyste que, de nos jours même, on est à peine parvenu à surpasser ; et tandis que les analyses de Wenzel peuvent être comparées à celles des plus habiles chimistes de notre époque, les analyses de ses contemporains, celles même qui ont paru pendant les vingt-cinq années qui ont suivi la publication de son ouvrage, ne sont le plus souvent que des essais informes.

C'est que Wenzel, loin d'admettre les combinaisons variables et indéfinies auxquelles on paraissait croire alors, avait compris les résultats de la double décomposition des sels ; qu'il avait cherché à vérifier la réalité de son hypothèse par l'analyse chimique, et qu'il y était parvenu avec un succès qui ne laissait rien à desirer.

On doit donc aujourd'hui, lui rendre justice entière, et lui reporter tout l'honneur des premiers pas que nous ayons faits dans cette branche si importante de la chimie moderne, qui constitue la théorie atomique.

Wenzel ayant reconnu, comme le savaient du reste les chimistes de son temps, que deux sels neutres qui se décomposent mutuellement, donnent naissance à deux nouveaux sels neutres, parvint, à l'aide de l'analyse des quatre sels employés ou formés, à remonter à la cause du phénomène.

Par ses analyses d'une surprenante précision, il établit que le rapport qui existe entre les poids de deux bases, nécessaires pour saturer un même poids d'acide, ne change pas, quel que soit l'acide ; et réciproquement, que le rapport qui existe entre les poids de deux acides, capables de saturer un même poids de base, est invariable, quelle que soit la base.

D'où il suit que lorsqu'on décompose l'azotate de chaux par le sulfate de potasse, l'acide sulfurique ne peut s'unir à la chaux et former un sel neutre avec elle, sans abandonner précisément la quantité de potasse convenable pour remplacer la chaux, c'est-à-dire pour saturer l'acide azotique devenu libre. (1)

Mais Wenzel ne fut pas compris, on ne sentit point la portée de ses vues. Les chimistes de son temps, préoccupés des grandes découvertes de Lavoisier, étudiant avec ardeur les

____

(1) C'est par erreur que ces découvertes ont été attribuées à Richter (13,6).

nouveaux corps dont Schéele et Prietsley enrichissaient la science, n'étaient pas préparés à apprécier le mérite d'une analyse rigoureuse, ou à démêler les conséquences qu'on en pouvait déduire.

Malheureusement, un observateur moins habile, un esprit moins sage vint, peu de temps après, appeler l'attention des chimistes sur ce genre d'étude, et loin d'entraîner la conviction par des faits précis, il souleva de justes défiances par ses idées théoriques, vagues et confuses.

Nous voulons parler ici de Richter, l'auteur de la *Stöchiométrie chimique*, ouvrage où il établit comme résultat définitif de ses observations et de ses calculs, que si l'on prend les nombres qui expriment les quantités des bases et des acides capables de se saturer mutuellement, on trouve que les nombres relatifs aux bases, appartiennent à une progression arithmétique, et les nombres relatifs aux acides, à une progression géométrique.

Cependant, à côté de ce résultat tout-à-fait inexact, on trouve, il faut l'avouer, des remarques pleines de justesse, et qui auraient dû le conduire à des idées plus conformes à la vérité.

Ainsi, non-seulement, Richter confirme et étend la loi reconnue par Wenzel à l'égard des doubles décompositions ; mais il y ajoute une découverte importante : celle de la propriété qu'ont les oxides d'exiger, pour se neutraliser, des quantités d'acides proportionnelles à la quantité d'oxigène qu'ils contiennent.

Probablement que les idées de Wenzel se seraient beaucoup plus tôt développées, surtout en France, si une discussion longue et animée, remarquable par la réputation des deux antagonistes, autant que par leur profond respect pour les convenances et pour la vérité, ne s'était élevée entre Proust et Berthollet, et ne fût venue plonger les esprits dans de nouveaux doutes sur l'instabilité des proportions des principes constituans des corps.

Proust soutenait que chaque combinaison offrait une composition constante et nécessaire. Berthollet cherchait à prouver au contraire que, dans nombre de circonstances, les corps présentaient des compositions variables et indéfinies ; et l'opinion de Berthollet était faite pour inspirer aux chimistes qui la partageaient, un véritable éloignement pour les analyses quantitatives.

De nos jours, une appréciation plus vraie de la nature des composés chimiques, a donné à M. Berzelius cette conviction, cette foi sincère dans la durée et l'importance de son œuvre, sans lesquelles on ne fait rien de grand dans les sciences. C'est en elles qu'il a puisé la constance nécessaire pour se livrer pendant trente années à des travaux analytiques destinés à fixer d'une manière certaine les proportions dans lesquelles les corps de la nature se combinent. Non-seulement, il a repris les expériences de Wenzel et de Richter, et il a mis hors de doute la réalité des lois qu'ils avaient reconnues; mais en discutant les analyses si nombreuses et si délicates, exécutées de ses mains, il est parvenu à découvrir des lois nouvelles, des relations plus secrètes et plus générales dans la composition des corps.

3155. Résumons maintenant les bases de la théorie des nombres proportionnels, dont les détails se trouvent exposés dans le cours même de l'ouvrage, en commençant par l'observation de Wenzel, que l'exemple suivant va rendre fort claire :

390,9 de soude..	+501,16 d'acide sulfurique.	=	sulfate de soude.
589,9 de potasse.	+501,16 id............	=	sulfate de potasse.
956,9 de baryte.	+501,16 id............	=	sulfate de baryte.
356,0 de chaux..	+501,16 id............	=	sulfate de chaux.
390,9 de soude..	+677,03 d'acide azotique..	=	azotate de soude.
589,9 de potasse.	+677,03 id............	=	azotate de potasse.
956,9 de baryte..	+677,03 id............	=	azotate de baryte.
356,0 de chaux..	+677,03 id............	=	azotate de chaux.

On voit par ces faits, qu'il serait facile de multiplier, que 501^{part},16 d'acide sulfurique peuvent être remplacées par 677,03 d'acide azotique ; c'est ce que rappelle une expression heureuse et juste, celle d'*équivalens* appliquée à ces nombres. Ainsi 501,16 et 677,03, quantités qui s'équivalent, ou qui peuvent se remplacer, sont respectivement les équivalens de l'acide sulfurique et de l'acide azotique.

D'une autre part, 390,9 de soude, qui saturent les équivalens de ces acides, forment à leur tour l'équivalent de cette base ; et 589,9 ou 956,9, sont, de leur côté, les équivalens de la potasse, de la baryte, parce qu'ils remplacent un équivalent de soude. De plus 356 + 677 formeront l'équivalent de l'azotate de chaux; de même que 390,9 + 501, produiront celui de sulfate de soude. Conséquemment, si l'on mêle 1033 du premier sel avec 891,9 du second, la double décomposition sera complète; ils disparaîtront tous les deux, en donnant naissance à 857 de sulfate de chaux, et à 1068,9 d'azotate de soude, nombres qui sont les équivalens de ces derniers sels.

On peut conclure de là, que si l'on prend une quantité A d'un acide, et que pour la saturer, il faille la combiner avec des quantités de diverses bases, exprimées par

$$a, b, c, d, \text{etc.} ;$$

Ce qui produira les sels neutres :

$$A\,a,\ A\,b,\ A\,c,\ A\,d,\ \text{etc.};$$

Il suffira pour un autre acide, de déterminer la proportion B, qui est nécessaire pour neutraliser a. Sans autre analyse, on en pourra conclure avec certitude que les autres sels de cet acide auront pour composition exacte

$$B\,a,\ B\,b,\ B\,c,\ B\,d,\ \text{etc.}$$

Cette loi si importante, étant ainsi exprimée, ne concerne que les rapports qui existent entre les acides et les bases ; il fallait rechercher celles qui regardent leur composition intime. Richter a fait à cet égard les premières observations : car en établissant que dans un sel métallique on peut précipiter un métal par un autre, sans altérer sa neutralité, et sans rien ajouter d'ailleurs ou sans rien ôter au sel, il a fait voir qu'entre l'acide d'un sel et l'oxigène de sa base, il existe un *rapport constant*.

M. Berzélius a été plus loin : il a montré par une foule d'expériences, qu'entre l'oxigène de l'acide et celui de la bsae, il existe un *rapport simple*, et c'est à lui que nous devons la connaissance de ces rapports si nets, par exemple, de 1 à 3 et de 1 à 5, qu'on observe entre l'oxigène des bases citées plus haut et celui des acides azotique et sulfurique nécessaires pour les saturer.

Mais indépendamment des proportions qui donnent naissance aux sels neutres, les acides et les bases peuvent former des sels acides ou des sels basiques, et leur existence suppose un genre de rapports qui n'est pas compris dans les règles précédentes, et dont la première remarque est due à Dalton. Il a observé qu'en général, dans toute la série de composés produits par deux corps, si l'un d'eux est considéré comme constant, l'autre variera comme les nombres $1, 2, 3, 4$ et 5, ou du moins comme quelques-uns d'entre eux. C'est ce qu'on désigne sous le nom de combinaisons en *proportions multiples*.

Que l'on combine, par exemple, l'azote et l'oxigène, et l'on donnera naissance à 5 oxides ou acides, renfermant :

177,03 azote et	100 oxigène	$=$	protoxide.
id............	200 id...	$=$	bi-oxide.
id............	300 id...	$=$	acide azoteux.
id............	400 id...	$=$	acide hypo-azotique.
id............	500 id...	$=$	acide azotique.

Wollaston fut un des premiers à vérifier ce résultat par des expériences d'une précision parfaite, et desquelles résulte la connaissance de trois oxalates de potasse : l'oxalate neutre, le bi-oxalate et le quadroxalate, dans lesquels la base demeurant constante, l'acide varie comme les nombres 1, 2, 4, conformément à la théorie de Dalton. Toutes les analyses faites depuis trente ans sont venues la confirmer.

En combinant cette règle avec la précédente, on peut établir un principe général qui s'applique également à toutes les combinaisons chimiques.

Quand deux corps se combinent, il entre dans le composé, pour 1 équivalent de l'un des corps, 1, 2, 3, 4 et 5 équivalens de l'autre. Quelquefois 2 équivalens du premier s'unissent à 3, ou même à 5 équivalens du second; mais le rapport entre les équivalens combinés s'exprime toujours par des nombres entiers et par des nombres peu élevés.

On conçoit comment ces résultats de l'expérience ont pu conduire Dalton à admettre que les équivalens représentaient les dernières particules ou atomes des corps, et comment il a pu remonter du fait qui prouve que les combinaisons sont définies et limitées, à l'ancienne théorie qui porta les philosophes grecs à envisager la matière comme formée d'atomes ou de particules indivisibles.

Nous sortirions de notre sujet, si nous poussions plus loin l'exposition de ces idées. Contentons-nous de dire ici qu'en présentant les équivalens sous cette nouvelle forme, Dalton a rendu un immense service à la chimie.

3156. Mais comme après tout l'existence de ces atomes est hypothétique, et que chacun, aujourd'hui du moins, se les représente à sa guise et d'une manière arbitraire, il est nécessaire de ne pas perdre de vue les équivalens chimiques, véritables représentans des faits, dégagés de toute idée spéculative.

On concevra facilement d'ailleurs que les équivalens et les atomes sont la même chose, à cette différence près :

Que les équivalens représentent les proportions suivant lesquelles les corps se combinent d'après l'expérience, sans qu'on ait la prétention d'indiquer combien il existe de molécules des corps dans chaque équivalent;

Qu'au contraire, dans la théorie de Dalton, on admet que les ressources seules de la chimie, ou des considérations purement physiques, permettent de fixer le nombre des molécules que chaque équivalent représente.

Nous verrons dans le chapitre suivant ce qu'il faut penser de cette prétention. Pour le moment, nous allons rappeler en quelques mots les conventions qu'il a fallu faire pour former d'une manière commode la table des équivalens chimiques, qu'on trouvera plus loin.

Il fallait choisir une unité, et généralement on a donné la préférence à l'oxigène, dont l'équivalent est supposé égal à 100.

L'équivalent des autres corps eût été différent selon qu'on l'eût tiré du 1ᵉʳ, du 2ᵐᵉ ou du 3ᵐᵉ degré d'oxidation de ces corps. Pour éviter toute confusion, on a donné la préférence au protoxide, sauf quelques exceptions qui seront motivées plus loin.

L'équivalent d'un corps simple représente donc la quantité de ce corps qui, en se combinant avec 100 d'oxigène, donne naissance à un protoxide.

L'équivalent d'un corps composé se forme en ajoutant les équivalens des corps qui le constituent.

Ces principes clairs et simples, qui découlent immédiatement de l'expérience, et qui sont purs de toute hypothèse, devraient engager les chimistes à s'en tenir aux équivalens, et à laisser les atomes dans le domaine de la spéculation, si la théorie atomique n'avait aucun avantage qui lui fût propre.

Mais il est facile de voir dès à présent que la formation des équivalens est trop subordonnée à la découverte fortuite des combinaisons, pour qu'elle puisse représenter d'une manière philosophique la composition des corps analogues.

Nous savons, par exemple, que le premier degré d'oxidation du chlore résulte de 442,64 de chlore combiné avec 100 d'oxigène, ce qui détermine l'équivalent du premier de ces corps.

De son côté, l'acide iodique, premier degré d'oxidation de l'iode, renferme 315,9 d'iode pour 100 d'oxigène; ce qui fixerait l'équivalent de l'iode.

L'équivalent de l'acide chlorhydrique serait donc représenté par un équivalent d'hydrogène = 12, 48 et un équivalent de chlore = 442,64; tandis que l'équivalent de l'acide iodhydrique le serait par un équivalent d'hydrogène = 12, 48, et par cinq équivalens d'iode = 1579,5.

Une telle différence entre deux corps aussi semblables condamne la marche que nous avons suivie, et nous conduit à dire qu'il existe probablement un acide iodeux correspondant à l'acide chloreux, mais que cet acide étant inconnu, on admettra, par analogie, 1579,5 comme étant le véritable équivalent de l'iode, ce qui donnera à l'acide iodhydrique, pour composition, un équivalent de chaque élément, comme on a dû l'admettre pour l'acide chlorhydrique.

Eh bien! si ce cas était loin d'être le seul, si beaucoup de corps simples nous offraient des circonstances analogues, ne demeurerait-il pas prouvé que les équivalens formés d'une manière trop littéralement conforme à la convention posée plus haut, détruiraient ou masqueraient toutes les analogies de composition qu'il importe tant de faire ressortir?

Que si l'on veut, au contraire, modifier les équivalens ou les corriger, pour se conformer aux analogies que la comparaison des corps nous fait reconnaître, on retombera dans l'écueil que nous cherchions à éviter; on sera forcé de mêler aux faits des suppositions plus ou moins vagues.

Admettons toutefois que par une comparaison attentive des propriétés des corps simples, on leur ait attribué, sans s'embarrasser de leurs premiers degrés d'oxidation, des équivalens tels que *les composés analogues par leurs propriétés soient représentés par un nombre égal d'équivalens élémentaires*, n'aura-t-on pas enrichi la chimie d'une loi, qui, pour être un peu arbitraire, n'en sera pas moins importante, ni peut-être moins naturelle au fond ?

Qu'ainsi modifiés, les équivalens prennent le nom de *poids atomiques* ou tout autre qu'on voudra, cela importe peu, si on ne veut pas aller au-delà de ce qu'on vient d'exprimer; si, en un mot, on n'a pas la prétention de saisir la relation qui existe entre les équivalens et le nombre des molécules des corps.

Mais dès que cette prétention intervient, la théorie des équivalens s'arrête, et la théorie atomique commence.

Nous en exposerons les bases et nous en discuterons avec soin les principes et les conséquences, après avoir présenté le tableau des nombres proportionnels.

Table des nombres proportionnels ou équivalens.

Dans cette table, on a pris en général un poids de corps combustible tel que ce corps se combine avec 100 d'oxigène pour passer au premier degré d'oxidation ; on s'est écarté de cette règle, comme on l'a déjà dit, à l'égard du bore, du brôme, de l'iode, du phosphore, du sélénium, du silicium, de l'antimoine, de l'arsenic, du chrôme, du colombium, du tellure, du titane, du tungstène. Pour chacun de ces derniers corps, on a tiré le nombre qui doit le représenter du poids de son acide (oxigéné) capable de neutraliser une quantité de base contenant 100 d'oxigène. On a rendu de cette manière le tableau plus court et plus commode, puisqu'il suffit d'ajouter le nombre qui représente le poids d'un acide (écrit dans le tableau) au nombre qui représente le poids d'une base quelconque contenant 100 d'oxigène (et écrite dans le tableau), pour avoir les proportions des sels neutres. Ainsi, en ajoutant 651,82 d'acide chromique à 356,03 de chaux, on a le chromate neutre de chaux.

Quant au fluor, dont on ne connaît aucune combinaison avec l'oxigène, c'est du poids de son hydracide, capable de saturer une quantité de base renfermant 100 d'oxigène, qu'a été déduit son équivalent.

Pour avoir la composition des sels ammoniacaux, il faut remplacer la quantité de base contenant 100 d'oxigène par 214,46 d'ammoniaque, nombre qui représente l'équivalent de cet alcali.

Oxigène, 100.

Azote, 177,03 :
+ 100 oxigène.... = Protoxide.
+ 200............ = Bi-oxide.
+ 300............ = Acide azoteux.
+ 400............ = Ac. hypo-azotique.
+ 500............ = Acide azotique.
+ 500......... } = Ac. azot. conc.
+ 112,48 eau... }
+ 152,88 carbone. = Cyanogène.
+ 37,44 hydrog.. = Ammoniaque.

Composition des sels.

677,03 d'acide azotique, plus une quantité de base contenant 100 d'oxigène, forment un azotate neutre.

Bore, 272,41 :
+ 600 oxigène.... = Acide borique.
+ 600 oxigène.. } = Ac. cristallisé.
+ 674,88 eau... }
+ 2655,84 chlore. = Chlor. de bore.
+ 1402,8......... = Ac. fluo-boriq.

872,41 d'acide borique, plus une quantité de base contenant 100 d'oxigène, forment un borate neutre.

Brôme, 978,30 :
+ 500 oxigène.... Ac. bromique.
+ 12,48 hydrogène. = Ac. bromhydrique.

1478,3 d'acide bromique, plus une quantité de base contenant 100 d'oxigène, forment un bromate neutre.

990,78 d'acide bromhydrique, plus une quantité de base contenant 100 d'oxigène, forment de l'eau et un bromure.

Carbone, 76,44 :
+ 100 oxigène.... = Ox. de carbone.
+ 200............ = Ac. carbonique.
+ 442,64 chlore. = Proto-chlorure.

276,44 d'acide carbonique, plus une quantité de base contenant 100 d'oxigène, forment un carbonate neutre.

CARBONE, 76,44
$+663,96$..........$=$Sesqui-chlorure.
$+12,48$ hydrog...$=$Bi-carbures d'hydrogène.
$+24,96$ hydrog...$=$Proto - carbure d'hydrogène.

CHLORE, 442,64

$+100$ oxigène....$=$Ac. chloreux.
542,64 d'acide chloreux plus une quantité de base contenant 100 d'oxigène, forment un chlorite neutre.

$+400$..........$=$Ox. de chlore ou ac. hypo-chlor.
942,64 d'acide chlorique, plus une quantité de base quelconque contenant 100 d'oxigène, forment un chlorate neutre.

$+500$..........$=$Ac. chlorique.

$+700$..........$=$Ac. hyper-chlorique.
1142,64 d'acide hyperchlorique, plus une quantité de base contenant 100 d'oxigène, forment un hyperchlorate neutre.

$+176,44$ oxide de carbone.$=$Acide chloroxicarbonique.

$+12,48$ hydrog...$=$Ac. chorhydrique.
455,12 d'acide chlorhydrique, plus une quantité de base contenant 100 d'oxigène, forment de l'eau et un chlorure.

FLUOR, 233,80
$+12,48$ hydrog.$=$Ac. fluorhydrique.
246,28 d'acide fluorhydrique, plus une quantité de base contenant 100 d'oxigène, forment de l'eau et un fluorure.

HYDROGÈNE, 12,48
$+100$ oxigène....$=$Eau.
$+200$..........$=$Bi-oxide d'hydrogène.

IODE, 1579,50
$+500$ oxigène....$=$Acide iodique.
2079,50 d'acide iodique, plus une quantité de base quelconque contenant 100 d'oxigène, forment un iodate neutre.

27.

IODE, 1579,50......

+700 oxigène.... = Ac. hyper-iodique.

> 2279,5 d'acide hyperiodique, plus une quantité de base contenant 100 d'oxigène, forment un hyperiodate neutre.

+12,48 hydrog... = Ac. iodhydriq.

> 1591,98 d'acide iodhydrique, plus une quantité de base contenant 100 d'oxigène, forment de l'eau et iodure.

+59,01 azote.... = Iodure d'azote.

+50 oxigène..... = Ac. hypo-phosphoreux.

+150......... = Acide phosphoreux.

> 346,15 d'acide phosphoreux, plus une quantité de base quelconque contenant 100 d'oxigène, forment un phosphite neutre.

PHOSPHORE, 196,15..

+250......... = Acide phosphorique.

> 446,15 d'acide phosphorique, plus une quantité de base quelconque contenant 100 d'oxigène, forment un phosphate neutre.
>
> Pour les phosphates acidules ou acides, il faut multiplier le nomb. 446,15 d'acide phosphorique par $1\frac{4}{3}$, ou $1\frac{1}{2}$, ou 2, la quantité de base restant la même.

+663,96 chlore.. = Proto-chlorure.

+1106,60....... = Deuto-chlorure.

SÉLÉNIUM, 494,58 . =

+200 oxigène.... = Acide sélénieux.

> 694,58 d'acide sélénieux, plus une quantité de base contenant 100 d'oxigène, formant un sélénite neutre.

SÉLÉNIUM, 494,58....	+300 oxigène....=Acide sélénique.	794,58 d'acide sélénique, plus une quantité de base contenant 100 d'oxigène, forment un séléniate neutre.
	+12,48 hydrogène.=Acide sélénhydrique.	

SILICIUM, 277,31....	+300 oxigène....=Silice ou ac. silicique.	577,31 d'acide silicique, plus une quantité de base contenant 100 d'oxigène, forment un silicate neutre.
	+1327,86 chlore.=Chlorure.	
	+701,4 fluor....=Ac. fluo-silicique.	

	+100 oxigène...=Acide hypo-sulfureux.	
	+200 oxigène....=Acide sulfureux.	401,16 d'acide sulfureux, plus une quantité de base quelconque contenant 100 d'oxigène, forment un sulfite neutre.
	+250 oxigène....=Acide hypo-sulfurique.	902,32 d'acide hyposulfurique, plus une quantité de base contenant 100 d'oxigène, forment un hyposulfate neutre.
SOUFRE, 201,16....	+300............=Ac. sulfurique.	501,16 d'acide sulfurique, plus une quantité de base contenant 100 d'oxigène, forment un sulfate neutre.
	+300............=Ac. sulfurique concentré. +112,48 eau...	
	+12,48 hydrogène.=Acide sulfhydrique.	213,64 d'acide sulfhydrique, plus une quantité de base contenant 100 d'oxigène, forment un sulfure et de l'eau.

THORINIUM, 744,90..	+100 oxigène....=Thorine.	
	+442,64 chlore..=Chlorure.	

ZIRCONIUM, 280,13. ? . . { +100 oxigène....=Zircone.
+442,64 chlore..=Chlorure.

ALUMINIUM, 114,11 . { +100 oxigène...=Alumine.
+442,64 chlore..=Chlorure.

ANTIMOINE, 1612,90.. {
+300 oxigène....=Oxide.
+400..........=Ac. antimonieux. { 2012,90 d'acide antimonieux, plus une quantité de base contenant 100 d'oxigène, forment un antimonite neutre.
+500..........=Ac. antimonique. { 2112,90 d'acide antimonique, plus une quantité de base contenant 100 d'oxigène, forment un antimoniate neutre.
+1327,92 chlore.=Proto-chlorure.
+2213,2.......=Per-chlorure.
+603,48 soufre..=Proto-sulfure.
+4738,5.......=Proto-iodure.

ARGENT, 1351,61.. {
+100 oxigène....=Oxide.
+201,16 soufre...=Sulfure.
+442,64 chlore..=Chlorure
+1579,50 iode..=Iodure.

ARSENIC, 470,12... {
+150 oxigène....=Ac. arsénieux. { 620,12 d'acide arsénieux, plus une quantité de base contenant 100 d'oxigène, forment un arsénite neutre.
+250..........=Ac. arsenique. { 720,12 d'acide arsénique, plus une quantité de base quelconque contenant 100 d'oxigène, forment un arséniate neutre.
+201,16 soufre..=Proto-sulfure.
+301,74 soufre..=Deuto-sulfure.
+701,4 fluor....=Fluorure.
+663 93 chlore...=Chlorure.
+4738,0 iode...=Iodure.

BARIUM, 856,93... {
+100 oxigène....=Baryte.
+500 oxigène...)
+112,48 eau...} =Hydrate de baryte.
+200 oxigène....=Bi-oxide de barium.
+201,16 soufre...=Proto-sulfure.
+116,9 fluor....=Fluorure.
+442,64 chlore..=Chlorure.
+1579,5 iode....=Iodure.

BISMUTH, 886,92. . . . $\left\{\begin{array}{l}\text{+100 oxigène.....=Protoxide.}\\\text{+150 oxigène.....=Sesqui-oxide.}\\\text{+201,16 soufre.....=Sulfure.}\\\text{+442,64 chlore.....=Chlorure.}\\\text{+1579,5 iode.....=Iodure.}\end{array}\right.$

CADMIUM, 696,77. . . $\left\{\begin{array}{l}\text{+100 oxigène.....=Oxide.}\\\text{+201,16 soufre.....=Sulfure.}\end{array}\right.$

CALCIUM, 256,03. . . $\left\{\begin{array}{l}\text{+100 oxigène.....=Chaux.}\\\text{+100 oxigène.. }|\text{ =Hydrate de}\\\text{+112,48 eau... }\}\text{ chaux.}\\\text{+200 oxigène.....=Bi-oxide de cal-}\\\text{   cium.}\\\text{+201,16 soufre.....=Proto-sulfure.}\\\text{+116,9 fluor.....=Fluorure.}\\\text{+442,64 chlore.....=Chlorure.}\\\text{+1579,5 iode.....=Iodure.}\end{array}\right.$

GÉRIUM, 574,70. . . $\left\{\begin{array}{l}\text{+100 oxigène.....=Protoxide.}\\\text{+150.........=Sesqui-oxide.}\\\text{+442,64 chlore.....=Proto-chlorure.}\\\text{+663,96.........=Sesqui-chlorure.}\end{array}\right.$

CHRÔME, 351,82. . . $\left\{\begin{array}{l}\text{+150 oxigène.....=Oxide.}\\\text{+300.........=Ac. chromique.}\end{array}\right.$ $\left\{\begin{array}{l}\text{651,82 d'aci-}\\\text{de chromique,}\\\text{plus une quan-}\\\text{tité de base quel-}\\\text{conque conte-}\\\text{nant 100 d'oxi-}\\\text{gène, forment un}\\\text{chromate neu-}\\\text{tre.}\end{array}\right.$

COBALT, 368,99. . . $\left\{\begin{array}{l}\text{+100 oxigène.....=Protoxide.}\\\text{+150.........=Sesqui-oxide.}\\\text{+442,64 chlore.....=Proto-chlorure.}\end{array}\right.$

COLOMBIUM 1153,72. $\left\{\begin{array}{l}\text{+200 oxigène.....=Oxide.}\\\text{+300.........=Ac. colombique.}\end{array}\right.$ $\left\{\begin{array}{l}\text{1453,7 d'a-}\\\text{cide colombique}\\\text{plus une quan-}\\\text{tité de base quel-}\\\text{conque conte-}\\\text{nant 100 d'oxi-}\\\text{gène, forment}\\\text{un colombate}\\\text{neutre.}\end{array}\right.$

CUIVRE, 791,39. . . $\left\{\begin{array}{l}\text{+100 oxigène.....=Protoxide.}\\\text{+200.........=Bi-oxide.}\\\text{+200 oxigène.. }|\text{ =Hydrate de bi-}\\\text{+224,96 eau... }\}\text{ oxide de cuivre}\\\text{+400 oxigène.....=Quadroxide.}\\\text{+201,16 soufre.....=Proto-sulfure.}\\\text{+402,32.........=Bi-sulfure.}\\\text{+442,64 chlore.....=Proto-chlorure.}\\\text{+885,28.........=Bi-chlorure.}\\\text{+1579,5 iode.....=Iodure.}\end{array}\right.$

ÉTAIN, 735,29. . . $\left\{\begin{array}{l}\text{+100 oxigène.....=Protoxide.}\\\text{+200.........=Bi-oxide.}\\\text{+201,16 soufre.....=Proto-sulfure.}\end{array}\right.$

ÉTAIN, 735,29......
- +402,32...........=Bi-sulfure.
- +442,64 chlore...=Proto-chlorure.
- +885,28..........=Bi-chlorure.
- +1579,5 iode.....=Iodure.

FER, 339,21.......
- +100 oxigène.....=Protoxide.
- +150.............=Sesqui-oxide.
- +201,16 soufre...=Proto-sulfure.
- +402,32..........=Bi-sulfure.
- +442,64 chlore...=Proto-chlorure.
- +663,96..........=Sesqui-chlorure.
- +1579,5 iode.....=Proto-iodure.

GLUCINIUM; 220,84....
- +100 oxigène.....=Glucine.
- +442,64..........=Chlorure.

IRIDIUM, 1233,50....
- +100 oxigène.....=Protoxide.
- +150.............=Sesqui-oxide.
- +200.............=Bi-oxide.
- +300.............=Tri-oxide.
- +305,6...........=Carbure.
- +201,16 soufre...=Proto-sulfure.
- +301,74..........=Sesqui-sulfure.
- +402,32..........=Bi-sulfure.
- +442,64 chlore...=Proto-chlorure.
- +663,96..........=Sesqui-chlorure.
- +885,28..........=Bi-chlorure.

LITHIUM, 80,37......
- +100 oxigène.....=Lithine.
- +100 oxigène... ⎱ =Hydrate de li-
- +112,48 eau.... ⎰ thine.
- +442,64 chlore...=Chlorure.

MAGNÉSIUM, 158,35....
- +100 oxigène.....=Magnésie.
- +100 oxigène... ⎱ =Hydrate de mag-
- +112,48 eau.... ⎰ nésie.
- +442,64 chlore...=Chlor. de mag-nésium.
- +1579,5 iode.....=Iodure.

MANGANÈSE, 345,89....
- +100 oxigène.....=Protoxide.
- +150.............=Sesqui-oxide.
- +200.............=Bi-oxide.
- +300.............=Acide mangani-que. { 645,89 d'acide manganique, plus une quantité de base contenant 100 d'oxigène, forment un manganate neutre.
- +350.............=Ac. hyper-man-ganique. { 1391,89 d'acide hyper-manganique, plus une quantité de base, contenant 100 d'oxigène, forment un hyper-manganate neutre.
- +201,16..........=Proto-sulfure.
- +442,64 chlore...=Chlorure.

MERCURE, 2531,64..
+100 oxigène.....=Protoxide.
+200............=Bi-oxide.
+201,16 soufre..=Proto—sulfure.
+402,32.........=Bi—sulfure.
+442,64 chlore..=Chlorure.
+885,28.........=Bi–chlorure.
+1579,5 iode....=Iodure.
+3159,o.........=Bi-iodure.

MOLYBDÈNE, 598,52..
+100 oxgène.....=Oxide.
+200...........=Ac. molybdeux.
+300...........=A. molybdique.

898,52 d'acide molybdique, plus une quantité de base quelconque contenant 100 d'oxigene, forment un molybdate neutre.

+402,32 soufre...=Bi—sulfure.
+603,48.........=Tri—sulfure.

NICKEL, 369,67....
+100 oxigène....=Protoxide.
+150...........=Sesqui-oxide.
+201,16........=Sulfure.
+442,64 chlore..=Chlorure.

OR, 2486,02......
+100 oxigène....=Protoxide.
+300...........=Tri-oxide.
+402,32 soufre..=Sulfure.
+1327,92 chlore.=Tri–chlorure.

OSMIUM, 1244,48....
+100 oxigène....=Protoxide.
+150...........=Sesqui-oxide.
+200...........=Bi-oxide.
+300...........=Tri-oxide.
+400...........=Ac. osmique.
+804,64 soufre...=Persulfure.
+442,64 chlore..=Proto-chlorure.
+883,28.........=Bi-chlorure.

PALLADIUM, 665,90..
+100 oxigène....=Protoxide.
+200...........=Bi-oxide.
+201,16 soufre..=Proto—sulfure.
+442,64 chlore..=Proto–chlorure.

PLATINE, 1233,50...
+100 oxigène....=Protoxide.
+200...........=Bi-oxide.
+442,64.........=Proto-chlorure.
+885,28 chlore..=Bi–chlorure.
+201,16 soufre..=Proto–sulfure.
+402,32.........=Bi-sulfure.

PLOMB, 1294,50...
+100 oxigène....=Protoxide.
+150...........=Sesqui-oxide.
+200...........=Bi-oxide.
+201,16 soufre..=Proto—sulfure.
+233,8 fluor....=Fluorure.
+442,64 chlore..=Chlorure.
+1579,5 iode....=Iodure.

POTASSIUM, 489,92.
- +100 oxigène....=Potasse.
- +100 oxigène...) =Hydrate de po-
- +112,48 eau...) tasse.
- +300 oxigène....=Tri-oxide.
- +442,64 chlore...=Chlorure.
- +233,8.........=Fluorure.
- +978,3.........=Bromure.
- +1579,5 iode.....=Iodure.
- +201,16 soufre...=Proto-sulfure.

RHODIUM, 651,38.
- +100 oxigène....=Protoxide.
- +150...........=Sesqui-oxide.
- +201,16 soufre..=Sulfure.
- +663,96........=Sesqui-chlorure.

SODIUM, 290,90.
- +100 oxigène....=Soude.
- +100 oxigène...) =Hydrate de
- +112,48 eau....) soude.
- +150 oxigène....=Sesqui-oxide.
- +201,16 soufre..=Proto-sulfure.
- +442,64 chlore..=Chlorure.
- +233,8.........=Fluorure.
- +978,3.........=Bromure.
- +1579,5 iode....=Iodure.

STRONTIUM, 547,28.
- +100 oxigène.....=Strontiane.
- +100 oxigène..) =Hydrate de
- +112,48 eau...) strontiane.
- +200 oxigène....=Bi-oxide de strontium.
- +201,16 soufre...=Proto-sulfure.
- +442,64 chlore..=Chlorure de strontium.
- +1579,5 iode....=Iodure.

TELLURE, 801,74.
- +200 oxigène....=Oxide ou acide tellureux.
- +300...........=Ac. tellurique. { 1101,74 d'acide tellurique, plus une quantité de base, contenant 100 d'oxigène, forment un tellurate neutre.
- +12,48 hydrogène.=Ac. tellurhydrique. { 813,22 d'acide tellurhydrique, plus une quantité de base, contenant 100 d'oxigène, forment de l'eau et un tellurure.
- +402,32 soufre...=Sulfure.
- +442,64 chlore..=Sous-chlorure.
- +885,28.........=Chlorure.

TITANE, 303,66.. . . . . {
   +200 oxigène.... =Acide titanique.
   +885,28 chlore. =Chlorure.
} 503,66 d'acide titanique , plus une quantité de base quelconque contenant 100 d'oxigène, forment un titanate neutre.

TUNGSTÈNE, 1183,00. . {
   +200 oxigène.... =Oxide.
   +300............ =Ac. tungstique.
   +402,32.......... =Proto-sulfure.
   +603,48.......... =Per-sulfure.
} 1483,00 d'acide tungstique, plus une quantité de base quelconque contenant 100 d'oxigène , forment un tungstate neutre.

URANE, 2711,36.. . . {
   +100 oxigène.... =Protoxide.
   +150............ =Sesqui-oxide.
   +201,16......... =Proto-sulfure.
   +442,64......... =Proto-chlorure.
   +663,96......... =Sesqui-chlorure.
}

VANADIUM, 856,84 . . {
   +100 oxigène.... =Protoxide.
   +200........... =Bi-oxide.
   +300........... =Ac. vanadique.
   +402,32 soufre.. =Sulfure.
   +603,48........ =Per-sulfure.
   +885,28 chlore.. =Chlorure.
} 1156,84 d'acide vanadique, plus une quantité de base contenant 100 d'oxigène, forment un vanadate neutre.

YTTRIUM, 402,51. . . {
   +100............ =Yttria.
   +442,64,........ =Chlorure.
}

ZINC, 403,23. . . . {
   +100 oxigène.... =Oxide.
   +100 oxigène,... } =Hydrate d'oxide.
   +112,45 eau... {
   +201,16 soufre.. =Sulfure.
   +1579,5 iode.... =Iodure.
   +442,64 chlore.. =Chlorure.
}

3157. La table précédente est extrêmement commode, parce qu'elle indique en peu de pages la composition des corps, et parce qu'elle permet de voir tout de suite quelles sont les proportions des élémens ou des composés qui agissent les uns sur les autres, c'est-à-dire, qui s'unissent ou se séparent pour produire des effets déterminés, comme on va le voir dans les exemples suivans.

Premier exemple. — Veut-on savoir combien il faut de carbone pour réduire une certaine quantité d'oxide métallique, en supposant que tout le carbone soit brûlé, et qu'il passe à l'état d'oxide?

L'oxide de carbone renferme 1 proportion de carbone et 1 proportion d'oxigène. Si donc l'oxide à décomposer ne contient que 1 proportion d'oxigène, comme le protoxide de zinc, etc., il n'y aura qu'une proportion de carbone employée, c'est-à-dire, 76,44 pour réduire 1 proportion de ce protoxide, laquelle est composée de 100 d'oxigène et de 403,23 de zinc.

Il est évident d'ailleurs que s'il se produisait de l'acide carbonique au lieu d'oxide de carbone, il ne faudrait, pour produire le même effet, qu'une demi-proportion de carbone, par la raison toute simple que l'acide carbonique contient 2 proportions d'oxigène, ou deux fois autant que l'oxide de carbone pour la même quantité de radical.

Deuxième exemple. — On voudrait savoir dans quelles proportions deux sels devraient être mêlés pour que, dans le cas où ils se décomposeraient, il y eût un échange complet entre les bases et les acides.

Ces proportions sont indiquées par les nombres proportionnels des sels mêmes. Ainsi le nombre proportionnel de l'azotate calcaire étant 1033,06, et celui du carbonate de potasse 866,36; ces deux sels, dans ces proportions, pourront se décomposer complètement, et se transformer tout entiers en azotate de potasse et carbonate de chaux. Pour plus de clarté, observons :

1° Que 1033,06, nombre proportionnel de l'azotate calcaire, se compose de 677,03, nombre proportionnel de l'acide azotique, et de 356,03, nombre proportionnel de la chaux;

2° Que 356,03 se forme de 256,03, nombre proportionnel du calcium, et de 100, nombre proportionnel de l'oxigène dans la chaux;

3o Que 866,36, nombre proportionnel du carbonate de potasse, est représenté par 276,44, nombre proportionnel de l'acide carbonique, et 589,92, nombre proportionnel de la potasse;

4° Que 589,92 est la somme de 489,92, nombre proportionnel du potassium, et de 100, nombre proportionnel de l'oxigène dans la potasse.

Ceci posé, que l'on se rappelle que dans les sels du même genre et au même état de saturation, le rapport de la quantité d'acide à la quantité d'oxigène de l'oxide est le même, et l'on verra clairement que 1033,06 d'azotate calcaire et 866,36 de carbonate de potasse peuvent, en se décomposant, se transformer entièrement en azotate de potasse et carbonate de chaux. En effet, la chaux de l'azotate calcaire contient 100 d'oxigène; il en est de même de la base du carbonate de potasse. Par conséquent ces deux bases pourront échanger complètement leur acide : il en résultera alors 1266,95 d'azotate de potasse, formé de 677,03 d'acide azotique et de 589,92 de potasse, plus 632,47 de carbonate de chaux composé de 356,03 de chaux et de 276,44 d'acide carbonique.

Troisième exemple. — Supposons qu'on veuille précipiter par le zinc le cuivre de 50 parties de sulfate sec de bi-oxide de cuivre : on calculera, d'après la table, le nombre proportionnel de ce sulfate, qui est 1993,71. Comme l'oxide du sel est à l'état de bi-oxide, qu'il contient 2 proportions d'oxigène, et que le zinc ne passera qu'à l'état de protoxide, il est évident que cette quantité de sulfate ne pourra être réduite que par deux proportions de zinc ou deux fois 403,23=806,46. Or, si 1993,71 de sulfate exige 806,46 de zinc, 50 en exigeront 20,23.

Quatrième exemple. — Combien faut-il d'acide sulfurique réel pour opérer la décomposition d'un sel neutre bien desséché, d'azotate de potasse, par exemple ? On trouve dans la table qu'une proportion d'azotate de potasse est égale à 1266,95, et formée de 677,03 d'acide azotique, et de 589,92 de potasse, ou d'une proportion d'acide azotique et d'une proportion de potasse. Or, une proportion de potasse est neutralisée par une proportion d'acide sulfurique : il faudrait donc 501,16 d'acide sulfurique réel, ou 501,16+112,48 d'eau, équivalant à une proportion d'acide sulfurique concentré. De là résulterait, d'une part, 1091,08 de sulfate neutre de potasse, et, d'autre part, 789,51 d'acide azotique concentré, composé de 677,03 d'acide réel et de 112,48 d'eau.

D'ailleurs, pour établir le calcul sur toute autre quantité, on dirait : 1266,94 d'azotate de potasse sont à 501,16 ou à 501,16+112,48 comme la nouvelle quantité d'azotate est à un 4e terme, qui serait l'acide sulfurique réel ou l'acide sulfurique aqueux, mais concentré.

Cinquième exemple. — Soit un azotate neutre dont la base est inconnue : décomposé par l'acide sulfurique, cet azotate produit un sulfate neutre qui pèse 26,55 moins que l'azotate : on demande la quantité d'acide de l'azotate.

Comme le poids de la base ne change pas, et comme l'acide azotique est remplacé par une quantité proportionnelle d'acide sulfurique, il s'ensuit que la différence entre les nombres proportionnels des acides azotique et sulfurique, c'est-à-dire 175,87, sera au nombre proportionnel de l'acide azotique, ou

677,03, comme 26,55 est au nombre cherché. Multipliant donc 26,55 par 677,03, et divisant le produit 17975,2 par 175,87, on obtient 102,21, qui est la quantité d'acide azotique déplacé.

Sixième exemple. — On demande combien, pour convertir 20 parties de mercure en sublimé corrosif ou bi-chlorure de mercure, il y aura d'acide sulfurique et de sel marin employés, et combien il y aura de sublimé produit.

D'abord le mercure doit être chauffé avec l'acide sulfurique de manière à former du sulfate de bi-oxide de mercure. Pour cela, 1 proportion de mercure exige 4 proportions d'acide, savoir : 2 pour oxider le mercure par leur décomposition ou leur transformation en acide sulfureux et en oxigène, et 2 pour neutraliser le bi-oxide mercuriel. De là résulte 1 proportion de sulfate neutre de bi-oxide de mercure, formée de 1002,32 d'acide et de 2731,64 de bi-oxide. Mais pour décomposer cette proportion de sulfate, il faut employer 2 proportions de proto-chlorure de sodium ou 1467,08, dans lesquelles il y a 581,80 de sodium et 885,28 de chlore. Les 581,80 de sodium absorberont les deux proportions d'oxigène et les deux proportions d'acide du sulfate mercuriel, ce qui formera 581, 80+200+1002, 32, ou 1784, 12 de sulfate de protoxide de sodium. Quant aux 885,28 de chlore, ils s'uniront à la proportion de mercure ou à 2531,64 pour former 3416, 92 de sublimé corrosif.

Les nombres demandés seront fournis par les proportions suivantes.

Si 2531,64 de mercure produisent 3416,92 de sublimé corrosif, 20 en produiront 26,82.

Si 2531,64 de mercure exigent 4 proportions ou 2004,64 d'acide réel, 20 en exigeront 15,81.

Si 2531,64 de mercure exigent 2 proportions ou 1467,08 de proto-chlorure de sodium, 20 en demanderont 11,56.

Le docteur Wollaston a disposé les nombres proportionnels sur une échelle qu'il appelle *échelle synoptique des équivalens chimiques*, et qui, dans un cadre très resserré, permet de reconnaître tout de suite la composition d'un grand nombre de corps et les proportions dans lesquelles ils agissent les uns sur les autres : elle est répandue dans le commerce.

CHAPITRE II.

Des atomes.

3158. La chimie et la physique admettent également que la matière est formée de particules fort petites, impénétrables et indivisibles. Ces deux sciences s'accordent à considérer ces particules comme étant plus ou moins écartées les unes des autres dans les corps, et comme ne pouvant jamais être amenées au contact.

La chimie aurait besoin, pour expliquer les faits qu'elle observe, de connaître le poids de ces molécules, leur forme et leur volume ou leur distance entre elles.

Quant à leur poids, on ne possède aucun moyen de le déterminer d'une manière absolue; mais on a pu saisir des relations certaines entre les poids des molécules de tous les corps qu'on a examinés.

La forme des molécules ne nous est pas mieux connue, mais on a pu de même établir certains rapports de forme entre les molécules des corps, ce qui constitue l'isomorphisme, dont nous en tirerons plus loin un parti fort utile.

Relativement à leur volume, ou à la distance qui les sépare, nous n'avons pas de mesure absolue non plus; mais en bien des occasions, nous pouvons de même établir des relations, que la science met à profit déjà, et qui deviendront d'une utilité bien plus grande, quand on aura multiplié les expériences, autant qu'on peut le faire dès à présent, avec les moyens d'observation que nous possédons.

Nos connaissances sur le poids, la forme, et la distance des molécules, sont tellement liées, qu'il nous serait difficile de faire connaître les résultats obtenus à l'égard de la première de ces propriétés, sans faire intervenir ce que l'on sait à l'égard des deux autres. Ne pouvant en effet déterminer par aucun moyen le poids absolu des atomes, il faut bien, pour en obtenir le poids comparatif, faire usage de quelque autre propriété physique des corps, qui permette de les considérer à un état identique ou du moins comparable.

Ainsi, par exemple, pour prendre le cas le plus simple, quelques physiciens ayant été conduits à admettre que dans les gaz, les atomes sont placés à la même distance, on a pu facilement en déduire le rapport des poids de ces atomes. Cette opinion se présente d'abord avec quelque apparence de vérité. En effet, la loi de Mariotte et l'égale dilatation des gaz par la chaleur, en prouvant qu'une même force, appliquée à des gaz différens, en écarte ou en rapproche les atomes d'une égale quantité, conduisent à regarder leur distance comme étant la même dans des circonstances semblables. Cette considération purement physique, se trouvant appuyée par tous les phénomènes que la chimie observe dans la combinaison des gaz entre eux, on conçoit que, sans faire une part trop large aux vues de l'esprit, beaucoup de chimistes aient pu admettre que, dans les gaz simples, les molécules ou atomes étaient placés à la même distance, les circonstances de température et de pression étant les mêmes.

Ils ont déduit de là, que dans un litre d'hydrogène, il y a exactement le même nombre d'atomes que dans un litre d'oxigène. Ils en ont déduit enfin que, dans les gaz simples, les poids atomiques sont proportionnels aux densités, qui peuvent être déterminées par expérience, en ce qui concerne, nonseulement, les corps naturellement gazeux, mais aussi les corps volatils, au-dessous du point de fusion du verre. On peut donc arriver aux déterminations suivantes par cette méthode.

	Densité observée.	Poids atomique.
Oxigène..........	1,1026	100
Hydrogène.......	0,0688	6,24
Azote...........	0,9760	88,5
Chlore..........	2,4700	221,32
Brôme..........	5,5400	489,15
Iode...........	8,7160	789,75
Phosphore........	4,4200	392,28
Arsenic..........	10,6000	940,08
Mercure.........	6,9760	632,91
Soufre..........	6,6170	603,48

En effet, d'après la relation exprimée plus haut, on a 1,1026 : 100 :: d : x, en représentant par d la densité, et par x, le poids atomique d'un gaz ou corps volatil simple quelconque. Mais en raison des inexactitudes, presque inévitables dans la détermination de ces densités, la valeur de x ainsi obtenue, ne sera pas absolument vraie, et devra subir quelques corrections légères, que l'analyse des combinaisons chimiques nous permet toujours d'exécuter avec la dernière rigueur.

Ce n'est pas là, hâtons-nous de le dire, que se borneront nos observations sur ce tableau, et nous devons ajouter que, si la plupart des substances qui s'y trouvent inscrites, possèdent une densité telle qu'on en puisse déduire un poids atomique de nature à satisfaire aux exigences de la chimie, il en est quelques-uns qui ne sont point dans ce cas.

Ainsi, d'après leur densité à l'état de vapeur, l'arsenic et le phosphore ont un poids atomique double de celui qu'on leur attribue généralement. Mais rien ne prouve que l'opinion générale ne soit pas inexacte à leur égard, et que les analogies sur lesquelles elle s'appuie ne soient pas trompeuses. On pourrait donc admettre, sans difficulté sérieuse, les poids atomiques de ces corps tels qu'ils sont donnés ici.

Relativement au mercure, on trouve au contraire que dans le tableau, le poids atomique, déduit de la densité, est moitié moindre que celui qu'on assigne à ce métal, d'après l'ensemble de ses combinaisons. Comme il serait difficile de prouver par de bonnes raisons, que l'on doive donner la préférence au dernier de ces poids sur le premier, on pourrait encore admettre celui-ci.

Mais il n'en est plus de même à l'égard du soufre, dont le poids atomique, d'après la densité de sa vapeur, serait triple de celui que les combinaisons et les analogies de ce corps ont fait admettre dès long-temps. Dans ce dernier cas, il faut l'avouer, il n'y a pas de doute possible, et l'on est forcé de conclure que les atomes du soufre gazeux échappent à la loi générale. Reste à savoir, si cette circonstance doit être considérée, comme un fait accidentel, ou comme un cas particulier d'une loi plus générale : c'est ce que nous allons examiner.

Nous avons raisonné jusqu'à présent comme si les gaz simples à volumes égaux, dans les mêmes circonstances de pression et de température, renfermaient le même nombre d'atomes. Mais, si, au lieu d'offrir une telle relation, il arrivait seulement que dans ces gaz, le nombre des atomes fût en rapport simple, comme 1 à 2, 1 à 3, ne pourrait-on pas expliquer encore leurs propriétés physiques ? Or, en supposant qu'il en fût ainsi, on comprend que les poids atomiques ne seraient plus proportionnels aux densités elles-mêmes, mais seulement à un multiple ou à un sous-multiple des densités.

A défaut d'une solution *à priori* de cette difficulté qui appelle l'examen des géomètres, peut-on conclure quelque chose de précis des expériences tentées sur la densité des gaz ou vapeurs simples ? On le croit par les raisons suivantes :

1° Le phosphore et l'arsenic ont beaucoup d'analogie avec l'azote, ce qui porterait à leur attribuer une densité de vapeur moitié moindre que celle qu'ils possèdent. Cependant ce n'est pas là un argument décisif : car ces deux corps diffèrent assez de l'azote, pour que leur densité puisse être regardée comme d'accord avec leur véritable atome.

2° Le mercure a une densité moitié moindre que celle qui conviendrait à son poids atomique établi par comparaison avec celui des autres métaux. Toutefois ce nouvel argument n'est pas non plus sans réplique, car rien ne prouve que le poids atomique de ces derniers métaux n'ait pas lui-même besoin d'une semblable correction.

3° La densité de la vapeur du soufre est triple de celle qu'indique le calcul, et sans nul doute, personne ne voudra admettre que cette densité soit d'accord avec le poids atomique de ce corps ; ce qui résoudrait la question proposée. Mais on peut répondre que cette différence résulte de quelque arrangement moléculaire, qui lui serait particulier. Ne sait-on pas que le soufre, très fluide à 108°, s'épaissit à mesure qu'on le chauffe davantage, contrairement aux autres corps (69)? Et qui pourrait assurer que cette circonstance n'indique pas la formation de groupes atomiques particuliers, et capables de se conserver, même à l'état de vapeur?

Il serait donc possible que le soufre eût, à 108°, une densité de vapeur, tout autre que celle qu'il présente à 500°. Ce serait sans doute là un étrange phénomène, mais pas plus étrange que celui qui nous est offert par les substances capables de cristalliser sous deux formes distinctes et incompatibles. Le soufre, qui est dans ce cas, ne pourrait-il pas donner deux vapeurs différentes à 108° et à 500°, comme il donne des cristaux appartenant à deux systèmes distincts, selon qu'il cristallise par voie de fusion ou de dissolution, c'est-à-dire à 108 ou à 15°.

En publiant ses observations sur la densité de vapeur du soufre, M. Dumas a indiqué cette explication. Mais il va plus loin maintenant, et il considère la densité de la vapeur du soufre comme propre à établir nettement que les gaz, même simples, ne renferment pas le même nombre d'atomes sous le même volume. En effet, si le soufre ne possède qu'une seule densité, celle-ci s'écarte trop de celle qui conviendrait à son poids atomique, pour qu'il ne demeure aucun doute sur la nécessité de modifier la règle que nous discutons. Si l'on disait au contraire que le soufre peut offrir deux densités de vapeur différentes, et que celle qu'on a observée jusqu'ici n'est pas celle qui s'accorde avec le poids atomique; il n'en serait que mieux établi que les gaz simples à volumes égaux ne renferment pas nécessairement le même nombre d'atomes, puisque le même corps pourrait fournir deux vapeurs renfermant des atomes en nombres très différens.

On voit par ce qui précède que, si les gaz simples renfermaient le même nombre d'atomes à volumes égaux, il faudrait que le phosphore et l'arsenic fussent séparés de l'azote; que le poids atomique du mercure, et peut-être ceux d'autres métaux, fussent de nouveau réduits. Toutes ces concessions faites, il resterait encore à expliquer les caractères du soufre, qui devrait être considéré comme offrant une anomalie fort embarrassante, et bien digne d'une étude approfondie.

Si l'on veut conserver les poids atomiques déduits de considérations d'une autre nature pour le phosphore, l'arsenic, le mercure et le soufre, il faut alors admettre que dans les gaz simples, pris à volumes égaux, il existe entre le nombre de leurs atomes, un rapport susceptible d'être exprimé

par un nombre entier; que ce rapport est souvent de 1 à 1,
mais qu'il peut devenir de 1 à 2, de 1 à 3, etc.

On arrive ainsi à une conséquence digne d'attention, savoir,
que le mercure atteint, non-seulement le dernier degré de
division moléculaire en passant à l'état de vapeur, mais encore
que ses atomes chimiques se coupent en deux : d'où il suit que
l'action de la chaleur seule doit pouvoir diviser les molécules
de ce corps, plus que ne le fait l'action chimique elle-même,
circonstance qui se présente rarement.

S'il reste encore quelques doutes sur les bases de cette discussion, il faut, pour les faire disparaître, que les physiciens
ou les géomètres examinent d'un côté tout ce qui concerne la
constitution moléculaire des gaz; que les chimistes multiplient
d'autre part les déterminations de densité de vapeurs, et
nous verrons, par leurs efforts réunis, les difficultés s'éva-
nouir.

Pour le moment, ce qu'il importe, c'est de bien définir l'é-
tat des choses, c'est d'écarter toutes les illusions, comme on
essaie de le faire ici.

3158 *bis*. Puisqu'il règne encore quelque obscurité sur l'état
moléculaire des gaz, qui se comportent d'une manière si uniforme, quand on les soumet aux influences de la pression ou de
la chaleur, il est facile de concevoir que la chimie ait peu de
chose à tirer de la densité des liquides ou de celles des solides,
dont les densités sont si peu comparables.

Tout porte à croire cependant, qu'en comparant des densités de liquides, prises à leurs points d'ébullition respectifs,
et avec tous les soins que ce genre d'expérience exige, les résultats seraient d'un haut intérêt. S'il est une circonstance, en
effet, où les liquides soient comparables, c'est, comme l'a vu
M. Gay-Lussac, à leurs points d'ébullition, quand leurs molécules sont placées dans de telles conditions de répulsion,
qu'elles font toutes équilibre à la pression atmosphérique.

Relativement aux solides, comme leur dilatation est plus
faible que celle des liquides, et que leur densité est généralement fort grande, on peut croire que s'il existe à leur égard
des relations d'une nature simple, on les apercevra dans tous
les cas, quoiqu'il soit préférable peut-être de comparer leurs
densités, au voisinage de leurs points de fusion respectifs.

Quoi qu'il en soit, on n'a rien d'assez précis à dire sur les
corps simples liquides ou solides, envisagés sous ce point de
vue, pour en parler maintenant. Les corps simples, naturellement gazeux, ou susceptibles d'être convertis en vapeur, sont
de leur côté fort peu nombreux, et, comme on l'a vu, il règne
quelque incertitude sur les conséquences à tirer de la compa-

raison de leurs densités. De telle sorte que les considérations auxquelles on s'est livré sur la distance relative des atomes des corps n'ont fourni jusqu'ici, sur leur poids véritable, que des données un peu vagues.

3159. La chimie atomique serait donc une science purement conjecturale, si elle devait se borner à ce genre de considération. Voyons si elle prend un caractère plus précis, quand on y introduit la loi physique fondamentale dont on doit la découverte à MM. Dulong et Petit, et qui peut s'appliquer à tous les corps simples, quel que soit leur état physique.

Nous ne connaissons aucun moyen qui nous permette de déterminer la quantité de chaleur contenue dans les corps ; mais on peut comparer la quantité de chaleur nécessaire pour produire sur un même corps des effets thermométriques différens, ou bien celle qui est nécessaire pour produire des effets thermométriques semblables sur des corps différens.

L'expérience apprend à ce sujet que, si on mêle 1 kilog. d'eau à 10° et 1 kilog. d'eau à 30°, on obtient 2 kilog. d'eau à 20°, comme on pouvait s'y attendre.

Mais il n'en est plus ainsi, quand on mêle deux corps différens. Si, par exemple, on prend 1 kilog. de mercure à 100° et 1 kilog. d'eau à 14°, on obtient pour la température commune, quand ils se sont équilibrés, non point 57°, qui serait la moyenne de leurs températures initiales, mais bien 17°. Ainsi, la quantité de chaleur qui portait le mercure de 17° à 100° n'a pu porter l'eau que de 14° à 17° ; d'où l'on voit que, dans ces limites de température, la chaleur nécessaire pour élever de 3° une masse d'eau, peut élever de 83° une semblable masse de mercure.

Comme on est convenu de représenter par l'unité la quantité inconnue de chaleur nécessaire pour élever d'un degré l'unité de poids de l'eau, on doit déduire de cette expérience que la quantité de chaleur, nécessaire pour élever d'un degré l'unité de poids du mercure, se représenterait par $\frac{3}{83}$ ou par $\frac{1}{28}$. Ces nombres 1 et $\frac{1}{28}$ expriment les *capacités pour la chaleur* de ces deux corps.

On vient de comparer deux corps sous l'unité de poids, ce qui donne des capacités très inégales. Si on compare ainsi les corps simples, mais sous des poids proportionnels à leurs poids atomiques, on arrive à des capacités presque toujours égales, et c'est là ce qui constitue la loi remarquable observée par MM. Dulong et Petit.

Elle suppose que les atomes des corps simples ont la même capacité pour la chaleur, c'est-à-dire que pour échauffer d'un degré 201 parties de soufre, il faut exactement la même quantité de chaleur que pour échauffer d'un degré 1243 p. de platine, etc.

Il est clair que, pour découvrir cette loi, il fallait déjà connaître les poids atomiques des corps déduits à-peu-près des rapports suivant lesquels ils se combinent. Mais en admettant sa réalité, on pourra s'en servir pour se décider parmi deux ou trois nombres, entre lesquels le choix des chimistes demeure souvent incertain à l'égard de plusieurs corps simples.

Avant de faire connaître les atomes qui résulteraient des expériences de MM. Dulong et Petit, observons que pour passer des chaleurs spécifiques sous l'unité de poids, fournies par l'observation, aux capacités des particules elles-mêmes, il faudrait diviser les premières par le nombre des particules contenues dans l'unité de poids. Mais comme il est évident que le nombre de particules que renferment des poids égaux de deux matières est en raison inverse du poids de ces mêmes particules, on arrive à la vérification de la loi dont il s'agit, en multipliant les capacités déduites de l'expérience par le poids de l'atome correspondant. Si la loi est exacte, on doit obtenir des produits sensiblement égaux, ou ne différant les uns des autres que de quantités assez faibles pour qu'on puisse les attribuer aux erreurs de l'observation. Voici la table renfermant les résultats de l'expérience.

	Chaleurs spécifiques.	Poids atomiques.	Produits des poids atomiques par les capacités.
Bismuth	0,0288	1330	38,30
Plomb	0,0293	1294	37,94
Or	0,0298	1243	37,04
Platine	0,0314	1233	38,71
Etain	0,0514	735	37,79
Argent	0,0557	671	37,59
Zinc	0,0927	603	37,36
Tellure	0,0912	401	36,57
Cuivre	0,0949	395	37,55
Nickel	0,1035	369	38,19
Fer	0,1100	339	37,31
Cobalt	0,1498	246	36,85
Soufre	0,1880	201	37,80

Comme le produit moyen serait environ 37,50, on voit que quand on cherche l'atome d'un corps simple, connaissant déjà sa capacité sous l'unité de poids, il suffit de diviser 37,5 par cette capacité pour l'obtenir.

Mais ceci suppose que la loi soit admise sans difficulté, ce qui n'est pas tout-à-fait le cas, comme on va le voir par l'examen attentif de quelques-uns de ces nombres.

Le premier qui nous frappe est celui qui concerne l'argent.

D'après des considérations purement chimiques, on lui attribue généralement 1351 pour poids atomique, tandis que sa capacité ferait croire qu'il faut réduire ce poids à 675. On ne peut changer le premier de ces nombres, sans porter une altération profonde aux idées qui ont guidé les chimistes; on ne peut rejeter le second, sans modifier la loi posée par MM. Dulong et Petit.

En observant que le poids atomique de l'argent est plus faible de moitié qu'on ne l'admettait, on est frappé de la coïncidence de cette réduction avec celle qu'on a déjà indiquée pour le mercure, d'après la densité de sa vapeur. Ces deux métaux ont beaucoup d'analogie, et il serait peu surprenant qu'ils fussent réunis par quelque propriété moléculaire fondamentale. Mais, s'il faut en croire les expériences les moins contestables sur la capacité calorifique du mercure, elle serait égale à 0,03 environ, ce qui donnerait pour son poids atomique $\frac{37,5}{0,03} = 1250$; nombre qui est sensiblement d'accord avec celui qui est adopté par les chimistes, 1265, et qui diffère tout-à-fait de 632 que la densité de sa vapeur nous avait fourni.

Le mercure et l'argent, qui ont beaucoup d'analogie par leurs propriétés chimiques, et qui s'accordaient quand on classait le premier par sa vapeur et le second par sa capacité, s'écartent donc tout-à-fait, quand on les compare sous le même point de vue physique.

On peut expliquer, il est vrai, cette singulière discordance, en observant que l'état liquide du mercure exerce probablement une grande influence sur sa capacité; que celle-ci est peut-être beaucoup plus forte que ne le serait celle du mercure solide; et de fait, on ne peut avoir d'opinion à ce sujet, tant qu'il n'aura pas été l'objet d'expériences nouvelles.

D'un autre côté, en parcourant la table qui précède, on voit que le cobalt y est inscrit, comme ayant un poids atomique égal à 246. Or, s'il existe quelque chose de clair en chimie, c'est l'analogie du cobalt et du nickel, c'est, par conséquent, la nécessité de donner au cobalt un poids atomique égal à 369, c'est-à-dire, dans le rapport de 3 : 2 avec le précédent.

Enfin, le soufre, qui nous avait offert une densité de vapeur si éloignée de toute prévision, se trouve ici avoir une capacité tout-à-fait conforme à celle que son poids atomique généralement adopté aurait fait présumer.

Mais, par un contraste bizarre, le tellure, que ses analogies remarquables avec le soufre ont permis de ranger parmi les corps dont le poids atomique semble le mieux connu, va nous offrir une exception nouvelle. En effet, d'après sa capacité pour la chaleur, son poids atomique serait égal à 401; tandis que sa comparaison avec le soufre oblige à considérer ce poids comme égal à 802, c'est-à-dire au double du premier nombre.

Ainsi, dans la table qui précède, il y a trois corps, le cobalt, le tellure et l'argent, qui s'écartent des poids adoptés par les chimistes.

On peut donc dire que, le plus souvent, les atomes des corps simples ont même capacité pour la chaleur. Mais avant d'appliquer cette règle d'une manière absolue, il faut peut-être recourir à des expériences nouvelles, embrassant un plus grand nombre de corps simples, d'autant plus qu'on a écarté, en dressant cette table, quelques corps, comme l'arsenic et le carbone, qui s'écartaient trop des prévisions de la chimie.

Il est bien à desirer qu'un physicien habile soumette également à une étude attentive, les capacités pour la chaleur des corps composés, en les choisissant parmi ceux que les chimistes regardent comme étant analogues par le nombre et l'arrangement de leurs molécules. En effet, comme on va le voir, ces combinaisons ont, à ce qu'il paraît, des atomes doués de la même capacité pour la chaleur; et il résulterait de la connaissance de cette capacité de nouvelles et importantes conséquences pour la théorie générale de la chimie.

Depuis peu, MM. Neumann et Avogadro, ayant fait quelques expériences sur la capacité des combinaisons, nous extrairons du travail du premier de ces physiciens, les faits les plus saillans. Il a trouvé, comme nous venons de l'indiquer, que dans les combinaisons analogues, la capacité des atomes pour la chaleur est la même.

On peut en juger par les exemples suivans, dans lesquels les poids atomiques employés, sont ceux que les chimistes adoptent généralement.

	Capacité pour la chaleur.	Poids atomique.	Produit du poids atomique par la capacité.
Carbonate de chaux (1).....	0,2044	632	129,2
Carbonate de baryte	0,1080	1231	132,9
Carbonate de fer...........	0,1819	715	130,0
Carbonate de plomb........	0,0810	1668	135,0
Carbonate de zinc.........	0,1712	779	133,5
Carbonate de strontiane....	0,1445	923	133,2
Dolomie (carbonate double de chaux et de magnésie).....	0,2161	$\frac{1161}{2}$	116,1
Moyenne........................			131,4

(1) La chaleur spécifique de l'arragonite est la même, 0,202; ce qui est d'accord avec le reste du tableau, où l'on trouve des carbonates dimorphes, sans que leurs capacités diffèrent.

Ainsi on pourrait regarder comme constante, la chaleur spécifique de l'atome, en ce qui concerne les carbonates dont la base renferme un seul atome d'oxigène, comme ceux qu'on vient de citer.

Les sulfates offriraient un semblable résultat, comme on va le voir.

	Capacités.	Atomes.	Produit.
Sulfate de baryte	0,1068	1458	155,7
Sulfate de chaux	0,1854	857	158,9
Sulfate de strontiane	0,1300	1148	149,2
Sulfate de plomb	9,0830	1895	157,3
		Moyenne...	154,6

Ces exemples paraissent tout-à-fait concluans. On peut donc espérer que l'étude des chaleurs spécifiques des combinaisons fournira de précieuses données sur leur véritable formule. Mais malheureusement, c'est un travail presque entièrement neuf à exécuter ; car, à l'exception de quelques substances minérales, qui ajoutent peu à nos connaissances, M. Neumann s'est borné à l'examen des sels qu'on vient de citer, et à celui de quelques oxides ou sulfures naturels, qui laissent beaucoup à desirer.

En résumé, il paraît que la chimie atomique, sans devenir une science positive par l'étude approfondie des chaleurs spécifiques, y gagnerait cependant beaucoup. On ne saurait donc trop engager les chimistes à s'en occuper, et s'il reste encore quelques petites difficultés sur la véritable acception de la loi de MM. Dulong et Petit, tout porte à croire qu'elles disparaîtront quand on se livrera à un examen sérieux de la question.

3160. En admettant les poids atomiques déduits des densités des corps simples gazeux, ainsi que ceux qu'on obtient par les chaleurs spécifiques, ce qui est loin d'être permis dans l'état des choses, il resterait encore beaucoup de corps simples, auxquels ces deux méthodes ne sont point applicables. Pour déterminer le poids atomique de ces derniers, avec quelque probabilité, on doit recourir à l'étude des formes cristallines de quelques-unes de leurs combinaisons.

M. Gay-Lussac avait remarqué, il y a long-temps, que l'alun à base de potasse, et l'alun à base d'ammoniaque, pouvaient se mêler dans toutes les proportions, sans que leurs formes fussent altérées ; qu'on pouvait même porter alternativement un même cristal d'alun dans des dissolutions de ces deux sels, et qu'il continuait à y grossir, sans éprouver de modification apparente. Les deux aluns pouvaient donc se mêler ou se superposer dans le même cristal, sans que sa forme en fût altérée.

Cette observation remarquable n'eut aucune suite. Mais plus tard, M. Mitscherlich ayant eu l'occasion d'examiner un grand nombre de corps doués de cette propriété, s'est assuré qu'elle tenait à une loi générale, qu'il a signalée le premier à l'attention des chimistes et des physiciens.

Le fait fondamental consiste donc en ce que les sels, et en général, les composés, qui ont même formule atomique, peuvent cristalliser ensemble, et se mêler en toutes proportions, dans le cristal obtenu, sans que celui-ci se trouve modifié dans sa forme fondamentale, bien que les angles éprouvent de légères altérations dans leurs valeurs.

Ce fait s'explique, comme l'a vu M. Mitscherlich, par la raison que les sels, et en général, les corps, qui ont la même formule atomique, ont aussi la même forme cristalline fondamentale, et ne diffèrent entre eux, sous ce rapport, que par la valeur des angles, qui n'est pas identique. Il est donc facile de comprendre que les corps de même forme puissent se substituer l'un à l'autre dans un cristal, sans que celui-ci s'altère; le vide laissé par la substance qui disparaît étant exactement rempli par la substance qui s'ajoute.

Cette identité de forme, cette faculté de substitution, appartient également aux corps de toutes les classes. Les corps simples, les oxides, les sulfures, les sels, les matières organiques offrent également cette propriété, qui doit être considérée comme une propriété générale des corps. M. Mitscherlich l'a désignée sous le nom d'*isomorphisme*; il appelle *isomorphes* les substances qui, cristallisant de la même manière, peuvent se substituer l'une à l'autre, sans changer la forme du produit, et il les regarde comme étant généralement composées du même nombre d'atomes, unis de la même manière.

Cette dernière condition, qui s'accorde dans un très grand nombre de cas avec les données de la chimie, étant admise, on peut, sans la moindre difficulté, déterminer les poids atomiques des corps simples, qui n'ont été l'objet d'aucune expérience propre à faire connaître leur chaleur spécifique ou leur densité à l'état de vapeur.

En effet, on sait d'après la chaleur spécifique du fer, que ce métal a pour poids atomique 339, et d'après l'analyse de ses deux principaux oxides, on est conduit aux formules suivantes :

Le protoxide renferme

$$\left.\begin{array}{ll} \text{Fer} \ldots & 77,23 \\ \text{Oxigène.} & 22,77 \end{array}\right\} 100,00$$

On a donc la proportion :

$$77,23 : 22,77 :: 339 : x \ldots x = 106.$$

Ce protoxide contient donc 339 de fer pour 100 d'oxigène, c'est-à-dire, 1 at. de chaque élément.

Le sesqui-oxide de fer renferme

$$\left.\begin{array}{ll}\text{Fer.} \ldots & 69, 34\\ \text{Oxigène.} & 30, 66\end{array}\right\} 100, 00$$

Ce qui permet d'établir la proportion :

$$69,34 : 30,66 :: 339 : x \ldots x = 150.$$

On a donc 339 de fer pour 150 d'oxigène, c'est-à-dire 1 at. de fer pour $1\frac{1}{2}$ at. d'oxigène, ou bien encore, 2 at. de fer pour 3 at. d'oxigène.

Ceci posé, on remarquera que le protoxide de fer peut être remplacé dans le carbonate ou dans le sulfate de fer, par un grand nombre d'oxides, tels que la magnésie, la chaux, le protoxide de manganèse, le bi-oxide de cuivre, l'oxide de zinc, l'oxide de cobalt, celui de nickel, etc. L'analyse de ces oxides étant connue, rien de plus aisé que d'en tirer le poids atomique du métal, quand il n'est pas connu lui-même.

On sait, par exemple, que la chaux renferme :

$$\left.\begin{array}{ll}\text{Calcium.} \ldots & 71,91\\ \text{Oxigène.} \ldots & 28,09\end{array}\right\} 100,00$$

Pour arriver au poids atomique du calcium, sachant que la chaux doit contenir, comme le protoxide de fer, 1 at. de métal pour 1 at. d'oxigène, on dira :

$$71,91 : 28,09 :: x : 100 \ldots x = 256.$$

Et de même pour les métaux fort nombreux qui donnent des oxides isomorphes avec les précédens.

D'un autre côté, sachant combien le sesqui-oxide de fer renferme d'atomes de métal et d'oxigène, on pourra retrouver le poids atomique des métaux qui fournissent des oxides isomorphes avec lui. Comme on s'est assuré, par exemple, que le sesqui-oxide de fer, le sesqui-oxide de manganèse, l'oxide de chrôme et l'alumine peuvent se remplacer et se mêler dans la composition de l'alun, sans que la forme en souffre d'altération, nous en tirerons la conséquence que ces oxides contiennent aussi 2 at. de métal pour 3 at. d'oxigène.

Ainsi, l'on sait, par exemple, que l'alumine est formée de

$$\left.\begin{array}{ll}\text{Oxigène.} \ldots & 46,71\\ \text{Aluminium.} \ldots & 53,29\end{array}\right\} 100,00$$

Et en établissant la proportion suivante, on trouve le poids atomique de l'aluminium :

$$46,71 : 53,29 :: 300 : 2x \ldots x = 171,16.$$

Un dernier exemple mettra mieux en évidence combien peuvent être variées, et cependant fidèles, les indications de l'isomorphisme.

Le protoxide de manganèse est isomorphe avec le protoxide de fer; il renferme donc 1 at. de métal et 1 at. d'oxigène, ce qui, d'après sa composition centésimale, donnerait :

78,06 manganèse : 21,94 oxigène :: x : 100... $x = 345,8$.

Le sesqui-oxide de manganèse est isomorphe avec le sesqui-oxide de fer; d'où l'on tire, sa composition étant connue,

70,34 manganèse : 29,66 oxigène :: 2 x : 300.. $x = 345,8$.

L'acide manganique est isomorphe avec l'acide sulfurique. Or, ce dernier, d'après le poids d'atome que la chaleur spécifique du soufre lui attribue, renferme 1 at. de soufre et 3 d'oxigène. On a donc la même formule pour l'acide manganique, et son analyse conduit à la proportion suivante.

53,55 manganèse : 46,45 oxigène :: x : 300... $x = 345,8$.

Enfin, l'acide hyper-manganique est isomorphe avec l'acide hyper-chlorique, et, comme celui-ci est composé de 2 volumes de chlore pour 7 d'oxigène, il en faut conclure que l'acide hyper-manganique renferme lui-même 2 at. de manganèse pour 7 d'oxigène; ce qui nous permet de tirer la proportion suivante de son analyse :

49,71 manganèse : 50,29 oxigène :: 2 x : 700... $x = 345,8$.

Ainsi, quatre classes fort distinctes de combinaisons conduisent au même résultat.

L'isomorphisme peut donc nous diriger avec quelque certitude à l'égard des corps simples, qui n'ont pas encore été étudiés par les autres méthodes.

3161. Quiconque voudra même jeter un coup-d'œil sur les travaux relatifs à la théorie atomique, et antérieurs à la découverte des lois que nous avons exposées dans cet essai, reconnaîtra sans peine qu'on se dirigeait par un sentiment de ressemblance entre les corps, qui n'était, au fond, autre chose que l'isomorphisme lui-même. Cette propriété a donc l'immense avantage de satisfaire, dans le classement qu'on en déduit, à toutes les convenances de la chimie. Elle rend nettes et précises des perceptions de ressemblance qui avaient frappé plus ou moins les observateurs; et si jamais la chimie possède une classification naturelle, c'est sur l'isomorphisme qu'il faudra la fonder.

Comme cette propriété est la dernière de celles que nous nous étions proposé d'employer à la formation de la table des poids atomiques des corps simples, nous allons maintenant présenter celle-ci dans son ensemble, en y joignant pour chaque corps les observations nécessaires.

Observons seulement que, en général, parmi les métaux, ceux qui ont le poids atomique le plus fort, sont aussi les plus denses. Il en résulte que, lorsque pour un métal dense, le poids atomique n'a été fixé par aucun moyen, on est disposé à lui attribuer un poids considérable. et qu'on adopte une opinion contraire, quand il s'agit des métaux légers. Il est facile de se convaincre en effet que les métaux dont la densité est au-dessus de 9, ont un poids atomique égal à 1200 environ, tandis que ceux dont la densité est au-dessous de 9, ont un poids atomique qui ne va guère au-delà de 400 ou 500.

Poids atomique.

Oxigène.....	100,	pris ici comme unité.
Hydrogène...	6,24,	d'après sa densité.
Azote.......	88,51,	id.
Chlore......	221,32,	id.
Brôme......	489,15,	id.
Iode........	789,75,	id.
Fluor.......	116,90,	d'après l'isomorphisme des fluorures et des chlorures.
Soufre......	201,16,	d'après sa chaleur spécifique.
Sélénium.....	494,58,	comme étant isomorphe avec le soufre.
Phosphore....	196,14,	à cause de son isomorphisme avec l'azote dans quelques composés.
Id..........	392,24,	par la densité de sa vapeur.
Carbone.....	152,88,	d'après sa chaleur spécifique, qui est égale à 0,26.
Id..........	76,44,	poids purement hypothétique admis par M. Berzelius, en supposant que l'acide carbonique renferme un demi-volume de vapeur de carbone.
Id..........	38,22,	poids également hypothétique, admis par M. Gay-Lussac, et que nous avons adopté, en supposant que l'acide carbonique renferme un demi-volume de vapeur de carbone. Ces deux exemples feront comprendre ce que signifie le mot hypothétique dans les cas suivans.
Bore........	68,10,	poids hypothétique admis par M. Dumas.
Id..........	136,20,	poids également hypothétique, admis par M. Berzelius.
Silicium.....	92,43,	poids hypothétique admis par M. Dumas.
Id..........	277,32,	poids également hypothétique, admis par M. Berzelius.
Arsenic......	470,12,	comme isomorphe avec le phosphore, et quand on admet le premier poids atomique pour celui-ci.
Id..........	940,24,	par la densité de sa vapeur.
Chrôme.....	351,81,	l'acide chromique étant isomorphe avec l'acide sulfurique, et l'oxide vert de chrôme avec l'oxide rouge de fer.
Vanadium....	856,89,	isomorphe avec le chrôme à tous égards
Molybdène...	598,52,	poids hypothétique admis par M. Berzelius.
Tungstène....	1183,00,	les tungstates étant isomorphes avec les molybdates, on a suivi la même hypothèse.
Antimoine...	806,45,	d'après sa chaleur spécifique, qui est égale à 0,047.

Tellure......   400,87, d'après sa chaleur spécifique.
Id..........   801,74, d'après l'isomorphisme incontestable du
                        soufre et du tellure.
Colombium... 1153,71, poids hypothétique admis par M. Ber-
                        zelius.
Titane....... 303,66, d'après l'isomorphisme de l'acide tita-
                        nique et du bi-oxide d'étain.
Or .... 1243,01, d'après sa chaleur spécifique.
Osmium..... 1244,48, isomorphe avec le platine.
Iridium...... 1233,50,   id.
Palladium....   665,90,   id.
Platine ..... 1233,50, d'après sa chaleur spécifique.
Rhodium....   651,38, hypothétique.
Argent......   675,80, d'après sa chaleur spécifique.
Id..........   1351,60, le sulfate d'argent étant isomorphe avec
                        celui de soude.
Mercure.....   632,91, d'après la densité de sa vapeur.
Id.........   1265,82, d'après sa chaleur spécifique.
Cuivre ,.....   395,69, d'après sa chaleur spécifique.
Urane.......   2711,36, hypothétique.
Bismuth.....   886,92, en le supposant analogue au plomb.
Id..........   1330,37, d'après sa chaleur spécifique.
Etain.......   735,29,   id.
Plomb.......   1294,50,   id.
Cadmium ....   696,77, son oxide étant considéré comme iso-
                        morphe avec l'oxide de zinc.
Zinc........   403,23, d'après sa chaleur spécifique.
Nickel......   369,67,   id.
Cobalt......   246,66,   id.
Id..........   368,99, comme étant isomorphe avec le nickel,
                        le zinc, le cuivre, le fer, etc.
Fer.........   339,21, d'après sa chaleur spécifique.
Manganèse...   345,89, son protoxide étant isomorphe avec le
                        protoxide de fer, etc.
Cérium......   574,70, hypothétique.
Thorinium...   744,90,   id.
Zirconium...   420,20, son fluorure étant isomorphe avec celui
                        d'aluminium et celui de fer.
Yttrium.....   402,51, hypothétique.
Glucinium...   331,26,   id.
Aluminium..   171,17, L'alumine étant isomorphe avec le ses-
                        qui-oxide de fer, etc.
Magnésium..   158,35, La magnésie étant isomorphe avec le
                        protoxide de fer.
Calcium ....   256,03, même motif.
Strontium...   547,28, le carbonate de strontiane étant isomor-
                        phe avec l'arragonite.
Barium.....   856,88, le carbonate de baryte étant dans le
                        même cas.
Lithium....   80,37, en supposant que leurs protoxides ne
Sodium.....   290,90, renferment qu'un seul atome d'oxigène,
Potassium..   489,91, comme étant des bases très énergiques.

3162. Nous avons fait remarquer plus haut qu'il existait quelques relations entre le poids atomique des métaux et leur pesanteur spécifique; mais cette relation exprimée comme nous l'avons
fait, paraîtrait un peu vague. On conçoit cependant, que
lorsqu'on connaît le poids de deux corps simples à volumes

égaux et le poids de leurs particules, on puisse en déduire le rapport qui existe entre les distances des particules de ces deux corps, ou bien, entre les espaces qu'elles occupent. Enfin, et ceci revient au même, on peut comparer le nombre de leurs particules ou atomes, pour des volumes égaux de matière.

C'est ce que M. Dumas a fait, en se fondant sur les densités les mieux établies, et sur les poids atomiques précédemment admis.

Soient D et d, les poids des deux corps à volumes égaux, ou leurs densités; P, p, les poids respectifs de leurs atomes; $\frac{D}{P}$ et $\frac{d}{p}$ seront des quantités proportionnelles au nombre des atomes de ces deux corps sous le même volume. Les densités et les poids atomiques n'ayant rien d'absolu et n'exprimant que des rapports, il en sera de même évidemment pour le nombre des atomes.

Or, il est facile de voir, par quelque exemple, que ces rapports sont remarquables par leur simplicité, quand on compare entre eux des corps qui ont de l'analogie.

	Densités.	Poids atomiques.	Nombre d'atomes à volumes égaux.
Fer........	7,8	339	0,023
Cobalt.....	8,5	369	0,023
Nickel.....	8,6	369	0,023
Cuivre.....	8,9	395	0,023
Manganèse.	8,0	345	0,023
Carbone..	3,55 (diamant)	153	0,023
Id.		76,5	0,046
Id.		38,2	0,092

Les cinq métaux que ce tableau renferme sont isomorphes, comme on sait. On voit, d'après les chiffres inscrits dans la troisième colonne, qu'aux propriétés analogues qui les réunissent déjà, on peut ajouter que, sous le même volume, ils renferment le même nombre d'atomes.

Le carbone contient aussi le même nombre d'atomes qu'eux à volume égal, ou tout au moins, un nombre exactement double ou quadruple, selon qu'on lui attribue l'un ou l'autre des poids atomiques énoncés plus haut. Sans vouloir pousser ce rapprochement trop loin, n'est-il pas à remarquer du moins, que le fer liquide puisse dissoudre le charbon en grande quantité, et l'abandonner par le refroidissement, sous forme lamelleuse, comme si les particules du fer et du carbone pouvant s'interposer avec la plus grande facilité, occupaient le même espace ou des espaces en rapports simples.

Les nombres qui précèdent sont trop réguliers, pour qu'on puisse considérer leur coïncidence comme un cas fortuit, mais en tous cas, les exemples suivans leveraient tous les doutes.

	Densités.	Poids atomiques.	Nombre d'atomes à vol. égaux.
Platine............	21,5	1233	0,017

	Densités	Poids atomiques	Nombre d'at. à vol. égal
Palladium	11,8	666	0,017
Rhodium	11,2	651	0,017
Iridium, au moins	19,0	1233	0,016
Osmium	10,0	622	0,016
Id.	Id.	1244	0,008
Chrôme	5,9	352	0,017
Titane	5,3	303	0,017
Zinc	7,9	403	0,017

On ne peut manquer d'être frappé de la parfaite ressemblance, à cet égard, du platine, du palladium, du rhodium, et de l'iridium, qui sont isomorphes, et du rapport simple qui, tout au moins, lie l'osmium à ces métaux.

Le molybdène et le tungstène offrent à cet égard un des exemples les plus curieux, à cause de la grande différence qui existe entre leurs poids atomiques et leurs densités, et à cause de l'analogie qui les unit sous le rapport de leurs propriétés. On a, en effet :

	Densités.	Poids atomiques.	Nombre d'at. à vol. égal.
Molybdène	8,6	598	0,014
Tungstène	17,4	1183	0,014

Voici quelques exemples de même nature groupés en deux séries, dans lesquelles on trouvera du reste quelques corps qui n'ont pas de propriétés communes.

	Densités.	Poids atomiques.	Nombre des at. à vol. égal.
Or	19,3	1243	0,0155
Argent	10,51	675	0,0154
Id.	Id.	1351	0,0077
Bismuth	9,88	1330	0,0074
Tellure	6,11	802	0,0077
Antimoine	6,8	806	0,0084
Plomb	11,3	1295	0,0087
Sélénium	4,3	494	0,0087
Phosphore	1,7	196	0,0087

Enfin, on peut être curieux de comparer sous ce rapport les solides élémentaires les plus légers et les plus denses, et l'on arrive aux nombres suivans :

	Densités.	Poids atomiques.	Nombre des at. à vol. égal.
Sodium	0,972	291	0,0033
Id.	Id.	582	0,0016
Potassium	0,865	491	0,0017
Platine	21,5	1233	0,0170

D'où l'on voit que, à volume égal, le platine renferme 5 fois autant d'atomes que le sodium, et 10 fois autant que le potassium.

Ainsi, quelle que soit celle des propriétés de la matière que l'on envisage, les notions qu'on s'en forme sont singulièrement simplifiées, dès qu'on y fait entrer, non-seulement l'idée d'atome, mais encore la valeur pondérale des atomes admis par les chimistes. Il faut conclure de cet ensemble de faits que ceux-ci sont dans la vérité, quand ils admettent l'existence des atomes, et qu'ils leur attribuent un poids égal, ou du moins proportionnel à celui qu'on a énoncé.

Mais, s'il fallait se prononcer sur ce dernier point, personne ne le pourrait sans aucun doute. A quoi reconnaître que les nombres adoptés sont les véritables, et qu'ils ne devront plus être remplacés par leurs multiples ou par leurs sous-multiples? Quelles règles suivre pour les former, quand nous voyons des lois également admissibles conduire, pour le même corps, à des valeurs différentes?

Voici notre réponse à ces questions, que chacun se fait en commençant l'étude de la théorie atomique, et qu'on se répète quand on en a parcouru tous les détails.

S'agit-il des besoins de la chimie? Les poids atomiques fondés sur l'isomorphisme sont ceux qui lui conviennent le mieux, en ce qu'ils attribuent les mêmes formules à des corps qui sont en général, doués de propriétés communes, et qu'il est essentiel de rapprocher sous tous les rapports. Ne perdons pas de vue, en effet, que les poids atomiques des chimistes, formés par tâtonnement et sans aucune règle, n'ont subi presque aucune altération, quand on est venu les contrôler par des lois physiques. Ainsi, rien ne nous oblige à nous départir de cette méthode.

A ce compte, les chaleurs spécifiques, les densités à l'état gazeux, et généralement les propriétés physiques des molécules, interviendraient comme caractères, mais leurs décisions pourraient être écartées, si les faits chimiques s'en trouvaient trop fortement contrariés. Si la comparaison était permise, on ferait remarquer que dans la classification naturelle des êtres organisés, on voit certains caractères perdre toute leur importance ou acquérir une importance prépondérante, selon qu'on envisage telle ou telle famille. Qui pourrait affirmer qu'il n'en est pas de même des diverses familles des corps simples? N'est-il point possible, en effet, que les uns doivent être rapprochés ou classés en raison de leurs chaleurs spécifiques, tandis que les autres devraient l'être par les densités de leurs vapeurs, et d'autres enfin par des propriétés que nous ignorons encore.

Les naturalistes savent trop bien que les caractères n'ont point une valeur absolue, que celle-ci change d'une famille à l'autre, pour qu'il soit nécessaire de développer davantage cette idée. En insistant donc sur l'importance qu'on doit attacher aux expériences que la théorie atomique réclame, on ne serait pas surpris qu'elles ne fissent que confirmer de plus en plus les poids d'atomes admis aujourd'hui, quelque désaccord qu'il y ait en apparence dans leurs divers modes de formation.

CORPS simples.	POIDS de LEUR ATOME.	OXIDES, ACIDES, et COMPOSÉS combustibles.	FORMULES des OXIDES, etc.	FORMULES des SELS (1).
Oxigène....	100.			
Azote (Az)..	88,51.	Protoxide d'azote..	$Az^2 O$	
		Bi-oxide.........,	$Az^2 O^3$ ou $Az O$	
		Acide azoteux.....	$Az^2 O^3$	Azotites.
		Ac. hypo-azotique..	$Az^2 O^4$ ou $Az O^2$	$Az^2 O^3, X O$
		Acide azotique....	$Az^2 O^5$	Azotates.
		Ac. azot. concentré.	$Az^2 O^5, H^2 O$	$Az^2 O^5, X O$
		Cyanogène.......	$Az^2 C^4$ ou $Az C^2$	
		Ammoniaque.....	$Az^2 H^6$ ou $Az H^3$	
Bore (B)...	68,10.	Acide borique....	$B^2 O^3$	Borates.
		— cristallisé...	$B^2 O^3, 3H^2 O$	$2 B^2 O^3, X O$
		Chlorure........	$B^2 Ch^6$ ou $B Ch^3$	
		Acide fluoborique.	$B^2 F^6$ ou $B F^3$	
Brome (Br)..	489,15.	Acide bromique...	$Br^2 O^5$	Bromates.
		Ac. bromhydrique.	$H^2 Br^2$ ou $H Br$	$Br^2 O^5, X O$
Carbone (C).	38,22.	Oxide de carbone..	$C^2 O$	Carbonates. $C^2 O^3, X O$
		Acide carbonique..	$C^2 O^3$ ou CO	Sesqui-carb. $C^3 O^3, X O$
		Proto-chlorure....	$C Ch$	Bi-carbonates.
		Sesqui-chlorure....	$C^3 Ch^3$	$C^4 O^4, X O$
Chlore (Ch).	221,32.	Acide chloreux....	$Ch^2 O$	Chlorites. $Ch^3 O, X O$
		Oxide de chlore ou ac. hypo-chloriq.	$Ch^2 O^2$ ou $Ch O$	
		Acide chlorique:..	$Ch^3 O^5$	Chlorates. $Ch^3 O^5, X O$
		Ac. hyper-chloriq..	$Ch^3 O^7$	Hyper-chlor. $Ch^3 O^7, X O$
		Ac. chlorhydrique.	$H^2 Ch^2$ ou $H Ch$	
Fluor (F)..	116,90.	Acide fluor-hydriq.	$H^2 F^2$ ou $H F$	

(1) X représente la quantité d'un radical quelconque qui se trouve combiné avec un atome d'oxigène dans la base du sel. Si donc celle-ci est, par exemple, la potasse ($K O$), X remplacera un atome de potassium. Si la base est l'alumine ($Al^2 O^3$ ou $Al^{\frac{2}{3}} O$), X représentera seulement $\frac{2}{3}$ d'atome d'aluminium, etc. Toutes les fois que X n'équivaut qu'à un nombre d'atomes fractionnaire, il est facile d'amener la formule à ne renfermer que des atomes entiers : il suffit de le multiplier par le nombre d'atomes qui entrent dans sa base. Ainsi, au lieu de $Az^2 O^5, Al^{\frac{2}{3}} O$, on écrira $3 Az^2 O^5, Al^2 O^5$.

V. *Sixième édition,*

CORPS simples	POIDS de LEUR ATOME.	OXIDES, ACIDES, et COMPOSÉS combustibles.	FORMULES des OXIDES, etc.	FORMULES des SELS.
HYDROGÈNE (H).	6,24..	Eau	$H^2 O$	Hydrates. $\{H^2 O, X O$
		Bi-oxide d'hydrog..	$H^2 O^2$ ou $H O$	
IODE (I)....	789,75..	Acide iodique.....	$I^2 O^5$	Iodates. $\{I^2 O^5, X O$
		Acide hyper-iodiq.	$I^2 O^7$	Hyper-iodates. $\{I^2 O^7, X O$
		Acide iodhydrique.	$H^2 I^2$ ou $H I$	
		Iodure d'azote.....	$Az I^3$	
PHOSPHORE (P).	196,15..	Ac. hypo-phosphor^x.	$P^2 O$	Hypo-phosphites. $2 (P^2 O, X O) + 3 H^2 O$
		Ox. de phos.	$P^2 O^5$	
		Acide phosphoreux.	$P^2 O^3$	Phosphites. $P^2 O^5, 2 X O$
		Ac. phosphorique..	$P^2 O^5$	Phosphates. $P^2 O^5, 2 X O$
		Proto-chlorure....	$P Ch^3$	Phos.-sesqui-basiq. $2 P^2 O^5, 3 X O$
		Per-chlorure......	$P Ch^5$	
SÉLÉNIUM (Se).	494,58..	Acide sélénieux...	$Se O^2$	Sélénites. $\{Se O^2, X O$
		Acide sélénique...	$Se O^3$	Séléniates. $\{Se O^3, X O$
		Ac. sélénhydrique.	$H^2 Se$	
SILICIUM (Si).	277,31..	Silice ou ac. siliciq.	$Si O^3$	Silicates. $\{Si O^3, X O$
		Chlorure	$Si Ch^6$	
		Ac. flue-silicique...	$Si F^6$	
SOUFRE (S)..	201,16..	Ac. hypo-sulfureux.	$S O$	
		Acide sulfureux...	$S O^2$	Sulfites. $\{S O^2, X O$
		Ac. hypo-sulfurique.	$S^2 O^5$ ou $SO^5 + SO^2$	Hypo-sulfates. $\{S^2 O^5, X O$
		Acide sulfurique...	$S O^3$	Sulfates. $\{S O^3, X O$
		— concentré.	$S O^3, H^2 O$	
		Ac. sulf-hydrique..	$H^2 S$	
THORINIUM (Th).	744,90..	Thorine..........	$Th O$	
		Chlorure	$Th Ch^2$	
ZIRCONIUM (Zr).	420,20..	Zircone	$Zr^2 O^3$	
		Chlorure	$Zr Ch^5$	
ALUMINIUM (Al).	171,17..	Alumine..........	$Al^2 O^3$	
		Chlorure	$Al Ch^3$	
ANTIMOINE (Sb).	306,45..	Protoxide........	$Sb^2 O^3$	
		Acide antimonieux.	$Sb^2 O^4$ ou $Sb O^2$	Antimonites. $\{Sb^2 O^4, X O$
		Acide antimonique.	$Sb^2 O^5$	Antimoniates. $\{Sb^2 O^5, X O$
		Proto-chlorure....	$Sb Ch^3$	
		Per-chlorure.....	$Sb Ch^5$	
		Proto-sulfure.....	$Sb^2 S^3$	
		Proto-iodure.....	$Sb I^3$	

CORPS simples.	POIDS de LEUR ATOME.	OXIDES, ACIDES, et COMPOSÉS combustibles.	FORMULES des OXIDES, etc.	FORMULES des SELS.
Argent (Ag)	1351,61..	Protoxide............	Ag O	
		Sulfure............	Ag S	
		Chlorure..........	Ag Ch^3	
		Iodure............	Ag I^2	
Arsenic (As).	470,12..	Acide arsénieux...	As^2 O^5	Arsénites. $\{$As^2 O^5, 2 X O
		Acide arsénique...	As^2 O^5	Arséniates. $\{$As^2 O^5, 2 X O
		Proto-sulfure.....	As^2 S^2 ou As S	
		Deuto-sulfure.....	As^2 S^5	
		Fluorure........	As^2 Fl^6 ou As Fl^3	
		Chlorure.........	As^2 Ch^6 ou As Ch^3	
		Iodure...........	As^2 I^6 ou As I^3	
Barium (Ba).	856,93..	Baryte...........	Ba O	
		Bi-oxide........	Ba O^2	
		Proto-sulfure....	Ba S	
		Chlorure........	Ba Ch^2	
		Fluorure........	Ba F^2	
		Iodure.........	Ba I^2	
Bismuth (Bi).	886,92..	Protoxide........	Bi O	
		Sesqui-oxide.....	Bi^2 O	
		Sulfure.........	Bi S	
		Chlorure........	Bi C	
		Iodure.........	Bi I^2	
Cadmium (Cd)	696,77..	Oxide..........	Cd O	
		Sulfure........	Cd S	
Calcium (Ca)	256,03..	Chaux..........	Ca O	
		Bi-oxide.......	Ca O^2	
		Sulfure........	Ca S	
		Fluorure.......	Ca F^2	
		Chlorure.......	Ca Ch^2	
		Iodure.........	Ca I^2	
Cérium (Ce).	574,70..	Protoxide.......	Ce O	
		Sesqui-oxide....	Ce^2 O^5	
		Proto-chlorure...	Ce Ch^2	
		Sesqui-chlorure..	Ce Ch^3	
Chrome (Cr).	351,82..	Oxide.........	Cr^2 O^3	
		Acide chromique..	Cr O^5	Chromates. $\{$Cr O^3, X O
Cobalt (Co).	368,99..	Protoxide......	Co O	
		Per-oxide......	Co^2 O^5	
		Chlorure.......	Co Ch^2	
Colombium (Ta).	1153,72..	Oxide..........	Ta O	
		Acide colombique..	Ta^2 O^3	Colombates. $\{$Ta^2 O^3, X O

CORPS simples.	POIDS de LEUR ATOME.	OXIDES, ACIDES, et COMPOSÉS combustibles.	FORMULES des OXIDES, etc.	FORMULES des SELS.
Cuivre (*Cu*).	395,69.	Protoxide	$Cu^2\ O$	
		Bi-oxide	$Cu\ O$	
		Quadroxide	$Cu\ O^2$	
		Proto-sulfure	$Cu^2\ S$	
		Bi-sulfure	$Cu\ S$	
		Proto-chlorure	$Cu\ Ch$	
		Bi-chlorure	$Cu\ Ch^2$	
		Iodure	$Cu\ I$	
Etain (*Sn*).	735,29.	Protoxide	$Sn\ O$	
		Bi-oxide	$Sn\ O^2$	
		Proto-sulfure	$Sn\ S$	
		Bi-sulfure	$Sn\ S^2$	
		Proto-chlorure	$Sn\ Ch^3$	
		Bi-chlorure	$Sn\ Ch^4$	
		Iodure	$Sn\ I^2$	
Fer (*Fe*)...	339,21.	Protoxide	$Fe\ O$	
		Sesqui-oxide	$Fe^2\ O^3$	
		Proto-sulfure	$Fe\ S$	
		Per-sulfure	$Fe\ S^2$	
		Proto-chlorure	$Fe\ Ch^2$	
		Sesqui-chlorure	$Fe\ Ch^3$	
		Proto-iodure	$Fe\ I^2$	
Glucinium (*Gl*).	331,26.	Glucine	$Gl^2\ O^5$	
		Chlorure	$Gl\ Ch^5$	
Iridium (*Ir*).	1233,50.	Protoxide	$Ir\ O$	
		Sesqui-oxide	$Ir^2\ O^5$	
		Bi-oxide	$Ir\ O^2$	
		Tri-oxide	$Ir\ O^5$	
		Carbure	$Ir\ C^3$	
		Proto-sulfure	$Ir\ S$	
		Sesqui-sulfure	$Ir^2\ S^3$	
		Bi-sulfure	$Ir\ S^3$	
		Proto-chlorure	$Ir\ Ch^2$	
		Sesqui-chlorure	$Ir\ Ch^5$	
		Bi-chlorure	$Ir\ Ch^4$	
Lithium (*L*).	80,37.	Lithine	$L\ O$	
		Chlorure	$L\ Ch^2$	
Magnésium (*Mg*).	158,35.	Magnésie	$Mg\ O$	
		Chlorure	$Mg\ Ch^3$	
		Iodure	$Mg\ I^3$	
Manganèse (*Mn*).	345,89.	Protoxide	$Mn\ O$	
		Sesqui-oxide	$Mn^2\ O^5$	
		Per-oxide	$Mn\ O^2$	
		Acide manganique	$Mn\ O^3$	Manganates. $\{Mn\ O^3,\ X\ O$
		Ac. hyper-mangan	$Mn^2\ O^7$	Hyper-mangan. $\{Mn^2\ O^7,\ X\ O$
		Sulfure	$Mn\ S$	
		Proto-chlorure	$Mn\ Ch^2$	

CORPS simples.	POIDS de LEUR ATOME.	OXIDES, ACIDES, et COMPOSÉS combustibles.	FORMULES des OXIDES, etc.	FORMULES des SELS.
MERCURE (*Hg*).	1265,82.	Protoxide........	$Hg^2\,O$	
		Bi-oxide.........	$Hg\,O$	
		Proto-sulfure.....	$Hg^2\,S$	
		Bi-sulfure........	$Hg\,S$	
		Proto-chlorure....	$Hg\,Ch$	
		Bi-chlorure......	$Hg\,Ch^2$	
		Proto-iodure......	$Hg\,I$	
		Bi-iodure........	$Hg\,I^2$	
MOLYBDÈNE (*Mo*).	598,52.	Oxide...........	$Mo\,O$	Molybdates. $Mo\,O^3,\,X\,O$
		Acide molybdeux..	$Mo\,O^2$	
		Acide molybdique..	$Mo\,O^3$	
		Sulfure..........	$Mo\,S^2$	
		Tri-sulfure.......	$Mo\,S^3$	
NICKEL (*Ni*).	369,67.	Protoxide........	$Ni\,O$	
		Per-oxide........	$Ni^2\,O^5$	
		Sulfure..........	$Ni\,S$	
		Chlorure........	$Ni\,Ch^2$	
OR (*Au*)..	1243,02.	Protoxide........	$Au^2\,O$	
		Per-oxide........	$Au^2\,O^5$	
		Sulfure..........	$Au^2\,S$	
		Proto-chlorure....	$Au\,Ch$	
		Tri-chlorure......	$Au\,Ch^5$	
OSMIUM (*Os*).	1244 48.	Protoxide........	$Os\,O$	
		Sesqui-oxide......	$Os^2\,O^3$	
		Bi-oxide.........	$Os\,O^2$	
		Tri-oxide........	$Os\,O^5$	
		Acide osmique....	$Os\,O^4$	
		Quadri-sulfure....	$Os\,S^4$	
		Proto-chlorure....	$Os\,Ch^2$	
		Bi-chlorure......	$Os\,Ch^4$	
PALLADIUM (*Pa*).	665,90.	Protoxide........	$Pa\,O$	
		Bi-oxide.........	$Pa\,O^2$	
		Proto-sulfure.....	$Pa\,S$	
		Proto-chlorure....	$Pa\,Ch^2$	
		Bi-chlorure......	$Pa\,Ch^4$	
PLATINE (*Pt*).	1233,50.	Protoxide........	$Pt\,O$	
		Bi-oxide.........	$Pt\,O^2$	
		Proto-sulfure.....	$Pt\,S$	
		Bi-sulfure........	$Pt\,S^2$	
		Proto-chlorure....	$Pt\,Ch^3$	
		Bi-chlorure......	$Pt\,Ch^4$	
PLOMB (*Pb*).	1294,50.	Protoxide........	$Pb\,O$	
		Sesqui-oxide......	$Pb^2\,O^5$	
		Bi-oxide.........	$Pb\,O^2$	
		Proto-sulfure.....	$Pb\,S$	
		Fluorure.........	$Pb\,Fl^2$	
		Chlorure........	$Pb\,Ch^2$	
		Iodure..........	$Pb\,I^2$	

CORPS simples.	POIDS de LEUR ATOME.	OXIDES, ACIDES, et COMPOSÉS combustibles.	FORMULES des OXIDES, etc.	FORMULES des SELS.
POTASSIUM (K).	489,92.	Potasse............	K O	
		Per-oxide.........	K O^5	
		Chlorure.........	K Ch^2	
		Fluorure.........	K Fl^2	
		Bromure.........	K Br^2	
		Iodure...........	K I^2	
		Proto-sulfure......	K S	
RHODIUM (R).	651,4.	Protoxide.........	R O	
		Sesqui-oxide......	R^2 O^3	
		Sulfure...........	R^2 S^5	
		Sesqui-chlorure....	R Ch^3	
SODIUM (Na).	290,90.	Soude............	Na O	
		Per-oxide.........	Na^2 O^5	
		Proto-sulfure.....	Na S	
		Chlorure.........	Na Ch^2	
		Fluorure.........	Na Fl^2	
		Bromure.........	Na Br^2	
		Iodure...........	Na I^2	
STRONTIUM (Sr).	547,28.	Strontiane........	Sr O	
		Bi-oxide..........	Sr O^2	
		Proto-sulfure.....	Sr S	
		Chlorure.........	Sr Ch^2	
		Iodure...........	Sr I^2	
TELLURE (Te).	801,74.	Oxide de tellure ou acide tellureux..	Te O^2	Tellurates Te O^5, X O
		Acide tellurique...	Te O^5	
		Proto-sulfure.....	Te S^2	
		Sous-chlorure de tellure...........	Te Ch^2	
		Chlorure.........	Te Ch^4	
		Acide tellurhydriq..	Te H^2	
TITANE (Ti).	303,66.	Acide titanique....	Ti O^2	Titanates. Ti O^2, X O
		Chlorure.........	Ti Ch^4	
TUNGSTÈNE (W).	1183,00.	Oxide............	W O^2	Tungstates. W O^5, X O
		Acide tungstique..	W O^5	
		Proto-sulfure....	W S^2	
		Per-sulfure.....	W S^5	
URANE (U).	2711,36.	Oxide	U O	
		Per-oxide	U^2 O^5	
		Proto-chlorure...	U Ch^3	
		Sesqui-chlorure..	U Ch^5	
		Proto-sulfure....	U S	

CORPS simples.	POIDS de LEUR ATOME.	OXIDES, ACIDES, et COMPOSÉS combustibles.	FORMULES des OXIDES, etc.	FORMULES des SELS.
VANADIUM (Va).	855,84.	Protoxide.	$Va\,O$	Vanadates. $Va\,O^5, X\,O$
		Bi-oxide.	$Va\,O^2$	
		Acide vanadique.	$Va\,O^5$	
		Sulfure.	$Va\,S^2$	
		Per-sulfure.	$Va\,S^5$	
		Chlorure.	$Va\,Ch^4$	
YTTRIUM (Y)	402,51.	Yttria.	$Y\,O$	
		Chlorure.	$Y\,Ch^2$	
ZINC (Zn).	403,23.	Oxide.	$Zn\,O$	
		Sulfure.	$Zn\,S$	
		Chlorure.	$Zn\,Ch^2$	
		Iodure.	$Zn\,I^2$	

CHAPITRE III.

Des gaz, des liquides et des solides. — Dimorphisme.

3164. On sait que la matière pondérable se présente à nous sous trois états distincts : l'état gazeux, l'état liquide et l'état solide. On sait également que le même corps peut souvent offrir ces trois formes, et l'on en trouve de nombreux exemples dans le cours de cet ouvrage.

Or, si l'on cherche à se former une idée un peu nette des causes qui amènent un tel changement d'état dans le même corps, on est toujours conduit à supposer que ses molécules, soumises à-la-fois à l'action de forces répulsives et à celles de forces attractives, se rapprochent ou s'écartent selon que les unes ou les autres viennent à prédominer. Quand les pores, ou espaces vides qui séparent les molécules, ont atteint une certaine grandeur, le corps prend l'état gazeux. En les diminuant, on le ramène à l'état liquide ou solide. Les phénomènes dont il s'agit, sont donc des phénomènes moléculaires, tout comme les phénomènes chimiques proprement dits ; et comme ils se passent entre des molécules de même nature, on peut espérer que les forces qui les déterminent se montreront plus simples et d'une étude plus facile que celles qui interviennent dans l'action chimique elle-même.

Un examen attentif des circonstances qui accompagnent le changement d'état des corps, quelques réflexions sur la nature générale des gaz, des liquides ou des solides, doivent donc précéder et éclairer l'étude de cette action.

§ I. *Des gaz.*

3165. Les expériences des physiciens ont appris que les gaz, quelle que soit leur nature, étant soumis à une même pression, éprouvent un même changement dans leur volume; ceux-ci se condensant ou se dilatant également, suivant que la pression augmente ou diminue. En un mot, les espaces qu'ils occupent sont en raison inverse des pressions qu'ils supportent, comme l'exprime la loi de Mariotte, qui s'applique indistinctement à tous les gaz connus et dans toutes les circonstances. Que les gaz soient très comprimés ou très dilatés, peu importe, pourvu qu'ils ne soient pas trop près du point de leur liquéfaction; la loi de Mariotte s'appliquera exactement à tous les changemens de volume que des pressions variées leur feront éprouver.

Il faut remarquer toutefois que la loi de Mariotte n'est vraie qu'autant qu'on a pris soin de ramener le gaz comprimé ou dilaté à sa température initiale ; car au moment où son volume diminue, le gaz s'échauffe ; tandis qu'il se refroidit, lorsque son volume augmente, circonstances qui influent passagèrement sur l'espace qu'il occupe.

En effet, quand la pression à laquelle un gaz se trouve soumis n'éprouve aucun changement, et qu'on fait varier sa température seulement, on trouve que ce gaz se dilate ou se contracte, selon qu'on l'échauffe ou qu'on le refroidit. On trouve de plus, ainsi que l'ont observé MM. Gay-Lussac et Dalton, que si on prend des gaz très variés, et que, partant de la même température, on les amène à un autre degré semblable pour tous, ils auront éprouvé exactement la même modification dans leur volume. On sait que 100 vol. d'un gaz quelconque pris à 0° en produisent toujours, d'après M. Gay-Lussac, exactement 137,5 à la température de 100° centigrades.

On s'est assuré que le coefficient de la dilatation des gaz demeure constant dans une étendue d'environ 400° du thermomètre centigrade, ce qui revient à dire que des gaz quelconques comparés entre eux, dans les limites de température qui comportent la précision indispensable dans ce genre d'expériences, ont montré des dilatations ou contractions semblables pour des variations égales de température.

Il ne faut pas perdre de vue que les gaz se dilatent d'une manière uniforme par la chaleur, non-seulement sans que leur nature propre paraisse exercer aucune influence, mais encore sans que les pressions variées qu'ils peuvent supporter y apportent le moindre changement: que l'on dilate ou que l'on condense tant qu'on voudra un gaz quelconque, son volume pris à 0° et égal à 100, n'en deviendra pas moins 137,5 en le mesurant à 100° centigrades.

Ainsi, la loi de Mariotte est exacte pour le gaz le plus comprimé comme pour le gaz le plus dilaté; il en est de même de la loi de M. Gay-Lussac. Elles ne présentent quelque irrégularité qu'autant qu'on essaie de les appliquer à des gaz trop près du point de leur liquéfaction.

On peut donc, sans rien changer à l'effet résultant de l'action d'une force extérieure appliquée à un gaz, modifier son volume de telle sorte que la même quantité de matière pondérable y occupe des espaces représentés par les nombres 10, 100, 1000, etc.

En voyant les gaz les plus variés se dilater ou se contracter semblablement sous l'influence de changemens égaux dans leur température ou leur pression, on serait disposé à penser que cela dépend de ce que les molécules de tous les gaz sont placées à égales distances, pour des pressions et des températures semblables, comme l'ont supposé quelques physiciens et quelques chimistes.

Mais en observant que, pour un même gaz, on peut augmenter ou diminuer son volume à volonté, ce qui suppose qu'on modifie beaucoup la distance de ses molécules, sans que les lois de Mariotte ou de M. Gay-Lussac cessent de s'y appliquer, l'argument précédent perd beaucoup de sa force, si tant est qu'il ne faille l'abandonner complètement.

D'après cela, l'on doit peut-être, jusqu'à plus ample information, se borner à dire qu'il existe dans les gaz une propriété qui tend à ramener constamment leurs molécules dans la même situation respective, quand leur équilibre a été momentanément troublé par l'action d'une force extérieure. On sait d'ailleurs que livrées à elles-mêmes, les molécules des corps gazeux s'écarteraient indéfiniment, en vertu des forces répulsives qui leur sont inhérentes.

Mais si ces réflexions sont justes, rien n'autorise à établir jusqu'ici, en se bornant aux caractères physiques, que dans les gaz, les atomes soient placés à égale distance, les températures ou pressions étant d'ailleurs les mêmes.

3166. Indépendamment des caractères physiques des gaz, de l'uniformité de leurs contractions ou dilatations sous l'influence des mêmes forces, on avait trouvé dans l'étude de leurs propriétés chimiques des résultats importans qu'on n'a pas manqué d'invoquer à l'appui de l'hypothèse sur leur constitution moléculaire, qui consiste à y supposer le même nombre d'atomes à volumes égaux.

En effet, on sait depuis long-temps, par les belles observations de M. Gay-Lussac, que les combinaisons des gaz exprimés en volumes se font dans des rapports généralement fort simples, et tels que

        1 volume avec 1 volume;
        1   —   —   2;
        1   —   —   3;
        2   —   —   3;
        2   —   —   5;
        2   —   —   7.

Et il semblait tout simple d'en conclure que ces nombres pouvaient exprimer les rapports des atomes engagés dans le composé.

On sait de plus que le produit obtenu présente un volume qui est aussi en rapport simple avec celui des gaz sur lesquels on opère. On aurait même pu admettre, d'après ce qui se passe dans le cas des gaz permanens, qu'en exprimant les volumes des gaz employés par des nombres entiers les plus simples possibles, il en résulterait toujours deux volumes du composé. C'est ainsi, qu'en général, pour les gaz permanens qui se combinent :

        1 vol. avec 1 vol. en font 2; ex. ac. chlorhydrique;
        1   —   2   —   2; ex. protoxide d'azote;
        1   —   3   —   2; ex. ammoniaque.

Mais cette remarque est trop absolue : les expériences de M. Dumas sur le soufre et le phosphore changent toutes les idées admises à ce sujet, et conduisent à des rapports d'un autre ordre. Ceux-ci sont pourtant toujours assez simples, comme on va le voir dans le tableau suivant, où nous exposons les faits avant d'en tirer les conséquences qu'il est permis d'en déduire.

Les atomes des corps étant établis d'après les chaleurs spécifiques ou d'après l'isomorphisme, on trouve que dans les gaz ou vapeurs des corps simples qui suivent, les volumes représentent des nombres d'atomes variables; ainsi,

        1 vol. oxigène en représente 1;
        1 — hydrogène —   1;
        1 — azote   —   1;
        1 — chlore   —   1;
        1 — brôme   —   1;
        1 — iode   —   1;
        1 — soufre   —   3;
        1 — phosphore —   2;
        1 — arsenic   —   2;
        1 — mercure   — $\frac{1}{2}$.

C'est-à-dire que, si les atomes de ces corps sont bien déterminés, les gaz ne renferment pas le même nombre d'atomes. Les observations de M. Dumas sur le soufre, le phosphore et le mercure, ne laisssent aucun doute sur ce point.

3167. Or, si les gaz simples ne renferment pas le même nombre d'atomes à volume égal, comment croire que les gaz composés soient dans ce cas ? Aussi, n'admettrons-nous pas qu'il en soit ainsi.

En étudiant les combinaisons gazeuses ou volatiles des corps précédens, on parvient, non-seulement à fixer les rapports des corps entre lesquels la combinaison s'effectue, mais on fixe aussi le rapport entre le volume des gaz employés et celui du composé obtenu, relation qui est toujours simple et ordinairement assez uniforme dans les composés analogues, pour mériter toute l'attention des chimistes. On a, en effet, les rapports suivans :

1 vol.	chlore	et 1 vol.	hydrogène	donnent	2 vol.	acide chlorhydrique;
1	brôme	1	hydrogène		2	acide bromhydrique;
1	iode	1	hydrogène		2	acide iodhydrique;
1	cyanogène	1	hydrogène		2	acide cyanhydrique;
1	chlore	1	cyanogène		2	acide chlorocyanique;
1	oxigène	1	azote		2	bi-oxide d'azote;
1	chlore	1	mercure		1	bi-chlorure de mercure;
1	brôme	1	mercure		1	bi-bromure de mercure;
1	iode	1	mercure		1	bi-iodure de mercure;
1	oxigène	2	hydrogène		2	vapeur d'eau;
1	oxigène	2	azote		2	protoxide d'azote;
1	azote	2	oxigène		2	acide hypo-azotique;
1	chlore	2	mercure		2	proto-chlorure de mercure;
1	brôme	2	mercure		2	proto-bromure de mercure;
1	azote	3	hydrogène		2	ammoniaque;
1	arsenic	3	oxigène		1	acide arsénieux;
1	soufre	3	chlore		3	proto-chlorure de soufre;
1	soufre	6	oxigène		6	acide sulfureux;
1	soufre	6	hydrogène		6	acide sulfhydrique;
1	phosphore	6	hydrogène		4	hydrogène phosphoré;
1	arsenic	6	hydrogène		4	hydrogène arséniqué;
1	phosphore	6	chlore		4	proto-chlor. de phosphore;
1	arsenic	6	chlore		4	chlorure d'arsenic;
1	arsenic	6	iode		4	iodure d'arsenic;
1	soufre	6	mercure		9	cinabre;
1	soufre	9	oxigène		6	acide sulfurique anhydre;
1	phosphore	10	chlore		6	per-chlorure de phosphore.

Les résultats qui précèdent font voir que dès que l'on sort des gaz permanens, les rapports deviennent moins simples, et conduisent même à une conséquence inattendue, savoir : que deux vapeurs qui se combinent, peuvent augmenter de volume, comme on le voit pour le bi-sulfure de mercure.

En général, on avait pensé, d'après les faits connus jusque dans ces derniers temps, que les gaz en se combinant devaient conserver leur volume ou se contracter; et jusqu'ici, il faut

l'avouer, le bi-sulfure de mercure est le seul composé connu
où il y ait dilatation. Cet exemple suffit pour montrer combien nos connaissances sur ce sujet sont encore peu avancées.

3168. Qu'il me soit permis, avant de quitter ce sujet, de revenir sur une question déjà traitée plus haut, et que nous pouvons présenter ici sous un point de vue un peu différent.

On a vu que les poids atomiques du soufre, du phosphore et
de l'arsenic étant supposés exacts, la densité de leurs vapeurs
s'est trouvée trop forte. Il paraîtra vraisemblable que pour quelques-unes des vapeurs qui ne se forment qu'à une haute température, comme celles dont il s'agit, les molécules chimiques demeurent encore groupées 2 à 2, 3 à 3, etc., si l'on considère qu'en s'unissant à des gaz, elles peuvent produire des
composés gazeux dans lesquels les condensations reprennent
leur allure accoutumée, c'est-à-dire, celles que l'on observe
dans la combinaison des gaz permanens eux-mêmes.

Ainsi, l'hydrogène se condense de la même manière, quand

> 2 azote et   6 hydrogène font 4 ammoniaque;
> 1 phosphore et 6 hydrogène — 4 hydrogène phosphoré;
> 1 arsenic et   6 hydrogène — 4 hydr. arséniqué.

Comme si le phosphore et l'arsenic, une fois unis à l'hydrogène, avaient doublé de volume et suivi le même mode de
condensation que l'azote dans l'ammoniaque.

De même, l'hydrogène ne se condense nullement, lorsque

> 1 oxigène et 2 hydrogène font 2 vapeur d'eau;
> $\frac{1}{3}$ soufre et 2 hydrogène — 2 acide sulfhydrique.

Comme si le soufre, en s'unissant à l'hydrogène, triplait
de volume pour reprendre le mode de condensation que
l'oxigène affecte dans l'eau.

3169. Ainsi nous admettons, comme résultat de l'expérience,
que dans les gaz simples ou composés, il n'existe pas à volumes
égaux un même nombre d'atomes, mais seulement des nombres
d'atomes en rapport assez simple entre eux.

Nous admettons de plus, qu'en observant non-seulement
les rapports selon lesquels les gaz se combinent, mais aussi
les condensations qu'ils éprouvent par la combinaison, on
peut arriver à des comparaisons fort instructives qu'il ne faut
jamais négliger. En effet, si l'on combine une vapeur et un
gaz, les rapports dans lesquels ils s'unissent pourront offrir
quelque anomalie apparente, mais la condensation du gaz
employé n'en présentera pas, et sera la même que si la combinaison se fût opérée entre deux gaz permanens.

Ce n'est pas là néanmoins ce que nous devons tirer de plus
essentiel de la discussion qui précède; elle jette un grand jour

sur une distinction importante établie par M. Dumas, entre les atomes chimiques et les atomes physiques. Les premiers étant ceux entre lesquels les combinaisons s'effectuent; les seconds ceux sur lesquels les forces physiques exercent leur action. On conçoit que ces deux classes d'atomes puissent exister; mais il faut ici rendre leur existence probable, et en donner une idée aussi nette que la nature des choses peut le comporter.

On regardera certainement comme très vraisemblable, d'après tout ce qui précède, que les molécules du soufre en vapeur diffèrent de celles entre lesquelles s'effectuent les combinaisons et sont trois fois plus pesantes; c'est-à-dire qu'il faudrait grouper trois molécules chimiques de soufre pour former une molécule de vapeur de soufre, ou bien une molécule physique de ce corps, si nous entendons par là le terme auquel s'arrête sa division par la chaleur.

3170. Mais dès-lors que l'idée de molécules ou d'atomes ne s'offre plus à nous avec ce caractère absolu que nous lui avions attribué d'abord pour nous conformer aux opinions généralement reçues des chimistes, il devient nécessaire de revenir sur la véritable acception de ces termes.

Il résulte bien clairement de l'ensemble des faits exposés dans les chapitres précédens, que les corps soumis à l'action des forces physiques ou chimiques qui tendent à les diviser, s'arrêtent à un certain terme, comme s'ils étaient formés de molécules insécables, et que l'on fût parvenu à les séparer les unes des autres.

Mais est-ce bien ainsi qu'il faut se représenter ces masses entre lesquelles s'effectuent les combinaisons, ou bien peut-on s'en former une autre idée, sans que l'explication des faits connus en devienne forcée? C'est un point que nous allons étudier maintenant.

Parmi les physiciens de notre époque, Dalton s'est représenté le premier les phénomènes qu'offre la combinaison, ainsi que les lois qu'on observe dans la composition des corps binaires ou des sels, comme d'accord avec la supposition que les corps simples sont formés d'atomes, c'est-à-dire de molécules indivisibles entre lesquelles s'effectue la combinaison, par simple juxta-position et sans pénétration mutuelle.

Wollaston a été plus loin, et reprenant une idée ancienne déjà, et dont on trouve l'indication précise dans le *Prodromus principiorum* de Swedenborg, il a émis l'opinion que les masses entre lesquelles les combinaisons s'effectuent pouvaient être sphériques, et il a même cherché à faire voir, comment on peut, à leur aide, produire des molécules plus composées

de figure tétraédrique, octaédrique, cubique, etc. M. Berzelius et avec lui beaucoup de chimistes, ont admis cette manière de se représenter les faits, comme assez vraisemblable.

Il faut l'avouer cependant, rien ne prouve que les phénomènes chimiques se passent entre des masses matérielles homogènes et impénétrables. Il suffit pour satisfaire aux conditions connues de ces phénomènes, de supposer qu'ils s'exercent
entre des masses d'une grandeur insensible. Or, cette condition pourrait être remplie, et ces masses de dimensions insensibles pourraient être néanmoins formées elles-mêmes d'un
nombre immense de molécules, dont la forme et l'arrangement échapperaient tout-à-fait à nos moyens de recherches. Un
jour peut-être les expériences des physiciens, les calculs des
géomètres, nous feront-ils pénétrer ces mystères, mais en ce
moment nous devons nous borner à repousser comme une
hypothèse peu nécessaire l'opinion émise par Wollaston.

Sans heurter en rien les idées de la mécanique et de la
chimie, on pourrait donc admettre que les forces chimiques
appliquées aux corps simples les divisent jusqu'à un certain
point qu'on ne peut dépasser; ces forces se trouvant alors
équilibrées, ou surpassées par celles qui maintiennent réunies
les particules dernières de ces corps. Les masses encore composées, les groupes moléculaires sur lesquels les actions chimiques seraient impuissantes représenteraient les *équivalens* ou
les *atomes* des chimistes. Mais ces atomes ne mériteraient leur
nom qu'en tant qu'on les envisagerait comme étant soumis
aux forces chimiques, et quoique insécables ou indivisibles
par l'action des agens chimiques, on devrait se les représenter
comme formés d'un grand nombre de particules matérielles
d'un ordre inférieur.

Le nom d'atomes exprime donc une idée relative et non
pas une idée absolue, ce qui doit faire regretter qu'on l'ait
adopté. Il eût été préférable sans doute de s'en tenir aux
équivalens, en les assujétissant à satisfaire aux résultats fournis
par l'isomorphisme.

En un mot, de même que dans l'opinion actuelle des chimistes, l'atome d'un corps composé peut contenir un grand
nombre d'atomes élémentaires, que l'analyse seule y fait découvrir; de même, il est fort possible que les atomes élémentaires des chimistes renferment des myriades de particules de
l'ordre de celles dont le calcul des phénomènes moléculaires
a fait admettre l'existence.

Cette distinction porterait la plus grande netteté dans l'é-
tude à laquelle nous allons maintenant nous livrer, en nous
montrant, s'il est permis d'employer de telles expressions, que

tout ce qui se passe en dedans des atomes chimiques ne concerne plus le chimiste et devient du ressort du géomètre. Dans tout ce qui se passe en dehors de ce même atome, et là où il agit comme un corps homogène, la chimie se trouve au contraire nécessairement intéressée et doit intervenir.

En résumé, comme on est obligé pour les calculs de la mécanique analytique d'admettre l'existence de masses matérielles de dimensions insensibles et pourtant formées d'une infinité de véritables atomes, nous pouvons appliquer le même point de vue à l'étude des phénomènes de la chimie ou de la physique.

On peut supposer que les gaz sont formés de groupes moléculaires analogues.

On peut considérer les atomes des chimistes, comme représentant aussi des groupes moléculaires du même ordre, quelquefois semblables aux précédens, quelquefois différens, mais dont la masse serait toujours en rapport simple avec celle des groupes gazeux.

Enfin, les chaleurs spécifiques, selon toute vraisemblance, se rapporteraient à quelque propriété vraiment moléculaire, et ne s'accorderaient avec les phénomènes relatifs aux groupes chimiques ou gazeux, qu'autant que ceux-ci seraient observés sur des corps dans lesquels les groupes moléculaires renfermeraient le même nombre de molécules.

Ceci admis, les groupes chimiques pourraient être multiples ou sous-multiples des groupes gazeux ou identiques avec eux. C'est ainsi que le groupe chimique du chlore est identique avec son groupe gazeux, que le groupe chimique du mercure est double de son groupe gazeux, et qu'enfin le groupe chimique du soufre est le tiers de son groupe gazeux.

Le poids des groupes chimiques ne pourrait être au contraire qu'un multiple de celui des particules matérielles auxquelles se rapportent les chaleurs spécifiques. Mais ce multiple pourrait différer d'un corps à l'autre, tout en conservant un rapport simple. C'est ainsi, par exemple, que l'argent et le tellure contiennent d'après leurs chaleurs spécifiques, deux fois plus de molécules dans leur groupe chimique que le plomb et le soufre auxquels ils ressemblent tant d'ailleurs, sous le rapport des propriétés chimiques.

Telle serait dans l'état actuel de l'expérience acquise, l'opinion la plus vraisemblable sur la nature des corps gazeux, et sur les rapports très simples qui existent incontestablement entre leurs molécules et celles qui produisent les combinaisons chimiques, ou bien entre ces mêmes molécules et les points matériels plus petits encore que l'on considère dans les calculs

de la mécanique, et auxquels se rapporte vraisemblablement
la loi de MM. Dulong et Petit sur les capacités calorifiques des
corps.

§ II. *Des liquides.*

3171. Les liquides, de même que les gaz, sont formés de
molécules disjointes, séparées par des espaces vides ou pores,
qui toutefois sont bien plus petits que ceux qui existent entre
les molécules des gaz.

Ils en diffèrent totalement d'ailleurs, en ce que livrés à eux-
mêmes, ils ne font pas comme les gaz un effort continuel pour
occuper un espace de plus en plus grand; ils en diffèrent encore, en ce qu'ils sont à peine compressibles, à tel point que
les pressions les plus fortes n'ont pu faire éprouver aucun
changement au volume du mercure. L'eau, qui se laisse com-
primée au contraire, diminue à peine de $\frac{46}{1000000}$ de son volume
sous une pression équivalant à une atmosphère; ce qui est,
comme on voit, presque insensible.

D'une autre part, on sait que les liquides de nature diverse
n'éprouvent généralement pas la même dilatation par la chaleur. On sait de plus que le même liquide éprouve une dilatation dont le coefficient n'est pas constant, celui-ci croissant
à mesure que la température s'élève. Ainsi, les liquides diffèrent des gaz, tant par la moindre étendue de leur dilatation
que par le caractère même de celle-ci.

3172. Tout en rejetant l'hypothèse, d'après laquelle on admet
que les gaz à volumes égaux renferment le même nombre
d'atomes, nous avons supposé cependant qu'ils en contiennent
des quantités qui ont entre elles des relations fort simples.

A l'égard des liquides en général, on n'a jamais songé à
leur appliquer la première de ces hypothèses, l'inégalité de
leur dilatation par la chaleur devant conduire à un résultat
tout opposé, si on eût admis à leur sujet le raisonnement fait
à l'égard des gaz.

Mais si les particules des liquides ne sont pas en même
nombre sous le même volume, elles peuvent offrir des relations assez simples pour mériter l'attention, en ayant soin de
choisir convenablement l'instant où il convient d'établir la comparaison entre eux.

C'est ce que M. Gay-Lussac a parfaitement établi, en montrant
que si l'on prend, par exemple, des volumes égaux d'alcool et
de sulfure de carbone, mesurés à égales distances de leurs degrés
d'ébullition respectifs, et qu'on les laisse refroidir, ils demeureront toujours égaux, pourvu que leurs températures s'abais-
sent d'un même nombre de degrés. C'est ce que prouve le

tableau suivant où se trouvent exprimées les contractions que 1000 parties d'alcool ou de sulfure de carbone subissent, à partir de leurs points d'ébullition, et par des abaissemens de température mesurés de 5 en 5 degrés centigrades.

Nombre de degrés centigrades qui indiquent l'abaissement de la température.	Contraction de 1000 parties d'alcool à partir de 78°,41.	Contraction de 1000 parties de sulfure de carbone à partir de 46°,6.
5	5.55	6,14
10	11,43	12,01
15	17,51	17,98
20	24,34	23,80
25	29,15	29,65
30	34,74	35,06
35	40,28	40,48
40	46,68	45,88
45	50,85	51,08
50	56,02	56,28
55	61,01	61,14
60	65,06	66,21

Comme les contractions sont sensiblement égales, il est clair que les volumes de ces deux liquides sont aussi égaux aux températures indiquées. Ainsi, pour que l'alcool et le sulfure soient comparables, il faut les prendre, non point à la même température, mais à des températures telles que l'alcool marque 78°,4—46°,6, c'est-à-dire 31,8 de plus que le sulfure de carbone, ou bien, en d'autres termes, il faut maintenir entre eux l'intervalle qui sépare leurs points d'ébullition.

Mesurés dans de telles circonstances, des volumes égaux de sulfure de carbone et d'alcool donneront, si on les convertit en vapeur, des volumes égaux de vapeur mesurés à la même température et à la même pression. Un volume de sulfure de carbone à son point d'ébullition en fournit 401 de vapeur à 100°. Un volume d'alcool à son point d'ébullition, en fournit 488 de vapeur, également à 100°. La différence, assez légère, tient sans doute à quelque erreur inévitable des observations; elle ne peut empêcher d'admettre la proposition énoncée plus haut.

D'où l'on voit que si on prend deux volumes égaux de sulfure de carbone gazeux et d'alcool gazeux, mesurés à la même température, et qu'on les refroidisse, ces deux corps à l'instant de la liquéfaction donneront des volumes égaux de liquide qui, une fois produits, demeureront toujours égaux, si on les mesure à des températures équidistantes de leurs points de liquéfaction respectifs.

D'où l'on voit enfin, que si les deux vapeurs contenaient à volumes égaux le même nombre d'atomes, on devrait admettre qu'il en est de même des deux liquides, pourvu qu'on eût soin de les comparer dans les conditions déjà énoncées de température. Comme nous sommes portés à croire que les gaz, et surtout les gaz composés, ne sont pas dans ce cas, nous nous garderons d'étendre une telle hypothèse aux liquides, si par atomes on veut parler des particules chimiques des corps.

Nous admettons seulement comme assez probable, que les groupes moléculaires qui existaient dans ces vapeurs ont persisté à l'état liquide, ou du moins qu'ils se sont accolés en même nombre dans les deux cas, pour former les particules des deux liquides. Cet énoncé demeurerait vrai, quand même les groupes moléculaires de l'alcool et du sulfure de carbone en vapeur contiendraient des quantités d'atomes réels très différentes : remarque qui n'est pas inutile; car, si l'atome du sulfure de carbone est tel qu'on l'admet, il représente deux volumes de sa vapeur, tandis que celui de l'alcool correspond à quatre volumes.

Mais si l'on a pu comparer, avec l'espoir fondé de découvrir quelque loi physique, les deux liquides dont nous venons de parler, il n'en saurait être ainsi, quand il s'agit de liquides qui fournissent des volumes très différens de vapeur, même quand on les mesure dans les circonstances mentionnées. Par exemple, l'éther hydrique et l'eau, qui sont dans ce cas, offrent à partir de leurs points d'ébullition, des contractions qui n'ont aucun rapport simple, ni entre elles, ni avec celles que l'alcool et le sulfure de carbone ont présentées. Il n'en demeure pas moins certain que, si l'on veut arriver à une connaissance intime de la constitution moléculaire des liquides et des lois de leur dilatation par la chaleur, il faut, en multipliant les observations, comparer ces corps dans les circonstances choisies par M. Gay-Lussac, c'est-à-dire à partir de leur point d'ébullition. A cette époque, leurs molécules ont acquis une force répulsive capable de faire précisément équilibre à la pression de l'atmosphère : ce qui constitue une condition uniforme pour tous ces corps.

Nul doute que si, d'un autre côté, on cherchait à établir une comparaison entre les liquides pris à la température qui correspond à leur *maximum* de viscosité, elle ne pût donner des résultats dignes d'intérêt. A ce point, en effet, les particules des liquides exercent leur *maximum* d'action réciproque, de même qu'aux points d'ébullition elles se trouvent amenées au *minimum* d'action mutuelle, ce qui constitue des états bien définis. Mais il n'existe pas d'expériences qui permettent de fixer, à l'égard de quelques liquides bien déterminés, quelle est la température qui répond à leur *maximum* de viscosité.

§ III. *Des solides.*

3173. Tous les corps actuellement liquides à la surface du

globe peuvent, à l'aide d'une température plus ou moins élevée, se convertir en vapeur. Presque tous, par un froid plus ou moins vif, passent à l'état solide : quelques-uns seulement résistent aux plus basses températures que l'on puisse obtenir, et tel est le cas de l'alcool. D'un autre côté, une température plus ou moins élevée liquéfie tous les corps solides, à quelques exceptions près, parmi lesquelles il faut surtout remarquer le charbon.

Tout porte donc à croire que si l'on savait produire la chaleur ou le froid convenable, que si l'on savait d'ailleurs soumettre les corps aux pressions nécessaires pour en maintenir les élémens combinés, on parviendrait à les obtenir sous les trois formes de solides, de liquides et de gaz ou de vapeurs.

Mais, comme les solides sont bien plus nombreux que les liquides ou les gaz, ce sont ces corps dont il importe le plus de bien saisir la constitution moléculaire. Nous ne négligerons donc ici aucun des caractères fournis par l'observation, et nous essaierons d'en donner une idée nette et générale, autant que possible.

Comme nous avons admis déjà que dans les liquides il existe des atomes disposés en groupes qui eux-mêmes sont séparés par des pores ou vides, il est facile de prouver par des faits que les solides ne doivent pas différer beaucoup des liquides à cet égard.

Bien que l'idée générale que l'on se forme d'un solide consiste à le représenter comme un corps dont les molécules se sont rapprochées par l'effet d'une soustraction de chaleur, il ne faudrait pas donner à ce point de vue une application trop absolue. L'expérience nous apprend en effet que, s'il est des liquides qui se contractent en se solidifiant, il en est d'autres qui se dilatent en prenant l'état solide, souvent même d'une quantité considérable, comme l'eau, par exemple.

Ainsi, le caractère des solides ne saurait consister en ce que leurs pores ou vides seraient plus petits que ceux qui existent dans les liquides, puisque nous voyons que ces vides en certains cas peuvent être plus grands.

Il faut donc admettre que les solides sont composés comme les liquides, de molécules disjointes séparées par des espaces vides ou des pores plus ou moins étendus. Mais dans les liquides, les molécules ou les groupes moléculaires sont disposés de telle sorte les uns à l'égard des autres, que leur forme n'exerce qu'une faible influence sur l'équilibre qui s'établit entre eux. On s'en aperçoit lorsque ces corps, par l'effet d'une force extérieure, se dilatent ou se contractent d'une manière égale dans tous les sens.

Dans les solides, au contraire, l'application d'une force extérieure détermine des dilatations ou des contractions inégales, selon qu'on les mesure dans tel ou tel sens; ce qui suppose que les molécules ou groupes moléculaires exercent les uns sur les autres une action assez forte, dépendant de leur forme ou de leur position relative, et devant être considérée comme la cause première de la solidité ou de la cristallisation.

Cette modification de la force moléculaire se manifeste déjà dans les liquides, mais d'une manière bien moins énergique. C'est à elle qu'on rapporte le phénomène de la viscosité dont nous avons parlé plus haut; mais il serait inexact d'en conclure que, lorsqu'un liquide arrive à son *maximum* de viscosité, c'est parce que ses molécules auraient pris un arrangement qui, sans les amener à l'état solide, les en aurait rapprochées le plus possible. N'est-il pas évident en effet qu'il existe à cet égard des liquides de deux sortes : les uns qui passent, à la manière du verre et du fer, par toutes les nuances, de l'état liquide à l'état pâteux, et enfin à l'état solide; d'autres qui, comme l'eau, n'offrent, pour ainsi dire, aucun intermédiaire entre l'état de liquide parfait et de solide? Si l'on peut dire des premiers que leur viscosité est une conséquence de la modification moléculaire qui les amène à l'état solide, on ne voit pas comment les autres pourraient se convertir si brusquement en solide, sans passer aussi par toutes les nuances de l'état visqueux.

Les phénomènes que présente le soufre en fusion sont encore plus décisifs. Ne sait-on pas en effet que ce corps, très fluide près du point de sa solidification et capable de cristalliser brusquement sans acquérir de viscosité sensible, devient au contraire épais et visqueux au plus haut degré, quand sa température est portée beaucoup plus haut que le point où il cristallise. Le soufre liquide et le soufre cristallisé offrent donc le même corps à deux états dans lesquels les molécules exercent les unes sur les autres une action sensible, mais évidemment différente. A l'intensité du phénomène près, n'en serait-il point ainsi de beaucoup d'autres corps qui offriraient à l'état liquide un *maximum* de viscosité plus ou moins éloigné du point de leur solidification, et dans lequel l'état moléculaire serait indépendant et distinct de celui que le corps affecte à l'état solide?

3174. Bien plus, le soufre, sans cesser d'être solide, peut être sous deux états si différens qu'il n'est pas permis d'y supposer le même arrangement moléculaire : delà le phénomène que l'on désigne sous le nom de *dimorphisme*. Quand on le fait cristalliser après l'avoir fondu au moyen d'un refroidissement convenablement lent, il donne naissance à des prismes obliques à base rhomboïdale; ces cristaux fort transparens, étant abandonnés à eux-mêmes à la température ordinaire, deviennent opaques, friables, et se convertissent en petits octaèdres disposés bout à bout, comme les grains d'un chapelet. Ainsi, à 108°, le soufre affecte une forme qui ne peut se conserver à la température ordinaire; et ce qui prouve bien que, dans ce cas du moins, c'est la température qui détermine cette différence, c'est que, si l'on dissout le soufre dans le sulfure de carbone ou les huiles, et qu'on abandonne le liquide à l'évaporation, il s'en dépose du soufre cristallisé en octaèdres transparens et tout-à-fait permanens. En outre, la nature nous offre aussi des cristaux de soufre en beaucoup de localités; et partout ils se présentent en octaèdres transparens et inaltérables.

De même, si l'on chauffe l'iodure rouge de mercure jusqu'à 150 ou 200°, on le voit perdre sa belle couleur rouge pour prendre une couleur jaune-citron fort pure et fort éclatante. Si on le chauffe jusqu'au point de le fondre et de le distiller, il bout et se condense en cristaux qui présentent aussi une belle couleur jaune. En un mot, dès que l'iodure rouge de mercure atteint une certaine température, sa couleur passe subitement du rouge au jaune, et se conserve telle, tant que la température se maintient. Mais, si l'on abandonne l'iodure devenu jaune à lui-même, à la température de l'air, il ne tarde pas à reprendre la couleur rouge de l'iodure ordinaire, en même temps que les cristaux perdent leur translucidité pour devenir opaques. Le retour à l'état rouge peut même se faire subitement, en écrasant l'iodure jaune avec une baguette de verre, ou en le broyant dans un mortier. Ces changemens de couleur peuvent se répéter indéfiniment, et ne tiennent pas à quelque altération chimique, mais bien à une modification dans le système cristallin du corps. L'iodure jaune présente l'état cristallin du corps qui est possible à une température élevée; l'iodure rouge, celui qui peut seul se produire ou se conserver à la température ordinaire.

Le changement n'est pas toujours aussi brusque; il exige quelquefois des années entières pour s'accomplir. Il n'est pas non plus toujours possible de déterminer la nature des deux formes cristallines, l'une d'elles n'ayant pas été reconnue. On ne peut pas pourtant hésiter de rapporter à la même cause les faits qui précèdent et ceux dont nous allons parler.

Quand on chauffe le sucre ordinaire, et qu'on coule la masse en plaques minces ou qu'on la façonne en baguettes, on obtient un produit transparent, qui constitue le sucre d'orge des confiseurs. Abandonné à lui-même pendant quelque temps, celui-ci devient opaque à sa surface, laquelle offre bientôt des fibres parallèles, qui convergent vers l'axe, et viennent s'y réunir, lorsque le phénomène est accompli. A cette époque, la masse entière devenue opaque et cassante, possède la cassure fibreuse, tandis qu'auparavant elle était transparente, collante, tenace, et offrait une cassure conchoïde. Bien qu'on ne connaisse pas la forme cristalline qui appartient au sucre d'orge transparent, il est évident qu'elle doit être considérée comme offrant une modification par dimorphisme du sucre opaque. L'état moléculaire du sucre transparent est celui qui s'établit à chaud ; celui du sucre opaque appartient à une température basse.

L'acide arsénieux nous présente des circonstances absolument semblables à celles dont on vient de parler. Par la fusion, il donne une masse vitreuse, tout-à-fait transparente, ordinairement d'une teinte un peu jaune; abandonnée à la température ordinaire, celle-ci se convertit peu-à-peu en une substance opaque d'un blanc laiteux. Le changement se fait de la circonférence au centre des masses; il exige plusieurs années pour s'accomplir entièrement, quand elles ont quelques centimètres d'épaisseur. Il faut employer une température assez haute pour fondre l'acide arsénieux, si l'on veut reproduire la modification transparente : car, chauffé seulement au point de fumer, et volatilisé de la sorte dans un courant d'air, il donne la modification opaque.

M. H. Rose a fait sur ce corps des expériences intéressantes. Si l'on dissout l'acide arsénieux *vitreux* dans l'acide chlorhydrique du commerce étendu de la moitié de son poids d'eau et qu'on sature la dissolution à chaud, elle laisse cristalliser de l'acide *opaque*, par le refroidissement. Quand celui-ci se fait avec lenteur, la cristallisation produit une vive lumière, et chaque cristal qui se forme émet une étincelle. Dans les mêmes circonstances, une dissolution faite avec de l'acide arsénieux opaque ne produit rien de pareil. Ce phénomène remarquable tient, à n'en pas douter, à ce que l'acide arsénieux vitreux se dissout à cet état, et ne reprend la forme opaque qu'au moment de la cristallisation, changement moléculaire qui, s'opérant d'une manière brusque, est accompagné de lumière et probablement d'un développement d'électricité.

3175. Comment méconnaître le rapprochement qui existe entre ce fait et ceux qui ont été observés il y a long-temps par M. Berzélius, sur quelques substances où l'état de dimorphisme serait d'ailleurs fort difficile à établir, si on n'était guidé par l'analogie? La zircône précipitée de sa dissolution et chauffée avec précaution se déshydrate sans perdre sa solubilité dans les acides. Mais quand on la chauffe au rouge, elle devient tout-à-coup incandescente, se contracte et se durcit, en même temps qu'elle devient insoluble dans les acides. L'oxide de chrôme, celui de fer se comportent de la même manière. Ainsi, l'on peut dire que ces corps, en passant de l'état moléculaire qui convient à une basse température à celui qui convient à une température élevée, produisent de la lumière tout comme l'acide arsénieux le fait dans un cas absolument inverse. Quoique l'on ne connaisse pas les deux formes cristallines de la zircône, et des autres oxides qui partagent la propriété dont elle jouit, il paraît évident que celle-ci tient à une modification par dimorphisme. Observons toutefois, que dans ce cas la modification déterminée par la chaleur ne s'efface plus, tant qu'on ne soumet pas la matière à l'action de quelques réactifs énergiques.

On serait tenté de considérer aussi comme tenant à des modifications par dimorphisme, quelques changemens dans l'état moléculaire de certains corps, qui sont au contraire très légers, qui cessent dès que la cause déterminante disparaît, et qui se reproduisent à volonté, quand on la fait agir de nouveau. On veut parler ici des changemens de couleur si remarquables, que certains corps présentent quand ils sont chauffés. Ainsi, l'acide titanique passe du blanc au jaune, quand on le chauffe à une chaleur rouge; l'oxide de zinc, du blanc au jaune verdâtre; l'oxide de mercure, le minium, du rouge au violet, etc. Pour mieux dire, presque tous les corps éprouvent un changement de coloration dans cette circonstance. Pour le reconnaître, il suffit dans les cas les moins apparens, de comparer une portion froide avec une autre portion convenablement chauffée. On pourrait donc être porté à croire que tous les corps sont capables d'éprouver, à une température convenable, une modification moléculaire, qui tend à changer ou qui change leur système cristallin. Tantôt, cette modification très passagère cesserait avec le refroidissement; tantôt elle persisterait plus ou moins long-temps; tantôt enfin, elle durerait toujours. Les exemples qui précèdent nous offrent ces trois cas.

3176. Parmi les exemples de dimorphisme, il en est quelquesuns qui méritent une mention spéciale, en raison de leur importance. Tel est celui que le charbon et le diamant nous présentent; tel est encore celui que le spath d'Islande et l'arragonite nous offrent, et qui a tant excité l'attention des physiciens, des chimistes et des minéralogistes.

Le charbon existe sous trois aspects tellement différens qu'il est difficile de ne pas le considérer comme un corps susceptible de trois modifications, comme un corps trimorphe. Comment en effet, pourrait-on confondre le noir de fumée, le graphite et le diamant, en ce qui concerne leurs propriétés physiques? Il est évident que le noir de fumée représente fidèlement l'état physique propre au charbon aux températures d'un rouge faible ou à-peu-près. Le graphite semble, au contraire, particulièrement propre à représenter la modification que le charbon acquiert à la chaleur d'un rouge blanc, qui est nécessaire pour la marche d'un haut fourneau. Enfin, si l'on s'en rapportait à l'analogie, l'on serait disposé à considérer le diamant comme une modification correspondant à une température encore plus haute; mais il est difficile de rien établir de positif à ce sujet, tant que le gisement véritable du diamant sera ignoré, tant qu'on ne l'aura pas trouvé dans la roche même où il a pris naissance.

Quoi qu'il en soit, les trois modifications du charbon ne peuvent être méconnues; elles prouvent qu'on a peut-être eu tort de préjuger, en créant le mot de dimorphisme, que les modifications des corps devaient se borner à deux.

Peut-être, serait-il mieux, embrassant toutes les modifications moléculaires qu'un même solide peut offrir, de classer ensemble, non-seulement les variations de la forme cristalline fondamentale, mais encore celles de la couleur, celles de la cohésion, quand bien même le corps qui les offrirait ne serait point cristallisé régulièrement, de dire que les corps peuvent être non-seulement dimorphes, mais polymorphes, en rapportant cette expression, non-seulement à la forme cristallographique, mais encore à toutes les qualités physiques que nous savons mesurer ou apprécier dans les corps.

Le spath d'Islande et l'arragonite, les deux formes primitives du carbonate de chaux, nous offrent l'un des cas de dimorphisme les plus remarquables, un de ceux qui ont été le mieux étudiés. M. Biot et moi, nous avons soumis ces minéraux à une étude minutieuse, et nous avons fait voir que la chaux et l'acide carbonique s'y trouvaient dans les mêmes proportions, et qu'une fois séparés, ces deux corps possédaient identiquement les mêmes propriétés.

Cependant la chaux et l'acide carbonique, tant qu'ils restent combinés sous forme de spath d'Islande ou d'arragonite, donnent naissance à deux produits qui ne peuvent être confondus sous aucun rapport physique, comme on le voit dans le résumé suivant :

	Spath d'Islande.	Arragonite.
Forme primitive	Rhomboèdre	Prisme rhomboïdal.
Réfraction	Double à un axe	Double à deux axes.
Densité	2,723	2,946
Dureté	Rayé par l'arragonite	Rayant le spath.

Ainsi, la forme, la densité, la dureté, les propriétés optiques, concourent pour séparer ces deux corps. Mais une seule d'entre elles suffirait, ce nous semble, pour faire admettre l'existence d'une modification moléculaire du genre de celles que le dimorphisme doit embrasser.

3177. En un mot, toutes les fois que deux corps chimiques identiques se présentent avec des propriétés différentes sous le rapport de la forme cristalline, sous celui de la densité, des propriétés optiques, de la dureté, etc., nous devons admettre qu'ils diffèrent l'un de l'autre par leur arrangement moléculaire.

Quand cette modification se manifeste par un changement de forme, le corps est dimorphe; mais il serait plus philosophique de considérer ce cas comme un cas particulier, et de classer ensemble le dimorphisme proprement dit et tous les faits relatifs à des propriétés autres que la forme, quand ils indiquent l'existence d'une modification dans l'arrangement moléculaire du corps, quelle qu'en soit la nature ou l'intensité.

Cette classification aurait le grand avantage de ramener sur le terrain de la physique, des modifications purement physiques qu'on a confondues avec des modifications purement chimiques, dont nous allons nous occuper dans le chapitre suivant, qui a pour objet l'étude des corps isomériques.

Les corps polymorphes et isomères sont des corps qui possèdent une semblable composition ; mais les premiers ont subi quelques changemens à l'extérieur de leurs groupes moléculaires; pour les deuxièmes, la modification a dû se faire à l'intérieur de ces mêmes groupes.

Un corps peut offrir des variations par polymorphisme sous la seule influence des forces physiques. L'action chimique peut seule créer des corps isomères.

Ces observations, anticipées sans doute, paraîtront cependant nécessaires, si l'on veut dès à présent fixer la nature des corps dimorphes ou polymorphes, et se faire une juste idée de ce qu'ils sont et surtout de ce qu'ils ne sont pas.

Nous ne doutons pas qu'on ne doive admettre des propriétés analogues dans les liquides. L'acide hypo-azotique, qui est rouge-brun à $+20°$ et qui devient incolore à $-10°$, nous paraît en offrir un exemple. Nous pensons également que l'iodure d'amidon, qui est d'un si beau bleu à la température ordinaire et qui se décolore vers 100°, est aussi dans le même cas. Ainsi, pour nous, il y a des liquides modifiés à la façon des solides dimorphes.

En serait-il de même des gaz? c'est peu probable. Mais quelques faits sembleraient résoudre cette question d'une manière positive. Comment expliquer autrement quelques propriétés bizarres de ces corps? Pourquoi l'hydrogène provenant de la décomposition de l'eau par le fer à la chaleur rouge résiste-t-il à l'action du platine et de l'oxigène? pourquoi le gaz phosphure d'hydrogène non inflammable devient-il inflammable sous l'influence de l'ammoniaque? Ces faits indiqueraient dans les gaz quelque chose d'analogue au dimorphisme, et méritent par cela même une étude très attentive.

CHAPITRE IV.

Des combinaisons isomériques.

3178. Après avoir reconnu l'existence incontestable de corps chimiquement identiques, et dont les propriétés physiques diffèrent, l'analogie nous indique qu'il doit exister aussi des corps dans lesquels la différence peut aller plus loin et atteindre les propriétés chimiques elles-mêmes, quoique leur composition ne soit pas changée.

Ayant adopté et développé plus haut l'opinion de M. Dumas, qui admet l'existence de groupes moléculaires et d'atomes proprement dits, nous adopterons encore celle qu'il professe au sujet de l'*isomérie*. Nous entendrons avec lui par corps isomériques ceux qui, semblablement composés, diffèrent par leurs propriétés chimiques; ce qui tend à prouver qu'en effet l'arrangement intérieur de leurs groupes moléculaires chimiques a subi quelque modification.

Un examen sommaire des faits bien constatés devant précéder toute discussion sur ce point, nous allons les exposer ici dans l'ordre qui paraît le plus rationnel.

Tous les corps qui diffèrent par quelques propriétés chimiques, et qui sont composés des mêmes élémens unis dans les mêmes proportions doivent être considérés comme étant isomériques.

On peut former plusieurs classes de corps isomériques. En effet: 1° le nombre des atomes élémentaires est quelquefois différent dans ces corps; 2° le nombre des atomes est souvent le même, leur arrangement étant d'ailleurs manifestement différent; 3° le nombre des atomes enfin étant encore le même, l'arrangement qu'ils affectent n'est pas connu.

3179. Les corps isomériques qui ne contiennent pas le même nombres d'atomes sont ceux sur la nature desquels il est le plus facile de se faire une opinion. Tout porte même à croire qu'en l'étendant par analogie aux autres classes, on ne s'écarte pas de la vérité.

Parmi les composés de cette nature, les plus remarquables sont les quatre carbures d'hydrogène qui suivent :

$$1 \text{ at. ou } 4 \text{ vol.} - C^4H^4 - \text{méthylène.}$$
$$1 \text{ at. ou } 4 \text{ vol.} - C^8H^8 - \text{gaz oléfiant.}$$
$$1 \text{ at. ou } 4 \text{ vol.} - C^{16}H^{16} - \text{hydrogène bicarboné de l'huile.}$$
$$1 \text{ at. ou } 4 \text{ vol.} - C^{64}H^{64} - \text{cétène, radical de l'éthal.}$$

Voilà en effet quatre substances qui renferment le carbone et l'hydrogène dans le même rapport, mais dans lesquelles le mode de condensation est essentiellement différent, puisque le nombre des atomes élémentaires varie dans leurs propres atomes comme les nombres 1, 2, 4, 16.

Quelle que soit d'ailleurs la nature des atomes élémentaires et leur mode d'union, il est certain que les atomes chimiques du gaz oléfiant renferment deux fois plus d'atomes élémentaires que ceux du méthylène, etc.

On ne saurait donc être surpris que les quatre corps qui précèdent soient doués de propriétés chimiques tout-à-fait différentes. Leurs élémens, il est vrai, sont les mêmes, et ils sont unis dans le même rapport; mais le nombre, et nécessairement aussi l'arrangement des atomes élémentaires qui constituent leur molécule ou atome chimique, sont essentiellement différens.

Cette espèce d'isomérie se reproduit aussi dans l'essence de térébenthine et l'essence de citron, telles qu'elles existent dans leur camphre artificiel, d'après les expériences de M. Dumas. En effet, on a pour leur composition :

$$1 \text{ at. ou } 4 \text{ vol.} - C^{20}H^{16} - \text{essence de citron.}$$
$$1 \text{ at. ou } 4 \text{ vol.} - C^{40}H^{52} - \text{essence de térébenthine.}$$

Elle se retrouve dans la naphtaline et dans la para-naphtaline, mais avec cette différence que le rapport des atomes n'y est plus exprimé par un nombre entier. On a, en effet :

$$1 \text{ at. ou } 4 \text{ vol.} - C^{40}H^{16} - \text{naphtaline.}$$
$$1 \text{ at. ou } 4 \text{ vol.} - C^{60}H^{24} - \text{para-naphtaline.}$$

3180. Il peut arriver aussi que les deux corps isomériques, toujours différens par le mode d'agrégation de leurs atomes élémentaires, possèdent néanmoins la même densité à l'état de gaz; la ressemblance ne se borne plus à la nature des élémens, à leurs proportions, mais elle atteint un troisième caractère, c'est-à-dire qu'elle se manifeste encore dans les groupes moléculaires du gaz ou de la vapeur. Toutefois, on ne saurait méconnaître les différences qui existent dans l'état moléculaire de ceux de ces corps que nous plaçons ici.

Le premier exemple de ce genre nous est fourni par l'alcool et par le monhydrate de méthylène. Ce sont les premiers corps isomériques ayant même densité à l'état de vapeur que l'on ait observés. Ils sont formés en effet de

$$C^4H^6O \quad = 2 \text{ vol. monhydrate de méthylène.}$$
$$C^8H^{12}O^2 = 4 \text{ vol. alcool.}$$

Mais malgré toutes ces ressemblances, la différence fondamentale de la constitution moléculaire de ces corps n'échappe point à l'analyse, puisqu'elle parvient à démontrer que :

$$C^4H^6O \quad = 1 \text{ at. monhydrate de méthylène.}$$
$$C^8H^{12}O^2 = 1 \text{ at. alcool.}$$

Ainsi, la condensation des élémens de l'alcool est double de celle des élémens de son isomère ; l'analyse va plus loin encore et montre que les deux gaz sont essentiellement distincts. L'un d'eux a pour radical le méthylène, et l'autre, le gaz oléfiant ; l'un d'eux est un monhydrate, et l'autre un bihydrate, c'est-à-dire :

$$C^4H^4 + H^2O$$
$$C^8H^8 + H^4O^2$$

Dès-lors toute obscurité s'évanouit, et l'on conçoit que des arrangemens moléculaires aussi différens puissent donner deux corps qui, pour être composés des mêmes élémens dans les mêmes proportions, n'en sont pas moins séparés par des caractères qu'une foule de réactions chimiques mettront en évidence.

3181. Les substances dont il vient d'être question nous offrent un cas d'isomérie qui porte avec lui son explication. Dès que l'analyse de ces matières a prouvé qu'elles sont isomériques, dès que la détermination de leur densité à l'état de gaz ou de vapeur ou celle de leur poids atomique a prouvé que ceux-ci diffèrent, il demeure clair et constant que les deux corps ne pourront être confondus, puisque le mode de condensation de leurs élémens n'est pas le même. Leurs propriétés peuvent être analogues ; mais elles ne sauraient être semblables.

Mais si l'on avait affaire à deux corps identiques par la composition et dont les poids atomiques fussent aussi les mêmes, il deviendrait plus difficile d'expliquer pourquoi ces deux corps diffèrent. Il est pourtant des cas où les ressources de la chimie permettraient de le faire, et nous allons en signaler quelques exemples.

C'est encore dans le mémoire de MM. Dumas et Péligot sur l'esprit de bois, que nous trouverons les isoméries de ce genre le mieux établies, et nous prendrons pour types deux composés bien étudiés, l'acétate de méthylène et l'éther formique, qui nous offrent une réunion remarquable et rare de propriétés communes. Il ne faudrait même pas se laisser aller trop vite à généraliser les conclusions auxquelles on serait conduit par la comparaison de ces deux corps. Voici leurs caractères :

	Éther formique.		Acétate de méthylène.
Composition	$C^{12}H^{10}O^4$	—	$C^{12}H^{10}O^4$
Densité de vapeur	2,54	—	2,54
Densité en liquide	0,916	—	0,919
Point d'ébullition	56^0	—	58^0

Ces deux corps, on peut le dire, se ressemblent sous presque tous les rapports; et pourtant traités par la potasse, l'un fournit du formiate de cette base et de l'alcool, l'autre, de l'acétate et de l'esprit de bois : ce qui conduit aux formules rationnelles :

Éther formique — $C^4H^2O^3,C^8H^8,H^2O$,
Acétate de méthylène — $C^8H^6O^5,C^4H^4,H^2O$,

Dans lesquelles il ne reste plus rien de semblable, si ce n'est l'atome d'eau qui existe dans les deux composés.

Que ces deux corps se ressemblent à certains égards, c'est ce qui doit arriver, puisqu'ils renferment les mêmes élémens dans les mêmes proportions, et condensés dans le même rapport; que ces deux corps soient d'ailleurs différens et distincts, c'est ce que la chimie nous apprend et nous explique, en nous montrant que leurs élémens ne sont point arrangés de la même manière.

3182. Enfin, il est des corps isomériques qui sont doués de poids atomiques absolument semblables, et dont la constitution atomique ne nous est pas connue; ce qui ne permet pas d'établir en quoi leur arrangement moléculaire diffère. Mais il ne peut être douteux que cet arrangement moléculaire ne soit réellement différent.

Ainsi l'acide tartrique et l'acide para-tartrique ont l'un et l'autre pour formule $C^8H^4O^5$. Leur poids atomique est donc le même ; leurs propriétés sont pourtant fort différentes. On conviendra qu'il faut bien que ce soit dans l'arrangement de ces 17 atomes, $C^8H^4O^5$, que consiste la différence, puisque les deux atomes composés qui en résultent diffèrent l'un de l'autre.

Supposons, au contraire, que ces atomes composés renfermant $C^8H^4O^5$ conservent leur arrangement intérieur, mais produisent des groupes de dimensions insensibles. Admettons que ceux-ci varient avec les circonstances physiques, leurs variations, sans atteindre la constitution propre et fondamentale des corps, donneraient naissance à des modifications dimorphes ou polymorphes. C'est ainsi du moins que je le conçois.

J'insiste sur ce point, parce qu'en général on a confondu ces phénomènes, et qu'on a souvent attribué à l'isomérie des faits qu'il faut classer parmi ceux qui concernent le dimorphisme. Répétons donc qu'un corps ne peut passer à un état isomérique sans perdre son individualité, sans cesser d'exister, tandis que le dimorphisme ne touche qu'aux apparences extérieures, sans affecter la nature intime de l'être qui est soumis à ses modifications.

3183. Il est digne de remarque qu'on ait été conduit, par une étude plus attentive des faits, à rayer presque du nombre des combinaisons isomériques, celles qui ont conduit à admettre l'existence de cette classe nouvelle de corps; je veux parler des modifications de l'acide phosphorique.

M. Graham, dans un mémoire récent et d'un haut intérêt, vient de prouver, en effet, que les modifications de l'acide phosphorique tiennent uniquement aux proportions d'eau ou de base avec lesquelles il est combiné. Quelques détails à ce sujet ne seront point déplacés ici, et rectifieront ce qui a été dit ailleurs sur ce corps. Ils sont du reste indispensables à la discussion de sa nature.

Lorsque l'on brûle du phosphore dans de l'oxigène sec, on obtient de l'acide phosphorique anhydre, P^2O^5.

Quand on dissout celui-ci dans l'eau, il s'hydrate immédiatement, et fournit un composé P^2O^5,H^2O, qui jouit de la propriété de précipiter l'albumine, et qui fournit même un réactif d'une sensibilité rare, quand il s'agit de découvrir la présence de ce corps.

Si on abandonne la dissolution à elle-même, au bout de quelques mois, au bout d'un an, elle a perdu cette propriété. Loin de précipiter l'albumine, elle la dissout quand elle est coagulée, et l'acide phosphorique se trouve alors converti en un autre hydrate qui a pour formule P^2O^5,H^6O^3.

Il était probable qu'on en trouverait un troisième, intermédiaire entre eux, et qui serait représenté par P^2O^5,H^4O^2.

M. Graham, ayant une fois reconnu l'existence des deux premiers, n'a pas tardé, en effet, à découvrir le dernier.

Si on ajoute que ces divers hydrates, en présence des bases, perdent leur eau, en prenant des quantités de base équivalentes à celles de l'eau enlevée, on aura la clef de leurs principales réactions.

Ainsi, l'acide anhydre P^2O^5 n'a été jusqu'ici nullement étudié; mais on peut prévoir l'effet qu'il produirait avec les bases, en considérant les réactions suivantes.

L'acide mono-hydraté P^2O^5,H^2O forme des sels neutres anhydres, qui ont pour formule P^2O^5,RO. Il trouble l'albumine. Ses sels précipitent l'azotate d'argent en flocons blancs. Il passe peu-à-peu, à froid, quand il est dissous, aux modifications suivantes : il y passe plus rapidement par l'ébullition, etc.

L'acide bi-hydraté P^2O^5,H^4O^2 forme des sels neutres anhydres qui ont pour formule $P^2O^5,2RO$, et des bi-sels dans lesquels il entre 1 atome d'eau, et qui se représentent par P^2O^5,RO,H^2O. Cet acide bi-hydraté prend incontestablement naissance à une certaine époque, quand le précédent est dissous dans l'eau, et qu'il s'y hydrate peu-à-peu. Il prend également naissance, en chauffant l'acide tri-hydraté jusqu'à 215°. Mais dans ces deux cas, on n'a que des mélanges. Le mieux est de calciner 1 atome d'acide phosphorique, et 2 atomes de base; le produit est un sel neutre, dont on peut extraire la modification dont il s'agit. Cet acide bi-hydraté ne précipite pas l'albumine. Ses sels neutres forment dans l'azotate d'argent un précipité blanc, pulvérulent.

Enfin, l'acide tri-hydraté P^2O^5,H^6O^5 produit trois classes de sels : des sels acides P^2O^5,RO,H^4O^2; des sels neutres $P^2O^5,2RO,H^2O$; des sels basiques, $P^2O^5,3RO$. Tous ces sels renferment d'égales quantités d'oxigène dans les bases, si l'on considère l'eau comme une base; et, soit que l'on envisage l'acide simplement hydraté ou le sel anhydre, on trouvera toujours 3 atomes d'oxigène dans la base. Cet acide se forme, lorsqu'on abandonne à elles-mêmes les dissolutions des acides précédens; quand on les fait bouillir long-temps; quand on les fait bouillir avec un peu d'acide azotique, et surtout quand on les fait rougir en présence de 3 atomes au moins d'une base fixe pour chaque atome d'acide. Il ne trouble pas l'albumine. Ses sels précipitent l'azotate d'argent en jaune, et le produit est toujours le même, c'est-à-dire un sel basique anhydre, comme l'expriment les formules suivantes :

$$P^2O^5,3NaO + 3(Az^2O^5,AgO) = P^2O^5,3AgO + 3(Az^2O^5,NaO).$$
$$P^2O^5,2NaO,H^2O + 3(Az^2O^5,AgO) = P^2O^5,3AgO + 2(Az^2O^5,NaO) + Az^2O^5,H^2O.$$
$$P^2O^5,NaO,2H^2O + 3(Az^2O^5,AgO) = P^2O^5,3AgO + Az^2O^5,NaO + 2(Az^2O^5,H^2O).$$

Quand on calcine un de ces sels à 3 atomes de base, il ne change pas de nature, ne perd ni ne gagne rien, et demeure $P^2O^5,3RO$; d'où l'on retirerait toujours l'acide tri-hydraté.

Si on calcine un de ces sels à 2 atomes de base, comme le phosphate de soude du commerce, il perd son atome d'eau. $P^2O^5,2RO,H^2O$ devient donc $P^2O^5,2RO$, et l'acide se trouve modifié, de manière qu'en le dégageant de la base, on aurait l'acide bi-hydraté.

Enfin, si on calcine le sel P^2O^5,RO,H^4O^2 comme le bi-phosphate de soude des laboratoires, il perd ses 2 atomes d'eau et laisse P^2O^5,RO, d'où l'on retirerait P^2O^5,H^2O, c'est-à-dire l'acide mono-hydraté.

Il demeure donc clair que les modifications si diverses et si curieuses de l'acide phosphorique, dépendent uniquement de la proportion d'eau ou de base à laquelle il est uni. (1)

Mais comment faut-il se représenter les quatre acides dont on vient de parler? Donnent-ils un exemple des variations isomériques d'un même composé, ou bien doit-on les considérer comme des modifications qu'un même corps éprouve selon la nature des combinaisons dans lesquelles il est engagé?

Il semble évident au premier abord que l'acide phosphorique anhydre et ses 3 hydrates constituent quatre corps différens, qui se feraient remarquer seulement par la lenteur avec laquelle l'acide mono-hydraté s'unit avec 1 ou 2 atomes d'eau de plus, quoiqu'il soit dissous dans beaucoup d'eau. Ils offriraient avec les bases, un caractère analogue et néanmoins singulier, en ce que la présence de 2 ou 3 atomes d'une base soluble ne suffiraient pas pour modifier l'acide mono-hydraté, et qu'il faudrait calciner le mélange pour opérer sa conversion en l'un ou l'autre de ses congénères.

Mais cette circonstance même, autrement interprétée, pourrait rendre probable l'existence de quatre modifications isomériques véritables. Si l'acide phosphorique était toujours identique dans ces quatre corps, pourquoi en présence de l'eau ou des bases, n'en prendrait-il pas tout-à-coup la proportion à laquelle il s'unit réellement avec le temps, ou à la faveur des causes qui favorisent ou exaltent l'action chimique, comme la chaleur? Or, dira-t-on, puisqu'il ne suffit pas que l'acide et l'eau, que l'acide et les bases soient en présence et dans les proportions voulues, pour constituer à volonté l'un des nombreux sels, dont on vient de donner la composition, puisqu'il est nécessaire de faire intervenir d'autres forces, et

---

(1) M. Graham désigne ces acides de la manière suivante :

$$P^2O^5,H^6O^3 = \text{acide phosphorique.}$$
$$P^2O^5,H^4O^2 = \text{acide pyro-phosphorique.}$$
$$P^2O^5,H^2O = \text{acide méta-phosphorique.}$$
$$P^2O^5 \qquad = \text{acide phosphorique anhydre.}$$

Nous n'avons pas à dire ici notre avis sur cette nomenclature. Si nous ne l'avons pas employée, c'est que nous avions à cœur d'être clair dans ce qui précède.

qu'elles produisent un changement qui se maintient, il faut bien que l'acide phosphorique P^2O^5 ait éprouvé une altération dans sa propre nature.

Si cette altération appartient à l'isomérie, elle est bien faible. S'il faut la rapporter à celles que nous avons décrites sous le nom de dimorphisme, elle est bien forte, et dépasse tout ce que l'on connaît en ce genre.

Obligé d'exprimer une opinion, je ferai remarquer qu'il n'existe, dans tout ce qu'on vient de rapporter, aucun cas où les acides phosphoriques modifiés produisent des combinaisons, qui soient réellement identiques de composition, quoique douées de propriétés différentes. Dès que la composition des sels devient la même, l'identité des acides se rétablit, quel que soit leur état primitif. Ainsi, la condition fondamentale de l'isomérie manque, puisque, pour avoir dans cette série des corps isomériques, il faudrait remonter toujours à l'acide sec P^2O^5, et dire que c'est lui qui se modifie. Mais dans tous ces phénomènes, P^2O^5 est un être de raison; ce n'est pas lui qu'on peut étudier ou comparer, ce sont les hydrates ou les sels qu'il forme, et dans ceux-ci, la composition diffère essentiellement, quand les propriétés diffèrent.

Il reste donc à apprécier l'importance des caractères signalés plus haut, et qui consiste dans la lenteur avec laquelle l'acide obéit à l'action de l'eau ou des bases, dans la nécessité de l'intervention d'une force étrangère pour déterminer leur combinaison.

Or, si on disait simplement qu'une fois engagé dans une combinaison, l'acide phosphorique donne naissance à un produit dans lequel les molécules ne peuvent obéir qu'avec difficulté aux forces ordinaires de la chimie, on aurait expliqué tous les résultats qui précèdent, sans recourir ni à l'isomérie ni au dimorphisme; c'est-à-dire qu'on en vient à comparer ces composés à ceux que nous offre si souvent la chimie organique, où nous voyons une foule de combinaisons se faire ou se détruire avec tant de lenteur. C'est là tout ce que je puis voir dans les phénomènes constatés à l'égard de l'acide phosphorique.

3184. En définitive, et pour résumer cette discussion, nous admettons ici les principes suivans :

1o Quand un corps, sans changer de composition et sans perdre ses propriétés chimiques, éprouve une modification dans ses propriétés physiques, c'est-à-dire dans sa cohésion, sa densité, sa dureté, sa couleur ou sa forme cristalline; ces changemens appartiennent au dimorphisme ou au polymorphisme. Les corps dans lesquels ils se manifestent ont apparemment subi quelque altération dans l'arrangement de leurs groupes moléculaires.

2° Quand deux corps nous offrent la même composition, mais qu'ils diffèrent par leurs propriétés chimiques, nous admettrons qu'il existe un arrangement différent dans les atomes élémentaires ou composés qui constituent leur propre atome chimique. Ces corps seront donc classés parmi ceux que nous appelons isomériques.

A quelques modifications près dans les termes, ces distinctions ont été déjà établies par M. Dumas (*Ann. de Chim. et de Phys.*, t. XLVII, p. 332). Elles ont tracé, entre le dimorphisme et l'isomérie, une ligne de démarcation qui nous paraît fondée.

3185. Au premier abord, il paraîtra singulier, si on admet ces définitions, qu'on puisse se demander avec quelque apparence de raison, si les corps simples sont aussi susceptibles d'isomérie. On conçoit que par des modifications dans le groupement de leurs atomes, ils puissent produire des cas de dimorphisme, comme ceux que le soufre et le carbone nous offrent; mais on saisit bien moins comment ces corps pourraient offrir des modifications isomériques.

Mais rien ne prouve que les corps réputés simples le soient véritablement, et même quand ils le seraient, on peut supposer que les atomes des corps simples soient composés eux-mêmes de nouveaux atomes. Ceux-ci, quoique identiques, pourraient être plus ou moins condensés, ou disposés d'une manière différente, et donneraient ainsi naissance à des corps différens.

Quoi qu'il en soit, le caractère fondamental des corps isomériques, c'est l'identité de leur composition et l'identité de leurs poids atomiques, ou du moins l'existence d'un rapport très simple entre ces poids. Comme il s'agit de corps simples, nous ne pouvons rien dire de leur composition, mais nous pouvons constater l'existence du deuxième caractère des corps isomériques.

On peut donc dire que si les corps simples possédaient tous des poids atomiques différens et sans rapport entre eux, on aurait la preuve qu'il n'existe pas d'isomères parmi eux. Dans le cas contraire, il sera permis de conserver quelque doute : il faudra se tenir prêt à saisir la première circonstance fortuite qui pourra conduire à l'éclaircir. En effet, quand les poids atomiques de deux composés se ressemblent, il y a presque toujours isomérie entre eux.

Voici d'ailleurs la liste des élémens qui ont des poids atomiques semblables ou en rapport simple :

Sismuth	1330,4	½ Colombium	576,3
2 at. Palladium	1331.7	Zinc	403,1
Osmium	1244,2	Yttrium	401,8
Or	1243,0	½ Antimoine	403,2
Platine	1233,2	½ Tellure	400,0
Iridium	1223,2	2 Soufre	402,3
Molybdène	598,5	Cobalt	368,9
½ at. Tungstène	596,5	Nickel	369,6
Cérium	574,7	½ Etain	367,6

M. Dumas, qui a fait connaître ces rapports, admet donc que beaucoup de corps simples présentent la condition essentielle de l'isomérie, c'est-à-dire des poids d'atomes identiques ou multiples. Mais il ajoute que cette donnée, insuffisante pour prononcer, ne mène à rien, et nous imiterons sa réserve.

CHAPITRE V.
De l'état des élémens dans les corps composés.

3186. Nous avons vu dans les chapitres précédens que les atomes d'un même corps peuvent, en s'agrégeant de diverses manières, constituer des produits plus ou moins dissemblables ou polymorphes. Nous n'avons rien à ajouter aux considérations développées sur cet objet.

Nous avons vu également que les atomes qui constituent une molécule composée peuvent, sans changer de nature et de nombre, mais en s'associant de diverses façons, produire des corps tout-à-fait différens, que nous avons considérés comme isomériques. Nous avons raisonné dans ce dernier cas, comme si les idées généralement admises par les chimistes sur la nature des combinaisons étaient tout-à-fait démontrées. Il nous reste à chercher maintenant si, en effet, ces opinions sont fondées sur la nature des choses, ou bien si en les supposant inexactes, il n'y aurait rien à modifier dans les sentimens que nous avons exprimés sur la constitution des corps isomériques.

Pour rendre en quelques mots notre pensée, nous dirons que nous avons admis que, dans les sels, l'acide et la base se trouvent combinés sans avoir perdu leur nature propre, et qu'il faut maintenant prouver qu'il en est ainsi. Dans le cas où la démonstration laisserait trop de doute, il faudrait faire voir du moins que les opinions émises précédemment demeurent intactes, quel que soit l'arrangement moléculaire que l'on soit porté à supposer dans les sels ou plus généralement dans les corps composés quelconques.

Pour mettre quelque ordre dans cette discussion délicate, nous examinerons d'abord la nature des composés binaires, c'est-à-dire le cas le moins compliqué. Quand deux corps simples se combinent de manière à constituer un composé binaire unique, il ne peut y avoir deux manières de se représenter le composé. Mais quand les mêmes corps donnent naissance à plusieurs combinaisons, il est évident qu'on peut former plusieurs hypothèses sur leur mode d'agrégation :

Jusqu'ici nous avons admis le plus simple de tous, qui consiste à dire que, dans une série de combinaisons binaires, ce sont toujours les élémens mêmes qui s'unissent. Ainsi dans la érie des composés de l'oxigène et de l'azote :

$$Az^2O - Az^2O^2 - Az^2O^3 - Az^2O^4 - Az^2O^5 ;$$

Nous avons toujours supposé que l'azote se combine directement avec l'oxigène. Cependant, il y a des cas où l'on se trouve involontairement conduit à faire une hypothèse différente. Ainsi, quand j'ai découvert le bi-oxide d'hydrogène, l'ensemble de ses propriétés m'a conduit tout naturellement à le désigner sous le nom d'eau oxigénée. Si plus tard, pour ne pas choquer les habitudes de la nomenclature, j'ai adopté l'autre dénomination, celle que j'avais préférée d'abord n'en indique pas moins une vue de l'esprit, plus en harmonie peut-être avec la manière d'agir de ce corps remarquable.

Or, quand il s'agit de représenter les résultats de l'analyse de cette substance, il est indifférent d'écrire :

$$H^2O^2 \text{ ou bien } H^2O + O.$$

Mais, quand il s'agit d'en exprimer la vraie nature, le choix n'est plus sans importance, et il n'est plus permis de dire à volonté bi-oxide d'hydrogène ou eau oxigénée.

On ne saurait nier que la conversion si fréquente et si facile de ce corps en eau et oxigène, ne semble indiquer la préexistence de l'eau dans sa composition.

Cependant, comme l'eau est un composé très stable, on conçoit sans difficulté, d'autre part, que quand même elle ne préexisterait point, elle pourrait se former dans les circonstances où l'eau oxigénée se décompose.

D'après cela, j'ai dû rester dans le doute, et dès-lors le nom de bi-oxide d'hydrogène emprunté au système général de la nomenclature a prévalu dans mon esprit. D'ailleurs on conçoit que si je m'étais écarté des règles adoptées jusque-là, il aurait fallu non-seulement se décider par des motifs réels dans le choix de l'une des formules, mais aussi dans l'exclusion des autres. En effet, on peut se représenter l'eau et l'eau oxigénée par les trois systèmes de formules qui suivent :

H^2O, protoxide d'hydrogène, H^2O^2, bi-oxide d'hydrogène.
H^2O, eau $H^2O + O$, eau oxigénée.
$H + HO$ *idem.* $HO,$ *idem.*

Toutes les fois que deux élémens donneront naissance à deux corps binaires, en se combinant, ces trois systèmes pourront non-seulement représenter la composition matérielle des corps, mais encore chacun d'eux jouira ordinairement de la faculté d'expliquer certaines propriétés d'une manière plus simple et plus facile que les autres.

C'est ce qu'un autre exemple rendra plus sensible. En effet il existe deux chlorures de mercure, qui en les représentant en volumes, seraient formés de

$$Hg^2Ch, \text{ proto-chlorure;} \quad — Hg^2Ch^2 \text{ bi-chlorure.}$$
$$Hg^2Ch, \quad idem. \qquad\qquad — Hg^2Ch + Ch, \quad id.$$
$$Hg + HgCh, \quad id. \qquad\qquad — HgCh, \qquad id.$$

Si on voulait soutenir que le mercure forme d'abord le proto-chlorure, et que le chlore s'unit ensuite à celui-ci pour former le bi-chlorure, on ne manquerait pas de bonnes raisons à donner. On remarquerait d'abord que 1 volume de mercure et 1 vol. de chlore forment un seul volume de bi-chlorure, ce qui s'écarte de la règle la plus ordinaire de la condensation des composés gazeux. Tandis qu'en disant que 2 vol. de mercure et 1 vol. de chlore forment 2 vol. de proto chlorure, et ajoutant ensuite que 2 vol. de proto-chlorure et 1 de chlorure font 2 vol. de bi-chlorure, les résultats ainsi exprimés demeurent conformes à l'expérience et rentrent pourtant dans la règle habituelle des contractions des gaz composés. On observerait de plus que le proto-chlorure de mercure est certainement le composé le plus neutre des deux, celui dans lequel les propriétés du chlore et du mercure semblent le mieux saturées. En effet, ce proto-chlorure ne joue ni le rôle de base, ni celui d'acide ; c'est un corps peu disposé à former des combinaisons avec les autres corps binaires, ce qui indique un état de saturation très parfait. Enfin, on serait en droit de faire remarquer que les matières organiques enlèvent aisément à froid du chlore au bi-chlorure, et le ramènent ainsi à l'état de proto chlorure ; ce qui confirme dans la pensée que le chlore qu'elles ôtent est à un autre état que celui qu'elles laissent uni au mercure.

Mais, si l'on se donnait à plaider la cause opposée, on ne manquerait pas de considérations spécieuses. Ne voyez-vous pas, dirait-on, que la combinaison la plus naturelle est celle des deux corps à volumes égaux, et que c'est par conséquent le bi-chlorure de mercure qui doit se former par l'union directe des élémens? N'est-il pas naturel de penser que c'est le mercure qui vient ensuite se combiner avec le dernier corps, quand on voit que sous l'influence de l'acide chlorhydrique, le proto-chlorure abandonne ce mercure pour repasser à l'état de bi-chlorure ? Et comment expliquer la différence si remarquable de volatilité qui existe entre les deux composés , si ce n'est en disant que le bi-chlorure, qui est le plus volatil, possède aussi la composition la plus simple, HgCh, et que le proto-chlorure, qui l'est moins, offre la composition la plus compliquée, Hg+HgCh.

Si on voulait chercher des raisons plus déterminantes dans l'examen des composés oxigénés ou sulfurés , on ferait observer que, dès que le protoxide devient libre , il se convertit en mercure et bi-oxide ; que, dès qu'on met en présence les corps propres à former le proto-sulfure, il se produit du mercure et du cinabre , d'où l'on conclurait que les composés élémentaires sont le cinabre et l'oxide rouge, et que ceux-ci se combinent vraiment au mercure pour former le proto-sulfure ou le protoxide.

Ainsi, l'on concevrait que l'on fût disposé à dire *eau oxigénée* et *calomel chloruré*, pour désigner le bi-oxide d'hydrogène et le bi-chlorure de mercure; tout comme on concevrait qu'on fût disposé à soutenir l'opinion inverse, qui ferait jouer au mercure ou à l'hydrogène le rôle que nous attribuons ici au chlore ou à l'oxigène. En un mot, on peut considérer tous les corps binaires comme résultant d'une combinaison immédiate de leurs élémens , ou bien comme étant produits par l'union d'un composé binaire fondamental avec l'élément électro-négatif; ou bien encore comme résultant de la combinaison d'un composé binaire fondamental avec l'élément électro-positif.

Enfin, et pour augmenter cette incertitude, on pourrait ouvrir un quatrième avis, qui ne serait peut-être pas le moins vraisemblable. Il consisterait à supposer qu'en effet dans la série des oxides d'hydrogène , il se forme de l'eau qui s'unit ensuite à l'oxigène, pour produire l'eau oxigénée , tandis que, tout au contraire, en ce qui concerne le mercure, on admettrait qu'il se forme d'abord du bi-chlorure lequel s'unirait ensuite au métal pour produire le proto-chlorure lui même; et, je le répète, cette opinion trouverait un véritable appui dans le raisonnement qui précède et qu'il est inutile de reproduire.

3187. Si le lecteur a bien suivi le fil de cette discussion, son opinion doit être à-peu-près formée. Cependant, pour ne rien omettre , nous ajouterons quelques détails historiques, de nature à répandre de la lumière sur cette difficulté.

M. Dumas a fait remarquer le premier que l'on pouvait regarder l'oxide de carbone comme jouant le rôle d'un corps simple. Dans cette hypothèse, on a :

C^2O, oxide de carbone.

C^2O+O, acide carbonique,

C^2O+Ch^2, acide chlorexicarbonique,

$2C^2O+O$, acide oxalique,

$2C^2O+Ch^2$, acide chloroxalique, etc.

M. Persoz, dans une thèse soutenue à la faculté de Paris, assigne un rôle analogue à l'acide sulfureux.

MM. Liebig et Vöhler, par des expériences décisives, ont prouvé qu'il fallait admettre une opinion de cette nature en ce qui concerne les combinaisons benzoïques, où l'on a :

$$C^{28}H^{10}O^2+O \text{ acide benzoïque.}$$
$$C^{28}H^{10}O^2+Ch^2 \text{ chlorure de benzoyle, etc.}$$

Enfin, dans ces derniers temps, M. Persoz et M. Laurent, généralisant davantage encore ce point de vue, l'ont étendu à tous les composés binaires.

3188. Nous allons indiquer en quelques mots la substance du mémoire de M. Persoz. Il admet que l'arragonite et le sulfate de baryte sont isomorphes, et il l'explique en les supposant composés de la manière suivante, savoir : pour le sulfate de baryte :

2 vol. gaz sulfureux.................⎫ ⎧2 vol. barium.
1 vol. oxigène.....................⎬+⎨1 vol. oxigène.

Et pour l'arragonite :

2 vol. oxide de carbone..........⎫ ⎧2 vol. calcium.
1 vol. oxigène..................⎬+⎨1 vol. oxigène.

Il explique de même l'isomorphisme qu'il admet entre l'azotate et l'azotite de plomb, qui seraient formés à leur tour comme il suit : l'azotate, de :

4 vol. acide hypo-azotique........⎫ ⎧2 vol. plomb.
1 vol. oxigène...................⎬+⎨1 vol. oxigène.

L'azotite, de :

4 vol. bi-oxide d'azote...........⎫ ⎧2 vol. plomb.
1 vol. oxigène..................⎬+⎨1 vol. oxigène.

De ce point de vue qui lui est propre, mais qu'on voudrait voir soumis à des expériences plus décisives, M. Persoz tire quelques conséquences, dont nous rapporterons les plus nettes.

Il admet d'abord que, dans tous les acides, il y a une molécule d'oxigène hors ligne, les autres formant une espèce de radical avec le reste des élémens. Il suppose en conséquence que cette molécule d'oxigène pourrait être remplacée par tout autre corps électro-négatif.

C'est étendre à tous les acides l'hypothèse proposée par M. Dumas pour l'oxide de carbone. Mais quand M. Persoz veut faire une application générale de ce point de vue, il est conduit à adopter des densités de vapeur pour le soufre, le phosphore et l'arsenic, qui sont tout-à-fait différentes de celles que donne l'expérience. Il admet pour le fer, le cuivre, le cobalt, des densités de vapeurs que l'on peut dire tout-à-fait arbitraires, comme celles que l'on vient de voir figurer dans les tableaux précédens pour le barium, le calcium et le plomb. Ces suppositions ne sont plus admissibles, depuis que les expériences de M. Dumas ont fait voir à quelles erreurs on était exposé, en s'abandonnant à l'analogie sur un tel sujet.

3189. M. Laurent, de son coté, vient d'émettre des opinions à-peu-près semblables; mais comme il s'appuie sur la loi des substitutions, il devient nécessaire d'exposer d'abord celle-ci.

Cette loi, l'une des plus précises et des plus fécondes en même temps de la chimie organique, a été reconnue par M. Dumas dans une série d'expériences relatives à l'action du chlore sur l'alcool.

Il résulte de ces expériences, qu'une foule d'exemples sont venus confirmer depuis, que lorsque l'on fait agir du chlore ou tout autre corps analogue sur un composé hydrogéné, à mesure que le chlore s'empare d'une molécule d'hydrogène pour former de l'acide chlorhydrique, une molécule de chlore entre dans le composé et prend la place de l'hydrogène qui disparait; le chlore se *substitue* donc à l'hydrogène; de là le nom de *loi des substitutions*.

Le brome, l'oxigène, et généralement les corps électro-négatifs jouissent de cette faculté, qui sera sans doute étendue plus tard à un grand nombre des corps de la nature. Remarquons seulement, que chaque atome d'hydrogène sera remplacé par un atome de brome, de chlore ou d'iode, ou par un demi-atome d'oxigène et de soufre, comme on pouvait le présumer.

Ainsi, quand l'acide cyanhydrique se change en chlorure, bromure, ou iodure de cyanogène, ou bien en acide cyanique, les changemens sont conformes à la loi des substitutions, et donnent:

$$Cy^2H^2, \; — \; Cy^2Ch^2, \; — \; Cy^2Br^2, \; — \; Cy^2I^2, \; — \; Cy^2O.$$

Quand l'hydrure de benzoyle se convertit en chlorure, bromure, iodure, sulfure de benzoyle ou acide benzoïque, les faits sont encore d'accord avec cette loi, et l'on a :

$$C^{28}H^{10}O^2, H^2 \; —; \; C^{23}H^{10}O^2, Ch^2 \; —; \; C^{33}H^{10}O^2, Br^2 \; —; \; C^{28}H^{10}O^2, I^2$$
$$C^{23}H^{10}O^2, S \; —; \; C^{28}H^{10}O^2, O, \text{ etc.}$$

Il serait inutile de multiplier ces citations, pour ce cas très simple, évidemment. Mais M. Dumas pense, d'après ses expériences, que lorsqu'un corps renferme de l'eau, la substance deshydrogénante lui enlève son hydrogène sans se substituer, l'oxigène de l'eau se combinant au reste des élémens du corps, ce à quoi son état naissant le rend particulièrement propre.

Par exemple, quand l'alcool se change en éther acétique sous l'influence du chlore,

$$Ch^4 + C^8H^8, H^4O^2 \text{ deviennent } C^8H^8O^2 + H^4Ch^4.$$

Si on continue la réaction, on donne naissance au chloral, et par conséquent

$$Ch^{10} + C^8H^8O^2 \text{ donnent } C^8H^2Ch^6O^2 + H^6Ch^6.$$

Où l'on voit que le chlore en déplaçant les six atomes d'hydrogène du bi-carbure d'hydrogène, s'y substitue atome pour atome.

M. Laurent va plus loin, et tenant la loi des substitutions pour vraie, il pense qu'elle peut non-seulement servir à expliquer les réactions que nous faisons naître, mais aussi à dévoiler l'origine des corps compliqués qui se présentent à nous. Ainsi, on admet que $C^{28}H^{10}O^2$ est un radical que l'on appelle benzoyle, et l'on ignore sa génération. M. Laurent nous l'explique en disant que les deux atomes d'oxigène qu'il renferme, proviennent d'une substitution qui en a fait disparaître 4 d'hydrogène, et qu'en conséquence le composé primitif était $C^{28}H^{14}$ qui a dû perdre en effet H^4 et gagner O^2 pour produire $C^{28}H^{10}O^2$.

M. Laurent pense que toutes les combinaisons de la nature organique dérivent ainsi d'un carbure d'hydrogène fondamental, qui souvent n'existe plus comme dans l'exemple que l'on vient de citer, mais qui présente toujours une composition fort simple quand on le rétablit par la pensée.

Pour fixer les idées, nous choisirons les exemples suivans, qu'il cite à l'appui de sa manière de voir :

> Gaz oléfiant, C^6H^8.
> Acétal, $C^8H^7O^{\frac{2}{3}}$
> Aldehyde (1), C^8H^6O, H^2O.
> Ac. aldehydique, C^8H^6O, H^2O, O.
> Ac. acétique, C^8H^6O, O^2.
> Ac. oxalhydrique, C^8H^6O, O. -

Dans lesquels on voit que l'oxigène substitué produit des corps *neutres*, et l'hydrogène hors ligne, des *acides*.

> Méthylène, C^4H^4.
> Méthylide (2), C^4H^2O.
> Ac. formique, C^4H^2O, O^2.
> Radical oxalique, C^4O^2.
> Ac. oxalique, C^4O^2, O.
> Cyanogène, C^4Az^3.

---

(1) Voyez additions.

(2) Corps hypothétique, que MM. Dumas et Péligot ont inutilement essayé de produire.

Nous ne pouvons suivre l'auteur dans les détails qu'il donne pour montrer comment il conçoit l'application de ses vues. Nous nous bornons à signaler ici les deux points qui nous paraissent avoir quelque nouveauté. Le premier consiste dans l'application de la théorie des substitutions à un composé quelconque pour remonter au corps primordial d'où on peut le supposer dérivé. Il en résultera des rapprochemens heureux, et ce point de vue fera tenter des expériences qui ne se seraient pas certainement présentées à l'esprit des chimistes, et dont il aurait fallu attendre les résultats du hasard. Le second rentre dans le système d'idées, généralisé par M. Persoz ; car on vient de voir que M. Laurent admet aussi qu'il existe dans les acides de l'oxigène hors du radical, outre celui qui fait partie du radical lui-même et qui s'y est substitué. M. Laurent regarde le radical comme étant toujours neutre ou basique et comme conservant ses caractères, tant qu'il n'est modifié que par substitution.

Le système d'idées dans lequel M. Laurent conçoit la génération des combinaisons organiques est tout au moins possible; il offre, en général, l'avantage de représenter les combinaisons comme étant formées de corps unis en volumes dans les rapports les plus simples.

M. Laurent et M. Persoz sont évidemment partis l'un et l'autre des résultats de la chimie organique pour former et développer leurs vues. N'est-ce pas ici le cas de rappeler une opinion de M. Dumas qui a étudié avec tant d'attention la chimie organique. « J'ai, dit-il, la conviction intime et profonde que les progrès futurs de la chimie générale seront dus à l'application des lois observées dans la chimie organique....... et loin de se borner à prendre les règles de la chimie minérale pour les reporter dans la chimie organique, je pense qu'un jour, et bientôt peut-être, la chimie organique prêtera des règles à la chimie minérale. »

3190. Si nous voulons résumer toute cette discussion, nous dirons que la théorie des substitutions nous apprend qu'il peut y avoir dans les corps des élémens identiques à deux états très différens et non comparables ; que dans la série benzoïque

$$C^{28}H^{10}O^2,H^2; \; - \; C^{23}H^{10}O^2,O$$

l'hydrogène du radical et celui qui est en dehors, l'oxigène du radical et celui qui est en dehors, sont certainement à des états différens.

De même, la théorie des substitutions nous prouve que, dans l'alcool, il y a de l'hydrogène à l'état d'eau et de l'hydrogène à l'état d'hydrogène bi-carboné.

Ainsi donc rien de plus clair, le même élément peut se trouver à deux états différens dans le même composé, et la démonstration de ce fait important marquera dans la science.

Mais faut-il, adoptant ces nouvelles vues, en faire une application arbitraire et prématurée à tous les composés binaires ? ce serait sans nul doute mal saisir l'esprit qui a présidé aux recherches positives qui ont fixé l'opinion sur ce point.

Ce n'est pas avec de simples vues théoriques qu'on parvient à mettre en évidence la disposition moléculaire d'un corps ; ce n'est pas sur de vagues analogies qu'il faut s'étayer quand on cherche des formules qui ont la prétention d'être significatives et rationnelles, et qui, ne se bornant plus à exprimer le nombre des atomes, veulent aussi peindre à l'œil leur arrangement intime. Que serait-ce en effet qu'une prédisposition dans le groupement des atomes d'un corps, qui ne se rendrait sensible par aucun phénomène ? Pour admettre son existence, il faudrait des analogies bien puissantes.

Mais, en admettant cette prédisposition, je crois que les affections d'un composé, ses façons d'être et d'agir, offrent à qui les étudie soigneusement, comme un reflet de cette arrangement moléculaire intérieur et qu'elles peuvent en dévoiler la nature à un observateur attentif. Je vais même plus loin, et je suis convaincu que des formules destinées à exprimer les tendances d'un composé binaire, à représenter le genre de réaction qu'il est disposé à manifester, trouveraient grâce, si elles reposaient sur des expériences précises, devant les adversaires les plus prononcés des prédispositions moléculaires. Comment se plaindre, en effet, de ce que la nomenclature parlée ou écrite deviendrait propre à représenter une nouvelle classe de faits bien établis ?

De même qu'on dit, non seulement sans répugnance, mais encore avec la conviction de rester, peut-être, plus fidèles à la nature des corps, *eau oxigénée*, *sulfure sulfuré* ou *iodure ioduré de potassium;* de même on adopterait à l'égard des corps binaires une nomenclature analogue, si sa nécessité, si sa convenance étaient démontrées; mais pour arriver là, il faudrait étudier, un à un, les principaux composés de cet ordre, et se faire une opinion à leur égard sur des faits qui leur fussent propres, sans tenir compte d'aucune analogie. En un mot, il faudrait appliquer à ce groupe de combinaisons la méthode purement expérimentale, et si bien en harmonie avec l'esprit général de la chimie actuelle, que l'on suit quand il s'agit de découvrir l'arrangement moléculaire d'une substance organique.

Si nous avons jusqu'ici fait mention plus particulièrement

des idées récemment émises sur la nature des composés binaires , c'est que les opinions plus anciennes à ce sujet se rattachent trop intimement à la constitution des sels pour qu'il fût possible de les en détacher. Nous allons donc les rappeler sommairement, indiquer les diverses opinions que l'on peut se faire de la nature des sels , et développer les motifs qui nous engagent à persister dans l'opinion généralement reçue à leur égard.

Puisqu'il est difficile d'apprécier au juste l'état moléculaire d'une simple combinaison binaire, combien ne devra-t-il pas l'être, selon toute apparence, d'exprimer avec quelque certitude celui d'un composé plus compliqué? Cependant si l'on y réfléchit, on voit bientôt qu'à leur égard la question est du même ordre, et que la solution est à-peu-près semblable.

S'agit-il, par exemple, de représenter le mode d'union de l'acide carbonique et de la soude dans ces trois sels qui peuvent résulter de leur combinaison, on pourra faire les suppositions suivantes? ou bien , on admettra, comme l'exprime notre nomenclature actuelle , que l'acide carbonique et la soude sont combinés dans ces trois corps d'une manière immédiate, et forment ainsi véritablement le carbonate, le sesqui-carbonate et le bi-carbonate de soude; ou bien on supposera que le carbonate de soude résulte seul de l'union directe de l'acide et de la base, les deux autres sels étant formés par la combinaison de l'acide carbonique avec le carbonate neutre; auquel cas il faudra considérer, sans contredit, les carbonates basiques, comme étant formés par la combinaison de leurs bases avec les carbonates neutres correspondans.

Si les hypothèses sur la nature des sels se bornaient à cela , il est clair que nous n'aurions qu'une répétition des cas relatifs aux corps binaires, et qu'en conséquence il n'y aurait rien à ajouter à ce qui précède.

Mais il n'en est pas ainsi. Par exemple, MM. Davy et Dulong ont émis depuis long-temps la pensée que les sels pourraient bien être constitués à la façon des composés binaires, les acides oxigénés l'étant à leur tour à la façon des hydracides.

C'est ce que l'on peut exprimer de la manière suivante, comme exemple :

$$SO^5,H^2O, \quad = SO^4,H^2, \text{ acide sulfurique concentré.}$$
$$SO^3,KO, \quad = SO^4,K, \text{ sulfate de potasse.}$$
$$Az^2O^5,H^2O, = Az^2O^6,H^2, \text{ acide azotique hydraté.}$$
$$Az^2O^5,KO, = Az^2O^6,K, \text{ azotate de potasse, etc.}$$

Dans cette hypothèse l'acide sulfurique anhydre et généralement les acides oxigénés anhydres ne pourraient pas faire fonction d'acides par eux-mêmes; ils ne deviendraient acides qu'avec le concours d'un atome d'eau, qui en se décomposant, les convertirait en hydracides.

Ainsi tous les acides seraient des hydracides, et tous les sels des composés binaires analogues aux chlorures, mais dans lesquels le corps électro-négatif serait un composé plus ou moins compliqué.

Cette hypothèse, par sa généralité, peut séduire. Les objections qu'on aurait à lui faire seraient peu nombreuses et peu concluantes, chose facile à comprendre quand on se rappelle qu'elle a été présentée ou soutenue par deux des hommes les plus éminens de notre époque.

Cependant les expériences de M. Graham sur l'acide-phosphorique, en nous montrant que l'eau fonctionne comme une base avec cet acide et pas autrement, conduisent à une explication naturelle et simple des modifications de l'acide phosphorique : cette explication deviendrait fort compliquée dans l'hypothèse que nous discutons ici. On aurait en effet, au lieu de :

$$Ph^2O^5, H^2O, \quad \text{acide méta-phosphorique,} \quad Ph^2O^6, H^2.$$
$$Ph^2O^5, H^4O^2, \quad \text{acide pyro-phosphorique,} \quad Ph^2O^7, H^4.$$
$$Ph^2O^5, H^6O^3, \quad \text{acide phosphorique,} \quad Ph^2O^8, H^6.$$

Ces formules sembleront bien embarrassés, bien obscures; et si on examine la probabilité de l'existence de tels hydracides, on la trouve bien faible, pour ne pas dire nulle.

M. Longchamp a pris le contre-pied de cette hypothèse. En effet, au lieu de supposer que l'acide sec s'empare de l'oxigène de l'eau ou de la base pour former un nouveau corps, il admet tout au contraire que c'est la base ou l'eau qui prend de l'oxigène à l'acide. Ainsi pour lui, les composés que nous avons déjà pris pour exemples seraient ainsi formés:

$$SO^2, H^2O^2 \;=\; SO^3, H^2O, \text{ acide sulfurique concentré.}$$
$$SO^2, PbO^2 \;=\; SO^3, PbO, \text{ sulfate de plomb (1).}$$
$$Az^2O^4, H^2O^2 \;=\; Az^2O^5, H^4O, \text{ acide azotique hydraté.}$$
$$Az^2O^4, PbO^2 \;=\; Az^2O^5, PbO, \text{ azotate de plomb.}$$

C'est-à-dire que l'acide sulfurique ordinaire serait formé d'acide sulfureux et d'eau oxigénée; le sulfate de plomb, d'acide sulfureux et de bi-oxide de plomb, etc.

Cette hypothèse, de même que celle qui précède, nous donne des formules bien bizarres, quand on l'applique aux acides

---

(1) M. Longchamp pense également qu'il faut représenter le sulfate de potasse par du gaz sulfureux et du peroxide de potassium. Il est dans l'erreur; car, pour que cela fût possible, il faudrait que ce peroxide fût représenté par KO^2, tandis qu'il l'est par KO^5.

phosphoriques. Elle conduit, en effet, à adopter celles qui suivent :

$$\text{Acide méta-phosphorique, } Ph^2O^5,H^2O, = Ph^2O^4,H^2O^2.$$
$$\text{Acide pyro-phosphorique, } Ph^2O^5,H^4O^2 = Ph^2O^5,H^4O^4.$$
$$\text{Acide phosphorique, } \qquad Ph^2O^5,H^6O^3 = Ph^2O^2,H^6O^6.$$

Quelque grandes que soient les modifications qui séparent les variétés d'acide phosphorique dont il s'agit, on trouvera que les changemens exprimés par de telles formules sont hors de proportion avec eux.

Mais l'inconvénient le plus grave de ces deux systèmes et qui leur est commun, consiste dans l'obligation où l'on est d'admettre l'existence d'une foule de corps nouveaux et inconnus, pour expliquer les faits les plus fréquens et pour représenter les corps les plus vulgaires. Cette circonstance ne doit jamais arrêter sans doute quand la nécessité en fait une loi ; mais elle mérite considération dans le cas actuel, où il s'agit de théories qui ne nous offrent aucun avantage en compensation d'un inconvénient si énorme.

Comment en effet songer sérieusement à admettre l'existence d'une foule de corps, comme ceux qui suivent :

$$Ph^2O^6,K = Ph^2O^5,KO.$$
$$Ph^2O^4,K = Ph^2O^5,KO.$$
$$SO^4,K \;\; = SO^5,KO.$$
$$C^2O^3,K = C^2O^2,KO.$$

Car à presque tous les acides, correspondrait un nouveau corps composé analogue au chlore, et tel que Ph^2O^6, Ph^2O^4, SO^4, C^2O^3, etc. L'imagination se refuse à penser qu'il puisse résulter quelque chose d'utile de l'introduction d'un aussi grand nombre de corps hypothétiques dans les formules des chimistes. On serait conduit à rechercher des signes particuliers pour désigner les corps fictifs, etles distinguer des corps réels.

Il en est de même dans l'hypothèse inverse, car elle conduit à admettre une foule de composés inconnus, comme ceux qui suivent :

$$Al^2O^6,3SO^2 \;\; = Al^2O^5,3SO^5.$$
$$Fe^2O^5,3SO^2 \;\; = Fé^2O^5,3SO^5.$$
$$Sb^2O^6,3SO^2 \;\; = Sb^2O^5,3SO^5.$$

Et ainsi de suite ; c'est-à-dire, si j'ai bien compris l'hypothèse de M. Longchamp, qu'un oxide qui passe à l'état de sel emprunte toujours à l'acide autant d'oxigène qu'il en contient déjà lui-même.

D'où résulterait que le protoxide d'antimoine ne jouerait le rôle de base qu'après avoir acquis une quantité d'oxigène plus grande que celle qui existe dans l'acide antimonique ;

d'où résulterait encore que le sulfate de sesqui-oxide de manganèse, serait d'après M. Longchamp, métamorphosé de la manière suivante :

$$Mn^2O^3, 3SO^3 = Mn^2O^6, 3SO^2.$$

Et que par conséquent cette sorte de sulfate devrait être considérée comme un composé d'acide sulfureux et d'un acide qui aurait la même formule que l'acide manganique.

Jusqu'ici, je l'avoue, la conception de Lavoisier sur la nature des sels me semble intacte.

Peut-être, avant de me prononcer d'une manière aussi positive, aurait-il fallu discuter une hypothèse dont il a été assez souvent question depuis quelque temps, et qui consiste à admettre que dans les corps composés il n'y a plus que des molécules isolées les unes des autres, toute combinaison binaire préexistante ayant disparu. Ainsi, pour fixer les idées, nous avons les formules suivantes pour le sulfate de potasse.

$$KO, SO^3, \text{Lavoisier.}$$
$$K,SO^4, \quad \text{Davy.}$$
$$KO^2,SO^2, \text{Longchamp.}$$
$$KSO^4, \quad \text{Baudrimont.}$$

Ainsi, quand on repousse toute idée de prédisposition dans les élémens des corps, il faut dire que l'alun cristallisé renferme

$$KAl^2S^4H^{48}O^{40}.$$
$$\text{Au lieu de } SO^3,KO+3SO^3,Al^2O^3+24H^2O.$$

Les chimistes éminens qui se vouent aux recherches de chimie organique n'ont pas d'autre but que de faire disparaître les formules brutes de ce genre. Le but de leurs travaux est de substituer à des formules, comme celle-ci $C^{12}H^{10}O^4$ qui n'apprend rien, la formule rationnelle C^4O^3,H^8C^8,H^2O qui nous apprend que nous avons affaire à de l'éther oxalique. Il est curieux que dans le même moment, on ait proposé, tout au contraire, d'abandonner les formules rationnelles de la chimie minérale, pour en revenir aux formules brutes, c'est-à-dire, à l'enfance de la science.

Disons-le nettement, ces spéculations sont pour la plupart à l'encontre de la marche naturelle de la chimie. Qu'avons-nous appris en chimie générale depuis un siècle, si ce n'est qu'en ce qui touche l'arrangement des molécules des corps, nous ne savons rien du tout ? Il faut donc sur ces matières éviter soigneusement tout système d'idées préconçues, pour s'en tenir à celui que l'expérience indique comme étant le plus conforme aux faits.

Quand Lavoisier disait *sulfate de potasse*, il ne prétendait certes pas établir comme chose démontrée que l'acide sulfurique s'unissait à la potasse, chacun d'eux conservant son état primitif; mais il voulait exprimer que les propriétés à lui connues du sulfate de potasse s'accordaient mieux avec cette manière de voir qu'avec toute autre ; ce qui est encore vrai.

Or, un des titres de Lavoisier à la reconnaissance éternelle des chimistes, c'est précisément de leur avoir appris que les théories faites pour classer et représenter les faits, manquent à leur objet, dès qu'elles veulent embrasser des points inaccessibles à l'expérience actuelle.

Quand je dis *sulfate de protoxide de plomb*, j'exprime bien plus de faits que si je disais *sulfite de bi-oxide de plomb*. Voilà, tout simplement, pourquoi je préfère avec la majorité des chimistes actuels, la première expression à la seconde, ou à celles qu'on pourrait imaginer pour représenter la composition de ce sel dans la manière de voir de Davy ou de M. Baudrimont.

Mais en chimie, les théories et la nomenclature qui sont la peinture des faits acquis, l'expression fidèle du passé, n'engagent jamais l'avenir et ne peuvent prétendre à fixer l'opinion sur les mystères demeurés hors de notre portée.

Si on préfère à tout autre le mot *sulfate de protoxide de plomb* et la manière de voir qu'il rappelle, c'est qu'ils peignent à l'esprit plus de propriétés bien constatées que toutes celles qui ont été énoncées plus haut ; mais on est prêt à en changer dès que la découverte de nouveaux faits l'exigera, et personne ne peut se croire forcé, en adoptant la nomenclature actuelle, à prendre une opinion arrêtée sur l'état moléculaire des combinaisons ; ce serait oublier l'esprit de notre science, pour donner à la lettre un sens et une valeur qu'elle n'a jamais eus.

Résumons-nous, car je n'entends laisser aucune incertitude sur ma façon de penser à cet égard.

Il me paraît bien probable que les sels neutres sont ce que la nomenclature exprime, c'est-à-dire des produits résultant de la combinaison d'un acide et d'une base, qui conservent leur état primitif dans le composé.

Rien ne me prouve que les sels acides ou basiques proviennent directement de l'union de l'acide et de la base, et qu'ils ne sont pas plutôt formés par le sel neutre lui-même, se combinant à l'excès d'acide ou à l'excès de base.

J'admets que, parmi les composés binaires, il en est, dans chaque série, un ou plusieurs qui proviennent de l'union directe des élémens. Mais les autres peuvent bien être formés par l'union de ces combinaisons primitives avec de nouvelles doses de l'un ou l'autre des corps élémentaires.

Ce qui ne veut pas dire que je me croie autorisé, par cette façon de voir, à proposer ni même à accepter aucun changement dans la nomenclature ou dans les théories générales de la chimie.

Pour en venir là, il ne suffit pas qu'une vue de l'esprit soit possible ou même admissible; il faut qu'elle soit nécessaire, et toutes les idées qu'on vient de discuter manquent de ce dernier mérite à mes yeux.

CHAPITRE VI.

De l'action chimique. — Chaleur et lumière qu'elle produit. — Théorie électro-chimique.

Dans les chapitres qui précèdent, nous avons cherché à fixer les idées sur l'état moléculaire des corps simples ou composés, ce qui nous a conduit à étudier essentiellement les atomes à l'état de repos. Pour compléter l'exposition des idées générales de la chimie, il faut examiner les phénomènes qui se produisent quand ces mêmes atomes en mouvement s'unissent ou se séparent, donnant naissance à des corps composés, ou repassant à l'état élémentaire. Il faut montrer comment, de l'observation des effets qui accompagnent l'action chimique, on est remonté à des théories qui ont pour objet d'en dévoiler la cause cachée, et qui méritent toute l'attention, quoiqu'elles ne soient pas généralement adoptées.

Nous avons déjà suffisamment établi ailleurs que l'action chimique est une action moléculaire, c'est-à-dire qu'elle ne devient sensible qu'entre des particules invisibles placées à des distances insensibles. Nous ne pouvons donc pas voir comment les particules chimiques sont faites, comment elles se présentent l'une à l'autre, comment elles s'associent, et quelles modifications elles éprouvent pendant leur combinaison. Sur tous ces points, on ne peut former que des conjectures qui ont été précédemment exposées et discutées.

Mais nous pouvons voir quels sont les produits matériels qui résultent de la réaction de deux ou plusieurs corps quelconques. Nous pouvons apprécier et mesurer même les mouvemens de fluides impondérables qui ont lieu pendant leur formation.

S'agit-il de constater ou même de prévoir la nature et la quantité des produits matériels auxquels une réaction chimique donnera naissance? les expériences et les explications ordinaires de la chimie n'ont pas d'autre objet. S'agit-il de constater ou de mesurer *l'évolution* de chaleur, de lumière ou d'électricité, qui accompagnent l'action chimique? on trouve dans les appareils et dans les méthodes des physiciens tout ce qu'il faut pour y parvenir.

Mais s'agit-il de démêler la cause qui produit tous ces effets? nous en sommes réduits à des suppositions plus ou moins vraisemblables.

La première et la plus naturelle consiste à supposer qu'il existe une force, en vertu de laquelle les molécules des corps dissemblables s'attirent et s'unissent étroitement: c'est l'*affinité*.

Remarquez bien le véritable sens de ce mot et la réserve extrême avec laquelle il faut s'en servir. Par affinité, les chimistes n'entendent point parler d'une force particulière, distincte, dont la nature serait déterminée. Ils ont voulu, pour éviter les périphrases, et pour fixer les idées, désigner seulement la cause quelconque des combinaisons chimiques. Que l'affinité soit, du reste, une modification des lois de la gravitation, qu'il faille y voir une simple action électrique des molécules, ou bien qu'elle soit une résultante de l'action combinée de diverses forces : c'est ce qu'on n'a pas prétendu décider.

Dès long-temps, les chimistes ont eu cette réserve de pensée, et s'ils s'en sont quelquefois départis dans l'application, il faut s'en prendre sans doute à ce fâcheux effet de l'habitude qui prête souvent aux mots une valeur qu'ils sont souvent loin d'avoir, ou, pour mieux dire, il faut en accuser cette faiblesse de notre esprit qui, accoutumé à se représenter les choses par des mots, ne peut plus accepter ceux-ci, sans y voir le signe d'une chose réelle et définie.

Si nous cherchons quel sens on attachait à ce mot avant Lavoisier, nous voyons que Macquer considère l'affinité comme démontrée par le détail des phénomènes chimiques. « Il ne cherche point la cause de ce grand effet. C'est peut-être une propriété aussi essentielle de la matière que son étendue et son impénétrabilité, et dont on ne peut pas dire autre chose sinon qu'elle est ainsi. » On ne peut rien dire de plus: nous sommes tout-à-fait de son avis.

Ce qui ne veut pas dire que l'affinité ne puisse être aussi bien une modification des autres forces qu'une force particulière ; mais, dans l'état de la science, nous n'avons rien à dire de précis à cet égard, et le parti le plus sûr consiste à désigner, comme on l'a fait, la cause simple ou composée qui détermine les combinaisons sous le nom d'affinité.

L'effet est d'ailleurs assez distinct pour qu'un mot particulier soit nécessaire, et l'on peut présumer que si quelque jour on venait à prouver l'identité de l'électricité et de l'affinité, il serait encore utile de conserver ce dernier mot; de même que le mot magnétisme n'a pas été rayé des vocabulaires des physiciens par les découvertes modernes, qui tendent à en faire une simple modification de l'électricité.

Si la définition de Macquer se rapproche beaucoup des idées que nous pouvons admettre aujourd'hui sur la nature générale de l'affinité, celles que Bergmann fit connaître peu de temps après, quoique toujours très réservées, se développent davantage et prennent ainsi un caractère plus précis.

Bergmann admet que toutes les substances de la nature, abandonnées à elles-mêmes et placées à des distances convenables, tendent à s'approcher les unes des autres; effet que l'on désigne sous le nom d'*attraction*. Il rappelle les lois de l'attraction des corps célestes, et pour distinguer cette attraction, qu'il nomme *attraction éloignée*, parce qu'elle s'exerce à grandes distances, il désigne celle qui se manifeste entre les molécules, sous le nom particulier d'*attraction prochaine*, parce qu'elle s'exerce à des distances insensibles. Bergmann n'ose point assurer que ces deux sortes d'attraction soient réellement différentes. « Si l'on a égard à la distance des corps célestes, on peut négliger leur diamètre et les considérer comme des points gravitans. Il en est tout autrement des corps qui sont près les uns des autres : ici la figure et la situation non-seulement du tout, mais même de chaque partie, produisent de grandes variations dans les effets de l'attraction. Ainsi les quantités que l'on peut négliger dans l'attraction éloignée modifient considérablement les lois de l'attraction prochaine. »

Sans se prononcer à cet égard, on peut dire pourtant que les raisons sur lesquelles Bergmann se fonde n'ont pas la valeur qu'il leur prête, puisqu'on est obligé, pour l'explication de quelques-uns des phénomènes de l'optique, de concevoir que les molécules des corps sont si petites, et les espaces qui les séparent si grands, relativement à leur diamètre, qu'on voit reparaître entre eux des rapports analogues à ceux que les corps célestes présentent. D'où il faut conclure que si la figure et la situation des atomes ont une influence dans les combinaisons chimiques, elle doit être établie par des raisonnemens d'une autre nature.

Bergmann appelle *attraction de composition* celle en vertu de laquelle deux corps se combinent. Il nomme *attraction élective simple*, celle qui détermine la décomposition de la craie par l'acide sulfurique, et *attraction élective double*, celle qui produit la décomposition mutuelle du sulfate de soude et de l'azotate de baryte. Ces divisions sont peu nécessaires.

Bergmann admet que l'ordre des attractions des corps est constant, quoiqu'il ait très bien vu que leur effet se modifie par la chaleur, par les attractions doubles, par la solubilité, par la formation de composés ternaires, et par l'excès de l'un des corps agissans. Cependant il ne faudrait pas sur cet énoncé admettre que Bergmann ait eu conscience des découvertes que Bertholet fit quelques années après sur ce sujet: car on n'en trouve pas la moindre indication dans son traité des affinités chimiques, auquel nous empruntons cet énoncé rapide de ses opinions.

Ainsi Bergmann et ses contemporains, de même que les chimistes qui leur ont succédé jusqu'à Berthollet, considéraient l'ordre des attractions prochaines comme constant, et se croyaient en droit d'établir ce qu'ils appelaient des tables d'affinité. Ils s'apercevaient bien que quelques circonstances prises en dehors de l'attraction chimique pouvaient en troubler les effets, mais ils étaient loin de saisir leur importance et leur véritable rôle.

Leurs tables d'affinité avaient pour objet de faire connaître les produits qui devaient prendre naissance quand on mettait deux corps en présence; ils croyaient ces tables exactes, sauf le cas où quelque circonstance physique venait troubler les effets de l'affinité. Pour faire comprendre d'un mot l'immense différence qui existe entre ce point de vue et celui de Berthollet, il suffit de rappeler que ce grand chimiste a prouvé qu'on peut, tout au contraire, prévoir les phénomènes chimiques déterminés par l'intervention de quelques propriétés physiques des corps, tandis que ceux qui s'expliquent par l'affinité pure échappent, pour ainsi dire, à toute prévision.

Ainsi, Berthollet a su démêler la règle dans les exceptions des anciens; il a fait voir d'ailleurs qu'ils avaient confondu sans cesse des faits complexes et où les propriétés chimiques jouaient un grand rôle, avec les faits d'affinité pure et simple; ce qui suffisait pour entacher d'erreur toutes leurs tables d'affinité.

C'est surtout en étudiant les propriétés générales des sels, que Berthollet a mis en évidence ses vues profondes sur les modifications que l'action chimique éprouve, par l'intervention des propriétés physiques des corps. Quoiqu'il en ait été question déjà dans une autre partie de cet ouvrage, on ne peut se dispenser d'en tracer ici de nouveau une esquisse sommaire.

Si, dans une dissolution d'azotate de potasse, on ajoute de l'acide sulfurique, on pourra concevoir que, tout demeurant dissous, la potasse se sera partagée proportionnellement entre les deux acides, et aura produit ainsi et tout à-la-fois du sulfate de potasse et de l'azotate de potasse, laissant de l'acide sulfurique et de l'acide azotique libres dans la liqueur. Cet état d'équilibre est naturel, et se conçoit très bien, dès qu'on suppose aux deux acides une énergie à-peu-près égale.

Mais qu'on élève la température, et les circonstances changeront complétement ; l'acide azotique libre, étant le plus volatil des quatre corps , se convertira le premier en vapeur. Le résidu ne se trouvera plus dans les conditions primitives d'équilibre, et l'influence de l'acide sulfurique libre n'étant plus balancée, celui-ci décomposera une nouvelle dose d'azotate de potasse, et mettra en liberté une nouvelle dose d'acide azotique: de proche en proche, et à mesure que l'acide azotique prendra l'état de vapeur , l'acide sulfurique, s'unissant à de nouvelles portions de la base, finira par la saturer tout entière, tandis que l'acide azotique mis successivement en liberté finira par disparaître en totalité du mélange.

Si dans un sel ammoniacal on ajoute de la potasse, il se forme un mélange analogue ; mais la chaleur, en dégageant la portion d'ammoniaque libre, trouble cet équilibre, et bientô l'ammoniaque a totalement disparu, et se trouve remplacée par la potasse.

Ainsi, quand un composé binaire est mis en présence d'un corps qui peut s'unir à l'un de ses élémens, il se fait une décomposition qui est presque toujours limitée; mais si l'élément déplacé par cette addition est éliminé , en vertu de quelque propriété physique , la décomposition devient bientôt complète: phénomène facile à concevoir puisque, à mesure qu'une portion de l'élément mis en liberté s'échappe du mélange, le corps décomposant peut en déplacer une égale quantité.

Il est évident que si, au lieu de supposer que l'élément libéré soit volatil, on admet qu'il soit insoluble , les circonstances seront encore les mêmes. La précipitation d'un acide ou d'une base insoluble s'expliquera donc de la même manière, et l'on n'aura pas de difficulté à comprendre qu'elle soit complète, pourvu que la matière précipitante soit employée en suffisante quantité.

Il faut appliquer aux doubles décompositions ce que l'on vient de dire des décompositions simples.

En effet, si l'on mêle deux sels solubles qui puissent, en réagissant, donner naissance à deux autres sels, également solubles, on peut concevoir un partage entre les deux bases et les deux acides, qui produise les quatre sels possibles. Tel serait un mélange d'azotate de potasse et de sulfate de soude, dans lequel on pourrait admettre l'existence simultanée des sels suivans :

Sulfate de soude,
Sulfate de potasse,
Azotate de soude,
Azotate de potasse.

Cet état d'équilibre se maintiendrait tant que rien ne viendrait le troubler. Mais supposez qu'on puisse faire disparaître du liquide le sulfate de potasse, il est évident qu'une nouvelle portion de sulfate de soude viendra réagir sur l'azotate de potasse non décomposé, et reproduira du sulfate de potasse. Si on éliminait encore celui-ci, à mesure qu'il se formerait, on obtiendrait enfin une décomposition totale des deux sels employés, et elle serait évidemment due à la cause physique quelconque qui, en éloignant le sulfate de potasse du mélange, aurait changé sans cesse les conditions d'équilibre auxquelles celui-ci tendait à s'arrêter.

Tout mélange de deux sels capables de donner naissance à un sel insoluble, se trouvera précisément dans cette condition, et il devra s'ensuivre une décomposition totale.

D'où il suit que si on mêle du sulfate de soude et de l'azotate de baryte, la décomposition réciproque sera déterminée par l'insolubilité du sulfate de baryte. En effet, chaque molécule de ce sel qui prend naissance, se précipite hors de la sphère d'action où sa présence serait indispensable pour maintenir l'équilibre entre les quatre sels, d'abord produits. Par suite une décomposition réciproque complète devient inévitable. Un tel mélange pourrait fournir d'abord, comme on l'a vu déjà, les quatre sels suivans :

> Sulfate de soude,
> Sulfate de baryte,
> Azotate de soude,
> Azotate de baryte.

Mais l'acide sulfurique, qui tend à se partager entre les deux bases, ne pourrait demeurer uni à la soude qu'autant qu'il y aurait en présence du sulfate de soude une certaine quantité de sulfate de baryte. A mesure que celui-ci se forme, il se précipite. Il faut donc que l'acide sulfurique se partage de nouveau entre les deux bases, qu'il reproduise du sulfate de baryte qui se précipitera de nouveau, et ainsi de suite jusqu'à ce que la réaction soit accomplie.

Voilà comment des phénomènes expliqués autrefois par l'affinité des corps sont devenus entre les mains de Berthollet de simples accidens déterminés par des propriétés purement physiques, capables d'éloigner l'un des corps formés du théâtre de l'action chimique. Que ce corps se sépare parce qu'il est gazeux, parce qu'il est insoluble, parce qu'il est fusible ou disposé à se figer, tout cela revient au même, et sa séparation déterminera constamment la réaction.

Bien entendu qu'en ce qui touche la dissolution, le résultat sera changé en changeant le dissolvant, puisque l'on peut ren-

verser les conditions de solubilité ou d'insolubilité. Aussi
M. Pelouze a-t-il vu récemment l'acétate de potasse en dissolution dans l'alcool se décomposer sous l'influence de l'acide carbonique, tandis que le carbonate de potasse dissous dans l'eau
se décompose instantanément, dès qu'il a le contact de l'acide
acétique: phénomène très facile à comprendre en se rappelant
que le carbonate de potasse est insoluble dans l'alcool.

Ainsi, dans les occasions très nombreuses, où l'un des corps
qui peuvent se produire dans un mélange, se sépare en vertu
de quelque propriété physique, l'action chimique qui se produit semblerait déterminée bien moins par l'affinité des corps
en présence que par la volatilité ou l'insolubilité de ce composé.

En effet, rien de plus facile, toute affinité mise de côté, que
de prédire le résultat d'une réaction chimique, quand on sait
qu'elle peut fournir un corps volatil ou insoluble, selon les
circonstances. Mais est-ce à dire que l'affinité n'intervienne
en rien dans ces réactions? C'est ce que je n'ai jamais admis.

M. Gay-Lussac, ayant développé, il y a quelques années,
les conséquences de la loi découverte par Berthollet, a cru
pouvoir établir que dans les phénomènes qui nous occupent l'affinité à fort peu de part. Parmi nombre de faits qu'il
cite à l'appui de son opinion et qui ont été rappelés déjà, je
me borne à reprendre ici comme caractéristique l'exemple de
l'action de l'acide sulfurique sur le borax. M. Gay-Lussac admettait qu'en versant de l'acide sulfurique dans une dissolution étendue de borax, tout demeurant dissous, la base devait
se partager entre les deux acides proportionnellement au
nombre de leurs atomes. Je pensais au contraire, fondé sur la
grande affinité de l'acide sulfurique pour les bases, et sur la
faible affinité de l'acide borique pour elles, que la décomposition devait être totale.

C'est précisément ce que M. Gay-Lussac lui-même a démontré plus tard, quand il a proposé le procédé qui lui est
dû pour l'essai du borax. Il consiste à colorer la dissolution de
borax par la teinture de tournesol, et à y verser de l'acide
sulfurique jusqu'à ce que la liqueur prenne la teinte *pelure
d'ognon*. L'expérience apprend que cet effet se manifeste dès
qu'on ajoute la plus petite trace d'acide sulfurique en sus de la
quantité nécessaire pour produire du sulfate de soude neutre
avec la base du borate: jusque-là on a la réaction de l'acide borique pur, c'est-à-dire, le rouge vineux. L'on peut donc regarder comme certain que l'acide sulfurique, versé dans une
dissolution de borax, s'unit tout entier à la soude, qu'il ne
se fait aucun partage de base, et que l'acide borique est mis en

liberté, comme je le pensais. Il faut en dire autant des carbonates et des sulfhydrates.

M. Gay-Lussac persiste à croire que, dans ces expériences, le partage de la base entre les deux acides s'est réellement opéré; mais que les deux parts sont tellement inégales que celle de l'acide sulfurique est incomparablement plus grande que celle de l'acide borique.

Pour moi, je demeure convaincu qu'il convient d'établir que, si deux acides sont en présence d'une même base, et qu'ils aient une grande différence dans leur énergie, la base se combinera tout entière avec le plus fort, quoique tout reste dissous.

Considérons maintenant l'action réciproque des sels, et nous verrons que, si on mêle du sulfate de cuivre et du sel marin dissous, il se fait subitement un changement de nuance. La liqueur passe du bleu au vert. Or, on sait que la dissolution de chlorure de cuivre est verte. A la vérité, ceci apprend bien qu'il se forme du chlorure de cuivre; mais on ne saurait en conclure que tout le cuivre passe à l'état de chlorure.

Si l'on examine les procédés de l'art du teinturier, on ne peut s'empêcher d'être frappé de l'emploi si fréquent des sulfates et de la crême de tartre, mélange qui constitue la majeure partie des mordans. On y voit sans cesse associer l'alun, le sulfate de fer, le sulfate de cuivre au bi-tartrate de potasse, avec l'intention évidente de rendre la base de ces sels plus facile à fixer sur les étoffes. Comment s'expliquer que l'intervention d'un sel avec excès d'acide ait pour résultat de rendre une base plus libre? Nous admettons que les sulfates d'alumine, de fer ou de cuivre éprouvent une double décomposition, bien que tout demeure dissous: ce qui produit du sulfate de potasse et des tartrates acides d'alumine, de fer ou de cuivre, sur lesquels s'exerce réellement l'action des étoffes ou de la matière colorante.

Cette explication repose du reste sur des faits observés par M. Gay-Lussac pour des cas analogues. Cet illustre chimiste a vu que si l'on mêle du sulfate de fer et de l'acétate de potasse, par exemple, il y a formation manifeste de sulfate de potasse et d'acétate de fer, tout demeurant néanmoins dissous. En effet, l'acide sulfhydrique ne précipite pas le sulfate de fer, et précipite, au contraire, à l'état de sulfure, tout le fer de ce mélange, comme si on le faisait agir directement sur de l'acétate de fer pur.

De même, si on dissout du phosphate de fer et du phosphate de chaux dans l'acide chlorhydrique, et qu'on ajoute de l'acétate de potasse au mélange, le premier se précipite tout entier, tandis que le second demeure dissous. C'est un bon procédé analytique; mais il y a de plus dans cette réaction un résultat digne d'attention, en ce qui concerne l'action réciproque des corps. En effet, elle prouve clairement que l'acide chlorhydrique décompose entièrement l'acétate de potasse : car, si une portion d'acide chlorhydrique demeurait libre, elle retiendrait du phosphate de fer en dissolution.

Il paraît résulter des faits qui précèdent qu'aux lois connues de Berthollet, il faudrait ajouter la proposition suivante :

Quand deux sels dissous sont en présence et ne peuvent donner que des produits solubles, l'acide le plus fort s'empare de la base la plus forte et laisse la base faible à l'acide faible.

Il est du moins certain que, dans tous les cas, les réactions semblent indiquer que le partage s'est opéré de la sorte. Mais on peut objecter que ces réactions font naître le partage, au lieu d'accuser seulement un état moléculaire déjà établi. Quoi qu'il en soit au fond, on pourra changer totalement les propriétés d'une dissolution, et prévoir la nature du changement, si l'on fait intervenir un sel soluble qui n'en précipite rien d'ailleurs, pourvu qu'on le choisisse de manière à satisfaire à la proposition qui précède.

J'admets donc que les corps se combinent en vertu d'une force, dont je ne définis pas la nature, et que je nomme affinité. Cette force peut, à mon avis, produire des réactions absolues, même au sein des liquides. Sans nier les cas de partage, je demeure convaincu qu'une base ne se partage point entre deux acides de force très inégale, par exemple. Dès-lors il deviendrait nécessaire de modifier l'exposition des lois de Berthollet, puisqu'on les a développées dans ce qui précède, comme une conséquence de ce partage supposé.

Mais on me permettra de laisser cette difficulté sans réponse. Je me contente de la poser nettement telle qu'elle s'offre à mon esprit. Les lois de Berthollet supposent un partage entre les corps en présence. On ne les conçoit bien qu'en admettant que, dans un mélange quelconque, toutes les combinaisons possibles se produisent d'abord; ce qui fait naître un équilibre stable, quand tout est soluble ou fixe, et un équilibre instable, qui entraîne peu-à-peu une décomposition complète, quand l'un des produits formés est insoluble ou volatil.

Mais d'un autre côté, si l'on verse dans une dissolution d'acide borique un peu de teinture de tournesol, elle prend une teinte rouge vineux qui ne se modifie nullement, en ajoutant au liquide du sulfate de potasse. Ainsi l'acide borique ne peut faire équilibre à la moindre trace d'acide sulfurique; ainsi, dans le mélange, il n'y a pas à-la-fois les quatre corps suivans :

> Sulfate de potasse,
> Borate de potasse,
> Acide sulfurique,
> Acide borique,

comme l'exigerait la théorie par laquelle on se rend compte des lois de Berthollet.

Je pose la difficulté, et je le répète, je ne la résous point, laissant cette tâche à nos jeunes chimistes, dont je désire sincèrement avoir excité l'attention par cette discussion ; convaincu que je suis qu'il n'existe pas dans la science une question plus digne de leur intérêt. (1)

La tendance qu'ont les corps à se combiner ou à réagir chimiquement les uns sur les autres, peut se modifier à un très haut degré par l'effet de la chaleur. Une foule de faits le démontrent : sans être en mesure d'expliquer cette action, on peut faire voir tout au moins qu'elle ne dépend pas d'une simple modification dans la cohésion des corps mis en présence. Il suffit, pour en être convaincu, de voir combien est lente l'action réciproque du soufre et du mercure si on les met en présence au point de fusion du soufre, et combien cette même action devient rapide au contraire, dès que l'on arrive à un certain degré au dessus de cette fusion. Admettons donc, sans prétendre l'expliquer, que la chaleur exalte l'action chimique.

La lumière, comme la chaleur, exalte les réactions chimiques, surtout à l'égard des corps colorés; mais son action sur le chlorure d'argent démontre que la coloration des corps n'est pas une condition indispensable. Du reste, comme la chaleur, la lumière agit sans que nous en puissions expliquer la cause.

Laissant de côté cette action chimique obscure que l'on croit avoir observée dans le magnétisme, arrêtons-nous un moment sur celle qui appartient si incontestablement à l'électricité.

Il faut distinguer : car l'effet évident de l'étincelle électrique consiste dans l'élévation de température qu'elle produit dans

---

(1) Voyez à ce sujet une note de M. Gay-Lussac dans les *Annales de chim. et phys.*, XLIX, 353, et la thèse de M. Dubail, dans le *Journal de pharmacie*, XVIII, 425.

les corps qu'elle traverse. L'étincelle électrique agit donc comme une chaleur rouge, et il est facile de s'en convaincre en examinant l'effet qu'elle produit sur les gaz ou les mélanges explosifs de gaz.

Il n'en est plus de même de l'électricité voltaïque; celle-ci qui se propage d'une molécule à l'autre leur communique évidemment, en les électrisant elles-mêmes, des propriétés répulsives ou attractives qu'on peut mettre à profit, soit pour opérer leur séparation, soit pour effectuer leur combinaison. C'est ainsi que, maniée convenablement, la pile voltaïque est devenue un instrument si puissant d'analyse entre les mains de Davy; c'est ainsi que les actions électro-motrices faibles sont devenues à leur tour d'inépuisables moyens de synthèse entre les mains de M. Becquerel.

Il est facile de comprendre comment Davy, voyant tous les corps de la nature obéir à la puissance électrique, a pu regarder celle-ci comme n'étant autre chose que l'affinité elle-même. Les opinions qu'il a émises à cet égard, modifiées par MM. Berzelius, Ampère, Becquerel, Faraday, ont pris par degrés une telle importance, qu'aujourd'hui l'on ne pourrait en négliger l'examen, quoiqu'il soit difficile peut-être de les adopter d'une manière absolue.

On peut distinguer les faits relatifs à l'action chimique en trois séries: 1° Ceux qu'on observe dans les corps avant leur combinaison; 2° Ceux qu'on observe pendant la combinaison; 3° Ceux qu'on observe après la combinaison.

Il faut, pour être admissible, que la théorie par laquelle on prétend expliquer l'action chimique, en vertu de mouvemens électriques, soit capable de satisfaire à ces trois ordres de faits. Je dis pour être admissible et non pour être admise, car notre ignorance sur toutes ces questions me rend très circonspect dans le jugement que j'en porte, et je me défie toujours des théories qui sont destinées à expliquer des faits qu'on s'est contenté d'observer d'une manière générale, sans le secours d'aucun de ces moyens de mesure, dont l'exactitude peut être contrôlée, et dont les résultats doivent être représentés par la théorie avec une rigueur qui ne se contente plus d'un à-peu-près commode.

Voyons d'abord si la théorie électro-chimique satisfait à la première condition, c'est-à-dire si elle est actuellement admissible, et à quelles conditions on peut l'admettre.

Avant la combinaison, les corps qui peuvent s'unir n'offrent aucun indice d'électricité libre. Il faut donc que l'électricité qu'on y suppose soit dissimulée.

Pendant la combinaison il se produit quelquefois de la lumière, toujours de la chaleur, toujours de l'électricité; du moins nous l'admettons, d'après M. Becquerel.

Après la combinaison tout indice d'électricité s'évanouit, les élémens demeurant unis jusqu'à ce qu'une force nouvelle vienne les séparer.

Davy ayant soumis à un examen attentif les corps les plus aptes à se combiner, s'aperçut qu'en général ils développaient au contact une quantité d'électricité d'autant plus grande que leur puissance chimique était plus grande aussi. Mis en contact avec un métal, le soufre devient négatif et le métal positif; mis en contact avec une base, les acides deviennent négatifs et la base positive. Il admit en conséquence qu'au contact, ces corps se constituaient en des états électriques opposés; que la combinaison s'effectuant, les électricités se réunissaient de nouveau; que leur réunion produisait la chaleur et la lumière que l'on observe si souvent dans les actions chimiques énergiques.

À l'état de repos, les corps ne possédaient pas d'électricité libre, mais celle-ci se développait instantanément par le contact qui précède la combinaison.

La quantité d'électricité développée était proportionnelle à l'antagonisme des corps. Bientôt, les molécules en présence se trouvaient chargées d'électricité contraire, au degré convenable pour détruire leur équilibre primitif, et l'attraction produite par cet état électrique passager déterminait la combinaison, qui faisait disparaître elle-même toute électricité libre.

Davy admettait donc, comme on peut voir, que les corps en contact développaient de l'électricité, et il trouvait de plus qu'au moment d'une combinaison chimique il ne s'en dégageait pas. Ces deux principes admis par le créateur de la théorie qui fait intervenir l'électricité dans l'explication des actions chimiques, sont rejetés de la façon la plus formelle par les physiciens, qui veulent que non-seulement l'électricité explique les actions chimiques, mais que l'action chimique soit la principale, sinon la seule source d'électricité que nous possédions. Ils assurent que les corps ne donnent pas d'électricité par le contact, mais que par leur combinaison il s'en développe beaucoup.

Davy n'explique en rien l'état des corps avant ou après la combinaison; il ne s'occupe que des phénomènes qui ont lieu pendant que celle-ci s'effectue.

M. Ampère a cherché, par une modification de cette théorie, à pénétrer un peu plus avant dans l'explication de ces phénomènes. Il a supposé les molécules des corps douées d'une électricité permanente et essentielle à leur existence, d'une électricité intérieure. Il a admis en outre que cette électricité déterminait la condensation autour de la molécule d'une quantité équivalente d'électricité du nom contraire qui lui formait une espèce d'atmosphère. La bouteille de Leyde offre l'image d'une telle molécule.

Les molécules positives entourées d'une atmosphère négative, et les molécules négatives ayant leur atmosphère positive, n'en sont pas moins en apparence à l'état neutre, car les électricités intérieures n'ont condensé les électricités extérieures que jusqu'à concurrence de l'état d'équilibre qui représente la neutralité.

Mais au moment où les corps mis en présence vont se combiner, les atmosphères des molécules se réunissant produisent la chaleur et la lumière, et les molécules demeurent unies par l'attraction de leurs électricités intérieures. Pour les séparer, il faut leur restituer leur atmosphère, et c'est là ce que fait la pile; c'est aussi ce qui la rend un instrument de décomposition si universel.

Par conséquent, selon M. Ampère, ce n'est plus au contact que les corps s'électrisent : ils le sont déjà. Les électricités qui existent dans les molécules en font partie, pour ainsi dire, et constituent l'affinité. Les électricités extérieures, qui seules sont mobiles, produisent tous les phénomènes apparens qui accompagnent l'action chimique, la chaleur, la lumière et les mouvemens électriques eux-mêmes.

M. Berzelius envisage l'intervention de l'électricité dans l'explication de l'action chimique sous un autre point de vue. Ayant remarqué que la chaleur exalte si souvent l'action chimique, il a vu dans cette circonstance quelque raison pour se représenter l'état des molécules des corps comme analogue à celui des cristaux de tourmaline. Il a donc admis des pôles électriques dans les molécules. Si le pôle négatif domine dans une molécule, elle est négative; si le contraire a lieu, elle est positive. Suivant le degré de développement de ces pôles, les corps prennent des caractères plus ou moins négatifs, plus ou moins positifs.

Ajoutons que si l'on admettait avec M. Berzelius l'existence d'atomes pourvus de pôles électriques, et qu'avec M. Ampère on entourât les pôles d'électricité dissimulée, cette manière de se représenter l'état des corps expliquerait beaucoup de faits, et satisferait aux principales conditions de la question.

En effet, on oppose aujourd'hui à la théorie de Davy une objection qui serait sans réplique, puisqu'on assure que le contact des corps ne développe point d'électricité. La théorie de

M. Ampère ne peut suffire sans de grandes modifications, puisqu'un même corps ne pourrait agir comme positif dans un cas, et comme négatif dans l'autre; tandis que le chlore, dans l'acide chlorique et dans les chlorures, offre ces deux états, et qu'une foule de corps en font autant.

Il faut donc que l'état électrique des corps soit indépendant du contact, qu'il soit variable, pour qu'on puisse prétendre à expliquer les phénomènes chimiques par l'électricité seule; et pour en revenir aux termes d'où nous sommes partis, la théorie de Davy, celle de M. Ampère semblent inadmissibles; celle de M. Berzelius, modifiée par celle de M. Ampère, me semblent constituer une hypothèse admissible. Mais je me hâte d'ajouter qu'elle oblige à supposer, dans les molécules des corps, un état de polarité, qui s'éloigne beaucoup de l'idée qu'on est conduit à s'en former par l'ensemble des phénomènes de la nature.

Certes, si l'on se rappelle que les substances qui ont quelque tendance à se combiner, prennent des électricités opposées au moment du contact, ou tout au moins au moment de la combinaison; qu'elles sont attirées et séparées par les pôles de la pile auxquels s'accumulent les électricités contraires à celles qu'elles manifestent; qu'elles s'unissent en produisant de l'électricité, de la chaleur, de la lumière; qu'elles se séparent en absorbant une énorme quantité d'électricité; si l'on se rappelle que tous ces effets si caractérisés dans les substances les plus aptes à la combinaison s'atténuent et s'effacent à mesure que leurs affinités sont satisfaites, on est fort disposé à croire que l'électricité joue un très grand rôle dans les phénomènes chimiques, et que l'action chimique en joue un non moins grand dans la production de l'électricité.

Mais il y a si loin de ces aperçus, quelque remarquables, quelque brillans qu'ils puissent paraître, à une véritable théorie de l'action chimique, que tout en les mettant sous les yeux du lecteur, comme une source de rapprochemens pleins d'intérêt, nous persisterons à admettre qu'une force attractive particulière, qu'il est nécessaire de distinguer de toute autre, que l'affinité, en un mot, doit conserver sa place dans l'étude de la chimie. Nous répéterons que, si l'affinité n'était qu'une modification de l'électricité, c'en serait une modification si particulière qu'on serait probablement bien long-temps à saisir les lois de sa distribution dans les molécules des corps, qu'on serait long-temps avant d'avoir mis cette identité hors de doute.

Ne perdons pas de vue ces idées, mais ne les appliquons pas d'une manière prématurée à des explications de détail, auxquelles on ne peut les plier sans tomber dans le domaine de l'imagination pure.

CHAPITRE VII.

Classification des corps.

Dans les premiers temps de l'étude d'une science, il peut sembler inutile de classer le petit nombre de faits ou d'idées que l'observation fait d'abord connaître. Bientôt cependant, les faits et les idées, devenus plus nombreux, rendent indispensable une classification qui puisse en rendre l'exposition plus facile et plus claire. Mais, pour démêler les rapports véritables des corps entre eux, pour saisir la connexion réelle des faits et des idées, il faut que la science ait atteint le plus haut degré de perfection auquel elle puisse parvenir. Entre l'époque à laquelle les classifications sont inutiles et celle où l'on parvient à coordonner les corps de la manière la plus naturelle et la plus vraie, il doit donc exister une époque de transition qui se prolonge plus ou moins pour chaque science. C'est celle qui voit éclore les classifications qu'on nomme artificielles, et qui, en effet, ne reposant ordinairement que sur un seul caractère, exposent si souvent à réunir des corps disparates. Ces classifications artificielles sont pourtant fort utiles. Elles apprennent à reconnaître promptement les corps, et elles rappellent aisément à l'esprit des ressemblances ou des différences d'un certain ordre. Par exemple, en classant les élémens, d'après leur affinité pour l'oxigène, on initie tout de suite les élèves à la connaissance d'une foule de faits ou d'idées d'une application journalière.

Mais à côté de ces avantages certains, on trouve que la classification des corps, quand elle est artificielle, c'est-à-dire quand elle repose sur un seul caractère, conduit à rapprocher des êtres, très différens, et à séparer des corps fort analogues. C'est ainsi, par exemple, que, dans la classification artificielle des élémens, on est conduit à séparer l'étain et le titane, qui ont tant d'analogie, parce que le premier est bien plus oxidable que le second. C'est encore ainsi que, dans ce système de classification, on est conduit à réunir le magnésium et l'aluminium qui se ressemblent si peu, parce que leur affinité pour l'oxigène est à-peu-près la même.

Une classification artificielle est toujours facile à saisir, puisqu'elle ne repose que sur un seul caractère; mais elle donne une vue incomplète et quelquefois fausse des faits. Une classification naturelle est bien plus compliquée, puisqu'elle s'appuie sur l'ensemble des caractères des corps; mais aussi place-t-elle chaque fait à son véritable point de vue.

Parmi les questions qui doivent être agitées dans cet essai, la classification naturelle des corps simples, quelque imparfaite qu'elle soit, mérite pourtant une place importante. On peut déjà, par ce qu'elle nous apprend, prévoir tout l'intérêt du rôle qu'elle acquerra bientôt dans l'exposition des phénomènes chimiques. On entend ici, comme on vient de le voir, par classification naturelle celle qui a pour objet de réunir les élémens par groupes, en se fondant sur l'ensemble de leurs caractères et non sur un seul d'entre eux. Cette définition permet de comprendre immédiatement qu'une classification naturelle ne peut pas s'obtenir complète du premier coup; qu'elle marche et se perfectionne avec la science; qu'elle est exposée à faire aveu d'impuissance en beaucoup d'occasions, tout au contraire des classifications artificielles qui sont toujours complètes et immuables.

Rien de plus aisé sans doute que de classer les élémens d'après leur densité, ou d'après leur couleur, ou selon leurs degrés divers de fusibilité ou de volatilité. Les caractères de ce genre sont si absolus qu'on en tire une classification aussi facile et aussi nette que si on se basait tout simplement sur les noms mêmes des élémens, et qu'on les disposât par ordre alphabétique. Mais on ne craint pas d'ajouter que l'utilité du premier système de classification ne dépasse guère celle du second.

Ainsi quoiqu'une classification artificielle, fondée sur des qualités d'un ordre secondaire, comme celles qu'on vient d'indiquer, puisse séduire un moment par sa netteté, elle sera toujours repoussée par les esprits sérieux. Il est clair que si l'on adopte une propriété plus essentielle comme base d'une classification artificielle, celle-ci pourra faire plus long-temps illusion, et jouera dans l'enseignement un rôle plus utile. Mais elle devra pourtant faire place à son tour, à un système plus large et plus complet. C'est ainsi qu'en classant les élémens d'après leur affinité pour l'oxigène, on s'appuyait sur une considération qui embrassait tant de faits importans, qu'elle a pu convenir à l'enseignement et satisfaire même aux besoins de la science. Mais néanmoins, ce caractère, tout important qu'il est, ne peut plus guère suffire maintenant pour fournir une classification qui peigne à l'esprit l'état actuel de nos connaissances. Elle doit faire place à une autre plus parfaite, qui, prenant en considération plusieurs caractères, sera, par cela même, plus naturelle et plus progressive. Voyons donc sur quelles bases celle-ci pourrait s'appuyer.

Remarquons d'abord que la classification par familles n'est possible, qu'autant qu'un certain nombre de celles-ci sont déjà très nettement indiquées par l'ensemble des caractères observés dans les corps qu'il s'agit de classer.

Mais, dès qu'il est évident qu'un certain nombre de corps se ressemblent, et que d'autres s'éloignent, on peut chercher à démêler quels sont les caractères communs aux corps analogues et fixer leur valeur relative.

Ainsi les familles doivent se former, *ipso facto*, pour la plupart, et doivent être admises comme par acclamatiou, pour qu'on puisse compter sur les caractères qu'on en tire. Tant que la science n'en est pas à ce point qu'on puisse classer par familles la majeure partie des êtres qu'elle étudie, il n'y a guère espoir d'une véritable classification naturelle.

C'est pour avoir méconnu la marche des sciences naturelles dans la composition de la classification par familles, que les savans qui ont essayé jusqu'ici de classer les corps simples par famille ont échoué dans leur tentative.

M. Ampère le premier, dans un mémoire très étendu, a exposé en 1816 les Lases d'une classification naturelle des corps. Il s'est livré, à ce sujet, à des aperçus qui ont souvent été confirmés par une expérience ultérieure; mais on peut reprocher à M. Ampère d'avoir cherché à composer les familles, d'avoir essayé de classer et de réunir les corps, en s'appuyant sur des rapprochemens plus ou moins discutables. Cette tâche surpasse peut-être le pouvoir de l'intelligence humaine. Il fallait attendre que les familles fussent formées, et que, se dessinant clairement par l'étude déjà accomplie des caractères de détails, il n'y eût qu'à fixer la valeur relative des propriétés sur lesquelles la classification pouvait s'appuyer.

Toute la contexture du mémoire de M. Ampère repose sur une pensée positivement contraire à celle que l'on veut établir ici, relativement à la marche à suivre dans la classification naturelle des corps. En effet, il établit d'abord des classes, puis des familles, puis des genres, tandis qu'il aurait fallu chercher s'il était réellement possible de grouper les corps simples par genres, et assurer les limites de ceux-ci, avant de remonter à la formation des familles et à celle des classes. Faute d'avoir pris cette marche, ou pour avoir essayé il y a vingt ans ce qui est encore impossible aujourd'hui, M. Ampère s'est exposé à regarder comme naturelle une classification vraiment artificielle des corps.

Il distingue les corps en deux classes, qu'il appelle gazolytes et métaux proprement dits. Les gazolytes sont les corps doués de la propriété de former des gaz permanens, caractère évidemment artificiel, car nul chimiste ne voudra réunir l'oxigène et le soufre, par la raison que le premier forme un gaz en s'unissant à l'azote et le second en s'unissant à l'hydrogène, tandis qu'on concevra l'analogie de l'eau et de l'acide sulfhydrique, sans s'embarrasser de leur volatilité respective.

Parmi les métaux, M. Ampère distingue deux familles : celles des leucolytes, qui forment des dissolutions incolores, et celles des chroïcolytes qui produisent des dissolutions colorées. Il suffit de citer l'étain, comme appartenant à la première, et le titane, comme faisant partie de la seconde, pour faire voir ce que cette division a d'artificiel.

Enfin M. Ampère partage les trois familles des gazolytes, des leucolytes et des chroïcolytes, en genres de la manière suivante :

1° Carbone,	Bore.
Hydrogène.	15° Silicium.
2° Azote.	Colombium.
Oxigène.	Molybdène.
Soufre.	Chrôme.
3° Chlore.	14° Tungstène.
Fluor.	Titane.
Iode.	13° Osmium.
4° Tellure.	Rhodium.
Phosphore.	Iridium.
Arsenic.	Or.
5° Antimoine.	Platine.
Étain.	12° Palladium.
Zinc.	Cuivre.
6° Bismuth.	Nickel.
Argent.	Fer.
Mercure.	Cobalt.
Plomb.	11° Urane.
7° Sodium.	Manganèse.
Potassium.	10° Cerium.
8° Barium.	Zirconium.
Strontium.	Aluminium.
Calcium.	Glucinium.
Magnésium.	9° Yttrium.

Il est évident, à la simple lecture de ce tableau, qu'il exige de fortes corrections. L'azote et le tellure doivent changer de place ; l'antimoine, le zinc et l'étain n'ont rien de commun, ce qui annulle le cinquième genre ; l'osmium et le titane doivent être séparés, etc. M. Ampère serait le premier à faire toutes ces corrections et bien d'autres sans doute. Mais ce qu'on veut montrer ici, c'est la difficulté, pour ne pas dire l'impossibilité où l'on est de deviner les familles ou genres naturels.

Ne perdons pas de vue cependant, que si M. Ampère a

échoué dans son entreprise, celle-ci n'en a pas moins été fort utile en fixant l'attention sur ce genre de recherches.

Depuis cette époque, M. Beudant et M. Despretz ont adopté l'un et l'autre dans leurs ouvrages des classifications ayant pour but de réunir les corps d'après leurs rapports naturels; mais ils n'ont cherché ni l'un ni l'autre à remonter aux bases fondamentales de cette classification. M. Beudant a adopté la division établie par M. Ampère. Quant à M. Despretz, il a groupé les corps par petites familles, d'après les analogies qui lui ont semblé les plus naturelles, sans former de celles-ci des classes et sans discuter la valeur de leurs caractères, ce qui doit être principalement notre objet ici.

Pour arriver à une connaissance précise des fondemens de la méthode naturelle vers laquelle tendent toutes les recherches de la chimie actuelle, il suffira d'interroger l'expérience la plus vulgaire, pour ainsi dire.

A peine s'est-on occupé de chimie pendant quelques jours qu'on voit les rapports évidens qui lient le chlore, le brôme et l'iode les uns aux autres. Il ne faut pas non plus de longues études pour saisir des rapprochemens de même ordre entre le barium, le strontium et le calcium, parmi les métaux.

Voyons donc si l'on peut parvenir à grouper de la même manière un certain nombre de corps, en les choisissant parmi ceux qui sont les mieux caractérisés, et nous chercherons ensuite quelles sont les propriétés communes à ces corps que l'on est conduit à réunir ainsi par une vue générale de leurs propriétés.

Comme on vient de le rappeler, le chlore, le brôme, l'iode se réunissent, sans contestation; le fluor viendra se placer avec eux quand on l'aura découvert.

Le soufre a plusieurs analogues, et personne n'hésiterait à placer à côté de lui le sélénium et le tellure. En comparant l'eau oxigénée et le polysulfure d'hydrogène, les oxides et les sulfures, on est même conduit à placer l'oxigène avec ces trois corps.

Quand on parle du phosphore, tout naturellement on pense à l'arsenic, qui possède tant de propriétés analogues à celles de ce corps. A quelque distance de ces deux élémens, on aperçoit l'azote, qui en diffère à quelques égards, quoique à bien d'autres il s'en rapproche beaucoup.

Où trouver des corps analogues au carbone, si ce n'est dans le bore et le silicium, qui se ressemblent d'ailleurs beaucoup entre eux? Comment éloigner le zirconium de ces trois substances?

Enfin, à quoi comparer l'hydrogène parmi les élémens connus?

33.

C'est ainsi que l'on est conduit à adopter pour les corps simples non métalliques la classification suivante :

789	Iode.	Tellure,	800.
489	Brôme.	Sélénium,	494.
221	Chlore.	Soufre,	201.
117	Fluor.	Oxigène,	100.

Hydrogène.

38	Carbone.	Azote,	88.
136	Bore.	Phosphore,	196.
277	Silicium.	Arsenic.	470.
420	Zirconium.		

On a rangé dans chacun de ces groupes les corps selon leur affinité pour l'hydrogène ; et il est à remarquer qu'à mesure que cette affinité augmente le poids atomique du corps diminue. Comme cette circonstance se reproduit dans tous, elle ne saurait être fortuite.

Il est à remarquer de plus qu'à mesure que le poids atomique augmente et que l'affinité pour l'hydrogène diminue, le corps prend de plus en plus le caractère métallique, tellement que certains d'entre ceux qui occupent les derniers rangs, comme le tellure, l'arsenic, le zirconium ont été confondus avec les métaux eux-mêmes.

D'où il faut conclure peut-être que ce serait avec raison qu'on réunirait les corps précédens aux métaux dans la classification naturelle, puisqu'on passe des corps non métalliques aux métaux par une nuance insensible.

A ces caractères s'en ajoutent d'autres qui sont tirés des combinaisons de divers corps.

Ainsi, le fluor, le chlore, le brôme, l'iode forment avec l'hydrogène des acides gazeux énergiques et fumans à l'air. Deux volumes d'hydrogène et deux volumes de chacun de ces corps en font quatre d'acide. Il n'y a donc pas condensation.

L'oxigène, le soufre, le sélénium, le tellure produisent avec l'hydrogène des composés très faiblement acides ou même indifférens. Deux volumes d'hydrogène unis à l'autre corps ne forment que deux volumes du composé, ce qui revient à dire qu'il y a condensation du volume du corps électro-négatif, mais que l'hydrogène lui-même ne se condense pas.

L'azote, le phosphore, l'arsenic produisent avec l'hydrogène des composés qui jouent le rôle de bases. Six volumes d'hydrogène unis à l'autre corps en font quatre du composé ; ce qui revient à dire que dans celui-ci le corps électro-négatif se condense tout entier, et qu'en outre l'hydrogène lui-même se condense dans le rapport de 3 à 2.

Le carbone, qui seul parmi les corps auquel on le compare, a été combiné avec l'hydrogène, paraît produire de préférence des combinaisons qui jouent aussi le rôle de base, et dans lesquelles l'hydrogène se condense plus ou moins, et souvent beaucoup plus que dans le cas précédent.

Ainsi, parmi les caractères nombreux qui sont communs aux corps qui composent chacun de ses quatre groupes, ceux que l'on tire de leurs compositions hydrogénées offrent une netteté qui les rend préférables à tous les autres, quand il s'agit de justifier la classification adoptée. Ceci posé, M. Dumas observe que si, au lieu de classer ces corps comme on l'a fait plus haut, on les dispose dans un ordre inverse, c'est-à-dire en mettant près de l'hydrogène ceux qui ont le plus de ressemblance avec ce corps ou le moins d'affinité pour lui, on obtient le tableau suivant :

Fluor.	Oxigène.
Chlore.	Soufre.
Brôme.	Sélénium.
Iode.	Tellure.

Hydrogène.

Zirconium.	
Silicium.	
Bore.	Arsenic.
Carbone.	Phosphore.
	Azote.

dans lequel il est évident qu'à mesure que le corps perd de son affinité pour l'hydrogène, il acquiert le caractère métallique. Or, on sait que les corps qui se ressemblent le plus sont ceux qui ont le moins de tendance à se combiner, et M. Dumas arrive enfin à conclure que l'hydrogène n'est probablement pas autre chose qu'un métal gazeux, ce qui s'accorde d'ailleurs avec des considérations d'une autre nature et ce qui conduit à confondre l'hydrogène avec les métaux les plus électro-positifs.

Nous pouvons donc dire en définitive avec M. Dumas : *La base de la classification des corps précédens consiste à réunir ceux qui se ressemblent par la nature, les proportions et le mode de condensation de leurs combinaisons avec l'hydrogène.*

On peut penser avec beaucoup de vraisemblance qu'en tenant compte de la nature, des proportions et de la condensation, on fait intervenir toutes les propriétés fondamentales des corps, ce qui est l'objet de la méthode naturelle. On remarquera que l'affinité pour l'hydrogène n'intervient que pour classer les corps dans chaque groupe, et non pas comme caractère fondamental. On remarquera aussi que le poids atomique paraît avoir une importance du même ordre, et que c'est tout au plus si l'on peut assigner une valeur égale à l'aspect métallique. On ne manquera pas d'observer que l'état

solide, liquide ou gazeux du corps est un caractère sans valeur aucune.

Voilà comment la discussion des caractères de ces groupes
conduit M. Dumas a établir l'importance des caractères chimiques des corps, de la manière suivante :

1° L'état du corps, son aspect, sa faculté conductrice plus
ou moins grande pour l'électricité ou la chaleur, son poids
atomique plus ou moins élevé sont des propriétés spécifiques.

2° La nature du composé hydrogéné, ses proportions, sa
condensation sont des caractères génériques.

Et pour prouver combien ces derniers caractères sont indé-
pendans, en effet, des propriétés spécifiques du corps, il suffit
de rappeler le cyanogène, que personne n'hésiterait à placer à côté de l'iode, et qui pourtant, comme corps composé,
ne saurait être comparé à un corps élémentaire, en tout ce qui
concerne les propriétés physiques, quoiqu'il joue le même
rôle qu'eux dans tous les phénomènes chimiques.

Ainsi, M. Dumas propose de réunir dans le même groupe
ou genre, les corps simples ou composés qui forment avec l'hydrogène des composés de même nature, renfermant les élémens dans les mêmes proportions et avec le même mode de
condensation.

Dans chaque groupe, il rapproche ou éloigne les corps d'a-
près leurs caractères physiques ou leur affinité pour l'hydrogène.

Mais cette méthode ne donne en définitive qu'une classification applicable à 16 corps, et dans ce nombre même, il y en
a trois qui ne sont classés que par l'analogie. Il fallait trouver
le moyen de classer les autres.

M. Dumas, réfléchissant que la classification des corps précédens se fait très bien en considérant les propriétés et la condensation des produits qui résultent de leur union avec l'hydrogène, a été conduit à penser qu'il fallait considérer pour
les autres élémens les produits qu'ils forment en s'unissant
avec un corps gazeux et capable de produire des combinaisons
volatiles dont la condensation pût être étudiée.

Le chlore et les chlorures métalliques remplissent ces conditions dans un assez grand nombre de cas, pour qu'il soit permis d'espérer qu'une étude attentive de la densité des vapeurs
des principaux chlorures volatils viendra répandre une vive
lumière sur cette importante question.

N'est-il pas remarquable, en effet, que l'étain et le titane
produisent des chlorures liquides et fumans, dans la vapeur
desquels 2 volumes de chlore se condensent en un seul, tout
comme on le voit dans le chlorure de silicium auquel ils ressemblent tant ? Si, guidé par cette analogie, on réunissait au

silicium, le titane, l'étain et le colombium, se serait-on bien
éloigné des idées que donne sur leur affinité naturelle l'ensemble des combinaisons de ces corps ? Il suffit de comparer
les acides silicique, titanique, stannique et colombique pour
répondre à ces questions.

On voit de plus que ce seul exemple prouverait déjà que la
nature n'a pas voulu séparer les corps métalliques et non métalliques, et qu'à plus forte raison elle n'a pas séparé les métaux
blancs des métaux colorés, puisque la réunion du silicium, de
l'étain et du titane nous paraît naturelle et fondée.

Ces considérations gagneront en autorité, si nous rappelons qu'il existe une connexion évidente entre le soufre, le
sélénium, le tellure et le chrôme ou le vanadium, qui, à leur
tour, ne peuvent être éloignés du molybdène et de tungstène.

Enfin, pour borner ces citations, ne suffirait-il pas de considérer les rapports des acides manganique et sulfurique, des
acides hyper-manganique et hyper-chlorique, pour comprendre
dre que la distinction des métaux et des métalloïdes doit disparaître? Car ici, le même métal nous présente à la-fois des
caractères tellement analogues à ceux du soufre et à ceux du
chlore, qu'on demeure convaincu qu'il doit se réunir à ces corps
d'une manière intime.

Prenant ainsi en considération tous les caractères connus
des élémens, mais seulement en ce qui concerne la nature, les
proportions et le mode de condensation de leurs composés,
on pourrait plus tard, hasarder une classification des corps en
familles. Il en est qui déjà se dessinent d'elles-mêmes, qui
semblent fort naturelles et qui expriment des rapprochemens
sur lesquels même tout le monde est d'accord.

Mais d'un autre côté, les chimistes qui ont essayé de
grouper tous les corps, ont formé des familles qui offrent des
associations qu'on doit considérer comme hasardées. Si nous
voulions les imiter, nous tomberions dans le même inconvénient. Nous avons eu pour but de prouver qu'il n'est pas possible d'établir un système complet et arrêté de familles naturelles dans l'état actuel de la science, quoiqu'on puisse déjà se
faire une idée juste de la marche à suivre pour y arriver. C'est
cette marche que nous avons surtout voulu mettre en évidence.

ADDITIONS.

Sur le fluor.

Le fluor ne peut être recueilli dans le caoutchouc: cette substance est attaquée et il se produit de l'acide fluorhydrique. (*M. Aimé, Ann. de Ch. et de Phys.*, LV, 445.)

Instruction sur la chlorométrie.

Des divers procédés que propose M. Gay-Lussac pour déterminer la valeur des *chlorures d'oxides* du commerce, celui auquel il donne la préférence consiste à verser peu-à-peu, au moyen d'une burette graduée, une dissolution titrée du produit à essayer, sur une quantité déterminée d'acide arsénieux dissoute dans l'acide chlorhydrique, jusqu'à ce que tout l'acide arsénieux soit passé à l'état d'acide arsénique. La valeur du composé chloruré est en raison inverse de la quantité qu'il en a fallu employer pour produire cet effet. Il est d'ailleurs aisé de reconnaître, à l'aide de quelques gouttes d'une dissolution sulfurique d'indigo, le moment où tout l'acide arsénieux a disparu. Alors en effet, la teinte bleue s'efface tout-à-coup, et ne peut être rétablie par l'addition d'une nouvelle goutte de la dissolution d'indigo. (Voy. le mémoire même, *Ann. de Ch. et de Phys.*, LX, 225.)

Sur les phosphures d'hydrogène.

La composition du gaz phosphuré d'hydrogène qui s'enflamme spontanément à l'air a été dans ces derniers temps l'objet de diverses recherches. Elles ont conduit à des résultats différens les chimistes qui s'en sont occupés.

M. Henri Rose (*Ann. de Ch. et de Phys.*, LI, 5) regarde comme isomériques le phosphure gazeux d'hydrogène spontanément inflammable et celui qui ne s'enflamme à l'air qu'à l'aide de la chaleur. L'analyse directe des deux gaz; l'identité des composés qu'ils forment avec les chlorures métalliques, celui de titane, par exemple; l'inflammabilité spontanée que l'on observe toujours dans le gaz que l'ammoniaque liquide sépare de ces composés, quel que soit le phosphure d'hydrogène qui ait servi à les préparer; l'absence au contraire de cette propriété dans le gaz qui se dégage, par l'addition de l'eau pure, de l'acide chlorhydrique, de la potasse en liqueur, et des carbonates solubles; tels sont les faits principaux sur lesquels repose la manière de voir de M. H. Rose.

Une opinion toute différente vient d'être émise par M. Leverrier (*Ann. de Ch. et de Phys.*, LX, 175). D'après lui, le gaz phosphuré d'hydrogène spontanément inflammable, devrait cette propriété à une petite quantité de phosphure PH^2 qui s'y trouverait mélangé. Ce serait ce phosphure PH^2 qui produirait le dépôt remarqué depuis long-temps dans les cloches où l'on abandonne à lui-même le gaz spontanément inflammable, et que M. Rose attribue à du phosphore entraîné à l'état de vapeur par le produit gazeux au moment de sa préparation. Enfin ce dépôt serait un phosphure d'hydrogène particulier, représenté dans sa composition par la formule PII, qui ne se dissoudrait ni dans l'eau ni dans l'alcool, qui, dans une atmosphère d'acide carbonique, ne se décomposerait en ses principes constituans qu'à une température de 175°, et qui supporterait au contact de l'air une chaleur de 140° sans s'altérer et sans devenir lumineux dans l'obscurité.

Sur l'acide phosphorique et les phosphates.

Voyez ce qui en a été dit dans la philosophie chimique (5185), et le mémoire de M. Graham. (*Ann. de Ch. et de Phys.*, LVIII, 88.)

Azoture de phosphore.

M. H. Rose a produit ce corps en chauffant au rouge, à l'abri du contact de l'air, le composé qui résulte de l'action du gaz ammoniac sec sur le protochlorure de phosphore. Il peut encore être obtenu, suivant MM. Liebig et Wœhler, avec le perchlorure de phosphore saturé du même gaz.

L'azoture de phosphore se présente sous la forme d'une poudre blanche, légère, insoluble dans l'eau. Il supporte le degré de la chaleur rouge, sans se volatiliser ni se fondre, et sans éprouver aucune espèce d'altération, à moins que l'air n'intervienne et ne produise de l'acide phosphorique. Le gaz chlorhydrique, le soufre et même le chlore, les dissolutions alcalines, la plupart des acides sont sans action sur lui. Mais il est décomposé par le gaz hydrogène, à la chaleur rouge, avec production de phosphore libre et d'ammoniaque. A la même température, le gaz sulfhydrique le transforme en d'autres produits dont la nature n'est pas connue. Enfin les hydrates de potasse et de soude fondus avec lui, en dégagent de l'ammoniaque et passent à l'état de phosphates.

Il y a pour formule Az^3P.

Voyez *Ann. de Ch. et de Phys.*, LIV, 275 et LVII, 426.

De la liquéfaction et de la solidification de l'acide carbonique.

En plaçant du bi-carbonate de soude au fond d'un appareil analogue à la marmite de papin et muni inférieurement d'un robinet, attachant ensuite à la partie supérieure un ballon rempli d'acide sulfurique, puis renversant l'appareil soigneusement fermé, de manière à briser le vase de verre et à faire agir l'acide sur le bi-carbonate sans permettre à l'acide carbonique de se dégager, M. Thilorier a pu obtenir en grande quantité ce gaz liquéfié, et en étudier facilement les propriétés.

C'est, suivant M. Thilorier, le plus dilatable de tous les corps connus, puisque de 0 à 30°, sa dilatation est presque quadruple de celle qu'éprouvent les gaz, entre les mêmes limites de température. Sa densité passe alors de 0,83 à 0,60. A — 20°, elle est égale à 0,90.

La force élastique de sa vapeur est de 36 atmosphères à 0°, et de 73 atmosphères à 30°. Cette vapeur occupe, dans le premier cas, un espace 12 fois aussi grand que celui du liquide dont elle provient, et dans le deuxième cas, un espace qui n'est que le triple de celui du liquide qui l'a produite mesuré pareillement à 0°.

En s'échappant sous forme de jet, l'acide carbonique liquide passe aussitôt en grande partie à l'état aériforme, et absorbe, pour subir ce changement d'état, une quantité de calorique si considérable qu'une autre portion se solidifie, ainsi que l'ont remarqué pour la première fois les commissaires de l'Académie. L'acide devenu solide se dépose sous forme de flocons blancs, qui conservent cet état à l'air libre pendant quelques minutes, et qui, placés dans un flacon fermé, produisent bientôt une explosion, en se convertissant en gaz. La température qui produit la solidification de l'acide carbonique peut être évaluée à environ 100° au-dessous de 0°.

L'acide carbonique liquide ne se mêle point à l'eau, ni aux huiles grasses. Il est au contraire miscible en toutes proportions avec l'éther, l'alcool, l'huile de naphte, l'essence de thérébenthine et le sulfure de carbone. Il est décomposé par le potassium avec effervescence, et n'exerce aucune action sur le fer, le zinc, l'étain. (*Ann. de Ch. et de Phys.*, LX, 426.)

De l'action du bi-oxide d'azote sur l'acide sulfureux et les sulfites.

Le bi-oxide d'azote et l'acide sulfureux ne peuvent coexister longtemps en présence d'une petite quantité d'eau ; ils disparaissent peu-à-peu et se convertissent en acide sulfurique et protoxide d'azote.

Le sulfite d'ammoniaque en dissolution exerce, à la température ordinaire, sur le bi-oxide d'azote la même action que l'acide sulfureux ; elle est même beaucoup plus rapide.

Mais la dissolution est-elle maintenue à un degré de froid voisin de son point de son congélation, ou bien mêlée avec 5 à 6 fois son volume d'ammoniaque liquide? Les résultats sont tout différens, et l'on voit se former un grand nombre de cristaux, dont la composition peut être représentée par du sulfite d'ammoniaque et du bi-oxide d'azote. Pour les conserver, il faut se hâter de les laver avec de l'ammoniaque préalablement refroidie, et de les dessécher à la température ordinaire.

Le bi-oxide d'azote produit des composés semblables avec les sulfites de potasse et de soude. Celui que l'on obtient avec le sulfite de potasse est le plus stable, et se prépare sans difficulté. On le purifie en le dissolvant dans l'eau bouillante, laissant refroidir la liqueur qui l'abandonne alors en grande partie sous forme de cristaux, et lavant ensuite ceux-ci avec de l'eau très froide.

M. Pelouze, à qui sont dues ces observations, admet dans les sels dont nous venons d'indiquer le mode de préparation, un acide particulier qu'il appelle nitrosulfurique, et qu'il a vainement essayé d'isoler. A l'état de liberté, sa formule serait $Az^2SO^4 = SO^3 + Az^2 O^2$ ou $SO^3 + Az^2O$.

Les trois nitrosulfates connus sont cristallisables, solubles dans l'eau, sans action sur les couleurs végétales. Leur saveur est toute différente de celle des sulfites.

Celui d'ammoniaque se détruit peu-à-peu à l'air libre en s'effleurissant : du protoxide d'azote se dégage, et il reste du sulfate d'ammoniaque. Dissous dans l'eau, sa décomposition est beaucoup plus rapide, et donne d'ailleurs les mêmes produits. A 0°, elle se manifeste déjà ; à 40°, elle est tumultueuse. L'ammoniaque libre la rend beaucoup plus lente. Le platine en éponge, l'oxide d'argent, l'argent, le charbon en poudre la déterminent au contraire immédiatement, bien qu'ils n'éprouvent eux-mêmes aucune altération. Les dissolutions salines d'argent, de mercure, de plomb, etc., versées dans celle du nitrosulfate d'ammoniaque y occasionnent de même, aussitôt après leur addition, un dégagement de protoxide d'azote et la production d'un sulfate.

Le nitrosulfate de potasse ne se décompose que par une chaleur d'environ 130°, et se transforme en sulfite et en bi-oxide d'azote. L'eau bouillante ne l'altère que faiblement. Les acides en dégagent du protoxide d'azote. Il en est de même de l'éponge de platine, de l'oxide d'argent, du chlorure de barium, de l'acétate de plomb, du sulfate de cuivre, qui du reste n'agissent que fort lentement sur lui. Il ne décolore ni le sulfate rouge de manganèse, ni la dissolution d'indigo dans l'acide sulfurique. L'eau de baryte n'y produit aucun précipité. Ce sont surtout ces dernières propriétés qui ont déterminé l'auteur à faire un genre de sels à part de ces sortes de composés. (*Annales de Ch. et de Phys.*, LX, 151.)

Sur l'acide chloreux.

L'acide particulier, soupçonné dans les produits connus communément sous le nom de *chlorures de chaux, de potasse, de soude*, a été isolé recemment par M. Balard.

Sa composition n'est pas telle que M. Soubeiran avait été conduit à le présumer (1607); elle est au contraire la même que celle qui a été attribuée au protoxide de chlore, dont l'existence est aujourd'hui plus que douteuse. Il correspond donc au protoxide d'azote, et de plus présente le même mode de condensation. Ainsi, en comparant les combinaisons oxigénées du chlore et de l'azote, on a les deux séries suivantes :

Ch^2O ac. chloreux ou plutôt hypo-chlor.[x] Az^2O protox. d'azote.
Ch^2O^2 inconnu. . . . . Az^2O^2 bi-oxide d'azote.
Ch^2O^5 inconnu. . . . . Az^2O^3 ac. azoteux.
Ch^2O^4 ox. de chl. ou plut. ac. hypo-chlor.[c] Az^2O^4 ac. hypo-azotique.
Ch^2O^5 ac. chlorique. . . . . Az^2O^5 ac. azotique.
Ch^2O^7 ac. hyper-chlorique. . . . . Az^2O^7 inconnu.

L'acide chloreux ou hypo-chloreux est un gaz d'un jaune un peu plus foncé que le chlore, dont l'odeur vive et pénétrante se rapproche de celle de ce dernier corps. Une température un peu élevée en sépare les élémens avec explosion et dégagement d'une vive lumière. Les rayons solaires le détruisent en quelques minutes sans détonation ; mais une lumière diffuse peu intense ne l'altère pas sensiblement.

L'hydrogène ne le décompose qu'à l'aide de la chaleur. Le charbon le fait détoner immédiatement, à froid, avec production de chlore, d'oxigène, et d'une petite quantité d'acide carbonique. Le soufre, le sélénium, le phosphore, l'arsenic, en contact avec le gaz chloreux, à la température ordinaire, donnent également lieu à une détonation, en même temps qu'à un vif dégagement de chaleur, et produisent des acides et des chlorures, plus une certaine quantité de chlore libre, mêlé d'un peu d'oxigène. Avec le brôme et l'iode, la décomposition de l'acide chloreux s'opère avec lenteur : il en résulte de l'acide bromique ou de l'acide iodique, et du chlorure du brôme ou d'iode. La plupart des métaux en absorbent à-la-fois le chlore et l'oxigène; la réaction de plusieurs d'entre eux le fait même détoner. Son absorption par le mercure est complète; le métal passe à l'état de bi-oxido-chlorure.

Le gaz acide chloreux est décomposé par un grand nombre de gaz.

(2944), souvent avec détonation et production de lumière. On se rendra compte aisément des produits de son action sur les corps composés, d'après ce qui vient d'être dit sur les phénomènes qu'il présente avec les corps simples.

L'eau le dissout abondamment. La dissolution est très difficile à conserver, surtout lorsqu'elle est concentrée. Même à la température ordinaire, elle laisse dégager des bulles de chlore, et il se forme de l'acide chlorique. Une douce chaleur accélère la décomposition ; toutefois, à 100° elle n'est encore que partielle.

D'ailleurs la solution de l'acide chloreux possède des propriétés analogues à celles qui appartiennent au gaz lui-même ; elle agit surtout comme oxidant.

La meilleure manière de préparer l'acide chloreux consiste à verser, dans des flacons remplis de gaz chlore, du bi-oxide de mercure délayé dans environ douze fois son poids d'eau. En les agitant, le gaz est facilement absorbé, et donne lieu à du bi-oxido-chlorure de mercure insoluble et à de l'acide chloreux qui reste en dissolution. On jette le tout sur un filtre, et l'on distille la liqueur dans le vide. On obtient ainsi de l'acide chloreux faible, qui peut être amené à un état de concentration plus grand, en soumettant les premiers produits à une nouvelle distillation.

S'agit-il ensuite d'obtenir le gaz chloreux ? Il faut introduire, dans une cloche pleine de mercure et renversée, environ $\frac{1}{50}$ de son volume de la dissolution concentrée du gaz acide, puis y faire passer peu-à-peu des fragmens d'azotate de chaux desséché. Ce sel, s'emparant de l'eau pour se dissoudre, en chasse le gaz qu'elle retenait ; et celui-ci, se plaçant au-dessus du liquide, et se trouvant ainsi éloigné du mercure, peut se conserver très long-temps. (*Ann. de Ch. et de Phys.*, LVII, 225.)

Sur les combinaisons de l'ammoniaque sèche avec les acides sulfureque et sulfureux anhydres.

En se combinant aux acides sulfurique et sulfureux, sans le concours de l'eau, l'ammoniaque donne lieu à des produits très différens des sulfates et sulfites hydratés. Les composés qui en résultent peuvent être neutres ou acides : ils ont été étudiés récemment par M. H. Rose, qui s'est principalement occupé de l'examen des premiers.

Le sulfate anhydre d'ammoniaque s'offre sous forme d'une poudre blanche, inaltérable à l'air, dont la saveur est amère comme celle du sulfate hydraté. Il se dissout dans l'eau, à la température ordinaire, et dans l'acide sulfurique concentré, à l'aide de la chaleur ; il est, au contraire, insoluble dans l'alcool. D'ailleurs, ces trois liquides ne lui font subir aucune altération.

Sa dissolution aqueuse laisse dégager de l'ammoniaque ou du carbonate d'ammoniaque, en y ajoutant de la potasse caustique ou du carbonate de potasse. Mais si, au contraire, on broie le sulfate pulvérulent avec du carbonate de chaux ou de baryte bien desséché, aucun dégagement ne se manifeste : pour le produire, il est nécessaire de mouiller le mélange.

Dans son contact avec les solutions salines de chaux, de strontiane et de baryte, le sulfate anhydre d'ammoniaque se comporte encore tout autrement que le sulfate hydraté. En effet avec les sels des deux premières bases, sa dissolution ne donne aucun précipité à froid, et celui que les sels de baryte y déterminent ne représente qu'une petite partie de l'acide sulfurique uni à l'ammoniaque.

Du reste, la décomposition par le feu du sulfate anhydre s'opère de la même manière que celle du sulfate hydraté.

Le sulfite anhydre d'ammoniaque forme des cristaux étoilés d'un rouge-jaune, qui, exposés à l'air, en attirent l'humidité, jaunissent et finissent par tomber en déliquescence. L'eau les dissout avec facilité. La liqueur, d'abord d'un jaune-pâle, se décolore au bout de quelque temps, et laisse déposer à la longue un peu de soufre. On observe le même dépôt en dissolvant le produit anciennement préparé. D'ailleurs, conservé en dissolution, ce sel se change peu-à-peu en sulfate et en hypo-sulfite.

L'acide chlorhydrique, ajouté à sa dissolution, y occasionne un dégagement d'acide sulfureux, et lui donne une teinte rougeâtre, quand elle est convenablement concentrée. En la portant à l'ébullition, du soufre se précipite, et il se forme à-la-fois de l'acide sulfureux et de l'acide sulfurique. On obtient encore les mêmes résultats après l'addition de la potasse caustique, qui y développe une odeur ammoniacale. Toutefois, si une dissolution étendue du sulfite est maintenue en ébullition pendant long-temps avec un excès de potasse, puis saturée par l'acide chlorhydrique après son refroidissement, la production du gaz sulfureux n'est accompagnée d'aucun dépôt de soufre.

Le sulfite d'ammoniaque anhydre, dissous dans l'eau, se comporte comme les hyposulfites avec l'azotate d'argent, le perchlorure de mercure et le sulfate de cuivre. La chaleur de l'ébullition donne lieu à des sulfures qui se précipitent.

On voit, d'après ce qui précède, que les composés dont on vient de parler peuvent être, sous beaucoup de rapports, assimilés aux *amides*. (*Journal l'Institut*, année 1834, n° 72 et 89.)

Des combinaisons du chrôme avec le chlore et le fluor.

D'après les expériences de M. H. Rose (*Ann. de Ch. et de Phys.*, LXI, 94), les corps volatils que l'on obtient en décomposant par l'acide sulrique les chromates mêlés à un chlorure ou à un fluorure n'ont point la composition que l'analogie avait porté à leur assigner (1737 et 1804). Car le composé chloruré est une combinaison de deux atomes d'acide chromique et d'un atome de per-chlorure. Sa formule est donc $2CrO^3$, $CrCh^6$. D'une autre part, le composé fluoré paraît contenir, pour 1 atome de chrôme, 10 atomes de fluor, dont une partie est peut-être à l'état d'acide fluorhydrique.

En substituant, dans la préparation de ces corps, un bromure ou un iodure, au chlorure ou au fluorure, on n'obtient que du brôme ou de l'iode libre, au lieu de per-bromure ou de per-iodure.

Sur quelques composés du tungstène. (M. Malaguti.)

Voyez *Ann. de Ch. et de Phys.*, LX, 271.

Sur le tellure.

M. Berzelius a soumis le tellure et ses composés à de nouvelles recherches, dont il a fait connaître les résultats dans un mémoire que nous avons déjà annoncé (1876), et que l'on trouvera dans les *Ann. de Ch. et de Phys.*, t. LVIII., p. 113 et 225.

Pour extraire le tellure du tellurure de bismuth, ce savant calcine fortement un mélange d'huile d'olive ou de charbon, de carbonate de potasse sec et de minerai réduit en poudre fine; il pulvérise rapidement la masse qui en résulte, la traite sur un filtre par l'eau bouillante, en évitant autant que possible l'accès de l'air, et expose la liqueur à l'action de l'oxigène atmosphérique. Le tellurare de potassium qu'elle renferme, et qui lui communique une riche couleur rouge, se décompose aussitôt : le potassium s'oxide et le tellure se précipite. Le soufre et le sélénium, dont ce métal est ordinairement accompagné, restent au contraire en dissolution sous l'influence de la potasse, et s'acidifient peu-à-peu. En recueillant le dépôt sur un filtre, le lavant et le soumettant à la distillation, dans un courant d'hydrogène, le tellure se sublime à l'état de pureté, laissant pour résidu une petite quantité de tellurures fixes.

L'oxidation par l'acide azotique du tellure ainsi purifié, a augmenté de 24,945 pour 100 le poids de ce métal ; ce qui fixe son poids atomique à 801,76, nombre que nous avons adopté dans nos tables.

L'oxide de tellure préparé par voie humide est tantôt anhydre et tantôt hydraté, et présente des propriétés très différentes dans ces deux cas. C'est l'oxide hydraté que l'on obtient, quand on étend d'eau le chlorure de tellure ou la dissolution de ce métal dans l'acide azotique. C'est au contraire de l'oxide anhydre qui se précipite, lorsque cette dissolution se décompose spontanément ou à l'aide de la chaleur.

L'oxide hydraté est floconneux, possède une saveur fortement métallique, rougit promptement le papier de tournesol, se dissout notablement dans l'eau et lui communique sa saveur et sa réaction acides. L'oxide anhydre affecte la forme de grains cristallins, dont la saveur ne se développe qu'au bout de quelques instans, qui ne rougissent le papier de tournesol qu'après un contact assez prolongé, et qui ne se dissolvent que dans une quantité d'eau très considérable, sans la rendre ni sapide ni capable de rougir la couleur du tournesol. Le premier est aisément soluble dans l'ammoniaque et les acides ; l'acide azotique toutefois le convertit tôt ou tard en oxide anhydre. Le second ne se dissout que fort peu dans l'acide azotique, et qu'avec difficulté dans l'ammoniaque. Une chaleur d'environ 40° dégage l'eau de l'oxide hydraté ; sa dissolution devient bientôt laiteuse, lorsqu'on la chauffe, par suite du même changement. D'autre part, pour obtenir en combinaison avec l'eau l'oxide anhydre, il suffit de le faire bouillir avec une dissolution de carbonate de potasse, puis d'y ajouter la quantité d'acide azotique nécessaire à la saturation de l'alcali. M. Berzelius considère comme isomériques ces deux modifications de l'oxide de tellure.

L'oxide connu depuis long-temps, dont il vient d'être question, et auquel M. Berzelius donne à juste titre le nom d'*acide tellureux*, n'est pas la seule combinaison oxigénée que produit le tellure. Il donne encore naissance à un acide correspondant à l'acide sulfurique, ayant conséquemment pour formule TeO^3.

Cet acide se forme en calcinant ensemble avec précaution l'oxide de tellure et l'azotate de potasse. Mais pour le préparer facilement, il faut soumettre à un courant de chlore l'oxide dissous dans un grand excès de potasse. La liqueur, neutralisée, puis mêlée à du chlorure de barium, laisse précipiter du tellurate de baryte. Celui-ci, lavé avec le moins d'eau possible, délayé dans ce liquide ou dissous dans l'acide azotique, puis décomposé par la quantité convenable d'acide sulfurique, donne une dissolution d'acide tellurique, mêlée tout au plus avec de l'acide azotique, qu'il est aisé d'expulser par l'évaporation.

L'acide tellurique cristallise en prismes incolores, très solubles dans l'eau ; leur saveur est métallique et n'a rien d'acide. Ils ne rougissent que faiblement la teinture de tournesol. Ils renferment 5 at. d'eau et en abandonnent 2 vers 160° : mais le dernier ne peut être dégagé que par une chaleur comprise entre 350° et le rouge naissant. En devenant anhydre, l'acide tellurique passe au jaune-orangé, et perd sa solubilité. M. Berzelius le considère comme ayant alors subi une modification isomérique. A une température un peu plus élevée que celle à laquelle il se déshydrate, il abandonne de l'oxigène et se trouve ramené à l'état d'oxide.

L'acide chlorhydrique n'a pas d'action, à froid, sur l'acide tellurique anhydre, et dissout facilement l'acide hydraté. Dans tous les cas, il le décompose, à l'aide de la chaleur, avec production de chlore. Le carbonate de potasse fait effervescence avec l'acide tellurique hydraté ; mais pour attaquer l'acide anhydre, il faut que la potasse soit caustique, et en dissolution concentrée.

L'acide tellurique forme des sels neutres, des bi-sels, des quadrosels, des sels sesqui-basiques et des sels tri-basiques. Dans les tellurates métalliques, que M. Berzelius considère comme neutres, l'acide renferme trois fois autant d'oxigène que l'oxide.

Les tellurates neutres de potasse, de soude et de lithine ont une saveur et une réaction alcalines. Leurs bi-tellurates eux-mêmes ramènent au bleu la teinture de tournesol rougie par les acides.

Soumis à l'action du feu, les tellurates à base fusible entrent aisément en fusion. Tous se décomposent vers le degré de la chaleur rouge, avec dégagement d'oxigène et production d'oxide de tellure qui reste ordinairement combiné avec la base du sel.

Parmi les tellurates neutres l'eau ne dissout notablement que ceux qui sont à base de potasse, de soude, de lithine et d'ammoniaque. Un excès d'acide favorise la dissolution des autres. Il produit un effet inverse sur les trois premiers que l'on vient de nommer : car les quadrotellurates de ces bases sont beaucoup moins solubles que les sels neutres, et deviennent même complètement insolubles, soit dans l'eau, soit dans les acides et les alcalis étendus, après avoir été calcinés. Plusieurs tellurates, celui d'argent entre autres, sont détruits par l'eau, qui dissout un sel acide et laisse un sel basique.

L'acide tellurique est déplacé de ses combinaisons avec les bases par tous les acides un peu puissans. L'acide carbonique lui-même enlève aux tellurates neutres en dissolution la moitié de leur base. L'acide chlorhydrique, en agissant sur les tellurates, donne lieu, à froid, à de l'acide tellurique libre, et sous l'influence de la chaleur, à du chlore qui se dégage et au chlorure correspondant à l'oxide de tellure.

Le brôme forme avec le tellure deux composés, dont les propriétés ressemblent tout-à-fait à celles des chlorures (1743). L'iode s'y unit en toutes proportions : mais les produits qui en résultent se détruisent tous par la distillation. L'iodure correspondant à l'oxide s'obtient facilement en faisant digérer cet oxide avec l'acide iodhydrique. Enfin on prépare le fluorure analogue avec l'acide fluorhydrique et le même oxide. Ces diverses substances laissent précipiter de l'oxide par l'addition de l'eau, et se combinent avec les composés correspondans des métaux alcalins.

____

Sur la vaporisation du plomb et de quelques-uns de ses composés.
(M. Fournet.)

Voyez *Ann. de Ch. et de Phys.*, LV, 406.

De la préparation de l'osmium et de l'iridium. (M. Persoz.)

Voyez *Ann. de Ch. et de Phys.*, LV, 210.

Sur l'ordre de tendance des oxides pour les acides. (M. Persoz.)

Voyez *Ann. de Ch. et de Phys.*, LVII, 180.

De l'action des carbonates insolubles sur les dissolutions salines, et du parti qu'on peut en tirer dans l'analyse. (M. Demarçay.)

Voyez *Ann. de Ch. et de Phys.*, LV, 392.

Sur le carbonate de baryte.

Suivant M. Abich, le carbonate de baryte entre en fusion à la chaleur blanche, et se trouve alors privé de tout son acide carbonique; ce dont on peut faire une application très avantageuse à l'analyse des minéraux siliceux et alumineux difficiles à attaquer. Il suffit d'exposer, pendant quinze à vingt minutes, dans une forge, à une forte chaleur blanche, le minéral mélangé avec quatre ou six fois son poids de carbonate de baryte, pour le rendre capable d'être très aisément décomposé par les acides. On opère fort commodément dans un creuset de platine, renfermé dans un creuset de Hesse. L'auteur a analysé par cette méthode un certain nombre de minéraux, dont il donne la composition. (*Ann. de Chim. et de Phys.*, LX, p. 369.)

Sur l'acide citricique.

Tel est le nom proposé par M. Baup, pour un nouvel acide pyrogéné, qui se produit en même temps que l'acide pyro-citrique. Il propose en même temps pour celui-ci le nom d'acide *citribique*. Le nouvel acide pyrogéné, étant beaucoup plus soluble que l'autre, se trouve dans les eaux-mères où celui-ci a cristallisé: on l'en extrait par l'évaporation. La forme de petits cristaux sous laquelle il se présente le rend facile à reconnaître. Il est isomérique avec l'acide pyro-citrique. (*Ann. de Ch. et de Phys.*, LXI, 182.)

Sur l'acide para-maléique.

Cet acide existe tout formé dans la nature. Il est en effet identique avec celui que l'on retire de la fumeterre et que l'on avait d'abord nommé *fumarique*. (Demarçay, *Ann. de Ch. et de Phys.*, LVI, 429.)

Note sur la préparation du tannin,

Voyez *Journ. de Pharm.*, XXII, 149.

Sur une modification isomérique de l'acide mucique.

Nous avons déjà signalé le changement de nature qui s'opère dans l'acide mucique, lorsqu'on le traite par l'eau bouillante, et que l'on évapore la dissolution à siccité. M. Malaguti, en versant de l'alcool sur le résidu, et abandonnant la liqueur à l'évaporation spontanée, a obtenu le nouveau produit sous forme d'une croûte cristalline.

C'est un acide particulier, qu'il a nommé *paramucique*. Il est, en effet, isomérique avec l'acide mucique : il a même une égale capacité de saturation. Il s'en distingue d'ailleurs par une saveur acide bien plus prononcée, par sa solubilité dans l'alcool, par sa plus grande solubilité dans l'eau, que l'on retrouve en général pareillement dans les sels qu'il forme avec les bases. Celui qu'il produit avec l'ammoniaque offre toutefois une exception qui mérite d'être signalée ; il est presque complètement insoluble.

L'acide para-mucique possède la propriété remarquable de reproduire de l'acide mucique, en laissant refroidir sa dissolution saturée dans l'eau bouillante. On obtient alors un léger dépôt, qui, après avoir été desséché, est insoluble dans l'alcool, et présente, en un mot, toutes les propriétés de l'acide mucique. Les paramucates de potasse et de soude donnent lieu à des phénomènes semblables. (*Ann. de Ch. et de Phys.*, LX, 195.)

De l'action de l'iode et de ses acides sur les bases organiques.

Tel est le sujet d'un mémoire récent de M. Pelletier. En voici les conclusions telles que l'auteur les donne. (*Journ. l'Institut*, année 1836, n° 147.)

« 1° L'iode peut s'unir à la plupart des bases salifiables organiques. De son union avec ces corps résultent des combinaisons définies dans lesquelles l'iode et la base sont en rapports atomiques. Ainsi, la strychnine donne un iodure cristallisable, coloré, formé de deux atomes d'iode et d'un atome de strychnine ; la brucine donne deux iodures, l'un formé de deux atomes d'iode contre un atome de base, et l'autre de quatre atomes d'iode contre un de base ; la cinchonine et la quinine produisent chacune un iodure, dans lequel l'iode et la base se trouvent unis atome à atome.

« 2° L'acide iodique peut s'unir aux bases salifiables organiques, et former des sels neutres ou acides, dans lesquels l'analyse démontre que l'acide et la base sont dans les rapports qu'indique la théorie, et qui correspondent aux iodures respectifs.

« 3° L'acide hydriodique s'unit avec toutes les bases salifiables organiques, et forme des sels qui ont une tendance à se constituer avec excès de base : l'hydriodate de strychnine et celui de brucine analysés sont des sels sesquibasiques, sans eau de cristallisation.

« 4° Les hydriodates organiques sont décomposés par l'acide iodique, et de cette décomposition résulte de l'iode provenant de l'acide iodique, tandis que l'hydriodate se change en iodure.

« 5° L'iode, dans son action sur la morphine, fait une exception bien singulière : il réagit élémentairement sur cette substance ; une partie de l'iode s'unit à de l'hydrogène soustrait à la morphine, pour former de l'acide hydriodique, tandis que l'autre s'unit à une substance provenant de la morphine, sans qu'on puisse retrouver trace de cette dernière, si l'iode a été mis en quantité suffisante.

« 6° Enfin, lorsqu'on fait agir de l'acide iodique sur la morphine, l'acide iodique perd son oxigène qui se porte sur les élémens d'une partie de la morphine et la convertit en matière rouge comme le faisait l'acide nitrique ; tandis que l'iode, mis à nu, réagit sur une autre portion de morphine comme par contact direct ; mais la combinaison qui en résulte ne peut résister à l'action d'une nouvelle quantité d'acide iodique qui la décompose entièrement en iode. »

De l'action des acides et du chlore sur la quinine.

L'addition du chlore, puis de l'ammoniaque, dans une solution étendue d'un sel de quinine, y détermine une coloration en vert émeraude, qui peut être mise en usage comme caractère extrêmement sensible pour reconnaître cette base organique. (M. André, *Journ. de Pharm.* XXII, 134.)

Sur la conicine.

La conicine, appelée encore *conéine, conine, conin, cicutine*, a été récemment examinée par MM. Boutron-Charlard et O. Henry (*Journ. de Pharm.*, XXII, 277). M. Liebig l'a trouvée composé de 66, 91 de carbone , de 12,00 hydrogène ; de 12,80 d'azote, et de 8,29 d'oxigène (même volume, p. 328.)

Sur quelques nouvelles substances retirées de l'opium.

Voyez ce qui en a été dit p. 27 de ce volume. Voyez de plus le mémoire de M. Couerbe, *Annales de Chimie et de Physique*, LIX, 136, et celui de M. Pelletier, *Journal de Pharmacie*, t. XXI.

De l'action des acides sur le sucre ; de la préparation et de la composition de l'acide-ulmique.

D'après M. Malaguti, les acides puissans minéraux ou organiques, plus ou moins affaiblis, et même considérablement étendus, agissent tous sur le sucre de canne, sous l'influence de la chaleur, en produisant d'abord du sucre de raisin , puis de l'acide ulmique et de plus, en présence de l'air, de l'acide formique.

L'acide ulmique ainsi obtenu, cristallise en paillettes, et présente la composition et la capacité de saturation qui lui ont été assignées par M. P. Boullay.

Il est accompagné d'une quantité variable d'une matière solide, brune, qui est isomérique avec lui, dans laquelle il paraît capable de se transformer à l'aide d'une ébullition prolongée, et que l'auteur a nommée *ulmin*. L'ammoniaque, en dissolvant l'acide ulmique, offre un moyen facile de le séparer de cette autre matière.

On peut préparer commodément ces deux corps, en faisant bouillir 1 p. d'acide sulfurique concentré, avec 10 p. de sucre dissoutes dans 50 p. d'eau. A mesure qu'ils se produisent, ils se séparent de la liqueur, sous forme d'une écume brunâtre, qui doit être enlevée de temps en temps, avec une écumoire.

Lorsque le sucre de canne a été amené à l'état de sucre de raisin, la chaleur n'est plus indispensable pour permettre aux acides de lui faire subir la décomposition ultérieure qui vient d'être indiquée.

Enfin l'action de la potasse donne des résultats semblables à ceux des acides eux-mêmes. (*Annales de Chimie et de Physique*, LIX, 407.)

Sur l'amidon.

M. Guérin s'est livré à de nouvelles recherches sur l'amidon, dont on trouvera les résultats (*Ann. de Chimie et de Physique*, LX, 32, et LXI, 66). D'après ses nouvelles expériences, l'amidon convenablement desséché, c'est-à-dire exposé dans le vide sec à une température de 135°, doit être représenté par $C^{34}H^{10}O^{10} = C^{20}H^{10}O^6 + C^{14}H^{10}O^4$. $C^{14}H^{10}O^4$ est la formule de l'*amidin soluble ou insoluble* (2246), et $C^{20}H^{10}O^6$ est celle qu'il a été conduit à adopter pour l'amidine par ses dernières analyses.

Sur la phloridzine.

La phloridzine est une matière cristalline, neutre, d'un blanc mat, d'une saveur douceâtre et amère, à peine soluble dans l'eau froide et soluble en toutes proportions dans l'eau bouillante, plus soluble dans l'alcool que dans l'eau à température égale, fort peu soluble dans l'éther. Les acides favorisent sa dissolution dans l'eau. Soumise à l'action d'une chaleur progressive, elle abandonne son eau de cristallisation, entre en fusion, puis se décompose en donnant entre autres produits un peu d'acide benzoïque et de l'acétone. Enfin sa propriété la plus remarquable, c'est d'être, suivant M. Koning qui l'a découverte, fébrifuge à un plus haut degré qui le sulfate de quinine.

Elle s'extrait de l'écorce fraîche de pommier, de poirier, de prunier ou de cerisier, et surtout de l'écorce de leurs racines. Ces écorces doivent être mises en digestion à plusieurs reprises, pendant sept à huit heures, avec de l'alcool faible, à une température de 50° à 60°. Les liqueurs réunies, concentrées dans un appareil distillatoire, la laissent déposer en cristaux grenus, qu'on purifie à l'aide du charbon animal et par plusieurs cristallisations.

Sa formule est $C^{28}H^{18}O^2$. Son nom est tiré de φλοιός, écorce, et ῥίζα, racine. (*Ann. de Ch. et de Phys.* LXI, 151)..

Sur la berbérine.

C'est une matière cristalline, d'un jaune clair, légèrement soluble dans l'eau et l'alcool froids, extrêmement soluble au contraire dans ces deux liquides bouillans. Elle a plus d'affinité pour les bases que pour les acides, et possède les propriétés toniques et purgatives de la racine du *berberis vulgaris*, de laquelle on l'extrait. (*Journ. de Pharm.* XXI, p. 408.)

Sur les acides sulfo-vinique et sulféthérique.

Il résulte des expériences de M. Marchand que l'exposition dans le vide sec, à la température ordinaire, suffit pour dessécher les sulfovinates de soude, de baryte et de chaux, au point de les ramener à pouvoir être représentés par de de l'éther hydrique, de l'acide sulfurique et l'oxide alcalin. Celui de potasse cristallisé offre même immédiatement cette composition. Il est donc bien certain maintenant que 2 proportions d'eau ne sont pas nécessaires à l'existence de l'acide sulfo-vinique.

D'après M. Liébig, des deux acides sulféthérique et para-sulféthérique (2297 et 2298), le premier n'a pas été obtenu à l'état de pureté par M. Magnus, et le deuxième seul est isomérique avec l'acide sulfo-vinique.

Chauffés avec l'hydrate de potasse, les sels que forme ce deuxième acide laissent dégager de l'hydrogène, et dans le résidu qu'ils laissent la moitié du soufre seulement est à l'état de sulfate, l'autre moitié s'y trouvant à l'état de sulfite. De là, M. Liebig conclut que l'acide observé par M. Magnus renferme de l'acide hypo-sulfurique, et non pas de l'acide sulfurique; comme l'acide sulfo-vinique; ce qui permettrait de se rendre aisément compte de la différence des propriétés de ces deux acides isomériques. (Voyez son mémoire, *Annales de Chimie et de Physique*, LIX, 172.)

Sur l'acide sulfocarbéthérique.

L'étude de l'action qu'exerce le sulfure de carbone sur l'alcool, en présence de la potasse, a été reprise dans ces derniers temps par M. Zeise et par M. Couerbe. Nous ne citerons que les résultats de M. Couerbe; il paraît du reste que ceux que M. Zeise a obtenus, de son côté, un peu antérieurement, sont à-peu-près les mêmes.

Suivant M. Couerbe, lorsque l'on fait agir le sulfure de carbone sur la potasse et l'alcool, il se forme un composé qui a pour formule 2 C^2S^2,KO,C^8H^8,H^2O; c'est le sel que M. Zeise avait d'abord appelé hydro-xanthate de potasse (*Voyez-en* la préparation et les propriétés, t. I, p. 125). Le produit oléagineux que les acides affaiblis en séparent peut être représenté par du sulfure de carbone et de l'alcool. Il a reçu le nom d'acide sulfocarbéthérique bi-hydraté; d'où l'on voit que le sel précédent devra prendre celui de sulfocarbéthérate de potasse. La combinaison de cet acide avec l'oxide de plomb est anhydre, et se représente par la formule 2 C^2S^2,C^8H^8,PbO. (*Journ. l'Institut*, année 1836, n. 160.)

Sur l'aldéhyde ou éther oxigéné.

L'existence des produits formés avec le chlore, le brôme, l'iode et le gaz oléfiant, donnait lieu de présumer que l'oxigène pouvait produire un composé analogue. M. Döbereiner a obtenu, et désigné sous le nom d'*éther oxigéné*, la substance qui paraît réaliser cette prévision. M. Liebig, qui l'a analysée et examinée récemment, l'a nommée *aldéhyde*, c'est-à-dire alcool *déhydrogéné*. En effet, sa formule étant C^4H^4O, elle peut être représentée par de l'alcool qui aurait perdu le tiers de son hydrogène total. (*Ann. de Ch. de Phys.*, LIX, 289.)

C'est un liquide incolore, très inflammable, d'une odeur éthérée pénétrante et caractéristique. Sa densité est 0,790. Il bout à 21°,8, sous la pression ordinaire. Il se mêle en toutes proportions avec l'eau, l'alcool, l'éther, qui diminuent sa volatilité. Ses dissolutions sont d'ailleurs sans action sur les couleurs végétales.

L'oxigène atmosphérique, surtout en présence du noir de platine, le transforme en acide acétique très concentré. L'acide azotique produit le même effet avec dégagement d'acide hypo-azotique. Le chlore et le brôme l'attaquent, en développant beaucoup de chaleur et en formant de l'acide chlorhydrique ou bromhydrique. Le phosphore, le soufre et l'iode s'y dissolvent, sans lui faire éprouver d'altération visible. L'acide sulfurique le noircit immédiatement. La potasse le convertit en une matière résineuse, élastique, d'un rouge brun. L'ammoniaque s'y unit avec ou sans l'influence de l'eau. Le composé qui en résulte, cristallise en rhomboèdres incolores, transparens et brillans; il se dissout abondamment dans l'eau et l'alcool, et en petite quantité dans l'éther ; il possède une réaction alcaline, se fond entre 70 et 80°, et se volatilise sans se décomposer à 100° ; les acides en mettent l'aldéhyde en liberté.

Chauffé avec l'aldéhyde étendu d'eau, l'oxide d'argent se réduit en partie, et donne lieu à un acide identique avec celui qui prend naissance en plaçant dans un mélange d'air et de vapeur éthérée un fil de platine incandescent. Cet acide, que Daniel a nommé *lampique*, a pour formule $C^8H^8O^5 = C^8H^8O^2 + O$. On peut donc voir en lui un oxide d'aldéhyde ; ce qui a déterminé M. Liébig à l'appeler *acide aldéhydique*.

L'aldéhyde se produit dans des circonstances diverses. L'alcool lui donne généralement naissance, sous les influences oxigénantes qui ne sont pas trop énergiques. Telle est, par exemple, l'action de l'air et du noir de platine, qui donne en même temps lieu à de l'acétal (2308), et qui d'ailleurs ne doit pas être trop long-temps prolongée ; telle est aussi, pourvu qu'il ne soit point en excès, l'action de l'acide azotique, qui produit en outre de l'éther azoteux ; telle est encore celle du chlore agissant en petite quantité, à une basse température et en présence de beaucoup d'eau : l'acide chlorhydrique est alors le seul corps qui se forme avec l'aldéhyde.

Les circonstances de la préparation de l'aldéhyde offrent également un exemple analogue. Le meilleur moyen de se le procurer consiste, en effet, à exposer à une douce chaleur, dans un appareil distillatoire, quatre parties d'alcool à 80 centièmes, six parties de bi-oxide de manganèse, et six parties d'acide sulfurique étendues de quatre parties d'eau. L'opération doit être arrêtée, lorsque la liqueur qui se condense dans le récipient devient acide. Distillant ensuite celle-ci sur du chlorure de calcium, n'en recueillant que la première moitié, et y ajoutant de l'ammoniaque, on obtient le composé que forme l'aldéhyde avec cette base. Pour en extraire l'aldéhyde lui-même, il faut dissoudre ce composé dans son poids d'eau, le mêler avec une fois et demie autant d'acide sulfurique étendu de son poids d'eau, chauffer le tout au bain-marie, jusqu'à ce que celui-ci soit à 100°, et condenser soigneusement les vapeurs qui se dégagent. L'aldéhyde ainsi obtenu est hydraté. Quand on veut l'avoir anhydre, il est nécessaire de le redistiller sur du chlorure de calcium, que l'on ajoute peu-à-peu, de peur qu'il ne s'échauffe trop rapidement.

Nous voyons enfin l'aldéhyde se produire encore dans une circonstance remarquable : c'est en faisant passer des vapeurs d'éther pur, à travers un tube de verre rempli de fragmens de la même substance, et chauffé au rouge. De l'eau, du gaz oléfiant, du gaz proto-carbure d'hydrogène se forment en même temps. Le charbon qui se dépose pendant l'expérience est à peine pondérable, si la chaleur n'est pas trop intense.

Sur quelques nouvelles combinaisons du méthylène.

Fluorhydrate de méthylène. — C'est un gaz incolore, d'une odeur éthérée agréable, dont la combustion développe de l'acide fluorhydrique qui répand des fumées dans l'air. Sa densité est 1,186, d'après l'expérience, et de 1,169, d'après le calcul. L'eau à 15° en dissout 1 fois $\frac{2}{3}$ son volume.

On le prépare en chauffant doucement un mélange de fluorure de potassium et de sulfate de méthylène, et recueillant le gaz sur l'eau, qui retient les vapeurs entraînées avec lui.

Para-sulfométhylate de baryte. — L'esprit de bois dans lequel on fait arriver de l'acide sulfurique anhydre, que l'on étend d'eau ensuite, et où l'on ajoute de la baryte, donne lieu à du sulfate de baryte, qui se dépose, et à un nouveau sel, qui reste en dissolution. La liqueur débarrassée de l'excès de baryte par un courant d'acide carbonique et la filtration, fournit, en la concentrant à une basse température, des prismes tronqués très minces et assez longs, qui paraissent à base rhomboïdale et qui sont tout différens de ceux que donne le sulfo-vinate. Leur composition est la même que celle du sulfo-vinate desséché, et se représente par $SO^3,BaO+SO^3,C^4H^4,H^2O$.

Tartrométhylate de baryte. — Il se précipite en mettant simplement en contact des dissolutions d'acide tartrique et de baryte dans l'esprit-de-bois. L'eau le convertit en simple tartrate de baryte. Sa formule est $C^8H^4O^5,BaO+C^8H^4O^5,C^4H^4,H^4O^2$.

Avec les acides oxalique, acétique, benzoïque, dans les mêmes circonstances, on a obtenu de simples oxalate, acétate, benzoate de baryte.

Action de l'acide azotique et de l'azotate d'argent ou de mercure sur l'esprit de bois. — Elle ne produit point de fulminate; mais il se forme un oxalate d'argent ou de mercure en grande quantité. (MM. Dumas et Péligot, *Ann. de Ch. et de Phys.*, LXI, 193.)

Sur le cétène, base de l'éthal et de la cétine.

Ce nouveau bi-carbure d'hydrogène s'obtient en distillant à plusieurs reprises l'éthal avec de l'acide phosphorique, qu'il faut prendre anhydre dans les dernières opérations. Il est liquide, oléagineux, incolore, insipide, insoluble dans l'eau, très soluble dans l'alcool et l'éther. Il bout à 275° et distille sans altération.

La formule qui représente son équivalent est $C^{64}H^{64}$. D'après cela, l'éthal en est le bi-hydrate $C^{64}H^{64},2H^2O$, et la cétine est un composé double d'oléate et de margarate du même bi-carbure, représenté par $2[C^{70}H^{67}O^5,C^{64}H^{64},H^2O]+C^{140}H^{129}O^5,2C^{64}H^{64},2H^2O=C^{472}H^{452}O^{14}$.

La monhydrate de cétène, qui correspondrait à l'éther hydrique, n'a pas pu jusqu'ici être obtenu, ou du moins isolé. Mais on a pu former l'acide sulfo-cétique et le chlorhydrate de cétène.

Le premier se produit en chauffant au bain-marie l'éthal et l'acide sulfurique ordinaire, et agitant très souvent la masse. Combiné avec la potasse, il donne un sel neutre, en paillettes nacrées, ayant pour formule : $SO^3,KO+SO^3,C^{64}H^{64}+H^2O$.

Quant au chlorhydrate de cétène, il se prépare facilement en mêlant dans une cornue, à-peu-près volumes égaux d'éthal et de perchlorure de phosphore, l'un et l'autre en fragmens. Bientôt une réaction vive se produit, et donne lieu à une grande quantité de gaz chlorhydrique. Que l'on chauffe ensuite la cornue, on obtiendra du protochlorure de phosphore, puis du perchlorure, puis enfin le chlorhydrate de cétène $C^{64}H^{64},H^2Ch^2$. (MM. Dumas et Péligot, *Compte rendu des séances de l'Acad. des Sc.*, avril 1836, p. 403.)

Sur divers composés dérivés des carbures d'hydrogène.

1° *Dérivés du gaz oléfiant.* — Les corps qui s'obtiennent à l'aide du brôme ou de l'iode et du gaz oléfiant, et qui ont été décrits sous le nom d'éthers brômé et iodé (228'), peuvent être regardés, de même que la liqueur des Hollandais, comme formés de volumes égaux des corps qui servent à les produire.

(M. Félix d'Arcet, *Journal l'Institut*, année 1835, p. 150. — M. Regnault, *Annales de Chimie et de Physique*, LIX, 358 et 367.)

Quoiqu'ils ne soient point altérés par la solution aqueuse de potasse, ces produits sont facilement décomposés par le même alcali dissous dans l'alcool. A l'aide d'une douce chaleur, les éthers chloré et brômé laissent alors dégager un gaz, qui ne diffère du gaz oléfiant qu'en ce que le quart de l'hydrogène y est remplacé par une quantité équivalente de chlore ou de brôme. Il se forme en même temps du chlorure ou du brômure de potassium et de l'eau. L'éther iodé donne lieu à une réaction plus compliquée, et tandis qu'il se distille une matière oléagineuse dont la composition paraît analogue à celle des gaz dont on vient de parler, la majeure partie du gaz oléfiant se trouve reproduite.

M. Regnault regarde les nouvelles substances qu'il obtient de cette manière comme des composés de chlore, de brôme, d'iode et d'un carbure d'hydrogène C^4H^3, qu'il a vainement essayé d'isoler. Il le nomme *aldéhydène*, parce qu'on pourrait le considérer comme étant le radical de l'*aldéhyde* (*Voy.* l'article précédent). Enfin il admet l'existence de ces produits tout formés dans les matières d'où on les extrait par l'action de la potasse, et représente celles-ci de la manière suivante:

$H^2Ch^2+Ch^2,C^8H^6$ Chlorhydrate de chlorure d'aldéhydène, ou liqueur huileuse des Hollandais.

$H^2Br^2+Br^2,C^8H^6$ Bromhydrate de brômure d'aldéhydène, ou éther brômé.

$H^2I^2+I^2,C^5H^6$ Iodure d'iodhydrate d'aldéhydène, ou éther iodé.

(*Voyez* les mémoires ci-dessus cités de M. Regnault et les observations de M. Laurent, *Annales de Chimie et de Physique*, LX, 326.)

2° *Dérivés du quadricarbure d'hydrogène, ou benzine.* — Outre l'acide benzo-sulfurique (2213), l'on obtient, en faisant agir l'acide sulfurique anhydre sur la benzine, une substance neutre que M. Mitscherlich désigne sous le nom de *sulfo-benzide*, et un second acide qui paraît provenir d'une nouvelle réaction exercée par l'acide sulfurique sur la matière précédente, et qui sera l'objet d'une notice que M. Mitscherlich doit bientôt publier.

La sulfo-benzide se précipite quand il verse beaucoup d'eau sur l'acide sulfurique anhydre qui a été mis en contact avec la benzine ; ou l'obtient pure en la lavant avec une petite quantité du même liquide, la dissolvant dans l'éther, et la laissant cristalliser.

Elle est incolore, inodore, très soluble dans l'alcool, l'éther et les acides, très peu soluble dans l'eau et les solutions alcalines, fusible à 100°, et volatile vers le degré de la chaleur rouge obscure. Ce n'est qu'à la température où elle commence à bouillir qu'elle peut être décomposée par le chlore et le brôme. L'azotate ou le chlorate de potasse mélangés avec elle, et soumis à l'action du feu, la laissent distiller sans altération.

L'acide azotique fumant donne, avec la benzine, une matière tout-à-fait analogue à la sulfo-benzide par ses propriétés, et qui peut être préparée de la même manière. Elle en diffère surtout par sa plus grande volatilité ; c'est à 213° qu'elle entre en ébullition. Elle a reçu le nom de *nitro-benzide*.

La formule de la sulfo-benzide est $SO^2C^{24}H^{10}=SO^5+C^{24}H^{12}-H^2O$, et celle de la nitro-benzide, $Az^2O^4C^{24}H^{10}=Az^2O^5+C^{24}H^{12}-H^2O$. Ces substances peuvent donc être comparées aux *amides* (2504) ; et c'est là ce qu'est destinée à rappeler la finale de leurs noms. (*Ann. de Chim. et de Phys.* LVII, 85.)

Dérivés de la naphtaline. — Comme nous l'avons déjà annoncé, l'action du chlore sur la naphtaline donne lieu à une substance oléagineuse et à une substance cristalline. La première, d'après les nouvelles expériences de M. Laurent, est représentée dans sa composition par $C^{40}H^{16}Ch^4$; la seconde l'est par $C^{40}H^{16}Ch^8$. Ces deux matières ont servi à en produire un assez grand nombre d'autres.

Distille-t-on le composé huileux avec de la potasse, il se transforme en une nouvelle huile qui a pour formule $C^{40}H^{14}Ch^2$. Le composé solide, traité par la potasse en dissolution bouillante, se change en un autre ayant pour formule $C^{40}H^{12}Ch^4$, et par la distillation seule, il donne un produit isomérique avec le précédent.

Celui-ci, exposé à la température ordinaire au contact du chlore ou du brôme, absorbe une certaine quantité de ces corps simples, et devient $C^{40}H^{12}Ch^{20}$ ou $C^{40}H^{12}Ch^4Br^8$.

Enfin, soumet-on à l'action prolongée d'un courant de chlore l'un des composés précédens, ou la naphtaline elle-même, ou même les corps qui résultent de l'action du brôme sur elle, et dont nous allons parler tout-à-l'heure, il se dégage de l'acide chlorhydrique, et il se forme encore un composé particulier dont la formule est $C^{40}H^8Ch^8$.

Voici la nomenclature adoptée par M. Laurent pour ces diverses substances :

$C^{40}H^{16}Ch^4 = C^{40}H^{14}Ch^2, H^2Ch^2$, Chlorhydrate de chloronaphtalase.
$C^{40}H^{14}Ch^2$, Chloronaphtalase.
$C^{40}H^{16}Ch^8 = C^{40}H^{12}Ch^4, H^4Ch^4$, Chlorhydrate de chloronaphtalèse.
$C^{40}H^{12}Ch^4$, Chloronaphtalèse et para-chloronaphtalèse.
$C^{40}H^{12}Ch^{20} = C^{40}H^{12}Ch^4, Ch^{16}$, Chlorure de chloronaphtalèse, ou perchloronaphtalèse.
$C^{40}H^{12}Ch^4Br^8$, Bromure de chloronaphtalèse.
$C^{40}H^8Ch^8$, Cloronaphtalose.

Les produits de l'action du brôme sur la naphtaline sont beaucoup moins nombreux : on n'a pu obtenir qu'une matière huileuse correspondant au chloronaphtalase, qui se forme en versant du brôme sur un excès de naphtaline, ou bien une matière solide correspondant au chloronaphtalèse, et que l'on prépare en employant le brôme en excès. Elles ont donc pour formule, savoir :

Le *bromonaphtalase*, $C^{40}H^{14}Br^2$.
Le *bromonaphtalèse*, $C^{40}H^{12}Br^4$.

En présence de l'acide azotique bouillant, la naphtaline donne encore des composés particuliers. Elle passe d'abord à l'état de *nitronaphtalase* $C^{40}H^{14}Az^2O^4 = C^{40}H^{16} + Az^2O^5 - H^2O$ ou $C^{40}H^{14}O, Az^2O^5$. La première de ces deux formules assimilerait cette substance aux *amides*; la seconde la présente comme un *azotite de naphtalase*. Ce naphtalase ($C^{40}H^{14}O$) paraît en effet susceptible d'être isolé, en distillant le nitro-naphtalase avec la chaux : il se produit d'ailleurs alors de la naphtaline et divers autres produits.

En continuant à faire agir l'acide azotique sur la nitro-naphtalase, elle perd encore 2 at. d'hydrogène, et devient nitro-naphtalèse $C^{40}H^{12}Az^4O^8 = C^{40}H^{16} + 2Az^2O^5 O_2 H^2 H C^{40}H^{12}O^2, 2Az^2O^5$.

Le nitro-naphtalase et le nitro-naphtalèse sont solides, cristallisables, fusibles et volatils à une chaleur ménagée. Chauffés brusquement, ils se décomposent avec une sorte d'explosion. Ils sont sans action sur les couleurs végétales.

Enfin avec le même acide, le chlorhydrate de chloro-naphtalèse donne encore un nouveau produit. C'est l'acide *nitro-naphtalique*, dont la formule C²⁰H⁴O⁴ représente l'équivalent. (*Ann. de Ch. et de Phy.* LXI, 113.)

4° *Dérivés de la paranaphtaline.* — La paranaphtaline présente vraisemblablement, avec le chlore, le brôme, l'acide azotique, des phénomènes analogues avec ceux que produit la naphtaline; mais elle n'a été soumise qu'à quelques essais qui ont eu pour objet l'action qu'exerce sur elle l'acide azotique. M. Laurent a retiré, par sublimation, du produit qui en est résulté, une matière cristalline qui paraît être le *paranaphtalèse* (C⁶⁰H¹⁶O⁴). (*Annales de Chimie et de Physique*, LX, 220.)

Voy. dans la *Philosophie chimique*, page 488 de ce volume, et *Ann. de Ch. et de Phys.*, LXI, 125, la Théorie de M. Laurent sur des transformations de carbures d'hydrogène.

Sur la distillation de quelques matières organiques neutres avec la chaux, et sur la production de nouvelles substances pyrogénées.

En distillant avec de la chaux quelques matières organiques neutres, M. Ed. Fremy a obtenu des produits qui se rattachent, sous le rapport de leur composition, aux substances dont ils proviennent, par les mêmes relations que les acides pyrogénés (1952).

Le sucre, la gomme et l'amidon donnent alors naissance à de l'*acétone* et à une matière particulière que l'auteur a nommée *métacétone*, parce qu'elle ne diffère de l'acétone que par la perte d'un demi-atome d'eau.

On obtient facilement ces deux corps en mêlant intimement 1 p. de sucre et 8 p. de chaux vive, plaçant le tout dans une cornue qui en soit tout au plus à moitié remplie, y adaptant un récipient, et la chauffant avec beaucoup de ménagement. L'acétone et la métacétone se condensent ensemble sous forme d'un liquide oléagineux. On les sépare au moyen de l'eau, qui dissout presque entièrement l'acétone et laisse la métacétone. Celle-ci doit être purifiée par plusieurs rectifications, après avoir été mise quelque temps en contact avec du chlorure de calcium. C'est un liquide incolore, d'une odeur agréable, insoluble dans l'eau, soluble dans l'alcool et l'éther, se distillant sans altération à 84°.

On peut se rendre compte de la transformation du sucre en acétone et métacétone par les équations suivantes :

$$C^{24}H^{22}O^{11}+5CaO=3(C^2O^2,CaO)+2(H^2O,CaO)+3C^6H^6O \text{ acétone.}$$
$$2C^{24}H^{22}O^{11}+15CaO=6(C^2O^4,CaO)+7(H^2O,CaO)+3C^{12}H^{10}O \text{ méta-cétone.}$$

Le produit de la distillation d'un mélange de colophane et de chaux est une huile assez complexe. En la rectifiant à une température qui ne dépasse pas 160°, on obtient un résidu qui renferme du goudron, et une huile que l'auteur a nommée *résinéine*, et qui se produit encore en distillant la colophane seule : elle entre en ébullition à plus de 250°, et se représente par C⁴⁰H³⁰O=C⁴⁰H³²O²—H²O. Dans le récipient, on recueille un mélange de deux autres substances nouvelles, qu'accompagne une certaine quantité d'essence de térébenhine, à moins que l'on n'ait pris la précaution de l'expulser préalablement de la résine employée. Ces deux substances ont reçu le nom de *résinone* et de *résinéone*; elles sont l'une et l'autre liquides, insolubles dans l'eau, solubles dans l'alcool. La première bout à 78°, et la seconde à 148°. Pour les isoler l'une de l'autre, on a recours à la différence de leurs points d'ébullition. $C^{20}H^{18}O$ est la formule de la résinone, et $C^{58}H^{46}O$ celle de la résinéone.

Le camphre peut aussi donner lieu à une matière pyrogénée, que M. Frémy a nommée *camphrone*. Elle se prépare en faisant passer de la vapeur de camphre sur de la chaux portée à la chaleur rouge obscure, et rectifiant le produit obtenu. C'est une huile légère, d'une odeur forte, toute différente de celle du camphre. Elle est insoluble dans l'eau, et se dissout dans l'éther et l'alcool. Son point d'ébullition est à 75°. Sa formule est $C^{60}H^{44}O = C^{60}H^{48}O^5 - H^4O^2$.

(Annales de Chimie et de Physique, LIX, 5.)

Sur l'huile volatile d'ulmaire.

L'huile volatile d'ulmaire (*spiræa ulmaria*), entre les mains de M. Pagenstechner et de M. Löwig, à fourni une série remarquable de composés qui indiquent un radical analogue au benzoyle. Ce radical ($C^{24}H^{10}O^4$) a été nommé *spiroyle* par M. Löwig.

L'huile volatile en est l'hydracide, et se représente par $C^{24}H^{10}O^4$, $+H^2$. Avec l'oxide de cuivre, elle forme de l'eau et un spiroylure $C^{24}H^{10}O^2$. Avec le potassium, il y a dégagement d'hydrogène et production de spiroylure de potassium.

Traitée par le chlore et le brôme, cette huile donne lieu à des composés solides, volatils, représentés par $C^{24}H^{10}O^4$,Ch^2 et $C^{24}H^{10}O^4$,Br^2. L'iodure de spiroyle s'obtient en distillant l'un des deux composés précédens avec l'iodure de potassium.

Enfin l'acide azotique, pourvu qu'il ne soit pas trop concentré ni en excès, transforme l'huile, à une chaleur modérée, en un acide particulier qui paraît composé comme l'indique la formule $C^{24}H^{10}O^4$,O^4.

L'huile volatile d'ulmaire ou *acide hydro-spiroylique* se prépare en chauffant avec de l'eau dans un appareil distillatoire les fleurs du *spiræa ulmaria*, arrêtant l'opération lorsqu'un volume de liquide égal à celui des fleurs est passé dans le récipient, et distillant de nouveau cette liqueur de manière à n'en retirer que $\frac{1}{5}$ environ. On obtient alors une solution aqueuse concentrée de l'huile, et une petite quantité d'huile elle-même, qu'il ne reste plus qu'à priver d'eau par le chlorure de calcium et une dernière rectification. (*Journ. de Pharm.*, XXII, 189.)

Sur le benzoyle et la benzimide.

En soumettant à un courant de chlore le benzoïne en fusion, M. Laurent en a séparé de l'hydrogène à l'état de gaz chlorhydrique, et en a extrait un corps qui possède la composition du *benzoyle* $C^{28}H^{10}O^3$, mais qui ne présente point les réactions que l'on doit s'attendre à trouver dans ce radical : car il ne se combine point avec le chlore, le brôme, etc. Toutefois, chauffé avec une dissolution alcoolique de potasse, il donne lieu à du benzoate de cette base. Il est solide, légèrement jaunâtre ou incolore, inodore, insipide, fusible et volatil sans décomposition, insoluble dans l'eau, très soluble dans l'alcool et l'éther.

Dans plusieurs essences d'amandes amères du commerce, M. Laurent a trouvé une matière particulière qu'il a nommée *benzimide*, et qui a pour formule $C^{28}H^{11}O^2Az = C^{28}H^{10}O^3 + AzH^3 - H^2O$.

Pour l'obtenir, on soumet à la distillation l'essence brute qui la contient, jusqu'à ce que son point d'ébullition s'élève à 200°, et l'on traite par l'alcool froid l'huile brune qui reste dans la cornue. Il laisse pour résidu la benzinide.

Cette substance est blanche, inodore, insoluble dans l'eau, très peu soluble dans l'alcool et l'éther bouillans, fusible et volatile sans altération. L'acide chlorhydrique la dissout, à l'aide de l'ébullition: elle n'en est point séparée par l'eau ni par l'ammoniaque. L'acide azotique et l'alcool, chauffés avec elle, donnent lieu à de l'éther azotique. L'hydrate de potasse la transforme à chaud, en acide benzoïque qui reste combiné avec l'oxide alcalin, et en ammoniaque qui se dégage.

(*Annales de Chimie et de Physique*, LIX, 397, et LX, 215.)

Sur l'hydrobenzamide.

En abandonnant à un contact prolongé l'ammoniaque liquide et l'hydrure de benzoyle, on obtient une substance incolore, cristalline, insoluble dans l'eau, mais soluble dans l'alcool et l'éther. Traitée par les acides, elle donne lieu à un sel ammoniacal et à de l'hydrure de benzoyle.

Sa formule est $C^{21}H^9Az$ ou $C^{28}H^{12}Az_{\frac{4}{3}} = C^{28}H^{10}O^2,H^2 + Az_{\frac{4}{3}}H^4 - H^4O^2$. (M. Laurent, *Journ. l'Institut*, 1836, n. 160.)

Sur la matière opalisante.

Depuis long-temps, on a fait l'observation que différens végétaux traités par l'eau chaude donnent une teinture qui paraît jaune, lorsque la lumière la traverse, et violette ou bleue, lorsque celle-ci est réfléchie, c'est-à-dire qui est d'une double couleur, ou, comme on a coutume de le dire, opaline.

Elle a été obtenue par M. Trommsdorff, sous forme de poudre ou d'aiguilles cristallines, blanches, très déliées. L'eau en dissout $\frac{1}{12}$, à 100°, et seulement $\frac{1}{670}$, à 10°: la solution froide a un léger reflet bleu, qui, en y ajoutant de l'eau de puits, devient d'un beau bleu céleste. Une partie de matière opalisante suffit pour rendre opaline plus de 1,500000 parties d'eau. (*Journal l'Institut*, année 1835, n. 137.)

TABLE GÉNÉRALE

DES MATIÈRES,

PAR ORDRE ALPHABÉTIQUE.

(Le chiffre romain indique le volume, et le chiffre arabe la page.)

N.

LE
RÈGNE ANIMAL

DISTRIBUÉ

D'APRÈS SON ORGANISATION,

PAR

GEORGES CUVIER.

NOUVELLE ÉDITION
ACCOMPAGNÉE DE PLANCHES GRAVÉES

REPRÉSENTANT

LES TYPES DE TOUS LES GENRES,
LES CARACTÈRES DISTINCTIFS DES DIVERS GROUPES, ET LES MODIFICATIONS DE STRUCTURE
SUR LESQUELLES REPOSE CETTE CLASSIFICATION;

PAR UNE RÉUNION D'ÉLÈVES DE CUVIER,

MM. AUDOUIN, DESHAYES, D'ORBIGNY, DUGÈS, DUVERNOY, LAURILLARD, MILNE
EDWARDS, ROULIN ET VALENCIENNES.

MODE DE PUBLICATION.

Cette édition sera publiée par livraison de 2 feuilles de texte environ et 4 planches, sur format grand-jésus vélin. On vendra séparément les diverses parties dont l'ouvrage se compose et même une seule livraison comme spécimen.

VOICI DE QUELLE MANIÈRE L'OUVRAGE SE DIVISERA :

MAMMIFÈRES (par MM. Laurillard, Milne Edwards et Roulin).	100 planches.	MOLLUSQUES (par M. Deshays).	120 pl nches.
RACES HUMAINES (par les mêmes).	20	INSECTES (par M. Audouin).	140
OISEAUX (par M. D'Orbigny),	100	ARACHNIDES (par M. Dugès).	30
REPTILES (par M. Duvernoy).	40	CRUSTACÉS (par M. Milne Edwards).	70
POISSONS (par M. Valenciennes).	100	ANNÉLIDES (par le même).	30
		ZOOPHYTES (par le même).	100

LE PRIX DE LA LIVRAISON EST FIXÉ AINSI QU'IL SUIT :

In-8° figures noires.		2 f. 25 c.
— —	papier de Chine.	2 75
— —	coloriées.	4 50

À partir du 25 mai 1836, il paraît une livraison régulièrement tous les quinze jours, 10 et 25 de chaque mois.

Imprimé chez Paul Renouard, rue Garancière, n. 5.